산업안전산업기사 필기
4주완성

- 한국산업인력공단의 출제기준 완벽하게 분석하였음
- 핵심이론 요약하여 수록하였음
- 계산문제는 풀이과정과 공식을 상세하게 정리
- 상세한 해설을 수록하여 이해가 쉽도록 하였음
- 최신 과년도 기출문제 수록 하였음

경국현 저

명인북스
Myungin Books

머리말

본서는 수십 년간의 실무경험과 강의 경험을 통해 열악한 환경과 모자라는 시간 속에서 산업안전산업기사를 준비하는 수험생들에게 단기간에 가장 효율적인 학습이 될 수 있도록 구성하였고 수험자가 반드시 알아야 할 중요한 내용을 요약·정리하였으며 산업안전산업기사 시험을 단기간에 대비할 수 있도록 최선을 다하였다.

본 교재의 특징

- 핵심이론을 요약하여 시간을 절약할 수 있도록 하였다.
- 수험자가 단기간에 완성할 수 있도록 한국산업인력공단의 출제 기준안에 맞도록 체계적으로 정리하였다.
- 연도별 과년도 기출문제를 체계적으로 학습하기 쉽도록 정리하였다
- 계산문제는 공식과 풀이과정을 상세하게 정리하였다.
- 수험생 스스로 문제를 해결할 수 있도록 상세하게 해설을 수록하였다.

본 교재를 충분히 활용하여 산업안전산업기사 자격시험에 합격되시기를 기원하며 차후 변경되는 출제경향 및 과년도 문제 등을 추가로 수록하여 계속 보완하도록 하겠습니다.

끝으로 본서를 출간함에 있어 도움을 주시고 지도하여 주신 모든 선·후배님들께 감사 드립니다.

지은이 경국현

출제기준

직무분야	안전관리	중직무분야	안전관리	자격종목	산업안전산업기사	적용기간	2024.1.1.~ 2026.12.31.

○직무내용 : 제조 및 서비스업 등 각 산업현장에 소속되어 산업재해 예방계획의 수립에 관한 사항을 수행 하며 작업환경의 점검 및 개선에 관한 사항, 유해 및 위험방지에 관한 사항, 사고 사례 분석 및 개선에 관한 사항, 근로자의 안전교육 및 훈련 등을 수행하는 직무이다.

필기검정방법	객관식	문제수	100	시험시간	2시간 30분

필기과목명	출제문제수	주요항목	세부항목	세세항목
산업재해 예방 및 안전보건교육	20	1. 산업재해예방 계획수립	1. 안전관리	1. 안전과 위험의 개념 2. 안전보건관리 제이론 3. 생산성과 경제적 안전도 4. 재해예방활동기법 5. KOSHA GUIDE 6. 안전보건예산 편성 및 계상
			2. 안전보건관리 체제 및 운용	1. 안전보건관리조직 구성 2. 산업안전보건위원회 운영 3. 안전보건경영시스템 4. 안전보건관리규정
		2. 안전보호구 관리	1. 보호구 및 안전장구 관리	1. 보호구의 개요 2. 보호구의 종류별 특성 3. 보호구의 성능기준 및 시험방법 4. 안전보건표지의 종류·용도 및 적용 5. 안전보건표지의 색채 및 색도기준
		3. 산업안전심리	1. 산업심리와 심리검사	1. 심리검사의 종류 2. 심리학적 요인 3. 지각과 정서 4. 동기·좌절·갈등 5. 불안과 스트레스
			2. 직업적성과 배치	1. 직업적성의 분류 2. 적성검사의 종류 3. 직무분석 및 직무평가 4. 선발 및 배치 5. 인사관리의 기초
			3. 인간의 특성과 안전과의 관계	1. 안전사고 요인 2. 산업안전심리의 요소 3. 착상심리 4. 착오 5. 착시 6. 착각현상

필 기 과목명	출제 문제수	주요항목	세부항목	세세항목
산업 재해 예방 및 안전 보건 교육	20	4. 인간의 행동과학	1. 조직과 인간행동	1. 인간관계 2. 사회행동의 기초 3. 인간관계 메커니즘 4. 집단행동 5. 인간의 일반적인 행동특성
			2. 재해 빈발성 및 행동과학	1. 사고경향 2. 성격의 유형 3. 재해 빈발성 4. 동기부여 5. 주의와 부주의
			3. 집단관리와 리더십	1. 리더십의 유형 2. 리더십과 헤드십 3. 사기와 집단역학
			4. 생체리듬과 피로	1. 피로의 증상 및 대책 2. 피로의 측정법 3. 작업강도와 피로 4. 생체리듬 5. 위험일
		5. 안전보건 교육의 내용 및 방법	1. 교육의 필요성과 목적	1. 교육목적 2. 교육의 개념 3. 학습지도 이론 4. 교육심리학의 이해
			2. 교육방법	1. 교육훈련기법 2. 안전보건교육방법(TWI, O.J.T, OFF.J.T등) 3. 학습목적의 3요소 4. 교육법의 4단계 5. 교육훈련의 평가방법
			3. 교육실시 방법	1. 강의법 2. 토의법 3. 실연법 4. 프로그램학습법 5. 모의법 6. 시청각교육법 등
			4. 안전보건교육계획 수립 및 실시	1. 안전보건교육의 기본방향 2. 안전보건교육의 단계별 교육과정 3. 안전보건교육 계획
			5. 교육내용	1. 근로자 정기안전보건 교육내용 2. 관리감독자 정기안전보건 교육내용 3. 신규채용시와 작업내용변경시 안전보건 교육내용 4. 특별교육대상 작업별 교육내용
		6. 산업안전 관계법규	1. 산업안전 보건법령	1. 산업안전보건법 2. 산업안전보건법 시행령 3. 산업안전보건법 시행규칙 4. 산업안전보건기준 관한 규칙 5. 관련 고시 및 지침에 관한 사항

필기 과목명	출제 문제수	주요항목	세부항목	세세항목
인간공학 및 위험성 평가·관리	20	1. 안전과 인간공학	1. 인간공학의 정의	1. 정의 및 목적 2. 배경 및 필요성 3. 작업관리와 인간공학 4. 사업장에서의 인간공학 적용분야
			2. 인간-기계체계	1. 인간-기계 시스템의 정의 및 유형 2. 시스템의 특성
			3. 체계설계와 인간요소	1. 목표 및 성능명세의 결정 2. 기본설계 3. 계면설계 4. 촉진물 설계 5. 시험 및 평가 6. 감성공학
			4 인간요소와 휴먼에러	1. 인간실수의 분류 2. 형태적 특성 3. 인간실수 확률에 대한 추정기법 4. 인간실수 예방기법
		2. 위험성 파악·결정	1. 위험성 평가	1. 위험성 평가의 정의 및 개요 2. 평가대상 선정 3. 평가항목 4. 관련법에 관한 사항
			2. 시스템 위험성 추정 및 결정	1. 시스템 위험성 분석 및 관리 2. 위험분석 기법 3. 결함수 분석 4. 정성적, 정량적 분석 5. 신뢰도 계산
		3. 위험성 감소대책 수립·실행	1. 위험성 감소대책 수립 및 실행	1. 위험성 개선대책(공학적·관리적)의 종류 2. 허용가능한 위험수준 분석 3. 감소대책에 따른 효과 분석 능력
		4. 근골격계질환 예방관리	1. 근골격계 유해요인	1. 근골격계 질환의 정의 및 유형 2. 근골격계 부담작업의 범위
			2. 인간공학적 유해요인 평가	1. OWAS 2. RULA 3. REBA 등
			3. 근골격계 유해요인 관리	1. 작업관리의 목적 2. 방법연구 및 작업측정 3. 문제해결절차 4. 작업개선안의 원리 및 도출방법
		5. 유해요인 관리	1. 물리적 유해요인 관리	1. 물리적 유해요인 파악 2. 물리적 유해요인 노출기준 3. 물리적 유해요인 관리대책 수립
			2. 화학적 유해요인 관리	1. 화학적 유해요인 파악 2. 화학적 유해요인 노출기준 3. 화학적 유해요인 관리대책 수립
			3. 생물학적 유해요인 관리	1. 생물학적 유해요인 파악 2. 생물학적 유해요인 노출기준 3. 생물학적 유해요인 관리대책 수립

필기 과목명	출제 문제수	주요항목	세부항목	세세항목
인간공학 및 위험성 평가·관리	20	6. 작업환경 관리	1. 인체계측 및 체계제어	1. 인체계측 및 응용원칙 2. 신체반응의 측정 3. 표시장치 및 제어장치 4. 통제표시비 5. 양립성 6. 수공구
			2. 신체활동의 생리학적 측정법	1. 신체반응의 측정 2. 신체역학 3. 신체활동의 에너지 소비 4. 동작의 속도와 정확성
			3. 작업 공간 및 작업자세	1. 부품배치의 원칙 2. 활동분석 3. 개별 작업 공간 설계지침
			4. 작업측정	1. 표준시간 및 연구 2. work sampling의 원리 및 절차 3. 표준자료 (MTM, Work factor 등)
			5. 작업환경과 인간공학	1. 빛과 소음의 특성 2. 열교환과정과 열압박 3. 진동과 가속도 4. 실효온도와 Oxford 지수 5. 이상환경(고열, 한랭, 기압, 고도 등) 및 노출에 따른 사고와 부상 6. 사무/VDT 작업 설계 및 관리
			6. 중량물 취급 작업	1. 중량물 취급 방법 2. NIOSH Lifting Equation
기계·기구 및 설비 안전 관리	20	1. 기계안전시설 관리	1. 안전시설 관리 계획하기	1. 기계 방호장치 2. 안전작업절차 3. 공정도를 활용한 공정분석 4. Fool Proof 5. Fail Safe
			2. 안전시설 설치하기	1. 안전시설물 설치기준 2. 안전보건표지 설치기준 3. 기계 종류별(지게차, 컨베이어, 양중기(건설용은 제외), 운반 기계] 안전장치 설치기준 4. 기계의 위험점 분석
			3. 안전시설 유지·관리하기	1. KS B 규격과 ISO 규격 통칙에 대한 지식 2. 유해위험기계기구 종류 및 특성
		2. 기계분야산업 재해 조사	1. 재해조사	1. 재해조사의 목적 2. 재해조사시 유의사항 3. 재해발생시 조치사항 4. 재해의 원인분석 및 조사기법

필 기 과목명	출제 문제수	주요항목	세부항목	세세항목
기계·기구 및 설비 안전 관리	20	3. 기계설비 위험요인 분석	1. 공작기계의 안전	1. 절삭가공기계의 종류 및 방호장치 2. 소성가공 및 방호장치
			2. 프레스 및 전단기의 안전	1. 프레스 재해방지의 근본적인 대책 2. 금형의 안전화
			3. 기타 산업용 기계 기구	1. 롤러기 2. 원심기 3. 아세틸렌 용접장치 및 가스집합 용접장치 4. 보일러 및 압력용기 5. 산업용 로봇 6. 목재 가공용 기계 7. 고속회전체 8. 사출성형기
			4. 운반기계 및 양중기	1. 지게차 2. 컨베이어 3. 양중기(건설용은 제외) 4. 운반 기계
		4. 기계안전점검	1. 안전점검계획 수립	1. 기계·기구(롤러기, 원심기 등)의 종류 2. 기계·기구의 위험요소 3. 안전장치 분류 능력 4. 안전장치 종류 5. 압력용기
			2. 안전점검 실행	1. 작업의 안전 2. 사고형태 및 원인 3. 기계설비 이상 현상 4. 방호장치의 종류 5. 방호장치 설치방법 및 성능조건 6. 안전검사
			3. 안전점검 평가	1. 위험요인 도출 2. 시스템 개선
		5. 기계설비 유지·관리	1. 기계설비 위험요인 대책 제시	1. 작업장 위험요인 관리대책 2. 기계의 위험점 분석 3. 기계기구·전기설비의 위험요소
			2. 기계설비 유지·관리	1. 기계·전기 등 설비의 안전기준 2. 기계·전기 등 설비의 점검 관리 3. 기계·전기 등 설비의 안전검사이력 등 정보관리
전기 및 화학 설비 안전 관리	20	1. 전기작업 안전관리	1. 전기작업의 위험성 파악	1. 전기일반 작업 수칙
			2. 전기작업 안전 수행	1. 정전 작업(전·중·후) 수행 2. 활선 작업 수칙 3. 충전 작업 수칙
		2. 감전재해 및 방지대책	1. 감전재해 예방 및 조치	1. 안전전압 2. 허용접촉 및 보폭 전압 3. 인체의 저항
			2. 감전재해의 요인	1. 감전요소 2. 감전사고의 형태 3. 전압의 구분 4. 통전전류의 세기 및 그에 따른 영향
			3. 절연용 안전장구	1. 절연용 안전보호구 2. 절연용 안전방호구

필기 과목명	출제 문제수	주요항목	세부항목	세세항목
전기 및 화학 설비 안전 관리	20	3. 정전기 장·재해 관리	1. 정전기 위험요소 파악	1. 정전기 발생원리 2. 정전기의 발생현상 3. 방전의 형태 및 영향 4. 정전기의 장해
			2. 정전기 위험요소 제거	1. 접지 2. 유속의 제한 3. 보호구의 착용 4. 대전방지제 5. 가습 6. 제전기 7. 본딩
		4. 전기 화재 관리	1. 전기화재의 원인	1. 단락 2. 누전 3. 과전류 4. 스파크 5. 접촉부과열 6. 절연열화에 의한 발열 7. 지락 8. 낙뢰
		5. 화재·폭발 검토	1. 화재·폭발 이론 및 발생 이해	1. 연소의 정의 및 요소 2. 인화점 및 발화점 3. 연소·폭발의 형태 및 종류 4. 연소(폭발)범위 및 위험도 5. 완전연소 조성농도 6. 화재의 종류 및 예방대책 7. 연소파와 폭굉파 8. 폭발의 원리
			2. 소화 원리 이해	1. 소화의 정의 2. 소화의 종류 3. 소화기의 종류
			3. 폭발방지대책 수립	1. 폭발방지대책 2. 폭발하한계 및 폭발상한계의 계산
		6. 화학물질 안전 관리 실행	1. 화학물질(위험물, 유해화학물질) 확인	1. 위험물의 기초화학 2. 위험물의 정의 3. 위험물의 종류 4. 노출기준 5. 유해화학물질의 유해요인
			2. 화학물질(위험물, 유해화학물질) 유해 위험성 확인	1. 위험물의 성질 및 위험성 2. 위험물의 저장 및 취급방법 3. 인화성 가스취급시 주의사 4. 유해화학물질 취급시 주의사항 5. 물질안전보건자료(MSDS)
			3. 화학물질 취급설비 개념 확인	1. 각종 장치(고정, 회전 및 안전장치 등) 종류 2. 화학장치(반응기, 정류탑, 열교환기 등) 특성 3. 화학설비(건조설비 등)의 취급시 주의사항 4. 전기설비(계측설비 포함)
		7. 화공 안전운전·점검	1. 안전점검계획 수립	1. 안전운전 계획
			2. 설비 및 공정 안전	1. 화학설비(반응기, 정류탑, 열교환기 등)의 종류 및 안전 기준 2. 건조설비의 종류 및 재해 형태 3. 제어계측장치 4. 안전장치의 종류
			3. 안전점검 평가	1. 공정안전 자료 2. 위험성 평가 3. 비상조치 계획

필기 과목명	출제 문제수	주요항목	세부항목	세세항목
건설공사 안전관리	20	1. 건설현장 안전점검	1. 안전점검 계획 수립	1. 공종별, 공정별 안전점검 계획 2. 안전점검표 작성 3. 자체검사 기계·기구
			2. 안전점검 고려사항	1. 공사장 작업환경 특수성 2. 안전관리 조직 3. 재해사례 검토
		2. 건설현장 유해·위험요인관리	1. 건설공사 유해·위험요인 확인	1. 유해·위험요인 선정 2. 안전보건자료 3. 유해위험방지계획서
		3. 건설업 산업안전보건관리비 관리	1. 건설업 산업안전보건관리비 규정	1. 건설업산업안전보건관리비의 계상 및 사용기준 2. 건설업산업안전보건관리비 대상액 작성요령 3. 건설업산업안전보건관리비의 항목별 사용내역
		4. 건설현장 안전시설 관리	1. 안전시설 설치 및 관리	1. 추락 방지용 안전시설 2. 붕괴 방지용 안전시설 3. 낙하, 비래방지용 안전시설 4. 개인보호구
			2. 건설공구 및 기계	1. 건설공구의 종류 및 안전수칙 2. 건설기계의 종류 및 안전수칙
		5. 비계·거푸집 가시설 위험방지	1. 건설 가시설물 설치 및 관리	1. 비계 2. 작업통로 및 발판 3. 거푸집 및 동바리 4. 흙막이
		6. 공사 및 작업 종류별 안전	1. 양중 및 해체 공사	1. 양중공사 시 안전수칙 2. 해체공사 시 안전수칙
			2. 콘크리트 및 PC 공사	1. 콘크리트공사 시 안전수칙 2. PC공사 시 안전수칙
			3. 운반 및 하역작업	1. 운반작업 시 안전수칙 2. 하역작업 시 안전수칙

차 례

chapter 1 산업재해예방 및 안전보건교육

- 01. 안전관리 ─────────────────────── 2
- 02. 안전보건관리 체계 및 운영 ───────────────── 9
- 03. 재해 빈발성 및 행동과학 ─────────────────── 15
- 04. 안전보건교육의 내용 및 방법 ───────────────── 20
- 05. 안전보호구 관리 ─────────────────────── 26
- 06. 산업안전심리 ──────────────────────── 39
- 07. 안전보건교육의 내용 및 방법 ───────────────── 56

chapter 2 인간공학 및 위험성 평가·관리

- 01. 안전과 인간공학 ─────────────────────── 74
- 02. 시스템 안전공학 ─────────────────────── 104
- 03. 위험성 감소 대책 수립·실행 ───────────────── 115

chapter 3 기계·기구 및 설비 안전관리

- 01. 기계안전 시설관리 ────────────────────── 122
- 02. 기계설비 위험요인 분석 ─────────────────── 129
- 03. 산업용 기계안전기술 ───────────────────── 148

chapter 4 전기 및 화학 설비 안전관리

01. 감전재해 및 방지대책 —————————————————— 164
02. 전기작업 안전관리 ——————————————————— 170
03. 전기화재 관리 ————————————————————— 188
04. 정전기 장·재해 관리 —————————————————— 192
05. 전기 방폭 관리 ————————————————————— 198
06. 화학물질 안전관리 실행 ————————————————— 206
07. 화재·폭발 검토 ————————————————————— 225
08. 화학물질 안전관리 실행 ————————————————— 234

chapter 5 건설공사 안전관리

01. 건설현장 안전 점검 ——————————————————— 246
02. 건설기계 안전 ————————————————————— 251
03. 건설현장 안전시설 관리 ————————————————— 260
04. 비계·거푸집 가시설 위험 방지 —————————————— 272
05. 공사 및 작업 종류별 안전 ———————————————— 283

chapter 6   산업안전산업기사 기출복원문제

01. 2021년 시행
- 1회 CBT복원 기출문제 ·· 288
- 2회 CBT복원 기출문제 ·· 306
- 3회 CBT복원 기출문제 ·· 325

02. 2022년 시행
- 1회 CBT복원 기출문제 ·· 347
- 2회 CBT복원 기출문제 ·· 369
- 3회 CBT복원 기출문제 ·· 391

03. 2023년 시행
- 1회 CBT복원 기출문제 ·· 413
- 2회 CBT복원 기출문제 ·· 436
- 3회 CBT복원 기출문제 ·· 458

04. 2024년 시행
- 1회 CBT복원 기출문제 ·· 481
- 2회 CBT복원 기출문제 ·· 501
- 3회 CBT복원 기출문제 ·· 522

05. 2025년 시행
- 1회 CBT복원 기출문제 ·· 544
- 2회 CBT복원 기출문제 ·· 566
- 3회 CBT복원 기출문제 ·· 589

P·A·R·T 01

산업재해예방 및 안전보건교육

제1장 안전관리
제2장 안전보건관리 체계 및 운영
제3장 재해 빈발성 및 행동과학
제4장 안전보건교육의 내용 및 방법
제5장 안전보호구 관리
제6장 산업안전심리
제7장 안전보건교육의 내용 및 방법

1. 안전관리

❶ 안전제일의 유래 및 이념

(1) 안전제일의 유래
1) U. S. Steel Co.의 게리(E. H. Gary) 사장이 주장
2) 경영방침 : 안전 제1, 품질 제2, 생산 제3으로 정함

(2) 산업안전의 이념(안전관리의 효과)
1) 인간존중 : 안전제일 이념
2) 생산성 향상 및 품질향상 : 안전태도 개선 및 손실예방
3) 기업의 경제적 손실예방 : 재해로 인한 인적·재산손실예방
4) 대외여론 개선으로 신뢰성 향상 : 노사협력의 경영태세 완성
5) 사회복지증진 : 경제성 향상

❷ 사고(accident)의 정의

(1) **원하지 않는 사상**(undesired event) : 예측할 수 없는 사상

(2) **비효율적인 사상**(inefficient) : 뉴욕대학의 Cutter 교수가 주장

(3) **변형된 사상**(Strained event) : stress의 한계를 넘어선 변형된 사상은 모두 사고다.

❸ 안전사고와 재해

(1) **무상해 무사고**(Near Accident) : 인명이나 물적 등 일체의 피해가 없는 사고를 말한다.(앗차사고, 위험순간 등)

(2) **중대재해**(시행규칙 제2조)
1) 사망자가 1명 이상 발생한 재해

2) 3개월 이상의 요양이 필요한 부상자가 동시에 2명 이상 발생한 재해
3) 부상자 또는 직업성질병자가 동시에 10명 이상 발생한 재해

(3) 안전사고의 본질적 특성
1) 사고발생의 시간성
2) 우연성 중의 법칙성
3) 필연성 중의 우연성
4) 사고의 재현 불가능성

(4) 상해정도별 분류(ILO에 의한 구분)
1) 사망
2) 영구전노동불능(1~3급)
3) 영구일부노동불능(4~14급)
4) 일시전노동불능
5) 일시일부노동불능
6) 구급처치상해(응급조치상해)

4 재해발생의 연쇄성 이론

(1) 하인리히(Heinrich)의 사고연쇄성 이론[도미노(domino)현상]
1) 1단계 : 사회적 환경 및 유전적 요소
2) 2단계 : 개인적 결함
3) 3단계 : 불안전한 행동 및 불안전한 상태(물리적, 기계적 위험)
4) 4단계 : 사고
5) 5단계 : 재해

(2) 버드(Bird)의 최신사고 연쇄성 이론
1) 1단계 : 통제의 부족 - 관리소홀(경영)
2) 2단계 : 기본원인 - 기원(원인론)
3) 3단계 : 직접원인 - 징후
4) 4단계 : 사고 - 접촉
5) 5단계 : 상해 - 손해 - 손실

(3) 아담스(Adams)의 사고연쇄성 이론
1) 1단계 : 관리구조 - 목적, 조직, 운영 등
2) 2단계 : 작전적(전략적) 에러 - 관리자 및 감독자의 행동 에러
3) 3단계 : 전술적 에러
4) 4단계 : 사고 - 사고의 발생
5) 5단계 : 상해 또는 손실 - 대인, 대물

❺ 재해 원인의 연쇄 관계

(1) 간접원인 : 재해의 가장 깊은 곳에 존재하는 재해원인이다.

① 기초원인 : 학교 교육적 원인, 관리적 원인
② 2차원인 : 신체적 원인, 정신적 원인, 안전 교육적 원인, 기술적원인

(2) 직접원인(1차원인) : 시간적으로 사고 발생에 가까운 원인이다.

① 물적원인 : 불안전한 상태 (설비 및 환경 등의 불량)
② 인적원인 : 불안전한 행동

(3) 직접원인 및 관리적 원인

① 직접원인

1. 불안전한 행동	2. 불안전한 상태
① 위험장소 접근 ② 안전장치의 기능 제거 ③ 복장 보호구의 잘못사용 ④ 기계 기구 잘못 사용 ⑤ 운전 중인 기계장치의 손질 ⑥ 불안전한 속도 조작 ⑦ 위험물 취급 부주의 ⑧ 불안전한 상태 방치 ⑨ 불안전한 자세 동작 ⑩ 감독 및 연락 불충분	① 물 자체 결함 ② 안전 방호장치 결함 ③ 복장 보호구의 결함 ④ 물의 배치 및 작업장소 결함 ⑤ 작업환경의 결함 ⑥ 생산 공정의 결함 ⑦ 경계 표시, 설비의 결함

② 간접원인(관리적원인)

항 목	세 부 항 목
1. 기술적 원인	① 건물, 기계장치 설계 불량　② 구조, 재료의 부적합 ③ 생산 공정의 부적당　④ 점검, 정비보존 불량
2. 교육적 원인	① 안전의식의 부족　② 안전수칙의 오해 ③ 경험훈련의 미숙　④ 작업방법의 교육 불충분 ⑤ 유해위험 작업의 교육 불충분
3. 작업관리상의 원인	① 안전관리 조직 결함　② 안전수칙 미제정 ③ 작업준비 불충분　④ 인원배치 부적당 ⑤ 작업지시 부적당

6 재해발생의 메커니즘 (3가지의 구조적 요소)

(1) 단순자극형(집중형) : 상호자극에 의해 순간적으로 재해가 발생하는 유형.
(2) 연쇄형 : 하나의 사고요인이 또 다른 요인을 발생시키며 재해를 발생하는 유형.
(3) 복합형 : 연쇄형과 단순자극형의 복합적인 발생유형.

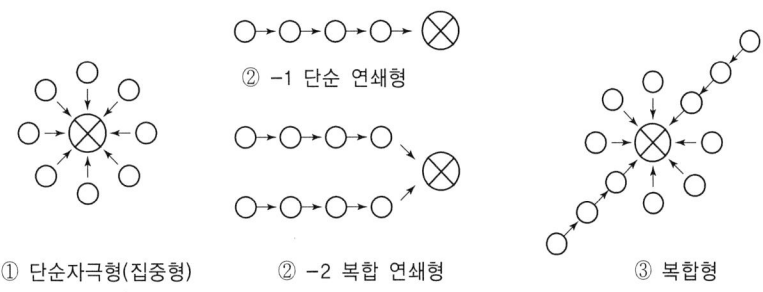

① 단순자극형(집중형)   ② -2 복합 연쇄형   ③ 복합형

▲ 재해발생의 메커니즘

7 재해발생 비율

(1) 하인리히의 재해구성 비율

(1 : 29 : 300의 법칙) : 중상 또는 사망 1회, 경상 29회, 무상해 사고 300회의 비율로 발생한다는 것을 나타낸다.
∴ 중상 또는 사망 : 경상 : 무상해 사고=1 : 29 : 300

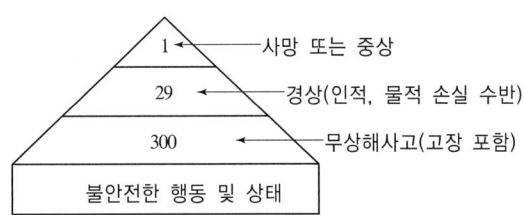

(2) 버드의 재해구성 비율 : 중상 또는 폐질 1, 경상(물적 또는 인적상해) 10, 무상해사고(물적손실) 30, 무상해 무사고 고장(위험순간) 600의 비율로 사고가 발생한다는 이론이다.

∴ 중상 또는 폐질 : 경상 : 무상해 사고 : 무상해 무사고 고장=1 : 10 : 30 : 600

8 재해예방의 원칙 및 위험관리 기법

(1) 재해예방의 4원칙

1) 손실 우연의 원칙
2) 원인 계기의 원칙
3) 예방 가능의 원칙
4) 대책 선정의 원칙

(2) 위험관리(risk management)의 기법

1) 위험의 제거(remove)
2) 위험의 회피(avoid)
3) 위험의 전가(transfer)
4) 위험의 경감 및 감축(reduction)
5) 위험의 보류(retention)

9 사고 예방대책의 기본원리 (사고방지원리의 단계)

단계별과정		내용
1단계	조직	① 경영층의 참여 ② 안전관리자의 임명 ③ 안전의 라인 및 참모 조직 구성 ④ 안전활동 방침 및 계획 수립 ⑤ 조직을 통한 안전활동
2단계	사실의 발견	① 사고 및 안전활동 기록 검토 ② 작업분석 ③ 안전점검 및 안전진단 ④ 사고조사 ⑤ 안전회의 및 토의 ⑥ 근로자의 제안 및 여론조사 ⑦ 관찰 및 보고서의 연구 등을 통하여 불안전요소 발견
3단계	분석평가	① 사고보고서 및 현장조사 ② 사고기록 및 인적 물적 조건의 분석 ③ 작업공정 분석 ④ 교육 훈련 분석 등을 통하여 사고의 직접원인 및 간접원인을 규명
4단계	시정방법의 선정	① 기술적 개선 ② 인사조정(배치조정) ③ 교육 훈련의 개선 ④ 안전행정의 개선 ⑤ 규정 및 수칙 작업표준 제도의 개선 ⑥ 확인 및 통제체제 개선
5단계	시정책의 적용 (3E 적용)	① 기술적(engineering) 대책 ② 교육적(education) 대책 ③ 단속적(enforcement) 대책

주 3S : ① 표준화(Standardization) ② 전문화(Specification) ③ 단순화(Simplification)
4S에는 종합화 Synthesization 추가

❿ 무재해운동 이론

(1) 무재해운동의 이념 3원칙

1) 무의 원칙
2) 참가의 원칙
3) 선취 해결의 원칙

(2) 무재해운동 추진의 3기둥(무재해운동의 3요소)

1) 최고 경영자의 경영자세
2) 라인화의 철저(관리감독자에 의한 안전보건의 추진)
3) 직장(소집단)의 자주 활동의 활발화

(3) 브레인 스토밍(B.S. : Brain storming)의 4원칙

1) 비평금지 : 좋다, 나쁘다고 비평하지 않는다.
2) 자유분방 : 마음대로 편안히 발언한다.
3) 대량발언 : 무엇이건 좋으니 많이 발언한다.
4) 수정발언 : 타인의 아이디어에 수정하거나 덧붙여 말하여도 좋다.

(4) 운동 실천의 3원칙

1) 팀 미팅 기법
2) 선취기법
3) 문제 해결기법

⓫ 위험예지 훈련

(1) 위험예지 훈련의 안전 선취를 위한 방법

1) 감수성 훈련
2) 단시간 미팅 훈련
3) 문제 해결 훈련

(2) 위험 예지 훈련의 기존 4라운드 진행방법

1) 1R(현상파악) : 어떤 위험이 잠재하고 있는지 사실을 파악하는 라운드 (BS적용)
2) 2R(본질추구) : 가장 위험한 요인(위험 포인트)을 합의로 결정하는 라운드(요약)
3) 3R(대책수립) : 구체적인 대책을 수립하는 라운드 (BS적용)
4) 4R(목표달성 – 설정) : 수립한 대책 가운데 질이 높은 항목에 합의하는 라운드 (요약)

(3) 단시간 미팅 즉시 적응훈련 진행 요령(TBM 5단계)

1) 제1단계 - 도입(정렬, 인사, 건강 확인, 직장 체조, 목표 제창, 안전 연설)
2) 제2단계 - 점검정비(복장, 보호구, 공구, 사용기기, 재료 등의 점검 정비)
3) 제3단계 - 작업 지시(전달연락 사항, 금일의 작업 지시 5W1H+위험예지, 지적확인 [중점 실시 사항 2point], 복창
4) 제4단계 - 위험예지(설정해 놓은 도해로 one point위험 예지 훈련 실시)
5) 제5단계 - 확인(one point 지적 확인 연습, touch & call, 끝맺음)

(4) 지적확인
작업을 안전하게 오조작 없이 하기 위해 작업공정의 요소요소에서 자신의 행동을(○○ 좋아!) 라고 대상을 지적하여 큰소리로 확인하는 것을 말하는 것으로 대뇌의 긴장도를 높이고 의식수준을 제고하여 작업행동상의 과오를 최소화하려고 하는 기법이다.

(5) Touch & call
팀의 전원이 각자의 왼손을 서로 맞잡아 둥근원을 만들어 팀의 행동목표나 무재해운동의 구호를 지적확인하는 것을 말한다.

⑫ 실수 및 과오의 3대 원인

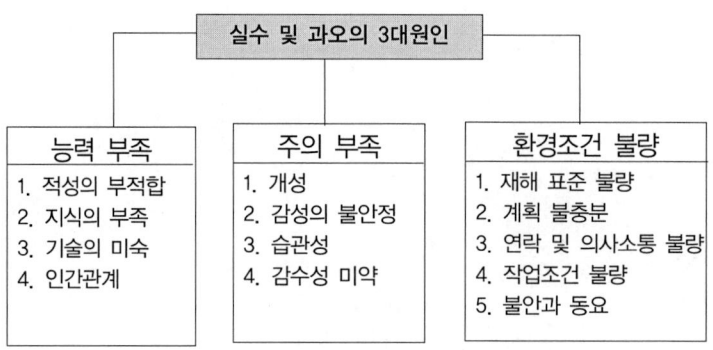

⑬ STOP (safety training observation program)

(1) STOP
감독자를 대상으로 한 안전관찰훈련 과정으로 각 계층의 감독자들이 숙련된 안전관찰(safety observation)을 행할 수 있도록 훈련을 실시함으로서 사고의 발생을 미연에 방지하기 위한 것이다.

(2) 안전 감독 실시법
관찰사이클(observation cycle)

결심(Decide) - 정지(Stop) - 관찰(Observe) - 조치(Act) - 보고(Report)

2. 안전보건관리 체계 및 운영

❶ 안전관리 조직의 형태

(1) 라인(Line)조직형(직계식 조직)

1) 안전관리에 관한 계획에서 실시에 이르기까지 모든 권한이 포괄적이고 직선적으로 행사되며, 안전을 전문으로 분담하는 부분이 없다(생산조직 전체에 안전관리 기능을 부여한다.).
2) 라인형의 장점
   ① 안전지시나 개선조치가 각 부분의 직제를 통하여 생산업무와 같이 흘러가므로 지시나 조치가 철저할 뿐만 아니라 그 실시도 빠르다.
   ② 명령과 보고가 상하관계 뿐이므로 간단명료하다.
3) 라인형의 단점
   ① 안전에 대한 정보가 불충분하며, 안전전문 입안이 되어 있지 않아 내용이 빈약하다.
   ② 생산업무와 같이 안전대책이 실시되므로 불충분하다.
   ③ 라인에 과중한 책임을 지우기가 쉽다.

(2) 스탭(staff)형(참모식 조직)

1) 안전관리를 담당하는 스탭(참모진)을 두고 안전관리에 관한 계획, 조사, 검토, 권고, 보고 등을 행하는 관리방식이다.
2) 스탭형의 장점
   ① 사업장의 특수성에 적합한 기술연구를 전문적으로 할 수 있다(안전지식 및 기술 축적이 용이).
   ② 경영자의 조언과 자문 역할을 한다.
3) 스탭형의 단점
   ① 생산 부분에 협력하여 안전 명령을 전달 실시하므로 안전 지시가 용이하지 않으며, 안전과 생산을 별개로 취급하기 쉽다.
   ② 생산부분은 안전에 대한 책임과 권한이 없다.
   ③ 권한 다툼이나 조정 때문에 통제 수속이 복잡해지며, 시간과 노력이 소모된다.

(3) 라인(line) · 스탭(staff)형의 복합형(직계, 참모식 조직)

1) 라인형과 스탭형의 장점을 취한 절충식 조직 형태로 안전업무를 전문으로 담당하는 스탭 부분을 두고 생산 라인의 각층에도 겸임 또는 전임의 안전 담당자를 두어서 안전대책은 스탭 부분에서 기획하고, 이것을 라인을 통하여 실시하도록 한 조직 방식이다.
2) 라인 · 스탭형의 장점
   ① 스탭에 의해 입안된 것을 경영자의 지침으로 명령 실시하도록 하므로 정확신속하게 실시된다.
   ② 안전입안 계획 평가 조사는 스탭에서, 생산기술의 안전대책은 라인에서 실시하므로 안전활동과 생산업무가 균형을 유지할 수 있다.
3) 라인 · 스탭형의 단점
   ① 명령계통과 조언 권고적 참여가 혼동되기 쉽다.
   ② 라인이 스탭에만 의존하거나 또는 활용치 않는 경우가 있다.
   ③ 스탭의 월권행위의 경우가 있다.

❷ 산업안전보건법상의 안전 보건관리 조직 업무내용

(1) 안전보건관리책임자의 업무내용

1) 산업재해 예방계획의 수립에 관한 사항
2) 안전보건관리규정의 작성 및 그 변경에 관한 사항
3) 근로자의 안전 · 보건교육에 관한 사항
4) 작업환경의 측정 등 작업환경의 점검 및 개선에 관한 사항
5) 근로자의 건강진단 등 건강관리에 관한 사항
6) 산업재해의 원인조사 및 재발방지대책의 수립에 관한 사항
7) 산업재해에 관한 통계의 기록, 유지에 관한 사항
8) 안전장치 및 보호구 구입시의 적격품 여부 확인에 관한 사항
9) 기타 근로자의 유해, 위험예방조치에 관한 사항으로 고용노동부령이 정하는 사항

(2) 안전관리자의 업무내용

1) 산업안전보건위원회 또는 안전·보건에 관한 노사협의체에서 심의·의결한 업무와 해당 사업장의 안전보건관리규정 및 취업규칙에서 정한 직무
2) 안전인증대상 기계·기구 등과 자율안전확인대상 기계·기구 등의 구입시 적격품의 선정에 관한 보좌 및 지도·조언
3) 위험성 평가에 관한 보좌 및 지도·조언
4) 해당 사업장 안전교육계획의 수립 및 안전교육 실시에 관한 보좌 및 지도·조언

5) 사업장 순회점검·지도 및 조치의 건의
6) 산업재해 발생의 원인 조사·분석 및 재발방지를 위한 기술적 보좌 및 지도·조언
7) 산업재해에 관한 통계의 유지·관리·분석을 위한 보좌 및 지도·조언
8) 업무 수행 내용의 기록·유지
9) 그 밖에 안전에 관한 사항으로서 고용노동부장관이 정하는 사항

(3) 안전보건총괄책임자의 직무 등(시행령 제53조)

1) 위험성평가의 실시에 관한 사항
2) 급박한 위험이 있을 때 또는 중대재해가 발생하였을 때 작업의 중지
3) 도급 시 산업재해 예방조치
4) 산업안전보건관리비의 관계수급인 간의 사용에 관한 협의·조정 및 그 집행의 감독
5) 안전인증대상기계등과 자율안전확인대상기계등의 사용 여부 확인

❸ 산업안전보건위원회

(1) 산업안전보건위원회를 설치·운영해야 할 사업의 종류 및 규모(시행령 별표 6의2)

사업의 종류	규 모
1. 토사석 광업 2. 목재 및 나무제품 제조업 : 가구 제외 3. 화학물질 및 화학제품 제조업 : 의약품 제외(세제, 화장품 및 광택제 제조업과 화학섬유 제조업은 제외) 4. 비금속 광물제품 제조업 5. 1차 금속 제조업 6. 금속가공제품 제조업 : 기계 및 기구는 제외 7. 자동차 및 트레일러 제조업 8. 기타 기계 및 장비 제조업(사무용 기계 및 장비 제조업은 제외) 9. 기타 운송장비 제조업(전투용 차량 제조업은 제외)	상시근로자 50명 이상
10. 농업 11. 어업 12. 소프트웨어 개발 및 공급업 13. 컴퓨터 프로그래밍, 시스템 통합 및 관리업 14. 정보서비스업 15. 금융 및 보험업 16. 임대업 : 부동산 제외 17. 전문 과학 및 기술 서비스업(연구개발업은 제외) 18. 사업지원 서비스업 19. 사회복지 서비스업	상시근로자 300명 이상
20. 건설업	공사금액 120억원 이상 (토목공사업에 해당하는 공사의 경우에는 150억원 이상)
21. 제1호부터 제20호까지의 사업을 제외한 사업	상시근로자 100명 이상

(2) 위원회의 구성

1) 사용자위원
   ① 해당 사업의 대표자(사업장의 최고 책임자)
   ② 산업보건의(선임되어 있는 경우에 한함)
   ③ 안전관리자 1명, 보건관리자 1명
   ④ 해당 사업의 대표자가 지명하는 9명 이내의 해당 사업장 부서의 장
2) 근로자위원
   ① 근로자대표(노동조합이 있는 경우에는 노동조합의 대표자)
   ② 근로자대표가 지명하는 근로자 9명 이내
   ③ 근로자대표가 지명하는 1명 이상의 명예산업안전감독관(감독관이 위촉되어 는 경우에 한함)

(3) 위원회의 심의·의결 사항

1) 안전보건관리책임자의 업무에 관한 사항
2) 중대재해의 원인조사 및 재발방지대책의 수립에 관한 사항
3) 유해·위험기계·기구와 그밖에 설비를 도입한 경우 안전보건조치에 관한 사항

(4) 위원회의 운영

1) 위원장은 위원 중에서 호선한다. 이 경우 근로자위원과 사용자위원 중 각 1명을 공동위원장으로 선출할 수 있다.
2) 위원회는 3개월마다 정기적으로 개최하며 필요시 임시회를 개최할 수도 있다.

❹ 안전관리 규정

(1) 법상의 안전·보건관리규정에 포함시켜야 할 사항

1) 안전보건관리조직과 그 직무에 관한 사항
2) 안전보전교육에 관한 사항
3) 작업장 안전관리에 관한 사항
4) 작업장 보건관리에 관한 사항
5) 사고조사 및 대책수립에 관한 사항
6) 그밖에 안전보건에 관한 사항

(2) 안전관리규정 작성상의 유의 사항

1) 규정된 기준은 법정기준을 상회하도록 할 것.
2) 관리자층의 직무와 권한, 근로자에게 강제 또는 요청한 부분을 명확히 할 것.

3) 관계 법령의 제 개정에 따라 즉시 개정이 되도록 라인(Line) 활용에 쉬운 규정이 되도록 할 것.
4) 작성 또는 개정시에 현장의 의견을 충분히 반영시킬 것.
5) 규정내용은 정상 시는 물론 이상 시 사고 및 재해 발생시의 조치에 관하여도 규정할 것.

❺ 안전관리 계획

(1) 계획수립시의 유의 사항

1) 사업장의 실태에 맞도록 독자적으로 수립하되, 실현가능성이 있도록 한다.
2) 직장단위로 구체적 계획을 작성한다.
3) 계획상의 재해 감소 목표는 점진적으로 수준을 높이도록 한다.
4) 근본적인 안전대책을 강구한다.
5) 복수적인 계획안을 내어 그 중에서 선택한다.

(2) 계획내용의 구비조건

1) 구체적인 내용일 것.
2) 타관리 재계획과 균형이 맞을 것.
3) 장기적인 관점에서 일관성이 있을 것
4) 실시 가능한 것일 것
5) 이해 하기가 용이할 것

(3) 안전관리의 사이클(계획의 운용) : 관리의 사이클을 회전시킨다(P → D → C → A).

1) Plan(계획) : 목표를 정하고 달성하는 방법을 계획한다.
2) Do(실시) : 교육, 훈련을 하고 실행에 옮기는 것이다.
3) Check(검토) : 결과를 검토하는 것이다.
4) Action(조치) : 검토한 결과에 의해 조치를 취하는 것이다.

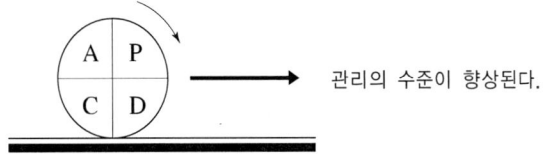

▲ 관리의 사이클

6 안전보건개선계획

(1) 안전보건개선계획 수립대상 사업장(법 규정)
1) 산업재해율이 같은 업종의 규모별 평균 산업재해율보다 높은 사업장
2) 사업주가 안전보건조치 의무를 이행하지 아니하여 중대재해가 발생한 사업장
3) 유해인자의 노출기준을 초과한 사업장
4) 대통령령으로 정하는 수 이상의 직업성질병자가 발생한 사업장

(2) 안전보건진단을 받아 개선계획을 수립, 제출해야 되는 사업장(법규정)
1) 사업자가 필요한 안전조치·보건조치를 이행하지 아니하여 중대재해가 발생한 사업장
2) 산업재해율이 같은 업종 평균 산업재해율의 2배 이상인 사업장
3) 직업병 질병자가 연간 2명 이상(상시 근로자 1,000명 이상 사업장의 경우 3명 이상)인 사업장
4) 작업환경불량, 화재·폭발 또는 누출사고 등으로 사업장 주변까지 피해가 확산된 사업장으로서 고용노동부령으로 정하는 사업장

(3) 안전·보건 개선계획서에 포함해야 되는 내용(시행규칙)
① 시설
② 안전·보건교육
③ 안전·보건관리체제
④ 산업재해예방 및 작업환경의 개선을 위하여 필요한 사항

3. 재해빈발성 및 행동과학

❶ 재해조사의 목적

동종재해 및 유사재해의 재발방지

❷ 재해발생시의 조치사항

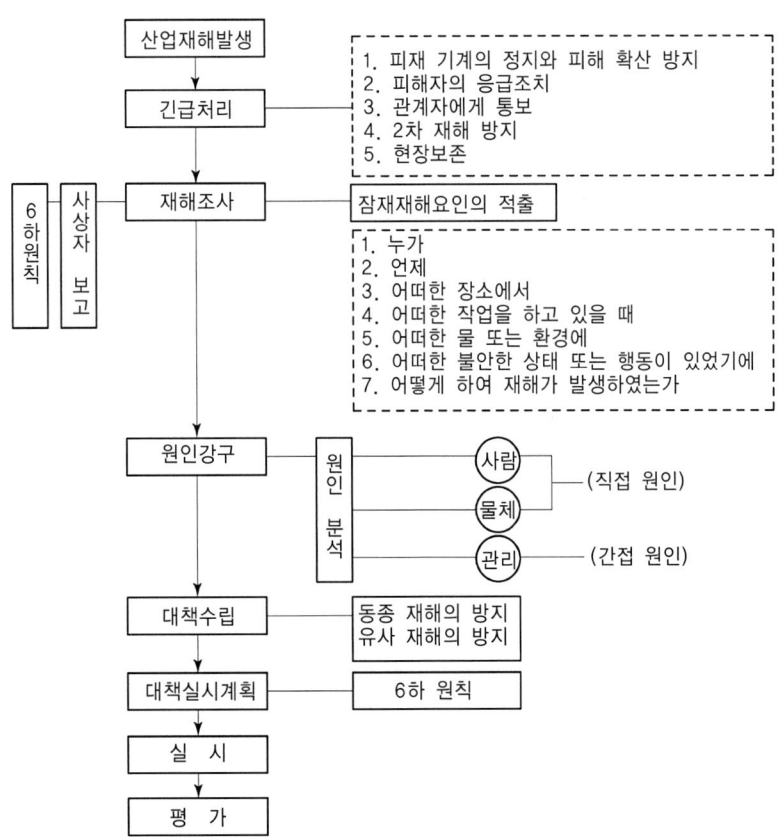

❸ 재해발생의 메카니즘(mechanism)

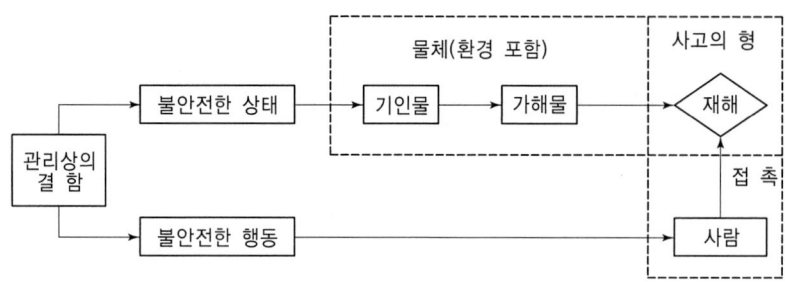

▲ 재해발생의 기본적 모델

(1) 사고의 형(型) : 물체와 사람과의 접촉의 현상을 말한다.

1) 물체가 사람에 직접 접촉한 현상
2) 사람이 유해 환경 하에 폭로된 현상

(2) 기인물과 가해물

1) 기인물 : 불안전한 상태에 있는 물체(환경포함)
2) 가해물 : 직접 사람에게 접촉되어 위해를 가한 물체

❹ 통계적 원인 분석 방법

(1) 파렛토도 : 분류 항목을 큰 순서대로 도표화 한 분석법

(2) 특성 요인도 : 특성과 요인관계를 도표로하여 어골상으로 세분화 한분석법

(3) 크로스(Cross)분석 : 데이터(data)를 집계하고 표로 표시하여 요인별 결과 내역을 교차한 크로스 그림을 작성하여 분석하는 방법

(4) 관리도 : 재해발생 건수 등의 추이를 파악하여 목표관리를 행하는데 필요한 월별 재해발생수를 그래프화하여 관리선을 설정관리하는 방법

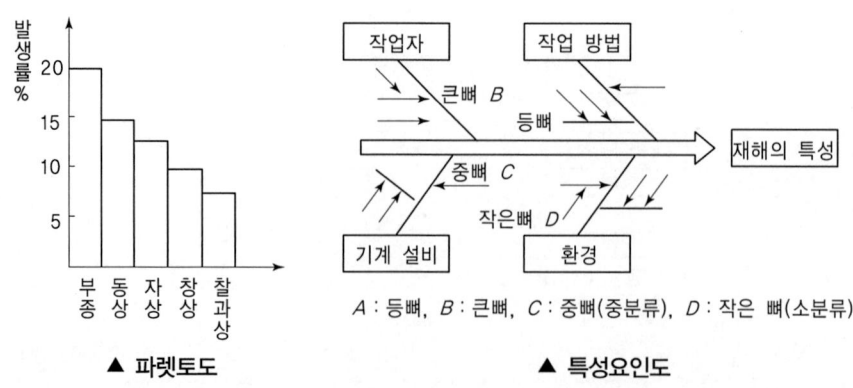

▲ 파렛토도　　　　　　　　　　▲ 특성요인도

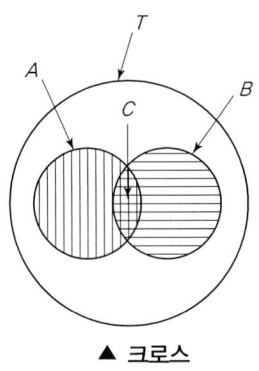
▲ 크로스

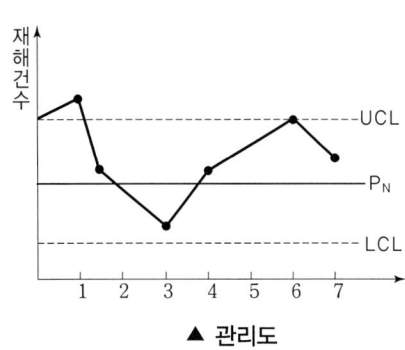
▲ 관리도

5 재해율

(1) 연천인율(年千人率) : 근로자 1,000인당 1년간에 발생하는 사상자수를 나타낸다.

$$연천인율 = \frac{사상자수}{연평균근로자수} \times 1,000$$

1) 사상자수 : 사망자, 부상자, 직업병의 환자수를 합한 것
2) 월천인율 $= \dfrac{월사상자수}{월평균근로자수} \times 1,000$

(2) 도수율(Frequency Rate of Injury : FR) : 산업재해의 발생빈도를 나타내는 것으로, 연 근로시간 합계 100만 시간당의 재해발생건수이다.

$$도수율 = \frac{재해발생건수}{연근로시간수} \times 10^6$$

1) 연근로시간수 : 1일 8시간, 1개월 25일, 연 300일을 시간으로 환산한 연 2,400시간
   연근로시간수 = 2,400×근로자수
2) 도수율(빈도율) : 재해의 양을 나타냄

(3) 연천인율과 도수율과의 관계

1) 연천인율 = 도수율×2.4
2) 도수율 $= \dfrac{연천인율}{2.4}$

(4) 강도율(Severity Rate of Injury : SR) : 재해의 경중, 즉 강도를 나타내는 척도로서 연 근로시간 1,000시간당 재해에 의해서 잃어버린 근로손실일수를 말한다.

$$강도율 = \frac{근로손실일수}{연근로시간수} \times 1,000$$

1) 근로손실일수의 산정기준(국제기준)
   ① 사망 및 영구전노동불능(신체장해등급 : 1-3) : 7500일
   ② 영구일부노동불능(신체장해등급 : 4-14) : 다음과 같다

신체장해등급	4	5	6	7	8	9	10	11	12	13	14
근로손실일수	5,500	4,000	3,000	2,200	1,500	1,000	600	400	200	100	50

2) 일시전노동불능 : 근로손실일수 = 휴업일수×300/365

(5) 환산 도수율 및 환산 강도율

1) 입사에서 퇴직할 때까지 평생 동안(40년)의 근로시간인 10만시간당 재해건수를 환산 도수율이라 한다.

$$환산\ 도수율(F) = \frac{도수율}{10}$$

2) 10만시간당 근로손실일수를 환산 강도율이라 한다.

$$환산\ 강도율(S) = 강도율 \times 100$$

(6) 종합재해지수(도수강도치 : F.S.I)

$$도수강도치(F.S.I) = \sqrt{도수율(F) \times 강도율(S)}$$

6 세이프 티 스코어(Safe T. score)

(1) 세이프 티 스코어 : 과거와 현재의 안전 성적을 비교 평가하는 방법으로 단위가 없으며 계산결과(+)이면 나쁜 기록, (−)이면 과거에 비해 좋은 기록으로 본다.

$$세이프\ 티\ 스코어 = \frac{빈도율(현재) - 빈도율(과거)}{\sqrt{\frac{빈도율(과거)}{근로총시간수(현재)} \times 10^6}}$$

(2) 판정기준

1) +2.0 이상인 경우 : 과거보다 심각하게 나빠짐
2) +2.0 ~ −2.0 : 심각한 차이 없음
3) −2.0 이하 : 과거보다 좋아짐

7 재해손실비

(1) 하인리히(Heinrich) 방식

총재해 cost = 직접비 + 간접비

1) 직접비 : 간접비 = 1 : 4
2) 직접비 : 법령으로 정한 피해자에게 지급되는 산재보상비를 말한다.
   ① 휴업보상비 : 평균임금의 100분의 70에 상당하는 금액
   ② 장해보상비 : 신체장해가 남는 경우에 장해등급에 의한 금액
   ③ 요양보상비 : 요양비의 전액
   ④ 장의비 : 평균임금의 120일 분에 상당하는 금액
   ⑤ 유족보상비 : 평균임금의 1,300일분에 상당하는 금액
   ⑥ 기타 유족특별보상비, 장해특별보상비, 상병보상연금 등
3) 간접비 : 재산손실, 생산중단 등으로 기업이 입은 손실로서 정확한 산출이 어려울 때에는 직접비의 4배로 산정하여 계산한다.
   ① 인적손실 : 본인 및 제3자에 관한 것을 포함한 시간손실
   ② 물적손실 : 기계, 공구, 재료, 시설의 복구에 소비된 시간손실 및 재산손실
   ③ 생산손실 : 생산 감소, 생산중단, 판매 감소 등에 의한 손실
   ④ 기타손실 : 병상위문금, 여비 및 통신비, 입원중의 잡비, 장의비용 등

(2) 시몬즈(R.H.Simonds)방식

총재해 cost = 산재보험 코스트 + 비 보험 코스트

1) 산재보험 코스트 : 산업재해보상보험법에 의해 보상된 금액과 보험회사의 보상에 관련된 제 경비 및 이익금을 합친 금액
2) 비 보험 코스트 = (휴업상해건수×A) + (통원상해건수×B) + (응급조치건수×C) + (무상해 사고 건수×D)
   여기서 A, B, C, D는 장해 정도별에 의한 비 보험 코스트의 평균치

8 재해사례 연구의 진행단계

(1) 전제조건 : 재해 상황의 파악(재해 상황)

(2) 제1단계 : 사실의 확인

(3) 제2단계 : 문제점의 발견

(4) 제3단계 : 근본적 문제점 결정

(5) 제4단계 : 대책의 수립

> 산업재해예방 및
> 안전보건교육

4. 안전보건교육의 내용 및 방법

❶ 안전점검

(1) 안전점검의 종류

1) 수시점검 : 작업 전, 중, 후에 실시하는 점검
2) 정기점검 : 일정기간마다 정기적으로 실시하는 점검
3) 특별점검
   ① 기계·기구·설비의 신설시·변경 내지 고장수리시 실시하는 점검
   ② 천재지변발생 후 실시하는 점검
   ③ 안전강조 기간 내에 실시하는 점검
4) 임시점검 : 이상 발견시 임시로 실시하는 점검, 정기점검과 정기점검 사이에 실시하는 점검

(2) 안전점검의 목적(의미)

1) 설비의 안전 확보(결함이나 불안전 조건의 제거)
2) 설비의 안전상태 유지 및 본래의 성능유지
3) 인적인 안전행동상태의 유지
4) 합리적인 생산관리(생산성 향상)

(3) 체크리스트에 포함되어야 할 사항(체크리스트 작성 항목)

1) 점검대상
2) 점검부분(점검개소)
3) 점검항목(점검내용 : 마모, 균열, 부식, 파손, 변형 등)
4) 점검주기 또는 기간(점검시기)
5) 점검방법(육안점검, 기능점검, 기기점검, 정밀점검)
6) 판정기준(자체검사기준, 법령에 의한 기준, KS기준 등)
7) 조치사항(점검결과에 따른 결함의 시정사항)

(3) 안전점검의 순환과정 : 다음의 4가지 과정으로 구분되며, 이 4가지 과정을 되풀이 함으로써 작업장의 안전성이 높아진다.

1) 현상의 파악
2) 결함의 발견
3) 시정대책의 선정
4) 대책의 실시

❷ 작업표준

(1) 작업표준의 목적

1) 작업의 효율화
2) 위험요인의 제거
3) 손실요인의 제거

(2) 작업표준의 구비조건

1) 작업의 실정에 적합할 것
2) 표현은 구체적으로 나타낼 것
3) 이상시의 조치기준에 대해 정해 둘 것
4) 생산성과 품질의 특성에 적합할 것
5) 좋은 작업의 표준일 것
6) 다른 규정 등에 위배되지 않을 것

❸ 작업위험 분석

(1) 작업개선 단계

1) 1단계 : 작업분해
2) 2단계 : 세부내용 검토
3) 3단계 : 작업분석
4) 4단계 : 새로운 방법의 적용

(2) 작업분석 방법(E.C.R.S) : 새로운 작업방법의 개발원칙

1) 제거(eliminate)
2) 결합(combine)
3) 재조정(rearrange)
4) 단순화(simplify)

(3) 작업위험분석 방법(작업위험 색출방법)

1) 면접
2) 관찰
3) 설문방법
4) 혼합방식

(4) 동작분석의 목적

1) 표준 동작의 설정
2) 모션마인드(motion mind)의 체질화
3) 동작계열의 개선

4 동작 경제의 3원칙

(1) 동작능력의 활용의 원칙

1) 발 또는 왼손으로 할 수 있는 것은 오른손을 사용하지 않는다.
2) 양손으로 동시에 작업을 시작하고 동시에 끝낸다.
3) 양손이 동시에 쉬지 않도록 함이 좋다.

(2) 작업량 절약의 원칙

1) 적게 움직이게 한다.
2) 재료나 공구는 취급하는 부근에 정돈한다.
3) 동작의 수를 줄인다.
4) 동작의 량을 줄인다.
5) 물건을 장시간 취급할 경우에는 장구를 사용할 것

(3) 동작개선의 원칙

1) 동작이 자동적으로 이루어지는 순서로 한다.
2) 양손은 동시에 반대의 방향으로, 좌우 대칭적으로 운동한다.
3) 관성, 중력, 기계력 등을 이용한다.
4) 작업장의 높이를 적당히 하여 피로를 줄인다.

❺ 안전인증

(1) 안전인증대상 및 자율안전 확인 대상기계·기구 (시행령 제28조, 제28조의 5)

구 분	안전인증대상 기계·기구	자율안전확인대상 기계·기구
기계·기구 및 설비	① 프레스 ② 전단기 및 절곡기 ③ 크레인 ④ 리프트 ⑤ 압력용기 ⑥ 롤러기 ⑦ 사출성형기 ⑧ 고소작업대 ⑨ 곤돌라	① 연삭기 또는 연마기(휴대형은 제외) ② 산업용 로봇 ③ 혼합기 ④ 파쇄기 또는 분쇄기 ⑤ 식품가공용 기계(파쇄·절단·혼합·제면기만 해당) ⑥ 컨베이어 ⑦ 자동차정비용 리프트 ⑧ 공작기계(선반, 드릴기, 평삭·형삭기, 밀링만 해당) ⑨ 고정형 목재가공용기계(둥근톱, 대패, 루타기, 띠톱, 모떼기 기계만 해당) ⑩ 인쇄기
방호장치	① 프레스 및 전단기 방호장치 ② 양중기용 과부하방지장치 ③ 보일러 압력방출용 안전밸브 ④ 압력용기 압력방출용 안전밸브 ⑤ 압력용기 압력방출용 파열판 ⑥ 절연용 방호구 및 활선작업용 기구 ⑦ 방폭구조 전기기계·기구 및 부품 ⑧ 추락·낙하 및 붕괴 등의 위험방지 및 보호에 필요한 가설기자재로서 고용노동부장관이 정하여 고시하는 것	① 아세틸렌 용접장치용 또는 가스집합 용접장치용 안전기 ② 교류아크 용접기용 자동전격방지기 ③ 롤러기 급정지장치 ④ 연삭기 덮개 ⑤ 목재가공용 둥근 톱 반발예방장치와 날접촉예방장치 ⑥ 동력식 수동 대패용 칼날접촉방지장치
보호구	① 추락 및 감전 위험방지용 안전모 ② 차광 및 비산물 위험방지용 보안경 ③ 방진마스크 ④ 방독마스크 ⑤ 송기마스크 ⑥ 전동식 호흡보호구 ⑦ 방음용 귀마개 또는 귀덮개 ⑧ 용접용 보안면 ⑨ 안전장갑 ⑩ 안전화 ⑪ 안전대 ⑫ 보호복	① 안전모(추락 및 감전위험방지용 제외) ② 보안경(차광 및 비산물 위험방지용 제외) ③ 보안면(용접용 제외)

(2) 안전인증심사의 종류 및 내용·심사기간(시행규칙 제58조의 4)

심사의 종류	심사의 내용	심사기간
1. 예비심사	안전인증대상 기계기구 등인지를 확인하는 심사(안전인증을 신청한 경우만 해당)	7일
2. 서면심사	종류별 또는 형식별로 설계도면 등 제품기술과 관련된 문서가 안전인증기준에 적합한지 여부에 대한 심사	15일(외국에서 제조한 경우는 30일)
3. 기술능력 및 생산체계심사	안전성능을 지속적으로 유지·보증하기 위하여 사업장에서 갖추어야 할 기술능력과 생산체계가 안전인증기준에 적합한지에 대한 심사(수입자가 안전인증을 받은 경우 생략)	30일(외국에서 제조한 경우는 45일)
4. 제품심사 (안전성능이 안전인증기준에 적합한지에 대한 심사)	(1) 개별제품심사 : 서면심사결과가 안전인증기준에 적합할 경우에 모두에 대하여 하는 심사	15일
	(2) 형식별제품검사 : 서면심사와 기술능력 및 생산체계 심사결과가 안전인증기준에 적합할 경우에 형식별로 표본을 추출하여 하는 심사	30일(단, 추락 및 감전위험 방지용 안전화, 안전장갑, 방진마스크, 방독마스크, 송기마스크, 전동식 호흡보호구, 보호복은 60일)

6 안전검사

(1) 안전검사대상 유해·위험기계 등(시행령 제28조의 6)

1) 프레스
2) 전단기
3) 크레인(정격하중 2톤 미만인 것은 제외)
4) 리프트
5) 압력용기
6) 곤돌라
7) 국소배기장치(이동식은 제외)
8) 원심기(산업용에 한정)
9) 롤러기(밀폐형 구조는 제외)
10) 사출성형기(형 체결력 294킬로뉴튼(kN)미만은 제외)
11) 고소작업대(화물자동차 또는 특수자동차에 탑재한 고소작업대로 한정)
12) 컨베이어
13) 산업용 로봇

(2) 안전검사의 주기(시행규칙 제126조)

1) 크레인, 리프트 및 곤돌라 : 사업장에 설치가 끝난 날부터 3년 이내에 최초 안전검사를 실시하되, 그 이후부터 매 2년(건설현장에서 사용하는 것은 최초로 설치한 날부터 6개월 마다)

2) 그 밖의 유해·위험기계 등 : 사업장에 설치가 끝난 날부터 3년 이내에 최초 안전검사를 실시하되, 그 이후부터 매 2년마다(공정안전보고서를 제출하여 확인을 받은 압력용기는 4년마다)

(3) 재료에 대한 검사

1) 인장검사 : 비례한도, 탄성한도, 항복점, 내력, 인장강도, 신장률, 조임률, 응력 등을 측정할 수 있다.

2) 비파괴검사의 종류
  ① 육안검사   ② 누설검사
  ③ 침투검사   ④ 초음파검사
  ⑤ 자기탐상 검사(자분검사)   ⑥ 음향검사
  ⑦ 방사선투과검사

3) 초음파검사의 종류 : 반사법, 공진법, 수적탐사법

5. 안전 보호구 관리

산업재해예방 및 안전보건교육

❶ 보호구의 개요

(1) 보호구의 구비조건
1) 착용이 간편하고 작업에 방해가 되지 않을 것.
2) 대상물(유해위험물)에 대하여 방호가 완전할 것.
3) 재료의 품질이 우수할 것
4) 구조 및 표면가공이 우수할 것.
5) 외관이 보기 좋을 것.

(2) 안전인증대상 보호구

안전인증대상 보호구	자율안전확인대상
① 추락 및 감전 위험방지용 안전모 ② 차광 및 비산물 위험방지용 보안경 ③ 용접용 보안면 ④ 방진마스크 ⑤ 방독마스크 ⑥ 송기마스크 ⑦ 전동식 호흡보호구 ⑧ 안전장갑 ⑨ 안전대 ⑩ 안전화 ⑪ 보호복 ⑫ 방음용 귀마개 또는 귀덮개	① 안전모(추락 및 감전위험방지용 제외) ② 보안경(차광 및 비산물 위험방지용 제외) ③ 보안면(용접용 제외)

❷ 안전모

(1) 안전모의 종류

종류(기호)	사 용 구 분
AB	낙하 및 비래, 추락방지용
AE	낙하 및 비래, 감전 방지용(내전압성)
ABE	낙하 및 비래, 추락[1], 감전방지용(내전압성[2])

1) 추락 : 높이 2m 이상의 고소작업, 굴착작업 및 하역작업 등에 있어서의 추락을 의미한다.
2) 내전압성 : 7000볼트 이하의 전압에서 견디는 것을 말한다.

(2) 재료의 성질

1) 쉽게 부식하지 않는 것
2) 피부에 해로운 영향을 주지 않는 것
3) 사용목적에 따라 내열성, 내한성 및 내수성을 보유할 것
4) 충분한 강도를 가질 것
5) 모체의 표면을 밝고 선명한 색채로 할 것(백색이 가장 좋으나 황색이 많이 쓰임)

(3) 안전모의 일반구조

1) 안전모의 착용높이는 85mm 이상이고 외부수직거리는 80mm 미만일 것
2) 안전모의 내부수직거리는 25mm 이상 50mm 미만일 것
3) 안전모의 수평간격은 5mm 이상일 것
4) 턱끈의 폭은 10mm 이상일 것
5) 안전모의 모체, 착장체 및 충격흡수재를 포함한 질량은 440g을 초과하지 않을 것.

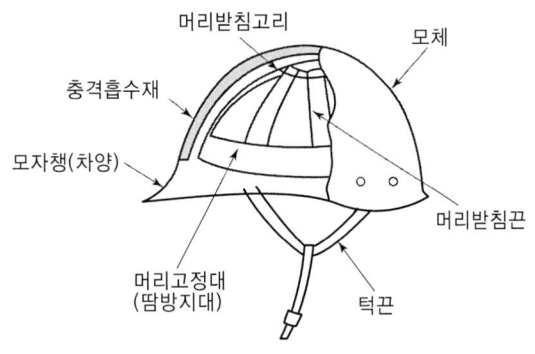

▲ 안전모의 구조

(4) 안전모의 성능 시험 항목

1) 내관통성 시험
   ① 450g의 철제추를 낙하점이 안전모 모체정부에서 76mm안이 되도록 하여 높이 3m에서 자유낙하 시켜 관통거리를 측정한다.
   ② 합격기준 : AE와 ABE는 관통거리가 9.5mm 이하, AB는 관통거리가 11.1mm 이하일 것.

2) 충격흡수성 시험
   ① 3.6kg(8파운드)의 철제 충격추를 모체정부 76mm 안에 높이 1.524m(5피트)에서 자유낙하 시켜 전달 충격력을 측정한다.
   ② 합격기준 : 최고전달충격력이 4,450N(1,000파운드)를 초과하지 않을 것

3) 내전압성 시험(AE와 ABE)
   ① 모체를 수중에 넣은 후 전극을 담그고 주파수 60Hz의 정현파에 가까운 20kV의 전압을 가하여 1분간 이에 견디는 가를 조사한 후 충전전류를 측정한다.
   ② 합격기준 : 20kV의 전압에 1분간 견디고 충격전류가 10mA 이하일 것.

4) 내수성 시험 (AE와 ABE)
   ① 모체를 20~25℃의 수중에 24시간 담가 놓은 후 대기 중에 꺼내어 무게 증가율을 산출한다.
   ② 합격기준 : 무게(질량)증가율이 1% 미만일 것.

$$\text{무게 증가율}(\%) = \frac{\text{담근 후의 무게} - \text{담그기전의 무게}}{\text{담그기 전의 무게}} \times 100$$

5) 난연성 시험
   ① 모체 정부로부터 50~100mm 사이로 불꽃 접촉면이 수평이 된 상태에서 10초간 연소시킨 후 모체의 재료가 불꽃을 내고 계속 연소되는 시간을 측정한다.
   ② 합격기준 : 불꽃을 내며 5초 이상 타지 않을 것

6) 턱끈 풀림시험 : 15N 이상 250N 이하에서 턱끈이 풀려야 한다.

❸ 눈의 보호구(보안경)

(1) 보안경의 종류 및 구비조건

1) 보안경의 종류(고용노동부 고시)

종 류	사 용 구 분	렌즈의 재질
차광안경	눈에 대하여 해로운 자외선 및 적외선 또 강렬한 가시광선(이하 유해광선이라 한다.)이 발생하는 장소에서 눈을 보호하기 위한 것.	유리 및 플라스틱
유리 보호안경	미분, 칩, 기타 비산물로부터 눈을 보호하기 위한 것.	유 리
플라스틱 보호안경	미분, 칩, 기타 비산물로부터 눈을 보호하기 위한 것.	플라스틱
도수렌즈 보호안경	근시, 원시 혹은 난시인 근로자가 차광안경, 유리보호안경을 착용해야 하는 장소에서 작업하는 경우, 빛이나 비산물 및 기타 유해 물질로부터 눈을 보호함과 동시에 시력을 교정하기 위한 것.	유리 및 플라스틱

2) 안전인증대상 보안경의 구분

의무안전인증(차광보안경)	자율안전확인
1. 자외선용 2. 적외선용 3. 복합용(자외선 및 적외선) 4. 용접용(자외선, 적외선 및 강렬한 가시광선)	1. 유리보안경 2. 플라스틱 보안경 3. 도수렌즈보안경

(2) 차광안경

1) 차광보안경의 성능기준
   ① 시야범위 : 수평 22.0mm, 수직 20.0mm 이상일 것
   ② 표면 : 표면에 기포, 발포, 반점, 성형자국, 구멍, 침전물 등이 없을 것
   ③ 내노후성 : 고온안정성 시험 후 보안경의 변형이 없어야 하고, 자외선 조사 후 시감투과율 차이가 적합할 것
   ④ 내충격성 : 필터에 파손이나 변형이 없을 것
   ⑤ 내식성 : 부식이 없을 것
   ⑥ 내발화성 : 발화 또는 적열이 없을 것

2) 차광안경의 구비 조건(①, ②렌즈의 광학 특성)
   ① 커버렌즈. 커버플레이트는 가시광선을 적당히 투과하여야 한다.(89% 이상 통과)
   ② 자외선 및 적외선은 허용치 이하로 약화시켜야 한다.
   ③ 아이 캡(eye cap) 형에서는 시계 105° 이상으로 통기성의 구조를 갖추어야 한다.
   ④ 필터렌즈, 필터플레이트 색은 무채색 또는 황적색, 황색, 녹색, 청색 등의 색이어야 한다.

(3) 유리 보호안경 및 플라스틱 보호안경(방진안경)

1) 방진안경의 렌즈의 구비조건
   ① 렌즈가 신품인 경우 투과율은 투과광선의 약 90%를 투과하는 것으로 보통 70%를 내려서서는 안된다.
   ② 광학적으로 질이 좋아 두통을 일으키지 않아야 한다.
   ③ 렌즈에는 줄이나 흠, 기포, 삐뚤어짐 등이 없어야 한다.
   ④ 렌즈의 강도가 요구될 때는 강화렌즈를 사용할 필요가 있다.
   ⑤ 렌즈의 양면은 매끄럽고 평행해야 한다.

2) 방진안경의 성능시험
   ① 겉모양 시험 : 충격으로 렌즈의 가장 자리가 깨지거나 테에서 탈락되어서는 안된다.
   ② 금속부품의 내식성 시험 : 부식 흔적이 있어서는 안된다.
   ③ 렌즈의 성능시험 항목 : 겉모양시험, 평행도 시험, 굴절력시험, 투명도시험, 간섭무늬시험(유리), 내열성 시험(플라스틱), 강도시험, 파쇄면 시험(유리), 표면마모저항시험(플라스틱)

❹ 안면보호구(보안면)

(1) 보안면의 종류 : 비래물, 방사열, 유해광선으로부터 안면전체, 머리를 보호하기 위한 것으로 다음의 종류가 있다.

종류	사 용 구 분	렌즈의 재질
용접용 보안면 (안전인증)	아크 용접 및 가스 용접, 절단 작업시에 발생하는 유해한 자외선, 가시광선 및 적외선으로부터 눈을 보호하고, 용접광 및 열에 의한 화상의 위험에서 용접자의 안면, 머리부분 및 목부분을 보호하기 위한 것	발카나이즈드 파이버 및 유리섬유 강화 플라스틱(FRP)
일반보안면 (자율안전확인)	일반작업 및 용접 작업시 발생하는 각종비산물과 유해한 액체로부터 얼굴(머리의 전면, 이마, 턱, 목앞부분, 코, 입)을 보호하고 눈부심을 방지하기 위해 적당한 보안경위에 겹쳐 착용하는 것	플라스틱

(2) 보안면의 구비조건

1) 경도가 높고 충격에 견디며, 불에 잘 타지 않고 홈으로 인해 시계가 나빠지지 않아야 한다(플라스틱제).
2) 방사열을 효과적으로 차단할 수 있어야 한다(금강제).
3) 방호에 충분한 크기와 형, 내연성, 절기절연성, 방사선이 누출되지 않은 광창, 각종 플레이트의 교환이 용이하고 상해를 주는 각이나 요철이 없어야 한다.

❺ 귀 보호구

(1) 방음 보호구의 종류

형식	종류	기호	적 요
귀마개	1종	EP-1	저음부터 고음까지를 차단하는 것
	2종	EP-2	고음만을 차음하는 것
귀덮개		EM	저음부터 고음까지를 차단하는 것

(2) 방음보호구의 구비조건

1) 귀마개(ear plug) : 귓구멍을 막는 것
   ① 귀에 잘 맞을 것.
   ② 사용 중에 현저한 불쾌감이 없을 것.
   ③ 사용 중에 쉽게 탈락되지 않을 것.
   ④ 분실하지 않도록 적당한 곳에 끈으로 연결 시킬 것.
2) 귀덮개(ear muff) : 귀 전체를 덮는 것
   ① 캡은 귀 전체를 덮어야 하며, 발포 플라스틱 등 흡음재로 감쌀 것
   ② 쿠션은 우레탄폼 또는 공기, 액체를 넣은 플라스틱튜브 등으로 귀 주위에 밀착시키는 구조일 것

③ 머리띠 또는 걸고리 등은 길이 조정이 가능하고 철제 스프링은 탄력성이 있어서 압박감 또는 불쾌감을 주지 않을 것

❻ 호흡용 보호구

[1] 방진마스크

(1) 방진마스크의 종류·구조·선정기준

1) 방진마스크의 종류

종 류		형 상
분리식	격리식	• 전면형 : 안면부가 안면전체를 덮는 것 • 직결형 : 안면부가 입, 코를 덮는 것
	직결식	• 전면형 : 안면부가 안면전체를 덮는 것 • 직결형 : 안면부가 입, 코를 덮는 것
안면부 여과식		• 반면형 : 안면부가 입, 코를 덮는 것
사용조건		산소농도 18% 이상인 장소에서 사용

2) 방진마스크의 선정기준(구비조건)
① 분진포집효율(여과효율)이 좋을 것. ② 흡기, 배기저항이 낮을 것.
③ 사용면적(유효 공간)이 적을 것   ④ 중량이 가벼울 것.
⑤ 시야가 넓을 것(하방 시야 60°이상) ⑥ 안면 밀착성이 좋을 것.
⑦ 피부 접촉부위의 고무질이 좋을 것.

(2) 방진마스크의 등급별 사용장소

등 급	사 용 장 소
특급	• 베릴륨 등과 같이 독성이 강한 물질을 함유한 분진 등 발생장소 • 석면 취급장소
1급	• 특급마스크 착용장소를 제외한 분진 등 발생장소 • 금속 흄 등과 같이 열적으로 생기는 분진 등 발생장소 • 기계적으로 생기는 분진 등 발생장소(규소 등과 같이 2급 마스크를 착용하여도 무방한 경우는 제외)
2급	• 특급 및 1급 마스크 착용장소를 제외한 분진 등 발생장소

단, 배기밸브가 없는 안면부 여과식 마스크는 특급 및 1급 마스크 착용장소에서 사용하여서는 아니된다.

(3) 방진마스크 여과재의 등급별 분진포집효율

종 류	등 급	염화나트륨(NaCl) 및 파라핀 오일(Paraffin oil) 시험(%)
분리식	특급 1급 2급	99.95(%) 이상 94.0(%) 이상 80.0(%) 이상
안면부 여과식	특급 1급 2급	99.0(%) 이상 94.0(%) 이상 80.0(%) 이상

[2] 방독마스크

(1) 방독마스크의 종류

1) 격리식 방독마스크(정화통, 연결관, 흡기밸브, 안면부, 배기밸브 및 머리끈으로 구성) : 가스 또는 증기의 농도가 2%(암모니아는 3%) 이하의 대기 중에서 사용하는 것
2) 직결식 방독마스크(정화통, 흡기밸브, 안면부, 배기밸브 및 머리끈으로 구성) : 가스 또는 증기의 농도가 1%(암모니아는 1.5%) 이하의 대기 중에서 사용하는 것
3) 직결식 소형 방독마스크(정화통, 흡기밸브, 안면부, 배기밸브 및 머리끈으로 구성) : 가스 또는 증기의 농도가 0.1% 이하의 대기 중에서 사용하는 것으로서 긴급용이 아닌 것.

(2) 방독마스크 종류별 시험가스

종 류	시험가스
유기화합물용	시클로헥산(C_6H_{12})
할로겐용	염소가스 또는 증기(Cl_2)
황화수소용	황화수소가스(H_2S)
시안화수소용	시안화수소가스(HCN)
아황산용	아황산가스(SO_2)
암모니아용	암모니아가스(NH_3)

(3) 방독마스크의 일반구조

1) 쉽게 깨어지지 않을 것.
2) 착용자의 시야가 충분할 것.
3) 착용자의 얼굴과 방독마스크 내면 사이의 공간이 너무 크지 않을 것.
4) 착용이 쉽고 착용하였을 때 공기가 새지 않고, 압박감이나 고통을 주지 않을 것.
5) 전면 형 방독마스크는 호기에 의해 눈 주위에 안개가 끼지 않을 것.
6) 정화통, 흡기밸브, 배기밸브 또는 머리끈을 바꿀 수 있는 것은 쉽게 바꿀 수 있는 구조일 것.

(4) 방독마스크의 흡수관(흡수통 또는 정화통)

1) 흡수관 속에 들어 있는 흡수제에 따라 그 종류별로 유효한 적응가스가 정해져 있다.
2) 흡수제 : 활성탄(가장 많이 쓰임), 실리카겔(sillca gel), 소다라임(soda lime), 호프카라이트(hopcalite), 큐프라마이트(kuperamite) 등

[표] 방독마스크의 흡수관

종류	대응독물	주성분
보통가스용 (할로겐가스용)	염소 및 할로겐 류, 포스겐, 유기 및 산성가스	활성탄, 소다라임
산성가스용	염산, 할로겐화수소, 산, 탄산가스, 이산화질소, 산화질소	소다라임, 알카리제제
유기가스용	유기가스 및 증기, 이황화탄소	활성탄
일산화탄소용	TEL, 일산화탄소	호프카라이트. 방습제
암모니아용	암모니아	큐프라마이트
아황산용	아황산 및 황산 미스트	산화금속, 알카리제제
청산용	청산 및 청화물 증기	산화금속, 알카리제제
황화수소용	황화수소	금속염류, 알카리제제

3) 흡수관의 파과 : 흡수관의 제독 능력에는 한계가 있으며, 흡수관속의 흡수제가 포화되어 흡수능력을 상실하면 유해가스가 제거되지 않은 채 통과되고 마는데, 이런 상태를 흡수관의 파과라 한다.

4) 흡수관의 유효시간 : $\dfrac{표준유효시간 \times 시험가스농도}{사용한\ 환기중의\ 유해가스농도}$

5) 정화통의 외부 측면의 표시색

종류	표시색
유기화합물용 정화통	갈색
할로겐용 정화통	회색
황화수소용 정화통	
시안화수소용 정화통	
아황산용 정화통	노란색
암모니아용 정화통	녹색
복합용 및 겸용의 정화통	• 복합용의 경우 : 해당가스 모두 표시(2층 분리) • 겸용의 경우 : 백색과 해당가스 모두 표시(2층 분리)

[3] 공기 공급식 마스크(송기마스크)

(1) 자급식 : 공기, 산소 또는 산소 발생물질을 착용자가 직접 운반하고 이를 흡수하는 식으로 SCBA(self-contained breathing apparatus)라고 불리운다.

(2) 호스 마스크(hose mask) : 전면형 마스크, 꼬이지 않는 호흡관, 착장대 및 직경이 크고 꼬이지 않는 공기공급용 호스로 구성되며, 송풍기형과 폐력 흡인식이 있다.

(3) 에어-라인 마스크(air-line mask) : 압축기가 가압 공기 실린더에서 직경이 작은 에어라인을 통하여 공기를 공급하는 것으로, 일정유량형, 디맨드(demand)형, 압력 디맨드(pressure demand)형이 있다.

❼ 손의 보호구

(1) 절연장갑의 재료 및 외형
1) 재료의 성질 : 적당한 정도의 유연성 및 탄력성이 있는 양질의 고무를 사용하여야 한다.
2) 외형 : 장갑은 다듬질이 양호하여 흠, 기포, 안구멍, 기타 사용상 유해한 결점이 없고, 이은 자국이 없는 고른 것이어야 한다.

(2) 절연장갑의 등급별 최대사용전압 및 색상

등급	최대사용전압		색상
	교류(V, 실효값)	직류(V)	
00	500	750	갈색
0	1,000	1,500	빨강색
1	7,500	11,250	흰색
2	17,000	25,500	노랑색
3	26,500	39,750	녹색
4	36,000	54,000	등색

(3) 유기화합물용 안전장갑
1) 유기화합물용 안전장갑 : 액체상태의 유기화합물이 피부를 통하여 인체에 흡수되는 것을 방지하기 위하여 사용하는 보호장갑
2) 장갑의 재료 및 구조
   ① 장갑에 사용되는 재료와 부품은 착용자에게 해로운 영향을 주지 않을 것.
   ② 장갑은 착용 및 조작이 용이하고 착용상태에서 작업을 행하는 데 지장이 없도록 할 것.
   ③ 장갑은 이은 자국이 없고 육안을 통해 검사한 결과 찢어진 곳, 터진 곳, 구멍난 곳이 없도록 할 것.

❽ 발의 보호구

(1) 안전화의 종류

종류	사용구분
① 가죽제 안전화	물체의 낙하, 충격 및 날카로운 물체에 의한 바닥으로부터의 찔림에 의한 위험으로부터 발을 보호하기 위한 것
② 고무제 안전화	물체의 낙하, 충격 및 찔림에 의한 위험으로부터 발을 보호하고 아울러 방수 또는 내화학성을 겸한 것
③ 정전기 안전화(정전화)	정전기의 인체 대전을 방지하기 위한 것
④ 발등 안전화(방호 안전화)	물체의 낙하 및 충격으로부터 발 및 발등을 보호하기 위한 것
⑤ 절연화	저압의 전기에 의한 감전을 방지하기 위한 것
⑥ 절연장화	고압에 의한 감전을 방지하고 아울러 방수를 겸한 것

(2) 가죽제 발 보호 안전화

1) 가죽제 안전화의 구분

구 분	몸통높이(뒷굽높이 제외)
단 화	113mm 미만
중단화	113mm 이상
장 화	178mm 이상

2) 안전화의 일반적인 구조
   ① 제조하는 과정에서 발가락 끝 부분에 선심을 넣어 압박 및 충격에 대하여 착용자의 발가락을 보호할 수 있는 구조일 것.
   ② 선심의 내측은 헝겊, 가죽, 고무 또는 플라스틱 등으로 감싸고 특히 후단부의 내측은 보강되어 있을 것.

❾ 안전대

(1) 안전대의 종류

종 류	사 용 구 분
• 벨트(B)식 • 안전그네식(H식)	U자걸이 전용
	1개걸이 전용
	안전블록
	추락방지대

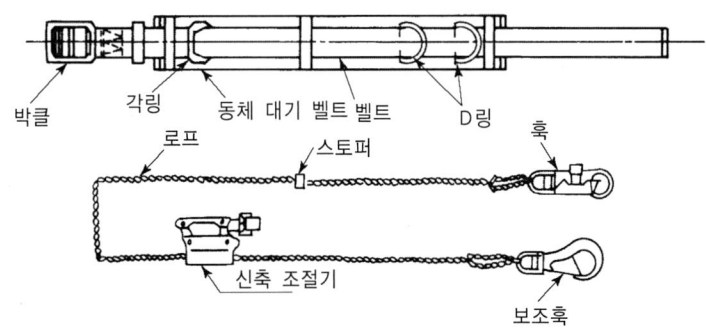

▲ U자걸이 전용 안전대

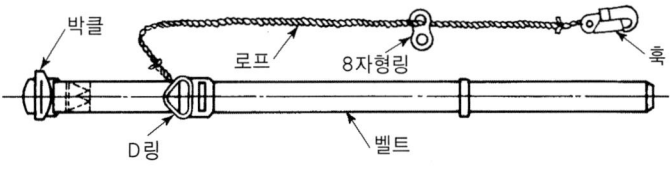

▲ 1개걸이 전용 안전대

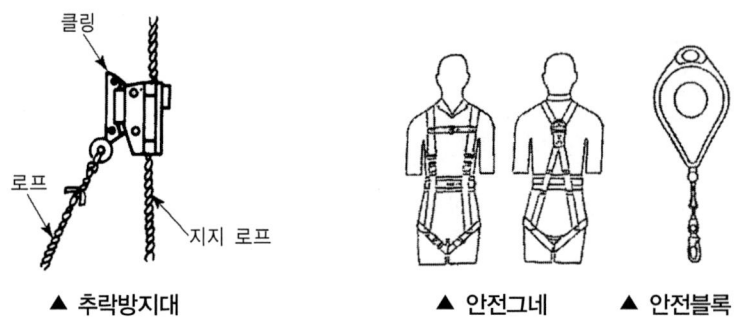

▲ 추락방지대　　　▲ 안전그네　　▲ 안전블록

(2) 안전대 용어의 정의

1) 안전그네 : 신체지지의 목적으로 전신에 착용하는 띠모양의 부품
2) 추락방지대 : 벨트 또는 안전그네를 신체에 착용하기 위해 그 끝에 부착한 금속장치
3) 안전블록 : 안전그네와 연결하여 추락발생시 추락을 억제할 수 있는 자동잠금장치가 갖추어져 있고 죔줄이 자동적으로 수축되는 금속장치

(3) 안전대용 로프의 구비 조건

1) 충격, 인장강도에 강할 것.
2) 내마모성이 높을 것.
3) 내열성이 높을 것.
4) 완충성이 높을 것.
5) 습기나 약품류에 침범당하지 않을 것.
6) 부드럽고, 되도록 매끄럽지 않을 것.

⑩ 산업안전 표지

(1) 산업안전표지의 크기 : 그림 또는 부호의 크기는 표지의 크기와 비례하여야 하며, 산업안전표지 전체규격의 30% 이상이 되어야 한다.

(2) 안전표찰 : 녹십자표지를 말하며 다음의 곳에 부착한다.

① 작업복 또는 보호의의 우측 어깨
② 안전모의 좌우면
③ 안전완장

(3) 안전표지의 종류 및 색채(시행규칙 별표 2)

분류	종류	색채
금지표지	① 출입금지 ② 보행금지 ③ 차량통행금지 ④ 사용금지 ⑤ 탑승금지 ⑥ 금연 ⑦ 화기금지 ⑧ 물체이동금지	• 바탕은 흰색 • 기본모형은 빨간색 • 관련부호 및 그림은 검정색
경고표지	① 인화성물질경고 ② 산화성물질경고 ③ 폭발성물질경고 ④ 급성독성물질경고 ⑤ 부식성물질경고 ⑥ 방사성물질경고 ⑦ 고압전기경고 ⑧ 매달린 물체경고 ⑨ 낙하물체경고 ⑩ 고온경고 ⑪ 저온경고 ⑫ 몸균형상실경고 ⑬ 레이저광선경고 ⑭ 발암성·변이원성·생식독성·전신독성·호흡기과민성물질경고 ⑮ 위험장소경고	• 바탕은 노랑색 • 기본모형·관련부호 및 그림은 검정색 • 다만, 인화성물질경고, 산화성물질경고, 폭발성물질경고, 급성독성물질경고, 부식성물질경고 및 발암성·변이원성·생식독성·전신독성·호흡기과민성물질경고의 경우 바탕은 무색, 기본모형은 적색(흑색도 가능)
지시표지	① 보안경 착용 ② 방독마스크 착용 ③ 방진마스크 착용 ④ 보안면 착용 ⑤ 안전모 착용 ⑥ 귀마개 착용 ⑦ 안전화 착용 ⑧ 안전장갑 착용 ⑨ 안전복 착용	• 바탕은 파란색 • 관련그림은 흰색
안내표지	① 녹십자표지 ② 응급구호표지 ③ 들것 ④ 세안장치 ⑤ 비상구 ⑥ 좌측비상구 ⑦ 우측비상구	• 바탕은 흰색, 기본모형 및 관련부호는 녹색 • 바탕은 녹색, 관련부호 및 그림은 흰색
출입금지표지	① 허가대상 유해물질 취급 ② 석면취급 및 해체·제거 ③ 금지유해물질 취급	• 글자는 흰색 바탕에 흑색 • 다음 글자는 적색 – ○○○제조/사용/보관 중 – 석면취급/해체 중 – 발암물질 취급 중

(4) 산업안전표지의 색채 종류, 색도기준 및 용도

색채	색도기준	용도	사용 예
빨간색	7.5R 4/14	금지	정지신호, 소화설비 및 그 장소, 유해행위의 금지
		경고	화학물질 취급장소에서의 유해·위험 경고
노란색	5Y 8.5/12	경고	화학물질 취급장소에서의 유해·위험 경고 이외의 위험경고, 주의표지 또는 기계방호물
파란색	2.5PB 4/10	지시	특정행위의 지시 및 사실의 고지
녹색	2.5G 4/10	안내	비상구 및 피난소, 사람 또는 차량의 통행표지
흰색	N 9.5		파란색 또는 녹색에 대한 보조색
검은색	N 0.5		문자 및 빨간색 또는 노란색에 대한 보조색

주 ① 허용차 H=±2, V=±0.3, C=±1 (H는 색상, V는 명도, C는 채도를 말한다)
② 위의 색도기준은 한국산업규격 색의 3속성에 의한 표시방법(KSA 0062 기술표준원고시 제 2008-0759)에 따른다.

(4) 안전 보건 표지의 종류와 형태(시행규칙 제6조 관련·별표 1의 2)

① 금지표시	101 출입금지	102 보행금지	103 차량통행금지	104 사용금지	105 탑승금지	106 금연
	107 화기금지	108 물체이동금지	② 경고표지	201 인화성물질 경고	202 산화성물질 경고	203 폭발성물질 경고	204 급성독성물질 경고
	205 부식성물질 경고	206 방사성물질 경고	207 고압전기 경고	208 매달린물체 경고	209 낙하물경고	210 고온경고	211 저온경고
	212 몸균형상실 경고	213 레이저광선 경고	214 발암성·변이원 성·생식독성· 전신독성·호흡 기과민성물질 경고	215 위험장소 경고	③ 지시표지	301 보안경 착용	302 방독마스크 착용
	303 방진마스크 착용	304 보안면착용	305 안전모착용	306 귀마개착용	307 안전화착용	308 안전장갑 착용	309 안전복착용
④ 안내표지	401 녹십자표지	402 응급구호표지	403 들것	404 세안장치	406 비상구	407 좌측비상구
	408 우측비상구	⑤ 관계자외 출입금지	501 허가대상물질 작업장 관계자외 출입 금지 (허가물질 명칭) 제조/사용보관 중 보호구/보호복 착용 흡연 및 음식물 섭취 금지		502 석면취급/해체 작업장 관계자외 출입 금지 석면 취급/해체 중 보호구/보호복 착용 흡연 및 음식물 섭취 금지		503 금지대상물질의 취급 실험실 등 관계자의 출입 금지 발암물질 취급 중 보호구/보호복 착용 흡연 및 음식물 섭취 금지

6. 산업안전심리

❶ 산업심리학의 정의 및 목적

(1) 정의 : 산업심리학은 심리학의 방법과 식견을 가지고 인간의 산업에 있어서의 행동을 연구하는 실천과학이며 응용심리학의 한 분야이다.

(2) 목적
  1) 생산능률과 성과의 증대
  2) 인간의 복지 증진

❷ 호오도온(Hawthorne) 실험

(1) 실험연구자 : 메이오(Mayo)와 레슬리스버거(Roethlisberger)

(2) 실험결론 : 작업자의 작업능률(생산성향상)은 물리적인 작업조건보다는 인간의 심리적인 태도, 감정을 규제하고 있는 인간관계의 요인에 의해서 좌우된다.

❸ 욕구 및 사회행동의 기본형태

(1) 욕구(desire) : 생리적 욕구를 의식적 통제가 힘든 순서로 나열하면 다음과 같다.
  1) 호흡욕구   2) 안전욕구   3) 해갈욕구
  4) 배설욕구   5) 수면욕구   6) 식욕

(2) 사회행동의 기본형태
  1) 협력(cooperation) : 조력, 분업
  2) 대립(opposition) : 공격, 경쟁
  3) 도피(escape) : 고립, 정신병, 자살

❹ 인간관계의 메커니즘 및 관리방식

(1) 인간관계의 메커니즘(mechanism)

1) 동일화(identification) : 다른 사람의 행동 양식이나 태도를 투입시키거나, 다른 사람 가운데서 자기와 비슷한 것을 발견하는 것을 말한다.
2) 투사(投射 : projection) : 자기 속의 억압된 것을 다른 사람의 것으로 생각하는 것을 투사(또는 투출)라고 한다.
3) 커뮤니케이션(communication) : 갖가지 행동 양식이나 기호를 매개로 하여 어떤 사람으로부터 다른 사람에게 전달되는 과정을 말한다.
4) 모방(imitation) : 남의 행동이나 판단을 표본으로 하여 그것과 같거나 또는 그것에 가까운 행동 또는 판단을 취하려는 것이다.
5) 암시(suggestion) : 다른 사람으로부터의 판단이나 행동을 무비판적으로 논리적, 사실적 근거 없이 받아들이는 것을 말한다.

(2) 테크니컬 스킬즈와 소시얼 스킬즈

1) 테크니컬 스킬즈(technical skills) : 사물을 인간의 목적에 유익하도록 처리하는 능력을 말함
2) 소시얼 스킬즈(social skills) : 사람과 사람사이의 커뮤니케이션을 양호하게 하고, 사람들의 요구를 충족케 하고 모랄을 양양시키는 능력을 말함.

❺ 집단관리

(1) 집단의 기능

1) 응집력
2) 행동의 규범
3) 집단목표

(2) 집단의 효과

1) 동조효과(응집력)
2) synergy(system+energy : +α상승효과)
3) 견물(見物)효과(자랑스럽게 생각)

(3) 작업방법이나 규범(노움 ; norm) 변경 등에 대한 저항현상

사보타아지(sabotage)나 소울저링(soldiering ; 게으름 피우는 것)

(4) 집단내의 인간관계나 비공식 집단에서 집단의 구조 및 지도자를 알아내는 방법

1) 소시오메트리(sociometry) : 집단의 구조를 밝혀내어 집단 내에서 개인간의 인기의 정도, 지위, 좋아하고 싫어하는 정도, 하위집단의 구성여부와 형태, 집단에 충성도, 집단의 응집력을 연구조사하여 행동지도의 자료로 삶는 것을 말한다.
2) 소시오그램(sociogram) : 교우도식 또는 집단의 구조도를 말하며, 이 소시오그램에 의하면 시각적으로 집단의 구조나 구성원의 위치, 직위에 대한 이해가 쉽게 된다.

6 직장에서의 적응과 부적응

(1) 적응과 역할(super의 역할이론)

1) 역할연기(role playing) : 자아탐색(self-exploration)인 동시에 자아실현(self realization)의 수단이다.
2) 역할기대(role expectation) : 자기의 역할을 기대하고 감수하는 사람은 그 작업에 충실한 것이다.
3) 역할조성(role shaping) : 개인에게 여러 개의 역할기대가 있을 경우 그 중의 어떤 역할기대는 불응, 거부하는 수도 있으며, 혹은 다른 역할을 해내기 위해 다른 일을 구할 때도 있다.
4) 역할갈등(role conflict) : 작업 중에는 상반된 역할이 기대되는 경우가 있으며 그럴 때 갈등이 생기게 된다.

(2) 부적응의 유형(인격 이상자의 유형)

1) 망상인격(편집성 인격) : 자기주장이 강하고 빈약한 대인관계를 가지고 있는 성격의 소유자(냉혹성, 과민성, 완고, 질투, 시기심이 강함)
2) 순환인격 : 외적자극과는 관계없이 울적상태(우울한 시기)에서 조적상태(명랑한 시기)로 상당한 장기간에 걸쳐 기분이 변동하는 특징이 있다.
3) 분열인격 : 극단적으로 수줍어하고, 말이 없고, 자폐적이고, 사교를 싫어하고, 친밀한 인간관계를 피하려고 하는 특징이 있다.
4) 폭발인격 : 사소한 일로 갑자기 노여움을 폭발시키거나, 폭언 및 폭력적인 공격성을 나타내는 특징이 있다.
5) 강박인격 : 엄격하고 지나치게 양심적이고, 우유부단, 욕망을 제지하고, 기준에 적합하도록 지나치게 신경을 쓰는 특징이 있다(완전주의 지향)
6) 반사회적인격 : 정서 불안정, 윤리 도덕성의 규범 결여, 무감각, 쾌락주의, 자기애적임
7) 부적합인격 : 정상적인 정신적, 신체적 능력을 가지고 있으면서도 일상생활의 요구에 적응 못함.

8) 무력인격 : 활력이 결여되고, 감정이 둔하고, 만성적 비관론자임.

9) 소극적 공격적 인격 : 적의(敵意)를 처리하는데 온갖 음흉한 방법으로 교묘히 활용함.

7 모랄 서어베이(morale survey : 사기조사)의 주요방법

(1) 통계에 의한 방법 : 사고 상해율, 생산고, 결근, 지각, 조퇴, 이직 등을 분석하여 파악하는 방법

(2) 사례 연구법 : 경영 관리상의 여러 가지 제도에 나타나는 사례에 대해 케이스 스터디(case study)로서 현상을 파악하는 방법

(3) 관찰법 : 종업원의 근무 실태를 계속 관찰함으로써 문제점을 찾아내는 방법

(4) 실험연구법 : 실험 그룹과 통제 그룹으로 나누고 정황, 자극을 주어 태도 변화 여부를 조사하는 방법

(5) 태도조사법(의견조사) : 질문지법, 면접법, 집단토의법, 투사법(projective technique) 등에 의해 의견을 조사하는 방법(일반적인 사고조사방법 : 질문지법, 면접법)

8 카운셀링(counseling)

(1) 개인적인 카운셀링 방법

1) 직접충고 : 안전수칙 불이행시 적합, 지시적 방법
2) 설득적 방법 : 비지시적 방법
3) 설명적 방법 : 비지시적 방법

(2) 카운셀링의 순서

장면구성 → 내담자 대화 → 의견 재분석 → 감정표출 → 감정의 명확화

(3) Rogers. C·R의 카운셀링 방법 : 지시적 카운셀링과 비지식적 카셀슬링 병용

9 리더십

(1) 리더십(leadership)의 유형

1) 선출방식에 따른 리더십의 분류
   ① head ship : 집단 구성원이 아닌 외부에 의해 선출(임명)된 지도자로 명목상의 리더십이라고도 한다.
   ② leadership : 집단 구성원에 의해 내부적으로 선출된 지도자로 사실상의 리더십을 말한다.

2) 업무추진 방법에 의한 리더십의 분류
   ① 권위형 : 지도자가 집단의 모든 권한 행사를 단독적으로 처리한다.
   ② 민주형 : 집단의 토론, 회의 등에 의해 정책을 결정한다.
   ③ 자유 방임형 : 집단에 대하여 전혀 리더십을 발휘하지 않고 명목상의 리더 자리만을 지키는 유형으로 지도자가 집단 구성원에게 완전히 자유를 주는 경우이다.

(2) 리더십의 권한

1) 조직이 지도자에게 부여한 권한
   ① 보상적 권한 : 지도자가 부하들에게 보상할 수 있는 능력으로 인해 부하직원들을 통제할 수 있으며 부하들의 행동에 대해 영향을 끼칠 수 있는 권한이다.
   ② 강압적 권한 : 부하직원들을 처벌할 수 있는 권한이다.
   ③ 합법적 권한 : 조직의 규정에 의해 지도자의 권한이 공식화된 것을 말한다.

2) 지도자 자신이 자신에게 부여한 권한 : 부하직원들이 지도자의 성격이나 능력을 인정하고 지도자를 존경하며 자진해서 따르는 것이다.
   ① 전문성의 권한 : 지도자가 목표수행에 필요한 전문적인 지식을 갖고 업무수행을 하므로 부하직원들이 자발적으로 지도자를 따르게 된다.
   ② 위임된 권한 : 집단의 목표를 성취하기 위해 부하직원들이 지도자가 정한 목표를 자진해서 자신의 것으로 받아들여 지도자와 함께 일하는 것이다.

(3) 성실한 지도자가 공통적으로 갖는 속성

1) 업무수행능력 및 판단능력
2) 강력한 조직능력 및 강한 출세욕구
3) 자신에 대한 긍정적 태도
4) 상사에 대한 긍정적 태도
5) 조직의 목표에 대한 충성심
6) 실패에 대한 두려움
7) 원만한 사교성

8) 매우 활동적이며 공격적인 도전
9) 자신의 건강과 체력 단련
10) 부모로부터의 정서적 독립

❿ 적성의 요인 및 적성발견의 방법

(1) 적성의 요인(적성의 분류)
1) 직업적성(기계적 적성과 사무적 적성)
2) 지능
3) 흥미
4) 인간성(personality)

※ 연령이나 개인차 등은 적성의 요인이 아니다.

(2) 기계적 적성
1) 손과 팔의 솜씨 : 빨리 그리고 정확히 잔일이나 큰일을 해내는 능력
2) 공간 시각화 : 형상이나 크기의 관계를 확실히 판단하여 각 부분을 뜯어서 다시 맞추어 통일된 형태가 되도록 손으로 조작하는 과정
3) 기계적 이해 : 공간 시각화, 지각 속도, 추리, 기술적 지식, 기술적 경험 등의 복합적 인자가 합쳐져서 만들어진 적성

(3) 사무적 적성
1) 지능
2) 손과 팔의 솜씨
3) 지각의 속도 및 정확성

(4) 적성 발견의 방법
1) 자기이해
2) 계발적 경험
3) 적성 검사

⓫ 성격검사의 종류 : 작용검사법, 목록법, 투영법에 의한 성격진단법 등

⑫ 심리검사

(1) 심리검사의 범위

1) 기초인간 능력
2) 기계적 능력
3) 정신운동 능력
4) 시각 기능적 능력
5) 특수직무 능력

(2) 심리검사의 구비조건 : 심리검사는 표준화되고 객관적이며 충분한 규준을 기초로 하여 신뢰성과 타당성이 있어야 한다.

1) 표준화 : 검사관리를 위한 조건과 검사절차의 일관성과 통일성을 표준화라 한다.
2) 객관성 : 검사결과의 채점에 관한 것으로, 채점하는 과정에서 채점자의 편견이나 주관성이 배제되어야 하며 어떤 사람이 채점하여도 동일한 결과를 얻어야 한다.
3) 규준(norms) : 검사의 결과를 해석하기 위해서는 비교할 수 있는 참조 또는 비교의 어떤 틀이 있어야 하는데, 이 틀은 검사 규준이 제공하는 것이다.
4) 신뢰성 : 검사응답의 일관성, 즉 반복성을 말하는 것이다.
5) 타당성 : 측정하고자 하는 것을 실제로 측정하는 것을 타당성이라 한다.

⑬ 적성배치와 인사관리

(1) 적재적소의 배치

1) 적성배치와 인사관리 : 적재적소의 배치라는 근본적 이념에서는 일치한다.
2) 다만, 관리적 개념에 한계가 있는 것으로 적성배치는 능력위주이고, 인사관리는 조직(기능)우선에 따라 부수적으로 적성배치를 고려하게 된다.

(2) 인사관리의 중요한 기능

1) 조직과 리더십(leadership)
2) 선발(적성검사 및 시험)
3) 배치
4) 작업분석
5) 업무평가
6) 상담 및 노사간의 이해

14 안전사고의 요인

(1) 안전사고의 경향성 : Greenwood는 대부분의 사고는 소수의 근로자에 의해서 발생된다. 즉 사고를 자주 내는 사람이 항상 사고를 낸다고 지적하였다.

(2) 소질적인 사고 요인 : 지능, 성격, 감각운동기능(시각기능)

1) 지능 : Chislli와 Brown은 지능단계가 낮을수록 또는 높을수록 이직률 및 사고 발생률이 높다고 지적하고 있다.
2) 성격 : 결함 있는 성격은 사고를 발생시킨다.
3) 시각기능 : 재해와 시각관계를 조사한 결과 Tiffin. J는 시각기능에 결함이 있는 자에게 재해가 많았고, Fletdher. E. D는 두 눈의 시력이 불균형인 자에게 재해가 많음을 지적하였다.

15 산업안전 심리의 요소

(1) 안전심리의 5요소

1) 습관
2) 동기
3) 기질
4) 감정
5) 습성

(2) 개성과 사고력 : 인간의 개성과 사고력은 안전심리에서 고려되는 중요한 요소이다.

(3) 사고 요인이 되는 정신적 요소(정신상태 불량으로 일어나는 안전사고 요인)

1) 안전의식의 부족
2) 판단력의 부족 또는 잘못된 판단
3) 주의력의 부족
4) 방심 및 공상
5) 개성적 결함요소
   ① 지나친 자존심과 자만심
   ② 다혈질 및 인내력의 부족
   ③ 약한 마음
   ④ 도전적 성격
   ⑤ 감정의 장기 지속성
   ⑥ 경솔성
   ⑦ 과도한 집착성 또는 고집

⑧ 배타성
⑨ 태만(나태)
⑩ 사치성과 허영심
6) 정신력과 관계되는 생리적 현상
① 시력 및 청각의 이상
② 신경계통의 이상
③ 육체적 능력의 초과
④ 근육운동의 부적합
⑤ 극도의 피로

(4) 안전사고를 유발하는 원인을 분석하는데 필요한 요건 : 인간의 발전, 성장, 성숙과정 및 연령 등

16 재해 빈발설

(1) 암시설 : 재해의 경험으로 겁쟁이가 되거나 신경과민이 되어 그 사람이 갖는 대응 능력이 열화되기 때문에 재해가 빈발하게 된다는 설이다.

(2) 재해빈발 경향자설 : 소질적인 결함을 가지고 있기 때문에 재해가 빈발하게 된다는 설이다.

(3) 기회설 : 개인의 영향 때문이 아니라 작업에 위험성이 많고, 위험한 작업을 담당하고 있기 때문에 재해가 빈발한다는 설이다(대책 : 작업환경개선, 교육훈련실시).

17 사고경향성자 (재해 누발자, 재해 다발자)의 유형

(1) 상황성 누발자 : 작업의 어려움, 기계설비의 결함, 환경상 주의력의 집중 곤란, 심신의 근심 등 때문에 재해를 누발하는 자이다.

(2) 습관성 누발자 : 재해의 경험으로 겁쟁이가 되거나 신경과민이 되어 재해를 누발하는 자와 일종의 슬럼프(slump)상태에 빠져서 재해를 누발하는 자이다.

(3) 소질성 누발자 : 재해의 소질적 요인을 가지고 있기 때문에 재해를 누발하는 자이다.

(4) 미숙성 누발자 : 기능 미숙이나 환경에 익숙하지 못하기 때문에 재해를 누발하는 자이다.

18 Lewin. K의 법칙

Lewin은 인간의 행동(B)은 그 사람이 가진 자질 즉, 개체(P)와 심리학적 환경(E)과의 상호 함수관계에 있다고 하였다.

$$B = f(P \cdot E)$$

여기서, B : Behavior(인간의 행동)
f : function(함수관계 : 적성 기타 P와 E에 영향을 미칠 수 있는 조건)
P : Person(개체 : 연령, 경험, 심신상태, 성격, 지능 등)
E : Environment(심리적 환경 : 인간관계, 작업환경 등)

19 인간변화의 4단계

(1) **1단계** : 지식의 변용

(2) **2단계** : 태도의 변용

(3) **3단계** : 행동의 변용

(4) **4단계** : 집단 또는 조직에 대한 성과 변용

20 동기부여이론

(1) **Davis의 이론**

인간의 성과×물적인 성과=경영의 성과

1) 지식(Knowledge)×기능(Skill)=능력(ability)
2) 상황(situation)×태도(attitude)=동기유발(motivation)
3) 능력× 동기유발=인간의 성과(human performance)

(2) **Maslow의 욕구 5단계**

1) 1단계 : 생리적 욕구(기아, 갈증, 호흡, 배설, 성욕 등)
2) 2단계 : 안전의 욕구(안전을 기하려는 욕구)
3) 3단계 : 사회적 욕구(애정, 소속에 대한 욕구)
4) 4단계 : 인정받으려는 욕구(자존심, 명예, 성취, 지위에 대한 욕구 : 자기존경의 욕구)
5) 5단계 : 자아실현의 욕구(잠재적인 능력을 실현하고자 하는 욕구 : 성취욕구)

(3) **Alderfer의 ERG이론**

1) 생존(Existence)욕구 : 신체적 차원에서 유기체 생존과 유지에 관련된 욕구
2) 관계(Relatedness)욕구 : 타인과의 상호작용을 통해 만족되는 대인 욕구
3) 성장(Growth)욕구 : 개인적인 발전과 증진에 관한 욕구

(4) McGreger의 X이론과 Y이론

1) X 이론과 Y 이론의 비교

X 이론	Y 이론
① 인간 불신감 ② 성악설 ③ 인간은 본래 게으르고 태만하여 남의 지배받기를 즐긴다. ④ 물질욕구(저차적 욕구) ⑤ 명령통제에 의한 관리 ⑥ 저개발국형	① 상호신뢰감 ② 성선설 ③ 인간은 부지런하고 근면, 적극적이며 자주적이다. ④ 정신욕구(고차적 욕구) ⑤ 목표통합과 자기통제에 의한 자율관리 ⑥ 선진국형

2) X·Y 이론의 관리처방

X 이론의 관리처방	Y 이론의 관리처방
① 경제적 보상체계의 강화 ② 권위주의적 리더십의 확보 ③ 면밀한 감독과 엄격한 통제 ④ 상부책임제도의 강화 ⑤ 조직구조의 고충성	① 민주적 리더십의 확립 ② 분권화의 권한과 위임 ③ 목표에 의한 관리 ④ 직무확장 ⑤ 비공식적 조직의 활용 ⑥ 자체평가제도의 활성화

(5) Herzberg의 2요인(위생요인과 동기요인) 이론

1) 위생요인 : 인간의 동물적 욕구를 반영하는 것으로서 안전, 친교, 봉급, 감독형태, 기업의 정책, 작업조건 등이 해당되며 Maslow의 생리적, 안전, 사회적 욕구와 비슷하다.
2) 동기요인 : 자아실현을 하려는 인간의 독특한 경향(성취, 인정, 작업자체, 책임감 등)을 반영한 것으로 Maslow의 자아실현 욕구와 비슷한 개념이다.

(6) 동기요소의 상호관계

위생요인과 동기요인 (Herzberg)	욕구의 5단계 (Maslow)	X 이론과 Y 이론 (McGreger)
위생요인	1단계 : 생리적 욕구(종족보존) 2단계 : 안전욕구	X 이론
동기부여요인	3단계 : 사회적 욕구(친화욕구) 4단계 : 인정욕구(승인의 욕구) 5단계 : 자아실현욕구(성취욕구)	Y 이론

(7) 안전 동기의 유발방법

1) 안전의 기본이념(참 가치)을 인식시킬 것.
2) 안전 목표를 명확히 설정할 것
3) 결과를 알려줄 것(K.R법 : Knowledge Results).

4) 상과 벌을 줄 것.
5) 경쟁과 협동을 유도할 것.
6) 동기유발 수준을 유지할 것

㉑ 착오의 메커니즘 및 착오요인

(1) 착오의 메커니즘(mechanism)
1) 위치의 착오
2) 패턴의 착오
3) 형(形)의 착오
4) 순서의 착오
5) 잘못 기억

(2) 착오요인(대뇌의 Human error)
1) 인지과정의 착오
  ① 생리, 심리적 능력의 한계
  ② 정보량 저장능력의 한계
  ③ 감각차단 현상 : 단조로운 업무, 반복 작업
  ④ 정서 불안정 : 공포, 불안, 불만
2) 판단과정 착오
  ① 능력부족
  ② 정보부족
  ③ 자기 합리화
  ④ 환경조건의 불비
3) 조치과정 착오

㉒ 착시(Optical Illusion)

(1) 운동의 시지각(착각현상)
1) 자동운동 : 암실 내에서 정지된 소광점을 응시하고 있으면 그 광점이 움직이는 것을 볼 수 있는데 이것을 자동운동이라 한다. 자동운동이 생기기 쉬운 조건은 다음과 같다.
  ① 광점이 작을 것.
  ② 시야의 다른 부분이 어두울 것.
  ③ 광의 강도가 작을 것.
  ④ 대상이 단순할 것.
2) 유도운동 : 실제로는 움직이지 않는 것이 어느 기준의 이동에 유도되어 움직이는 것처럼 느껴지는 현상을 말한다.

3) 가현운동 : 객관적으로 정지하고 있는 대상물이 급속히 나타나든가 소멸하는 것으로 인하여 일어나는 운동으로 마치 대상물이 운동하는 것처럼 인식되는 현상을 말한다 (β운동 : 영화 영상의 방법).

(2) 착시현상(시각의 착각현상)

1) Müler·Lyer의 착시

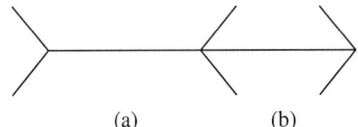

(a)가 (b)보다 길게 보인다(실제 a=b)

2) Helmholz의 착시

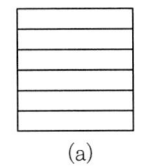 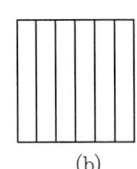

(a)는 세로 길어 보이고
(b)는 가로로 길어 보인다.

3) Herling의 착시

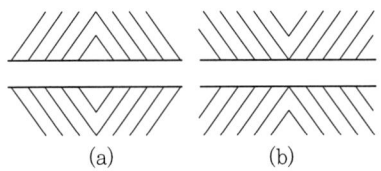

(a)는 양단이 벌어져 보이고
(b)는 중앙이 벌어져 보인다.

4) Poggendorf의 착시

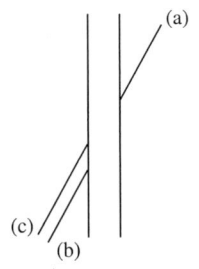

(a)와 (c)가 일직선으로 보인다.
(실제 a와 b가 일직선)

㉓ 인간의 동작 특성

(1) 외적 조건

1) 동적조건 : 대상물의 동적 성질 → 최대원인
2) 정적조건 : 높이, 크기, 깊이 등
3) 환경조건 : 기온, 습도, 소음 등

(2) 내적 조건

1) 경력(Career)
2) 개인차
3) 생리적 조건 : 피로, 긴장 등

24 간결성의 원리

(1) 간결성의 원리

1) 물적 세계에 서두름이나 생략행위가 존재하고 있는 것처럼 심리활동에 있어서도 최고 에너지에 의해 어느 목적에 달성하도록 하려는 경향이 있는데, 이것을 간결성의 원리라 한다.
2) 간결성의 원리에 기인하여 착각, 착오, 생략, 단락 등의 사고에 관계되는 심리적 요인을 만들어 내게 된다.

(2) 군화의 법칙(물건의 정리)

구 분	내 용
근접의 요인	근접된 물건끼리 정리된다.
동류의 원인	매우 비슷한 물건끼리 정리한다.
폐합의 원인	밀폐형을 가지런히 정리한다.
연속의 요인	연속을 가지런히 정리한다.
좋은 형태의 요인	좋은 형체(규칙성, 상징성, 단순성)로 정리한다.

25 주의력과 부주의

(1) 주의의 특징

1) **선택성** : 여러 종류의 자극을 자각할 때 소수의 특정한 것에 한하여 선택하는 기능(중복집중 곤란)
2) **방향성** : 주시점만 인지하는 기능(한 지점에 주의를 집중하면 다른데 주의는 약해짐)
3) **변동성** : 주의에는 주기적으로 부주의의 리듬이 존재(고도의 주의는 장시간 지속할 수 없음)

(2) 부주의 현상

1) **의식의 단절** : 지속적인 의식의 흐름에 단절이 생기고 공백의 상태가 나타나는 것으로서 특수한 질병이 있는 경우에 나타난다(의식수준 : phase 0 상태).
2) **의식의 우회** : 의식의 흐름이 옆으로 빗나가 발생하는 경우로서 작업도중의 걱정,

고뇌, 욕구 불만 등에 의해 다른 것을 주의하는 것이 이에 속한다(의식수준 : phase 0 상태).

3) 의식수준의 저하 : 혼미한 정신상태에서 심신이 피로할 경우나 단조로운 작업 등의 경우에 일어나기 쉽다(의식수준 : phase Ⅰ이하 상태).
4) 의식의 과잉 : 지나친 의욕에 의해서 생기는 부주의 현상으로서 돌발사태 및 긴급이상 사태 시 순간적으로 긴장되고 의식이 한 방향으로만 쏠리게 되는 경우가 이에 해당한다(의식수준 : phase Ⅳ 이하 상태).

(3) 부주의 발생원인 및 대책

1) 외적 원인 및 대책
   ① 작업, 환경조건 불량 : 환경 정비
   ② 작업 순서의 부적당 : 작업순서 변경
2) 내적 조건 및 대책
   ① 소질적 조건 : 적성 배치
   ② 의식의 우회 : 상담
   ③ 경험, 미경험 : 교육

26 의식 수준의 단계

단계	의식의 상태	주의 작용	생리적 상태	신뢰성	뇌파형태
Phase 0	무의식, 실신	없음(zero)	수면, 뇌 발작	0	δ파
Phase Ⅰ	정상이하(subnormal) 의식 몽롱함	부주의(inactive)	피로, 단조, 졸음, 술 취함	0.9 이하	θ파
Phase Ⅱ	정상, 이완상태 (normal, relaxed)	수동적(passive) 마음이 안쪽으로 향함	안정기거, 휴식시, 정례작업시	0.99 ~0.99999	α파
Phase Ⅲ	정상, 상쾌한 상태 (normal, clear)	능동적(active) 앞으로 향하는 주의시야도 넓다.	적극 활동시	0.999999 이상	β파
Phase Ⅳ	초정상, 과긴장 상태 (hypernormal, excited)	일점으로 응집, 판단정지	긴급 방위반응, 당황해서 panic	0.9 이하	β파 또는 전자파

27 피로

(1) 피로의 3표지(피로의 종류)

1) 주관적 피로 : 이것은 스스로 느끼는 「피곤하다」는 자각증상으로 대개의 경우 권태감이나 단조감 또는 포화감이 뒤따른다.
2) 객관적 피로 : 객관적 피로는 생산된 제품의 양과 질의 저하를 지표로 한다.

3) 생리적(기능적)피로 : 인체의 생리상태를 검사해 봄으로서 생체의 각 기능이나 물질의 변화 등에 의해 피로를 알 수 있는 방법

(2) 피로에 영향을 주는 기계측 인자 및 인간측의 인자

1) 기계측의 인자
   ① 기계의 종류　　　　　② 기계의 색채
   ③ 조작부분의 배치　　　④ 조작부분의 감촉
   ⑤ 기계의 이해 용이도
2) 인간측의 인자 : 정신상태, 신체적 상태, 생리적 리듬, 작업시간 및 작업내용, 사회환경, 작업환경 등

(3) 피로의 측정법

1) 생리학적 방법
   ① 근전도(EMG : electromyogram) : 근육활동 전위차의 기록
   ② 뇌전도(ENG : electroneurogram) : 신경활동 전의차의 기록
   ③ 심전도(ECG : electrocardiogram) : 심장근 활동 전위차의 기록
   ④ 안전도(EOG : electrooculogram) : 안구(眼球)운동 전위차의 기록
   ⑤ 산소소비량 및 에너지대사율(RMR : relative metabolic rate)

   $$\therefore RMR = \frac{작업대사량}{기초대사량} = \frac{작업시소비에너지 - 안정시소비에너지}{기초대사량}$$

   ⑥ 피부전기반사(GSR : galvanic skin reflex) : 작업부하의 정신적 부담이 피로와 함께 증대하는 양상을 손바닥 안쪽의 전기저항의 변화를 이용해 측정하는 것으로 피부전기저항 또는 정신전류현상이라고도 한다.
   ⑦ 프릿가 값(융합점멸주파수) : 정신적 부담이 대뇌피질의 피로수준에 미치고 있는 영향을 측정하는 방법이다.
2) 화학적 방법 : 혈색소농도, 혈액수준, 혈단백, 응혈시간, 혈액, 요전해질, 요단백, 요교질 배설량 등
3) 심리학적 방법 : 피부(전위)저장, 동작분석, 연속반응시간, 행동기록, 정신작업, 전신자각증상, 집중유지기능 등

(5) 휴식시간 산출

$$R = \frac{60(E-4)}{E-1.5}$$

여기서, R : 휴식시간(분),
　　　　E : 작업 시 평균 에너지 소비량(kcal/분)
　　　　총 작업시간 : 60분, 휴식시간 중의 에너지 소비량 : 1.5(kcal/분)

28 바이오리듬(biorhythm : 생체리듬)

(1) 바이오리듬의 종류

1) 육체적 리듬(physical cycle) : 주기 23일(식욕, 소화력, 활동력, 지구력), 청색표시
2) 지성적 리듬(intellectual cycle) : 주기 33일(상상력, 사고력, 기억력 인지, 판단), 녹색표시
3) 감성적 리듬(sensitivity cycle) : 주기 28일(감정, 주의심, 창조력, 예감 및 통찰력), 적색표시

(2) 위험일(critical day) : 한 달에 6일 정도 일어나며, 평소보다 뇌졸중이 5.4배, 심장질환 발작이 5.1배, 자살은 6.8배 정도 더 많이 발생된다.

(3) 생체리듬과 피로

1) 혈액의 수분, 염분량 : 주간은 감소하고, 야간에는 증가한다.
2) 체온, 혈압, 맥박 수 : 주간은 상승하고, 야간에는 저하한다.
3) 야간에는 소화분비액 불량, 체중이 감소한다.
4) 야간에는 말초운동 기능저하, 피로의 자각증상이 증대한다.

29 스트레스의 주요원인

(1) 외부로부터의 자극요인

1) 경제적인 어려움
2) 직장에서의 대인관계상의 갈등과 대립
3) 가정에서의 가족관계의 갈등
4) 가족의 죽음이나 질병
5) 자신의 건강 문제
6) 상대적인 박탈감 등

(2) 마음속에서 일어나는 내적자극 요인

1) 자존심의 손상과 공격방어 심리
2) 출세욕의 좌절감과 자만심의 상충
3) 지나친 과거에의 집착과 허탈
4) 업무상의 죄책감
5) 지나친 경쟁심과 재물에 대한 욕심
6) 남에게 의지하고자 하는 심리
7) 가족간의 대화단절 의견의 불일치

7. 안전보건교육의 내용 및 방법

산업재해예방 및 안전보건교육

1 교육의 3요소

(1) **교육의 주체** : 교도자, 강사, 교사
(2) **교육의 객체** : 학생, 수강자, 피교육자
(3) **교육의 매개체** : 교재

2 학습지도의 원리

(1) **자기활동의 원리(자발성의 원리)** : 학습자 자신이 스스로 자발적으로 학습에 참여하는데 중점을 둔 원리이다.
(2) **개별화의 원리** : 학습자가 지니고 있는 각자의 요구와 능력 등에 알맞은 학습활동의 기회를 마련해 주어야 한다는 원리이다.
(3) **사회화의 원리** : 학습내용을 현실사회의 사상과 문제를 기반으로 하여 학교에서 경험한 것과 사회에서 경험한 것을 교류시키고 공동학습을 통해서 협력적이고 우호적인 학습을 진행하는 원리이다.
(4) **통합의 원리** : 학습을 종합적인 전체로서 지도하자는 원리로, 동시학습 원리와 같다.
(5) **직관의 원리** : 구체적인 사물을 직접 제시하거나 경험시킴으로서 큰 효과를 볼 수 있다는 원리이다.

3 교육지도(학습지도)의 8원칙

(1) 피 교육자 중심교육(상대방 입장에서 교육)
(2) 동기부여
(3) 쉬운 부분에서 어려운 부분으로 진행

(4) 반복

(5) 한번에 하나씩 교육

(6) 인상의 강화(오래기억)

(7) 5관의 활용

    1) 5관의 효과치

        ① 시각효과 60%(미국 75%)

        ② 청각효과 20%(미국 13%)

        ③ 촉각효과 15%(미국 6%)

        ④ 미각효과 3%(미국 3%)

        ⑤ 후각효과 2%(미국 3%)

    2) 이해도 교육효과

        ① 귀 : 20%

        ② 눈 : 40%

        ③ 귀+눈 : 60%

        ④ 입 : 80%

        ⑤ 머리+손+발 : 90%

(8) 기능적인 이해

❹ 교육법 및 작업지도 기법의 4단계

(1) 교육법의 4단계

    1) 제1단계 − 도입(준비) : 배우고자 하는 마음가짐을 일으키도록 도입한다.

    2) 제2단계 − 제시(설명) : 상대의 능력에 따라 교육하고 내용을 확실하게 이해시키고 납득시켜 다시 기능으로서 습득시킨다.

    3) 제3단계 − 적용(응용) : 이해시킨 내용을 구체적인 문제 또는 실제 문제로 활용시키거나 응용시킨다.

    4) 제4단계 − 확인(총괄) : 교육내용을 정확하게 이해하고 습득하였는지의 여부를 확인한다.

(2) 작업지도 기법의 4단계

    1) 제1단계 − 학습할 준비를 시킨다(학습준비).

        ① 마음을 안정시킨다.

        ② 무슨 작업을 할 것인가를 말해준다.

③ 작업에 대해 알고 있는 정도를 확인한다.
④ 작업을 배우고 싶은 의욕을 갖게 한다.
⑤ 정확한 위치에 자리 잡게 한다.
2) 제2단계 – 작업을 설명한다(작업설명).
① 주요단계를 하나씩 설명해주고 시범해 보이고 그려 보인다.
② 급소를 강조한다.
③ 확실하게, 빠짐없이, 끈기 있게 지도한다.
④ 이해할 수 있는 능력 이상으로 강요하지 않는다.
3) 제3단계 – 작업을 시켜본다(실습).
4) 제4단계 – 가르친 뒤를 살펴본다(결과시찰).

5 학습의 이론

(1) S-R 이론 : 학습을 자극(Stimulus)에 의한 반응(Response)으로 보는 이론

1) 돈다이크(Thorndike)의 시행착오설
2) 파브로브(Pavlov)의 조건반사설
3) 스키너(Skinner)의 작동적(도구적) 조건화설
4) 구드리(Guthrie)의 접근적 조건화설

(2) 조건 반사설에 의한 학습이론의 원리

1) 시간의 원리 : 조건자극(종소리)이 무조건자극(음식물)보다 시간적으로 동시 또는 조금 앞서서 주어야만 조건화, 즉 강화가 잘 된다는 원리이다.
2) 강도의 원리 : 조건 반사적인 행동이 이루어지려면 먼저 준 자극의 정도에 비해 적어도 같거나 그보다 강한 자극을 주어야 바람직한 결과를 낳게 된다.
3) 일관성의 원리 : 조건자극은 일관된 자극물을 사용하여야 한다는 원리이다
4) 계속성의 원리 : 자극과 반응과의 관계를 반복하여 횟수를 거듭할수록 조건화가 잘 형성된다는 원리이다.

6 기억 및 망각

(1) 기억의 과정 : 기억은 기명(記銘), 파지(把持), 재생(再生), 재인(再認)의 단계를 거친다.

1) 기억 : 과거의 경험이 어떠한 형태로 미래의 행동에 영향을 주는 작용이라고 할 수 있다.
2) 기명 : 사물의 인상을 마음속에 간직하는 것을 말한다.
3) 파지 : 간직, 인상이 보존되는 것을 말한다.

4) 재생 : 보존된 인상을 다시 의식으로 떠오르는 것을 말한다.

5) 재인 : 과거에 경험했던 것과 같은 비슷한 상태에 부딪쳤을 때 떠오르는 것을 말한다.

(2) 망각

1) 망각 : 기억의 단계 중 재생이나 재인이 안될 경우에는 곧 망각이 되었다는 것을 의미한다.

2) 파지 및 망각 : 파지란 획득된 행동이나 내용이 지속되는 것이며, 망각은 지속되지 않고 소실되는 현상을 말한다.

7 연습의 방법 : 전습법과 분습법

(1) 전습법(whole method) : 학습재료를 하나의 전체로 묶어서 학습하는 방법이다.

(2) 분습법(part method) : 학습재료를 작게 나누어서 조금씩 학습하는 방법으로 순수분습법, 점진적 분습법, 반복적 분습법이 있다.

[표] 전습법 및 분습법의 장점

전습법의 이점	분습법의 이점
1. 망각이 적다. 2. 학습에 필요한 반복이 적다. 3. 연합이 생긴다. 4. 시간과 노력이 적다.	1. 어린이는 분습법을 좋아한다. 2. 학습효과가 빨리 나타난다. 3. 주의와 집중력의 범위를 좁히는데 적합하고 유리하다. 4. 길고 복잡한 학습에 적당하다.

8 학습의 전이

(1) 전이(transference) : 학습의 전이란 어떤 내용을 학습한 결과가 다른 학습이나 반응에 영향을 주는 현상을 말한다.

(2) 학습전이의 조건

1) 학습정도의 요인 : 선행학습의 정도에 따라 전이의 가능정도가 다르다.

2) 유사성의 요인 : 선행학습과 후행학습에 유사성이 있어야 한다는 것으로 자극의 유사성, 반응의 유사성, 원리의 유사성이 있다.

3) 시간적 간격의 요인 : 선행학습과 후행학습의 시간간격에 따라 전이의 효과가 다르다.

4) 학습자의 지능요인 : 학습자의 지능정도에 따라 전이 효과가 달라진다.

5) 학습자의 태도요인 : 학습자의 주의력 및 능력, 특히 태도에 따라 전이의 정도가 다르다.

❾ 적응기제(適應機制)

(1) 방어적 기제 : 자신의 약점이나 무능력, 열등감을 위장하여 유리하게 보호함으로써 안정감을 찾으려는 기제

1) 보상 : 자신의 무능에 의해서 생긴 열등감이나 긴장을 해소시키기 위해 자신의 장점 같은 것으로 그 결함을 보충하려는 행동기제
2) 합리화 : 자신의 실패나 약점을 그럴듯한 이유를 들어 남의 비난을 받지 않도록 하여 자위도 하는 행동기제
3) 동일시 : 자신의 것이 아님에도 불구하고 자기의 것이나 된 듯이 행동을 하여 승인을 얻고자 하는 기제
4) 승화 : 정신적인 역량의 전환을 의미하는 기제

(2) 도피적 기제 : 욕구불만에 의한 긴장이나 압박감으로부터 벗어나기 위해서 비합리적인 행동으로 공상에 도피하고, 현실세계에서 벗어나 마음의 안정을 얻으려는 기제

1) 고립 : 현실을 피하고 자신의 내부로 도피하려는 행동기제
2) 퇴행 : 발전 단계를 역행함으로써 욕구를 충족하려는 행동기제
3) 억압 : 현실적인 필요(욕망, 감정등)를 묵살함으로써 오히려 자신의 안정을 유지하려는 기제
4) 백일몽 : 현실적으로 도저히 만족시킬 수 없는 욕구나 소원을 공상의 세계에서 이룩하려고 하는 도피의 한 형식

(3) 공격적 기제

1) 직접적 공격기제 : 폭행, 싸움, 기물 파손 등
2) 간접적 공격기제 : 조소, 비난, 중상모략, 폭언, 욕설 등

❿ 안전교육의 기본방향 및 목적

(1) 안전교육의 기본방향

1) 사고사례 중심의 안전교육
2) 안전작업(표준작업)을 위한 안전교육
3) 안전의식 향상을 위한 안전교육

(2) 안전교육의 목적

1) 안전정신의 안전화
2) 행동의 안전화
3) 환경의 안전화
4) 설비와 물자의 안전화

⑪ 안전교육의 3단계 및 단계별 교육과정

(1) 안전교육의 3단계

1) 지식교육(제1단계) : 강의, 시청각교육을 통한 지식의 전달과 이해
2) 기능교육(제2단계) : 시범, 견학, 실습, 현장실습교육을 통한 경험체득과 이해
3) 태도교육(제3단계) : 작업동작지도, 생활지도 등을 통한 안전의 습관화

(2) 안전교육의 단계별 교육과정

1) 지식교육의 특성 : 주로 강의식 전달교육으로서 다음과 같은 특성이 있다.
   ① 이해도 측정 곤란
   ② 단편적인 교육 치중 우려
   ③ 교사 학습방법에 따라 차이
   ④ 광범한 지식의 전달 가능
   ⑤ 많은 인원에 대한 교육가능
   ⑥ 안전의식 제고가 용이하다.
2) 기능교육의 3원칙
   ① readiness(준비)
   ② 위험작업의 규제(수칙)
   ③ 안전작업 표준화(방법)
3) 안전태도 교육의 원칙(기본과정)
   ① 청취(hearing)한다.
   ② 이해(understand)하고 납득한다.
   ③ 항상모범(example)을 보여준다.
   ④ 권장한다.
   ⑤ 처벌한다.
   ⑥ 좋은 지도자를 얻도록 힘쓴다.
   ⑦ 적정배치한다.
   ⑧ 평가(evaluation)한다.

⑫ 안전교육 계획

(1) 안전교육 계획에 포함할 사항

1) 교육목표(첫째 과제)
   ① 교육 및 훈련의 범위
   ② 교육 보조자료의 준비 및 사용지침

③ 교육훈련의 의무와 책임관계 명시
2) 교육의 종류 및 교육대상
3) 교육의 과목 및 교육내용
4) 교육기간 및 시간
5) 교육장소
6) 교육방법
7) 교육담당자 및 강사

(2) 준비계획에 포함되어야 할 사항

1) 교육목표의 설정
2) 교육대상자 범위 결정
3) 교육과정의 결정
4) 교육방법의 결정(교육방법과 형태)
5) 교육보조재료 및 강사 조교의 편성
6) 교육의 진행사항
7) 소요예산의 산정

⓭ 기능(기술)교육의 진행방법

(1) 하버드 학파의 5단계 교수법

1) 1단계 : 준비시킨다(preparation).
2) 2단계 : 교시한다(presentation).
3) 3단계 : 연합한다(association).
4) 4단계 : 총괄시킨다(generalization).
5) 5단계 : 응용시킨다(application).

(2) 듀이(J.Dewey)의 사고과정의 5단계

1) 시사를 받는다.
2) 머리로 생각한다.
3) 가설을 설정한다.
4) 추론한다.
5) 행동에 의하여 가설을 검토한다.

⓮ 안전교육 방법

(1) 강의 방식 : 강의법, 문답식, 문답제기식

(2) 토의(회의)방식 : 쌍방적 의사전달에 의한 교육방식(최적인원 10~20명).

   1) forum(공개토론회) : 새로운 자료나 교재를 제시하고 거기서의 문제점을 피교육자로 하여금 제기케 하거나 의견을 여러 가지 방법으로 발표하게 하여 다시 깊이 파고들어 토의를 행하는 방법
   2) symposium : 몇 사람의 전문가에 의하여 과제에 관한 견해를 발표한 뒤 참가자로 하여금 의견이나 질문을 하게 하여 토의하는 방법.
   3) panel discussion : 패널멤버(교육과제에 정통한 전문가 4~5명)가 피교육자 앞에서 자유로이 토의를 하고 뒤에 피교육자 전원이 참가하여 사회자의 사회에 따라 토의하는 방법.
   4) colloquy(대화) : panel discussion의 변형으로 패널멤버 외에 참석자의 대표를 선출하여 질의응답의 형태로 실시되는 것이다.
   5) 버즈 세션(buzz session) : 6-6회의라고도 하며, 먼저 사회자와 기록계를 선출한 후 나머지 사람은 6명씩의 소집단으로 구분하고, 소집단별로 각각 사회자를 선발하여 6분간씩 자유토의를 행하여 의견을 종합하는 방법.

(3) 구안법(project method) : 학생이 마음속에 생각하고 있는 것을 외부에 구체적으로 실현하고 형상화하기 위해서 자기 스스로가 계획을 세워서 수행하는 학습활동으로 이루어지는 형태다.

   1) Collings는 구안법을 탐험(exploration), 구성(construction), 의사소통(communication), 유희(play), 기술(skill)의 5가지로 지적하고 산업시찰견학, 현장실습 등도 이에 해당된다고 하였다.
   2) 구안법의 단계는 목적, 계획, 수행, 평가의 4단계를 거친다.

(4) 문제해결법 : 학생 앞에 현실적인 문제를 제시하여 해결해 나가는 과정에서 지식, 기능, 태도, 기술 등을 종합적으로 획득하는 학습과정으로 다음의 5단계 과정을 거친다.

   1) 1단계 : 문제의 제시(인식)
   2) 2단계 : 문제의 해결계획의 수립
   3) 3단계 : 자료수집 및 검토
   4) 4단계 : 해결방법의 실시(학습활동의 전개)
   5) 5단계 : 정리와 결과의 검토

(5) 사례연구법(case study) : 먼저 사례를 제시하고 문제가 되는 사실들과 그의 상호 관계에 대해서 검토하며, 대책을 토의하는 방식으로 토의법을 응용한 교육기법

　1) 장점
　　① 흥미가 있고 학습동기를 유발할 수 있다.
　　② 현실적인 문제의 학습이 가능하다.
　　③ 관찰, 분석력을 높이고 판단력, 응용력의 향상이 가능하다.
　　④ 토의과정에서 각자가 자기의 사고 방향에 대하여 태도의 변형이 생긴다.
　2) 단점
　　① 적절한 사례의 확보가 곤란하다.
　　② 원칙과 규정(rule)의 체계적 습득이 곤란하다.
　　③ 학습의 진보를 측정하기가 어렵다.

(6) 역할연기법(role playing) : 참석자에게 어떤 역할을 주어서 실제로 시켜 봄으로써 훈련이나 평가에 사용하는 교육기법으로, 절충능력이나 협조성을 높여서 태도의 변용에도 도움을 준다.

　1) 장점
　　① 흥미를 갖고 문제에 적극적으로 참가한다.
　　② 자기태도의 반성과 창조성이 생기고 발표력이 향상된다.
　　③ 문제의 배경에 대하여 통찰하는 능력을 높임으로써 감수성이 향상된다.
　　④ 각자의 장점과 약점을 알 수 있다.
　2) 단점
　　① 높은 수준의 의사 결정에 대한 훈련에는 효과를 기대할 수 없다.
　　② 목적이 명확하지 않고 다른 방법과 병용하지 않으면 의미가 없다.
　　③ 훈련 장소의 확보가 어렵다.

15 기업 내 정형교육

(1) TWI (training within industry)

　1) 교육대상 : 감독자
　2) 교육내용
　　① JI(job instruction) : 작업지도 기법
　　② JM(job method) : 작업개선 기법
　　③ JR(job relation) : 인간관계 관리기법(부하통솔기법)
　　④ JS(job safety) : 작업안전 기법

3) 한 클래스는 10명 정도, 교육방법은 토의법, 1일 2시간씩 5일에 걸쳐 10시간 정도 행한다.

(2) MTP(management training program) : FEAF(far east air force)라고도 함

1) **교육대상** : TWI 보다 약간 높은 관리자 계층
2) **교육내용** : 관리의 기능, 조직원 원칙, 조직의 운영, 시간관리 학습의 원칙과 부하지도법, 훈련의 관리, 신인을 맞이하는 방법과 대행자를 육성하는 요령, 회의의 주관, 직업의 개선 안전한 작업, 과업관리, 사기양양 등
3) 한 클래스는 10~15명, 2시간 씩 20회에 걸쳐 40시간 훈련하도록 되어 있다.

(3) ATT(american telephone & telegram co.)

1) **교육대상** : 대상계층이 한정되어 있지 않고, 또 한번 훈련을 받은 관리자는 그 부하인 감독자에 대해 지도원이 될 수 있다.
2) **교육내용** : 계획적 감독, 작업의 계획 및 인원배치, 작업의 감독, 공구와 자료보고 및 기록, 개인작업의 개선, 종업원의 향상, 인사 관계, 훈련, 고객관계, 안전부대 군인의 복무조정 등
3) 코스는 1차 훈련(1일 8시간씩 2주간), 2차 과정에서는 문제가 발생할 때마다 하도록 되어 있으며, 진행방법은 통상 토의식에 의하여 지도자의 유도로 과제에 대한 의견을 제시하게 하여 결론을 내려가는 방식을 취한다.

(4) CCS(civil communication section) : ATP(administration training program)라고도 함

1) **교육대상** : 당초에는 일부회사의 톱 매니지먼트에 대해서만 행하여졌던 것이 널리 보급된 것이라고 한다.
2) **교육내용** : 정책의 수립, 조직(경영부분, 조직형태, 구조 등), 통제(조직통제의 적용, 품질관리, 원가통제의 적용 등) 및 운영(운영조직, 협조에 의한 회사운영) 등
3) 교육방법은 주로 강의법에 토의법이 가미된 것으로 매주 4일, 4시간씩으로 8주간(합계 128시간)에 걸쳐 실시하도록 되어있다.

16 O·J·T와 off·J·T

(1) O·J·T(on the Job training : **현장중심 교육**) : 직속 상사가 현장에서 업무상의 개별교육이나 지도훈련을 하는 교육형태.

(2) off·J·T(off the Job training : **현장외 중심교육**) : 계층별 또는 직능별 등과 같이 공통된 교육대상자를 현장 외의 한 장소에 모아 집체 교육 훈련을 실시하는 교육 형태

[표] O·J·T와 off·J·T의 특징

O·J·T	off·J·T
① 개개인에게 적합한 지도훈련이 가능	① 다수의 근로자에게 조직적 훈련이 가능
② 직장의 실정에 맞는 실체적 훈련을 할 수 있다.	② 훈련에만 전념하게 된다.
③ 훈련에 필요한 업무의 계속성이 끊어지지 않음	③ 특별 설비 기구를 이용할 수 있음
④ 즉시 업무에 연결되는 관계로 신체와 관련 있음	④ 전문가를 강사로 초청할 수 있음
⑤ 효과가 곧 업무에 나타나며 훈련의 좋고 나쁨에 따라 개선이 용이함	⑤ 각 직장의 근로자가 많은 지식이나 경험을 교류할 수 있음
⑥ 교육을 통한 훈련 효과에 의해 상호 신뢰 이해도가 높아짐	⑥ 교육훈련 목표에 대해서 집단적 노력이 흐트러질 수도 있음

17 교육방법의 선택

(1) 수업단계별 최적의 수업방법

수업단계	적합한 수업방법
도 입	강의법, 시범
전 개	반복법, 토의법, 실연법
정 리	반복법, 토의법, 실연법, 자율학습법

(2) 수업의 모든 단계(도입·전개·정리)에 적합한 수업방법 : 프로그램 학습법, 학생상호 학습법, 모의 학습법

1) **프로그램 학습법** : 수업 프로그램이 프로그램 학습의 원리에 의해서 만들어지고 학생의 자기 학습 속도에 따른 학습이 허용되어 있는 상태에서, 학습자가 프로그램 자료를 가지고 단독으로 학습토록 하는 교육방법이다.

[표] 프로그램 학습법의 특징

적용의 경우	제약 조건(단점)
① 수업의 모든 단계 ② 학교수업, 방송수업, 직업훈련의 경우 ③ 학생들의 개인차가 최대한으로 조절되어야 할 경우 ④ 학생들이 자기에게 허용된 어느 시간에나 학습이 가능할 경우 ⑤ 보충학습의 경우	① 한번 개발한 프로그램 자료를 개조하기가 어렵다. ② 학생들의 사회성이 결여되기 쉽다. ③ 개발비가 높다.

2) **모의법** : 실제의 장면이나 상태와 극히 유사한 사태를 인위적으로 만들어 그 속에서 학습토록 하는 교육방법이다.

[표] 모의법의 특징

적용의 경우	제약 조건(단점)
① 수업의 모든 단계 ② 학교 수업 및 직업훈련 등 ③ 실제사태는 위험성이 따를 경우 ④ 직접조작을 중요시 하는 경우	① 단위 교육비가 비싸고 시간의 소비가 많다. ② 시설의 유지비가 높다. ③ 학생 대 교사의 비율이 높다.

⑱ 시청각 교육의 필요성

(1) 교수의 효율성을 높여 줄 수 있다.

(2) 지식 팽창에 따른 교재의 구조화를 기할 수 있다.

(3) 인구 증가에 따른 대량 수업체제가 확립될 수 있다.

(4) 교수의 개인차에서 오는 교수의 평준화를 기할 수 있다.

(5) 피 교육자가 어떤 사물에 대하여 완전히 이해하려면 현실적이고 구체적인 지각 경험을 기초로 해야 한다.

(6) 사물의 정확한 이해는 건전한 사고력을 유발하고 태도에 영향을 주어 바람직한 인격 형성을 시킬 수 있다.

⑲ 강의 계획

(1) 강의 계획의 4단계

1) 1단계 : 학습목적과 학습성과의 설정
2) 2단계 : 학습자료 수집 및 체계화
3) 3단계 : 교수방법의 선정
4) 4단계 : 강의안 작성

(2) 학습목적의 3요소

1) 목표(goal) : 학습을 통하여 달성하려는 지표
2) 주제(subject) : 목표 달성을 위한 테마(thema)
3) 학습정도(level of learning) : 학습범위와 내용의 정도를 말하며 다음단계에 의해 이루어진다.
   ① 인지 : ~을 인지하여야 한다.
   ② 지각 : ~을 알아야 한다.
   ③ 이해 : ~을 이해하여야 한다.
   ④ 적용 : ~을 ~에 적용할 줄 알아야 한다.

20 교육훈련 평가의 기준

(1) 요더(D. Yoder)의 기준

1) 훈련 전후의 비교 (before and after comparisons) : 이는 경영자보다 감독자 훈련에서 더욱 유효하다.
2) 통제 그룹 (control groups) : 피 훈련자, 또한 비 훈련자도 포함하여 그룹으로서 비교 평가한다.
3) 평가기준의 설정 (yardsticks and criteria) : 작업훈련의 평가에서는 생산량 및 속도가 중요한 기준이 된다.

(2) 로쉬(C. H. Lawshe)의 기준

1) 생산량
2) 단위 생산 소요시간
3) 훈련 실시기간
4) 불량 및 파손자재 소모
5) 품질
6) 사기
7) 결근, 고정, 퇴직, 재해율
8) 일반관리 및 관리자 부담

21 교육훈련 평가

(1) 교육훈련 평가의 4단계

1) 반응 단계(1단계) : 훈련을 어떻게 생각하고 있는가?
2) 학습 단계(2단계) : 어떠한 원칙과 사실 및 기술 등을 배웠는가?
3) 행동 단계(3단계) : 직무수행상 어떠한 행동의 변화를 가져왔는가?
4) 결과 단계(4단계) : 코스트절감, 품질개선, 안전관리, 생산증대 등에 어떠한 결과를 가져왔는가?

(2) 교육과목에 따른 학습평가 방법

1) 지식교육 : 평가시험, 테스트
2) 기능교육 : 노트, 테스트
3) 태도교육 : 관찰, 면접

㉒ 산업안전보건법관련 교육과정별 교육대상 및 교육내용

(1) 근로자 안전·보건교육(시행규칙 별표 8)

교육과정	교육대상	교육시간
1. 정기교육	1) 사무직·판매직 근로자	매반기 6시간 이상
	2) 사무직·판매직 근로자 외의 근로자	매반기 12시간 이상
2. 채용시 교육	1) 일용직 근로자 및 근로계약기간이 1주일 이하인 기간제 근로자	1시간 이상
	2) 근로계약기간이 1주일 초과 1개월 이하인 기간제 근로자	4시간 이상
	3) 그 밖에 근로자	8시간 이상
3. 작업내용 변경시 교육	1) 일용근로자 및 근로계약기간에 1주일 이하인 기간제 근로자	1시간 이상
	2) 그 밖에 근로자	2시간 이상
4. 특별교육	1) 특별교육대상 작업에 종사하는 일용근로자 및 근로계약기간이 1주일 이하인 기간제 근로자	2시간 이상
	2) 특별교육대상 작업중 타워크레인 신호작업에 종사하는 일용근로자 및 근로계약기간이 1주일 이하인 기간제 근로자	8시간 이상
	3) 특별교육대상 작업에 종사하는 일용근로자 및 근로계약기간이 1주일 이하인 기간제 근로자를 제외한 근로자	• 16시간 이상(최초 작업에 종사하기 전 4시간 이상 실시하고 12시간은 3개월 이내에서 분할하여 실시 가능) • 단기간 작업, 간헐적 작업인 경우 2시간 이상
5. 건설업 기초 안전·보건 교육	건설일용근로자	4시간 이상

(2) 근로자 안전·보건교육내용(시행규칙 별표 8의 2)

1) 근로자 정기안전·보건교육

교육내용
① 산업안전 및 사고예방에 관한 사항 ② 산업보건 및 직업병 예방에 관한 사항 ③ 건강증진 및 질병 예방에 관한 사항 ④ 유해·위험 작업환경 관리에 관한 사항 ⑤ 산업안전보건법령 및 산업재해보상보험 제도에 관한 사항 ⑥ 직무스트레스 예방 및 관리에 관한 사항 ⑦ 직장 내 괴롭힘, 고객의 폭언 등으로 인한 건강장해 예방 및 관리에 관한 사항

2) 관리감독자 정기안전·보건교육

교육내용
① 산업안전 및 사고 예방에 관한 사항 ② 산업보건 및 직업병 예방에 관한 사항 ③ 유해위험 작업환경 관리에 관한 사항 ④ 산업안전보건법령 및 산업재해보상보험 제도에 관한 사항 ⑤ 직무스트레스 예방 및 관리에 관한 사항 ⑥ 직장 내 괴롭힘, 고객의 폭언 등으로 인한 건강장해 예방 및 관리에 관한 사항 ⑦ 작업공정의 유해·위험과 재해예방대책에 관한 사항 ⑧ 표준안전 작업방법 및 지도 요령에 관한 사항 ⑨ 관리감독자의 역할과 임무에 과한 사항 ⑩ 안전보건교육 능력 배양에 관한 사항 ⑪ 현장근로자와의 의사소통능력 향상, 강의능력 향상 및 그 밖에 안전보건교육 능력 배향 등에 관한 사항, 이 경우 안전보건교육 능력 배양 교육은 별표 4에 따라 관리감독자가 받아야 하는 전체 교육시간의 3분의 1 범위에서 할 수 있다.

3) 채용시 및 작업내용 변경시 교육

교육내용
① 기계·기구의 위험성과 작업의 순서 및 동선에 관한 사항 ② 작업 개시 전 점검에 관한 사항 ③ 정리정돈 및 청소에 관한 사항 ④ 사고 발생 시 긴급조치에 관한 사항 ⑤ 산업안전 및 사고예방에 관한 사항 ⑥ 산업보건 및 직업병 예방에 관한 사항 ⑦ 물질안전보건자료에 관한 사항 ⑧ 산업안전보건법령 및 산업재해보상보험제도에 관한 사항 ⑨ 직무스트레스 예방 및 관리에 관한 사항 ⑩ 직장 내 괴롭힘, 고객의 폭언 등으로 인한 건강장해 예방 및 관리에 관한 사항

(3) 특별안전보건교육 대상작업(제1호~제40호까지의 작업)별 교육내용
(시행규칙 별표 5)

1) 아세틸렌 용접장치 또는 가스집합용접장치를 사용하는 금속의 용접·용단 또는 가열 작업(발생기·도관 등에 의하여 구성되는 용접장치만 해당)
    ① 용접 흄, 분진 및 유해광선 등의 유해성에 관한 사항
    ② 가스용접기, 압력조정기, 호스 및 취관두 등의 기기점검에 관한 사항
    ③ 작업방법·순서 및 응급처치에 관한 사항
    ④ 안전기 및 보호구 취급에 관한 사항
    ⑤ 화재예방 및 초기대응에 관한 사항
    ⑥ 그 밖에 안전·보건관리에 필요한 사항

2) 밀폐공간에서의 작업
    ① 산소농도 측정 및 작업환경에 관한 사항

② 사고 시의 응급처치 및 비상 시 구출에 관한 사항
③ 보호구 착용 및 사용방법에 관한 사항
④ 밀폐공간작업의 안전작업방법에 관한 사항
⑤ 그 밖에 안전·보건관리에 필요한 사항

3) 굴착면의 높이가 2m 이상이 되는 **지반굴착작업**(터널 및 수직갱 외의 갱굴착은 제외)
① 지반의 형태구조 및 굴착요령에 관한 사항
② 지반의 붕괴재해 예방에 관한 사항
③ 붕괴방지용 구조물 설치 및 작업방법에 관한 사항
④ 보호구의 종류 및 사용에 관한 사항

4) 굴착면의 높이가 2m 이상이 되는 암석의 굴착작업
① 폭발물 취급요령과 대피요령에 관한 사항
② 안전거리 및 안전기준에 관한 사항
③ 방호물의 설치 및 기준에 관한 사항
④ 보호구 및 신호방법 등에 관한 사항

5) 거푸집 동바리의 조립 또는 해체작업
① 동바리의 조립작업 및 작업절차에 관한 사항
② 조립재료의 취급방법 및 설치기준에 관한 사항
③ 조립해체 시의 사고방지에 관한 사항
④ 보호구 착용 및 점검에 관한 사항

6) 비계의 조립·해체 또는 변경 작업
① 비계의 조립순서 및 방법에 관한 사항
② 비계작업의 재료취급 및 설치에 관한 사항
③ 추락재해방지에 관한 사항
④ 보호구 착용에 관한 사항
⑤ 비계상부 작업 시 최대적재하중에 관한 사항

P·A·R·T

02

인간공학 및 위험성 평가·관리

제1장 안전과 인간공학
제2장 시스템 안전공학
제3장 위험성 감소 대책 수립·실행

인간공학 및
위험성 평가·관리

1. 안전과 인간공학

❶ 안전과 인간공학

(1) 인간공학의 목표(차피니스)

1) 첫째 목표 : 안전성 향상과 사고 방지
2) 둘째 목표 : 기계조작의 능률성과 생산성 향상
3) 셋째 목표 : 쾌적성

(2) 인간공학 용어의 분류

1) human engineering : 인간공학
2) human-factors engineering : 인간요소공학
3) man machine system engineering : 인간 기계체계공학
4) ergonomics : 작업경제학

❷ 인간기계 체계

(1) 인간 - 기계 체계와 기능(임무 및 기본기능)

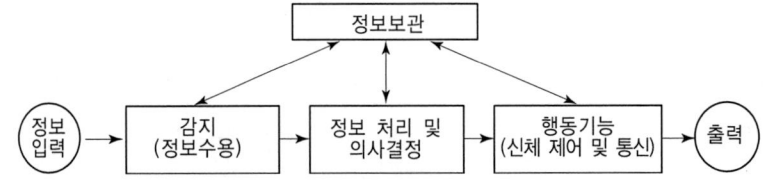

▲ 인간 또는 기계에 의해서 수행되는 기본기능

1) 감지(sensing)
 ① 인체의 감지 기능 : 시각, 청각, 후각 등의 감각기관
 ② 기계적인 감지 기능 : 전자, 사진, 기계적인 감지장치

2) 정보 보관(information storage)
    ① 인간의 정보 보관 : 기억된 학습 내용
    ② 기계적 정보 보관 : 펀치 카드(punch card), 자기 테이프, 형판(template), 기록, 자료표 등과 같은 물리적 기구에 보관
3) 정보처리 및 의사 결정(information processing and decision)
    ① 심리적 정보처리 단계 : 회상(recall), 인식(recognition), 정리(retention : 집적)
    ② 인간의 정보처리 시간 : 0.5초(인간의 정보처리능력 한계)
4) 행동기능(acting function)
    ① 물리적인 조종 행위나 과정 : 조종장치 작동, 물체나 물건을 취급, 이동, 변경, 개조하는 것 등이 있다.
    ② 통신행위 : 음성(사람의 경우) 신호, 기록 등의 방법이 사용된다.

(2) 인간 기계 통합체계의 유형
1) 수동 체계(인간의 신체적인 힘을 동력원으로 사용)
2) 기계화 체계(반 자동 체계)
3) 자동 체계(인간의 역할 : 감시, 프로그램, 정비유지)

(3) 인간과 기계의 상대적 재능

인간이 우수한 기능	기계가 우수한 기능
① 저 에너지 자극(시각, 청각, 후각 등) 감지 ② 복잡 다양한 자극 형태 식별 ③ 예기치 못한 사건 감지(예감, 느낌) ④ 다량 정보를 오래 보관 ⑤ 귀납적 추리 ⑥ 과부하 상황에서는 중요한 일에만 전념 ⑦ 임기응변, 융통성, 원칙 적용, 주관적 추산, 독창력 발휘 등의 기능	① 인간 감지 범위 밖의 자극(X선, 초음파 등)도 감지 ② 인간 및 기계에 대한 모니터 기능 ③ 드물게 발생하는 사상감지 ④ 암호화된 정보를 신속하게 대량 보관 ⑤ 연역적 추리 ⑥ 과부하 시 효율적으로 작동 ⑦ 정량적 정보처리, 장시간 중량작업, 반복작업, 동시에 여러 가지 작업수행

③ 작업설계에 있어서의 인간의 가치기준

(1) 작업 설계시 철학적으로 고려할 사항 : 작업 확대, 작업 윤택화, 작업 만족도, 작업 순환

(2) 인간요소적 접근 방법 : 작업 능률이나 생산성 강조

(3) 작업 설계시 딜레마(Dilemma) : 작업 능률과 작업 만족도의 관계

(4) 작업 만족도(job satisfaction)를 가져오는 방법

1) 수행되어야 할 활동의 수를 증가시킨다.
2) 작업자 자신의 작업물에 대한 검사 책임을 준다.
3) 어떤 특정한 부품보다는 완전한 한단위에 대한 책임을 부여한다.
4) 작업자 자신이 사용할 작업 방법을 선택할 수 있는 기회를 준다.
5) 작업 순환 또는 생산 공정의 작업조들에게 더 큰 책임을 지운다.

4 인간공학의 연구 방법 및 인간공학의 기여도

(1) 인간공학의 연구방법(인간 - 기계 체계 측정법)

1) 순간 조작 분석
2) 지각 운동 정보 분석
3) 연속 컨트롤(control) 부담 분석
4) 사용 빈도 분석
5) 전 작업 부담 분석
6) 기계의 사고 연관성 분석

(2) 체계 설계과정에서의 인간공학의 기여도

1) 성능의 향상
2) 인력의 이용률의 향상
3) 사용자의 수용도 향상
4) 생산 및 정비유지의 경제성 증대
5) 훈련 비용의 절감
6) 사고 및 오용(誤用)으로부터의 손실감소

5 인간 기준 및 기준의 요건

(1) 인간기준(human criteria)

1) 인간 성능 척도 : 여러 가지 감각활동, 정신활동, 근육활동 등에 의해서 판단된다.
2) 생리학적 지표 : 혈압, 맥박수, 분당 호흡수, 뇌파, 혈당량, 혈액의 성분, 피부온도, 전기피부반응(galvanic skin response) 등의 척도가 있다.
3) 주관적인 반응 : 개인성능의 평점(rating), 체계 설계면에 대한 대안들의 평점, 체계에 사용되는 여러 가지 다른 유형에 정보의 판단된 중요도 평점, 의자의 안락도 평점 등이 있다.

4) 사고 빈도 : 어떤 목적을 위해서는 사고나 상해 발생 빈도가 적절한 기준이 될 수가 있다.

(2) 기준의 요건

1) 적절성(relevance) : 기준이 의도된 목적에 적당하다고 판단되는 정도를 말한다.
2) 무오염성 : 기준 척도는 측정하고자 하는 변수 외의 다른 변수들의 영향을 받아서는 안된다는 것을 무오염성이라고 한다.
3) 기준 척도의 신뢰성 : 척도의 신뢰성은 반복성(repeatability)을 의미한다.

6 휴먼에러(human error)

(1) 시스템 성능(S·P)과 인간과오(H·E)관계

$S \cdot P = f(H \cdot E) = K(H \cdot E)$

여기서, S·P : 시스템의 성능(system performance)
H·E : 인간과오(human error)
f : 함수
K : 상수

1) $K ≒ 1$: H·E 가 S·P에 중대한 영향을 끼친다.
2) $0 < K < 1$: H·E 가 S·P에 리스크(risk)를 준다.
3) $K ≒ 0$: H·E 가 S·P에 아무런 영향을 주지 않는다.

(2) 심리적인 분류(Swain) : Error의 원인을 불확정, 시간지연, 순서착오의 세 가지로 나누어 분류한다.

1) Omission error : 필요한 task 또는 절차를 수행하지 않는데 기인한 error
2) Time error : 필요한 task 또는 절차의 수행지연으로 인한 error
3) Commission error : 필요한 task 또는 절차의 불확실한 수행으로 인한 error
4) Sequential error : 필요한 task 또는 절차의 순서 착오로 인한 error
5) Extraneous error : 불필요한 task 또는 절차를 수행함으로써 기인한 error

(3) 원인의 Level적 분류

1) primary error : 작업자 자신으로부터의 error
2) secondary error : 작업형태나 작업조건 중에서 다른 문제가 생겨 그 때문에 필요한 사항을 실행할 수 없는 error. 어떤 결함으로부터 파생하여 발생하는 error
3) command error : 요구된 것을 실행하고자 하여도 필요한 물건, 정보, 에너지 등의 공급이 없는 것처럼 작업자가 움직이려 해도 움직일 수 없으므로 발생하는 error

(4) 인간의 행동 과정을 통한 분류

1) In put error : 감지 결함
2) Information processing error : 정보처리 절차과오(착각)
3) Decison making error : 의사 결정 과오
4) Out put error : 출력과오
5) Feed back error : 제어과오

(5) 인간 과오의 배후요인 4요소(4M)

1) 맨(man) : 본인 이외의 사람
2) 머신(machine) : 장치나 기기 등의 물적 요인
3) 메디어(media) : 인간과 기계를 잇는 매체란 뜻으로 작업이 방법이나 순서, 작업정보의 실태나 환경과의 관계, 정리정돈 등이 포함된다.
4) 매니지먼트(management) : 안전법규의 준수 방법, 단속, 점검 관리 외에 지휘감독, 교육훈련 등이 여기에 속한다.

7 인간 및 기계의 신뢰성 요인

(1) 인간의 신뢰성 요인

1) 주의력
2) 긴장수준
3) 의식수준(경험연수, 지식수준, 기술수준)

(2) 기계의 신뢰성 요인

1) 재질
2) 기능
3) 작동방법

8 신뢰도

(1) 인간 - 기계체계의 신뢰도 (r_1 : 인간, r_2 : 기계)

1) 직렬(Series system) ∴ R_s(신뢰도)= $r_1 \times r_2$ ($r_1 < r_2$로 보면 $R_s \leq r_1$)
2) 병렬(Parallel system) ∴ R_p(신뢰도)= $r_1 + r_2(1-r_1)$ ($r_1 < r_2$로 보면 $R_p \geq r_2$)

(2) 설비의 신뢰도

1) 직렬연결 : 자동차 운전

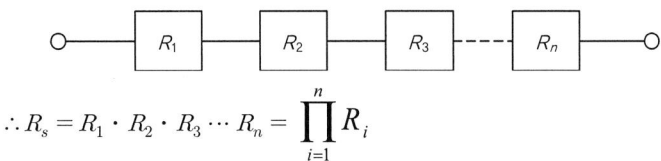

$$\therefore R_s = R_1 \cdot R_2 \cdot R_3 \cdots R_n = \prod_{i=1}^{n} R_i$$

2) 병렬연결 : 열차나 항공기의 제어장치

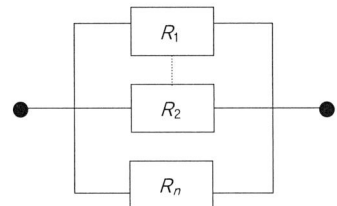

$$\therefore R_p = 1 - \{(1-R_1)(1-R_2)\cdots(1-R_n)\} = 1 - \prod_{i=1}^{n}(1-R_i)$$

(3) 리던던시(Redundancy)

1) 병렬 리던던시
2) 대기 리던던시
3) M out of N 리던던시(N개 중 M개 동작시 계는 정상)
4) 스페어에 의한 교환
5) 페일 세이프(fail safe)

9 고장 및 System의 수명

(1) 고장률의 유형

1) 초기고장 : 점검작업이나 시운전 등에 의해 사전에 방지할 수 있는 고장
   ① 디버깅(debugging)기간 : 결함을 찾아내 고장률을 안정시키는 기간
   ② 번인(burn in)기간 : 실제로 장시간 움직여 보고 그동안 고장난 것을 제거하는 공정기간
2) 우발고장 : 예측할 수 없을 때 생기는 고장으로 시운전이나 점검작업으로는 방지할 수 없는 고장
3) 마모고장 : 수명이 다해 생기는 고장으로, 안전진단 및 적당한 보수(정비)에 의해서 방지할 수 있는 고장

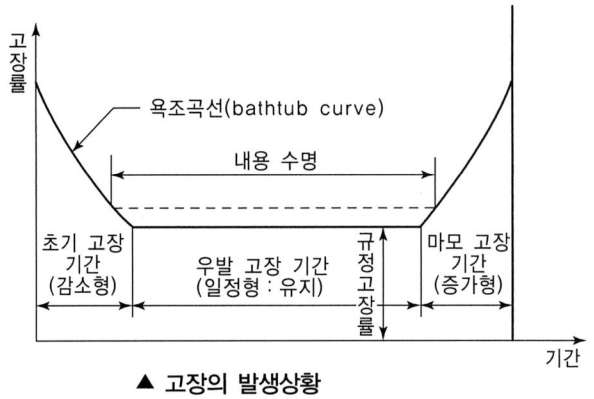
▲ 고장의 발생상황

(2) MTTF와 MTBF 및 가용도

① MTTF(mean time to failure) : 평균 수명 또는 고장발생까지의 동작시간 평균이라고도 하며, 하나의 고장에서부터 다음 고장까지의 평균동작시간을 말한다.

$$\therefore \text{MTTF} = \frac{1}{\lambda(\text{고장률})}$$

② MTTR(mean time to repair) : 평균수리시간(총수리시간을 그 기간의 수리횟수로 나눈시간)

③ MTBF(mean time between failure) : 평균고장간격

$$\therefore \text{MTBF} = \text{MTTF} + \text{MTTR}$$

❿ 인간에 대한 monitoring 방식

(1) **self monitoring 방법** : 자기 감지법

(2) **생리학적 monitoring 방법** : 맥박수, 체온, 호흡속도, 혈압, 뇌파 등에 의한 생리학적 감지법

(3) **visual monitoring 방법** : 작업자의 태도를 보고 상태를 파악하는 방법

(4) **반응에 의한 monitoring 방법** : 자극(시각 또는 청각)에 의한 반응을 보고 판단하는 방법

(5) **환경의 monitoring 방법** : 간접적 monitoring 방법

⓫ fail-safety 및 lock system

(1) **fail - safety** : 인간 또는 기계에 과오나 동작상의 실수가 있어도 안전사고를 발생시키지 않도록 2중 또는 3중으로 통제를 가하도록 한 체제를 말한다.

(2) lock system

① 인간과 기계 사이에 두는 lock system : interlock system
② interlock system과 intralock system 사이에는 translock system을 둔다.

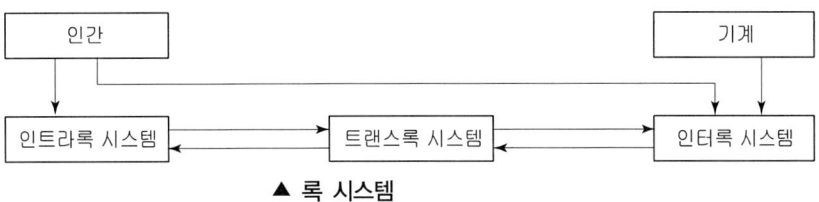

▲ 록 시스템

⑫ 체계의 제어

(1) 시퀀스 제어(sequence control : 순차제어) : 미리 정하여진 순서에 따라 제어의 각 단계를 차례로 진행시키는 제어를 말한다.

(2) 서보 기구(servo mechanism) : 물체의 위치, 방향, 힘, 속도 등의 역학적인 물리량을 제어하는 기구이다(레이더의 방향제어, 선박, 항공기 등의 속도조절기구, 공작기계의 제어 등).

(3) 공정제어(process control) : 제조공업에서 공정(process)의 상태량(온도, 압력, 유량, 정도 등)을 제어량으로 하는 제어이다.

(4) 자동조정(automatic regulation) : 자동조작으로 항상 일정한 값을 유지 하도록 해주는 방식이다. 전압, 전류, 전력, 주파수, 전동기나 공작기계의 속도 등의 제어에 사용된다.

(5) 개방루프 및 피드백 제어방식

1) 개방루프 제어(open loop control)방식 : 항공기의 방향 조정의 경우, 조정 방향을 시간적으로 프로그램 함으로써 항공기가 소정의 비행로를 따라 비행하게 되는데 이와 같은 제어 방식을 말한다.
2) 피드백 제어(feedback control)방식 : 제어결과를 측정하여 목표로 하는 동작이나 상태와 비교하여 잘못된 점을 수정해 나가는 제어방식이다. 일명 폐쇄루프제어(closed control)라고도 한다.

(6) 인간공학적 제어예방 프로그램의 4가지 주요 구성요소

1) 존재하거나 잠재적인 문제규정
2) 문제를 야기시키는 위험요소의 규명과 평가
3) 공학적이면서 경영적인 교정방법의 설계와 수행
4) 도입된 교정방법의 효율성 감시와 평가

⓭ 인체 계측

(1) 인체계측자료의 응용원칙

1) 최대치수와 최소치수 : 최대치수 또는 최소치수를 기준으로 하여 설계한다.
2) 조절범위(조절식) : 체격이 다른 여러 사람에 맞도록 만드는 것이다.
3) 평균치를 기준으로 한 설계 : 최대치수나 최소치수, 조절식으로 하기가 곤란할 때 평균치를 기준으로 하여 설계한다.

(2) 인체계측치 활용상의 유의사항

1) 최소표본수는 50~100명이 좋다
2) 인체계측치는 일반적으로 나체치수로서 나타내며 설계대상에 그대로 적용되지 않는 경우가 많다.

⓮ 생리학적 측정법

(1) 근전도(EMG : electromyogram)
근육활동의 전위차를 기록한 것으로, 심장근의 근전도를 특히 심전도(ECG : electrocardiogram)라고 하며, 신경활동전위차의 기록은 ENG(electroneurogram)라고 한다.

(2) 피부전기반사(GSR : galvanic skin reflex)
작업 부하의 정신적 부담도가 피로와 함께 증대하는 양상을 수장(手掌) 내측의 전기저항의 변화에서 측정하는 것으로, 피부전기저항 또는 정신전류현상이라고도 한다.

(3) 프릿가 값
정신적 부담이 대뇌피질의 활동수준에 미치고 있는 영향을 측정한 값이다.

⓯ 에너지 소모량의 산출

(1) 에너지 대사율(R. M. R : relative metabolic rate)
작업강도 단위로서 산소호흡량을 측정하여 에너지의 소모량을 결정하는 방식이다.

$$R.\ M.\ R = \frac{작업대사량}{기초대사량} = \frac{작업시소비에너지 - 안정시소비에너지}{기초대사량}$$

(2) 산소소비량 및 기초대사량

1) $1LO_2$ 소비 : 5kcal 열량 소비
2) 기초대사량 : 1,500~1,800(kcal/day)

3) 기초대사와 여가(leisure)에 필요한 대사량 : 2,300kcal/day

(3) 작업강도 구분

1) 0~2 RMR : (輕작업) (가벼운 작업)
2) 2~4 RMR : (中작업) (보통 작업)
3) 4~7 RMR : (重작업) (힘든 작업)
4) 7 RMR 이상 : (超重작업) (매우 힘든 작업)

16 작업공간 및 작업대

(1) 작업공간 포락면(envelope) : 한 장소에 앉아서 수행하는 작업 활동에서 사람이 작업하는 데 사용하는 공간을 말한다.

(2) 작업역

1) 정상작업역 : 34~45cm
2) 최대작업역 : 55~65cm

(3) 작업대

1) 어깨 중심선과 작업대 간격 : 19cm
2) 입식 작업대 높이 : 팔꿈치 높이보다 5~10cm 정도 낮으면 좋다.

(4) 의자 설계원칙

1) 체중분포 : 체중이 좌골 결절에 실려야 편안하다.
2) 의자 좌판의 높이 : 좌판 앞부분이 오금의 높이 보다 높지 않아야 한다.
3) 의자 좌판의 깊이와 폭 : 폭은 큰 사람에게, 깊이는 작은 사람에게 맞도록 해야 한다.
4) 몸통의 안정 : 의자의 좌판 각도는 3°, 좌판 등판 간의 등판 각도는 100°가 몸통 안정에 효과적이다.

(5) 부품 배치의 4원칙

1) 중요성의 원칙
2) 사용빈도의 원칙
3) 기능별 배치의 원칙
4) 사용순서의 원칙

(6) 작업장(표시장치와 조정장치를 포함하는) 설계시 배치 우선순위

1) 1순위 : 주된 시각적 임무
2) 2순위 : 주 시각 임무와 상호 교환하는 주조종장치
3) 3순위 : 조정장치와 표시장치 간의 관계
4) 4순위 : 사용 순서에 따른 부품의 배치
5) 5순위 : 자주 사용되는 부품은 편리한 위치에 배치
6) 6순위 : 체계 내 또는 다른 체계의 배치와 일관성 있게 배치

17 기계 통제장치의 유형

(1) 양의 조절에 의한 통제 : 연속 조절(knob, crank, handle, lever, pedall 등)

(2) 개폐에 의한 통제 : 불연속 조절(수동식 푸시버튼, 발 푸시버튼, 토글스위치, 로터리 스위치 등)

(3) 반응에 의한 통제 : 자동경보 시스템

18 통제 표시비(통제비)

(1) 통제표시비 : 통제기기와 표시장치의 관계를 나타낸 비율을 말하며, C/D비라고도 한다.

$$\therefore \frac{C}{D} = \frac{X}{Y}$$

X : 통제기기의 변위량(cm)
Y : 표시계기의 지침의 변위량(cm)

(2) 조종구(ball control)에서의 C/D

$$\therefore \frac{C}{D}비 = \frac{\frac{a}{360} \times 2\pi L}{표시계기의 이동거리}$$

a : 조정장치가 움직인 각도,
L : 반경(지레의 길이)

(3) 통제비 설계시에 고려해야 할 사항

1) 계기의 크기   2) 공차
3) 방향성   4) 조작시간
5) 목측거리

(4) 최적의 C/D비

1) 통제표시비(C/D)가 감소함에 따라 이동시간은 급격히 감소하다가 안정되며, 조정시간은 이와 반대의 형태를 갖는다.
2) 최적의 C/D비 : 1.18~2.42

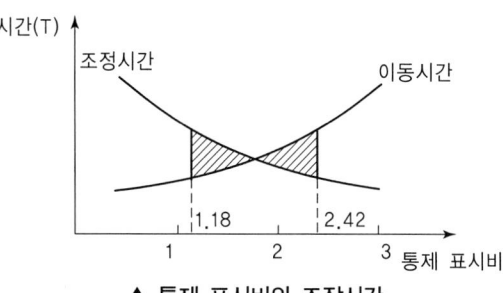

▲ 통제 표시비와 조작시간

19 인간의 특정감각(sensory modality)을 통하여 환경으로부터 받아들이는 자극차원

(1) 시각적 식별 : 형태 구성, 크기, 위치, 색 등
(2) 청각적 식별 : 진동수나 강도

20 정보와 측정단위 및 관계식

(1) bit의 정의 : 실현가능성이 같은 2개의 대안 중 하나가 명시되었을 때 얻는 정보량을 나타낸다

(2) 대안의 수가 n일 때 총 정보량(H)

$H = \log_2 n$

(3) 대안의 실현확률(n의 역수)이 P일 경우(대안의 출현 가능성이 동일하지 않을 때)

$H = \log_2 \left(\dfrac{1}{P}\right)$

(4) 확률이 다른 일련의 사건이 가지는 평균 정보량(Hav)

$\mathrm{Hav} = \sum_{i=1}^{n} P_i \log_2 \left(\dfrac{1}{P_i}\right)$

여기서, P_i : 각 대안의 실현확률

21 표시장치로 나타내는 정보의 유형 및 표시장치의 종류

(1) 표시장치에 의한 정보의 유형

1) 정량적(quantitative)정보 : 변수의 정량적인 값
2) 정성적(qualitative) 정보 : 가변 변수의 대략적인 값, 경향, 변화율 변화방향 등
3) 상태(status)정보 : 체계의 상황이나 상태
4) 묘사적(representational)정보 : 사물, 지역, 구성 등을 사진 및 그림 또는 그래프로 묘사
5) 경계 및 신호 정보 : 비상 또는 위험 상황 또는 물체나 상황의 존재 유무
6) 식별(identification)정보 : 어떤 정적 상태, 상황 또는 사물의 식별용
7) 시차적(time phased) : 펄스(pulse)화 되었거나 또는 시차적 신호, 즉 신호의 지속시간, 간격 및 이들의 조합에 의해 결정되는 신호
8) 문자나 숫자의 부호(symbolic) 정보 : 구두, 문자, 숫자 및 관련된 여러 형태의 암호화 정보

(2) 표시장치의 유형

1) 정적 표시장치 : 시간에 따라 변하지 않는 것(간판, 도표, 그래프, 인쇄물, 필기물 등)
2) 동적 표시장치 : 시간에 따라 끊임없이 변하는 것(기압계, 온도계, 레이다, 음파탐지기, TV, 영화, 온도조절기) 등

22 청각장치와 시각장치의 선택(특정 감각의 선택)

청각장치 사용	시각장치 사용
① 전언이 간단하고 짧다. ② 전언이 후에 재 참조되지 않는다. ③ 전언이 즉각적인 사상(event)을 이룬다. ④ 전언이 즉각적인 행동을 요구한다. ⑤ 수신자의 시각계통이 과부하 상태일 때 ⑥ 수신 장소가 너무 밝거나 암조응 유지가 필요할 때 ⑦ 직무상 수신자가 자주 움직이는 경우	① 전언이 복잡하고 길다. ② 전언이 후에 재 참조된다. ③ 전언이 공간적인 위치를 다룬다. ④ 전언이 즉각적인 행동을 요구하지 않는다. ⑤ 수신자의 청각계통이 과부하 상태일 때 ⑥ 수신 장소가 너무 시끄러울 때 ⑦ 직무상 수신자가 한 곳에 머무르는 경우

23 암호체계 사용상의 일반적인 지침

(1) 암호의 검출성 : 검출이 가능해야 한다.

(2) 암호의 변별성 : 다른 암호표시와 구별되어야 한다.

(3) 부호의 양립성 : 양립성이란 자극들 간의, 반응들 간의, 자극 – 반응 조합의 관계가 인간의 기대와 모순되지 않는다.

(4) 부호의 의미 : 사용자가 그 뜻을 분명히 알아야 한다.

(5) 암호의 표준화 : 암호를 표준화하여야 한다.

(6) 다차원 암호의 사용 : 2가지 이상의 암호차원을 조합해서 사용하면 정보전달이 촉진된다.

24 인간의 기술

(1) 전신적(gross bodily) 기술 : 보행, 균형유지 등

(2) 조작적(manipulative) 기술 : 연속적, 수차적(遂次的), 이산적(離散的) 형태를 포함

(3) 인식적(perceptual) 기술

(4) 언어(language) 기술 : 의사소통, 수학, 은유 또는 컴퓨터언어같이 사람들이 사고할 때나 문제해결에 사용하는 여러 가지 표현방식

25 양립성(compatibility)

(1) 양립성 : 정보입력 및 처리와 관련한 양립성은 인간의 기대와 모순되지 않는 자극들 간의, 반응들 간의 또는 자극반응 조합의 관계를 말하는 것이다.

(2) 양립성의 종류

　1) 공간적 양립성 : 표시장치나 조종장치에서 물리적 형태나 공간적인 배치의 양립성
　2) 운동 양립성 : 표시 및 조종장치, 체계반응에 대한 운동방향의 양립성
　3) 개념적 양립성 : 사람들이 가지고 있는 개념적 연상(어떤 암호체계에서 청색이 정상을 나타내듯이)의 양립성

26 디스플레이(display)가 형성하는 목시각

(1) 수평 : 최적 조건(15°좌우), 제한조건(95°좌우)

(2) 수직 : 최적 조건(0~30°좌우), 제한조건(75°상한, 85°하한)

(3) 정상작업 위치에서 모든 디스플레이를 보기 위한 조업자 시계 : 60~90°

27 시각적 표시장치

(1) 정량적 동적 표시장치의 기본형

1) 정목동침(moving pointer)형 : 눈금이 고정되고 지침이 움직이는 형
2) 정침동목(moving scale)형 : 지침이 고정되고 눈금이 움직이는 형
3) 계수(digital)형 : 전력계나 택시요금 계기와 같이 기계, 전자적으로 숫자가 표시 되는 형

(2) 지침의 설계요령

1) 선각(先角)이 약 20° 정도가 되는 뾰족한 지침을 사용한다.
2) 지침의 끝은 작은 눈금과 맞닿되, 겹쳐지지 않게 한다.
3) 원형 눈금의 경우, 지침의 색은 선단에서 눈금의 중심까지 칠한다.
4) 시차(視差)를 없애기 위해 지침은 눈금 면과 밀착시킨다.

(3) 문자 - 숫자 및 관련 표시장치

1) 획폭비 : 문자나 숫자의 높이에 대한 획 굵기의 비로서 나타내며, 최적 독해성(최대 명시거리)을 주는 획폭비는 흰 숫자(검은 바탕)의 경우에 1 : 13.3이고, 검은 숫자(흰 바탕)의 경우는 1 : 8 정도이다.
2) 광삼(光滲 : irradiation)현상 : 흰 모양이 주위의 검은 배경으로 번지어 보이는 현상이다.
3) 종횡비(문자 숫자의 폭 : 높이) : 1 : 1의 비가 적당하며, 3 : 5까지는 독해성에 영향이 없고, 숫자의 경우는 3 : 5를 표준으로 한다.

(4) 시각적 암호, 부호 및 기호의 유형

1) 묘사적 부호 : 사물의 행동을 단순하고 정확하게 묘사한 것(예 : 위험표지판의 해골과 뼈, 도보 표지판의 걷는 사람)
2) 추상적 부호 : 전언(傳言)의 기본요소를 도시적으로 압축한 부호로써, 원 개념과는 약간의 유사성이 있을 뿐이다.
3) 임의적 부호 : 부호가 이미 고안되어 있으므로 이를 배워야 하는 부호(예 : 교통 표지 판의 삼각형 - 주의, 원형 - 규제, 사각형 - 안내표시)

28 청각적 표시장치

(1) 청각적 표시장치가 시각적인 것보다 효과가 있는 경우

1) 신호원 자체가 음일 때
2) 무선기의 신호, 항로 정보 등과 같이 연속적으로 변하는 정보를 제시할 때

3) 음성 통신 경로가 전부 사용되고 있을 때(청각적 신호는 음성과는 확실히 구별되어야 함)

(2) 경계 및 경보신호의 선택 또는 설계시의 설계지침

1) 500~3,000Hz(또는 2,000~5,000Hz)의 진동수 사용(귀는 중음역에 민감)
2) 장거리(300m 이상)용은 1,000Hz 이하의 진동수 사용
3) 장애물 및 칸막이 통과 시 500Hz 이하의 진동수 사용
4) 주의를 끌기 위해서는 변조된 신호(초당 1~8 번 나는 소리, 초당 1~3 번 오르내리는 소리 등)사용
5) 배경소음의 진동수와 구별되는 신호사용
6) 경보효과를 높이기 위해서 개시 시간이 짧은 고강도 신호를 사용
7) 수화기를 사용하는 경우에는 좌우로 교번하는 신호를 사용
8) 가능하면 확성기, 경적 등과 같은 별도의 통신계통을 사용

(3) 인간의 vigilance(주의하는 상태, 긴장상태, 경계상태)현상에 영향을 끼치는 조건

1) 검출능력은 작업시작 후 빠른 속도로 저하된다(30~40분 후, 검출능력은 50%로 저하).
2) 발생빈도가 높은 신호일수록 검출률이 높다.
3) 기계 자체 또는 관계되는 인간과 다른 물체에 미치는 영향을 최소한도로 감소시킬 수 있어야 한다.
4) 경고를 받고 나서부터 행동에 이르기까지 시간적인 여유가 있어야 한다.

29 신체 활동 및 생리적 배경

(1) 지구력(endurance) : 사람은 자기의 최대근력을 잠시 동안만 낼 수 있으며, 근력의 15% 이하의 힘은 상당히 오래 유지할 수 있다.

(2) 사정효과(range effect) : 눈으로 보지 않고 손을 수평면 위에서 움직이는 경우에 짧은 거리는 지나치고 긴 거리는 못 미치는 경향을 말하며, 조작자가 작은 오차에는 과잉반응, 큰 오차에는 과소반응을 한다.

(3) 진전(tremor : 잔잔한 떨림)을 감소시키는 방법

1) 시각적 참조
2) 몸과 작업에 관계되는 부위를 잘 받친다.
3) 손이 심장 높이에 있을 때가 손떨림이 적다.
4) 작업 대상물에 기계적 마찰이 있을 때

30 조정장치의 저항력

(1) 탄성저항 : 조종장치의 변위에 따라 변한다.

(2) 점성저항 : 출력과 반대방향으로 그 속도에 비례해서 작용하는 힘 때문에 생기는 저항력이다.

(3) 관성(inertia) : 기계장치의 질량(중량)으로 인한 운동에 대한 저항으로 가속도에 따라 변한다.

(4) 정지 및 미끄럼마찰 : 처음의 움직임에 대한 저항력인 정지마찰은 급속히 감소하나, 미끄럼마찰은 계속하여 운동에 저항하여 변위나 속도와는 무관하다.

31 이력현상 및 사공간

(1) 이력현상(또는 반발) : 제어동작이 멈추면 체계반응의 거꾸로 돌아오는 것을 말한다, C/D 비가 낮은(민감) 경우에 반발의 악영향이 커진다.

(2) 제어장치의 사공간(死空間) : 조종장치를 움직여도 피 제어요소에 변화가 없는 공간을 말한다.

32 온도와 열 압박

(1) 열 교환

1) S(열축적)=M(대사열)−E(증발)−W(한일)±R(복사)±C(대류)
2) 증발에 의한 열 손실률 : 37℃ 물 1g의 증발열은 2,410joule/g(575.7cal/g)이다.

$$\therefore \text{열 손실률(Watt)} = \frac{2{,}410 J/g \times \text{증발량}(g)}{\text{증발시간}(\sec)}$$

3) 열교환에 영향을 주는 요소 : 기온, 습도, 복사온도, 공기의 유동

(2) 환경요소의 복합지수

1) 실효온도(ET)
   ① 실효온도(체감온도 또는 감각온도)에 영향을 주는 요인 : 온도, 습도, 기류(공기유동)
   ② 허용한계 : 정신(사무작업)(60~64°F), 경작업(55~60°F), 중작업(50~55°F)
2) Oxford 지수 : WD(습건) 지수라고도 하며 습구, 건구 온도의 가중(加重) 평균치로서 다음과 같이 나타낸다.

$$\therefore WD = 0.85W(\text{습구온도}) + 0.15D(\text{건구온도})$$

(3) 온도의 영향

1) 안전활동에 알맞은 최적온도 : 18~21℃
2) 갱내 작업장의 기온상황 : 37℃ 이하
3) 체온의 안전한계와 최고한계온도 : 38℃와 41℃
4) 손가락에 영향을 주는 한계온도 : 13~15.5℃

(4) 불쾌지수

1) 불쾌지수 산정식
   ① 불쾌지수 = 섭씨(건구온도+습구온도)×0.72+40.6
   ② 불쾌지수 = 화씨(건구온도+습구온도)×0.45+15
2) 불쾌지수 구분
   ① 70 이하 : 모든 사람이 불쾌를 느끼지 않음
   ② 70~75 : 10명 중 2~3명이 불쾌감지
   ③ 76~80 : 10명 중 5명 이상이 불쾌감지
   ④ 80 이상 : 모든 사람이 불쾌를 느낌

33 조 명

(1) 조도 : 물체의 표면에 도달하는 빛의 밀도

1) foot-candle(fc) : 1촉광의 점광원으로부터 1foot 떨어진 곡면에 비추는 광의 밀도 (1 lumen/ft^2)

$$1\ fc\ =\ 1\ lumen/ft^2\ =\ 10\ lumen/m^2\ =\ 10\ lux$$

2) lux(meter-candle) : 1촉광의 점광원으로부터 1m 떨어진 곡면에 비추는 광의 밀도 (1 lumen/m^2)

(2) 광속발산도(luminance) : 단위면적당 표면에서 반사 또는 방출되는 빛의 양을 말하며, 이 척도를 때로는 휘도(輝度, brightness)라고도 한다.

1) Lambert(L) : 완전발산 및 반사하는 표면이 표준촛불로 1cm 거리에서 조명될 때의 조도와 같은 광속발산도이다.
2) millilambert(mL) : 1L의 1/1,000로 거의 1foot-Lampert에 가깝다(0.929fL).
3) foot-Lambert(fL) : 완전발산 및 반사하는 표면이 1fc로 조명될 때의 조도와 같은 광속발산도이다.

(3) 반사율(reflectance)

1) 반사율(%) = $\dfrac{\text{광속발산도}(fL)}{\text{조명}(fc)} \times 100$

2) 옥내 최적 반사율
   ① 천정 : 80~90%
   ② 벽, 창문 발(blind) : 40~60%
   ③ 가구, 사무용기기, 책상 : 25~45%
   ④ 바닥 : 20~40%

(4) 광속 발산비
: 주어진 장소와 주위의 광속발산도의 비이며, 사무실 및 산업 상황에서의 추천광속발산비는 보통 3 : 1이다.

(5) 대비(對比)
: 표적의 광속발산도(Lt)와 배경의 광속발산도(Lb)의 차를 나타내는 척도

∴ 대비 = $\dfrac{L_b - L_t}{L_b} \times 100$

1) 표적이 배경보다 어두울 경우 : 대비는 +100%에서 0 사이
2) 표적이 배경보다 밝을 경우 : 대비는 0에서 −∞ 사이

34 휘광(glare)의 처리

(1) 광원으로부터의 직사휘광 처리
1) 광원의 휘도를 줄이고 수를 증가시킨다.
2) 광원을 시선에서 멀리 위치시킨다.
3) 휘광원 주위를 밝게 하여 광속발산비(휘도)를 줄인다.
4) 가리개(shield), 갓(hood), 혹은 차양(visor)을 사용한다.

(2) 창문으로부터 직사휘광 처리
1) 창문을 높이 단다.
2) 창위(실외)에 드리우개(overhang)를 설치한다.
3) 창문(안쪽)에 수직날개(fin)들을 달아서 직시선을 제한한다.
4) 차양(shade) 혹은 발(blind)을 사용한다.

(3) 반사휘광의 처리
1) 발광체의 휘도를 줄인다.
2) 일반(간접)조명의 수준을 높인다.
3) 산란광, 간접광, 조절판(baffle), 창문에 차양(shade) 등을 사용한다.
4) 무광택도료, 빛을 산란시키는 표면색을 한 사무용 기기, 윤기를 없앤 종이 등을 사용한다.

㉟ 시각 및 색각

(1) 시각 : 노화에 따라 가장 먼저 기능이 저하되는 감각기관이며, 진동의 영향도 가장먼저 받는다.

    1) 시각의 최소감지 범위 : 10^{-6}mL

    2) 시각의 최대허용강도 : 10^{-4}mL

(2) 시계의 범위

    1) 정상적인 인간의 시계범위 : 200°

    2) 색채를 식별할 수 있는 시계의 범위 : 70°

(3) 완전 암조응에 걸리는 시간 : 30~40분

(4) 색의 3속성 : 색상, 채도, 명도

(5) 색채심리

    1) 색채의 생물학적 작용

       ① 적색은 신경에 대한 흥분작용을 가지고 조직호흡면에서 환원작용을 촉진한다.

       ② 청색은 진정작용을 가지고 있고 조직호흡면에서 산화작용을 촉진한다.

    2) 색채의 속도 : 명도가 높은 색채는 빠르고 경쾌하게 느껴지고, 낮은 색채는 둔하고 느리게 느껴진다. 가볍고 경쾌한 색에서 느리고 둔한 색의 순서를 나타내면 다음과 같다.

       ∴ 백색→황색→녹색→등색→자색→적색→청색→흑색

㊱ 소 음

(1) 음의 측정단위

    1) dB 수준과 음의 강도와의 관계식

$$dB \ 수준 = 10\log\left(\frac{I_1}{I_0}\right)$$

여기서, I_1 : 측정음의 강도
I_0 : 기준음의 강도 (10^{-12} watt/m² 최소가청치)

    2) dB 수준과 음압과의 관계식 : 음의 강도는 음압의 제곱에 비례하므로 dB 수준은 다음과 같다.

$$dB \ 수준 = 20\log\left(\frac{P_1}{P_0}\right)$$

여기서, P_1 : 측정하려는 음압
P_0 : 기준음의 음압 (2×10^{-5}N/m² : 1,000Hz에서의 최소가청치)

3) P_1과 P_2의 음압을 갖는 두음의 강도차

$$dB_2 - dB_1 = 20\log\left(\frac{P_2}{P_1}\right)$$

4) 거리에 따른 음의 강도 변화
   ① 음의 강도와 거리 : 음의 강도(I)는 거리의 자승에 반비례한다.

$$I_2 = I_1 \times \left(\frac{d_1}{d_2}\right)^2$$

   ② 음압의 거리 : 음압(P)은 거리에 반비례한다.

$$P_2 = P_1 \times \left(\frac{d_1}{d_2}\right)$$

$$\therefore \ dB2 = dB1 + 20\log\left(\frac{d_1}{d_2}\right) = dB1 - 20\log\left(\frac{d_2}{d_1}\right)$$

(2) 음의 크기의 수준

1) phon : 1,000Hz 순음의 음압수준(dB)을 나타낸다.
2) sone : 1,000Hz, 40dB의 음압수준을 가진 순음의 크기(=40phon)를 1sone이라 한다.
3) sone와 phon의 관계식

   sone치 $= 2^{(Phon-40)/10}$

4) 인식소음 수준
   ① PNdB(perceived noise level) : 910~1,090Hz대의 소음 음압수준
   ② PLdB(perceived level of noise) : 3,150Hz에 중심을 둔 1/3 옥타브(octave)대음을 기준으로 사용한다.

(3) 은폐와 복합소음

① masking(은폐)현상 : dB이 높은 음과 낮은 음이 공존할 때, 낮은 음이 강한 음에 가로막혀 숨겨져 들리지 않게 되는 현상을 말한다. (90dB+80dB → 90dB)
② 복합소음 : 소음수준이 같은 2대 기계의 음이 합쳐지면 3dB이 증가한다.
   (90dB+90dB → 93dB)
③ 합성소음도(L)

$$L = 10\log(10^{\frac{L_1}{10}} + 10^{\frac{L_2}{10}} + \cdots + 10^{\frac{L_n}{10}})$$

여기서, $L_1 \sim L_n$: 각각 소음원의 소음(dB)

(4) 소음의 허용한계

1) 가청주파수 : 20~2,0000Hz(CPS)
   ① 20~50Hz : 저진동범위

② 500~2,000Hz : 회화범위
③ 2,000~20,000Hz : 가청범위(audible range)
④ 20,000Hz 이상 : 불가청범위
2) 가청한계 : $2 \times 10^{-4} \text{dyne/cm}^2 \sim 10^3 \text{dyne/cm}^2$(134dB)
3) 심리적 불쾌감 : 40dB 이상
4) 생리적 현상 : 60dB(안락한계 45~65dB, 불쾌한계 65~120dB)
5) 난청(C5 dip) : 90dB(8시간)
6) 유해주파수(공장소음) : 4,000Hz(난청현상이 오는 주파수)
7) 음압과 허용노출한계

dB	90	95	100	105	110	115	120
허용노출시간	8시간	4시간	2시간	1시간	30분	15분	5~8분

∴ 120dB 이상 : 격리 또는 격벽설치

(5) 소음대책

1) 소음원의 통제 : 기계의 적절한 설계, 적절한 정비 및 주유, 기계에 고무 받침대 부착, 차량에는 소음기 사용
2) 소음의 격리 : 씌우개 방, 장벽을 사용(집의 창문을 닫으면 약 10dB 감음 됨)
3) 차폐장치 및 흡음재료 사용
4) 음향처리재 사용
5) 적절한 배치(layout)
6) 방음보호구 사용 : 귀마개(이전) (2,000Hz에서 20dB, 4,000Hz에서 25dB 차음효과)
7) BGM(back ground music) : 배경음악(60±3dB)

37 진동 및 coriolis 현상

(1) 전신 진동이 인간성능에 끼치는 영향

1) 진동은 진폭에 비례하여 시력을 손상하며, 10~25Hz의 경우에 가장 심하다.
2) 진동은 진폭에 비례하여 추적능력을 손상하며, 5Hz 이하의 낮은 진동수에서 가장 심하다.
3) 안정되고 정확한 근육조절을 요하는 작업은, 진동에 의해서 저하된다.
4) 반응시간, 감시, 형태식별 등 주로 중앙신경처리에 달린 임무는 진동의 영향을 덜 받는다.

(2) coriolis 현상 : 비행기와 함께 선회하던 조종사가 머리를 선회면 밖으로 움직일 때에 평형감각을 상실하는 현상

38 근골격계 질환 예방관리

(1) 근골격계 질환의 정의·종류

1) 근골격계 질환 : 반복적인 동작, 부적절한 작업자세, 무리한 힘의 사용, 날카로운 면과의 신체접촉, 진동 및 온도 등의 요인에 의하여 발생하는 건강장해로서 목, 어깨, 허리, 팔, 다리의 신경·근육 및 그 주변 신체조직 등에 나타나는 질환을 말한다.

2) 근골격계 질환의 종류
   ① 수근관 증후군(기용 터널 증후군) : 손의 손목 뼈 부분의 압박이나 과도한 힘을 준 상태에서 발생한다(손목이 꺾인 상태나 과도한 힘을 준 상태에서 반복적 손운동을 할 때 발생)
   ② 결절종 : 얇은 섬유성 피막내에 약간 노랗고 끈적이는 액체를 함유하고 있는 낭포(물혹) 종양으로 손목의 등 쪽에 발생한다.
   ③ 외상과염(테니스 엘보) : 손목을 굽히거나 펴는 근육이 시작되는 팔꿈치 부위의 일대에 염증이 생김으로서 발생하는 증상이다
   ④ 백색수지증 : 손가락의 혈액순환장애로 발생하는 증상이다
   ⑤ 건염 : 반복하여 움직이거나, 구부리거나, 딱딱한 표면에 부딪히거나, 진동 등에 의하여 힘줄(건)의 섬유질이 손상되거나 찢어지는 등의 건에 염증이 생기는 질환이다
   ⑥ 건초염(건막염) : 손가락의 활액성 건초 안쪽의 건에 발생한다

(2) 근골격계 질환의 발생원인

구 분	내 용	
1. 작업관련 요인	1) 부자연스런 자세 및 취하기 어려운 자세 2) 과도한 힘 3) 동작의 반복성 4) 접촉 스트레스 5) 진동, 온도 6) 정적부하, 휴식시간 부족 등	
2. 개인적 요인	1) 작업경력 3) 작업습관 5) 생활습관 및 취미	2) 성별, 연령 4) 신체조건 6) 과거병력 등
3. 사회 심리적 요인	1) 작업 만족도 3) 근무조건 만족도 5) 정신·심리상태	2) 업무 스트레스 4) 인간관계

1) 근골격계질환 발생의 작업요인 중 직접적 위험요인
   ① 부자연스러운 작업자세
   ② 과도한 힘의 사용

③ 높은 빈도의 반복성
④ 부적절한 작업/휴식 비율

2) 신체부위별 위험 요인
① 팔, 손, 손목부위 : 동작반복, 힘, 작업자세 등
② 목, 어깨부위 : 작업자세 등
③ 요추부 : 돌기작업/중량물 취급, 힘든 육체작업, 정신질환 등

(3) 근골격계 부담작업

1) 근골격계 부담작업의 범위(단기간작업 또는 간헐적인 작업은 제외)
① 하루에 4시간 이상 집중적으로 자료입력 등을 위해 키보드 또는 마우스를 조작하는 작업
② 하루에 총 2시간 이상 목, 어깨, 팔꿈치, 손목 또는 손을 사용하여 같은 동작을 반복하는 작업
③ 하루에 총 2시간 이상 머리 위에 손이 있거나, 팔꿈치가 어깨위에 있거나, 팔꿈치를 몸통으로 들거나, 팔꿈치를 몸통뒤쪽에 위치하도록 하는 상태에서 이루어지는 작업
④ 지지되지 않은 상태이거나 임의로 자세를 바꿀 수 없는 조건에서, 하루에 총 2시간 이상 목이나 허리를 구부리거나 트는 상태에서 이루어지는 작업
⑤ 하루에 총 2시간 이상 쪼그리고 앉거나 무릎을 굽힌 자세에서 이루어지는 작업
⑥ 하루에 총2시간 이상 지지되지 않은 상태에서 1kg 이상의 물건을 한 손의 손가락으로 집어 올리거나, 2kg 이상에 상응하는 힘을 가하여 한손의 손가락으로 물건을 쥐는 작업
⑦ 하루에 총 2시간 이상 지지되지 않은 상태에서 4.5kg 이상의 물체를 드는 작업
⑧ 하루에 10회 이상 25kg 이상의 물체를 드는 작업
⑨ 하루에 25회 이상 10kg 이상의 물체를 무릎 아래에서 들거나, 어깨 위에서 들거나, 팔을 뻗은 상태에서 드는 작업
⑩ 하루에 총 2시간 이상, 분당 2회 이상 4.5kg 이상의 물체를 드는 작업
⑪ 하루에 총 2시간 이상 시간당 10회 이상 손 또는 무릎을 사용하여 반복적으로 충격을 가하는 작업

2) 근골격계부담 작업을 하는 경우 근로자에게 알려주어야 할 사항(안전보건규칙 제 661조)
① 근골격계 부담작업의 유해요인
② 근골격계질환의 징후와 증상
③ 근골격계질환 발생 시의 대처요령
④ 올바른 작업자세와 작업도구, 작업시설의 올바른 사용방법
⑤ 그 밖에 근골격계질환 예방에 필요한 사항

(4) 근골격계 질환의 관리방안

1) 근골격계질환의 공학적, 관리적 개선 방법

공학적 개선	관리적 개선
1. 작업공구의 개선 2. 작업대 높이의 조절 3. 자재운반시 동력기계장치의 사용 4. 작업장 개선	1. 작업속도 조절 2. 작업자 순환 3. 안전의식 교육(작업자 교육·훈련) 4. 작업자 선발

2) 근골격계질환의 예방원리 및 대책
- 근골격계질환의 예방원리
  ① 작업자의 신체적 특징 등을 고려하여 작업장을 설계한다.
  ② 예방이 최선의 정책이다
- 근골격계질환의 예방대책
  ① 단순 반복 작업의 기계화
  ② 작업방법과 작업공간 재설계
  ③ 작업순환 실시
  ④ 작업속도와 작업강도의 적성화

(5) 근골격계질환 예방관리 프로그램

1) 근골격계질환 예방관리 프로그램 : 유해요인의 조사, 작업환경 개선, 의학적 관리, 교육·훈련 평가에 관한 사항 등이 포함된 근골격계질환을 예방하기 위한 종합적인 계획을 말한다.

2) 적용대상
다음 각호의 경우는 근골격계질환 예방관리 프로그램을 수립하여 시행하여야 한다.
① 근골격계질환으로 「산업재해보상보험법 시행령」에 따라 업무상 질병으로 인정받은 근로자가 연간 10명 이상 발생한 사업장 또는 5명 이상 발생한 사업장으로서 발생 비율이 그 사업장 근로자 수의 10% 이상인 경우
② 근골격계질환 예방과 관련하여 노사간 이견(異見)이 지속되는 사업장으로서 고용노동부장관이 필요하다고 인정하여 근골격계질환 예방관리 프로그램을 수립하여 시행할 것을 명령한 경우

(6) 근골격계질환 예방관리 프로그램의 기본 진행순서, 기본원칙, 기본방향 등

1) 기본진행순서(주요 구성요서)
① 예방관리 정책수립 → ② 교육·훈련실시(근로자 교육, 예방관리 추진 팀 교육) → ③ 초기증상자 및 유해요인 관리 → ④ 의학적 관리 및 작업환경 개선 → ⑤ 프로그램 평가

2) 근골격계 질환 예방관리프로그램의 기본원칙
① 인식의 원칙
② 시스템 접근의 원칙
③ 사업장내 자율적 해결원칙
④ 지속성 및 사후평가의 원칙
⑤ 전사적 지원원칙
⑥ 노·사 공동 참여의 원칙
⑦ 문서화의 원칙

3) 기본방향
① 사업주와 근로자는 근골격계질환의 조기 발견과 조기 치료 및 조속한 직장 복귀를 위하여 가능한 한 사업장 내에서 재활프로그램 등의 의학적 관리를 받을 수 있도록 한다.
② 사업주와 근로자는 초기 관리가 늦어지게 되면 영구적인 장애를 초래하고 이에 대한 치료 등 관리비용이 더 커짐을 인식한다.

(7) 근골격계질환 예방·관리추진팀 및 보건관리자의 역할

1) 근골격계질환 예방·관리추진팀의 역할
① 예방·관리프로그램의 수립 및 수정에 관한 사항을 결정한다.
② 예방·관리프로그램의 실행 및 운영에 관한 사항을 결정한다.
③ 교육 및 훈련에 관한 사항을 결정하고 실행한다.
④ 유해요인 평가 및 개선계획의 수립과 시행에 관한 사항을 결정하고 실행한다.
⑤ 근골격계질환자에 대한 사후조치 및 작업자 건강보호에 관한 사항 등을 결정하고 실행한다.

2) 보건관리자의 역할
① 주기적으로 작업장을 순회하여 근골격계질환을 유발하는 작업공정 및 작업유해요인을 파악한다.
② 주기적인 작업자 면담 등을 통하여 근골격계질환 증상호소자를 조기에 발견하는 일을 한다.
③ 7일 이상 지속되는 증상을 가진 작업자가 있을 경우 지속적인 관찰, 전문의 진단의뢰 등의 필요한 조치를 한다.
④ 근골격계질환자를 주기적으로 면담하여 가능한 한 조기에 작업장에 복귀할 수 있도록 도움을 준다.
⑤ 예방·관리프로그램 운영을 위한 정책결정에 참여한다.

39 유해요인 조사

(1) 근골격계부담작업 유해요인조사 지침(한국 산업안전보건공단 기술지침)

1) 유해요인조사 목적 : 근골격계질환 발생을 예방하기 위해 근골격계 부담 작업이 있는 부서의 유해요인을 제거하거나 감소시키는데 있다.
2) 유해요인조사 시기
   ① 정기적 유해요인조사 실시 : 유해요인조사가 완료된 날로부터 매 3년마다
   ② 수시로 유해요인을 실시해야 하는 경우
      ㉠ 법에 따른 임시건강진단 등에서 근골격계 질환자가 발생하였거나 산업재해보상법에 따라 업무상 질병으로 인정받는 경우
      ㉡ 근골격계부담작업에 해당하는 새로운 작업·설비를 도입한 경우
      ㉢ 근골격계부담작업에 해당하는 업무의 양과 작업공정 작업환경을 변경한 경우
3) 유해요인조사 내용
   ① 유해요인 기본조사의 내용: 작업장 상황 및 작업조건 조사로 구성된다.

작업장 상황, 조사항목	작업조건 조사항목(직접적 유해요인)
1. 작업공정 2. 작업설비 3. 작업량 4. 작업속도 및 최근 업무의 변화 등	1. 반복성 2. 부자연스러운 자세 또는 취하기 어려운 자세 3. 과도한 힘 4. 접촉스트레스 5. 진동 등

   ② 근골격계질환 증상 조사항목
      ㉠ 징상과 징후
      ㉡ 직업력(근무력)
      ㉢ 근무형태(교대제 여부 등)
      ㉣ 취미생활
      ㉤ 과거질병력 등

(2) 유해요인조사도구 중 JSI(jop strain index)의 평가항목

1) 힘을 발휘하는 강도(힘의 강도)
2) 힘을 발휘하는 지속시간(힘의 지속정도)
3) 분당 힘의 빈도
4) 손/손목의 자세
5) 작업속도
6) 1일 작업시간

(3) 유해요인의 개선방법

1. 공학적 개선	다음의 재배열, 수정, 재설계, 교체 1) 공구, 장비 2) 작업장 3) 부품, 제품 4) 포장
2. 관리적 개선	1) 작업일정 및 작업속도조절 2) 작업습관 변화 3) 작업의 다양성 제공 4) 작업자 적정배치 5) 작업공간, 공구 및 장비의 유지, 보수, 청소 6) 회복시간 제공, 직장체조 강화 등

(4) 유해요인의 공학적, 관리적 개선사례

1) 유해요인의 공학적 개선사례
   ① 중량물 작업개선을 위하여 호이스트 도입
   ② 작업 피로 감소를 위하여 바닥을 부드러운 재질로 교체
   ③ 로봇을 도입하여 수작업의 자동화
   ④ 작업자의 신체에 맞는 작업장 개선
2) 유해요인의 관리적 개선사례
   ① 작업량 조정을 위하여 컨베이어의 속도 재설정
   ② 적절한 작업자의 선발과 교육 및 훈련

㊵ 인간공학적 유해요인 평가(작업부하 평가)

(1) 들기작업공식(NLE; NIOSH Lifting Equation)

1) 들기작업공식: 들기작업의 위험성을 정량적으로 평가할 수 있는 평가기법으로 들기작업에 대한 권장무게한계(RWL)를 산출하여 작업의 위험성을 예측한다.
2) 권장중량한계(RWL; recommended weight limit)
   ① RWL의 정의: 건강한 작업자가 요통의 위험없이 최대 8시간 작업시간동안 들기 작업을 할 수 있는 취급물 중량의 한계값을 말한다(RWL은 신체의 비틀림 정도, 손잡이 상태, 취급중량과 중량물의 취급위치 등 여러 요인을 반성함)
   ② RWL의 공식
   RWL(kg)=LC×HM×VM×DM×AM×FM×CM

[표] 공식의 계수

계수 기호	계수 내용	계수 구하는 법[상수범위]
LC	중량상수(부하상수)	23kg: 최적작업상태 권장최대무게
HM	수평계수	25/H, H<63cm [25~63cm]
VM	수직계수	1−(0.003×│V−75│)[0~175cm]
DM	(물체이동)거리계수	0.82+(4.5/D)[25~175cm]
AM	비대칭각도계수	1−(0.0032A)[0°~135°]
FM	(작업)빈도계수	표 이용
CM	커플링계수(결합계수)	표 이용

3) 들기지수(LI): 실제 작업물의 무게(물체무게; L)와 권장중량한계(RWL)의 비이다(들기지수는 요추의 디스크 압력에 대한 기준치이다) $LI = \dfrac{L}{RWL}$

① LI가 1이하: 들기 작업이 안전한 것으로 판정
② LI가 1초과: 요통발생이 위험수준이 증가함(추천무게를 넘는 것으로 간주)
③ LI가 3 초과: 요통발생의 위험수준이 매우 높음

(2) OWAS(ovako working-posture analysing system)

1) OWAS 정의 등
   ① 육체작업을 할 경우에 부적절한 작업자세를 구별해낼 목적으로 개발한 평가기법이다(필란드 Karhu개발).
   ② 현장에서 기록 및 해석의 용이함 때문에 많은 작업자세를 평가한다.
   ③ 관찰에 의해서 작업자세를 평가한다.
   ④ 작업대상물의 무게를 분석요인에 포함하며 상지와 하지의 작업분석을 할 수 있다.
   ⑤ 작업자세를 허리, 팔, 다리, 외부부하(하중)로 나누어 구분하여 각 부위의 자세를 코드로 표현한다.

2) 장점·단점

장점	작업자들의 작업자세를 쉽고 빠르게 평가할 수 있다(현장성 강함).
단점	① 작업자세를 단순화하여 세밀한 분석에 어려움이 있다. ② 신체일부(상자하지등)의 움직임이 적고 반복하여 사용하는 작업 등에서는 차이를 파악하기가 어렵다. ③ 지속시간을 검토할 수 없기 때문에 유지자세의 평가는 곤란하다.

3) OWAS 자세평가에 의한 조치수준(행동범주; action category)
   ① 행동범주1: 특별한 경우를 제외하고는 개선이 불필요한 정상적 자세
   ② 행동범주2: 가까운 시기에 자세의 고정이 필요
   ③ 행동범주3: 가능한 빠른 시일내에 개선이 요구되는 부하가 큰 자세
   ④ 행동범주4: 즉시 자세의 교정이 필요한 부하가 매우 큰 자세

(3) RULA(rapid upper limb assessment)

1) RULA : 어깨, 팔목, 손목, 목등 상지에 초점을 맞추어 작업자세로 인한 작업부하를 빠르고 상세하게 분석할 수 있는 근골격계질환의 평가기법이다
2) 신체부위별 평가대상
   ① A그룹 평가대상: 윗팔(상완), 아래팔(전완), 손목, 손목 비틀림 등
   ② B그룹 평가대상: 목, 몸통(상체), 다리 등
3) 평가되는 유해요인(작업부하인자)
   ① 반복성(동작의 횟수)
   ② 과도한 힘
   ③ 불편한 자세(부자연스럽고 취하기 어려운 자세)
   ④ 정적인 근육작업
4) 작업에 대한 평가: 1점에서 7점 사이의 총점으로 나타내며 점수에 따라 4개의 조치단계로 분류한다.

조치단계	최종점수	결과에 대한 해석
조치수준1	1~2점	수용가능한 안전한 작업으로 평가된다.
조치수준2	3~4점	계속적 추적관찰을 요하는 작업으로 평가된다.
조치수준3	5~6점	빠른 작업개선과 작업위험요인의 분석이 요구된다.
조치수준4	7점 이상	즉각적인 개선과 작업위험요인의 정밀조사가 요구된다.

(4) REBA(rapid entire body assessment)

1) REBA: 다양한 작업자세의 신체전반에 대한 부담정도를 분석하는데 적합한 기법이다.
2) 평가되는 유해요인
   ① 반복성 힘
   ② 과도한 힘
   ③ 불편한 자세(부자연스러운 자세 취하기 어려운 자세)
3) 관련된 신체부위: 손목, 팔, 어깨, 목, 상체, 허리, 다리 등
4) 적용대상 작업종류
   ① 간호사 또는 간호조무사
   ② 수의사
   ③ 청소부
   ④ 주부
   ⑤ 기타 작업이 비고정적인 형태의 서비스업 계통

2. 시스템 안전공학

❶ 시스템 안전관리

(1) 시스템 안전관리
1) 시스템 안전에 필요한 사항의 동일성의 식별(identification)
2) 안전활동의 계획, 조직과 관리
3) 다른 시스템 프로그램 영역과 조정
4) 시스템 안전에 대한 목표를 유효하게 적시에 실현시키기 위한 프로그램의 해석, 검토 및 평가 등의 시스템 안전업무

(2) 시스템 안전공학
: 시스템 안전공학은 과학적, 공학적 원리를 적용해서 시스템내의 위험성을 적시에 식별하고 그 예방 또는 제어에 필요한 조치를 도모하기 위한 시스템 공학의 한 분야이다.

❷ 시스템 안전의 달성

(1) 시스템 안전을 달성하기 위한 시스템 안전설계 원칙
1) 1 순위 : 위험상태 존재의 최소화(페일 세이프나 용장성 등 도입)
2) 2 순위 : 안전장치의 채용
3) 3 순위 : 경보장치의 채용
4) 4 순위 : 특수한 수단 개발

(2) 시스템 안전을 달성하기 위한 안전수단

재해의 예방	피해의 최소화 및 억제
1. 위험의 소멸 2. 위험 레벨의 제한 3. 잠금, 조임, 인터록 4. 페일 세이프 설계 5. 고장의 최소화 6. 중지 및 회복	1. 격리 2. 개인설비 보호구 3. 적은 손실의 용인 4. 탈출 및 생존 5. 구조

③ 위험성의 분류 및 FAFR

(1) 위험성의 분류

1) Category(범주)Ⅰ—파국적(Catastrophic) : 인원의 사망 또는 중상 또는 시스템의 손상을 일으킨다.
2) Category(범주)Ⅱ—위험(Critical) : 인원의 상해 또는 주요 시스템의 손해가 생겼을 때, 또는 인원이나 시스템 생존을 위해 즉시 시정조치를 필요로 한다.
3) Category(범주)Ⅲ—한계적(mariginal) : 인원의 상해 또는 주요시스템의 손해가 생기는 일이 없이 배제 또는 제어할 수 있다.
4) Category(범주)Ⅳ—무시(negligible) : 인원의 상해 또는 시스템의 손상에는 이르지 않는다.

(2) FAFR(fatality accdient frequency rate) : 위험도를 표시하는 단위로서 10^8(1억)근로시간당 사망자수를 나타낸다.

1) Kletz는 FAFR이 0.35~0.4를 넘지 않을 것을 권고함.
2) Gibson은 위험이 동정되어 있는 경우에는 2FAFR, 그 이외의 경우에는 0.4FAFR를 위험성 수준으로 정할 것을 권장함.

④ 설비도입 및 제품 개발 단계의 안전성 평가

(1) 구상단계

1) 시스템안전계획(SSP : system safety plan)의 작성
2) 예비위험분석(PHA : preliminary hazard analysis)의 작성
3) 안전성에 관한 정보 및 문서 파일의 작성
4) 구상단계 정식화 회의에의 참가

(2) 설계단계

1) 구상 단계에서 작성된 시스템 안전 프로그램계획을 실시할 것.
2) 시스템의 설계에 반영할 안전성 설계기준을 결정하여 발표할 것.
3) 예비위험분석(PHA)을 시스템안전 위험분석(SSHA : system safety hazard analysis)으로 바꾸어 완료시킬 것.

(3) 제조, 조립 및 시험단계

1) 사고를 최소화하고, 제어하기 위해 시스템안전 위험분석(SSHA)에서 지정된 전 조치의 실시를 보증하는 계통적인 감시 및 확인 프로그램을 확립하여 실시할 것.

2) 운영 안전성 분석(OSA : operational safety analysis)을 실시할 것.
3) 요소 및 서브시스템(sub system)의 설계에 있어서 달성된 안전성이 손상되는 일이 없도록 제조, 조립 및 시험방법과 과정을 검토하고 평가할 것.

(4) 운용단계 : 시스템 안전성 공학의 실증과 감시의 단계

5 PHA(예비사고분석)

(1) PHA(preliminary hazards analysis) : 대부분 시스템 안전 프로그램에 있어서 최초 단계의 분석으로, 시스템 내의 위험한 요소가 얼마나 위험한 상태에 있는가를 정성적으로 평가하는 것이다.

(2) PHA의 4가지 주요목표

1) 시스템에 대한 모든 주요한 사고를 식별하고, 대충의 말로 표시할 것(사고 발생 확률은 식별 초기에는 고려되지 않음).
2) 사고를 유발하는 요인을 식별할 것.
3) 사고가 발생한다고 가정하고, 시스템에 생기는 결과를 식별하고 평가할 것.
4) 식별된 사고를 다음의 범주(category)로 분류할 것.
   ① 파국적(catastrophic)
   ② 중대(critical)
   ③ 한계적(marginal)
   ④ 무시가능(negligible)

6 FHA(결함사고분석) : 서브 시스템(sub system)해석 등에 사용

7 FMEA(고장형태와 영향분석)

(1) FMEA(failure modes and effects analysis) : 시스템 안전 분석에 이용되는 전형적인 정성적 및 귀납적 분석방법으로 시스템에 영향을 미치는 전체요소의 고장을 형별로 분석하여 그 영향을 검토하는 것이다.

(2) FMEA의 장점 및 단점

1) 장점 : 서식이 간단하고 비교적 적은 노력으로 특별한 훈련 없이 분석을 할 수 있다.
2) 단점 : 논리성이 부족하고, 특히 각 요소 간의 영향을 분석하기 어렵기 때문에 동시에 두 가지 이상의 요소가 고장날 경우에 분석이 곤란하며, 또한 요소가 물체로 한정되어 있기 때문에 인적 원인을 분석하는 데는 곤란하다.

(2) 고장의 영향

영 향	발생확률 (β)
① 실제의 손실	β=1.00
② 예상되는 손실	0.10 ≤ β < 1.00
③ 가능한 손실	0 ≤ β < 0.10
④ 영향 없음	β=0

(3) 위험성 분류의 표시

1) category 1 : 생명 또는 가옥의 상실
2) category 2 : 사명(작업) 수행의 실패
3) category 3 : 활동의 지연
4) category 4 : 영향 없음

(4) FMEA의 표준적 실시절차

1) 대상 시스템의 분석
   ① 기기, 시스템의 구성 및 기능의 전반적 파악
   ② FMEA 실시를 위한 기본방침의 결정
   ③ 기능 Block과 신뢰성 Block도의 작성
2) 고장형과 그 영향의 분석(FMEA)
   ① 고장 mode의 예측과 설정
   ② 고장 원인의 상정
   ③ 상위 item에 대한 고장 영향의 검토
   ④ 고장 검지법의 검토
   ⑤ 고장에 대한 보상법이나 대응법의 검토
   ⑥ FMEA work sheet에 관한 기입
   ⑦ 고장등급의 평가
3) 치명도 해석과 개선책의 검토
   ① 치명도 해석
   ② 해석결과의 정리와 설계 개선의 제언

8 CA(위험도 분석)

(1) CA(criticality analysis) : 고장이 직접 시스템의 손실과 사상에 연결되는 높은 위험도(criticality)를 가진 요소나 고장의 형태에 따른 분석법을 말한다.

(2) 고장형의 위험도의 분류(SEA : 미국자동차협회)

category Ⅰ	생명의 상실로 이어질 염려가 있는 고장
category Ⅱ	작업의 실패로 이어질 염려가 있는 고장
category Ⅲ	운용의 지연 또는 손실로 이어질 고장
category Ⅳ	극단적인 계획 외의 관리로 이어질 고장

❾ DT(디시젼 트리)와 ETA(사상수분석법)

(1) 디시젼 트리(decision tree) : 요소의 신뢰도를 이용하여 시스템의 신뢰도를 나타내는 시스템 모델의 하나로, 귀납적이고 정량적인 분석 방법이다.

(2) ETA(event tree analysis) : 사상(事象)의 안전도를 사용한 시스템의 안전도를 나타내는 시스템 모델의 하나로서 귀납적이고, 정량적인 분석방법으로 재해의 확대요인을 분석하는 데 적합한 방법이다. 디시젼 트리를 재해사고의 분석에 이용할 경우의 분석법을 ETA라 한다.

(3) ETA의 작성방법

1) 통상 좌로부터 우로 진행되며

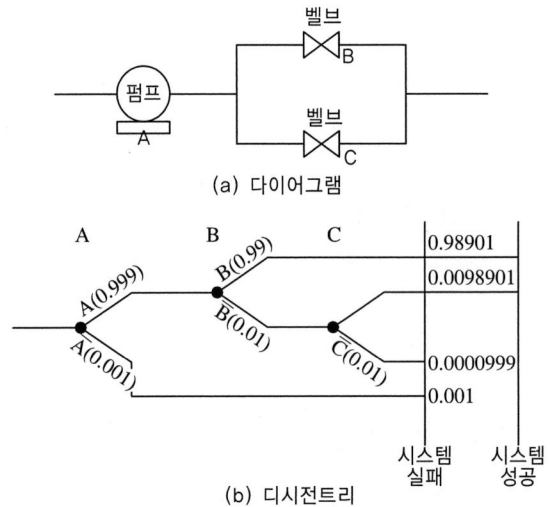

▲ 펌프와 밸브시스템의 디시전트리 (DT)

2) 각 요소를 나타내는 시점에서 통상 성공사상은 윗쪽에 실패사상은 아래쪽으로 분기된다.
3) 분기마다 안전도와 불안전도의 발생확률이 표시되고,(분기된 각 사상의 확률의 합은 항상
4) 최후의 각각의 곱의 합으로서 시스템의 안전도가 계산된다.

❿ THERP(인간과오율예측기법) : THERP(technique of human error rate prediction)는 인간의 과오(human error)를 정량적으로 평가하기 위하여 개발된 기법이다.

⓫ MORT(경영소홀과 위험수분석) : MORT(management oversight and risk tree) 프로그램은 tree를 중심으로 FTA와 같은 논리기법을 이용하여 관리, 설계, 생산, 보존 등으로 광범위하게 안전을 도모하는 것으로서, 고도의 안전을 달성하는 것을 목적으로 한다(원자력 산업에 이용).

⓬ O & SHA(operating and support hazard analysis) : 지정된 시스템의 모든 사용단계에서 생산, 보전, 시험, 운반, 저장, 운전, 비상탈출, 구조, 훈련 및 폐기 등에 사용되는 인원, 순서, 설비에 관하여 위험을 동정하고 제어하며, 그것들의 안전 요건을 결정하기 위해 실시하는 분석법을 말한다.

⓭ HAZOP(위험 및 운전성 검토)

(1) 위험 및 운전성 검토(hazard and operability study) : 각각의 장비에 대해 잠재된 위험이나 기능저하, 운전 잘못 등과 전체로서의 시설에 결과적으로 미칠 수 있는 영향 등을 평가하기 위해서 공정이나 설계도 등에 체계적이고 비판적인 검토를 행하는 것을 말한다.

(2) 용어의 정의

1) 의도(intention) : 어떤 부분이 어떻게 작동되리라고 기대된 것을 의미하는 것으로 서술적일 수도 있고 도면화될 수도 있다.
2) 이상(deviations) : 의도에서 벗어난 것을 말하며, 유인어를 체계적으로 적용하여 얻어진다.
3) 원인(causes) : 이상이 발생한 원인을 의미한다.
4) 결과(consequences) : 이상이 발생할 경우 그것에 대한 결과이다
5) 위험(hazard) : 손실, 손상, 부상 등을 초래할 수 있는 결과를 의미한다.
6) 유인어(guidewords) : 간단한 용어(말)로서 창조적 사고를 유도하고 자극하여 이상을 발견하고, 의도를 한정하기 위해 사용된다. 즉, 다음과 같은 의미를 나타낸다.
   ① No 또는 Not : 설계의도의 완전한 부정
   ② More 또는 Less : 양(압력, 반응, flow rate, 온도 등)의 증가 또는 감소
   ③ As well as : 성질상의 증가(설계의도와 운전조건이 어떤 부가적인 행위와 함께 일어남)

④ Part of : 일부변경, 성질상의 감소(어떤 의도는 성취되나 어떤 의도는 성취되지 않음)
⑤ Reverse : 설계의도의 논리적인 역
⑥ Other than : 완전한 대체(통상 운전과 다르게 되는 상태)

(3) 검토 절차

1) 1단계 : 목적과 범위 결정
2) 2단계 : 검토 팀의 선정
3) 3단계 : 검토 준비
4) 4단계 : 검토 실시
5) 5단계 : 후속 조치 후의 결과기록

(4) 위험을 억제하기 위한 일반적인 조치사항

1) 공정의 변경(원료, 방법 등)
2) 공정 조건의 변경(압력, 온도 등)
3) 설계 외형의 변경
4) 작업방법의 변경

(5) 위험 및 운전성 검토를 수행하기에 가장 좋은 시점 : 설계완료(design freeze) 단계로서 설계가 상당히 구체화된 시점이다.

⑭ 위험(risk) 처리(조정)기술

(1) 회피(avoidance)
(2) 경감, 감축(reduction)
(3) 보류(retention)
(4) 전가(transfer)

⑮ F.T.A(결함수 분석법)

(1) FTA의 특징 : 연역적, 정량적 해석이 가능한 기법이다.

(2) FTA 도표에 사용하는 논리 기호

명 칭	기 호	해 설
① 결함사상		FT도표의 정상에 선정되는 사상, 즉 이제부터 해석하고자 하는 사상인 정상사상(top 사상)과 중간사상에 사용한다.
② 기본 사상		「원」기호로 표시하여, 더 이상 해석을 할 필요가 없는 기본적인 기계의 결함 또는 작업자의 오동작을 나타낸다(말단 사상).
③ 이하 생략의 결함사상(추적 불가능한 최후 사상)		사상과 원인과의 관계를 충분히 알 수 없거나 또는 필요한 정보를 얻을 수 없기 때문에 이것 이상 전개할 수 없는 최후적 사상을 나타낼 때 사용한다(말단사상).

명 칭	기 호	해 설
④ 통상사상(家形事象)		결함사상이 아닌 발생이 예상되는 사상을 나타낸다(말단사상).
⑤ 전이기호(이행기호)	(in) (out)	FT 도상에서 다른 부분에의 이행 또는 연결을 나타내는 기호로 사용한다. 좌측은 전입, 우측은 전출을 뜻한다.
⑥ AND gate	출력 / 입력	출력 X의 사상이 일어나기 위해서는 모든 입력 A, B, C의 사상이 일어나지 않으면 안된다는 논리 조작을 나타낸다. 즉, 모든 입력 사상이 공존할 때만이 출력 사상이 발생한다.
⑦ OR gate	출력 / 입력	입력 사상 A, B 중 어느 하나가 일어나도 출력 X의 사상이 일어난다고 하는 논리 조작을 나타낸다. 즉, 입력사상 중 어느 것이나 하나가 존재할 때 출력사상이 발생한다.
⑧ 수정기호	출력 / 조건 / 입력	제약 gate 또는 제지 gate라고도 하며, 이 gate는 입력 사상이 생김과 동시에 어떤 조건을 나타내는 사상이 발생할 때만이 출력 사상이 생기는 것을 나타내고 또한 AND gate와 OR gate에 여러 가지 조건부 gate를 나타낼 경우 이 수정기호를 사용한다.

(3) D.R Cherition의 FTA에 의한 재해사례 연구순서

1) 1단계 : 톱(TOP) 사상의 선정
2) 2단계 : 사상의 재해 원인의 규명
3) 3단계 : FT의 작성
4) 4단계 : 개선 계획의 작성

(4) 확률사상의 곱과 합(n개의 독립사상에 관해서)

1) 논리곱의 확률

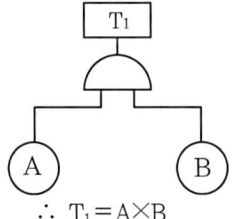

∴ $T_1 = A \times B$

2) 논리합의 확률

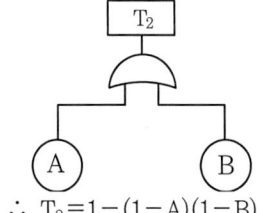

∴ $T_2 = 1 - (1-A)(1-B)$

(5) 컷과 패스

1) 컷과 미니멀 컷
   ① 컷(cut) : 컷이란 그 속에 포함되어 있는 모든 기본사상(여기서는 통상사상, 생략 결함사상 등을 포함한 기본사상)이 일어났을 때, 정상사상을 일으키는 기본사상의 집합을 말한다.
   ② 미니멀 컷(minimal cut sets) : 컷 중 그 부분 집합만으로는 정상사상을 일으키는 일이 없는 것, 특히 정상사상을 일으키기 위한 필요 최소한의 컷을 미니멀 컷이라 한다.

2) 패스(path)와 미니멀 패스(minimal path sets) : 패스란 그 속에 포함되는 기본사상이 일어나지 않을 때, 처음으로 정상사상이 일어나지 않는 기본사상의 집합으로서, 미니멀 패스는 그 필요 최소한의 것이다.

3) 컷(또는 미니멀 컷)과 패스(또는 미니멀 패스)를 구하는 법
   ① 컷과 미니멀 컷 : AND 게이트는 가로로 나열시키고 OR게이트는 세로로 나열시켜서 말단사상까지 진행시켜 나간다.

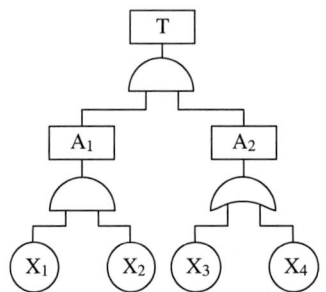

$$\therefore T \to A_1 A_2 \to X_1 X_2 A_2 \to \begin{matrix} X_1 X_2 X_3 \\ X_1 X_2 X_4 \end{matrix} \text{(미니멀 컷=2개)}$$

   ② 패스와 미니멀 패스 : 쌍대 FT(AND게이트를 OR게이트, OR게이트를 AND 게이트로 치환시킨 FT도)를 구하여 쌍대 FT의 미니멀 컷을 구하면 원하는 FT의 미니멀 패스가 되는 것이다.

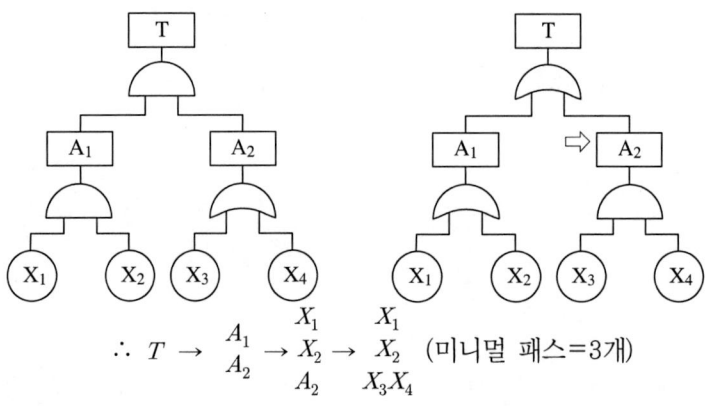

$$\therefore T \to \begin{matrix} A_1 \\ A_2 \end{matrix} \to \begin{matrix} X_1 \\ X_2 \\ A_2 \end{matrix} \to \begin{matrix} X_1 \\ X_2 \\ X_3 X_4 \end{matrix} \text{(미니멀 패스=3개)}$$

(4) 억제게이트와 부정게이트

1) 억제게이트(inhibit gate) : 수정기호(modifier)의 일종으로서 억제 모디파이어(inhibit modifier)라고 하며, 실질적으로 수정기호를 병용해서 게이트의 역할을 한다.
   ① 입력사상이 일어난 조건이 만족되어야 출력사상이 생긴다(조건이 만족되지 않으면 출력은 생기지 않는다)
   ② 조건은 수정기호 안에 쓴다.
2) 부정게이트(not gate) : 부정 모디파이어(not modifier)라고 하며, 입력사상의 반대사상이 출력된다.

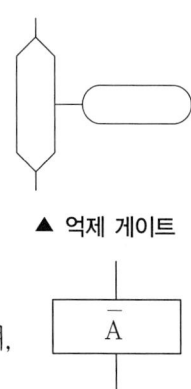

▲ 억제 게이트

▲ 부정게이트

16 공장설비의 안전성 평가

(1) 안전성 평가의 기본원칙(6단계)

1) 제1단계 : 관계자료의 정비검토
2) 제2단계 : 정성적 평가
3) 제3단계 : 정량적 평가
4) 제4단계 : 안전대책
5) 제5단계 : 재해정보에 의한 재평가
6) 제6단계 : F.T.A에 의한 재평가

(2) 안전성 평가의 4가지 기법

1) 체크리스트에 의한 평가(check list)
2) 위험의 예측평가 (lay out의 검토)
3) 고장형 영향분석(FMEA 법)
4) 결함수 분석법(FTA 법)

17 화학설비의 안전성 평가

[1] 안전성 평가의 5단계

(1) **제1단계** : 관계자료의 작성준비
(2) **제2단계** : 정성적 평가
(3) **제3단계** : 정량적 평가
(4) **제4단계** : 안전대책
(5) **제5단계** : 재평가(재해정보 및 FTA에 의한 재평가)

[2] 평가의 진행방법

(1) 제1단계 : 관계자료의 작성준비

1) 안전성의 사전평가를 위해 필요한 자료의 작성준비를 실시한다.
2) 관계자료의 조사항목

① 입지조건과 관련된 지질도, 풍배도(風配圖) 등의 입지에 관한 도표
② 화학설비 배치도
③ 건조물의 평면도, 입면도 및 단면도
④ 기계실 및 전기실의 평면도, 단면도 및 입면도
⑤ 원재료, 중간체, 제품 등의 물리적, 화학적 성질 및 인체에 미치는 영향
⑥ 제조공정의 개요
⑦ 제조공정상 일어나는 화학반응
⑧ 공정계통도
⑨ 공정기기목록
⑩ 배관, 계장계통도
⑪ 안전설비의 종류와 설치장소
⑫ 운전요령, 요원배치계획, 안전보건교육 훈련계획

(2) 제2단계 : 정성적 평가

1 설계 관계	2. 운전 관계
① 입지 조건 ② 공장 내 배치 ③ 건 조 물 ④ 소방 설비	① 원재료, 중간체제품 ② 공 정 ③ 수송, 저장 ④ 공정기기

(3) 제3단계 : 정량적 평가

1) 해당 화학설비의 취급물질, 용량, 온도, 압력 및 조작의 5항목에 대해 A, B, C, D급으로 분류하고, A급은 10점, B급은 5점, C급은 2점, D급은 0점으로 점수를 부여한 후, 5항목에 관한 점수들의 합을 구한다.
2) 합산 결과에 의한 위험도의 등급은 다음과 같다.

등 급	점 수	내 용
등 급 Ⅰ	16점 이상	위험도가 높다.
등 급 Ⅱ	11~15점 이하	주위상황, 다른 설비와 관련해서 평가
등 급 Ⅲ	10점 이하	위험도가 낮다.

(4) 제4단계 : 안전 대책

1) 설비 대책 : 안전장치 및 방재장치에 관해서 배려한다.
2) 관리적 대책 : 인원 배치, 교육훈련 및 보전에 관해서 배려한다.

(5) 제5단계 : 재평가(재해정보를 적용하여 안전대책의 재평가)

3. 위험성 감소 대책 수립·실행

❶ 위험성 평가의 개요

(1) 위험성 평가의 목적 및 정의

1) 위험성 평가의 목적 : 사업주가 스스로 사업장의 유해·위험요인에 대한 실태를 파악하고 이를 평가하여 관리·개선하는 등 필요한 조치를 통해 산업재해를 예방할 수 있도록 지원하기 위하여 위험성 평가 방법, 절차, 시기 등에 대한 기준을 제시하고, 위험성 평가 활성화를 위한 시책의 운영 및 지원사업 등 그밖에 필요한 사항을 규정함을 목적으로 한다.

2) 위험성 평가의 정의 등
   ① 유해 위험요인 : 유해·위험을 일으킬 잠재적 가능성이 있는 것의 고유한 특징이나 속성을 말한다.
   ② 위험성 : 유해·위험요인이 사망, 부상 또는 질병으로 이어질 수 있는 가능성과 중대성 등을 고려한 위험의 정도를 말한다.
   ③ 위험성 평가 : 사업주가 스스로 유해·위험요인을 파악하고 해당 유해·위험요인의 위험성 수준을 결정하여, 위험성 수준을 낮추기 위한 적절한 조치를 마련하고 실행하는 과정을 말한다.

(2) 위험성 평가의 대상

1) 위험성 평가의 대상이 되는 유해·위험요인
   ① 업무중 근로자에게 노출된 것이 확인되었거나 노출될 것이 합리적으로 예견 가능한 모든 유해·위험 요인이다.
   ② 다만, 경미한 부상 및 질병만을 초래할 것이 명백히 예상되는 유해·위험요인은 평가 대상에서 제외할 수 있다.
2) 사업장 내 부상 또는 질병으로 이어질 가능성이 있었던 상황(이하 "아차사고" 라 함)을 확인한 경우에는 해당 사고를 일으킨 유해·위험요인을 위험성 평가의 대상에 포함시켜야 한다.

3) 사업주는 사업장내에서 중대재해가 발생한 때에는 지체 없이 중대재해의 원인이 되는 유해위험·요인에 대해 위험성 평가를 실시하고, 그 밖의 사업장 내 유해·위험요 인에 대해서는 위험성 평가 재검토를 실시하여야 한다.

(3) 근로자의 참여 : 위험성평가를 실시할 때 다음 각호에 해당되는 경우 해당 작업에 종사하는 근로자를 참여 시켜야 한다.

1) 유해·위험요인의 위험성 수준을 판단하는 기준을 마련하고, 유해·위험요인별로 허용 가능한 위험성 수준을 정하거나 변경하는 경우
2) 해당 사업장의 유해·위험요인을 파악하는 경우
3) 유해·위험요인의 위험성이 허용 가능한 수준인지 여부를 결정하는 경우
4) 위험성 감소 대책을 수립하여 실행하는 경우
5) 위험성 감소대책 실행 여부를 확인하는 경우

❷ 위험성 평가의 방법

(1) 위험성 평가의 실시 방법

1) 안전보건관리책임자 등 해당 사업장에서 사업의 실시를 총괄 관리하는 사람에게 위험 성 평가의 실시를 총괄 관리하게 할 것
2) 사업장의 안전관리자, 보건관리자 등이 위험성 평가의 실시에 관하여 안전·보건관리 자를 보좌하고 지도·조언하게 할 것
3) 유해·위험요인을 파악하고 그 결과에 따른 개선조치를 시행할 것
4) 기계·기구, 설비 등과 관련된 위험성 평가에는 해당 기계·기구, 설비 등에 전문 지식을 갖춘 사람을 참여하게 할 것
5) 안전·보건관리자의 선임의무가 없는 경우에는 제2호에 따른 업무를 수행할 사람을 지정하는 등 그 밖에 위험성 평가를 위한 체제를 구축할 것

(2) 위험성 평가를 실시한 것으로 보는 제도 : 다음 각 호에 해당하는 제도를 이행한 경우에는 위험성 평가를 실시한 것으로 본다.

1) 위험성 평가 방법을 적용한 안전·보건진단
2) 공정안전보고서, 다만, 공정안전보고서의 내용중 공정성 위험 평가서가 최대 4년 범위 이내에서 정기적으로 작성된 경우에 한한다.
3) 근골격계부담작업 유해요인 조사
4) 그 밖에 법과 이 법에 따른 명령에서 정하는 위험성 평가 관련 제도

(3) 위험성 평가 방법

1) 위험 가능성과 중대성을 조합한 빈도·강도법
2) 체크리스트(checklist) 법
3) 위험성 수준 3단계(저·중·고) 판단법
4) 핵심요인 기술(One point sheet)
5) 그 외 규칙(제50조제1항제2호) 각 목의 방법

③ 위험성 평가의 절차

(1) 위험성 평가의 실시 절차 : 다음의 절차에 따라 실시한다. 다만, 상시근로자수 5인 미만 사업장(건설공사 1억원 미만)의 경우 제1호의 절차를 생략할 수 있다.

1) 사전준비
2) 유해·위험요인의 파악
3) 위험성 결정
4) 위험성 감소대책 수립 및 실행
5) 위험성 평가 실시내용 및 결과에 관한 기록 및 보존

(2) 사전준비

1) 위험성 평가 실시 규정에 포함되는 사항 : 최초 위험성 평가시 다음 각 호의 사항에 포함된 위험성 평가 실시 규정을 작성하여 지속적으로 관리하여야 한다.
   ① 평가의 목적 및 방법
   ② 평가 담당자 및 책임자의 역할
   ③ 평가시기 및 절차
   ④ 근로자에 대한 참여·공유방법 및 유의사항
   ⑤ 결과의 기록·보존
2) 위험성평가 실시 전 확정사항
   ① 위험성 수준과 그 수준을 판단하는 기준
   ② 위험 가능한 위험성의 수준(이 경우 법에서 정한 기준 이상으로 위험성의 수준을 정하여야 한다)
3) 위험성 평가 시 활용할 수 있는 사전에 조사해야 할 안전 · 보건정보
   ① 작업표준, 작업절차 등에 관한 정보
   ② 기계·기구, 설비 등의 사양서, 물질안전보건자료(MSDS) 등의 유해·위험요인에 관한 정보
   ③ 기계·기구, 설비 등의 공정 흐름과 작업 주변의 환경에 대한 정보

④ 같은 장소에서 사업의 일부 또는 전부를 도급을 주어 행하는 작업이 있는 경우 혼재 작업의 위험성 및 작업 상황 등에 관한 정보
⑤ 재해사례, 재해통계 등에 관한 정보
⑥ 작업환경 측정 결과, 근로자건강진단에 관한 정보
⑦ 그 밖에 위험성 평가에 참고가 되는 자료 등

(3) 유해·위험요인의 파악 : 다음 각 호의 방법 중 어느 하나 이상의 방법을 사용하되 특별한 사정이 없으면 제1)호의 방법을 포함 시켜야 한다.

1) 사업장 순회점검에 의한 방법
2) 근로자들의 상시적 제안에 의한 방법
3) 설문조사·인터뷰 등 청취조사에 의한 방법
4) 물질안전보건자료, 작업환경측정결과, 특수건강진단결과 등 안전보건자료에 의한 방법
5) 안전보건 체크리스트에 의한 방법
6) 그 밖에 사업장의 특성에 적합한 방법

(4) 위험성의 결정

1) 위험성의 판단 : 파악된 유해·위험요인이 근로자에게 노출되었을 때의 위험성을 위험성의 수준과 그 수준을 판단하는 기준에·의해 판단되어야 한다.
2) 위험성 결정 : 판단된 위험성의 수준이 허용 가능한 위험성의 수준인지 결정하여야 한다.

(5) 위험성 감소대책 수립 및 실행 : 허용 가능한 위험성이 아닌 경우 위험성 감소를 위한 대책을 수립하여 실행하여야 한다.

1) 위험한 작업의 폐지, 변경, 유해·위험물질 대체 등의 조치 또는 설계나 계획 단계에서 위험성을 제거 또는 저감하는 조치
2) 연동장치, 환기장치 설치 등의 공학적 대책
3) 사업장 작업절차서 정비 등의 관리적 대책
4) 개인용 보호구의 사용

(6) 위험성평가 실시 결과 중 근로자에게 게시주지 하여야 할 사항

1) 근로자가 종사하는 작업과 관련된 유해·위험요인
2) 유해·위험요인의 위험성 결정 결과
3) 유해·위험요인의 위험성 감소대책과 그 실행 계획 및 실행 여부
4) 위험성 감소대책에 따라 근로자가 준수하거나 주의하여야 할 사항

(7) 위험성평가 실시 내용 및 결과의 기록 보존

1) 위험성평가 시 기록 보존해야 할 사항(시행 규칙 제37조①항)
   ① 위험성평가 대상의 유해·위험요인
   ② 위험성 결정의 내용
   ③ 위험성 결정에 따른 조치의 내용
   ④ 그 밖에 고용노동부장관이 정하여 고시하는 사항
      ㉠ 위험성 평가를 위해 사전 조사한 안전보건정보
      ㉡ 그 밖에 사업장에서 필요하다고 정한 사항
2) 기록 보존기간 : 3년간

❹ 위험성평가의 실시시기

(1) 최초 위험성평가 : 사업장 성립된 날(사업 개시일, 건설업은 실착공일)로부터 1개월 이내에 실시(다만, 1개월 미안의 기간동안 이루어지는 작업 또는 공사의 경우에는 특별한 사정이 없는 한 지체없이 최초 위험성평가 실시)

(2) 수시 위험성 평가 실시 : 다음 각호에 해당되는 추가적인 유해·위험요인이 생기는 경우 수시 위험성평가를 실시하여야 한다(다만, 제⑤호는 재해발생 작업을 대상으로 작업재개전에 실시 할 것)

1) 사업장 건설물의 설치·이전·변경 또는 해체
2) 기계·기구, 설비, 원재료 등의 신규 도입 또는 변경
3) 건설물, 기계·기구, 설비 등의 정비 또는 보수(주기적반복적 작업으로서 이미 위험성평가를 실시한 경우에는 제외)
4) 작업방법 또는 작업절차의 신규 도입 또는 변경
5) 중대산업사고 또는 산업재해(휴업 이상의 요양을 요하는 경우에 한정한다) 발생
6) 그 밖에 사업주가 필요하다고 판단한 경우

(3) 정기적 재검토 : 다음 각호의 사항을 고려하여 위험성평가의 결과에 대한 적정성을 1년마다 정기적으로 재검토하여야 한다. 재검토 결과 허용 가능한 위험성수준이 아닌 유해·위험요인에 대해서는 위험성 감소대책을 수립·실행하여야 한다.

1) 기계·기구, 설비 등의 기간 경과에 의한 성능저하
2) 근로자의 교체등에 수반하는 안전보건과 관련되는 지식 또는 경험의 변화
3) 안전·보건과 관련되는 새로운 지식의 습득
4) 현재 수립되어 있는 위험성 감소대책의 유효성 등

(4) 수시평가와 정기평가 실시 : 다음 각호의 사항을 이해하는 경우 수시평가와 정기평가를 실시한 것으로 본다.

1) 매월 1회 이상 근로자 제안제도 활용, 아차사고 확인, 작업과 관련된 근로자를 포함한 사업장 순회점검 등을 통해 사업장 내 유해·위험요인을 발굴하여 위험성결정 및 위험성 감소대책 수립실행을 할 것
2) 매주 안전보건관리책임자, 안전관리자, 보건관리자, 관리감독자 등(도급사업주의 경우 수급사업장의 안전보건 관련 관리자 등을 포함한다)을 중심으로 제1호의 결과 등을 논의 공유하고 이행 상황을 점검할 것
3) 매 작업일마다 제1호와 제2호의 실시 결과에 따라 근로자가 준수하여야 할 사항 및 주의할 것

P·A·R·T

03

기계·기구 및 설비 안전관리

제1장 　기계안전 시설 관리
제2장 　기계설비 위험요인 분석
제3장 　산업용 기계안전기술

1. 기계안전 시설관리

> 기계·기구 및 설비 안전관리

❶ 기계의 위험 및 안전조건

[1] 기계설비의 안전조건

(1) 외형의 안전화
(2) 작업의 안전화
(3) 작업점의 안전화
(4) 기능의 안전화
(5) 구조의 안전화
(6) 보전작업의 안전화
(7) 표준화를 통한 안전화
(8) 법 규제를 통한 안전화

[2] 외형(외관)의 안전화

(1) 덮개 및 방호 장치(guard)설치

1) 기계의 회전 부(회전체 돌출부분) : 덮개 설치
2) 기계 외형 부분 : 덮개 및 방호장치 설치

(2) 별실 또는 구획된 장소에 격리 : 원동기 및 동력전도장치(벨트, 기어, 샤프트, 체인 등)

(3) 안전색채조절

1) 스위치
① 시동 단추식 스위치 : 녹색
② 급정지 단추식 스위치 : 적색

2) 배관
　① 공기 배관 : 백색
　② 가스배관 : 황색
　③ 물 배관 : 청색

[3] 작업의 안전화 (기본이념 : 인간공학에 바탕을 두고 실천)

1) 작업의 표준화
2) 안전한 기동장치(동력 차단 장치, 시건장치)의 배치
3) 급정지장치, 급정지 버튼 등의 배치
4) 조작 장치의 적당한 위치 고려
5) 작업에 필요한 적당한 공구 사용
6) 인칭(inching : 촌동), 기능의 활용

[4] 작업점의 안전화

(1) 기계 설비의 작업점(위험점)의 분류

1) 협착점(Squeeze point) : 고정부와 왕복운동을 하는 운동부 사이에 형성되는 위험점으로 덮개, 울 등의 방호조치가 필요하다.
　(예) 프레스, 성형기, 절곡기 등
2) 끼임점(Shear point) : 고정부와 회전 또는 직선운동과 함께 형성하는 부분 사이에 형성되는 위험점
　(예) 연삭숫돌과 작업대, 반복 동작되는 링크기구, 교반기의 교반날개와 몸체사이
3) 절단점(Cutting point) : 회전하는 운동부분 자체와 운동하는 기계자체와의 위험이 형성되는 점.
　(예) 둥근톱날, 띠톱기계의 날, 밀링커터 등
4) 물림점(Nip point) : 회전하는 두 개의 회전체에 물려들어갈 위험성이 형성되는 점 (중심점+회전운동)
　(예) 롤러, 기어와 피니언 등
5) 접선물림점(Tangential nip point) : 회전하는 부분이 접선방향에서 만들어지는 점.(접선점+회전운동)
　(예) 벨트와 풀리, 체인과 스프라켓, 랙과 피니언 등
6) 회전말림점(Trapping point) : 크기, 길이, 속도가 다른 회전운동에 의한 위험점으로 회전하는 부분에 돌기 등이 돌출되어 작업복 등이 말리는 위험점.
　(예) 회전축, 드릴축, 커플링 등

(2) 작업점의 방호 방법

1) 작업점에는 작업자가 절대로 가까이 가지 않도록 할 것.
2) 기계를 조작할 때는 작업점에서 떨어지도록 할 것.
3) 작업점에서 작업자가 떨어지지 않는 한 기계를 작동하지 못하도록 할 것.
4) 손을 작업점에 넣지 않도록 할 것.

[5] 기능의 안전화

(1) 소극적 대책 : 이상 시 기계 설비의 급정지로 안전화 도모

(2) 적극적 대책 : 페일 세이프, 회로의 개선으로 오동작 방지

1) 페일 세이프(fail safe) : 인간이나 기계 등에 과오나 동작상의 실수가 있더라도 사고·재해를 발생시키지 않도록 철저하게 2중, 3중으로 통제를 가하는 것
2) 페일 세이프 구조의 기능면에서의 분류
   ① fail passive : 일반적인 산업기계방식의 구조이며, 성분의 고장 시 기계·장치는 정지상태로 옮겨간다.
   ② fail operational : 병렬 여분계의 성분을 구성한 경우이며, 성분의 고장이 있어도 다음 정기 점검 시까지는 운전이 가능하다.
   ③ fail active : 성분의 고장 시 기계장치는 경보를 나타내며 단시간에 역전이 된다.
3) 구조적 페일 세이프(항공기의 엔진, 압력용기의 안전밸브)
   ① 저균열속도 구조
   ② 조합 구조
   ③ 다경로하중 구조
   ④ 하중해방 구조

[6] 구조의 안전화

(1) 설계상 결함

1) 기계설계상 가장 큰 과오의 요인은 강도 계산상의 잘못이다.
2) 최대하중 예측의 부정확성과 강도저하를 생각하여 안전율을 충분히 고려해 주어야 한다.
3) 안전율(안전계수)

$$안전율 = \frac{파괴하중}{최대사용하중} = \frac{극한강도(파단하중)}{최대설계하중(안전하중)}$$

   ① unwin의 안전율 : 강철은 3, 나무는 7, 흙 및 벽돌은 20

② cardullo의 안전율

$F = a \times b \times c \times d$

여기서,
- a : $\dfrac{극한강도}{사용재료의 탄성강도}$
- b : 하중의 종류(정하중에서 b=1, 조반하중에서는 b=극한강도/피로한도)
- c : 하중속도(정하중에서 c=1, 충격하중에서는 c=2)
- d : 재료의 조건

③ 안전여유 산정식

안전여유 = 극한강도 - 허용응력(정격하중)

④ 안전율을 크게 취하여야 할 힘의 순서

충격하중 > 교번하중 > 반복하중 > 정하중

4) 하중의 종류

① 정하중 : 시간이 경과하여도 크기와 방향이 변화하지 않는 하중

② 동하중 : 시간의 경과와 더불어 크기와 방향이 변화하는 하중

5) 동하중의 종류

① 반복하중 : 일정한 방향으로 연속하여 반복하는 하중

② 교번하중 : 크기와 방향이 동시에 변화하면서 인장과 압축이 교대로 반복하여 작용하는 하중

③ 충격하중 : 순간적인 짧은 시간에 갑자기 작용하는 하중

● 허용응력 결정시 기초강도로서 고려되어야 할 경우
1) 반복응력을 받는 경우 : 피로한도
2) 고온에서 정하중을 받는 경우 : 크리이프 강도
3) 상온에서 취성재료가 정하중을 받는 경우 : 극한강도
4) 상온에서 연성재료가 정하중을 받는 경우 : 극한강도 또는 항복점

(2) 재료의 결함 및 가공 결함

1) 재료의 결함 : 균열, 부식, 강도 저하 등
2) 가공 결함 : 가공 도중에 생기는 가공경화

(3) 재료 시험

1) 기계적 시험(파괴시험)

① 정적시험 : 인장, 굽힘, 경도, 비틀림, 압축, 크리이프 시험 등

② 동적 시험 : 충격, 피로 시험

③ 특수재료시험 : 연성, 마멸, 스프링시험

2) 비파괴시험(Non-Destructive Test) : 육안검사, 음향검사, 방사선 투과 검사, 초음파 검사, 자분탐상검사, 형광탐상검사 등
3) 인장시험 : 재료의 기계적 성질인 비례한도, 탄성한도, 항복점, 인장강도, 파단점, 연신율 등을 측정

[7] 보전작업의 안전화

(1) 고장예방을 위한 정기점검
(2) 부품교환의 철저화
(3) 주유방법의 개선
(4) 보전용 통로나 작업장 확보
(5) 구성부품의 신뢰도 향상

[8] 기계설비의 본질 안전화

(1) 기계설비 안전화의 기본이념 : 기계설비에 이상이 생겨도 안전성이 확보되어 사고나 재해가 발생하지 않도록 설계하는 것.

(2) 기계설비의 본질 안전화

1) 안전 기능이 기계설비에 내장되어 있을 것.
2) 조작상 위험이 없도록 설계할 것.
3) 페일 세이프(fail safe)의 기능을 가질 것(safety valve, interlock 등)
4) 풀푸르프(fool proof) : 기계 장치 설계 단계에서 안전화를 도모하는 것으로 근로자가 기계 등의 취급을 잘못해도 사고로 연결되는 일이 없도록 하는 안전기구를 풀푸르프라 한다. 즉, 인간과오(human error)를 방지하기 위한 것이다.

❷ 기계의 방호

[1] 기계설비의 방호장치 설치 시 고려할 사항

1) 적용의 범위
2) 방호의 정도
3) 신뢰도
4) 보수의 난이도
5) 작업성
6) 경제성

[2] 기계의 방호장치

(1) 방호장치(안전장치)의 기본목적
1) 작업자의 보호(부상 및 사상 방지)
2) 기계위험 부위의 접촉방지
3) 인적·물적 손실 방지

(2) 방호장치의 종류
1) 격리형 방호장치
2) 위치제한형 방호장치
3) 접근거부형 방호장치
4) 접근반응형 방호장치
5) 포집형 방호장치

(3) 격리형 방호장치 : 작업자가 작업점에 접촉되지 않도록 기계설비 외부에 차단벽이나 방호망을 설치하는 것.

1) 격리형 방호장치의 종류
   ① 완전차단형 : 어떤 방향에서도 작업점까지 신체가 접근할 수 없도록 하는 것.
   ② 덮개형 : 작업자가 말려들거나 끼일 위험이 있는 곳을 덮어씌우는 것.
   ③ 안전방책(방호망) : 울타리를 설치하는 것.
2) 동력 전도 장치(기계장치 중 재해가 가장 많이 발생)의 위험 방지 조치사항
   ① 기계의 원동기, 회전축, 기어, 풀리, 플라이휠 및 벨트 등 근로자에게 위험을 미칠 우려가 있는 부위에는 덮개, 울, 슬리브 및 건널다리 등을 설치 할 것.
   ② 회전축, 기어, 풀리 및 플라이휠 등에 부속하는 키이 및 핀 등의 고정구는 묻힘형으로 하거나 해당 부위에 덮개를 설치할 것.
   ③ 벨트의 이음부분에는 돌출된 고정구를 사용하지 않을 것.
   ④ 건널다리에는 안전난간 및 미끄러지지 않는 구조의 발판을 설치할 것
3) 기계의 동력차단장치
   ① 동력으로 작동되는 기계에는 스위치·클러치 및 벨트이동장치 등 동력차단장치를 설치할 것.
   ② 동력으로 작동되는 기계 중 절단·인발·압축·꼬임·타발 또는 굽힘 등의 가공을 하는 기계를 설치할 때에는 그 동력차단장치를 근로자가 작업위치를 이동하지 않고 조작할 수 있는 위치에 설치할 것.
   ③ 동력차단장치는 조작이 쉽고 접촉, 또는 진동 등에 의하여 불시에 기계가 움직일 우려가 없는 것일 것.

(4) 위치 제한형 방호장치 : 작업자의 신체부위가 위험한계 밖에 있도록 기계의 조작장치를 위험한 작업점에서 안전거리 이상 떨어지게 하거나 조작장치를 양손으로 동시 조작하게 함으로써 위험한계에 접근하는 것을 제한하는 것.

[예] 프레스기의 양수 조작식 방호장치

(5) 접근거부형 및 접근반응형 방호장치

1) 접근거부형 방호장치 : 작업자의 신체부위가 위험한계로 접근하였을 때 기계적인 작용에 의하여 접근을 못하도록 제지하는 것.
[예] 수인식, 손쳐내기식 방호장치 등
2) 접근반응형 방호장치 : 작업자의 신체부위가 위험한계 또는 그 인접한 거리 내로 들어오면 이를 감지하여 그 즉시 기계의 동작을 정지시키고 경보 등을 발하는 것
[예] 프레스기의 감응식 방호장치 등

(6) 포집형 방호장치 : 위험장소에 설치하여 위험원이 비산하거나 튀는 것을 포집하여 작업자로부터 위험원을 차단하는 것

[예] 연삭기의 덮개나 발발예방장치 등

[4] 인터록 및 리미트 스위치

(1) 인터록 장치(interlock system) : 일종의 연동 기구로 걸림 장치라고도 한다.

(2) 리미트 스위치(limit switch)

1) 기계장치 등에서 동작이 일정한 한계를 벗어나지 않도록 제한하는 장치를 말한다.
2) 리미트 스위치를 활용한 방호장치 : 권과방지장치, 과부하방지장치, 과전류 차단장치, 압력제한장치, 이동식 덮개, 게이트 가드(gate guard) 등

[5] 방호조치

(1) 방호조치에 대한 근로자의 준수사항

1) 방호조치 해체 시는 사업주의 허가를 받을 것.
2) 방호조치 해체 후 그 사유가 소멸 시에는 지체 없이 원상으로 회복시킬 것.
3) 방호조치의 기능이 상실된 것을 발견한 때에는 지체 없이 사업주에게 신고할 것.

(2) 방호장치의 해체금지 : 방호장치의 수리, 조정 및 교체 등의 작업을 하는 경우 이외에는 방호장치를 해체하거나 사용을 정지하지 않을 것.

2. 기계설비 위험요인 분석

❶ 기계설비의 안전조건

[1] 선반(lathe)

(1) 선반의 크기(선반의 규격표시 방법)

1) 최대 가공물의 크기
2) 양센터 사이의 거리(심압대를 주축에서 가장 멀리했을 때 양센터에 설치할 수 있는 공작물의 길이)
3) 본체 위의 스윙(가공할 수 있는 공작물의 최대지름)의 크기

(2) 선반의 안전장치

1) 칩 브레이크 : 바이트에 설치된 칩을 짧게 끊어내는 장치
2) 쉴드(Shield) : 칩 비산 방지 투명판
3) 덮개 또는 울 : 돌출가공물에 설치한 안전장치
4) 브레이크 : 급정지장치
5) 기타 척의 인터록 덮개, 고정브리지(bridge) 등

(3) 선반 작업 시 안전작업수칙

1) 공작물의 길이가 직경의 12배 이상으로 가늘고 길 때는 방진구(공작물의 고정에 사용)를 사용하여 진동을 막을 것
2) 보링작업 중 구멍 속에 손가락을 넣지 않을 것
3) 칩이나 부스러기를 제거할 때는 반드시 브러시를 사용할 것
4) 작업 중 장갑을 끼지 않을 것
5) 시동 전에 심압대가 잘 죄어져 있는가를 확인할 것
6) 선반기계를 정지시켜야 할 경우
   ① 치수를 측정할 경우
   ② 백기어(back gear)를 넣거나 풀 경우

③ 주축을 변속할 경우
④ 기계에 주유 및 청소를 할 경우
⑤ 기계 점검을 할 경우
7) 바이트는 가급적 짧게 설치하여 진동이나 휨을 막을 것
8) 회전부분에 손을 대지 말 것
9) 선반의 베드 위에 공구를 놓지 말 것
10) 일감의 센터구멍과 센터는 반드시 일치시킬 것
11) 공작물의 설치가 끝나면 척에서 렌치류는 제거시킬 것

[2] 드릴링 머신(drilling machine)

(1) 드릴링머신의 작업

1) 일반작업에 사용되는 표준형 드릴 날의 각도 : 118°
2) 공작물의 고정
   ① 바이스에 의한 고정 : 작은 일감(공작물)을 가공하는 경우
   ② 클램프(clamp)나 조임 볼트에 의한 고정 : 일감이 크고 복잡할 경우
   ③ 지그(jig)사용 : 대량생산과 정밀도를 요구할 경우
3) 얇은 금속판(철판, 동판 등)에 구멍을 뚫을 경우 : 나무판(각목 등)을 밑에 깔고 기구로 고정할 것
4) 드릴 작업 시 칩의 안전한 제거방법 : 회전을 중지시킨 후 솔로 제거

(2) 드릴링머신의 안전작업수칙

1) 장갑을 끼고 작업하지 말 것
2) 쇳가루가 날리기 쉬운 작업은 보안경을 착용할 것
3) 드릴을 끼운 뒤 척 핸들은 반드시 빼놓을 것
4) 뚫린 것을 확인하기 위해 손을 집어넣지 말 것
5) 공작물을 견고하게 고정하고, 손으로 잡고 구멍을 뚫지 말 것
6) 작은 구멍을 먼저 뚫은 뒤 큰 구멍을 뚫을 것
7) 가공중에 구멍이 관통되면 기계를 멈추고 손으로 돌려서 드릴을 뺄 것

[3] 밀링머신(milling machine)

(1) 밀링커터의 절삭 방향

1) 상향 절삭(올려 깎기) : 밀링커터의 회전방향과 공작물의 이송 방향이 서로반대인 때의 절삭 방식

2) 하향 절삭(내려 깎기) : 밀링커터의 회전방향과 같은 방향으로 공작물에 이송을 주는 절삭 방식

[표] 상향 절삭과 하향 절삭의 비교

	상 향 절 삭		하 향 절 삭
장점	•칩이 커터에 의해 가공된 면에 떨어지므로 절삭을 방해하지 않는다. •이송기구의 백래시(back lash)가 자연히 제거된다.	장점	•공작물의 고정이 간편하다. •날의 마멸이 적고 수명이 길다. •동력 낭비가 적다. •가공 면이 깨끗하다.
단점	•공작물을 고정하여야 한다. •날의 마멸이 심하고 수명이 짧다. •동력낭비가 많다 •가공 면이 깨끗하지 못하다.	단점	•칩이 커터와 공작물 사이에 끼어 절삭을 방해한다. •백래시가 커지고 공작물이 이송 방향으로 당겨지게 되어 진동을 일으켜 절삭 불능이 된다(백래시 제거장치가 필요).

(2) 밀링의 안전 작업 수칙

1) 테이블 위에 공구나 기타 물건 등을 올려놓지 않을 것.
2) 상하 좌우 이송 장치의 핸들(손잡이)은 사용 후 반드시 풀어 둘 것.
3) 장갑의 사용을 금할 것.
4) 칩의 제거는 반드시 브러시를 사용할 것(걸레 사용 금지).
5) 일감을 풀거나 고정할 때와 측정 시에는 반드시 운전을 정지시킬 것.
6) 가공중에 손으로 가공면을 점검하지 않을 것
7) 강력 절삭을 할 때는 일감을 바이스에 깊게 물릴 것
8) 가동중에 기계를 변속시키지 않을 것
9) 밀링 칩은 공작기계 중 가장 가늘고 예리하므로 비산에 의한 부상을 방지하기 위해 보안경을 착용할 것.
10) 아버 너트(arber nut : 고정 너트의 압력으로 축심에 정확히 직각으로 고정해주는 역할을 함)는 너무 힘껏 조이지 않도록 할 것.

[4] 평삭가공

(1) 셰이퍼(shaper)

1) 셰이퍼는 일명 형삭기라 하며 소형공작물의 평면이나 홈 등을 가공하는 기계
2) 셰이퍼의 안전장치 : 칩 받이, 방책, 칸막이
3) 셰이퍼 작업시 위험요인 : 공작물 이탈, 가공칩의 비산, 램(ram)말단부 충돌
4) 셰이퍼의 안전작업 수칙
   ① 시동 전에 행정 조절용 핸들을 빼놓을 것.
   ② 바이트는 잘 갈아서 사용할 것이며, 가급적 짧게 물릴 것

③ 반드시 재질에 따라서 절삭 속도를 정할 것.
④ 램은 필요이상 긴 행정으로 하지 말고 일감에 알맞은 행정으로 조정할 것.
⑤ 일감을 견고하게 물릴 것.
⑥ 시동 전에 기계의 점검 및 주유를 할 것(운전 중 급유 금지).
⑦ 작업 중에는 바이트의 운동 방향에 서지 말 것.

(2) 플레이너(planer)

1) 플레이너는 일명 평삭기라 하며 공작물의 수평면, 수직면, 경사면, 홈 곡면 등을 절삭하는 기계로 대형 공작물을 가공하는데 이용한다.
2) 탑승의 금지 : 운전 중인 평삭기 테이블 또는 수직선반 등의 테이블에는 근로자를 탑승시키지 않을 것. 다만 탑승한 근로자 또는 배치된 근로자가 즉시 기계를 정지시킬 수 있을 경우는 제외
3) 플레이너의 안전 작업수칙
   ① 바이트는 되도록 짧게 설치할 것.
   ② 이동 테이블에는 방호울을 설치할 것.
   ③ 프레임 내의 피트(pit)에는 뚜껑을 설치할 것.
   ④ 반드시 스위치를 끄고 일감의 고정작업을 할 것
   ⑤ 압판이 수평이 되도록 고정시킬 것
   ⑥ 압판은 죄는 힘에 의해 휘어지지 않도록 충분히 두꺼운 것을 사용할 것

[5] 연삭기(grinder)

(1) 연삭숫돌의 원주 속도(회전속도)

$$V = \pi DN (\text{mm/min}) = \frac{\pi DN}{1,000} (\text{m/min})$$

여기서, V : 회전속도(m/min)
D : 숫돌의 지름(mm)
N : 회전수(rpm)

(2) 연삭기숫돌의 파괴원인

1) 숫돌의 회전 속도가 너무 빠를 때
2) 숫돌 자체에 균열이 있을 때
3) 숫돌의 측면을 사용하여 작업을 할 때
4) 숫돌에 과대한 충격을 가할 때
5) 숫돌의 불균형이나 베어링 마모에 의한 진동이 있을 때
6) 숫돌의 치수가 부적당할 때
7) 숫돌 반경 방향의 온도변화가 심할 때

8) 작업에 부적당한 숫돌을 사용할 때
9) 플랜지가 숫돌에 비해 현저히 작을 때(플랜지 직경=숫돌직경×1/3 이상)

(3) 연삭기 구조면에 있어서의 안전대책

1) **연삭숫돌의 덮개** : 회전중인 연삭숫돌(직경 5cm 이상일 것)에는 덮개를 설치할 것.
2) 칩 비산 방지 투명판(shield), 국소배기장치를 설치할 것
3) 탁상용 연삭기는 작업받침대와 조정편을 설치할 것
   ① 작업받침대와 숫돌과의 간격 : 3mm 이내
   ② 덮개의 조정편과 숫돌과의 간격 : 5~10mm 이내
   ③ 작업받침대의 높이 : 숫돌의 중심과 거의 같은 높이로 고정
4) 숫돌의 구멍지름은 연삭기 주축의 지름보다 0.05~0.15mm 정도 큰 것을 사용할 것

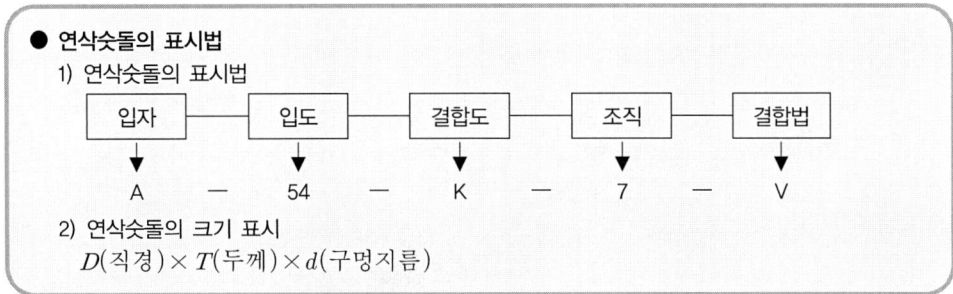

(4) 연삭기 덮개방호장치의 설치방법

1) 탁상용 연삭기의 덮개
   ① 덮개의 최대노출각도 : 90° 이내(원주의 1/4 이내)

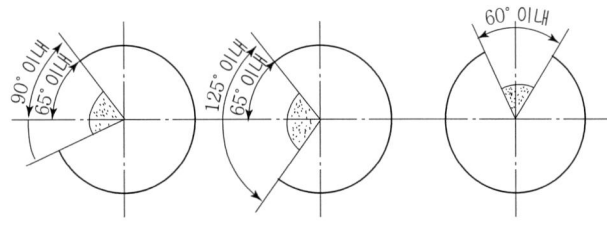

그림 탁상용 연삭기의 덮개노출각도

   ② 숫돌 주축에서 수평면 위로 이루는 원주각도 : 65°이내
   ③ 수평면 이하의 부문에서 연삭할 경우 : 125°까지 증가
   ④ 숫돌의 상부사용을 목적으로 할 경우 : 60°이내
2) 원통 연삭기, 만능 연삭기의 덮개 : 덮개의 노출 각은 180°이내
3) 휴대용 연삭기, 스윙 연삭기의 덮개 : 덮개의 노출 각은 180°이내
4) 평면 연삭기, 절단 연삭기의 덮개 : 덮개의 노출 각은 150°이내

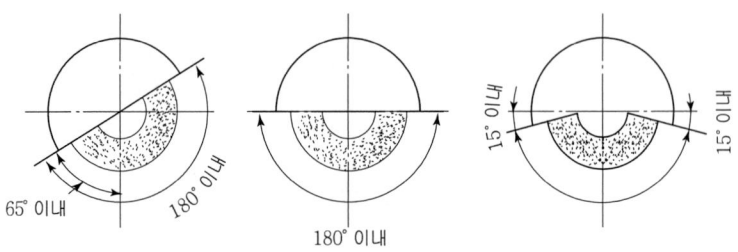

그림 연삭기 종류에 따른 덮개의 노출 각도

(5) 연삭기 작업시의 안전작업수칙

1) 작업시작 전에 1분 이상 시운전하고, 숫돌 교체 시는 3분 이상 시운전할 것
2) 연삭숫돌의 최고사용 원주 속도(회전속도)를 초과하여 사용하지 말 것
3) 숫돌차의 정면에 서지 말고 측면으로 비켜서서 작업할 것
4) 연삭숫돌은 제조 후 사용속도의 1.5배로 안전시험을 할 것
5) 손으로 쥘 수 있는 부분이 30mm 이하인 것은 연삭기로 작업하기가 위험하므로 주의할 것
6) 연삭기의 숫돌차가 가장 많이 파열되는 순간은 스위치를 넣는 순간이므로 주의를 요할 것
7) 숫돌차의 파열은 과대한 회전수가 주요원인이므로 월 1회 정도 정기점검을 할 것

(6) 연삭기의 진동원인

1) 전동기 베어링이 마모되어 있을 경우
2) 숫돌차의 구멍이 축 지름보다 너무 클 경우
3) 숫돌차의 외주와 구멍이 동심이 아닐 경우

(7) 글레이징 현상

1) 글레이징(glazing, 무딤) : 탁상용 연삭숫돌에 결합도가 높아 무디어진 입자가 탈락하지 않아 절삭이 어렵고 일감을 상하게 하고 표면이 변질되는 현상(숫돌의 입자가 탈락하지 않고 마멸에 의해서 납작하게 된 상태)
2) 결합도가 높거나 원주속도(연삭속도)가 클 경우에 또는 연삭 깊이가 클 때 글레이징을 일으키기 쉽다.

[6] 목재가공용 둥근톱기계

(1) 둥근톱기계의 방호장치

1) 톱날접촉예방장치(보호덮개)
2) 반발예방장치 : 분할날, 반발방지기구(finger), 반발방지롤(roll) 등

(2) 톱날접촉예방장치

1) 고정식 접촉예방장치(접촉예방장치는 박판으로 동일폭 다량 절삭용으로 적합)
   ① 덮개 하단과 테이블 사이의 높이 : 25mm 이내로 할 것
   ② 덮개 하단과 가공재 상면의 간격 : 조절나사를 통하여 항상 8mm 이하로 해둘 것.
2) 가동식 접촉 예방장치(후판으로 소량 다품종 생산용에 적합) : 가공재의 절단에 필요한 날 부분 이외의 날은 항상 자동적으로 덮을 수 있는 구조

(3) 반발예방장치

1) 분할날
   ① 분할날은 표준 테이블 상의 톱날 후면 날(톱날 전체 길이의 1/4)의 2/3 이상을 덮고, 톱날과의 간격은 12mm 이내가 되도록 설치할 것.

   $$분할날의 최소길이(l) = \pi D \times \frac{1}{4} \times \frac{2}{3}$$

   ② 분할날의 두께 : 톱날 두께의 1.1배 이상이고 톱날의 치진폭 이하로 할 것.

   $$1.1\, t_1 \leqq t_2 < b$$

   여기서, t_1 : 톱의 두께
   t_2 : 분할날의 두께
   b : 치진폭

2) 반발방지기구(finger) : 일명 반발방지 발톱이라고도 하며, 목재 송급 쪽에 설치하여 가공재의 반발을 방지하는 방호장치.
3) 반발방지 롤러 : 가공재가 톱의 후면 날 쪽에서 떠오르는 것을 방지하는 방호장치
4) 반발방지기구 및 반발방지 롤러는 항상 가공재의 상면에 밀착시 효과가 있으며 톱의 직경이 405mm를 넘는 둥근 톱에는 사용하지 않음

(4) 둥근톱기계의 안전작업수칙

1) 공회전을 시켜 이상 유무를 확인할 것.
2) 작업 중에 톱날 회전 방향의 정면에 서지 말 것.
3) 보안경, 안전모, 안전화를 착용할 것.
4) 장갑을 끼지 않을 것.
5) 두께가 얇은 물건의 가공은 압목이나 기타 적당한 도구를 사용할 것.

[7] 동력식 수동 대패기계 및 기타 목재가공용 기계의 안전

(1) 동력식 수동 대패기계의 방호장치 : 날접촉예방장치(덮개)

(2) 목재 가공용기계의 안전

1) 목공 작업시 목공 날의 방향 : 작업자와 반대 방향이 안전
2) 기계대패 작업시 가장 위험한 경우 : 작업이 거의 끝날 때
3) 띠톱기계의 방호장치
   ① 목재가공용 띠톱기계 : 스파이크가 부착되어 있는 이송 롤러기 또는 요철형 이송롤러기에는 날접촉예방장치 또는 덮개를 설치할 것(급정지장치 설치 시 제외).
   ② 목재가공용 이외의 띠톱기계 : 톱날 부의에 덮개 또는 울을 설치할 것.
4) 모떼기 기계의 방호장치 : 날접촉예방장치
5) 금속절단용 원형 톱 기계의 방호장치 : 톱날접촉예방장치

[8] 수공구의 안전작업수칙

(1) 해머(hammer)의 안전작업수칙

1) 장갑을 끼지 않을 것
2) 작업 중 해머 상태를 확인할 것.
3) 해머는 처음부터 힘을 주어 치지 말 것.
4) 보안경을 착용할 것.
5) 공동 작업 시는 호흡을 맞출 것.

(2) 정의 안전작업수칙

1) 보안경을 착용할 것
2) 정으로 담금질 된 재료를 가공하지 말 것
3) 자르기 시작할 때와 끝날 무렵에는 세게 치지 말 것.
4) 철강재를 정으로 절단할 때에는 철편이 날아 튀는 것에 주의할 것.

❷ 소성 가공기계의 안전

[1] 소성가공

(1) 소성변형 및 소성가공

1) 소성변형 : 재료에 외력을 가하면 변형을 일으키게 되고 힘을 제거하여도 원형으로 완전히 복귀하지 않고 변형이 남게 되는데 이런 상태의 변형을 소성변형이라 한다.

2) 소성가공 : 재료에 소성변형을 발생시켜 목적하는 형상치수로 성형 또는 절단하는 것을 소성가공이라 한다.

(2) 소성가공의 종류

1) 단조가공 : 보통 가열시킨 상태에서 재료를 단조기계나 해머로 두들겨 성형하는 가공 (자유단조와 형단조)
2) 압연가공 : 열간 또는 냉간으로 재료를 회전하는 두개의 롤러 사이에 통과시키면서 소정의 제품을 만드는 가공
3) 인발가공 : 봉이나 파이프(관)을 다이(die)에 넣고 축 방향으로 통과시켜 일감을 잡아당겨 바깥지름을 줄이고 길이 방향으로 늘리는 가공
4) 기타 압축가공, 판금가공, 제관가공, 전조가공 등이 있다.

[2] 프레스 및 전단기 안전

(1) 동력프레스기에 대한 안전대책

1) no-hand in die 방식 : 작업자의 손을 금형 사이에 집어넣을 필요가 없는 방식(본질 안전화 대책)
   ① 안전울을 부착한 프레스 : 작업을 위한 개구부를 제외하고 다른 틈새는 8mm 이하
   ② 안전금형을 부착한 프레스 : 상형과 하형의 틈새 및 가이드 포스트와 부시와의 틈새는 8mm 이하
   ③ 전용 프레스의 도입 : 작업자의 손을 금형 사이에 넣을 필요가 없도록 한 프레스
   ④ 자동 프레스의 도입 : 자동 송급장치 및 배출장치를 부착한 프레스
2) hand-in die 방식 : 작업자의 손이 금형사이로 들어가야만 되는 방식으로 방호장치를 설치하여야 한다.
   ① 프레스기의 종류, 압력능력, 매분 행정수, 행정의 길이 및 작업 방법에 상응하는 방호장치 : 가드식 방호장치, 손쳐내기식 방호장치, 수인식 방호장치
   ② 프레스기의 정지 성능에 상응하는 방호장치 : 양수조작식 방호장치, 감응식 방호장치

(2) 프레스 기의 방호장치

1) 프레스기의 행정길이에 따른 방호장치

구 분	방 호 장 치
• 1행정1정지식(크랭크 프레스)	양수조작식, 게이트 가드식,
• 행정길이(stroke)가 40mm 이상인 프레스	손쳐내기, 수인식
• 슬라이드 작동 중 정지 가능한 구조(마찰 프레스)	감응식(광전자식)

2) 급정지기구에 따른 방호장치
① 급정지기구가 부착되어 있어야만 유효한 방호장치(마찰식 클러치 부착 프레스)
㉠ 양수조작식 방호장치
㉡ 감응식 방호장치
② 급정지기구가 부착되어 있지 않아도 유효한 방호장치(확동식 클러치 부착 프레스)
㉠ 양수기동식 방호장치
㉡ 게이트 가드식 방호장치
㉢ 수인식 방호장치
㉣ 손쳐내기식 방호장치

(3) 양수조작식 방호장치

1) 작동 개요 : 누름단추를 양손으로 동시에 조작하지 않으면 슬라이드가 작동하지 않는 구조의 방호장치(기동 스위치를 활용한 안전장치)

2) 설치방법
① 반드시 양손을 사용하여 작동하도록 설치할 것
② 누름 버튼 또는 조작레버의 간격을 300mm 이상으로 할 것.
③ 안전거리(설치거리 : cm)
㉠ 안전거리(cm) = 160 × 프레스 작동 후 작업점까지의 도달 시간(S)
㉡ $D = 1.6(T_L + T_s)$

여기서, D : 안전거리(mm)
T_L : 누름단추에서 손이 떨어질 때부터 급정지기구가 작동을 개시할 때까지의 시간(ms)
T_s : 급정지기구의 작동개시 후부터 슬라이드가 정지할 때까지의 시간(ms)
$(T_L + T_s)$: 최대정지시간

④ 양수기동식의 안전거리
㉠ $Dm = 1.6Tm$

여기서, Dm : 안전거리(mm)
Tm : 누름단추를 누르기 시작할 때부터 슬라이드가 하사점에 도달할 때까지의 소요시간(ms)

㉡ $Tm = \left(\dfrac{1}{\text{클러치물림개소수}} + \dfrac{1}{2}\right) \times \dfrac{60{,}000}{\text{매분행정수}}$ (ms)

3) 장점 및 단점

장 점	단 점
1. 행정수가 빠른 기계에 사용할 수 있다 2. 다른 안전장치와 병행하는 것이 좋다. 3. 반드시 양손을 사용하므로 완전 방호가 가능하다.	1. 행정수가 느린 기계에는 사용이 불가능하다(90spm). 2. 일행정일정지 기구에만 사용할 수 있다. 3. 기계적 고장에 의한 2차 낙하에는 효과가 없다.

(4) 게이트 가드식 방호장치

1) 작동 개요 : 슬라이드의 작동 중에 열 수 없는 구조의 방호장치로 핸드인 다이(hand in die)방식 중 가장 안전한 방호장치
2) 설치 방법
   ① 게이트가 위험 부위를 차단하지 않으면 작동되지 않도록 확실하게 인터록(interlock : 연동) 되어 있을 것
   ② 게이트는 5mm 이상의 두께를 갖는 투명 플라스틱판을 사용할 것
3) 장점 및 단점

장 점	단 점
1. 완전방호가 가능하다. 2. 금형파손에 의한 파편으로부터 작업자를 보호한다.	1. 금형의 크기에 따라 가드를 선택하여야 한다. 2. 금형교환 빈도수가 적은 기계에 사용이 가능하다.

(5) 수인식 방호장치

1) 작동 개요 : 작업자의 손과 수인기구가 슬라이드와 직결되어 프레스기의 작동에 따라 작업자의 손을 위험 구역 밖으로 끌어내는 작용을 하는 방호장치(확동식 클러치 방식에 적합)

2) 설치 방법
   ① 손을 당겨내는 수인줄을 작업자에 따라 조정할 것.
   ② 행정수를 보통 120spm 이하, 행정 길이는 40mm 이상일 경우에 사용할 것
   ③ 수인줄의 재질은 합성 섬유로 하고 절단 하중 150kg에 견디는 직경 4mm 이상의 로프를 사용할 것.
   ④ 수인줄의 끄는 양은 정반 안 길이의 1/2 이상일 것
   ⑤ 수인줄과 연결부는 50kg 이상의 정하중에 견딜 것.
3) 장점 및 단점

장 점	단 점
1. 슬라이드의 2차 낙하에도 재해방지가 가능하다. 2. 끈의 길이를 적절히 조절하게 되면 수공구를 사용할 필요가 없다. 3. 설치가 용이 하다. 4. 경제적이다.	1. 작업 반경 제한으로 행동의 제약을 받는다. 2. 작업자를 구속하여 사용을 기피한다. 3. 작업의 변경시 마다 조정이 필요하다. 4. 스트로크가 짧은 프레스는 되돌리기가 불충분하다(40mm 미만).

(6) 손쳐내기식(제수형) 방호장치

1) 작동 개요 : 손쳐내는 기구(제수봉)가 슬라이드와 직결되어 슬라이드 하강에 의해 위험 구역 내에 있는 작업자의 손을 우에서 좌로 또는 좌에서 우로 쳐내어 방호하는 장치(소형 프레스기에 적합)

2) 설치 방법
   ① 손쳐내기 판의 폭은 금형 크기의 1/2 이상일 것(단, 행정이 300mm 이상의 프레스는 손쳐내기 판의 폭을 300mm로 할 것).
   ② 슬라이드 하행정거리의 3/4 위치에서 손을 완전히 밀어낼 것.

3) 장점 및 단점

장 점	단 점
1. 기계적인 고장에 의한 슬라이드의 2차 낙하에도 재해방지가 가능하다.	1. 측면 방호가 불가능하고, 스트로크의 끝에서 방호가 불충분하다.
2. 설치 및 수리·보수가 용이하다.	2. 작업자의 정신 집중에 혼란이 생긴다.
3. 경제적이다	3. 행정수가 빠른 기계에 사용이 곤란하다 (120spm).

(7) 감응식 방호장치

1) 작동 개요 : 검출 기구(센서)에 의해 작업자의 손이나 신체의 접촉을 검출하여 제어회로를 통해서 안전 작동하는 방호장치
   ① 광선식, 초음파식, 용량식이 있다.
   ② 슬라이드가 작동중 정지 가능한 구조의 마찰 프레스 등에 적합
   ③ 광선식은 확동식 클러치(positive clutch) 부착의 크랭크 프레스에는 부적합

2) 설치 방법
   ① 광축의 설치거리

   설치거리(mm) = 1.6 $(T_L + T_S)$

   여기서, $T_L + T_S$: 최대정지시간(급정지시간)

   ② 광축의 수는 2개 이상으로 하고, 광축 간의 간격은 50mm 이하일 것
   ③ 투·수광기의 사이에 연속차광을 할 수 있는 차광폭은 30mm 이하일 것.
   ④ 지동 시간(차광상태를 검출하여 슬라이드에 정지 신호를 발할 때까지의 전기적 동작시간)은 30ms 이하, 급정지시간은 300ms 이하일 것.

3) 장점 및 단점

장 점	단 점
1. 시계를 차단하지 않아서 작업에 지장을 주지 않는다.	1. 작업 중에 진동에 의해 위치 변동이 생길 우려가 있다.
2. 연속 운전작업에 사용할 수 있다.	2. 기계적 고장에 의한 2차 낙하에는 효과가 없다
	3. 설치가 어렵고, 핀 클러치 방식에는 사용할 수 없다.

(8) 프레스 및 전단기의 안전 대책

1) 프레스 및 전단기의 작업 시작 전 점검사항
   ① 클러치 및 브레이크의 기능
   ② 크랭크축, 플라이휠, 슬라이드, 연결봉 및 연결 나사의 볼트의 풀림 유무
   ③ 1행정 1정지 기구·급정지 장치 및 비상정지 장치의 기능
   ④ 슬라이드 또는 칼날에 의한 위험방지기구의 기능
   ⑤ 프레스의 금형 및 고정 볼트 상태
   ⑥ 해당 방호장치의 기능점검
   ⑦ 전단기의 칼날 및 테이블의 상태

2) 프레스기의 안전작업수칙
   ① 장갑을 끼고 작업하지 말 것.
   ② 금형(金型)의 설치나 조정을 할 때는 반드시 동력을 끊고 페달의 방호장치를 해 놓은 다음 설치할 것.
   ③ 정지시에는 스위치를 반드시 끌것
   ④ 손질 및 급유를 할 때는 반드시 기계를 멈출 것.
   ⑤ 작업 시작 전에 한번 공회전시켜 클러치의 상태, 스프링 및 브레이크의 안전도를 점검할 것.
   ⑥ 형틀 주위의 방책망이나 페달에 씌워진 안전장치를 함부로 제거하지 말 것
   ⑦ 공동작업을 할 때는 페달을 밟는 사람을 정해 놓고 서로 신호를 정확하게 지킬 것.
   ⑧ 페달은 U자형의 이중상자로 덮고 연속작업 외에는 1회전마다 페달을 빼서 상자위에 놓을 것

3) 프레스기와 관련된 기타 안전 사항
   ① 100ton 이하의 프레스 재해 다발 요인 : 클러치(clutch) 이상
   ② 프레스기에서 가장 중요한 점검 부분 : 클러치의 이상유무
   ③ 슬라이드 불시 하강방지 조치 사항 : 안전블록 설치
   ④ 크랭크축 등의 회전수가 300rpm 이하의 크랭크 프레스 : 오버런 감시장치를 부착할 것.
   ⑤ 가공물과 스크랩(scrap)이 금형에 부착되는 것을 방지하기 위한 기구 : 스트리퍼, 노크아웃(Knock out)
   ⑥ 프레스기 페달에 U자형 덮개를 씌우는 이유 : 페달의 불시 작동으로 인한 사고 예방
   ⑦ 프레스 본체에 가드식, 양수조작식, 광선식 방호장치를 내장한 프레스 : 안전 프레스

[3] 금형의 안전화

(1) 금형의 위험방지 조치사항

1) 금형 사이에 신체 일부가 들어가지 않도록 할 것
   ① 금형에 안전울 설치
   ② 상하간의 틈새를 8mm 이하로 하여 손가락이 들어가지 않도록 할 것(펀치와 다이틈새, 스트리퍼와 다이틈새, 가이드 포스트와 가이드 부시틈새)
2) 금형사이에 손을 집어넣을 필요가 없도록 할 것
   ① 슬라이드 다이 사용
   ② 자동 송급·배출장치 사용

(2) 금형파손에 의한 위험방지 조치사항

1) 맞춤 핀 등은 낙하 방지 대책을 세울 것
2) 인서트 부품은 이탈방지대책을 세울 것
3) 캠 기타 충격이 반복해서 가해지는 부분에는 완충장치를 할 것.
4) 볼트 및 너트는 풀리지 않도록 록 너트, 키이, 용접 등의 방법으로 조치할 것.

[4] 롤러기(roller)

(1) 방호장치의 종류

1) 맞물림점에 가드 설치
2) 급정지장치 설치
3) 합판, 종이, 천 및 금속박 등을 통과시키는 롤러기의 위험부위에는 울 또는 안내 롤러 설치

(2) 급정지 장치의 종류 및 성능

1) 급정지 장치의 종류

급정지 장치 조작부의 종류	설치 위치
손조작 로프식	밑면에서 1.8m 이내
복부 조작식	밑면에서 0.8m 이상 1.1m 이내
무릎 조작식	밑면에서 0.6m 이내

2) 급정지 장치 설치

앞면 롤러의 표면속도(m/min)	급정지 거리
30 미만	앞면 롤러 원주의 1/3 이내
30 이상	앞면 롤러 원주의 1/2.5 이내

3) 롤러기의 표면속도(V)

$$V = \frac{\pi DN}{1,000} \text{ (m/min)}$$

여기서, V : 표면속도(m/min)
D : 롤러 원통직경(mm)
N : 회전수(rpm)

(3) 가드의 개구부 간격

1) 롤러 가드의 개구부 간격($X < 160$mm. 단, $X \geq 160$mm이면 $Y=30$)

① $Y = 6 + 0.15X$

여기서, X : 가드와 위험점 간의 거리(mm : 안전거리)
Y : 가드 개구부의 간격(mm : 안전간극)

② 위험점이 전동체인 경우 개구부 간격

$Y = 6 + 1/10X$ (단, $X < 760$mm에서 유효)

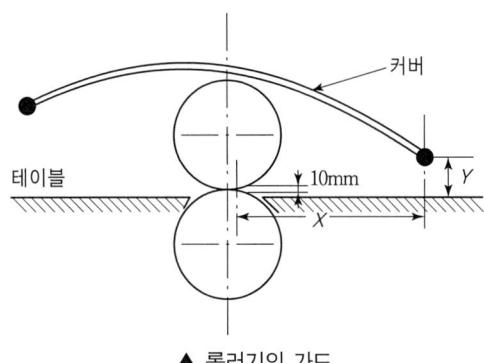

▲ 롤러기의 가드

2) 절단기 가드의 개구부 간격

$Y = 6 + 1/8X$

3) 방적기 및 제면기 가드의 개구부 간격

$Y = 6 + 1/10X$

(46) 롤러기의 안전작업 수칙

1) 청소, 주유, 수리 시는 정지 후 작업할 것
2) 가공물이 유해물인 경우 덮개를 설치할 것
3) 작업 시 장갑을 끼지 않을 것
4) 바닥에는 기름 등으로 인한 미끄럼이 없도록 할 것.

[5] 원심기와 방적기 및 제면기

(1) 원심기의 방호장치 등

1) 원심기의 방호장치 : 덮개설치
2) 운전의 정지 : 원심기로부터 내용물을 꺼내거나 원심기의 정비·청소·검사·수리 그 밖에 유사한 작업을 할 때는 그 기계의 운전을 정지하도록 할 것.

(2) 방적기 및 제면기의 방호장치 : 시건장치, 연동장치, 덮개 등.

③ 용접장치의 안전

[1] 아세틸렌 용접장치 및 가스집합 용접장치의 방호장치

(1) 방호장치종류 : 안전기(가스의 역류 및 역화 방지 장치)

(2) 방호장치의 설치 기준 및 설치 방법

1) 저압용 수봉식 안전기
   ① 안전기의 주요 부분은 두께 2mm 이상의 강판 또는 강관을 사용할 것
   ② 유효수주는 25mm 이상으로 할 것
   ③ 아세틸렌과 접촉할 염려가 있는 부분(주요 부분은 제외)은 동(또는 동을 70%이상 함유한 합금)을 사용하지 않을 것.

> 아세틸렌은 동(Cu), 수은(Hg), 은(Ag)과 화학반응을 하여 아세틸리드의 폭발성 물질을 생성한다.

2) 중압용 수봉식 안전기
   ① 유효수주는 50mm 이상으로 할 것
   ② 5.5kg/cm^{2}의 압력에 견디는 강도를 가지는 수면계, 들여다보는 창, 시험용 코크를 비치하고 있을 것.
3) 건식 안전기
   ① 우 회로식 건식 안전기 : 가스 역화시 연소파가 우회로를 통과 하고 있는 사이에 가스 통로를 폐쇄시켜 역화를 방지하는 방식
   ② 소결 금속식 안전기 : 소결 금속에 의해 역화 된 불꽃을 소화시키고, 역화 압력에 의해 폐쇄밸브가 스스로 가스 통로를 폐쇄시키는 방식
4) 안전기 설치방법(안전기 설치장소 : 흡입관)
   ① 아세틸렌 용접 장치 : 취관마다 안전기 설치(단, 주관 및 취관에 근접한 분기관 마다 안전기 부착 시는 제외)

② 가스용기가 발생기와 분리되어 있는 아세틸렌 용접 장치 : 발생기와 가스 용기 사이에 안전기 설치
③ 가스집합 용접 장치 : 주관 및 분기관에 안전기 설치(이 경우 하나의 취관에는 2개 이상의 안전기 설치)

[2] 용접장치의 안전

(1) 아세틸렌 용접장치의 발생기 실 설치기준

1) 발생기실 설치장소
   ① 발생기는 전용의 발생기실에 설치할 것.
   ② 발생기실은 건물 최상층에 위치하여야 하며 화기사용 설비로부터 3m를 초과하는 장소에 설치할 것
   ③ 발생기실의 옥외 설치시는 개구부를 다른 건축물로부터 1.5m 이상 떨어지도록 할 것.

2) 발생기실의 구조
   ① 벽은 불연성의 재료로 하고 철근콘크리트 또는 그 밖에 이와 동등 이상의 강도를 가진 구조로 할 것
   ② 지붕 천정에는 얇은 철판이나 가벼운 불연성 재료를 사용할 것
   ③ 바닥면적의 1/16 이상의 단면적을 가진 배기통을 옥상으로 돌출시키고 그 개구부를 창 또는 출입구로부터 1.5m 이상 떨어지도록 할 것
   ④ 출입구의 문은 불연성 재료로 하고 두께 1.5mm 이상의 철판 기타 이와 동등 이상의 강도를 가진 구조로 할 것
   ⑤ 벽과 발생기 사이에는 발생기의 조정 또는 카바이트 공급 등의 작업을 방해하지 아니하도록 간격을 확보할 것.

(2) 용접장치의 안전조치사항

1) 아세틸렌 용접장치 관리기준 : 금속의 용접, 용단, 가열 작업을 하는 경우 다음 사항을 준수할 것
   ① 발생기의 종류, 형식, 제작업체명, 매시 평균가스 발생량 및 1회의 카바이트 송급량을 발생기실 내의 보기 쉬운 장소에 게시할 것
   ② 발생기실에는 관계근로자 외에 자가 출입하는 것을 금지할 것.
   ③ 발생기에서 5m 이내 또는 발생기실에서 3m 이내의 장소에서 흡연, 화기의 사용 또는 불꽃이 발생할 위험한 행위를 금지시킬 것.
   ④ 도관에는 산소용과 아세틸렌용과의 혼동을 방지하기 위한 조치를 할 것.
   ⑤ 아세틸렌 용접장치의 설치장소에는 적당한 소화설비를 갖출 것
   ⑥ 이동식 아세틸렌 용접장치의 발생기는 고온의 장소, 통풍이나 환기가 불충분한

장소 또는 진동이 많은 장소 등에 설치하지 아니하도록 할 것.
2) 가스집합 용접장치의 관리기준 : 다음 사항을 준수 할 것
① 사용하는 가스의 명칭 및 최대가스 저장량을 가스 장치실의 보기 쉬운 장소에 게시할 것.
② 가스용기를 교환하는 때에는 관리감독자의 참여하에 할 것.
③ 밸브·코크 등의 조작 및 점검요령을 가스장치실의 보기 쉬운 장소에 게시할 것.
④ 가스장치실에는 관계근로자외의 자의 출입을 금지시킬 것.
⑤ 가스집합장치로부터 5m이내의 장소에서는 흡연, 화기의 사용 또는 불꽃의 발할 우려가 있는 행위를 금지시킬 것.
⑥ 도관에는 산소용과의 혼동을 방지하기 위한 조치를 할 것
⑦ 가스집합장치의 설치장소에는 적당한 소화설비를 설치할 것
⑧ 이동식 가스집합 용접장치의 가스집합장치는 고온의 장소, 통풍이나 환기가 불충분한 장소 또는 진동이 많은 장소에 설치하지 아니하도록 할 것
⑨ 당해 작업을 행하는 근로자에게 보안경 및 안전장갑을 착용시킬 것
3) 가스집합장치의 위험방지조치사항
① 가스집합장치에 대하여는 화기를 사용하는 설비로부터 5m 떨어진 장소에 설치할 것.
② 가스집합장치를 설치할 때에는 전용의 방(가스 장치실)에 설치할 것.
③ 가스장치실의 벽과 가스집합장치 사이에는 당해장치의 취급가스 용기의 교환작업에 필요한 충분한 간격을 확보하도록 할 것.
4) 가스장치실의 구조
① 가스가 누출된 경우에는 그 가스가 정체되지 않도록 할 것
② 지붕과 천장에는 가벼운 불연성 재료를 사용할 것
③ 벽에는 불연성 재료를 사용할 것

(3) 용접 작업시 안전작업수칙

1) 작업전에 안전기와 산소조정기의 상태를 점검할 것.
2) 토오치의 점화는 조정기의 압력을 조정하고, 먼저 아세틸렌 밸브를 연 다음 산소밸브를 열어 점화 시키고, 작업 후에는 산소밸브를 먼저 닫고 아세틸렌 밸브를 닫을 것.
3) 산소용 호스는 흑색, 아세틸렌용 호스는 적색 등, 색으로 구별된 것을 사용할 것(용기 색깔 : 아세틸린용은 황색, 산소용은 녹색).
4) 용접시 사용되는 가스용기와 가연성 가스 탱크와의 거리는 30m 이상, 가스용기와 화기와의 거리는 5m 이상을 유지할 것.

5) 용기 저장소의 온도는 40℃ 이하를 유지할 것.
6) 아세틸렌은 127kPa(1.3kg/cm²) 이상의 압력으로 사용하지 말 것.

> **주** 1 kg/cm² = 9.8×10⁴ Pa(파스칼), 1 kPa(킬로파스칼)=1,000 Pa

7) 아세틸렌용 배관은 상용압력 1.5배의 수압 테스트와 1.1배의 압력에서 기밀시험을 할 것.
8) 토오치 팁의 청소용구는 줄이나 팁 클리너를 사용할 것.

(4) 용접 장치의 역화원인 및 역화시 조치사항

1) 아세틸렌 용접장치의 역화원인
   ① 과열 되었을 경우
   ② 산소공급이 과다할 경우
   ③ 입력조정기 고장
   ④ 토오치의 성능이 좋지 않을 경우
   ⑤ 토오치 팁에 이물질이 묻었을 경우
2) 아세틸렌 용접장치의 역화 시 조치사항 : 산소밸브를 먼저 잠그고 아세틸렌 밸브를 나중에 잠글 것.

(5) 금속의 용접, 용단 또는 가열에 사용되는 가스 등의 용기 취급 시 준수사항

1) 다음 장소에서 사용하거나 당해 장소에 설치·저장 또는 방치하지 아니하도록 할 것
   ① 통풍 또는 환기가 불충분한 장소
   ② 화기를 사용하는 장소 및 그 부근
   ③ 위험물, 화약류 또는 가연성 물질을 취급하는 장소 및 그 부근
2) 용기의 온도를 40℃ 이하로 유지할 것
3) 전도의 위험이 없도록 할 것
4) 충격을 가하지 아니하도록 할 것
5) 운반할 때에는 캡을 씌울 것
6) 사용할 때에는 용기와 마개에 부착되어 있는 유류 및 먼지를 제거할 것
7) 밸브의 개폐는 서서히 할 것
8) 사용 전 또는 사용 중인 용기와 그 외의 용기를 명확히 구별하여 보관할 것
9) 용해 아세틸렌의 용기를 세워 둘 것
10) 용기의 부식·마모 또는 변형 상태를 점검한 후 사용할 것.

3. 산업용 기계안전기술

1 보일러 안전

[1] 보일러 취급시 이상현상

(1) 이상 연소

1) 이상연소의 발생원인
   ① 연료와 공기의 혼합비가 부적합할 때
   ② 수분이 많이 함유된 연료를 사용할 때
   ③ 연료에 굴곡부와 같은 포켓이 있을 때
   ④ 통풍량이 불량할 때
2) 이상 연소 시 조치사항
   ① 수분이 적은 연료 사용
   ② 연소실과 연도의 개선
   ③ 연소실내의 급격연소
   ④ 2차 공기량 및 통풍량 조절

(2) 프라이밍(priming) 및 포오밍(foaming)

1) 프라이밍(비수공발) : 보일러의 급격한 부하, 급격한 압력강하, 고수위 등에 의해 물방울 혹은 물거품이 수면위로 튀어 올라 관 밖으로 운반되는 현상
2) 포오밍(거품의 발생) : 보일러 관수 중의 용존 고형물, 유지분에 의하여 수면위에 거품이 발생하고 심하면 보일러 밖으로 흘러넘치는 현상
3) 프라이밍과 포오밍의 발생원인
   ① 고수위인 경우
   ② 부유물, 유지분이 많이 함유되었을 경우나 보일러 수가 농축된 경우
   ③ 증기 부하가 과대한 경우
   ④ 증기 밸브를 급격히 개방한 경우
   ⑤ 증기부보다 수부가 큰 경우

⑥ 기수 분리 장치가 불완전한 경우

(3) 캐리오버(carry over; 기수공발) : 물 속에 용해되어 있는 고형분이나 수분이 증기의 흐름에 따라서 발생증기 속으로 운반되어 나오게 되는 현상.

(4) 수격작용

1) 수격작용(water hammering) : 관내의 유동, 밸브의 급격한 개폐 등에 의해 압력파가 생겨 불규칙한 유체 흐름이 생성되어 관벽을 치는 현상
2) 수격작용의 방지법
    ① 관내의 유속을 낮출 것(관의 직경을 크게 할 것)
    ② 펌프에 플라이휠(fly wheel)을 설치하여 정전시에 속도가 급격히 변화하는 것을 막을 것
    ③ 완폐 체크 밸브를 토출구에 설치할 것.
    ④ 자동 수압 조정밸브를 설치할 것

[2] 보일러의 사고원인 및 대책

(1) 보일러의 부식 원인

1) 급수에 유해한 불순물이 혼입되었을 경우
2) 급수처리를 하지 않은 물을 사용하였을 경우
3) 불순물을 사용하여 수관이 부식되었을 경우

(2) 보일러의 과열 원인

1) 과열원인
    ① 수관 및 몸체의 청소 불량
    ② 관수를 감소시키고 빈 통에 불을 땔 때
    ③ 수면계의 고장으로 드럼내의 물의 감소
2) 보일러에 스케일 및 슬러지 부착시 악영향 : 국부과열 현상 발생

(3) 보일러의 파열 및 폭발 원인

1) 규정 압력 이상 상승에 의한 파열원인
    ① 안전장치의 미부착
    ② 안전장치의 불확실한 작동(안전장치의 능력 부족)
2) 최고 사용 압력 이하에서 파열하는 원인
    ① 구조상의 결함(설계착오, 능력부족)
    ② 보일러 부품의 부식
    ③ 과열

3) 보일러의 압력 상승원인
  ① 압력계의 고장(압력계의 기능 불완전)
  ② 안전밸브 기능의 부정확
  ③ 압력계의 눈금을 잘못 읽거나 감시 소홀
4) 보일러 폭발
  ① 보일러 폭발의 주요원인 : 급수 불량에 의한 저수위
  ② 과잉 증기압력에 의한 보일러 폭발의 주원인 : 안전장치 결함
  ③ 저수위 보일러 속에 급속하게 급수할 경우의 폭발 원인 : 급격 수축 때문
  ④ 보일러 수의 저수위 방지 대책 : 자동 급수 제어장치 점검철저

(4) 보일러의 이상감수의 발생원인

1) 급수 장치 및 수면계 (액면계)의 고장
2) 급수관의 스케일 및 이물질 축적
3) 분출 밸브 등에 의한 누수

[3] 보일러의 방호장치 및 안전작업수칙

(1) 방호장치의 종류

1) 압력방출장치
2) 압력제한스위치
3) 고저수위 조절장치
4) 기타 도피밸브, 가용전, 방폭문, 화염 검출기 등

(2) 압력방출장치(안전밸브)

1) 압력방출장치 : 최고사용압력(증기압력) 이하에서 자동적으로 밸브가 열려서 증기를 외부로 분출시켜 증기 상승압력을 방지하는 장치
2) 압력방출장치의 설치기준(안전보건규칙 제116조)
  ① 보일러의 안전한 가동을 위하여 보일러 규격에 적합한 압력방출장치를 1개 또는 2개 이상 설치하고 최고사용압력(설계압력 또는 최고허용압력) 이하에서 작동되도록 할 것. 다만, 압력 방출장치가 2개 이상 설치된 경우에는 최고사용압력 이하에서 1개가 작동되고, 다른 압력방출장치는 최고사용압력 1.05배 이하에서 작동되도록 부착할 것
  ② 압력방출장치는 1년에 1회 이상 국가교정기관에서 교정을 받은 압력계를 이용하여 설정압력에서 압력방출장치가 적정하게 작동하는지를 검사한 후 납으로 봉인하여 사용하도록 할 것(단, 공정안전보고서 이행상태 평가결과가 우수한 사업장은 4년에 1회 이상 검사)

(3) 압력제한스위치

1) 압력제한스위치 : 상용압력 이상으로 압력 상승 시 보일러의 과열 방지를 위해 버너의 연소차단 등 열원을 제거하여 정상 압력으로 유도하는 장치
2) 고압용은 브르돈관식, 저압용은 벨로우즈식 사용

(4) 고저수위 조절장치
보일러 내의 수위가 최저 또는 최고한계에 도달하였을 경우, 자동적으로 경보를 발하는 동시에 단수 또는 급수에 의해 수위를 조절하는 장치

❷ 압력용기 및 공기압축기 안전

[1] 압력용기안전

(1) 압력용기의 정의 및 종류 (안전검사고시 : 고용노동부고시 제2019-16호)

1) 압력용기(pressure vessel) : 용기의 내면 또는 외면에서 일정한 유체의 압력을 받는 밀폐된 용기를 말한다.
2) 압력용기의 종류

갑종 압력용기	① 설계압력이 게이지 압력으로 0.2MPa(2kgf/cm^2)을 초과하는 화학공정 유체취급 용기 ② 설계압력이 게이지 압력으로 1MPa(10kgf/cm^2)을 초과하는 공기 및 질소 취급 용기
을종 압력용기	• 갑종 압력용기 이외의 용기

(2) 압력용기의 방호장치

1) 회전부위에 덮개 또는 울 설치
2) 압력방출장치 설치

(3) 압력용기에 설치하는 압력방출장치의 설치기준

1) 압력용기 등에 과압으로 인한 폭발을 방지하기 위하여 압력방출장치를 설치할 것.
2) 다단형 압축기 또는 직렬로 접속된 공기압축기에는 과압방지 압력방출장치를 각단마다 설치하도록 할 것.
3) 압력방출장치는 압력용기의 최고사용압력 이전에 작동되도록 설정할 것
4) 압력방출장치 등을 설치한 후에는 1일 1회 이상 작동시험을 하는 등 성능이 유지될 수 있도록 항상 점검·보수하도록 할 것.
5) 압력방출장치는 1년에 1회 이상 표준 압력계를 이용하여 토출압력을 시험한 후 납으로 봉인하여 사용하도록 할 것
6) 운전자가 토출압력을 임의로 조정하기 위하여 납으로 봉인된 압력방출장치를 해체하거나 조정할 수 없도록 조치할 것.

[2] 공기압축기의 안전

(1) 공기압축기의 일반적 주의사항

1) 무 급유 밸브를 사용할 것
2) 실린더의 급유에는 양질의 광유를 사용하도록 할 것
3) 시동시에는 무부하 기동을 위하여 토출지변을 연 후 흡입지변을 약간 열었다 닫고 기동한 다음 정상회전 속도에 달하면 흡입지변을 서서히 열 것.
4) 에어탱크 최저부에는 배유장치를 할 것

(2) 공기압축기의 방호장치

1) **안전밸브** : 공기탱크의 파손, 전동기의 과부하 방지를 위한 방호장치
2) **역지밸브** : 공기탱크 내의 압축공기의 역류를 방지하는 방호장치
3) **언로우드 밸브** : 일정한 조건하에서 공기 압축기를 무부하로 하여 압력 상승을 방지하기 위해 사용되는 밸브
4) **릴리프 밸브(relief valve)** : 공기탱크 내의 압력이 최고사용압력에 달하면 압송을 정지하고 소정의 압력까지 강하하면 다시 압송을 하여 공기탱크 내의 압력을 설정값 이하로 유지하는 압력제어밸브

(3) 공기압축기의 작업 시작 전 점검사항

1) 공기저장 압력용기의 외관상태
2) 드레인밸브의 조작 및 배수
3) 압력방출장치의 기능
4) 언로드밸브의 기능
5) 윤활유의 상태
6) 회전부의 덮개 또는 울
7) 그 밖의 연결부위의 이상 유무

❸ 산업용 로봇의 안전

[1] 산업용 로봇

(1) 산업용 로봇 : 인간의 팔에 해당하는 암(arm)인 매니플레이터(manipulator)에 의해 제조과정의 조립, 용접, 검사 기능 등을 수행하는 자동기계장치

1) **작동범위(가동범위)** : 매니플레이터가 움직이는 영역
2) **위험범위** : 매니플레이터가 동작하여 사람과 접촉할 수 있는 범위

(2) 동작 형태에 의한 분류

1) 극좌표 : 팔의 자유도가 극좌표 형식인 매니퓰레이터
2) 직각좌표 : 팔의 자유도가 직각좌표 형식인 매니퓰레이터
3) 다관절 : 팔의 자유도가 주로 다관절인 매니퓰레이터(운동 방향이 넓고 용접, 도장, 조립 등 용도범위도 매우 넓다.)
4) 원통좌표 : 팔의 자유도가 주로 원통좌표 형식인 매니퓰레이터

(3) 입력 정보교시의 의한 분류

종 류	기 능
1. 매뉴얼 매니퓰레이션	인간이 조작하는 매니퓰레이터
2. 지능 로봇	감각기능 및 인식기능에 의해 행동결정을 할 수 있는 로봇
3. 감각제어 로봇	감각 정보를 가지고 동작의 제어를 행하는 로봇
4. 플레이백 로봇	인간이 매니퓰레이터를 움직여서 미리 작업을 실시함으로써 그 작업의 순서, 위치 및 기타의 정보를 기억시켜 이를 재생함으로써 그 작업을 되풀이 할 수 있는 매니퓰레이터
5. 수치제어 로봇	순서, 위치 기타의 정보를 수치에 의해 지령받은 작업을 할 수 있는 매니퓰레이터
6. 적응제어 로봇	환경의 변화 등에 따라 제어 등의 특성을 필요로 하는 조건을 충족시키기 위하여 변화되는 적응 제어기능을 가지는 로봇
7. 학습제어 로봇	학습제어기능을 갖는 로봇으로 작업경험 등을 반영시켜 적절한 작업할 수 있는 로봇
8. 고정시퀀스 로봇	미리 설정된 순서와 조건 및 위치에 따라 동작의 각 단계를 차례로 거쳐나가는 매니퓰레이터이며 설정정보의 변경을 쉽게 할 수 없는 로봇
9. 가변 시퀀스 로봇	미리 설정된 순서와 조건 및 위치에 다라 동작의 각 단계를 차례로 거쳐나가는 매니퓰레이터로서 설정정보의 변경을 쉽게 할 수 있는 로봇

[2] 로봇의 운전 중 수리 등 작업 시의 위험방지 조치와 작업 시작전 점검사항

(1) 로봇의 운전 중 위험방지 조치사항 : 로봇의 접촉 우려가 있을 때는 안전매트 및 높이 1.8m 이상의 방책을 설치할 것

(2) 수리 등 작업 시의 위험방지 조치사항

1) 로봇의 작동 범위 내에서 로봇의 수리, 검사, 조정(교시 등에 해당하는 것 제외), 청소, 급유(이하 수리 등) 등의 작업 시에는 로봇의 운전을 정지할 것
2) 기동 스위치를 열쇠로 잠그고 열쇠를 별도로 관리할 것
3) 기동 스위치에 작업 중이라는 표지판을 부착할 것

(3) 로봇의 교시 등의 작업을 하는 경우 작업 시작 전 점검사항

1) 외부 전선의 피복 또는 외장 손상의 유무

2) 매니플레이터 작동의 이상유무
3) 제동장치 및 비상정지 장치의 기능

> **로봇의 교시 등** : 매니플레이터의 작동순서, 위치 및 속도의 설정·변경 또는 그 결과를 확인하는 것

❹ 운반기계 및 양중기의 안전

[1] 지게차(fork lift)의 안전

(1) 지게차가 갖추어야 할 사항

1) 전조등 및 후미등(안전 작업 수행을 위해 필요한 조명이 확보되어 있는 장소에서는 제외)
2) 헤드가드(지게차의 방호장치)
3) 백 레스트(후방에서 화물의 낙하함으로서 위험의 우려가 없을 때는 제외)

(2) 지게차의 안전성 : 지게차가 안정하려면 다음의 관계식을 유지하여야 한다.

$$W \cdot a < G \cdot b$$

여기서, W : 화물중량(kg)
G : 차량의 중량(kg)
a : 전차륜에서 화물의 중심까지의 최단거리(m)
b : 전차륜에서 차량의 중심까지의 최단거리(m)

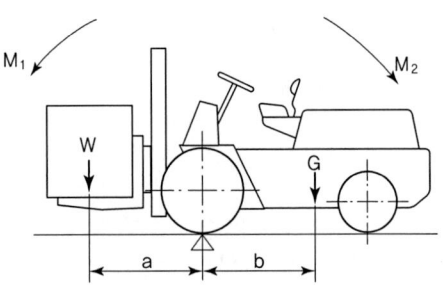

M_1 : $W \times a \cdots$ 화물의 모멘트
M_2 : $G \times b \cdots$ 차의 모멘트

▲ 지게차의 안전성

(3) 지게차의 헤드가드

1) 강도는 지게차의 최대하중의 2배의 값(그 값이 4톤을 넘는 것에 대하여서는 4톤으로 함)의 등분포정하중에 견딜 수 있는 것일 것
2) 상부틀의 각 개구의 폭 또는 길이가 16cm 미만일 것
3) 운전자가 앉아서 조작하거나 서서 조작하는 지게차의 헤드 가드의 「산업표준화법」에 따른 한국산업표준에서 정하는 높이기준(입식 : 1.88m, 좌식 : 0.903m)이상일 것

(4) 지게차의 안정도

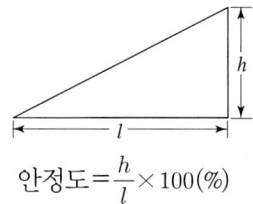

안정도 = $\frac{h}{l} \times 100$(%)

1) 하역 작업 시
   ① 전후 안정도 : 4%(5톤 이상의 것은 3.5%)
   ② 좌우 안정도 : 6%
2) 주행시
   ① 전후 안정도 : 18%
   ② 좌우 안정도 : (15+1.1 V)%, V는 최고속도(km/hr)

(5) 지게차에 의한 운반안전작업수칙

1) 숙련된 담당자만 운전할 것
2) 급격한 후퇴, 전진은 피할 것
3) 정해진 하중이나 높이를 초과하는 적재를 하지 말 것
4) 견인 시는 반드시 견인봉을 사용할 것

[2] 컨베이어(conveyer)의 안전

(1) 컨베이어의 종류

1) 벨트 컨베이어 : 프레임의 양끝에 설치한 풀리에 벨트를 엔드리스(endless)로 감아 걸고 그 위에 화물을 싣고 운반하는 컨베이어로 특징은 다음과 같다
   ① 컨베이어 중 가장 널리 쓰인다.
   ② 연속적으로 물건을 운반할 수 있다.
   ③ 운반과 동시에 물건을 올리기도 내리기도 할 수 있다.
   ④ 무인화 작업이 가능하다.
   ⑤ 대용량의 운반수단에 이용된다.
   ⑥ 경사 각도가 30°이하인 경우에 이용된다.
2) 체인 컨베이어 : 엔드리스로 감아 걸은 체인에 의하거나 체인에 슬래트(slat), 버킷(bucket) 등을 부착하여 화물을 운반하는 컨베이어
3) 나사(스크류 : screw) 컨베이어 : 도랑 속에 화물을 스크류에 의하여 운반하는 컨베이어
4) 기타 롤러 컨베이어, 버킷 컨베이어 등이 있다.

(2) 컨베이어의 방호장치

1) 이탈 및 역주행 방지장치 : 컨베이어·이송용 롤러 등(이하 "컨베이어 등"이라 한다.)을 사용하는 경우에는 정전·전압강하 등에 따른 화물 또는 운반구의 이탈 및 역주행을 방지하는 장치를 갖출 것. 단, 무동력 상태 또는 수평상태로만 사용하여 근로자에게 위험을 미칠 우려가 없는 경우에는 제외
2) 비상정지장치 : 근로자의 신체가 말려드는 등 근로자가 위험해질 우려가 있는 경우 및 비상시에는 즉시 컨베이어 등의 운전을 정지시킬 수 있는 장치를 설치할 것.
3) 덮개 또는 울 : 컨베이어 등으로부터 화물이 떨어져 근로자가 위험해질 우려가 있는 경우에는 해당 컨베이어 등에 덮개 또는 울을 설치하는 등 낙하방지를 위한 조치를 할 것.

(3) 컨베이어의 작업 시작 전 점검사항

1) 원동기 및 풀리기능의 이상 유무
2) 이탈 등의 방지장치 기능의 이상 유무
3) 비상정지장치 기능의 이상 유무
4) 원동기·회전축치차 및 풀리 등의 덮개 또는 울 등의 이상 유무

[3] 양중기의 안전

(1) 양중기의 종류

1) 크레인 : 동력을 사용하여 중량물을 매달아 상하 및 좌우(수평 또는 선회)로 운반하는 기계장치
2) 이동식 크레인 : 원동기를 내장하고 있는 것으로서 불특정장소에 스스로 이동할 수 있는 크레인
3) 리프트 : 동력을 사용하여 사람이나 화물을 운반하는 기계설비
   ① 건설작업용 리프트 : 건설 현장에서 사용하는 리프트
   ② 일반작업용 리프트 : 건설 현장이 아닌 장소에서 사용하는 리프트
   ③ 간이 리프트 : 소형화물 운반용으로 바닥 면적이 $1m^2$ 이하, 천정 높이가 $1.2m$ 이하인 리프트
   ④ 이삿짐운반용 리프트 : 연장 및 축소가 가능하고 끝단을 건축물 등에 지지하는 구조의 사다리형 붐에 따라 동력을 사용하여 움직이는 운반구를 매달아 화물을 운반하는 설비로서 화물자동차 등 차량 위에 탑재하여 이삿짐 운반 등에 사용하는 리프트
4) 곤돌라 : 와이어로프 또는 달기강선에 의하여 달기발판 또는 운반구가 전용의 승강장치에 의하여 상승 또는 하강하는 설비

5) 승강기(최대하중이 0.25ton 이상인 것) : 가이드레일을 따라 승강하는 운반구 또는 카에 사람이나 화물을 상하 또는 좌우로 이동, 운반하기 위한 기계설비
   ① 승용승강기 : 사람의 수직수송
   ② 인화공용승강기 : 사람과 화물이 수직수송
   ③ 화물용승강기 : 화물의 수송(인원탑승금지)
   ④ 에스컬레이터 : 사람을 운반하는 연속계단이나 보도상태의 승강기

(2) 양중기의 방호장치

1) 과부하방지장치
2) 권과방지장치
3) 비상정지장치
4) 제동장치(브레이크 등)

(3) 승강기의 방호장치

1) 과부하방지장치
2) 비상정지장치
3) 파이널 리미트 스위치(final limit switch)
4) 속도조절기
5) 출입문 인터록(interlock)

[4] 크레인 안전

(1) 크레인의 종류

1) 크레인(기중기) : 동력을 이용하여 화물을 올리거나 내리고 주행, 선회, 부양 운동을 하는 단거리 운반기계(화물의 상하수평으로 운반하는 기계)
2) 크레인의 종류
   ① 육상운송이 가능한 크레인 : 휠크레인, 크롤러 크레인, 트럭크레인 등
   ② 공장내부에 설치한 크레인 : 천장크레인
   ③ 건축공사에 많이 사용되는 크레인 : 탑형 크레인, 지브 크레인
   ④ 기타, 교형크레인, 해머형 크레인 등

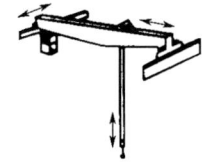
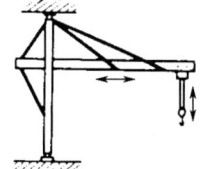

(a) 천장 크레인   (b) 지브 크레인   (c) 교형 크레인

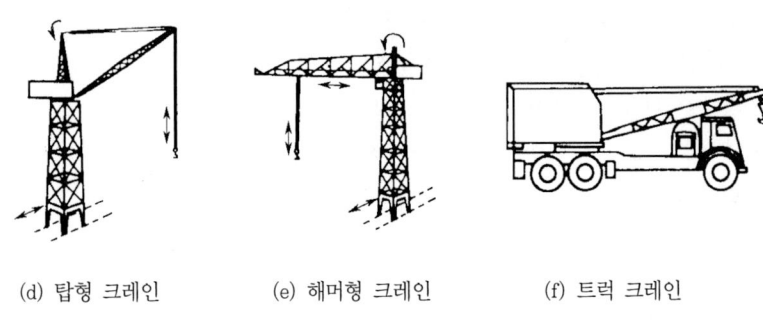

(d) 탑형 크레인　　　(e) 해머형 크레인　　　(f) 트럭 크레인

▲ 크레인의 종류

(2) 크레인의 제작기준에서 사용되는 용어의 정의

1) 크레인 : 원동기 및 달기기구를 사용하여 화물을 권상, 횡행 및 주행(또는 선회)동작을 행하는 것.
2) 호이스트 : 원동기 및 달기기구를 사용하여 화물을 권상 및 횡행 또는 권상 동작만을 행하는 것.
3) 정격하중 : 크레인의 권상(호이스팅) 하중에서 훅크, 그래브 또는 버켓 등 달기기구의 중량에 상당하는 하중을 뺀 하중. 단, 지브가 있는 크레인 등으로서 경사각의 위치에 따라 권상능력이 달라지는 것은 그 위치에서의 권상하중으로부터 달기기구의 중량을 뺀 하중.
4) 권상하중 : 크레인의 구조 및 재료에 따라 들어 올릴 수 있는 최대의 하중
5) 정격속도 : 크레인에 정격하중에 상당하는 하중을 매달고 권상, 주행, 선회 또는 트롤리의 수평 이동시의 최고속도

(3) 크레인의 안전기준

1) 폭풍에 의한 이탈방지 : 순간 풍속이 30(m/sec)를 초과하는 바람이 불어올 우려가 있을 때는 옥외 설치 주행 크레인에 대하여 이탈 방지장치의 작동 등 이탈 방지 조치를 할 것.
2) 크레인의 조립 또는 해체 작업 시 조치사항
　① 작업순서에 의하여 작업을 실시할 것
　② 관계 근로자 외의 출입금지 및 보기 쉬운 곳에 표시할 것
　③ 비, 눈, 그 밖에 기상상태 불안정으로 날씨가 몹시 나쁜 경우에는 작업을 중지시킬 것
　④ 작업장소는 충분한 공간 확보 및 장애물이 없도록 할 것.
　⑤ 들어 올리거나 내리는 기자재는 균형을 유지하면서 작업을 실시하도록 할 것.
　⑥ 크레인의 성능, 사용조건 등에 따라 충분한 응력을 갖는 구조로 기초를 설치하고 침하 등이 일어나지 않도록 할 것.

⑦ 규격품인 조립용 볼트를 사용하고 대칭되는 곳을 순차적으로 결합하고 분해할 것.
3) 크레인의 작업시작 전 점검사항
① 권과방지장치·브레이크·클러치 및 운전장치의 기능
② 주행로의 상측 및 트롤리가 횡행하는 레일의 상태
③ 와이어로프가 통하고 있는 곳의 상태

(4) 이동식 크레인의 안전기준

1) 해지장치의 사용 : 이동식 크레인을 사용하여 화물을 달아 올릴 때는 해지장치를 사용할 것
2) 이동식 크레인의 작업시작 전 점검사항
① 권과방지장치나 그 밖의 경보장치의 기능
② 브레이크·클러치 및 조정장치의 기능
③ 와이어로프가 통하고 있는 곳 및 작업장소의 지반상태

[5] 리프트 및 곤돌라 안전

(1) 리프트의 안전기준

1) 붕괴 등의 방지
① 지반 침하, 불량 자재사용, 헐거운 결선 등으로 리프트가 붕괴되거나 넘어지지 않도록 필요한 조치를 할 것.
② 순간 풍속이 35(m/sec) 초과 시는 건설용 리프트에 대하여 받침수를 증가시키는 등 붕괴 등의 방지를 위한 조치를 할 것.
2) 이상유무 점검 : 순간풍속이 30(m/sec) 바람이 불어온 후, 중진 이상의 진도의 지진 후에는 리프트의 각 부위에 대하여 이상유무를 점검할 것.
3) 리프트의 작업 시작 전 점검사항
① 방호장치·브레이크 및 클러치의 기능
② 와이어로프가 통하고 있는 곳의 상태

(2) 곤돌라의 안전기준

1) 운전방법 등의 주지 : 곤돌라의 운전방법 또는 고장시 처치방법을 곤돌라를 사용하는 근로자에게 주지시킬 것
2) 곤돌라의 작업 시작 전 점검사항
① 방호장치·브레이크의 기능
② 와이어로프·슬링와이어(sling wire) 등의 상태

[6] 양중기의 와이어로프의 안전기준

(1) 와이어로프의 구성 및 명명법

1) 와이어로프의 구성 : 여러 개의 와이어(소선)로, 가닥(꼬임 : strand)을 만들어서, 이것을 보통 6개 이상 꼬아서 만든 것으로 심에는 기름을 칠한 대와 심선을 삽입시킨다.
2) 와이어로프의 명명법 : 꼬임(가닥)의 수량×소선의 수량
 [예] 6×9 (6 : 꼬임의 수량, 9 : 소선의 수량)

(2) 와이어로프에 걸리는 하중

1) 화물을 달아 올릴 때, 로프에 걸리는 하중은 슬링와이어의 각도가 작을수록 작게 걸린다.

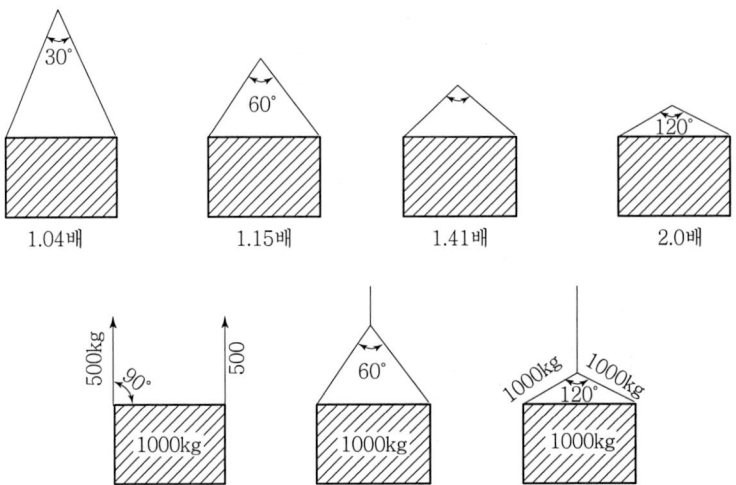

2) 와이어로프에 걸리는 총 하중
총 하중(W) = 정하중 (W_1) + 동하중(W_2)

$$동하중(W_2) = \frac{W_1}{g} \times \alpha$$

여기서, g : 중력가속도(9.8 m/sec^2)
α : 가속도(m/sec^2)

3) 줄 걸이 로프에 걸리는 장력(하중)

$$로프에\ 작용하는\ 장력 = \frac{짐의무게}{로프의수} \div \cos\left(\frac{로프의\ 각도}{2}\right)$$

4) 줄 걸이 로프에 발생하는 압축력

$$짐에\ 발생하는\ 압축력 = 로프에\ 작용하는\ 장력 \times \cos\left(\frac{로프의\ 각도}{2}\right)$$

(3) 와이어로프의 안전계수

1) 와이어로프 또는 달기체인의 안전계수 = $\dfrac{절단하중}{최대사용하중}$

2) S(와이어로프의 안전율) = $\dfrac{NP}{Q}$

   여기서, N : 로프가닥수
   P : 로프의 파단강도(kg)
   Q : 안전하중(kg)

(4) 와이어로프의 사용금지사항

1) 이음매가 있는 것
2) 와이어로프의 한 꼬임[(스트랜드(strand)를 말함)]에서 끊어진 소선(素線)[필러(pillar)선은 제외]의 수가 10% 이상(비자전로프의 경우에는 끊어진 소선의 수가 와이어로프 호칭지름의 6배 길이 이내에서 4개 이상이거나 호칭지름 30배 길이 이내에서 8개 이상)인 것.
3) 지름의 감소가 공칭지름의 7%를 초과한 것.
4) 꼬인 것.
5) 심하게 변형되거나 부식된 것.
6) 열과 전기충격에 의해 손상된 것.

(5) 달기체인의 사용금지사항

1) 달기체인의 길이가 달기체인이 제조된 때의 길이의 5%를 초과한 것.
2) 링의 단면지름이 달기체인이 제조된 때의 해당 링의 지름의 10%를 초과하여 감소한 것.
3) 균열이 있거나 심하게 변형된 것.

PART 04

전기 및 화학설비 안전관리

제 1 장 감전재해 및 방지대책

제 2 장 전기작업 안전관리

제 3 장 전기화재 관리

제 4 장 정전기 장·재해 관리

제 5 장 전기설비의 방폭

제 6 장 화학물질 안전관리 실행

제 7 장 화재·폭발 검토

제 8 장 화학물질 안전관리 실행

1. 감전재해 및 방지대책

❶ 전기재해의 종류 및 특성

(1) 전기재해의 종류 : 전격(감전), 과열, 전기스파크, 정전기사고, 화재, 폭발, 화상 등

(2) 전기재해의 특성

1) 전기재해는 보통 저압일 때 발생하는 경우가 많다.
2) 사망률이 매우 높아 전체 평균 사망률이 약 10배에 이르나 발생빈도는 낮다.

❷ 전격현상의 메커니즘 및 위험도 결정조건

(1) 전격현상의 메커니즘

1) 심실세동에 의한 혈액순환기능의 상실
2) 뇌의 호흡중추신경 마비에 따른 호흡중지
3) 흉부수축에 의한 질식

(2) 전격 위험도 결정조건

1) 1차적 감전위험요소
   ① 통전전류의 크기(감전에 의한 사망위험성은 통전전류의 크기에 의해서 결정됨)
   ② 전원의 종류(교류, 직류별)
   ③ 통전경로
   ④ 통전시간

2) 2차적 감전위험요소
   ① 인체의 조건(저항)
   ② 전압
   ③ 주파수
   ④ 계절

❸ 통전전류에 의한 인체의 영향

(1) 통전전류의 크기와 인체에 미치는 영향(상용주파수 60Hz의 교류에서 건강한 성인 남자의 경우)

1) 최소감지전류(1mA 정도) : 통전되는 전류를 느낄 수 있는 정도의 전류치
2) 고통한계전류(7~8mA 정도) : 고통을 참을 수 있는 한계의 전류치
3) 마비한계전류(10~15mA 정도) : 인체 각부의 근육이 수축현상을 일으키고 신경이 마비되어 신체를 자유로이 움직일 수 없게 되는 경우의 전류치
4) 심실세동전류(치사전류) : 전류의 일부가 심장부분을 흐르게 되면 심장은 정상적인 맥동을 하지 못하고 불규칙한 세동을 일으키며 혈액순환이 곤란하게 되고 심장이 마비되는 현상을 초래하는데 이러한 경우를 심실세동이라 한다.

① 심실세동전류와 통전시간과의 관계

$$I = \frac{165}{\sqrt{T}} \text{ (mA)}$$

여기서, I : 심실세동전류(mA)
T : 통전시간(sec)

② 심실세동을 일으키는 전기에너지 값

㉠ $W = I^2RT$

여기서, W : 전기에너지
R : 전기저항(Ω)
T : 통전시간(sec)

㉡ $W = I^2RT = \left(\frac{165}{\sqrt{T}} \times 10^{-3}\right)^2 \times 500 \times T$

$= 13.6 \text{W} \cdot \text{sec} = 13.6 \text{Joule} = 3.3 \text{cal}$

(2) 저압전기기기의 전류의 크기에 따른 감전의 영향

① 1mA : 전기를 느낄 정도
② 5mA : 상당한 고통을 느낌
③ 10mA : 견디기 어려운 정도의 고통
④ 20mA : 근육의 수축이 심해 의사대로 행동불능
⑤ 50mA : 상당히 위험한 상태
⑥ 100mA : 치명적인 결과 초래

(3) 통전 경로별 위험도

통전경로	위험도	통전경로	위험도
왼손 – 가슴	1.5	왼손 – 등	0.7
오른손 – 가슴	1.3	한손 또는 양손 – 앉아있는 자리	0.7
왼손 – 한발 또는 양발	1.0	왼손 – 오른손	0.4
양손 – 양발	1.0	오른손 – 등	0.3
오른손 – 한발 또는 양발	0.8		

(4) 가수전류 및 불수전류

1) 가수전류(let-go current) : 인체가 자력으로 이탈할 수 있는 전류를 말하며 전원이 교류인 경우는 이탈전류, 직류인 경우는 해방전류라고도 한다.
   ① 60Hz 정현파 교류에 의한 가수전류(이탈전류 또는 마비한계전류) : 10~15mA
   ② 직류에 의한 가수전류 : 남자는 73.7mA, 여자의 경우는 50mA
2) 불수전류(freezing current) : 자력으로 이탈할 수 없는 전류로서 교착전류라고도 한다.

(5) 전류, 전압, 저항의 관계식

1) 전류값 산정식

$$I = \frac{E}{R}$$

여기서, I : 전류(A)
E : 전압(V)
R : 저항(Ω)

2) 인체통전전류(I_m)

$$I_m = \frac{E}{R_m(1 + R_2/R_3)}$$

여기서, I_m : 인체에 흐르는 전류
E : 대지 전압
R_2 : 제2종 접지 저항식
R_2 : 제3종 접지 저항식
R_m : 인체저항

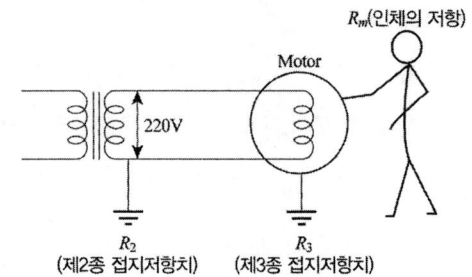

④ 인체의 전기저항 및 안전전압

(1) 인체 각부의 전기저항

1) 건조한 피부의 전기저항 : 약 2,500Ω
   ① 피부에 땀이 났을 경우 : 1/12~1/20 정도로 감소
   ② 피부가 물에 젖어 있을 경우 : 1/25 정도로 감소

2) 내부조직저항 : 300Ω

3) 발과 신발, 신발과 대지사이의 저항
   ㉠ 발과 신발사이의 저항 : 1,500Ω
   ㉡ 신발과 대지사이의 저항 : 700Ω

4) 전체 저항 값 : 5,000Ω

(2) 인체피부의 전기저항에 영향을 주는 요인

1) 인가전압의 크기와 전류의 세기
2) 접촉 면적
3) 인가 시간

(3) 안전전압 및 허용 접촉전압

1) 안전전압 : 30V(한국)

2) 허용 접촉전압

종 별	접 촉 상 태	허용접촉전압
제1종	· 인체의 대부분이 수중에 있는 상태	2.5V
제2종	· 인체가 현저히 젖어있는 상태 · 금속성의 전기기계장치나 구조물에 인체의 일부가 상시 접촉되어 있는 상태	25V 이하
제3종	· 제1종 및 제2종 이외의 경우로써 통상의 인체상태에 있어서 접촉전압이 가해지면 위험성이 높은 상태	50V 이하
제4종	· 제3종의 경우로써 위험성이 낮은 상태 · 접촉전압이 가해질 위험이 없는 경우	제한 없음

3) 허용접촉전압 산정식

$$E = \left(R_b + \frac{3R_S}{2} \right) \times I_k$$

여기서, E : 허용접촉전압(V)
R_b : 인체의 저항률(Ω)
R_S : 지표상층저항(Ωm)
I_K : 심실세동전류($0.165/\sqrt{T}$ [A])

5 감전사고 발생 후의 처리 및 응급조치

(1) 감전사고 발생 후의 처리 순서

1) 스위치를 끄고 구출자 본인의 방호조치 후 신속하게 상해자를 구출할 것
2) 즉시 인공호흡을 실시할 것
3) 생명 소생 후 병원에 후송할 것

(2) 전격시 응급조치

1) 감전재해자의 관찰사항
   ① 호흡, 맥박, 의식의 상태
   ② 출혈, 골절유무(고소 추락시)
   ③ 입술과 피부의 색깔, 체온의 상태

2) 감전에 의한 국소증상
   ① 피부의 광성변화 : 감전사고시 전선로의 선간단락 및 지락사고로 전선이나 단자 등의 금속분자가 가열용융되어 피부 속으로 녹아들어가는 현상
   ② 표피박탈 : 전선로나 기계·기구에서 선간단락, 고전압에 의한 아크 등으로 폭발적인 고열이 발생하여 인체의 표피가 벗겨져 떨어지는 현상
   ③ 전문(電紋) : 감전전류의 유출입 부분에 회백색 또는 붉은색의 수지상선이 나타나는 현상
   ④ 전류반점 : 감전시 특유의 피부손상이며 푸르스름하게 또는 회백색의 반점이 생기는 현상
   ⑤ 기타 감전성궤양 등이 있다.

3) 인공호흡
   ① 인공호흡은 분당 12~15회(4초 간격)의 속도로 30분 이상 반복 실시한다.
   ② 인체의 호흡이 멎고 심장이 정지되었다 하더라도 인공호흡을 계속 실시하는 것이 좋다.
   ③ 인공호흡에 의한 소생률

호흡정지에서 인공호흡개시까지의 경과시간	소생률(%)
1분	95
2분	90
3분	75
4분	50
5분	25
6분	10

❻ 감전사고 방지

(1) 감전사고의 방지대책

1) 전기기기 및 설비의 위험부에 위험표시
2) 보호접지의 실시
3) 전기설비의 점검철저
4) 전기기기 및 설비의 정비 철저
5) 고전압 선로 및 충전부에 근접하여 작업하는 경우 보호구 착용
6) 충전부가 노출된 부분에는 절연 방호구 사용

7) 유자격자이외는 전기기계 및 기구에 접촉금지
8) 안전관리자는 작업에 대한 안전교육 실시
9) 사고발생시의 처리순서를 미리 작성하여 둘 것

(2) 전기기계·기구에 의한 감전방지대책

1) 직접 접촉에 의한 감전방지
   ① 충전부 전체를 절연할 것
   ② 노출형 배전설비 등은 폐쇄 배전반형으로 하고 전동기 등은 적절한 방호구조의 형식을 사용할 것
   ③ 설치장소의 제한, 별도의 실내 또는 울타리 등을 설치하고 시건장치를 할 것
2) 보호접지
3) 누전에 의한 감전방지
   ① 전기적 절연
   ② 누전차단기의 설치
   ③ 이중 절연기기의 사용
4) 비접지식 전로 및 절연 변압기의 사용
5) 안전전압 전원의 사용

7 전자파의 종류 및 전자파 장해의 방지대책

(1) 전자파의 종류

1) 자외선 및 적외선·가시광선 등
2) 감마(gamma)선 및 X선
3) 마이크로파, 라디오파, 극저주파
4) 레이저광선 등

(2) 전자파 장해(EMI)의 방지대책

1) 전자경로의 차폐·흡수, 대책 실시
2) 저지필터 설치
3) 접지 실시

> 전기 및 화학설비 안전관리

2. 전기작업 안전관리

❶ 전기설비 및 기기

[1] 배전반 및 분전반

(1) 배전반(switch board) : 송배전계통과 전력기기의 상태를 상시 감시하고 차단기 등의 개폐상태를 한눈에 볼 수 있으며 변전소내의 기기를 원격제어할 수 있도록 계기, 계전기, 제어스위치 등을 한곳에 집중시켜 놓은 것을 말한다.

(2) 분전반(캐비넷 : cabinet)

① 분기회로용의 배전반으로 과전류차단기, 주개폐기, 분기개폐기 등을 수납한 것이다.
② 건물 등에서 배전반으로부터 각층으로 분기한 분기간선에서 부하로 분기하는 곳에 설치하는 것으로 과전류, 단락사고 등을 최소범위로 방지한다.

[2] 개폐기(switch)

(1) 개폐기 : 전기회로의 개폐 혹은 접속의 전환을 하는 장치

(2) 개폐기의 분류

1) 주상유입개폐기(POS) : 고압개폐기로서 반드시 「개폐」의 표시를 하여야 한다.
2) 부하개폐기 : 부하상태에서 개폐할 수 있는 것으로 리클로우저, 차단기 등이 있다.
3) 단로기(DS) : 무부하 회로에서 개폐하는 것이다.
4) 자동 개폐기 : 시한 개폐기, 전자 개폐기, 스냅 개폐기, 압력 개폐기 등이 있다.
5) 저압 개폐기(스위치 내부에 퓨즈를 삽입한 개폐기) : 안전 개폐기, 박스 개폐기, 칼날형 개폐기, 커버 개폐기 등이 있다.

[3] 과전류 보호기

(1) 퓨즈(fuse) : 전기회로가 단락되었을 때 순간적으로 전원을 차단시켜 전기기계기구나 배선을 보호하는 역할을 한다.

1) 퓨즈의 재료 : 납, 주석, 아연, 알루미늄 및 이들의 합금
2) 퓨즈의 정격용량
   ① 저압용 포장 퓨즈 : 정격전류의 1.1배
   ② 고압용 포장 퓨즈 : 정격전류의 1.3배
   ③ 고압용 비포장 퓨즈 : 정격전류의 1.25배

(2) 과전류 차단기

1) 차단기 : 평상시의 전류 및 고장시의 전류를 보호계전기와의 조합에 의하여 안전하게 차단하고 전로 및 기구를 보호하는 것
2) 차단기의 종류
   ① 공기차단기(ABB)
   ② 애자형차단기(PCB)
   ③ 가스차단기
   ④ 진공차단기(VCB)
   ⑤ 자기차단기(MBB)
   ⑥ 배선용차단기(NFB ; no fuse breaker)
   ⑦ 유입차단기(OCB)
3) 배선용차단기의 특성
   ① 정격전류의 1배에 견디어야 한다.
   ② 정격전류에 따른 자동작동시간

정격전류의 구분	자 동 작 동 시 간	
	정격전류의 1.25배의 전류가 흐를 때(분)	정격전류의 2배의 전류가 흐를 때(분)
30A 이하	60	2
30~50A 이하	60	4
50~100A 이하	120	6
100~225A 이하	120	8

4) 유입차단기의 작동 순서
   ① 절연유 온도는 90℃ 이하, 자연소호식이며, 절연유 속에서 과전류를 차단
   ② 유입차단기의 작동순서

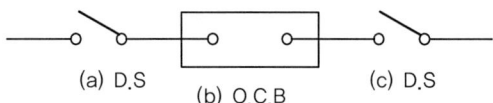

(a) D.S   (b) O.C.B   (c) D.S

- 투입순서 : (c)-(a)-(b)
- 차단순서 : (b)-(c)-(a)

③ 바이패스 회로 설치시 유입차단기의 작동순서

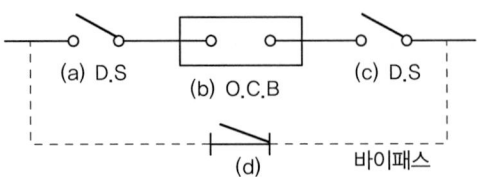

• 작동순서 : (d)투입, (b), (c), (a) 차단

(3) 누전차단기(earth leakage breaker)

1) 누전차단기의 종류에 따른 동작시간

종 류	동 작 시 간	비 고
고속형	정격감도전류에서 0.1초 이내	전압동작형
보통형	정격감도전류에서 0.2초 이내	전류동작형
시연형(지연형)	정격감도전류에서 0.1초 초과 2초 이내	대계통의 모선보호용

2) 누전차단기를 접속하는 경우 준수사항
① 전기기계·기구에 설치되어 있는 누전차단기는 「정격감도전류가 30mA 이하」이고 「작동시간은 0.03초 이내」일 것. 다만, 정격전부하전류가 50A 이상인 전기기계·기구에 접속되는 누전차단기는 오작동을 방지하기 위하여 정격감도전류는 200mA 이하로, 작동시간은 0.1초 이내로 할 수 있다.
② 분기회로 또는 전기기계·기구마다 누전차단기를 접속할 것. 다만, 평상시 누설전류가 매우 적은 소용량부하의 전로에는 분기회로에 일괄하여 접속할 수 있다.
③ 누전차단기는 배전반 또는 분전반 내에 접속하거나 꽂음접속기형 누전차단기를 콘센트에 접속하는 등 파손이나 감전사고를 방지할 수 있는 장소에 접속할 것.
④ 지락보호전용 기능만 있는 누전차단기는 과전류를 차단하는 퓨즈나 차단기 등과 조합하여 접속할 것.

3) 누전차단기를 설치해야할 전기 기계·기구
① 대지전압이 150볼트를 초과하는 이동형 또는 휴대형 전기기계·기구
② 물 등 도전성이 높은 액체가 있는 습윤장소에서 사용하는 저압(750볼트 이하 직류전압이나 600볼트 이하의 교류전압)용 전기기계·기구
③ 철판·철골 위 등 도전성이 높은 장소에서 사용하는 이동형 또는 휴대형 전기기계·기구
④ 임시배선의 전로가 설치되는 장소에서 사용하는 이동형 또는 휴대형 전기기계·기구

4) 누전차단기의 설치 및 접지의 적용 제외대상
   ① 이중절연구조일 것
   ② 비접지방식의 전로
   ③ 절연대 위에서 사용하는 것

5) 누전차단기 설치 제외대상
   ① 기계·기구를 취급자 이외의 사람이 출입할 수 없도록 시설하는 경우
   ② 기계·기구를 건조한 곳에 시설하는 경우
   ③ 대지전압 300[V] 이하인 기계·기구를 건조한 곳에 시설하는 경우
   ④ 기계·기구에 설치한 접지 저항 값이 3[Ω] 이하인 경우

6) 누전차단기의 설치시 환경 조건
   ① 주위온도(-10~-40℃ 범위 내에서 성능이 발휘할 수 있도록 구조 및 기능의 설계)에 유의할 것
   ② 표고 1,000m 이하의 장소에 설치할 것
   ③ 습도가 적은 장소(상대습도 45~80% 사이에서 사용)에 설치할 것
   ④ 전원전압의 변동(전원전압이 정격전압의 85~110% 사이에서 성능을 만족)에 유의할 것

(4) 보호계전기

1) 보호계전기 : 전로에 이상현상이 발생하면 곧 이것을 검출하여 고장구간을 신속하게 차단하는 등 확실한 조치를 취하는 기구

2) 구비조건
   ① 고장상태를 식별하여 정도를 판단할 수 있을 것
   ② 고장개소를 정확히 선택할 수 있을 것
   ③ 동작이 예민하고 오동작을 하지 않을 것

3) 사용조건
   ① 주위온도가 -10℃~40℃ 이하일 것
   ② 주파수의 변동은 ±5% 이내일 것
   ③ 이상진동의 위험이 없는 상태일 것

4) 용도에 의한 분류
   ① 과전류계전기(OCR)
   ② 과전압계전기(OVR)
   ③ 차동계전기(DFR)
   ④ 선택단락계전기(SSR)
   ⑤ 비율차동계전기(RDFR)

⑥ 방향단락계전기(DSR)
⑦ 거리계전기(ZR)
⑧ 온도계전기(TR)
⑨ 접지계전기(GR)

(5) 변압기

1) 변압기의 보호계전방식
   ① 과전류계전방식 : 지속적 과부하에 의한 과열
   ② 차동계전방식 : 부싱사고, 내부고장
   ③ 부흐홈쯔계전기 및 압력계전기 : 내부고장

2) 변압기 절연유의 구비조건
   ① 절연내력이 클 것(120[kV/cm])
   ② 점도가 낮고 냉각효과가 클 것
   ③ 인화점이 높고, 응고점이 낮을 것
   ④ 고온에서도 산화하지 않을 것
   ⑤ 절연재료와 화학작용을 일으키지 않을 것

[4] 피뢰장치

(1) 피뢰기의 설치장소

1) 고압 또는 특별고압의 전로 중에서 다음의 장소에 설치할 것
   ① 발전소, 변전소의 가공 전선의 인입구 및 인출구
   ② 가공 전선로에 접속하는 특고압 옥외배전용 변압기의 고압측 및 특고압측
   ③ 고압가공 전선로에서 수전하는 500[kW] 이상의 수용장소의 인입구
   ④ 특고압 가공 전선로에서 수전하는 수용장소의 인입구
2) 배전선로 차단기, 개폐기의 전원측 및 부하측
3) 콘덴서의 전원측

(2) 피뢰기의 성능

1) 반복동작이 가능할 것
2) 구조가 견고하며 특성이 변화하지 않을 것
3) 점검, 보수가 간단할 것
4) 충격방전 개시전압과 제한전압이 낮을 것
   (피뢰기의 충격방전개시전압=공칭전압×4.5배)
5) 뇌전류의 방전능력이 크고, 속류의 차단이 확실하게 될 것

(3) 피뢰기 설치시 안전조치사항

1) 화약류 또는 위험물을 저장하거나 취급하는 시설물에는 피뢰침을 설치할 것
2) 피뢰침 설치시 준수할 사항
   ① 피뢰침의 보호각은 45°이하로 할 것
   ② 피뢰침을 접지하기 위한 접지극과 대지간의 접지저항은 10[Ω] 이하로 할 것
   ③ 피뢰침의 접지극을 연결하는 피뢰도선은 단면적이 30[mm²] 이상인 동선을 사용하여 확실하게 접속할 것
   ④ 피뢰침은 가연성 가스등이 누설될 우려가 있는 밸브 게이지 및 배기구 등은 시설물로부터 1.5[m] 이상 떨어진 장소에 설치할 것

   주 피뢰설비의 설치 :「산업표준화법」에 따른 한국산업표준에 적합한 피뢰설비를 사용할 것

(4) 피뢰기의 종류

1) 방출형 피뢰기 : 배전선로에 주로 많이 설치한다.
2) 저항형 피뢰기 : 밴드만피뢰기, 멀티캡피뢰기 등이 있다.
3) 밸브형 피뢰기 : 벨트형산화막피뢰기(구조가 간단하고 가격이 저렴하여 배전선로용으로 사용), 알루미늄셀피뢰기, 오토밸브피뢰기 등이 있다.
4) 밸브저항형 피뢰기 : 드라이밸브피뢰기, 래지스트밸브피뢰기, 사이라이트피뢰기 등이 있다.
5) 종이 피뢰기 : P-밸브피뢰기로 비밀폐형이다.

(5) 피뢰침의 보호범위 및 보호여유도

1) 피뢰침의 보호범위(보호각도)
   ① 위험물, 폭발물 등의 저장소 : 45°이하
   ② 일반건축물 : 60°이하
   ③ 폭이 큰 건축물에 두개 설치시 : 외각 45°이하, 내각 60°이하
2) 피뢰침의 보호여유도

$$여유도(\%) = \frac{충격절연강도 - 제한전압}{제한전압} \times 100$$

❷ 전기작업안전

[1] 전기작업안전대책의 3가지 기본적 조건

(1) 전기설비의 품질향상 : 전기설비의 품질이 기술기준에 적합하고 신뢰성 및 안전성이 높을 것

(2) 전기시설의 안전관리확립 : 시설의 운용 및 보수의 적정화를 꾀한다.

(3) 취급자의 자세 : 취급자의 관심도를 높이고 안전작업을 위한 작업지침을 확립한다.

[2] 정전작업

(1) 전로차단의 절차(정전작업시의 안전조치사항)

1) 전기기기 등에 공급되는 모든 전원을 관련 도면, 배선도 등으로 확인할 것.
2) 전원을 차단한 후 각 단로기 등을 개방하고 확인할 것.
3) 차단장치나 단로기 등에 잠금장치 및 꼬리표를 부착할 것.
4) 개로된 전로에서 유도전압 또는 전기에너지가 축적되어 근로자에게 전기위험을 끼칠 수 있는 전기기기 등은 접촉하기 전에 잔류전하를 완전히 방전시킬 것.
5) 검전기를 이용하여 작업 대상 기기가 충전되었는지를 확인할 것.(검전기를 이용하여 충전여부확인)
6) 전기기기 등이 다른 노출 충전부와의 접촉, 유도 또는 예비동력원의 역송전 등으로 전압이 발생할 우려가 있는 경우에는 충분한 용량을 가진 단락 접지기구를 이용하여 접지할 것.

(2) 정전작업 후 재통전시 안전조치사항

1) 작업기구, 단락 접지기구 등을 제거하고 전기기기 등이 안전하게 통전될 수 있는지를 확인할 것.
2) 모든 작업자가 작업이 완료된 전기기기 등에서 떨어져 있는지를 확인할 것.
3) 잠금장치와 꼬리표는 설치한 근로자가 직접 철거할 것.
4) 모든 이상 유무를 확인한 후 전기기기 등의 전원을 투입할 것.

● 정전작업시 안전조치사항

단계조치	실무사항(조치사항)
작업전	1. 작업지휘자에 의한 작업내용의 주지 철저 2. 개로개폐기의 시건 또는 표시(잠금장치 및 꼬리표 부착) 3. 잔류전하의 방전 4. 검전기에 의한 정전확인 5. 단락접지 6. 일부 정전작업시 정전선로 및 활선선로의 표시 7. 근접활선에 대한 방호
작업중	1. 작업지휘자에 의한 지휘 2. 개폐기의 관리 3. 단락접지의 수시확인 4. 근접활선에 대한 방호상태의 관리
작업종료시	1. 단락접지기구의 철거 2. 표지의 철거 3. 작업자에 대한 위험이 없는 것을 확인 4. 개폐기를 투입해서 송전재개

- 정전작업의 순서
  1) 정전작업시의 작업순서
     개폐기시건장치 - 잔류전하방전 - 전로검진 - 단락접지설치 - 작업
  2) 정전작업종료시 통전을 위한 순서
     단락접지기구철거 - 위험표시철거 - 작업자에 대한 위험성여부 확인 - 개폐기 투입

[3] 전기의 압력분류 및 방호조치

(1) 전기의 압력분류

압력분류	직류	교류
저 압	750V 이하	600V 이하
고 압	750~7,000V 이하	600~7,000V 이하
특별고압	7,000V 초과	7,000V 초과

(2) 방호조치

1) 고압 충전로 작업시 이격거리

전로의 전압	이격거리
특별고압 (7,000V 초과)	2m
고압 (600~7,000V 이하)	1.2m
저압 (600V 이하)	1m

2) 특고압 가공전선과의 이격거리

구 분	전압의 범위	이격거리
건조물, 도로등과 접촉, 교차	35[kV] 이하	3[m]
	35[kV] 초과	3[m]+A*
삭도 및 식물과의 이격거리	35[kV] 이하	2[m]
	35[kV] 초과 60[kV] 이하	2[m]
	60[kV] 초과	2[m]+B**
가공약전선 및 특고압 상호간	60[kV] 이하	2[m]
	60[kV] 초과	2[m]+C***

* A : 35[kV]를 초과하는 매 10[kV]마다 또는 그 단수마다 15[cm]씩 가산한 값
** B : 60[kV]를 초과하는 매 10[kV]마다 또는 그 단수마다 12[cm]씩 가산한 값
*** C : 60[kV]를 초과하는 매 10[kV]마다 또는 그 단수마다 12[cm]씩 가산한 값

[4] 충전전로에서의 전기작업(활선작업 및 활선근접작업)

(1) 충전전로를 취급하거나 그 인근에서 작업시 조치사항

1) 충전전로의 정전 : 충전전로를 정전시키는 경우에는 정전전로에서의 전기작업(전로 차단 절차 및 정전작업후 조치사항 등)에 따른 조치를 할 것.
2) 충전전로의 방호·차폐 및 절연 등의 조치를 하는 경우 : 근로자의 신체가 전로와 직접 접촉하거나 도전재료, 공구 또는 기기를 통하여 간접접촉되지 않도록 할 것.
3) 충전전로 취급작업 : 작업에 적합한 절연용 보호구를 착용시킬 것.
4) 충전전로에 근접한 장소에서 전기작업
   ① 해당 전압에 적합한 절연용 방호구를 설치할 것.
   ② 다만, 저압인 경우 절연용 보호구를 착용하되, 충전전로에 접촉할 우려가 없는 경우에는 절연용 방호구 설치제외
5) 고압 및 특별고압의 전로에서 전기작업 : 활선작업용 기구 및 장치를 사용하도록 할 것.
6) 절연용 방호구의 설치·해체작업 : 절연용 보호구를 착용하거나 활선작업용 기구 및 장치를 사용하도록 할 것.
7) 유자격자가 아닌 근로자가 충전전로 인근의 높은 곳에서 작업할 때에 조치사항 : 근로자의 몸 또는 긴 도전성 물체가 방호되지 않은 충전전로에서,
   ① 대지전압이 50kV 이하인 경우 : 300cm 이내로, 접근할 수 없도록 할 것.
   ② 대지전압이 50kV를 넘는 경우 : 10kV당 10cm씩 더한 거리 이내로 접근할 수 없도록 할 것.
8) 유자격자가 충전전로 인근에서 작업하는 경우 : 다음 항목의 경우를 제외하고는 노출 충전부에 다음 표에 제시된 접근한계거리 이내로 접근하거나 절연 손잡이가 없는 도전체에 접근할 수 없도록 할 것.
   ① 근로자가 노출 충전부로부터 절연된 경우 또는 해당 전압에 적합한 절연장갑을 착용한 경우
   ② 노출 충전부가 다른 전위를 갖는 도전체 또는 근로자와 절연된 경우
   ③ 근로자가 다른 전위를 갖는 모든 도전체로부터 절연된 경우

(2) 절연되지 않은 충전부나 그 인근에 근로자가 접근하는 것을 막거나 제한할 필요가 있는 경우

1) 방책을 설치하고 근로자가 쉽게 알아볼 수 있도록 할 것.
2) 다만, 전기와 접촉할 위험이 있는 경우에는 도전성이 있는 금속제 방책을 사용하거나, 접근 한계거리 이내에 설치하지 않을 것.

[표] 접근 한계거리

충전전로의 선간전압(단위 : kV)	충전전로에 대한 접근 한계거리(단위 : cm)
0.3 이하	접촉금지
0.3 초과 0.75 이하	30
0.75 초과 2 이하	45
2 초과 15 이하	60
15 초과 37 이하	90
37 초과 88 이하	110
88 초과 121 이하	130
121 초과 145 이하	150
145 초과 169 이하	170
169 초과 242 이하	230
242 초과 362 이하	380
362 초과 550 이하	550
550 초과 800 이하	790

(3) 방책 설치가 곤란한 경우 : 근로자를 감전위험에서 보호하기 위하여 사전에 위험을 경고하는 감시인을 배치할 것.

[5] 충전전로 인근에서의 차량·기계장치 작업

(1) 충전전로 인근에서 차량, 기계장치 등의 작업이 있는 경우

1) 차량 등을 충전전로의 충전부로부터 300cm 이상 이격시켜 유지시키되, 대지전압이 50kV를 넘는 경우는 10kV 증가할 때마다 10cm씩 증가시켜 이격시키도록 할 것.
2) 차량 등의 높이를 낮춘 상태에서 이동하는 경우 : 이격거리를 120cm 이상(대지전압이 50kV를 넘는 경우에는 10kV 증가할 때마다 이격거리를 10cm씩 증가)으로 할 수 있음.

(2) 충전전로의 전압에 적합한 절연용 방호구 등을 설치한 경우

1) 이격거리를 절연용 방호구 앞면까지로 할 수 있으며,
2) 차량 등의 가공 붐대의 버킷이나 끝부분 등이 충전전로의 전압에 적합하게 절연되어 있고 유자격자가 작업을 수행하는 경우에는 붐대의 절연되지 않은 부분과 충전전로 간의 이격거리는 접근 한계거리까지로 할 수 있음.

(3) 방책 설치 및 감시인 배치 : 다음 각 호의 경우를 제외하고는 근로자가 차량 등의 그 어느 부분과도 접촉하지 않도록 방책을 설치하거나 감시인 배치 등의 조치를 할 것.

1) 근로자가 해당 전압에 적합한 절연용 보호구 등을 착용하거나 사용하는 경우
2) 차량 등의 절연되지 않은 부분이 접근 한계거리 이내로 접근하지 않도록 하는 경우

(4) 충전전로 인근에서 접지된 차량 등이 충전전로와 접촉할 우려가 있을 경우 : 지상의 근로자가 접지점에 접촉하지 않도록 조치할 것.

> • 시설물 건설 등의 작업시의 감전방지 조치사항
> ① 차량, 기계장치 등을 고압선으로부터 300cm 이상 이격시킬 것(50kV 초과시 10kV 증가할 때보다 이격거리를 10cm씩 증가시킬 것)
> ② 감전의 위험을 방지하기위한 방책을 설치할 것
> ③ 충전전로에 절연용 방호구를 설치할 것
> ④ 감시인을 배치할 것

[6] 안전작업공간

(1) 한쪽에만 통전부분이 있을 경우 : 75cm 이상의 작업공간 유지

(2) 양쪽에 모두 충전부분이 있을 경우 : 135cm 이상의 작업공간 유지

[7] 전기 작업용 안전장구

(1) 절연용 보호구

1) 절연안전모
   ① 안전모의 종류 : AB(낙하 및 비래, 추락방지용), AE(낙하 및 비래, 감전방지용), ABE(낙하 및 비래, 추락, 감전방지용)
   ② 감전방지용 안전모(AE, ABE)의 내전압성 : 7,000V 이하의 전압에 견딜 것

2) 절연고무장갑
   ① 전기용 고무장갑 : 300V 초과~7,000V 이하의 작업에 사용
   ② 전기용 고무장갑은 유연성 및 탄력성이 있는 양질의 고무를 사용할 것
   ③ 전기용 고무장갑은 다듬질이 양호하며 흠, 기포, 안구멍, 기타 사용상 유해한 결점이 없고 이은 자국이 없는 고른 것일 것
   ④ 3,000~6,000V 정도의 고압충전전로에 사용시는 고무장갑의 바깥쪽에 가죽장갑을 착용할 것

3) 절연고무장화
   ① 절연화 : 저압(교류 600V, 직류 750V 이하의 전압)의 전기에 의한 감전을 방지하기 위한 것
   ② 절연장화 : 저압 및 고압(7,000V 이하의 전압)의 전기에 의한 감전을 방지하기 위한 것

4) 절연복 : 상반신의 감전방지용으로 사용되는 것으로 내전압은 1,500V, 1분이다.

(2) 절연용 방호용구

① 완금 커버
② 방호관
③ 고무블랭킷
④ 점퍼호스
⑤ 애자후드
⑥ 커트아웃스위치 커버
⑦ 건축 지장용 방호판

(3) 활선 작업용 장구(공구)

1) 활선 시메라 : 충전중인 고·저압전선을 장선하는 작업에 사용
2) 활선카터 : 충전된 고전전선을 절단하는데 사용
3) 커트아웃스위치 조작봉(배전용 후크봉) : 충전중인 고압 커트아웃스위치를 개폐할 때에 섬광에 의한 화상 등의 재해 방지를 위해 사용
4) 디스콘 스위치 조작봉 : 충전부와의 절연거리를 유지하기 위하여 사용
5) 점퍼선 : 부하전류를 일시적으로 측로로 통과시키기 위해 사용
6) 기타 활선 스틱공구, 가완목, 활선작업대, 주상작업대, 활선애자청소기, 활선사다리 등이 있다.

❸ 전기설비안전

[1] 전 압

(1) 전압의 종류

[표] 전압의 종별

전압종류	직 류	교 류
저 압	750V 이하	600V 이하
고 압	750V 초과 7,000V 이하	600V 초과 7,000V 이하
특고압	7,000V 초과	7,000V 초과

(2) 전압강하

1) 저압 배선중의 전압강하는 간선 및 분기회로에서 각각 표준전압의 2% 이하로 할 것. 단, 변압기에 의하여 공급되는 경우 간선의 전압강하는 3% 이하로 할 수 있다.
2) 전압강하율 : 전압강하와 송전단 전압의 비

$$전압강하율 = \frac{V_s - V_r}{V_s} \times 100(\%)$$

여기서, V_s : 송전단 전압
V_r : 수전단 전압

[2] 전선 및 케이블

(1) 전선 종류

1) 절연전선 : 고무절연전선, 비닐절연전선, 면절연전선 등
2) 나전선 : 특별고압가공전선, 전차선 등으로 사용되는 절연 피복이 없는 전선

(2) 전선의 구비조건 및 전선굵기의 결정시 고려사항

1) 전선의 구비조건
   ① 도전율이 클 것
   ② 인장강도가 클 것
   ③ 내식성이 클 것
   ④ 접속이 쉬울 것
   ⑤ 가요성이 풍부할 것

2) 전선 굵기 결정시 고려사항
   ① 허용전류치
   ② 선로의 전압강하
   ③ 기계적 강도(인장강도)

(3) 케이블의 종류

1) 전력 케이블 : 폴리에틸렌 절연 비닐시드케이블, 비닐절연시드케이블 등
2) 제어 케이블 : 일반 빌딩, 공장, 발수변전소, 기타 600V 이하인 제어회로에 사용되는 케이블
3) 캡타이어 케이블 : 이동용 전기기구 또는 배선 등에 사용되는 케이블
4) 코드 : 옥내에서 적하식 전등 및 기타 소형전기기구에 사용

(4) 케이블 공사

1) 매설 깊이 : 차도 및 중량물의 압력을 받을 우려가 있는 장소의 매설깊이는 1.2m 이상, 그 밖의 장소는 0.6m 이상
2) 매입할 때는 케이블 외경의 1.5배 정도의 관에 넣어서 시공
3) 바닥이나 벽을 관통할 때는 두께 4mm 이상의 절연관 사용
4) 지지점과의 거리는 최고 2m이다.

[3] 전로의 절연저항 및 절연내력

(1) 저압전로의 절연저항치(절연전선의 전기저항)

전로사용전압(대지전압)	절연 저항치
150V 이하	0.1MΩ
150 초과 300V 이하	0.2MΩ
300 초과 400V 이하	0.3MΩ
400V 초과	0.4MΩ

(2) 저압의 전선로의 누설전류는 최대공급전류의 1/2,000을 넘지 않도록 한다.

(3) 누설 전류 및 절연저항

1) 저압전선로의 누설전류 = 최대공급전류 $\times \dfrac{1}{2,000}$ 이하

2) 절연저항(Ω) = $\dfrac{전압}{누설전류} = \dfrac{전압}{최대공급전류 \times 1/2,000}$

3) 3상변압기의 절연저항(Ω) = $\sqrt{3} \times 절연저항$

[4] 접지설비

(1) 접지목적 및 접지목적에 따른 종류

1) 접지의 목적
   ① 전기설비의 절연물이 열화 또는 손상되었을 대 누전전류에 의한 감전방지
   ② 고압선과 저압선이 혼촉되면 위험하므로 대지로 전류를 흘려 보내기 위해서 접지를 함
   ③ 낙뢰에 의한 피해방지
   ④ 송·배전선, 고전압모선 등에서 지락사고 발생시에 보호계전기를 신속하게 동작시키기 위해서임.
   ⑤ 송·배전선로의 지락사고시 대전전위의 상승을 억제하고 절연강도를 경감시킴

2) 접지목적에 따른 종류
   ① 계통접지 : 고압전류와 저압전로가 혼촉되었을 때의 감전이나 화재방지
   ② 기기접지 : 누전되고 있는 기기에 접촉되었을 때의 감전방지
   ③ 피뢰기접지 : 낙뢰로부터 전기기기의 손상을 방지
   ④ 정전기접지 : 정전기의 축적에 의한 폭발재해방지
   ⑤ 지락검출용접지 : 누전차단기의 동작을 확실하게 하기 위한 접지
   ⑥ 등전위접지 : 병원에 있어서의 의료기기 사용시의 안전도모

(2) 접지방식의 종류별 특징

1) 비접지방식 : 중성점을 접지하지 않는 방법으로 1선지락 사고시 건전한 두선의 대지전압은 성형전압에서 선간전압으로 상승하고 대지 충전전류는 사고점을 흐른다.
2) 직접접지방식 : Y결선 변압기의 중성점을 도선으로 직접 접지하는 방식
3) 저항접지방식 : 변압기의 중성점을 저항을 통하여 접지하는 방식으로 접지전류는 100~300[A] 정도이다.
4) 소호 리액터접지 : 중성점을 소호 리액터를 통하여 접지하는 방식으로 1선 지락 전류가 0이 되도록 하는 접지방식

(3) 접지공사의 종류 및 특징

[표] 접지공사의 종류 및 접지선의 굵기, 접지저항

접지종별	공작물 또는 기기의 종별	접지선의 공칭 단면적	접지저항
제1종	① 피뢰기 ② 고압 또는 특별고압용 기기의 철대 및 금속제 외함 ③ 주상에 설치하는 3상 4선식 접지계통 변압기 및 기기 외함 ④ 특고압계기용 변성기의 2차측 ⑤ 관동회로가 고압이며 동작전류가 1[A]가 넘는 방전등기구의 금속부분	공칭 단면적 6mm² 이상의 연동선	10[Ω] 이하
제2종	① 주상에 설치하는 비접지계통의 고압주상 변압기의 저압측 중성점 ② 저압측의 한 단자와 그 변압기의 외함	공칭 단면적 16mm² 이상의 연동선 (고압전로 또는 특별고압가공 전선로의 전로와 저압전로를 변압기에 의하여 결합하는 경우에는 6mm² 이상)	$\dfrac{150}{1선지락전류}$ [Ω] 이하
제3종	① 철주, 철탑 등 ② 교류전차선과 교차하는 고압전선로의 완금 ③ 주상에 시설하는 고압 콘덴서, 고압전압조정기 및 고압개폐기 등 기기의 외함 ④ 옥내 또는 지상에 시설하는 400[V] 이하의 저압 기계·기구의 철대외함 ⑤ 고압계기용 변성기의 2차측 ⑥ 보호망 및 보호선	공칭 단면적 2.5mm² 이상의 연동선	100[Ω] 이하
특별 제3종	① 옥내 또는 지상에 시설하는 400[V]를 넘는 저압기계·기구의 철대외함 ② 금속관공사의 고압옥측 전선로관 ③ 경질비닐관 공사에 의한 고압옥내 배선의 금속제 풀박스 등	공칭 단면적 2.5mm² 이상의 연동선	10[Ω] 이하

● 접지공사의 종류별 접지지형과 접지선의 굵기

접지종별	접지저항	접지선의 굵기
제1종	10Ω 이하	공칭단면적 6mm² 이상의 연동성
제2종	$\dfrac{150}{1선지락전류}$ [Ω] 이하	공칭단면적 16mm² 이상의 연동성
제3종	100Ω 이하	공칭단면적 2.5mm² 이상의 연동성
특별 제3종	10Ω 이하	공칭단면적 2.5mm² 이상의 연동성

(4) 이동식 또는 가반식의 전동기의 접지공사 종류별 접지선의 종류 및 단면적

접지공사의 종류	접지선의 종류	접지선의 단면적
제1종 접지공사 및 제2종 접지공사	3종 크로르프랜 캡타이어 케이블이나 4종 크로르프랜 캡타이어 케이블의 일심(一心) 또는 다심(多心)캡타이어케이블의 차폐 기타 금속제	8mm²
제3종 접지공사 또는 특별 제3종접지공사	다심 코드 및 다심 캡타이어 케이블의 일심	0.75mm²
	다심 코드 및 다심 캡타이어케이블의 일심 이외의 가요성이 있는 연동연선	125mm²

(5) 접지공사시 사람이 접지선에 닿을 우려가 있는 장소에서의 유의사항

1) 접지극(접지판, 접지관)의 지중 매설깊이는 75cm 이상으로 할 것
2) 접지선을 철주 등의 금속체에 연하여 시공할 때에는 접지극 부근의 전위상승 억제를 위하여 접지극을 철주 등에서 1m 이상 떼어서 매설할 것
3) 지중에 매설된 금속제 수도관로와 대지간의 전기저항치가 3Ω 이하인 값을 유지시는 금속제 수도관을 접지극으로 대용
4) 접지선의 외상방지를 위해 지하 75cm에서 지상 2m까지의 부분에는 합성수지관이나 모울드로 덮을 것

(6) 접지저항 저감법

1) 접지극의 매설깊이를 깊게 할 것
2) 접지극의 수를 증가하여 이들을 병렬로 연결시킬 것
3) 접지극의 크기를 크게 할 것
4) 토양이 불량한 경우는 토질에 적합한 시공법을 택하거나, 접지저항저감제를 사용 토양을 개선할 것

(7) 접지공사가 생략되는 장소

1) 건조한 장소에 설치한 직류 300V 또는 교류 대지전압이 150V 이하인 전기기계기구
2) 목재 마루 등 건조한 장소에서 전기기기를 취급하는 곳
3) 철대와 외함주위에 절연대를 설치한 전기기계기구
4) 사람이 쉽게 접촉되지 않게 목주 등에 높이 설치한 저압, 고압용 전기기계기구(단, 절연성이 없는 철주상 등에 설치시는 접지공사를 해야 함)
5) 전기용품 안전관리법의 적용을 받는 이중절연의 전기기계기구
6) 누전차단기(정격감도전류 30mA 이하, 동작시간 0.03sec 이하의 전류동작형의 것에 한함)로 보호된 저압전로의 기계기구

> ● 접지대상 제외 전기 기계·기구
> 1) 이중절연구조의 전기 기계·기구
> 2) 절연대 위에서 사용하는 전기 기계·기구
> 3) 비접지방식의 전로에 접속·사용하는 전기 기계·기구

④ 교류 아크용접작업의 안전

[1] 아크용접시의 광선에 의한 장해 및 전격위험도

(1) 아크광선에 의한 장해

1) 자외선 : 아크용접시 가장 많이 발생하여 전기성 안염을 일으킨다(응급조치 : 냉찜질 후 전문의의 치료)
2) 적외선 : 백내장을 일으킨다(응급조치 : 2%의 붕산수용액으로 씻음).

(2) 아크용접시의 전격위험 : 작업자가 홀더(holder)의 충전부분이나 용접봉 등에 접촉되어 감전된 경우 통전전류는 다음 식에 의해서 구해진다.

$$I = \frac{E}{R_1 + R_2 + R_3} \ [A]$$

여기서, I : 인체의 통전전류[A]
E : 용접기의 출력측 무부하 전압 [V]
R_1 : 손, 홀더 용접봉 등의 접촉저항 [Ω]
R_2 : 인체의 내부저항 [Ω]
R_3 : 발과 대지의 접촉저항 [Ω]

(3) 아크전압과 전류

1) 일반적으로 아크전압은 낮으며 전류는 대전류이다.
2) 아크전압전류의 특성 : 수하특성이라고 하며 이는 부하전류가 증가하면 단자전압이 저하하는 특성으로 아크를 안정시키는데 필요하다.
3) 무부하전압 : 용접기에 전원이 들어와 있으나 용접봉에서 아직 아크를 발생시키지 않은 상태의 전압으로 교류아크용접기는 70~100V(400A 이하는 85V, 500A이상은 95V 이하로 규정), 직류아크용접기는 50~60V 정도이다.
4) 정격사용률 및 허용사용률
   ① 정격사용률 : 아크용접기는 연속적으로 아크를 발생시켜 사용하는 것이 아니므로 정격사용률이 규정되어 있다.

$$정격사용률 = \frac{아크발생시간}{아크발생시간 + 무부하시간}$$

② 허용사용률 산정식

$$허용사용률(\%) = 정격사용률 \times \frac{(정격2차전류)^2}{(실제용접전류)^2}$$

[2] 교류아크용접기의 방호장치 및 감전방지대책

(1) 방호장치 : 자동전격방지장치

(2) 방호장치의 성능

1) 아크발생을 정지시킬 때 주접점이 개로될 때까지의 시간(지동시간)은 1초 이내일 것
2) 2차 무부하전압은 25V 이내일 것

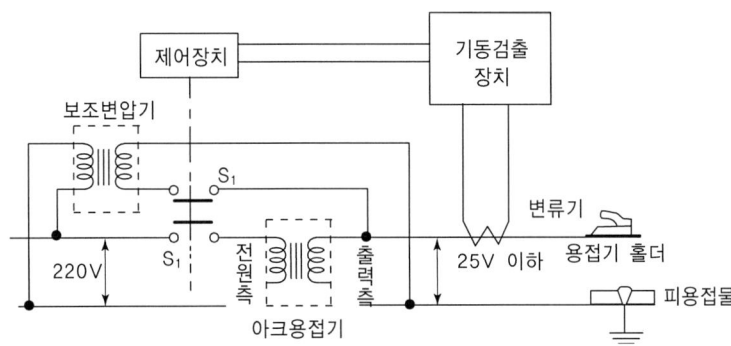

▲ 자동전격방지장치의 원리

(3) 시동시간 및 지동시간

1) 시동시간 : 용접봉을 피용접물에 접촉시켜 전격방지기의 주접점이 폐로될 때까지의 시간 (시동시간은 0.06초 이내, 용접봉의 접촉소요시간은 0.03초 이내일 것)
2) 지동시간 : 용접봉 홀더에 용접기 출력측의 무부하전압이 발생한 후 주접점이 개방될 때까지의 시간

(4) 전격방지기의 기능 : 용접작업중단 직후부터 다음 아크 발생시까지 유지할 것

(5) 아크용접작업시 감전방지대책

1) 자동전격방지장치를 사용할 것
2) 절연 용접봉 홀더를 사용할 것
3) 적정한 케이블(용접봉 케이블 또는 캡타이어케이블)을 사용할 것
4) 절연장갑을 사용할 것
5) 용접기 외함 및 피용접 모재에는 제3종 접지공사를 실시할 것

3. 전기화재 관리

전기 및 화학설비 안전관리

❶ 전기화재의 분류

(1) 출화의 경과(발화형태)에 의한 분류

1) 단락(25%) : 2개 이상의 전선이 어떤 원인에 의해 서로 접촉되어, 즉 합선에 의하여 발화하는 것 (단락된 순간의 단락전류는 정격전류보다 크다)
2) 스파크(24%) : 개폐기나 콘센트를 조작할 때 발생하는 전기불꽃
3) 누전 및 지락
   ① 누전(15%) : 전류가 설계된 부분 이외의 곳으로 흐르는 현상으로 발화에 이를 수 있는 누전전류의 최소치는 300~500mA이다
   ② 지락 : 누전전류의 일부가 대지로 흐르는 것
4) 접촉부의 과열(12%) : 전선과 전선, 전선과 단자 또는 접촉편 등의 접속부에서 특별한 접촉저항을 나타내어 발열하는 것
5) 절연열화, 절연파괴(11%) : 전기적으로 절연된 물질 상호간에 전기저항이 감소하여 많은 전류가 흐르게 되는 현상
6) 과전류(8%) : 전기기기, 배선 등이 설계된 정상동작상태의 온도 이상으로 온도상승을 일으키는 것으로 과전류에 의해서 발생되는 열은 줄(Joule)의 법칙에 의하여 구한다.
   $Q = I^2 RT$
   여기서, Q : 발생열량 (J), I : 전류 (A)
   R : 전기저항 (Ω), T : 통전시간 (sec)

(2) 발생원에 의한 분류

1) 이동 가능한 전열기(35%)
2) 전등, 전화 등의 배선(27%)
3) 전기기기 및 전기장치(23%)
4) 배선기구(5%)
5) 고정된 전열기(5%)

❷ 발화단계 및 착화에너지

(1) 과전류에 의한 전선의 발화단계

1) 인화단계(허용전류의 3배 정도 흐를 경우) : 전류밀도 $40 \sim 43 A/mm^2$
2) 착화단계(허용전류의 3배 정도 흐를 경우) : 전류밀도 $43 \sim 60 A/mm^2$
3) 발화단계 : 전류밀도 $60 \sim 120 A/mm^2$
   ① 발화 후 용융되는 단계 : 전류밀도 $60 \sim 75 A/mm^2$
   ② 용융되면서 스스로 발화하는 단계 : 전류밀도 $75 \sim 120 A/mm^2$
4) 용단단계(전선이 용단되며 폭발하는 단계) : 전류밀도 $120 A/mm^2$ 이상

(2) 착화에너지 산정식

$$E = \frac{1}{2}CV^2$$

$$V = \sqrt{\frac{2E}{C}}$$

여기서, E : 착화에너지(J : 줄)
C : 정전용량(F : 패럿, $1F = 10^6 \mu F = 10^{12} pF$)
V : 착화한계전압(V : 볼트)

❸ 전기화재의 방지대책

(1) 단락 및 혼촉 방지책

1) 단락방지 : 퓨즈(fuse) 및 누전차단기 설치
2) 혼촉방지 : 제2종 접지공사

(2) 누전방지책

1) 누전전류는 최대공급전류의 1/2,000을 넘지 않도록 할 것
2) 접지 및 누전차단기를 설치할 것
3) 누전화재라는 것을 입증하기 위한 요건
   ① 누전점 : 전류의 유입점
   ② 발화점 : 발화된 장소
   ③ 접지점 : 확실한 접지점의 소재 및 적당한 접지저항치
4) 발화까지에 이르는 누전전류의 최소한계 : 300~500mA
5) 전기화재방지기(누전경보기) : 50mA 정도의 누전에서 경보를 발할 수 있을 것

(3) 스파크(전기불꽃) 화재의 방지책

1) 개폐기를 불연성의 외함 내에 내장시키거나 통형퓨즈를 사용할 것
2) 가연성 증기, 분진 등의 위험성 물질이 있는 곳은 방폭형 개폐기를 사용할 것
3) 유입개폐기는 절연유의 열화정도, 유량에 유의하고 주위에는 내화벽을 설치할 것
4) 접촉부분의 산화, 변형, 퓨즈의 나사풀림 등으로 인하여 접촉저항이 증가되는 것을 방지할 것

(4) 출화의 경과 및 발화원에 대한 화재예방대책

1) 출화의 경과에 대한 화재예방대책
   ① 단락 및 혼촉을 방지한다.
   ② 누전사고의 요인을 제거한다.
   ③ 접촉불량방지와 안전점검을 철저히 한다.
2) 발화원에 대한 화재예방대책
   ① 배선기구는 정력전압, 전류범위에서 사용
   ② 전기기기 및 장치의 올바른 사용
   ③ 전기배선(코드)의 올바른 사용

4 발화원의 관리

(1) 전기기기 및 전기장치

1) 변압기의 발화방지상 유의할 사항
   ① 변압기는 독립된 내화구조의 변전실 또는 다른 건물에서 충분히 떨어진 장소에 설치할 것
   ② 방화적인 격리를 할 것
   ③ 대용량의 변압기 상호간의 사이 및 차단기, 배전판 등의 사이에는 콘크리트 칸막이 벽을 설치할 것
   ④ 불연성 절연유를 사용한 변압기나 건식 변압기를 사용할 것
   ⑤ 바닥을 경사지게 하고 배유구 설치 및 변압기 주위에 방유재를 설치할 것
2) 전동기
   ① 전동기는 운전중 슬립링이나 정류자와 브러시 사이에서 스파크 발생
   ② **전동기로 인한 사고 방지** : 설비장소에 맞는 전동기를 선정하거나 과부하가 되지 않도록 할 것

(2) 이동 가능한 전열기의 화재방지책

1) 열판의 밑에는 차열판을 설치할 것
2) 인조석, 석면, 벽돌 등의 단열성 불연재의 깔판(받침대)을 사용할 것
3) 주위 30~50cm, 위쪽 1~1.5m 내에는 가연물을 두지 않을 것
4) 배선, 코드의 과열방지를 위해 충분한 용량의 굵기를 사용할 것
5) 점멸을 확실히 할 것(통전유무를 표시하는 파일럿램프 사용)

5 전기누전 화재경보기

(1) 화재경보기의 구성

1) 변류기 : 누설전류의 검출
2) 수신기 : 누설전류의 증폭
3) 차단릴레이 : 주전원에 누설전류가 흐르는 경우 전원 차단
4) 음향장치 및 표시등 : 경보음 발생 및 점등

(2) 화재경보기의 검출누설 전류치 : 최소 200mA 이하에서 최대 1A 이하

(3) 전기화재경보기의 수신기의 설치방법

1) 수신기는 옥내의 점검에 편리한 장소에 설치할 것(단, 가연성의 증기·먼지 등이 체류할 우려가 있는 장소의 전기회로에는 해당 부분의 전기회로를 차단할 수 있는 차단 기구를 가진 수신기를 설치할 것)
2) 수신기는 다음 장소 외의 곳에 설치할 것
   ① 가연성의 증기·먼지·가스 등이나 부식성의 증기·가스 등이 다량으로 체류하는 장소
   ② 화약류를 제조·저장 또는 취급하는 장소
   ③ 습도가 높은 장소
   ④ 온도의 변화가 급격한 장소
   ⑤ 대전류회로·고주파발생회로 등에 의한 영향을 받을 우려가 있는 장소

6 전기화재에 적합한 소화기(전기화재: C급화재, 청색)

(1) 분말소화기
(2) 유기성소화기
(3) CO_2 소화기
(4) 증발성 액체소화기(사염화탄소 등)

4. 정전기 장·재해 관리

전기 및 화학설비 안전관리

① 정전기 이론

[1] 정전기의 발생

(1) 정전기 : 부도체상의 전하와 같이 거의 이동하지 않는 전하 즉, 공간의 모든 장소에서 전하의 이동이 전혀 없는 전기를 말한다.

(2) 정전기 발생에 영향을 주는 요인

1) 물체의 특성 : 대전량은 접촉이나 분리하는 두 가지 물체가 대전서열 내에서 가까운 위치에 있으면 대전량이 적고 먼 위치에 있을수록 대전량이 커진다.(불순물 포함시 정전기 발생량 커짐)

2) 물체의 표면상태
   ① 물체의 표면이 원활하면 정전기 발생량이 적어진다.
   ② 물체표면이 수분이나 기름 등에 오염되었을 때에는 산화, 부식에 의해 정전기가 크게 발생된다.

3) 물체의 분리력 : 처음접촉, 분리가 일어날 때 정전기 발생은 최대가 되며 이후 접촉, 분리가 반복됨에 따라 발생량은 점차 감소한다.

4) 접촉면적 및 압력
   ① 접촉면적이 클수록 발생량은 커진다.
   ② 접촉압력이 증가하면 접촉면적이 커지므로 발생량도 증가하게 된다.

5) 분리속도
   ① 전하완화시간이 길면 전원분리에 주는 에너지가 커져서 발생량이 증가한다.
   ② 물체의 분리속도가 빠를수록 정전기 발생량은 커진다.

[2] 정전기 대전 및 방전에너지

(1) 정전기 대전 : 물체에 발생한 전하를 일부는 소멸하지 않고 물체에 축적되는데 이 축적된 전하를 대전전하(정전기)라 한다.

$$Q = Q_1 - Q_2$$

여기서, Q : 대전전하(정전기)
Q_1 : 발생된 전하량(발생전하량)
Q_2 : 소실된 전하량(완화량)

(2) 방전에너지 : 정전기가 방전될 때의 방전에너지는 다음식에 의해서 구한다.

$$E = \frac{1}{2}(CV^2) = \frac{1}{2}(QV)$$

여기서, E : 정전에너지(J)
C : 도체의 정전용량(F)
V : 대전전위(전압 ; V)
Q : 대전 전하량(C)

[3] 정전기 발생의 종류

(1) 마찰대전 : 물체가 마찰을 일으킬 때 마찰에 의해서 접촉위치가 이동하며 전하 분리 및 재배열이 일어나서 정전기가 발생하는 현상이다.

(2) 유동대전 : 액체류가 파이프 등을 통해서 유동할 때 관벽과 액체사이에서 정전기가 발생하는 현상이다.

(3) 박리대전 : 서로 밀착해 있던 물체가 박리되었을 때 전하분리가 일어나서 정전기가 발생하는 현상이다.

(4) 분출대전 : 기체, 액체, 분체류 등이 단면적이 작은 분출구를 통과할 때 마찰에 의해서 정전기가 발생하는 현상이다.

(5) 충돌대전 : 분체류와 같은 입자끼리 또는 입자와 고체와의 충돌에 의해서 급속한 분리, 접촉이 행해지기 때문에 정전기가 발생하는 현상이다.

(6) 파괴대전 : 물체가 파괴될 때 정전기가 발생하는 현상이다.

(7) 비말대전 : 공간에 분출한 액체류가 가늘게 비산해서 분리되는 과정에 정전기가 발생하는 현상이다.

(8) 진동대전(교반대전) : 액체를 교반할 때 정전기가 발생하는 현상이다.

[4] 방전의 종류

(1) 스파크(spark) 방전(불꽃방전) : 전위차가 있는 2개의 대전체가 특정거리에 근접하게 되면 등전위가 되기 위하여 전하가 절연공간을 깨고 순간적으로 흘러가면서 빛과 열을 발생하는 현상이다.(스파크 방전시 O_2 발생)

(2) 코로나(corona) 방전 : 스파크 방전을 억제시킨 접지 돌기상 도체 표면(뽀족한 부분)에서 발생하여 공기 중으로 방전하거나 고체 유도체 표면을 흐르는 경우가 있다. (방전에너지 적음)

(3) 연면방전 : 정전기가 대전되어 있는 부도체에 접지체가 접근한 경우 대전물체와 접지체 사이에서 발생하는 것으로 나뭇가지 형태(별표마크)의 발광을 수반하는 방전을 말한다.(착화 및 전격의 위험성이 큼)

(4) 스트리머(streamer) 방전 : 대전량이 큰 부도체와 평편한 형상을 갖는 금속과의 기상공간에서 발생하기 쉬운 방전이다.

(5) 뇌상방전 : 공기 중에 뇌상으로 부유하는 대전입자가 커졌을 때 대전운에서 번개형의 발광을 수반하는 방전이다.

[5] 정전기 유도 및 대책

(1) 정전기의 유도 : 절연된 물체에 대전체가 접근하면 절연체에도 정전기가 유도되며, 대전체와 가까운 곳에 대전체와 반대극성의 전하가 유도되고 먼 곳에는 동일 극성의 전하가 유도된다.

(2) 정전기의 축적 : 생성된 정전기는 지면이나 다른 물체로부터 절연되어 있을 경우 축적된다.

(3) 정전기의 완화

    1) 완화시간 : 절연체에 발생한 정전기는 축적, 소멸과정에 의해 처음값의 36.8% 감소하는 시간을 시정수 또는 완화시간이라 한다.

    2) 완화시간은 영전위 소요시간의 1/4~1/5 정도이다.

❷ 정전기 재해 방지대책

[1] 정전기에 의한 재해형태

(1) 재해형태의 종류

    1) 정전기가 착화원이 된 화재폭발

2) 전격

3) 분체의 부착, 필름 등의 벗겨짐으로 인한 생산 장해

4) 정전기 쇼크(컴퓨터 오작동, 전자부품파손 등)

(2) 정전기에 의한 재해 : 물리적 현상(역학적 현상, 방전현상, 유도현상 등)에 기인한다.

1) 역학적 현상 : 대전된 물체의 정전기는 대전 전하간의 전기력(쿨롱 힘 : Coulomb's force)에 의해 부근에 있는 다른 물체를 흡수하거나 반발하며, 이러한 현상은 물체의 무게에 비해 표면이 크거나 가볍고 작은 물체에 많이 나타난다.

2) 방전현상
   ① 절연내력의 세기 : 3MV/m
   ② 표면전하밀도 : 2.7×10^{-2} C/m^2
   ③ 정전기 방전의 대전체 표면의 전하밀도 : 10^{-6} C/m^2

3) 정전유도현상 : 정전기 유도현상에 의한 재해형태는 전격, 폭발 등이 있다.

[2] 정전기 재해 방지대책

(1) 정전기 발생 방지책

1) 접지(부도체물질은 부적합)
2) 가습
3) 보호구 착용
4) 대전방지제 사용
5) 배관내 액체의 유속제한 및 정치시간의 확보
6) 도전성 재료 사용
7) 제전장치 사용

(2) 정전기로 인한 화재·폭발 방지 대책(안전보건규칙)

1) 정전기로 인한 화재·폭발 등의 위험이 발생할 우려가 있는 설비 사용시 정전기의 제거
   ① 확실한 방법으로 접지
   ② 도전성재료를 사용
   ③ 가습(상대습도 70% 이상)
   ④ 제전장치 사용

2) 인체에 대전된 정전기의 제거
   ① 정전기 대전방지용 안전화 및 제전복의 착용(그 밖에 제전용 손목띠, 장갑, 토시 등도 활용되고 있음)
   ② 정전기 제전용구의 사용

③ 작업장 바닥에 도전성을 갖추도록 하는 방법
3) 기타 정전기로 인한 화재·폭발방지 대책
① 정전기 발생방지 도장을 하는 방법
② 배관 내의 유속을 조절하는 방법
③ 정전기의 발생을 억제하는 방법(대전방지)
④ 대전방지제에 의한 방법
⑤ 도전성 향상에 의한 방법

(3) 도체의 대전방지대책

1) 접지에 의한 대전방지 : 정전기 대책만을 목적으로 하는 접지저항은 $1×10^{-6}\Omega$ 이하인 고체의 표면은 금속도체를 밀착시켜서 간접접지에 의해 대전을 방지한다.
2) 화학설비에 접지를 실시하는 1차적 목적 : 정전기 대전방지
3) 배관 내 액체의 유속제한
① 저항율이 $10^{10}\Omega cm$ 미만의 도전성 위험물 : 7m/sec 이하
② 유동대전이 심하고 폭발위험성이 높은 물질(에테르, 이황화탄소 등) : 1m/sec 이하
③ 물이나 기체를 포함한 비수용성 위험물 : 1m/sec 이하

(4) 부도체의 대전방지대책

1) 습기를 가하거나 주위환경의 습도를 높일 것
2) 대전방지제를 사용할 것
3) 제전기를 사용할 것

[3] 제전기

(1) 제전의 목적 : 부도체의 정전기 대전 방지

(2) 제전기의 종류

1) 전압인가식 제전기(코로나 방전식 제전기)
① 제전전극에 7,000V 정도의 고전압이 인가되어 코로나 방전발생, 인가된 고전압의 에너지에 의해 제전에 필요한 이온이 생성된다.
② 제전능력이 뛰어나며(거의 0에 가까운 효과를 봄) 단시간에 제전이 가능하다.
2) 자기방전식 제전기
① 코로나 방전을 일으켜 공기를 이온화하는 방식이다.
② 50kV 내외의 높은 대전을 제거하는 장점이 있으나 2kV 내외의 대전이 남는 결점이 있다.
③ 인화위험이 거의 없으며 제전기 중 설치비가 가장 경제적이다.

3) 방사선식 제전기
① 방사선의 공기전리작용을 이용하여 제전에 필요한 이온을 만드는 방식이다.
② 방사선물질은 반감기가 길고 전리능력이 큰 α선, β선 등이 사용된다.
③ 제전능력이 작으며 제전에 시간을 필요로 하므로 이동하는 대전물체의 제전에는 효과가 적다.

4) 이온식 제전기(라디오-아이소토프 : radio-isotope식 제전기)
① 방사선의 전리작용으로 공기를 이온화하는 방식이다.
② 제전효율이 낮으나 폭발위험이 있는 곳에 적당하다.

[4] 대전방지제의 종류

(1) 외부용 일시성 대전방지제

1) 음이온계 활성계
① 값이 싸고 무독성이다.
② 섬유의 균일 부착성과 열안전성이 양호하다.
③ 섬유의 원사 등에 사용된다.

2) 양이온계 활성계
① 대전방지 성능이 뛰어나다.
② 비교적 고가이고 피부에 장해를 주며, 섬유에 사용할 때에는 염색이 곤란한 경우가 발생한다.
③ 내열성은 떨어지나 유연성이 뛰어나며 아크릴(Acryl)섬유용으로 널리 쓰인다.

3) 비이온계 활성계 :
① 단독사용으로는 효과가 적지만 열안전성이 우수하다.
② 음이온계나 양이온계 또는 무기염과 병용해서 사용할 때에는 대전방지 효과가 뛰어나다.

5) 양성이온계 활성제 : 대전방지성능은 양이온계와 비슷한 것으로 매우 우수한 성능을 보유하고 있다.

(2) 외부용 내구성 대전방지제

1) 일시성 대전방지제의 단점을 보완한 대전방지제이다.
2) 아크릴(acryl)산 유도체, 폴리알킬렌(poly alkylene), 폴리아민(polyamin)유도체, 폴리에틸렌글리콜(ployethylenglycol) 등이 있다.

5. 전기 방폭 관리

❶ 폭발성가스의 위험특성

(1) 방폭구조와 관계있는 위험특성

1) 발화온도(발화점) : 가연성물질이 공기중에서 점화원이 없이 스스로 연소를 개시할 수 있는 최저온도

2) 화염일주한계 : 폭발성 분위기내에 방치된 표준용기의 접합면 틈새를 통하여 화염이 내부에서 외부로 전파되는 것을 저지할 수 있는 틈새의 최대간격치를 말한다(내압 방폭구조와 관련).

3) 최소점화전류 : 폭발성 분위기가 전기불꽃에 의하여 폭발을 일으킬 수 있는 최소의 회로를 말한다(본질안전 방폭구조와 관련).

(2) 폭발성 분위기의 생성조건에 관계되는 위험특성

1) 폭발한계(폭발범위) : 점화원에 의하여 폭발을 일으킬 수 있는 폭발성가스와 공기와의 혼합가스 농도범위를 말한다.

2) 인화점 : 가연성물질을 가열할 때 가연성 증기가 연소범위 하한에 달하는 최저온도 즉, 가연성 증기에 점화원을 주었을 때 연소가 시작되는 최저온도로 인화점이 낮을수록 폭발성 분위기가 생성되기 쉽다.

3) 증기밀도 : 표준상태(0℃, 1기압) 또는 15℃, 1기압에서 증기 $1m^3$의 질량의 비를 말하며, 공기의 밀도를 1로 하는 경우 기체비중을 증기밀도로 사용한다.

❷ 방폭대책의 기본사항

(1) 위험분위기 생성방지

1) 폭발성 가스의 누설 및 방출방지
2) 폭발성 가스의 체류방지
3) 폭발성 분진의 생성방지

(2) 전기기기의 방폭

1) 점화원의 방폭적 격리 : 압력방폭구조, 유입방폭구조, 내압방폭구조
2) 전기기기의 안전도 증강 : 안전증 방폭구조
3) 점화능력의 본질적 억제 : 본질 안전 방폭구조

❸ 폭발성가스 및 분진

(1) 폭발성가스

1) 폭발의 성립조건
   ① 가연성 가스(증기 또는 분진)가 폭발범위 내에 있어야 한다.
   ② 밀폐된 공간이 존재하여야 한다.
   ③ 점화원(에너지)이 있어야 한다.

2) 발화도 : 폭발성 가스의 폭발위험성은 발화점에 따라서 다르기 때문에 발화도에 따라 구분하고 있다.

[표] 발화도의 구분(KS C 0906)

발 화 도	발화점의 범위
G_1	450℃ 초과
G_2	300℃ 초과~450℃ 이하
G_3	200℃ 초과~300℃ 이하
G_4	135℃ 초과~200℃ 이하
G_5	100℃ 초과~135℃ 이하

3) 폭발등급 : 표준용기(내용적 8L, 틈의 안 길이 25mm)의 내부에서 폭발이 발생했을 때 외부에 화염이 미치지 않는 틈의 치수에 따라 등급을 정한 것이다.

[표] 폭발등급

폭 발 등 급	틈새의 폭 치수(안전간격)
1등급	0.6mm 초과
2등급	0.4mm 초과 0.6m 이하
3등급	0.4mm 이하

4) 폭발성가스의 분류

발화도 폭발등급	G1 (450℃ 초과)	G2 (300~450℃)	G3 (200~300℃)	G4 (135~200℃)	G5 (100~135℃)
1등급	아세톤 암모니아 일산화탄소 에탄 초산 초산에틸 톨루엔 프로판 벤젠 메탄올 메탄	에타놀 초산인펜틸 I-부타놀 부탄 무수초산	가솔린 핵산 가솔린	아세트알데히드 에틸에테르	
2등급	석탄가스	에틸렌 에틸렌옥시드			
3등급	수성가스 수소	아세틸렌			이황화탄소

5) 화재폭발의 예민성

① 화재폭발의 예민성 : 폭발등급이 클수록(안전간격이 작을수록), 발화도가 높을수록(발화온도가 낮을수록) 화재폭발의 예민성이 커진다.

② 화재폭발의 예민성이 가장 높은 물질 : 이황화탄소(폭발등급 : 3등급, 발화도 : G_5)

(2) 폭발성 분진

1) 분진의 정의

① 분체 및 분진 : 지름이 1,000μm보다 작은 고체입자를 분체라 하며 그 중 75μm 이하의 고체입자로서 공기 중에 떠 있는 분체를 분진이라 한다.

② 폭발에 관계되는 분체의 직경은 대체로 500μm 이하이다.

2) 분진의 종류

① 가연성분진 : 공기 중 산소와 발열반응을 일으키며 폭발하는 분진 (소맥분, 전분, 합성수지, 코크스, 철 등)

② 폭연성 분진 : 공기 중 산소가 희박하거나 이산화탄소(CO_2) 중에서도 심한 폭발을 발생하는 금속분진(마그네슘, 알루미늄 등)

[표] 분진의 분류

발화도 \ 종류	폭연성 분진	가연성 분진	
		도전성	비도전성
11(270℃초과)	마그네슘, 알루미늄, 알루미늄 브론즈	티탄, 아연, 코크스, 카본블랙	소맥, 고무, 염료, 페놀수지, 폴리에틸렌
12(200℃~270℃)	알루미늄	철, 석탄	리그닌, 쌀겨, 코코아
13(150℃~200℃)	-	-	유황

❹ 위험장소

(1) 가스위험장소의 분류

1) 0종 장소 : 폭발성 분위기가 연속적 또는 장시간 발생할 염려가 있는 장소로서 다음의 장소를 말한다.
   ① 폭발성 농도가 연속적 또는 장시간 계속해서 폭발하한치 이상이 되는 인화성 액체의 용기
   ② 탱크내 액면 상부의 공간부
   ③ 가연성 가스의 용기, 탱크의 내부
   ④ 가연성 액체내의 액중펌프

2) 1종 장소 : 폭발성 분위기가 주기적 또는 간헐적으로 발생할 염려가 있는 장소(보통상태에서 위험분위기를 발생할 염려가 있는 장소)로서 다음의 장소를 말한다.
   ① 탱크로리, 드럼관 등 인화성 액체를 충전하는 경우 개구부의 부근
   ② 릴리프 밸브가 가끔 작동하여 가연성 가스, 증기를 방출하는 경우
   ③ 탱크류의 벤트의 개구부 부근
   ④ 점검, 수리작업시 가연성가스가 증기를 방출하는 장소
   ⑤ 플로팅 루프탱크(floating roof tank)상의 셀(shell) 내의 부근
   ⑥ 실내(환기가 방해되는 장소)에서 가연성 가스나 증기를 방출할 염려가 있는 장소
   ⑦ 위험한 가스가 누출할 염려가 있는 장소로서 핏트류처럼 가스가 축적되는 장소

3) 2종 장소 : 이상상태에서 위험분위기를 발생할 염려가 있는 장소

(2) 분진위험장소의 분류

1) 가연성 분진 위험장소
2) 폭연성 분진 위험장소

(3) 위험장소의 판정기준

1) 위험증기의 양
2) 위험가스의 현존 가능성
3) 가스의 특성(공기와의 비중차)
4) 통풍의 정도
5) 작업자에 의한 영향

(4) IEC기준에 의한 위험장소 및 발화도 구분

1) 위험장소
   ① Zone 0 : 지속적인 위험분위기
   ② Zone 1 : 통상상태 하에서의 간헐적 위험분위기
   ③ Zone 2 : 이상상태 하에서의 위험분위기

2) 전기기기의 최대 표면온도의 분류(KSCIEC)

온도등급(class)	T_1	T_2	T_3	T_4	T_5	T_6
최고표면온도의 범위(℃)	300초과 450이하	200초과 300이하	135초과 200이하	1000초과 135이하	85초과 100이하	85이하

주 「최대표면온도」라 함은 방폭기기가 사양 범위 내의 최악의 조건에서 사용된 경우에 주위의 폭발성분위기에 점화될 우려가 있는 해당 전기기기의 구성부품이 도달하는 표면온도 중 가장 높은 온도

5 방폭구조

(1) 방폭구조의 구비조건 및 방폭기기 선정요건

1) 방폭구조의 구비조건
   ① 시건장치를 할 것
   ② 접지를 할 것
   ③ 퓨즈를 사용할 것
   ④ 도선의 인입방식을 정확히 채택할 것

2) 방폭기기 선정요건
   ① 위험장소의 종류
   ② 폭발성가스의 폭발등급
   ③ 발화도

3) 방폭전기기기의 선정시 고려사항
   ① 가스 등의 발화온도

② 설치될 지역의 방폭지역 등급 구분
③ 압력, 유입, 안전증방폭구조의 경우 최고 표면온도

4) 위험장소의 방폭구조선정

위험장소	해당방폭구조 선정
0종장소	본질안전 방폭구조(ia)
1종장소	본질안전(ia 또는 ib), 내압, 압력, 유입, 충전, 몰드, 안전증 방폭구조
2종장소	0종장소 및 1종장소에서 사용가능한 방폭구조, 비점화방폭구조

(2) 방폭구조의 종류 및 특징

1) 압력(내부압)방폭구조
   ① 용기내부에 보호기체(공기 또는 불활성기체)를 주입하여 용기의 내부압력을 외기압보다 높게 유지함으로써 폭발성 가스증기가 침입하는 것을 방지하는 구조(전폐형 구조)
   ② 내부압력 유지방식 : 통풍식, 봉입식, 밀폐식
   ③ 용기내부압력 : 외기압보다 5mm 수주 이상

2) 유입방폭구조
   ① 전기기기의 불꽃, 아크 또는 고온이 발생하는 부분을 기름 속(유중)에 담궈 주위의 폭발성 가스로부터 격리해서 인화를 방지하려는 구조(전폐형구조)
   ② 유입방폭구조의 유면에서 위험부분까지는 10mm 이상으로 유지하고, 온도가 60℃ 이상일 때는 사용을 금지한다.

3) 내압방폭구조
   ① 용기내부에서 가스가 폭발하였을 때 용기가 그 압력에 견디고 또한 용기내에 폭발성 가스가 침입할 수 없도록 되어 있는 구조(전폐형구조)
   ② 내압방폭구조의 내압한도는 $10kg/cm^2$ 이상이어야 한다.
   ③ 내압방폭구조의 조건
      ㉠ 내부에서 폭발할 경우 그 압력에 견딜 것
      ㉡ 외함 표면온도가 주위의 가연성 가스에 점화되지 않을 것
      ㉢ 폭발화염이 외부로 유출되지 않을 것

4) 안전증방폭구조
   ① 폭발성가스증기의 점화원이 될 전기불꽃, 아크 또는 고온이 되어서는 안되는 부분에 기계적, 전기적 구조상 또는 온도상승을 억제할 수 있도록 안전도를 증가시킬 구조
   ② 연면거리(절연된 두 도체간에 절연물의 표면을 따라 측정한 최단거리)를 크게 한다.

③ 과부하 및 과열로 인한 소손 및 절연 열화를 주의하여야 한다.

5) **본질 안전 방폭구조** : 정상시 및 사고시(단선, 단락, 지락 등)에 발생하는 전기불꽃 아크 또는 고온에 의하여 폭발성 가스 또는 증기에 점화되지 않는 것이 점화시험, 기타에 의해서 확인된 구조

6) **특수 방폭구조** : 폭발성가스 또는 증기에 점화 또는 위험분위기로 인화를 방지할 수 있는 것이 시험, 기타에 의하여 확인된 구조

7) **비점화 방폭구조** : 전기기기가 정상작동과 규정된 특정한 비정상상태에서 주위의 폭발성 가스 분위기를 점화시키지 못하도록 만든 방폭구조

8) **몰드 방폭구조** : 전기기기의 스파크 또는 열로 인해 폭발성 위험분위기에 점화되지 않도록 컴파운드를 충전해서 보호한 방폭구조(전기 불꽃, 고온발생 부분을 컴파운드로 밀폐한 구조)

9) **충전 방폭구조** : 폭발성 가스 분위기를 점화시킬 수 있는 부품을 고정하여 설치하고, 그 주위를 충전재로 완전히 둘러쌈으로서 외부의 폭발성 가스 분위기를 점화시키지 않도록 하는 방폭 구조

(3) 분진방폭구조의 종류

1) 특수 방진 방폭구조
2) 보통 방진 방폭구조
3) 방진 특수 방폭구조

(4) 방폭구조의 기호 및 표시

1) 방폭구조의 기호

표 시 항 목	기 호	기호의 의미
방폭구조	Ex	방폭구조의 상징(심벌)
방폭구조의 종류	d p e ia 또는 ib o s q m n	내압 방폭구조 압력 방폭구조 안전증 방폭구조 본질 안전 방폭구조 유입 방폭구조 특수 방폭구조 충전 방폭구조 몰드 방폭구조 비점화 방폭구조

2) 분진방폭구조 및 발화도의 기호

구 분		기 호
방폭구조의 종류	특수방진 방폭구조	SDR
	보통방진 방폭구조	DP
	방진특수 방폭구조	XDP
발화도	발화도 11(270℃ 초과)	11
	발화도 12(200℃ 초과 270℃ 이하)	12
	발화도 13(150℃ 초과 200℃ 이하)	13

3) 방폭구조의 표시
① 방폭구조의 종류를 나타내는 「기호 - 폭발등급 - 발화도」의 기호순으로 표시한다.
② 안전증, 내압, 유입, 특수방진 방폭구조는 폭발등급을 표시하지 않는다.
예 d2G3 : d - 내압 방폭구조, 2 - 폭발등급, G3 - 발화도

(5) 방폭전기설비의 전기적 보호

1) 지락보호
① 접지식 저압전로 : 지락차단장치설치(감도전류는 30mA 이하)
② 비접지식 저압전로 : 지락자동경보장치, 지락차단장치 설치
③ 고압전로 : 지락자동차단장치 설치

2) 과전류보호
① 단락전류보호
② 과부하전류보호

3) 노출도전성 부분의 보호접지
① 보호접지의 대상 : 전기기기 및 배선의 노출도전성 부분(전기기기의 금속외함, 전선관, 전선관용부속품, 케이블의 금속재 sheath 등)
② 접지저항치 : 최고치 10Ω, 300V 이하의 저압전로에 접지된 노출도전성 부분은 최고치 100Ω
③ 접지선 : 600V이상의 비닐절연전선 이상의 성능을 갖는 전선 사용

6. 화학물질 안전관리 실행

전기 및 화학설비 안전관리

❶ 위험물의 기초 화학

(1) 물질의 정의 및 분류

1) 물질 : 물체를 이루는 기본성분을 말한다.
2) 물질의 분류

구분	내 용
순물질	단체 : 한가지 원소로 된 순물질. 수소(H), 산소(O), 철(Fe) 등
	화합물 : 두가지 이상의 원소로 된 순물질. 물(H_2O), 소금(NaCl) 등
혼합물	두 가지 이상의 단체 또는 화합물이 혼합하여 이루어진 물질. (소금물, 공기, 합금 등)

(2) 원자와 분자 및 몰(mol)의 개념

1) 원자 : 물질을 구성하고 있는 가장 작은 입자이다.
2) 분자 : 순물질(단체, 화합물)의 성질을 띠고 있는 가장 작은 입자이다(Avogadro 제창).
3) 몰(mol)과 부피 및 분자수의 관계

> 기체 1mol = 22.4 l = 분자 6.02×10^{23}개 : 표준상태(0℃, 1기압)

❷ 화학반응

(1) 물질의 변화 및 반응열

1) 물질의 변화
   ① 화학적 변화 : 물질의 본질 자체가 변하여 성분물질과 전혀 다른 물질로 변화되는 현상으로 화합, 분해, 치환, 복분해 등이 있다.
   ② 물리적 변화 : 물질의 본질은 변하지 않고 상태만이 변화되는 현상으로 기화, 액화, 융해, 응고, 승화 등이 있다.

2) 반응열
① 화학반응시 반드시 발생하는 출입열을 반응열이라 하며 발열반응과 흡열반응이 있다.
② 종류에는 생성열, 분해열, 연소열, 중화열 용해열 등이 있다.

(2) 화학반응

1) 산화반응 및 산화성 물질
① 산화반응 : 물질이 산소와 화합하는 반응을 말한다.
② 산화성 물질 : 다른 물질을 산화시켜 주는 물질을 말하며 산화성 물질은 산소를 함유하고 있는 위험 물질에 속한다.
2) 할로겐화 반응 : 할로겐원소($F_2 \cdot Cl_2 \cdot Br_2 \cdot I_2$)를 반응시키는 것을 말하며 다음과 같은 특징이 있다.
① 발열반응을 한다.
② 폭발의 위험성이 있다.
③ 부식을 일으킨다.
3) 니트로화 반응 : 유기화합물에 질산(HNO_3)을 반응시켜 니트로기($-NO_2$)를 도입 시키는 반응으로 다음과 같은 특징이 있다.
① 발열반응을 한다.
② 니트로 화합물을 폭발성이 있다.
4) 부가반응 : 에틸렌(C_2H_4)은 부가반응성이 큰 가연성 기체로 염소(Cl_2)와 부가반응을 한다.

$$CH_2 = CH_2 + Cl_2 \xrightarrow{\text{부가반응}} CH_2Cl - CH_2Cl$$

3 연소 이론

(1) 연소의 정의 및 3요소 등

1) 연소의 정의 : 빛과 열의 발생을 동반하는 급격한 산화 현상
2) 연소의 3요소
① 가연물(연소되는 물질)
② 산소공급원(공기)
③ 점화원(열원)

3) 가연물이 될 수 있는 조건
   ① 산소와 화합시 연소열(발열량)이 클 것.
   ② 산소와 화합시 열전도율이 작을 것.(열축적이 많아야 잘 연소함)
   ③ 산소와 화합시 필요한 활성화 에너지가 작을 것.
4) 산소공급원 : 산화성 물질 또는 조연성 물질(연소를 계속 시키는 물질)
   ① 공기 중의 산소(최적 배분율로 약 21% 존재)
   ② 산화제로부터 부생되는 산소(염소산염류, 과산화물, 질산염류 등의 강산화제)
   ③ 자기연소성 물질 : 가연물인 동시에 자체 내부에 산소를 함유하고 있기 때문에 공기 중에 산소를 필요로 하지 않고 점화원만으로 연소를 하는 물질 (니트로셀룰로즈, 피크린산, 니트로글린세린, 니트로톨루엔 등)
5) 점화원
   ① 전기불꽃   ② 정전기 불꽃   ③ 마찰 및 충격의 불꽃
   ④ 고열물   ⑤ 단열압축   ⑥ 산화열 등
6) 연소의 조건(연소되기 쉬운 조건)
   ① 산화되기 쉽고, 산소와 접촉면이 클수록
   ② 발열량이 큰 것일수록
   ③ 열전도율이 작고, 건조도가 좋은 것일수록

(2) 연소형태

1) 확산연소 : 가연성가스와 공기가 확산에 의해 혼합되면서 연소하는 것(수소, 아세틸렌 등의 기체 연소)
2) 증발연소 : 액체표면에서 발생된 증기가 연소하는 것(알코올, 에테르, 등유, 경유 등의 액체연소)
3) 분해연소 : 열분해에 의해 가연성가스를 방출시켜서 연소하는 것(중유, 석탄, 목재, 고체파라핀 등의 고체연소)
4) 표면연소 : 고체표면에서 연소가 일어나는 것(숯, 알루미늄박, 마그네슘 리본 등의 고체연소)

(3) 기체, 액체, 고체의 연소형태

1) 기체의 연소 : 확산연소(발염연소, 불꽃연소)
2) 액체의 연소 : 증발연소
3) 고체의 연소 : 분해연소(목재, 종이, 석탄, 플라스틱 등), 표면연소(코크스 목탄, 금속분 등), 증발연소(황, 나프탈렌, 파라핀 등), 자기연소(질산에스테르류, 셀룰로이드류, 니트로화합물 등의 폭발성물질)

(4) 연소의 특성 및 위험성

1) 연소의 특성
   ① 인화점 : 가연성 증기에 점화원을 주었을 때 연소가 시작되는 최저온도
   ② 발화점 : 가연물을 가열할 때 점화원이 없이 스스로 연소가 시작되는 최저온도.
   ③ 연소범위(폭발범위) : 가연성가스(또는 증기)와 공기(또는 산소)와의 혼합가스에 점화원을 주었을 때 연소(폭발)가 일어나는 혼합가스의 농도범위(부피%)
      ㉠ 낮은 쪽을 폭발 하한계, 높은 쪽을 폭발 상한계라 한다.
      ㉡ 온도와 압력이 높을수록 폭발범위는 넓어진다.

2) 연소의 위험성
   ① 착화온도가 낮을수록 연소위험이 크다.
   ② 인화점이 낮을수록 연소위험이 크다.
   ③ 연소범위가 넓을수록 연소위험이 크다.
   ④ 인화점이 낮은 물질이라도 반드시 착화점이 낮지는 않다.

(4) 폭발의 종류

1) 화학적 폭발
   ① 폭발성 물질의 폭발 : 화약의 폭발 등
   ② 산화 폭발 : 가연성가스나 인화성 액체 증기의 연소 폭발
2) 분진 폭발 : 석탄, 플라스틱, 알루미늄 등의 금속분, 소맥분 등의 분말이나 가연성 미스트의 폭발
3) 분해 폭발 : 아세틸렌, 에틸렌, 산화에틸렌, 히드라진 등의 분해물질의 폭발
4) 증기 폭발(물리적 폭발) : 수증기를 많이 발생하여 일어나는 폭발

(5) 취급상 유의해야 할 물성

1) 증기 및 가스 밀도 : 표준 상태 (0℃, 1기압)에서 단위 부피당 질량의 비
   ① 표준상태에서의 가스의 밀도 $= \dfrac{M(분자량)}{22.4}$ (g/l)
   ② 가스비중 $= \dfrac{가스의 밀도}{공기의 밀도} = \dfrac{M/22.4}{29/22.4} = \dfrac{M}{29}$
2) 비점(끓는 점) : 액체의 증기압이 대기압과 같아질 때의 온도를 말하며, 비점이 낮은 물질은 증기발생이 쉽기 때문에 위험성이 크다.
3) 최소 발화 에너지 : 물질을 발화시키는데 필요한 최저 에너지(단위 : mJ)
4) 최소 발화 에너지가 낮은 물질
   ① 에틸렌(C_2H_4) : 0.096×10^{-3} J(줄)
   ② 메탄(CH_4) : 0.28×10^{-3}

③ 프로판(C_3H_8) : 0.31×10^{-3} J
④ 벤젠(C_6H_6) : 0.55×10^{-3} J

> ● 용어의 정의
> 1) 발화 : 주위의 열에 의하여 스스로 불이 붙는 것
> 2) 인화 : 액체가 그 표면에 폭발하한계의 증기를 내어 화염이 전파되는 것
> 3) 착화 : 기체, 액체, 고체 어느 것이든 불이 붙는 현상
> 4) 점화 : 불이 붙어서 연소하는 현상

4 위험물의 종류 및 성상

[1] 폭발성물질 및 유기과산화물

(1) 폭발성물질 및 유기과산화물 : 가열, 마찰, 충격 또는 다른 화학물질과의 접촉에 의해 산소나 산화제의 공급이 없더라도 폭발 등 격렬한 반응을 일으킬 수 있는 고체나 액체

(2) 종 류

1) 질산에스테르류 : 니트로셀룰로오스, 니트로글리세린, 질산메틸, 질산에틸 등
2) 니트로화합물 : 피크린산(트리니트로페놀), 트리니트로톨루엔(TNT) 등
3) 니트로소화합물 : 파라니트로소벤젠, 디니트로소레조르
4) 아조화합물 및 디아조 화합물
5) 하이드라진 및 그 유도체
6) 유기과산화물 : 메틸에틸케톤 과산화물, 과산화벤조일, 과산화아세틸 등

(3) 성질 및 위험성

1) 자연연소를 일으키기 쉽다.
2) 연소속도가 대단히 빨라서 폭발적이다.
3) 자연발화를 일으킨다.

[2] 물반응성 물질 및 인화성 고체(발화성 물질)

(1) 물반응성 물질 및 인화성 고체 : 스스로 발화하거나 발화가 용이하거나, 물과 접촉하여 발화하고 가연성가스를 발생할 수 있는 물질

(2) 인화성 고체의 종류

1) 황화인
2) 황
3) 적린
4) 철분
5) 금속분
6) 마그네슘
7) 인화성 고체

(3) 자연발화성 및 물반응성 물질(금수성 물질)의 종류

1) 칼륨
2) 나트륨
3) 알킬알미늄
4) 알킬리튬
5) 황인
6) 알카리금속(칼륨 및 나트륨 제외)
7) 유기 금속화합물(알킬알미늄 및 알킬리튬 제외)
8) 금속의 수소화물
9) 금속의 인화물
10) 칼슘 또는 알미늄의 탄화물

(4) 성질 및 위험성

1) 인화성 고체
   ① 비교적 저온에서 발화하기 쉬운 가연성 물질이다.
   ② 연소속도가 빠르고, 연소시 유독가스를 발생한다.
2) 물반응성 물질
   ① 물과 접촉시 발열반응을 일으키고 가연성가스와 유독가스를 발생시킨다.
   ② 불연성이다(칼륨, 나트륨 등은 공기중에서 산화).

[3] 산화성 액체 및 산화성 고체(산화성 물질)

(1) 산화성 물질 : 산화력이 강하고 가열, 충격 및 다른 화학물질과의 접촉 등으로 인해 격렬히 분해되거나 반응하는 고체 및 액체

(2) 종 류

1) 염소산 및 그 염류 : 염소산칼륨, 염소산나트륨, 염소산암모늄, 기타 중금속 염소산염

(염소산은, 염소산납, 염소산바륨, 염소산아연 등)
2) 과염소산 및 그 염류 : 과염소산나트륨, 과염소산암모늄, 기타 과염소산 염류(과염소산마그네슘, 과염소산리튬, 과염소산바륨, 과염소산루비듐 등)
3) 과산화수소 및 무기과산화물 : 과산화수소, 과산화칼륨, 과산화나트륨, 과산화마그네슘, 과산화칼슘, 과산화바륨 등
4) 아염소산 및 그 염류 : 아염소산나트륨
5) 불소산 염류
6) 질산 및 그 염류 : 질산칼륨, 질산나트륨, 질산암모늄, 기타 질산 염류(질산바륨, 질산마그네슘 등)
7) 요오드산염류 : 요오드산칼륨, 요오드산칼슘
8) 과망간산염류 : 과망간산칼륨, 과망간산나트륨, 과망간산칼슘, 기타 과망간산암모늄 등
9) 중크롬산 및 그 염류 : 중크롬산칼륨, 중크롬산나트륨, 중크롬산암모늄, 기타 중크롬산 염류(중크롬산아연, 중크롬산칼슘, 중크롬산제이철 등)

(3) 성질 및 위험성

1) 불연성이며 산소를 많이 함유하고 있는 강 산화제이다.
2) 가열, 타격, 충격, 마찰 등에 의해 분해해서 산소를 방출하기 쉽다.

[4] 인화성 액체

(1) 인화성 액체
: 표준압력(101.3kPa) 하에서 인화점이 60℃ 이하이거나 고온·고압의 공정운전조건으로 인하여 화재·폭발위험이 있는 상태에서 취급되는 가연성 물질

(2) 종류

1) 에틸에테르, 가솔린, 아세트알데히드, 산화프로필렌, 그 밖에 인화점이 23℃ 미만이고 초기끓는점이 35℃ 이하인 물질
2) 노르말헥산, 아세톤, 메틸에틸케톤, 메틸알코올, 에틸알코올, 이황화탄소, 그 밖에 인화점이 23℃ 미만이고 초기 끓는점이 35℃를 초과하는 물질
3) 크실렌, 아세트산아밀, 등유, 경유, 테레핀유, 이소아밀알코올, 아세트산, 하이드라진, 그 밖에 인화점이 23℃ 이상 60℃ 이하인 물질

(3) 성질 및 위험성

1) 상온에서 액체이며, 대단히 인화되기 쉽다.
2) 대부분 물보다 가볍고, 물에 녹기 어렵다(알코올, 아세톤 등은 예외)
3) 증기는 공기보다 무겁고, 공기와 혼합시 연소의 우려가 있다.

[5] 인화성 가스

(1) 인화성 가스 : 인화한계 농도의 최저한도가 13% 이하 또는 최고한도와 최저한도의 차가 12% 이상인 것으로 표준압력(101.3kPa) 하의 20℃에서 가스상태인 물질

(2) 종류
1) 수소
2) 아세틸렌
3) 에틸렌
4) 메탄
5) 에탄
6) 프로판
7) 부탄

(3) 성질 및 위험성
1) 대부분의 가스가 무색, 무취이다.
2) 공기보다 가벼운 가스는 확산하기 쉽고, 공기보다 무거운 가스는 체류하기 쉽다.

[6] 독성물질

(1) 독성물질 : 사람의 건강 또는 환경에 위해를 미칠 독성이 있는 화학물질

(2) 종류
1) 쥐에 대한 경구투입실험 : 실험동물의 50%를 사망시킬 수 있는 물질의 양, 즉 LD_{50}(경구, 쥐)이 (체중)kg당 300mg 이하인 화학물질
2) 쥐 또는 토끼에 대한 경피흡수실험 : 실험동물의 50%를 사망시킬 수 있는 물질의 양, 즉 LD_{50}(경피, 쥐 또는 토끼)이 (체중)kg당 1,000mg 이하인 화학물질
3) 쥐에 대한 4시간 동안의 흡입실험 : 실험동물의 50%를 사망시킬 수 있는 물질의 농도, 즉 가스 LC_{50}(쥐, 4시간 흡입)이 2,500ppm 이하인 화학물질, 증기 LC_{50}(쥐, 4시간 흡입)이 10mg/l 이하인 화학물질, 분진 또는 미스트 1mg/l 이하인 화학물질

[7] 부식성물질

(1) 부식성물질 : 금속 등을 쉽게 부식시키고 인체에 접촉하면 심한 상해(화상)을 입히는 물질

(2) 종류

1) 부식성 산류
   ① 농도가 20% 이상인 염산, 황산, 질산, 기타 이와 동등 이상의 부식성을 지니는 물질
   ② 농도가 60% 이상인 인산, 아세트산, 불산, 기타 이와 동등 이상의 부식성을 가지는 물질
2) 부식성 염기류 : 농도가 40% 이상인 수산화나트륨, 수산화칼륨, 이와 동등 이상의 부식성을 가지는 염기류

---

(1) 산업안전보건법과 소방법에서의 위험물의 비교

산업안전보건법		소방법
1. 폭발성물질 및 유기과산화물	제5류	자기반응성 물질
2. 물반응성물질 및 인화성고체	제2류	가연성 고체
	제3류	자기발화성 물질 및 금수성 물질
3. 산화성 액체, 산화성 고체	제1류	산화성 고체
	제6류	산화성 액체
4. 인화성 액체	제4류	인화성 액체
5. 인화성 가스		
6. 부식성 물질		
7. 급성독성물질		

(2) 산업안전보건법과 소방법의 위험물의 분류에서 공통으로 포함되지 않는 것
① 인화성 가스
② 부식성 물질
③ 급성독성물질

---

5 위험물질의 기준량(안전보건규칙)

(1) 위험물질의 기준량 : 제조 또는 취급하는 설비에서 하루동안 최대로 제조 또는 취급할 수 있는 수량

① 과염소산, 염소산, 아염소산, 차아염소산 등 산화성물질 : 300kg
② 에틸에테르, 가솔린, 아세트알데히드, 산화프로필렌, 이황화탄소 등 인화점이 30℃ 미만인 인화성 물질 : 50l
③ 부식성 염기류 및 부식성 산류 : 300kg
④ 시안화수소, 플루오르아세트산 및 소디움염, 디옥신 등 LD_{50}(경구, 쥐)이 kg당 5mg 이하인 독성물질 : 5kg

(2) 2종 이상의 위험물질을 제조 또는 취급하는 경우 : 다음 공식에 의하여 산출한 R값이 1인 이상의 경우 기준량을 초과한 것으로 함

$$R = \frac{C_1}{T_1} + \frac{C_2}{T_2} + \cdots + \frac{C_n}{T_n}$$

여기서, C_n : 위험물질 각각의 제조 또는 취급량
T_n : 위험물질 각각의 기준량

6 위험물질의 특성 등

(1) 위험물질의 위험분석에 필요한 물리적, 화학적 특성

1) 물리적 특성 : 광도, 중량, 어는점 및 끓는점(빙점 및 비점), 저항도, 연성 및 전성 등

2) 화학적 특성 : 연소성, 부식성, 반응 및 폭발특성, 내약품성

(2) 위험물질의 성상

1) 자연발화의 형태별 분류
   ① 산화열에 의한 발열
   ② 분해열에 의한 발열
   ③ 흡착열에 의한 발열
   ④ 미생물에 의한 발열 (발효열)
   ⑤ 중합열에 의한 발열

2) 자연발화에 영향을 주는 인자 : 열의 축적, 발열량, 열전도율, 퇴적방법, 공기의 유동, 수분, 온도

3) 자연발화 방지법
   ① 통풍을 잘 시킬 것
   ② 습기가 높은 것을 피할 것
   ③ 연소성 가스의 발생에 주의할 것
   ④ 저장실의 온도 상승을 피할 것

7 고압가스

(1) 고압가스의 분류

1) 상태에 따른 분류
   ① 압축가스 : 수소, 산소, 질소, 메탄 등과 같이 비점이 낮은 가스로서 상온에서 압축하여도 액화하지 않는 가스를 그대로 압축하여 용기에 충전한 가스

② 액화가스 : 프로판, 부탄, 염소, 탄산가스, 시안화수소, 암모니아, 프레온 등과 같이 상온에서 비교적 낮은 압력으로 쉽게 액화할 수 있는 가스.
③ 용해가스 : 용제에 용해시켜 취급되는 가스(아세틸렌)

2) 고압가스의 성질(연소성)에 의한 분류
① 가연성 가스 : 연소할 수 있는 가스(프로판, 부탄, 메탄, 수소 등)
② 조연성 가스 : 연소를 도와주는 가스(공기, 산소, 오존, 염소, 불소, 질소산화물 등)
③ 불연성 가스 : 연소하지 않는 가스(질소, 탄산스, 프레온 등)

(2) 고압가스 용기의 파열 및 분출 또는 누설사고의 원인

1) 고압가스 용기의 파열사고 원고
① 용기의 내압력(耐壓力)부족
② 용기 내압(內壓)의 이상 상승
③ 용기 내에서의 폭발성 혼합가스의 발화

2) 용기의 분출 또는 누설사고의 원인
① 용기 밸브의 용기에서의 이탈
② 용기밸브에서의 가스의 누설
③ 안전밸브의 작동
④ 용기에 부속된 압력계의 파열

(3) 고압가스 용기의 도색

1) 액화탄산가스 : 청색
2) 산소 : 녹색
3) 수소 : 주황색
4) 아세틸렌 : 황색
5) 액화 암모니아 : 백색
6) 액화염소 : 갈색
7) 액화 석유 가스(LPG) 및 기타 가스 : 회색

(4) 기체에 관한 법칙

1) 보일의 법칙(Boyle's law) : 일정한 온도에서 기체의 부피는 압력에 반비례한다.
$P_1 V_1 = P_2 V_2 = C$ (일정)

2) 샤를의 법칙(Charles's law) : 일정한 압력에서 기체 부피는 온도가 1℃ 상승할 때마다 0℃일 때 부피의 약 1/273만큼씩 증가한다. 즉 기체의 부피는 절대온도에 비례한다. (절대온도 $T = t℃ + 273$)

$$\frac{V_1}{T_1} = \frac{V_2}{T_2} = C \text{ (일정)}$$

3) 보일-샤를의 법칙(Boyle's Charles's law) : 일정량의 기체의 부피는 압력에 반비례하고, 절대온도에 비례한다.

$$\frac{P_1 V_1}{T_1} = \frac{P_2 V_2}{T_2} = C \text{ (일정)}$$

4) 기체상태 방정식 : 보일-샤를법칙에다 아보가드로의 법칙을 대입시킨 것이다.
   ① 기체 1mol의 상태 방정식 : 표준상태에서 1mol은 22.4l 이므로

   $$\frac{PV}{T} = \frac{1 \times 22.4}{273} = 0.082 (\frac{l \cdot 기압}{몰 \cdot °K}) = R$$

   ② 기체 n 몰의 상태 방정식
   $$PV = nRT$$

❽ 유해물질관리

[1] 유해물질의 유해요인 및 허용농도

(1) 유해물질의 유해 요인

1) 유해물질의 농도와 접촉시간(Haber의 법칙)
   유해지수(K) = 유해물질의 농도 × 노출시간
2) 근로자의 감수성
3) 작업강도
4) 기상조건

(2) 유해물질의 허용 농도

1) 시간가중 평균 농도(TWA) : 1일 8시간 작업을 기준으로 하여 유해요인의 측정농도에 발생 시간을 곱하여 8시간으로 나눈 농도

$$\text{TWA} = \frac{C_1 T_1 + C_2 T_2 + C_3 T_3 + \ldots + C_n T_n}{8}$$

여기서, C : 유해요인의 측정농도(단위 : ppm 또는 mg/m³)
T : 유해요인의 발생시간(단위 : 시간)

2) 단시간 노출한계(STEL) : 근로자의 1회 15분간 유해요인에 노출되는 경우의 허용농도
3) 최고 허용농도 (Ceilling농도) : 근로자가 1일 작업시간동안 잠시라도 노출되어서는 아니 되는 최고 허용온도 (허용온도 앞에 "C"를 붙여 표시)

4) 혼합물질의 허용농도 : 화학물질이 2종 이상 혼재하는 경우 혼합물의 허용농도

$$혼합물의 \ 허용농도 = \frac{C_1}{T_1} + \frac{C_2}{T_2} + \cdots + \frac{C_n}{T_n}$$

여기서, C : 화학물질 각각의 측정농도
T : 화학물질 각각의 허용농도

5) TLV(threshold limit value) : 미국정부 산업위생전문가협의회(ACGIH)에서 채택한 허용농도기준

6) ppm을 mg/m³으로 바꾸는 공식

$$mg/m^3 = \frac{ppm \times 분자량(g)}{24.45(25℃ \cdot 1기압)}$$

[2] 독성물질의 작용 및 침입경로

(1) 독작용의 구분

1) 혈액의 산소공급 방해 및 차단 : 혈액소를 용해하며 헤모글로빈 결합체를 형성하는 것으로 시안화합물, 염소산염류, 니트로벤젠 등이 있다.
2) 세포의 응고 및 붕괴현상 : 피부접촉에 의하여 부식성 산류(염산, 황산, 석탄산 등), 부식성 알칼리(수산화나트륨, 수산화칼륨, 암모니아수 등), 중금속염류(수은, 은, 구리, 아연 등) 등이 있다.
3) 중추신경마비 세포원형질 파괴 심장 및 대사작용 장애

(2) 독물의 침입경로

1) 호흡기 : 즉시 혈액 속으로 옮겨가므로 유해성이 강하다.
2) 소화기(손에 묻어 들어오는 경우, 침에 녹아 장관에서 흡수되는 경우) : 간장에서 해독되어 줄어든다.
3) 피부점막

[3] 분진의 유해조건 및 대책

(1) 분진의 침착률과 유해조건

1) 분진의 침착률 : 분진의 크기가 0.3~0.4㎛부터 5㎛까지의 분진이 침착률이 높아서 유해하며, 1.2㎛ 정도의 분진이 가장 유해한 것으로 침착률 60%를 상회한다.
2) 분진의 유해성을 결정하는 조건 : 작업강도가 클수록 호흡량이 많아져서 분진의 흡입량이 많아진다.

(2) 분진대책

1) 작업공정에서 분진발생 억제 및 감소화
2) 분진 비상 방지 조치
3) 개인 보호구 착용으로 분진 흡입방지
4) 환기
5) 기타 공정을 습식으로 하거나 밀폐 등의 조치

[4] 방사선의 단위 및 위험성

(1) 방사선 단위 : R(Röntgen), Ci(Curie), Rad, Rem, count, Dose

(2) 방사선 위험성

1) 외부위험 방사능 물질 : X선, γ선, 중성자
2) 내부 위험 방사능 물질 : α선 β선 (가장 심각한 내적 위험 물질 : α선)
3) 방사선 조사량 : 거리의 자승에 반비례한다.
4) 200~300rem 조사시 : 탈모증상
5) 450~500rem 이상 조사시 : 사망
6) 투과력 : α선 < β선 < X선 < γ선
7) 방사선 오염의 가장 실제적인 제거 방법 : 물로 씻어 낸다.

[5] 배기 및 환기

(1) 국소배기장치의 후드 형식

1) 리시버형 후드(receiver hood)
2) 밀폐형 후드(포위식 후드)
3) 부스형 후드(booth hood)
4) 부착형 후드(외부식 후드)

(2) 후드의 설치 요령(후드에 의한 흡인 요령)

1) 후드의 개구면적을 작게 할 것.
2) 에어 커텐(air curtain)을 이용할 것.
3) 충분한 포집속도를 유지할 것.
4) 배풍기 혹은 송풍기 소요동력에는 충분한 여유를 둘 것
5) 후드를 되도록 발생원에 접근시킬 것.
6) 국부적인 흡인방식을 선택할 것.
7) 후드로부터 연결된 덕트는 직선화할 것.

(3) 전체환기장치의 성능 : 단일성분의 유기화합물이 발생되는 작업장에 전체환기장치를 설치하고자 할 때는 다음 식에 따라 계산한 환기량 이상으로 설치하여야 한다.

$$\text{작업시간 1시간당 필요환기량} = \frac{24.1 \times 비중 \times 유해물질의 \ 시간당 \ 사용량 \times K}{분자량 \times 유해물질의 \ 노출기준} \times 10^6$$

여기서, 시간당 필요환기량 단위 : m^3/hr
유해물질의 시간당 사용량 단위 : l/hr
K : 안전계수로서 ┌ $K=1$: 작업장 내의 공기혼합이 원활한 경우
　　　　　　　　├ $K=2$: 작업장 내의 공기혼합이 보통인 경우
　　　　　　　　└ $K=3$: 작업장 내의 공기혼합이 불완전한 경우

[6] 유해물질에 대한 대책 등

(1) 유해물질에 대한 대책

1) 유해물질의 제조 및 사용의 중지, 유해성이 적은 물질로의 전환
2) 생산 공정 및 작업방법의 개선
3) 설비의 밀폐화와 자동화
4) 유해한 생산 공정의 격리와 원격조작의 채용
5) 국소배기에 의한 오염물질의 확산 방지
6) 전체 환기에 의한 오염물질의 희석배출

(2) 유독성 물질관리와 관련된 중요사항

1) 과산화수소가 분해되어 생성되는 물질 : 물과 산소
   $$2H_2O_2 \rightarrow 2H_2 + O_2$$
2) 붉은 인+염소산칼륨 : 혼합 폭발 우려가 있다.
3) N2O(아산화질소) : 가연성 마취제
4) 황린은 공기나 산소와 접촉 : 발화하는 위험이 있다.
5) 유리를 부식시킬 때 발생하는 유독성 기체 : 불화수소(HF)
6) 고기압 작업 시에 발생하기 쉬운 잠수병, 잠함병의 원인이 되는 물질 : 질소(N_2)
7) 액체의 비점 : 액체의 증기압이 대기압과 같아지는 점
8) 어떤 물질의 잠재 위험도 결정요인 : 독성과 사용조건
9) 발화성 물질의 저장법
   ① 나트륨, 칼륨 : 석유 속에 저장
   ② 황인 : 물 속에 저장
   ③ 적린, 마그네슘 : 격리 저장
   ④ 질산은($AgNO_3$) 용액 : 햇빛을 피하여 저장

10) 환원성 물질 : 황린, 적린, 황화린, 황, 금속
11) 금수성(禁水性)물질 : 탄화칼슘(카바이드), 금속나트륨, 금속칼륨
12) 피부에 침투하면 암을 유발하는 발암성 물질 : 베타나프틸아민, 타르, 크롬 등
13) 아스베스트(석면)분진 흡입으로 인한 직업병 : 진폐증을 유발
14) 진동이 심한 작업장에서 발생하는 직업병 : 레이노씨병을 유발
15) 안티몬 화합물 : 인체내 혈색소를 용해하여 결합력이 강한 헤모글로브린 결합체를 만들어 산소의 공급을 방해하는 중금속

❾ 소화이론 및 소화약제

(1) 소화 방법

1) 냉각소화(화점의 냉각)
   ① 액체의 증발잠열을 이용하는 방법, 열용량이 큰 고체를 이용하는 방법이다.
   ② 냉각소화는 증발열이 크고 값이 싼 물을 가장 많이 사용한다.
2) 희석소화 : 연소반응의 계 내의 가연물이나 산화제의 농도를 낮추어서 반응을 억제시키는 것을 이용하는 방법이다.
3) 화염의 불안정화에 의한 소화 : 혼합기체(가연물+산소 공급원)의 유속을 증가하면 연소속도가 일정하게 되고 화염의 길이는 점차 길어지면서 불이 꺼지게 되는 것을 이용한 방법이다.
4) 연소의 억제소화 : 연소억제제를 사용하여 소화하는 방법이다.
   ① 연소억제제 : 할로겐, 알칼리금속 등
   ② 할로겐원소의 억제 효과 : $I_2 > Br_2 > Cl_2 > F_2$
   ③ 알칼리금속의 억제 효과
      Ce(세시움) > Lu(루비디움) > K(칼륨) > Na(나트륨) > Li(리튬)

(2) 포말 소화제 : 질식 및 냉각 효과

1) 기계포 : 공기포(에어졸)라고도 하며 포제의 수용액을 공기와 혼합하여 포를 만든 것.

구 분	기계포의 소화약제
원액	가수분해단백질, 계면활성제, 일정량의 물
포핵(거품속의 가스)	공기

2) 화학포 : 포제는 중조(A제)와 황산알루미늄(B제)의 반응에 의하여 만들어지고, 여기에 기포안정제인 가수분해 단백질, 사포닝, 계면활성제를 포함시킨다.

3) 포 소화제의 구비조건
① 부착성이 있을 것.
② 열에 대한 센 막을 가지고 유동성이 있을 것.
③ 바람 등에 견디고 응집성과 안전성이 있을 것.
④ 가연물 표면을 짧은 시간 내에 덮을 것.
⑤ 기름 또는 물보다 가벼운 것일 것.

(3) 분말소화기(드라이 케미컬) : 질식 및 냉각 효과

1) 소화약제
① 제1종분말소화약제 : 중탄산나트륨(중조 : $NaHCO_3$),
② 제2종분말소화약제 : 중탄산칼륨($KHCO_3$),
③ 제3종분말소화약제 : 인산암모늄($NH_4H_2PO_4$)
④ 제4종분말소화약제 : 중탄산칼륨+요소[$kHCO_3+(NH_2)_2CO$]
2) 특징 : 전기화재와 유류화재에 효력이 뛰어나다.

(4) 증발성액체 소화기(할로겐화물 소화기) : 희석효과, 억제작용, 기화열에 의한 냉각효과

1) 사염화탄소(CCl_4)
① CTC소화기라고 하며 포스겐 가스($COCl_2$)를 발생하는 경우가 있기 때문에 밀폐된 장소에서는 사용이 곤란하다.
② 사염화탄소는 건조한 공기 중, 습도가 높은 곳, 산화철(Fe_2O_3)이 있는 곳, 탄산가스(CO_2)가 있는 곳에서 포스겐 가스를 발생할 수 있다.
2) 일염화일취화메탄(CH_2ClBr) : C·B 소화기
① 부식성이 크다.
② 사염화탄소보다 소화 효과가 크다.
3) 이취화사불화에탄($CBrF_2CBrF_2$) : F·B 소화기
① 증발성 액체 중 소화 효과가 가장 크다.
② 독성 및 부식성이 적어 보관 중 안전성도 좋다.
4) 증발성 액체 소화기의 구비 조건
① 비점이 낮을 것.
② 증기(기화)가 되기 쉬울 것.
③ 공기 보다 무겁고 불연성일 것.

[표] Halon(할론) 명명법

명명법	보기
Halon 0 0 0 0 ↑ ↑ ↑ ↑ C F Cl Br 의 의 의 의 수 수 수 수	㉠ CH_2ClBr : Halon 1011 ㉡ $CBrF_2CBrF_2$: Halon 2402 ㉢ CF_3Br : Halon 1301 ㉣ $CBrClF_2$: Halon 1211

(5) 탄산가스 소화기 : 질식 및 냉각효과로 유류화재에 많이 사용

(6) 강화액소화기 : 물에 탄산칼륨(K_2CO_3) 등을 녹인 수용액

1) 빙점이 0℃인 물을 탄산칼륨으로 강화하여 빙점을 -17~-30℃까지 낮추어 한냉지역이나 겨울철의 소화에 많이 이용
2) 일반화재, 전기화재에 이용

(7) 산 알칼리 소화기

1) 황산과 중탄산나트륨(중조)의 화학반응으로 생긴 탄산가스(CO_2)의 압력으로 물을 방출시키는 소화기
2) 일반화재, 분무노즐의 경우에는 전기화재에도 적합

(8) 간이 소화제

1) 건조사
2) 중조톱밥
3) 수증기
4) 소화탄
5) 팽창질석, 팽창진주암(알킬알루미늄 소화에 효과)

(9) 소화이론과 관련된 중요사항

1) 물을 소화제로 사용하는 이유
   ① 공기차단(질식 효과)
   ② 기화 잠열이 크다(냉각 효과)
2) 소화기 사용 최적용도
   ① 분말 소화기 : 0~40℃
   ② 포말 소화기 : 5~40℃
3) 포말 소화기가 발생시킬 수 있는 거품의 양 : 소화기 용량의 7~8배
4) 소화제로 사염화탄소(CCl_4)를 사용시 : 포스겐($COCl_2$) 가스발생 우려가 있다.
5) 금속 나트륨 화재 시 쓰이는 소화제 : 마른 모래 및 소다회

6) 가연용 가스 소화 시 가장 많이 쓰이는 것 : 분말(중탄산소다) 소화기

(10) 자동화재 탐지설비

1) 자동화재 탐지 설비의 구성요소
   ① 감지기 : 화원에서 상승하는 열 또는 연기에 의해서 작동한다.
   ② 발신기 : 감지기에 의해 주어지는 신호를 수신기에 보내는 역할을 한다.
   ③ 수신기 : 화재의 발생을 알린다.
2) 감지기의 종류 : 정온식, 차동식, 보상식, 기타 복사검지기 및 연기검지기
3) 정온식 검지기 : 주위의 온도가 일정하게 정해둔 온도에 도달하였을 때에 작동되는 감지기
4) 차동식 검지기 : 외계와의 변화가 일정치를 넘었을 때(주위의 온도가 정해진 비율 이상으로 크게 되었을 경우) 작동되는 검지기
5) 보상식 검지기 : 차동식의 단점인 온도의 완만한 상승에 의한 작동 불능을 해소하기 위해 정온식과 차동식을 조합한 형식의 검지기
6) 복사 검지기 : 일정량의 복사열량을 받았을 때나 화염의 불꽃을 포착하였을 때 작동되는 검지기(터널화재, 항공기 엔진의 감시용으로 사용).
7) 연기 검지기
   ① 화재에 의해서 생성되는 연기 입자에 의해 빛의 흡수에 산란을 일으키는 것을 이용하여 검출하는 광전식과 α선에 의해 이온화되어 있는 공기 중에 연기가 들어가면 이온전류가 감소하는 성질을 이용한 이온화식이다.
   ② 연기 검지기의 방사원 : 라듐(Ra), 아메리듐(Am)

7. 화재·폭발 검토

❶ 화 재

(1) 화재의 종류(소방청 고시)

1) 일반화재(A급 화재) : 나무, 섬유 종이, 고무, 플라스틱류와 같은 일반가연물이라고 해서 재가 남는 화재를 말한다.
2) 유류화재(B급 화재) : 인화성 액체, 가연성 액체, 석유 그리스, 파일, 오일, 유성도료, 솔벤트, 래커, 알코올 및 인화성 가스와 같은 유류라고 해서 재가 남지 않는 화재를 말한다.
3) 전기화재(C급 화재) : 전류가 흐르고 있는 전기기기, 배설과 관련된 화재를 말한다.
4) 주방화재(K급 화재) : 주방에서 음식물유를 취급하는 조리기구에서 일어나는 화재를 말한다.

(2) 적응 소화기

구분	A급 화재(백색) 일반화재	B급 화재(황색) 유류화재	C급 화재(청색) 전기화재	K급 화재 주방화재
소화 효과	냉각	질식	질식, 냉각	질식
적응 소화기	① 물소화기 ② 강화액 소화기 ③ 산알칼리소화기	① 포말소화기 ② 분말소화기 ③ 증발성액체 소화기 ④ CO_2 소화기	① 분말소화기 ② 유기성 소화기 ③ CO_2 소화기	① 분말소화기 ② 증발성액체소화기(헬론소화기)

(3) 화재에 관련된 중요사항

1) 플래쉬 오버(flash over) : 플라스틱 가구가 많은 실내와 가연재에 화재가 발생할 경우, 실내 전체가 단숨에 타오르고 온도가 급격히 상승하는 현상으로 연기에 의한 위험 상태가 증가해진다.
2) 화재 사망의 주요 원인 : 일산화탄소(CO)

3) 공기 중 탄산가스 농도에 따른 현상 : 3~4%(호흡 곤란), 15% 이상(심한 두통), 30% 이상(질식 사망)
4) 갱내 작업장 CO_2 농도 : 1.5% 이하 유지
5) 피부에 화상을 입었을 때의 화상정도 분류
   ㉠ 1도 : 피부가 빨갛다.
   ㉡ 2도 : 물집이 생긴다.
   ㉢ 3도 : 검게 탄다.

❷ 폭발 및 폭굉

(1) 폭발

1) 폭발의 본질 : 급격한 압력의 상승
2) 폭발의 원인
   ① 폭발의 원인이 되는 화학반응 : 연소반응, 분해반응, 중합반응, 폭굉반응, 폭연반응 등
   ② 물리화학적 변화 : 고체 또는 액체의 응상체(凝相體)에서 기상체(氣相體)로의 이상 변화(가스폭발, 분진폭발, 액적폭발)

(2) 폭굉

1) 폭발 중에서도 특히, 격렬한 경우를 폭굉이라 하며, 폭굉이라 함은 가스 중의 음속보다도 화염전파 속도가 큰 경우로 이때는 파면선단에 충격파라 하는 솟구치는 압력파가 발생하여 격렬한 파괴작용을 일으키는 원인이 된다.
2) 폭굉속도(폭속) 및 정상연소속도
   ① 폭굉시 : 1,000~3,500m/sec(폭굉파)
   ② 정상연소시 : 0.03~10m/sec(연소파)
3) 폭굉유도거리가 짧은 경우 : 최초의 완만한 연소가 격렬한 폭굉으로 발전할 때까지의 거리를 폭굉거리라 하며, 그 거리가 짧은 경우는 다음과 같다.
   ① 정상 연소속도가 큰 혼합가스일수록
   ② 관속에 방해물이 있거나 관경이 가늘수록
   ③ 압력이 높을수록
   ④ 점화원의 에너지가 강할수록

❸ 폭발의 분류

(1) 기상폭발

1) 혼합가스의 폭발 : 가연성가스의 연소에 의한 폭발(산화 폭발)
2) 가스의 분해폭발 : 아세틸렌, 산화에틸렌, 에틸렌, 히드라진 등의 폭발
3) 분진 폭발 : 가연성 고체의 미분이나 가연성 액체의 무적(mist)에 의한 폭발

(2) 액상폭발

1) 혼합 위험성에 의한 폭발 : 산화성 물질과 환원성 물질을 혼합하였을 때 폭발
2) 폭발성 화합물의 폭발 : 반응성 물질의 분자내 연소에 의한 폭발과 흡열화합물의 분해반응에 의한 폭발(유기과산화물, 니트로화합물, 질산에스테르 등)
3) 증기 폭발 : 물, 유기액체 또는 액화가스 등의 과열시 순간적인 급속한 증발기에 의한 폭발

(3) 응상폭발(액상 및 고상폭발)

1) 수증기폭발 또는 증기폭발
2) 고상간의 전이에 의한 폭발
3) 전선 폭발
4) 화학류 및 유기과산화물 등의 폭발

(4) 증기운폭발 : 대량의 가연성가스 및 기화하기 쉬운 액체가 사고에 의해 누출, 누설하여 발화원에 의해 폭발, 화재가 발생하는 경우

(5) 분진폭발

1) 분진폭발의 특성
   ① 연소속도나 폭발압력은 가스폭발보다는 작지만 가해지는 힘(파괴력)은 매우 크다.
   ② 2차 폭발을 한다.
   ③ CO(일산화탄소)의 중독피해의 우려가 있다.

2) 분진폭발을 일으키는 조건
   ① 가연성이고
   ③ 분진상태이고
   ③ 조연성가스(공기)중에서 잘 교반되고
   ④ 발화원이 존재하여야 한다.

3) 분진의 폭발성에 영향을 주는 요인
   ① 분진입도 및 입도분포 : 입도가 작을수록 비표면적이 커지고, 표면적이 크면 반응 속도가 커져서 폭발성을 크게 한다.

② 입자의 형상과 표면 상태 : 구형이 될수록 폭발성이 약하며, 입자표면이 산소에 대해 활성일수록 폭발성이 높다.
③ 분진의 부유성 : 부유성이 큰 것일수록 공기 중에 체류하는 시간이 길고 위험성도 커진다.
④ 분진의 화학적 성질과 조성 : 산화반응에 의해서 발생되는 기체량이나 연소열의 대소, 반응 전후에 용적의 변화가 큰 것 등이 분진폭발의 격렬도에 영향을 준다.

4 가연성가스의 폭발한계

(1) 폭발의 성립 조건

1) 가연성가스(증기 또는 분진)가 폭발범위 내에 있어야 한다.
2) 밀폐된 공간이 존재하여야 한다.
3) 점화원(에너지)이 있어야 한다.

(2) 폭발범위(폭발한계) 정의 및 영향요인

1) 폭발범위 : 폭발에 필요한 혼합가스(가연성가스와 공기 또는 산소) 중의 가연성가스의 농도범위를 폭발범위(폭발한계 또는 연소범위라고도 함)라 하며, 낮은 쪽을 폭발하한계, 높은 쪽을 폭발상한계라 한다.
2) 폭발한계에 영향을 주는 요인
   ① 온도 : 폭발하한은 100℃ 증가할 때마다 25℃에서의 값이 8%가 감소하며, 폭발상한은 8%가 증가한다.
   ② 압력 : 가스압력이 높아질수록 폭발범위는 넓어진다.(상한값이 증가함)
   ③ 산소 : 공기 중에서보다 산소 중에서 폭발범위가 넓어진다.(상한값이 증가함)

(3) 양론농도(C_{st}) : 가연성 물질 1몰이 완전연소할 수 있는 공기와의 혼합기체 중 가연성 물질의 부피[%]

1) 양론농도(C_{st})구하는 식 : $C_nH_mO_\lambda Cl_f$ 분자식에서 다음과 같은 식으로도 계산된다.

$$C_{st} = \frac{100}{1 + 4.773\left(n + \dfrac{m-f-2\lambda}{4}\right)}(\%)$$

여기서, n : 탄소
m : 수소
f : 할로겐 원소
λ : 산소의 원자수

2) 양론농도와 폭발한계의 관계
   ① 유기화합물의 폭발하한 값(L)은 양론농도(C_{st})의 약 55%로 추정한다.

② 폭발상한값(u)은 양론농도의 약 3.5배 정도가 된다.

(4) 르-샤틀리에(Le-chatelier)의 법칙 : 혼합가스의 폭발한계를 구하는 식

$$\frac{100}{L} = \frac{V_1}{L_1} + \frac{V_2}{L_2} + \frac{V_3}{L_3} + \cdots + \frac{V_n}{L_n} \text{ (vol\%)}$$

여기서, L : 혼합가스의 폭발한계(%)
$L_1, L_2, L_3 \cdots L_n$: 성분가스의 폭발한계(%)
$V_1, V_2, V_3 \cdots V_n$: 성분가스의 용량(%)

(5) 위험도 : 폭발범위를 하한계로 제(除)한 값을 말하며, H 로 표시한다.

$$H = \frac{U - L}{L}$$

여기서, H : 위험도
U : 폭발상한
L : 폭발하한

(6) 안전간격에 따른 폭발등급

폭발등급	안전간격(mm)	해 당 물 질
1등급	0.6 초과	메탄, 에탄, 프로판, n-부탄, 가솔린, 일산화탄소, 암모니아, 아세톤, 벤젠, 에틸에테르
2등급	0.4mm 초과 0.6mm 이하	에틸렌, 석탄가스
3등급	0.4 이하	수소, 아세틸렌, 이황화탄소, 수성가스

5 발화원

[1] 인화점(flash point)

(1) 인화점 : 공기 중에서 가연성 액체가 그 표면에서 인화하는 데 충분한 농도의 증기(폭발하한계)를 발생하는 최저온도를 말한다.

1) 가연성 증기에 점화원(불꽃)을 주었을 때 연소가 시작되는 최저온도이다.
2) 인화점은 가연성 물질의 위험성을 나타내는 척도이다.

(2) 인화점에 영향을 주는 요인

1) 압력이 증가하면 인화점은 높아지고 압력이 낮아지면 인화점도 낮아진다.
2) 유기물의 수용액은 증기압이 낮아지는 관계로 인화점은 높아진다.

[2] 발화온도

(1) 발화온도(발화점 또는 착화점) : 가연성 물질이 공기 중에서 점화원이 없이 스스로 연소를 개시할 수 있는 최저온도이다.

(2) 발화온도에 영향을 주는 요인

1) 발화 지연시간 : 어느 온도에서 가열하기 시작하여 발화에 이르기까지의 시간을 말하며, 발화지연시간이 짧아지는 경우는 다음과 같다.
   ① 고온, 고압일수록
   ② 가연성가스와 산소의 혼합비가 완전 산화에 가까울수록
2) 증기의 농도와 발화온도의 관계
   ① 동족열(유기화합물)에서 분자량이 증가할수록 발화온도가 감소한다.
   ② 가지 달린 화합물이 직쇄상 화합물보다 높은 발화온도를 갖는다.
3) 환경적 영향에 의해 발화온도가 낮아지는 경우
   ① 용기가 클수록
   ② 압력이 증가할수록
   ③ 산소농도가 증가할수록
   ④ 접촉금속의 열전도율이 좋을수록
   ⑤ 화학적 활성도가 클수록
4) 촉매 : 산화철 파우더는 모든 물질의 발화온도를 낮게 한다.

(3) 발화점에 영향을 주는 인자

1) 가연성가스와 혼합비
2) 발화가 생기는 공간의 형태와 크기
3) 가열속도와 지속시간
4) 기벽의 재질과 촉매 효과
5) 점화원의 종류와 에너지 투여법

(4) 발화원(점화원)의 종류

1) 화기 및 고열물 : 담배불, 난방기구, 굴뚝, 증기배관 등
2) 충격 및 마찰 : 철제공구의 낙하, 그라인더의 불꽃 등
3) 자연 산화(자동 발화) : 중합열 등
4) 기타 단열 압축, 광선 및 방사선, 전기적 발화원(전기 기구), 정전기 방전 불꽃 및 벼락 등

(5) 자연발화현상

1) 자연발화가 일어나는 계에 대한 에너지수식
   열의 축적 = 열의 발생 − 열의 방열
2) 자연발화성물질의 자연발화를 촉진시키는데 영향을 주는 경우
   ① 표면적이 넓고 발열량이 클 것
   ② 주위온도가 높을 것
   ③ 열전도율이 낮을 것

❻ 폭발압력

(1) 밀폐된 용기 내에서 최대 폭발압력

1) 기체 몰수 및 온도와의 관계 : 최대 폭발압력(P_m)은 처음 압력(P_1), 기체 몰수의 변화량($n_1 \to n_2$), 온도변화 ($T_1 \to T_2$)에 비례하여 높아진다.

$$P_m = P_1 \times \frac{n_2}{n_1} \times \frac{T_2}{T_1}$$

2) 폭발압력과 가연성가스의 농도와의 관계
   ① 가연성가스의 농도가 너무 희박하거나 진하여도 폭발압력(P_m)은 낮아진다.
   ② 폭발압력은 양론농도보다 약간 높은 농도에서 가장 높아져 최대폭발이 된다.
   ③ 최대 폭발압력의 크기는 공기보다 산소의 농도가 큰 혼합기체에서 더 높아 진다.
3) 폭발압력 상승속도(r_m)
   ① r_m은 폭발의 종점 가까이에서 존재한다.
   ② 가연성 물질의 농도는 양론농도보다 약간 높은 농도에서 r_m이 된다.

(2) 밀폐된 용기 내에서 폭발압력에 영향을 주는 요인

1) 온도
   ① 온도의 증가에 따라 P_m(최대 폭발압력)은 감소하는데, 이유는 높은 온도에서는 같은 조건에서 물질의 양이 감소하기 때문이다.
   ② 처음 온도 상승에 따라 r_m(최대폭발압력 상승속도)은 증가한다.
2) 최초압력(초기압력)
   ① P_m은 최초압력에 영향을 받으며, 피크폭발압력은 최초 압력의 8배가 된다.
   ② 최초압력이 증가하면 r_m도 증가한다.
3) 용기의 형태
   ① 용기의 지름에 대한 길이의 비가 큰 용기는 P_m이 낮아진다(용기 부피나 모양에는

영향을 받지 않음).
② r_m 은 용기의 부피(V)에 큰 영향을 받으며, 그 관계식은 다음과 같다.

$$r_m V^{1/3} = \text{const}$$

4) 발화원의 강도
① 발화원의 강도가 클수록 P_m 은 약간 증가된다.
② 발화원의 강도가 클수록 r_m 은 크게 높아진다.
5) 난류현상
① 연소하한에 있는 혼합가스(가연성+공기)에 초기난류가 가해진 경우 P_m 은 약 30% 정도 높아진다.
② 난류현상이 있을 때 r_m 은 크게 증가한다.

7 화재 및 폭발 방호

(1) 화재의 예방대책

1) 예방대책 : 화재가 발생하기 전에 발화자체를 방지하는 대책
2) 국한대책 : 화재가 확대되지 않도록 하는 대책
   ① 가연성 물질의 집적방지
   ② 건물 및 설비의 불연성화
   ③ 위험물 시설 등의 지하매설
   ④ 방화벽 및 물, 방유제, 방액제 등의 정비
   ⑤ 일정한 공지의 확보
3) 소화대책 : 초기소화, 본격적인 소화활동
4) 피난대책 : 비상구 등을 통하여 대피하는 대책

(2) 폭발 재해의 대책

1) 예방대책 : 페일 세이프(fail safe)의 원칙을 적용하여 대책수립
2) 국한대책 : 안전장치 설치, 방폭벽설치 등 피해를 최소화하는 대책

(3) 폭발의 방호

1) 폭발봉쇄 : 유독성물질이나 공기 중에서 방출되어서는 안되는 물질의 폭발시 안전밸브나 파열판을 통하여 다른 탱크나 저장소 등으로 보내어 압력을 완화시켜서 파열을 방지하는 방법
2) 폭발억제 : 압력이 상승하였을 때 폭발억제장치가 작동하여 고압불활성가스가 담겨 있는 소화기가 터져서 증기, 가스, 분진폭발 등의 폭발을 진압하여 큰 파괴적인 폭발압력이 되지 않도록 하는 방법

3) 폭발방산 : 안전밸브나 파열판 등에 의해 탱크 내의 기체를 밖으로 방출시켜 압력을 정상화시키는 방법
4) 대기방출 : 가연성가스를 대기 중으로 방출시키는 방법

(4) 분진폭발의 방호

1) 분진물의 생성 방지
2) 발화원의 제거
3) 불활성물질의 첨가

(5) 불활성가스 첨가에 의한 가스폭발의 예방

1) 폭발예방의 원리 : 가연성 혼합가스(가연성 가스+공기) 중의 가연성 성분의 농도를 폭발 하한계 이하로 하는 방법과 폭발상한계 이상으로 하는 2가지 방법이 있다.
   ① 가연성 혼합가스에 불활성 가스를 첨가하면 가연성 가스의 농도가 폭발하한계(연소를 유지할 수 있는 가연성 성분의 최저농도) 이하로 되어 폭발이 일어나지 않는다.
   ② 폭발상한계는 연소를 지속할 수 있는 산소의 최저농도(또는 가연성 성분의 최대농도)이므로 가연성 혼합가스 중의 산소농도를 이 값 이하로 하여 폭발을 예방할 수 있다.
2) 폭발한계산소농도(임계산소농도) : 폭발상한계에 있어서의 연소를 지속할 수 있는 산소의 최저농도를 말하며, 폭발성을 유지하기 위한 최소의 산소농도로서 일반적으로 3성분(가연성 가스+공기+불활성 가스)중의 산소농도로 나타낸다.

8. 화학물질 안전관리 실행

❶ 반응기

(1) 반응기 : 화학반응을 최적조건에서 효율이 좋도록 행하는 기구

(2) 반응기의 구비조건

1) 고온, 고압에 견딜 것
2) 원료물질의 균일한 혼합이 가능할 것
3) 촉매의 활성에 영향을 주지 않을 것
4) 적당한 체류시간이 있을 것
5) 냉각장치(발열반응인 경우 발생열 제거) 및 가열장치(흡열반응에서 반응 온도 유지)를 가질 것

(3) 반응기의 분류

1) 조작방식에 의한 분류
   ① 회분식 반응기(batch reactor)
   ② 반회분식 반응기(semi batch reactor)
   ③ 연속기 반응기(plug flow reactor)

2) 구조방식에 의한 분류
   ① 교반조형 반응기
   ② 관형 반응기
   ③ 탑형 반응기
   ④ 유동층형 반응기

❷ 보일러

(1) 보일러의 시동전 점검사항

1) 급수탱크의 수위
2) 연료의 상태
3) 급수펌프의 운전상태

(2) 보일러의 압력상승 원인

1) 압력계의 눈금을 잘못 읽거나 감시가 소홀했을 때
2) 압력계의 고장으로 기능이 불완전할 때
3) 안전밸브의 기능이 부정확할 때

(3) 보일러의 파열 원인

1) 규정 압력 이상으로 상승하는 원인
   ① 안전장치를 부착하지 않았을 때
   ② 안전장치가 불확실하거나 작용을 하지 않을 때
2) 증기압력이 최고사용압력 이하이더라도 파열하는 원인
   ① 구조상의 결함으로 상용압력에서도 견디지 못할 때
   ② 보일러 부품의 부식
   ③ 과열

(4) 보일러의 과열 원인

1) 수관 및 몸체의 청소 불량
2) 관수를 감소시키고 빈 통에 불을 땔 때
3) 수면계의 고장으로 드럼 내의 물의 감소

(5) 보일러의 부식 원인

1) 불순물을 사용하여 수관이 부식되었을 때
2) 급수처리를 하지 않은 물을 사용할 때
3) 급수에 해로운 불순물이 혼입되었을 때

(6) 보일러 안전에 관련된 중요사항

1) 보일러 폭발의 주요원인 : 급수불량(저수위)
2) 보일러 저수위 사고 방지 : 자동 급수제어장치 점검 철저
3) 과잉증기압력에 의한 보일러 폭발의 주원인 : 안전장치의 결함
4) 보일러 속에 물이 부족하여 급속하게 급수할 때 폭발하는 원인 : 급격수축 때문

③ 증류탑

(1) 증류탑 : 증발하기 쉬운 차이(비점의 차이)를 이용하여 액체혼합물의 성분을 분리하기 위한 장치이다.

(2) 특수 증류 방법

1) 감압증류(진공증류) : 다음 물질을 취급하는 경우에는 비점을 낮추어 처리하기 위해 감압 또는 진공으로 할 필요가 있다.
   ① 취급물질의 비점이 높아 적당한 가열매체가 없는 경우
   ② 가열에 의해 분해를 일으키기 쉬운 물질을 취급하는 경우
2) 추출증류 : 분리하려고 하는 물질의 비점이 거의 다르지 않는 경우에는 용매라고 하는 제3성분을 넣어서 추출증류를 한다.
3) 공비증류 : 비점차이가 상당히 큰 (10℃ 이상) 물질의 혼합물 증류 시 단수를 증가하거나 환류를 증가하여도 어느 한도 이상으로는 분리할 수 없는 경우가 있는데 이와 같은 혼합물을 공비혼합물이라 한다.
   ① 2성분계가 공비혼합물인 경우 분리방법은 추출증류와 같이 제3의 성분을 첨가하는 방법을 사용한다.
   ② 공비증류는 알코올-물계와 같이 상호 용해하고 있는 혼합물에서 물을 제거하는데 사용되는 경우가 많으며 첨가물로 벤젠을 사용한다.
4) 수증기 증류 : 물에 거의 용해되지 않는 휘발성 액체에 직접 수증기를 불어 넣으면서 가열하면 그 액체는 본래의 비점보다는 상당히 낮은 온도에서 유출하는데, 이것이 수증기 증류의 원리이며 다음과 같은 경우에 사용된다.
   ① 물질의 비점이 높고 상압에서 증류하면 분해할 가능성이 있는 경우.
   ② 열원의 온도가 낮기 때문에 원액이 증류온도에 도달하는 것이 곤란한 경우.

(3) 증류탑의 점검사항

1) 일상점검 항목(운전 중에 점검 가능한 항목)
   ① 보온재 및 보냉재의 파손 상황
   ② 도장의 열화상황
   ③ 플랜지(flange)부, 맨홀(manhole)부, 용접부에서 외부누출 여부
   ④ 기초 볼트의 헐거움 여부
   ⑤ 증기배관에 열팽창에 의한 무리한 힘이 가해지고 있는지의 여부와 부식 등
2) 개방시 점검해야 할 항목
   ① 트레이(Tray)의 부식상태, 정도, 범위
   ② 폴리머(polymer) 등의 생성물, 녹 등으로 인하여 포종(泡鐘)의 막힘 여부와 다공판

의 loading 유무
③ 넘쳐흐르는 둑의 높이가 설계와 같은 지의 여부
④ 용접선의 상황과 포종이 단(선반)에 고정되어 있는지의 여부
⑤ 누출이 원인이 되는 균열, 손상여부
⑥ 라이닝(lining), 코팅(coating) 상황

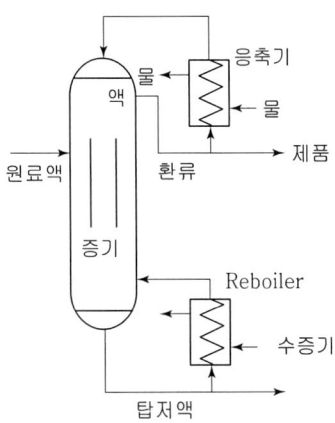

▲ 증류탑의 구조

4 열교환기

(1) 열교환기의 원리 및 목적 : 고온유체와 저온유체의 사이에서 열을 이동시키는 장치로서, 목적은 온도차를 이용하여 가열, 냉각, 증발 및 응축시키는 것이다.

(2) 사용목적에 따른 열교환기의 분류

1) 열교환기 : 폐열의 회수
2) 냉각기 : 고온측 유체의 냉각
3) 가열기 : 저온측 유체의 가열
4) 응축기 : 증기의 응축
5) 증발기 : 저온측 유체의 증발

(3) 열교환기의 효율저하 원인

1) 냉각수를 사용하는 열교환기의 경우
    ① 유체오염에 의한 scale이 관내벽에 부착
    ② 관측 또는 몸통측에 비응축 가스의 축적

2) 증기를 사용하는 열교환기의 경우
   ① 배관이 폐쇄된 경우 증기의 유량이 급격히 감소해서 증기 측의 압이 올라간 경우
   ② 피 가열물의 유량이 중지된 상태나 극단으로 유량이 적은 경우

5 건조 설비

(1) 건조설비
1) 습기가 있는 재료를 처리하여 수분을 제거하고 조작하는 기구를 건조설비라 한다.
2) 건조설비의 구성 : 본체, 가열장치, 부속장치

(2) 형태, 구조에 의한 건조장치의 분류
1) 용액이나 슬러리 건조기
   ① 드럼건조기 : roller사이에서 용액인 슬러리를 증발시킨다.
   ② 교반건조기 : 접착성이 큰 것에 사용된다.
   ③ 분무건조기 : 슬러리나 용액의 미세한 입자 형태를 가열하여 기체 중에 분산해 건조시킨다.
2) 고체건조기
   ① 상자건조기 : 괴상, 입상의 고체를 회분식으로 건조하여 곡물, 점토제품, 비누, 양모 등에 사용된다.
   ② 턴넬건조기 : 다량은 연속적으로 건조한다.
   ③ 회전건조기 : 다량의 입상 또는 결정상 물질을 건조한다.
3) 특수건조기 : 적외선 복사 건조기, 고주파가열건조기(합판건조사용)

(3) 위험물 건조설비를 설치하는 건축물의 구조
1) 위험물 건조설비(위험물 또는 위험물이 발생하는 물질을 가열·건조하는 건조실 및 건조기)
   ① 건조실을 설치하는 건축물의 구조는 독립된 단층건물로 하여야 한다.
   ② 다만, 건조실을 건축물의 최상층에 설치하거나 건축물이 내화구조일 때는 제외한다.
2) 독립된 단층 건물로 해야 하는 건조설비
   ① 위험물을 가열·건조하는 경우 내용적이 $1m^3$ 이상인 건조설비
   ② 위험물이 아닌 물질을 가열·건조하는 경우로서 다음 각 목의 어느 하나의 용량에 해당하는 건조설비
      ㉠ 고체 또는 액체연료의 최대사용량이 시간당 10kg(10kg/hr)이상
      ㉡ 기체연료의 최대사용량이 $1m^3$/hr이상
      ㉢ 전기사용 전격용량이 10kW 이상

⑥ 화학설비 및 특수화학설비

(1) 화학설비 및 그 부속설비

1) 화학설비
   ① 화학물질의 반응 또는 혼합장치·분리장치·저장 또는 계량설비
   ② 열교환기류
   ③ 화학제품 가공설비
   ④ 분체화학물질 취급장치·분리장치
   ⑤ 화학물질 이송 또는 압축설비

2) 화학설비의 부속설비
   ① 화학물질이송 관련설비   ② 자동제어 관련설비
   ③ 비상조치 관련설비   ④ 가스누출감지 및 경보관련설비
   ⑤ 폐가스처리설비   ⑥ 분진처리설비
   ⑦ 전기관련설비   ⑧ 안전관련설비

(2) 특수화학설비

1) 특수화학설비의 종류 : 위험물질의 기준량 이상으로 제조 또는 취급되는 다음 각호의 화학설비
   ① 발열반응이 일어나는 반응장치
   ② 증류·정류·증발·추출 등 분리를 행하는 장치
   ③ 가열시켜주는 물질의 온도가 가열되는 위험물질의 분해온도 또는 발화점보다 높은 상태에서 운전되는 설비
   ④ 반응폭주 등 이상 화학반응에 의하여 위험물질이 발생할 우려가 있는 설비
   ⑤ 온도가 섭씨 350℃ 이상이거나 게이지압력이 980kPa 이상인 상태에서 운전되는 설비
   ⑥ 가열로 또는 가열기

2) 2종 이상의 위험물질을 제조 또는 취급하는 경우 : 다음 공식에 의해 산출한 값(R)이 1 이상인 경우는 기준량 초과로 특수화학설비에 해당됨

$$R = \frac{C_1}{T_1} + \frac{C_2}{T_2} + \cdots + \frac{C_n}{T_n}$$

여기서, C_n : 위험물질 각각의 제조 또는 취급량
         T_n : 위험물질 각각의 기준량

3) 특수화학설비 설치시 내부의 이상상태를 조기에 파악하기 위해 설치하는 장치
   ① 계측장치 : 온도계, 유량계, 압력계 등 설치
   ② 자동경보장치설치(자동경보장치설치 곤란시는 감시인 배치)

4) 특수화학설비 설치시 이상상태의 발생에 따른 폭발, 화재 또는 위험물의 누출방지를 위해 설치하는 장치
   ① 원재료 공급의 긴급차단장치
   ② 제품 등의 긴급방출장치
   ③ 불활성 가스의 주입 또는 냉각용수 등의 공급을 위한 장치 등 설치

7 제어장치

(1) 폐회로방식 제어계 및 작동순서

1) 폐회로방식 제어계 : 외관의 변동에 관계가 없이 제어량이 설정값을 지니도록 제어량과 설정값과를 비교해서 조작량을 변화시켜 조정될 수 있도록 제어대상과 제어장치로서 폐밸브(valver)를 구성하는 제어계이다.
2) 폐회로 방식 제어계의 작동순서 : 공정설비 – 검출부 – 조절계 – 조작부 – 공정설비

(2) 제어동작(조절계에 의한 제어에 필요한 동작)

1) 위치동작 : 2위치동작과 다위치 동작이 있다.
2) 비례동작 : 설정치로부터의 차이에 비례한 조작신호를 내보내는 동작이다.
3) 적분동작 : 제어치와 목표치를 일치시키기 위해 설정치로부터 차이가 발생하면 이 차이에 비례한 속도에서 조작신호가 변화하는 동작이다.
4) 미분동작 : 설정치에서 검출치가 벗어나는 속도에 비례하여 조작신호를 송출하는 동작

> ● 조절부
> 화학공정의 되먹임(피드백, feed back)제어에서 제어알고리즘(동작신호를 작업량으로 바꾸는 제어요소의 부분)을 이용하여 제어할 값을 결정하는 곳

8 안전장치

(1) 안전밸브

1) 안전밸브의 종류
   ① 스프링식(가장 많이 사용)
   ② 가용전식
   ③ 중추식
   ④ 파열판식

2) 안전밸브의 작동압력

안전밸브 작동압력 = 상용압력 × 1.5 × 8/10
　　　　　　　　＝ 내압시험압력 × 8/10

3) 가용전식 용융온도

① 암모니아(NH_3) : 60℃
② 염소(Cl_2)용 : 65~68℃
③ 아세틸렌(C_2H_2)용 : 105±5℃
④ 긴급차단밸브용 : 110℃

(2) 파열판

1) 파열판은 취급물질의 고화 및 부식성 등에 의해 안전밸브의 작동이 곤란한 경우나 방출량이 많은 경우 또는 순간방출을 필요로 하는 경우에 사용되는 안전장치이다.

2) 파열판의 특징

① 구조가 간단하여 취급 및 점검이 용이하다.
② 압력 상승속도가 급격한 중합, 분해 등의 반응장치에 사용된다.
③ 밸브시트 누설이 없다.
④ 부식성 유체, 괴상물질을 함유한 유체에도 적합하다.
⑤ 작동 후 새로운 파열판과 교체해야 한다.

(3) 안전밸브 또는 파열판의 설치

1) 안전밸브 또는 파열판을 설치해야 할 설비

① 압력용기 : 관형 열교환기는 관의 파열로 인한 압력상승이 압력용기의 최고사용압력을 초과할 우려가 있는 경우에 한하며, 내경이 150mm 이하인 압력용기는 제외
② 정변위압축기 : 다단압축기인 경우에는 압축기의 각단
③ 정변위펌프 : 토출츠에 차단밸브가 설치된 것에 한함
④ 배관 : 2개 이상의 밸브에 의하여 차단되어 대기온도에서 액체의 열팽창에 의하여 파열이 우려되는 것이 한함
⑤ 그 밖에 화학설비 및 그 부속설비 : 이상 화학반응, 밸브의 막힘 등 이상상태로 인한 압력상으로 해당 설비의 최고사용압력을 초과할 우려가 있는 곳

2) 파열판을 설치해야 할 경우

① 반응 폭주 등 급격한 압력상승의 우려가 있는 경우
② 독성물질의 누출로 인하여 주위의 작업환경을 오염시킬 우려가 있는 경우
③ 운전 중 안전밸브에 이상 물질이 누적되어 안전밸브가 작동되지 아니할 우려가 있는 경우

(4) 체크밸브, 블로우 밸브, 대기밸브

1) 체크밸브 : 유체의 역류를 방지하는 밸브
2) 블로우밸브 : 과잉 압력을 방출하는 밸브
3) 대기밸브(breather valve) : 통기밸브라고도 하며 항상 탱크 내의 압력을 대기압과 평형한 압력으로 해서 탱크를 보호하는 밸브

(5) Flame arrestor와 Vent stack

1) flame arrestor : 화염의 차단을 목적으로 한 장치
2) vent stack : 탱크 내의 압력을 정상의 상태로 유지하기 위한 가스 방출장치

(6) 긴급차단장치 및 긴급방출장치

1) 긴급차단장치
   ① 긴급차단장치 : 가스누출, 화재 등의 이상사태발생시 그 피해확대를 방지하기 위해 해당 기기에의 원재료 송입을 긴급히 정지하는 안전장치
   ② 종류(작동 동력원에 의한 분류) : 공기압식, 유압식, 전기식
2) 긴급방출장치 : 가스누출, 화재 등이 이상사태 발생시 재해 확대를 방지하기 위해 내용물을 신속하게 외부에 방출하여 안전하게 처리하기 위한 안전장치로 flare stack과 blow down이 있다.
   ① flare stack : 가스나 고휘발성 액체의 증기를 연소해서 대기 중으로 방출하는 장치(가연성, 독성, 냄새를 거의 없앤 후 대기 중에 방산)
   ② blow down : 응축성증기, 열유(熱油), 열액(熱液) 등 공정 액체를 빼내고 이것을 안전하게 유지 또는 처리하기 위한 설비

(7) steam draft : 증기배관 내에 생기는 응축수를 자동적으로 배출하기 위한 장치

9 배관부속품

(1) 배관을 연결할 때 사용하는 관속부품 : 1) 플랜지 2) 유니온 3) 커플링 등

(2) 유로를 차단할 때 사용하는 관속부품 : 1) 플러그 2) 캡 등

(3) 유체의 온도변화로 인해 일어나는 배관의 변형을 방지하기 위해 설치하는 관부속품

1) 팽창곡관
2) 플렉시블조인트
3) 루프형 신축이음쇠

(4) 가스켓 : 압력용기나 관플랜지의 고정접합면을 고정접합면에 끼워서 볼트 및 기타 방법으로 죄어 유체의 누설을 방지하는 작용을 하는 것을 말한다.

(5) 부싱(bushing) : 구멍 내면에 끼워 넣는 두께가 얇은 원통(축받이통)

❿ 압력계 및 유량계

(1) 압력계의 종류

1) 1차 압력계 : 액주식 압력계, 자유피스톤식 압력계
2) 2차 압력계 : 브로돈관 식, 벨로우즈 식, 다이아프램 식, 전기저항 식, 피에조 전기압력계

(2) 유량계의 종류

1) 직접식 유량계 : 습식 가스미터
2) 간접식 유량계
    ① pitot(피토)관(관내 유체의 국부속도 측정에 이용), 오리피스미터, 벤츄리관
    ② 면적식 유량계 : 로터미터

PART 05

건설공사 안전관리

제1장 건설현장 안전 점검
제2장 건설기계 안전
제3장 건설현장 안전시설 관리
제4장 비계·거푸집 가시설 위험 방지
제5장 공사 및 작업 종류별 안전

1. 건설현장 안전 점검

건설공사 안전관리

❶ 지반의 안전성

[1] 지반의 조사방법

(1) 시험파기(터파보기) : 지반을 직경 60~90cm, 깊이 2~3m 정도로 우물 파듯이 파보아 지층 및 용수량 등을 측정하는 것

(2) 탐사관 짚어보기 : 철봉에 의한 검사방법으로 끝이 뾰족한 직경 25~32mm 정도의 철봉을 꽂아 내리고 그 때의 손의 촉감으로 지반의 경·연질 상태, 지내력 등을 측정하는 것

(3) 보오링(boring)

  1) 지하에 깊게 작은 구멍을 뚫어 깊이에 따른 토질의 시료를 채취하여 그에 따라 지층의 상태를 판단하는 방법이다.
  2) 종 류
   ① 기계식 보오링 : 수세식 보오링, 충격식 보오링, 회전식 보오링(가장 정확)
   ② 오우거 보오링(Auger boring) : 인력으로 간단하게 실시하는 방법

[2] 토질 시험

(1) 흙의 분류를 위한 시험

  1) 함수량시험

  $$\therefore 함수비 = \frac{물의\ 중량}{흙의\ 건조중량} \times 100\%$$

  2) 입도시험 : 흙 입자 크기의 분포상태를 중량 백분율로 표시한 것
  3) 액성한계시험 : 흙을 가볍게 충동시켰을 때 처음으로 흐르기 시작하는 함수비
  4) 소성한계시험 : 흙을 국수모양으로 만들 때 부슬부슬해지는 한계의 함수비
  5) 수축한계시험 : 흙이 반고체상태에서 고체상태로 옮겨지는 경계의 함수비
  6) 비중시험 : 흙 입자의 비중을 결정하는 시험

(2) 흙의 공학적 성질을 구하기 위한 시험

1) 투수시험 : 흙의 투수계수를 결정하는 시험
2) 다지기시험 : 흙의 최적함수비와 최대건조밀도를 구하는 시험
3) 전단시험 : 흙의 전단강도 및 흙의 내부마찰각과 점토력을 결정하기 위한 시험
   ① 흙의 전단강도 : Coulomb 식 사용

   $$S = c + \sigma \tan\phi$$

   여기서, S : 흙의 전단강도 (kg/cm^2)
   c : 점착력 (kg/cm^2)
   σ : 전단면에 작용하는 수직응력 (kg/cm^2)
   ϕ : 내부 마찰각

   ② 흙의 역학적 성질 중 전단강도가 가장 중요하다
4) 압밀시험 : 흙의 표면을 구속하고 축 방향으로 배수를 허용하면서 재하할 때의 압축량과 압축속도를 구하는 시험
5) 압축시험
   ① 일축압축시험 : 흙의 일축압축(토질시험) 강도 및 예민비를 결정하는 시험
   ② 삼축압축시험 : 간접 전단시험이라고도 하며 흙의 강도 및 변형계수를 결정하는 시험

(3) 현장의 토질시험방법

1) 표준관입시험 : 흙(사질토 지반)의 경·연질(consistency)과 상대밀도 등을 알기위한 시험
2) 베인시험(Vane test) : 흙(점성토 지반)의 점착력을 판별하는 시험
3) 지내력시험(평판재하시험) : 지반면의 허용지내력을 구하는 시험

[3] 지반의 이상현상 및 대책

(1) 보일링(boiling)현상

1) 보일링 : 사질토 지반 굴착시 굴착부와 지하수위차가 있을 경우 수두차에 의해 삼투압이 생겨 흙막이 벽 근입 부분을 침수하는 동시에 모래가 액상화 되어 솟아오르는 현상
2) 대책
   ① 주변수위를 저하시킨다(웰 포인트 공법에 의하여 물의 압력 감소).
   ② 널말뚝 저면의 타설 깊이를 깊게 한다.
   ③ 널말뚝을 불투수성 점토질 지층까지 깊게 박는다.
   ④ 굴착토의 원상매립 및 작업중지

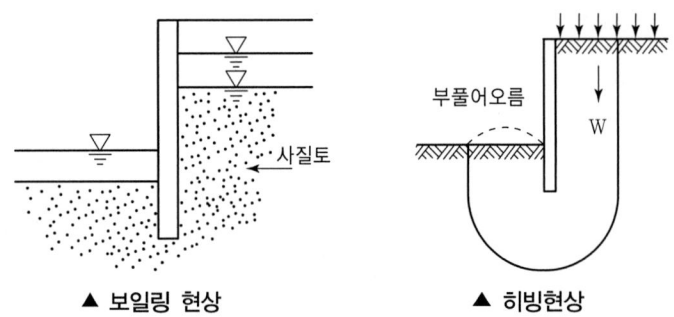

▲ 보일링 현상　　　　▲ 히빙현상

(2) 히빙(Heaving)현상

1) 히빙 : 굴착이 진행됨에 따라 흙막이 벽 뒤쪽 흙의 중량이 굴착부 바닥의 지지력 이상이 되면 흙막이 벽 근입 부분의 지반이동이 발생하여 굴착부 저면이 솟아오르는 현상
2) 대책
   ① 굴착주변의 상재하중 제거
   ② 강성이 높고 강력한 흙막이 벽의 밑을 양질의 지반 속까지 깊게 박음(가장 좋은 방법)
   ③ 트랜치공법 및 부분굴착, 케이슨공법이나 아일랜드공법 고려
   ④ 1.3m 이하 굴착시 버팀대설치 및 버팀대, 브라켓, 흙막이 등 점검

❷ 유해·위험 방지 계획

(1) 유해·위험 방지 계획서 제출
사업주는 유해·위험 방지 계획서를 공사 착공전날까지 공단에 2부를 제출하여야 한다.

(2) 유해·위험 방지 계획서 제출 대상 공사(건설업)

1) 지상 높이가 31m 이상인 건축물 또는 인공구조물, 연면적 3만m^2 이상인 건축물 또는 연면적 5천m^2 이상의 문화 및 집회시설(전시장·동물원·식물원은 제외), 판매시설, 운수시설(고속철도의 역사 및 집배송시설은 제외), 종교시설, 의료시설 중 종합병원, 숙박시설 중 관광숙박시설, 지하도상가 또는 냉동·냉장창고시설의 건설·개조 또는 해체
2) 연면적 5천m^2 이상의 냉동·냉장창고시설의 설비공사 및 단열공사
3) 최대 지간길이가 50m 이상인 교량 건설 등 공사
4) 터널 건설 등의 공사
5) 다목적댐, 발전용댐 및 저수용량 2천만톤 이상의 용수전용댐, 지방상수도 전용댐 건

설 등의 공사
6) 깊이 10m 이상인 굴착공사

❸ 표준 안전 관리비

(1) 안전관리비 산정

안전관리비 = 기본비용 + 별도계상비용

1) 기본비용 : 건설공사현장에서 법에 규정된 사항의 이행을 위해 공통적으로 필요한 비용
2) 별도계상비용 : 건설공사 현장의 특성에 따라 적정한 방법으로 적산하는 안전관리비

(2) 적용범위 : 산업재해보상보험법의 적용을 받는 공사 중 총 공사금액이 2천만원 이상인 건설공사

(3) 안전관리비 계상기준

1) 대상액(재료비 + 직접노무비)이 5억원 미만 또는 50억원 이상일 때 : 대상액에 별표 1에서 정한 비율을 곱한 금액

$$안전관리비 = 대상액 \times \frac{비율(\%)}{100}$$

2) 대상액이 5억원 이상 50억 미만 : 대상액에 별표1에서 정한 비율(X)을 곱한 금액에 기초액(C)을 합한 금액

$$안전관리비 = 대상액 \times \frac{X(\%)}{100} + C(기초액)$$

(4) 공사종류별 규모 및 안전관리비 계상 기준표(별표1)

공사종류 \ 대상액	5억 원 미만	5억 원 이상 50억 원 미만 비율(x)	5억 원 이상 50억 원 미만 기초액(c)	50억 원 이상
건설공사	2.93(%)	1.86(%)	5,349,000원	1.97(%)
토목공사	3.09(%)	1.99(%)	5,499,000원	2.10(%)
중건설공사	3.43(%)	2.35(%)	5,400,000원	2.44(%)
특수 건설공사	1.85(%)	1.20(%)	3,250,000원	1.27(%)

(5) 안전관리비 항목별 사용 내역

1) 안전관리자 등의 인건비 및 각종 업무수당 등
2) 안전시설비 등
3) 개인보호구 및 안전장구 구입비 등
4) 사업장의 안전진단비 등
5) 안전보건교육비 및 행사비 등
6) 근로자의 건강관리비 등
7) 건설재해예방 기술지도비
8) 본사사용비

(6) 안전관리비의 사용내역에서 제외되는 항목

1) 관리감독자의 업무수당 외의 인건비
2) 경비원, 청소원, 폐자재처리원, 사무보조원의 인건비
3) 외부비계, 작업발판, 가설계단 등의 시설비
4) 도로 확장·포장공사 등에서 공사용 외의 차량의 원활한 흐름 및 경계표시를 위한 교통안전시설물
5) 기성제품에 부착된 안전장치 비용
6) 가설전기설비, 분전반, 전신주 이설비용
7) 타법적용사항(대기환경보전법에 의한 대기오염 방지시설 등)
8) 일반근로자 작업복의 구입비
9) 순시선·구명정 등의 구명조끼, 튜브 등 구입비
10) 면장갑, 코팅장갑 구입비
11) 건설기술관리법에 의한 안전점검비, 전기안전대행수수료 등
12) 매설물 탐지, 계측, 지하수개발, 지질조사, 구조안전검토 비용
13) 안전관계자(안전보건관리책임자, 안전보건총괄책임자, 안전관리자, 관리감독자, 명예산업안전감독관, 본사 안전전담부서 안전전담직원) 외의 해외견학·연수비
14) 안전교육장 대지구입비
15) 안전교육장 외의 냉난방 설비비 및 유지비
16) 기공식, 준공식 등 무재해 기원과 관계없는 행사
17) 안전보건의식 고취 명목의 회식비
18) 국민건강보험에 의해 실시되는 비용
19) 숙사 또는 현장사무소 내의 휴게시설비
20) 이동 화장실, 급수, 세면, 샤워시설, 병·의원 등에 지불되는 진료비

2. 건설기계 안전

❶ 굴착기계

(1) 쇼벨계 굴착기계

1) 파워쇼벨(power shovel) : 중기가 위치한 지면보다 높은 장소 굴착시 적합
2) 백호우(drag shovel ; 드래그쇼벨) : 중기가 위치한 지면보다 낮은 장소 굴착 시 적합(앞쪽으로 끌어당기면서 작업)
3) 드래그 라인(drag line)
   ① 중기가 높은 위치에서 깊은 곳을 굴착할 때 적합
   ② 연약한 지반굴착, 수중굴착 등 작업범위 광범위
4) 클램 셸(clamshell)
   ① 붐의 선단에서 버킷을 와이어로프로 매달아 바로 아래로 떨어뜨려 흙을 떠 올리는 중기
   ② 수직굴착, 수중굴착, 연약지반에 사용

(2) 굴착기의 전부장치 : 붐, 암, 버킷으로 구성되어 있으며 모두 유압실린더에 의해 작동을 한다.

❷ 토공기계

(1) 도 저

1) 도저 : 트랙터에 블레이드 (blade ; 배토판, 토공판)를 장착하여 송토, 절토, 성토작업을 하는 중기
2) 도저의 종류 : 불도저, 앵글도저, 틸드도저

(2) 스크레이퍼 : 굴착기와 운반기를 조합한 토공만능기로 굴착, 싣기, 운반, 하역 등의 작업을 연속적으로 행할 수 있는 중기

(3) 모터그레이더

1) 지면을 절삭하여 평활하게 다듬는 것이 목적인 토공기계의 대패
2) 모터 그레이더의 종류 : 기계식 모터 그레이더, 유압식 모터 그레이더

(4) 롤러

1) 2개 이상의 매끈한 드럼 롤러를 바퀴로 하는 다짐기계
2) 종류
   ① 마케덤 롤러(macadam roller) : 앞쪽에 1개의 조향륜 롤러와 뒤축에 2개의 롤러가 배치된 것으로(2축 3륜), 전륜구동식과 후륜구동식이 있다.(3륜 롤러, 3-wheel roller)
   ② 탠덤 롤러(tandem roller) : 앞뒤 2개의 차륜이 있으며(2축 2륜), 각각의 차축이 평행으로 배치된 것이다.
   ③ 탬핑 롤러(tamping roller) : 롤러의 표면에 돌기를 만들어 부착한 것으로 돌기가 전압층에 매입되어 풍화암을 파쇄하고 흙 속의 간극수압을 제거하는 롤러이다.

❸ 운반기계

(1) 지게차(fork lift)

1) 지게차 : 차체 앞에 화물적재용 포크와 포크승강용 마스트를 갖춘 특수자동차로 운반 및 하역에 이용된다.
2) 안정도

상태	상태	구배(%)
전후안정도	기준 부하 상태에서 포크를 최고로 올린 상태 (하역 작업 시)	최대하중 5톤 미만 : 4 최대하중 5톤 이상 : 3.5
	주행시 기준 무부하 상태	18
좌우안정도	기준 부하 상태에서 포크를 최고로 올리고 마스트를 최대로 기울인 상태(하역 작업 시)	6
	주행시의 기준 무부하 상태	15+1.1×최고 속도

∴ 안정도 $= \dfrac{h}{l} \times 100(\%)$

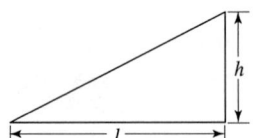

3) 지게차 헤드가드의 구비조건
    ① 상부틀의 각개구부의 폭 또는 길이 : 16cm 미만
    ② 강도 : 지게차 최대하중의 2배 값(4t 초과 시는 4t)의 등분포정하중에 견딜 수 있을 것
    ③ 헤드가드 높이 : 입식 1.88m 이상, 좌식 0.903m 이상
4) 지게차 작업 시작 전 점검사항
    ① 제동장치 및 조종장치 기능의 이상 유무
    ② 하역장치 및 유압장치 기능의 이상 유무
    ③ 바퀴의 이상 유무
    ④ 전조등, 후조등, 방향지시기 및 경보장치기능의 이상 유무

(2) 로더

1) 로더 : 셔블도저, 트랙터 셔블이라고도 하며 트랙터의 앞 작업장치에 버킷을 붙인 기계로 굴착 및 상차를 주작업으로 한다.
2) 로더의 작업
    ① 굴착 작업
    ② 송토 작업
    ③ 지면고르기 작업
    ④ 깎아내기 작업

❹ 법상 차량계 건설기계 및 하역 운반기계

[1] 법상 차량계 건설기계

(1) 법상 차량계 건설기계의 종류

1) 도저형 건설기계(불도저, 스트레이트도저, 틸트도저, 앵글도저, 버킷도저 등)
2) 모터그레이더
3) 로더(포크 등 부착물 종류에 따른 용도 변경 형식을 포함한다)
4) 스크레이퍼
5) 크레인형 굴착기계(크램쉘, 드래그라인 등)
6) 굴삭기(브레이커, 크러셔, 드릴 등 부착물 종류에 따른 용도 변경 형식을 포함한다)
7) 항타기 및 항발기
8) 천공용 건설기계(어스드릴, 어스오거, 크롤러드릴, 점보드릴 등)
9) 지반 압밀침하용 건설기계(샌드드레인머신, 페이퍼드레인머신, 팩드레인머신 등)
10) 지반 다짐용 건설기계(타이어롤러, 매커덤롤러, 탠덤롤러 등)
11) 준설용 건설기계(버킷준설선, 그래브준설선, 펌프준설선 등)
12) 콘크리트 펌프카

13) 덤프트럭
14) 콘크리트 믹서 트럭
15) 도로포장용 건설기계(아스팔트 살포기, 콘크리트 살포기, 아스팔트 피니셔, 콘크리트 피니셔 등)
16) 제1)호부터 제15)까지와 유사한 구조 또는 기능을 갖는 건설기계로서 건설작업에 사용하는 것

(2) 차량계 건설기계를 사용하여 작업을 할 때 작업계획에 포함되는 내용

1) 사용하는 차량계 건설기계의 종류 및 능력
2) 차량계 건설기계의 운행경로
3) 차량계 건설기계에 의한 작업방법

(3) 차량계 건설기계의 전도 등의 방지(차량계 건설기계의 전도 또는 전락 등에 의한 근로자의 위험방지 조치사항)

1) 갓길(노견)의 붕괴방지
2) 지반의 부동침하방지
3) 도록폭의 유지
4) 유도자 배치

(4) 차량계 건설기계 작업시 근로자의 접촉방지 안전기준

1) 근로자의 출입금지
2) 유도자 배치

(5) 차량계 건설기계·차량계 하역 운반기계 등 운전자 운전위치 이탈시 준수사항

1) 포크, 버킷, 디퍼 등 장치를 가장 낮은 위치 또는 지면에 내려둘 것
2) 원동기를 정지시키고 브레이크를 확실히 거는 등 갑작스러운 주행이나 이탈을 방지하기 위한 조치를 할 것
3) 운전석을 이탈하는 경우에는 시동키를 운전대에서 분리시킬 것. 다만, 운전석에 잠금장치를 하는 등 운전자가 아닌 사람이 운전하지 못하도록 조치한 경우에는 제외

(6) 차량계 건설기계의 붐, 아암 등의 불시 하강에 의한 위험방지를 위해 근로자가 준수해야 할 사항

1) 안전지주 사용
2) 안전블록 사용

(7) 차량계 건설기계의 작업시작 전 점검사항 : 브레이크 및 클러치 등의 기능

(8) 항타기·항발기의 안전기준

1) 항타기 또는 항발기의 부적격한 권상용 와이어로프의 사용금지 사항
① 이음매가 있는 것
② 와이어로프 한 꼬임에서 소선(필러선 제외)의 수가 10% 이상 절단된 것
③ 지름의 감소가 호칭지름의 7%를 초과하는 것
④ 심하게 변형 또는 부식된 것
⑤ 꼬인 것
⑥ 열과 전기충격에 의해 손상된 것

2) 항타기, 항발기의 권상용 와이어로프의 안전계수 : 5이상

3) 항타기, 항발기조립시 사용 전 점검사항
① 본체의 연결부의 풀림 또는 손상의 유무
② 권상용 와이어로프, 드럼 및 도르래의 부착상태의 이상유무
③ 권상장치의 브레이크 및 쐐기장치 기능의 이상유무
④ 권상기의 설치상태의 이상유무
⑤ 버팀의 방법 및 고정상태의 이상유무

[2] 법상 차량계 하역 운반기계

(1) 법상 차량계 하역운반기계의 종류

1) 지게차　　　　2) 구내운반차　　　　3) 화물자동차

(2) 차량계 하역운반기계에 의한 작업시 작업계획의 작성 내용

1) 작업에 따른 추락·낙하·전도·협착 및 붕괴 등의 위험을 예방할 수 있는 안전대책
2) 차량계 하역운반기계의 운행경로 및 작업방법

(3) 차량계 하역운반기계의 포오크, 셔블, 아암 또는 이들에 의하여 지지되어 있는 화물의 밑에 근로자를 출입시킬 경우 조치할 사항

1) 안전지주 사용 2) 안전블록 사용

(4) 차량계 하역운반기계의 전도, 전락 등에 의한 근로자의 위험방지 조치사항

1) 유도자 배치
2) 지반의 부동침하 방지
3) 갓길(노견)의 붕괴 방지

(5) 차량계 하역운반기계에 화물적재시 준수사항

1) 편하중이 생기지 아니하도록 적재할 것
2) 구내운반차 또는 화물자동차에 있어서 화물의 붕괴 또는 낙하로 인한 근로자의 위험을 방지하기 위하여 화물에 로프를 거는 등 필요한 조치를 할 것
3) 운전자의 시야를 가리지 아니하도록 화물을 적재할 것

(6) 차량계 하역운반기계 등의 수리 또는 부속장치의 장착 및 해체작업시 작업지휘자의 준수사항

1) 작업순서를 결정하고 작업을 지휘할 것
2) 안전지주 또는 안전블록 등의 사용상황 등을 점검할 것

❺ 건설용 양중기

[1] 양중기

(1) 양중기의 종류

1) 크레인(호이스트 포함)
2) 이동식 크레인
3) 리프트(이삿짐운반용 리프트의 경우 적재하중이 0.1ton 이상인 것)
4) 곤돌라
5) 승강기

(2) 양중기의 방호장치

1) 과부하방지장치
2) 권과방지장치
3) 비상정지장치
4) 제동장치 등

[2] 크레인

(1) 크레인의 작업 시작 전 점검사항

1) 권과방지장치, 브레이크, 클러치 및 운전 장치의 기능
2) 주행로의 상측 및 트롤리가 횡행하는 레일의 상태
3) 와이어로프가 통하고 있는 곳의 상태

(2) 크레인의 설치·조립·수리·점검 또는 해체작업시 조치사항

1) 작업순서를 정하고 그 순서에 의하여 작업을 실시할 것
2) 작업을 할 구역에 관계근로자 외의 자의 출입을 금지시키고 그 취지를 보기 쉬운

곳에 표시할 것
3) 비·눈 그 밖의 기상상태의 불안정으로 인하여 날씨가 몹시 나쁠 때에는 그 작업을 중지시킬 것
4) 작업장소는 안전한 작업이 이루어질 수 있도록 충분한 공간을 확보하고 장애물이 없도록 할 것
5) 들어올리거나 내리는 기자재는 균형을 유지하면서 작업을 실시하도록 할 것
6) 크레인의 능력, 사용조건 등에 따라 충분한 응력을 갖는 구조로 기초를 설치하고 침하 등이 일어나지 아니하도록 할 것

(3) 폭풍에 의한 이탈방지조치 및 이상유무 점검

1) 이탈방지조치 : 순간 풍속이 30m/sec를 초과하는 바람이 불어올 우려가 있을 때는 옥외 설치 주행 크레인에 대하여 이탈방지 장치를 작동 시킬 것
2) 이상유무점검 : 순간 풍속이 30m/sec를 초과하는 바람이 불어온 후 또는 중진이상 진도의 지진 후에는 크레인의 각 부위의 이상유무를 점검할 것

[3] 이동식 크레인

(1) 추락방지 조치사항(전용탑승설비를 설치한 경우)

1) 탑승설비가 뒤집히거나 떨어지지 아니하도록 필요한 조치를 할 것
2) 안전대 및 구명줄을 설치하고, 안전난간의 설치가 가능한 구조인 경우에는 안전난간을 설치할 것

(2) 이동식 크레인의 작업시작 전 점검사항

1) 권과방지장치나 그 밖의 경보장치의 기능
2) 브레이크, 클러치 및 조정장치의 기능
3) 와이어로프가 통하고 있는 곳 및 작업장소의 지반상태

[4] 타워크레인

(1) 타워크레인의 설치·조립·해체작업시 작업계획서의 작성내용

1) 타워크레인의 종류 및 형식
2) 설치·조립 및 해체순서
3) 작업도구·장비·가설설비 및 방호설비
4) 작업인원의 구성 및 작업근로자의 역할 범위
5) 타워크레인의 지지방법

(2) 강풍시 타워크레인의 작업제한

1) 순간풍속이 매초당 10m를 초과하는 경우 : 타워크레인의 설치·수리·점검 또는 해체작업을 중지할 것
2) 순간풍속이 매초당 15m를 초과하는 경우 : 타워크레인의 운전작업을 중지할 것

[5] 리프트

(1) 종류 : 건설용 리프트, 산업용 리프트, 자동차정비용 리프트, 이삿짐운반용 리프트

(2) 건설용 리프트의 붕괴방지조치 : 순간 풍속이 35m/sec를 초과하는 바람이 불어올 우려가 있을 때는 받침수를 증가하는 등 붕괴를 방지하기 위한 조치를 할 것

(3) 리프트의 작업시작 전 점검사항

1) 방호장치·브레이크 및 클러치의 기능
2) 와이어로프가 통하고 있는 곳의 상태

[6] 곤돌라

(1) 운전방법 등의 주지 : 곤돌라의 운전방법 또는 고장이 났을 때의 처치방법을 그 곤돌라를 사용하는 근로자에게 주지시켜야 한다.

(2) 곤도라의 작업 시작전 점검사항

1) 방호장치, 브레이크 기능
2) 와이어로프 및 슬링 와이어 등의 상태

[7] 승강기

(1) 승강기의 방호장치

1) 과부하방지장치
2) 파이널리미트 스위치
3) 비상정지장치
4) 속도조절기
5) 출입문 인터록

(2) 승강기의 설치·조립·수리·점검 또는 해체작업시 조치사항

1) 작업을 지휘하는 자를 선임하여 그 자의 지휘하에 작업을 실시할 것.
2) 작업을 할 구역에 관계근로자 외의 자의 출입을 금지시키고 그 취지를 보기 쉬운 장소에 표시할 것.

3) 비·눈 그 밖의 기상상태의 불안정으로 인하여 날씨가 몹시 나쁠 때에는 그 작업을 중지시킬 것.

[8] 양중기의 와이어로프·달기체인

(1) 양중기의 와이어로프(고리걸이용 포함) 또는 달기체인의 안전계수

1) 근로자가 탑승하는 운반구를 지지하는 경우 : 10 이상
2) 화물의 하중을 직접 지지하는 경우 : 5 이상
3) 훅, 샤클, 클램프, 리프팅 빔 등의 경우 : 3 이상
4) 기타 : 4 이상

(2) 부적격한 와이어로프의 사용금지사항

1) 이음매가 있는 것
2) 와이어로프의 한 꼬임에서 끊어진 소선(필러선 제외)의 수가 10% 이상(비전자로프의 경우에는 끊어진 소선의 수가 와이어로프 호칭지름의 6배 길이 이내에서 4개 이상이거나 호칭지름 30배 길이 이내에서 8개 이상)인 것
3) 지름의 감소가 공칭지름의 7%를 초과하는 것
4) 꼬인 것
5) 심하게 변형 또는 부식된 것
6) 열과 전기충격에 의해 손상된 것

(3) 부적격한 달기체인의 사용금지사항

1) 달기체인의 길이의 증가가 그 달기체인이 제조된 때의 길이의 5%를 초과한 것
2) 링의 단면지름 감소가 그 달기체인이 제조된 때의 당해 링의 지름의 10%를 초과한 것
3) 균열이 있거나 심하게 변형된 것

(4) 부적격한 섬유로프의 사용금지사항

1) 꼬임이 끊어진 것
2) 심하게 손상 또는 부식된 것

3. 건설현장 안전시설 관리

건설공사 안전관리

❶ 추락재해

[1] 추락재해의 위험성 및 안전조치

(1) 높이 2m 이상의 장소(고소장소)에서의 추락재해 방지 조치사항

1) 작업발판 설치
1) 방망 설치
3) 안전대 착용

(2) 높이 2m 이상의 작업발판 끝이나 개구부 등의 추락재해 방지 조치사항

1) 안전난간, 울타리 및 수직형 추락방망 등 설치
2) 충분한 강도를 가진 구조의 덮개 설치 및 개구부 표시
3) 난간 설치 곤란 시 방망을 치거나 안전대 착용

(3) 슬레이트 등 지붕위에서의 위험방지 조치사항

1) 폭 30cm 이상의 발판 설치
2) 방망설치

(4) 안전난간의 구조 및 설치요건(안전보건규칙)

1) 상부난간대, 중간난간대, 발끝막이판 및 난간기둥으로 구성할 것(중간난간대, 발끝막이판 및 난간기둥은 이와 비슷한 구조 및 성능을 가진 것으로 대체할 수 있다.)
2) 상부난간대는 바닥면, 발판 또는 경사로의 표면(이하 "바닥면 등"이라 한다)으로부터 90cm 이상 지점에 설치하고, 상부난간대를 120cm 이하에 설치하는 경우 중간난간대는 상부난간대와 바닥면 등의 중간에 설치하여야 하며, 120cm 이상 지점에 설치하는 경우에는 중간난간대를 2단 이상으로 균등하게 설치하고 난간의 상하간격은 60cm 이하가 되도록 할 것
3) 발끝막이판은 바닥면 등으로부터 10cm 이상의 높이를 유지할 것(물체가 떨어지거나 날아올 위험이 없거나 그 위험을 방지할 수 있는 망을 설치하는 등 필요한 예방조치를

한 장소를 제외한다.)
4) 난간기둥은 상부난간대와 중간난간대를 견고하게 떠받칠 수 있도록 적정 간격을 유지할 것
5) 상부난간대와 중간난간대는 난간길이 전체에 걸쳐 바닥면 등과 평행을 유지할 것
6) 난간대는 지름 2.7cm 이상의 금속제 파이프나 그 이상의 강도를 가진 재료일 것
7) 안전난간은 구조적으로 가장 취약한 지점에서 가장 취약한 방향으로 작용하는 100kg 이상의 하중에 견딜 수 있는 튼튼한 구조일 것

[2] 추락방지용 방망의 구조등 안전기준

(1) 구조

1) 구성 : 방망, 망테두리, 재봉사, 매다는 망 등
2) 재료 : 합성섬유 또는 그 이상의 재질을 보유한 것
3) 그물코 : 가로, 세로 10cm이하
4) 그물바닥 : 뒤틀리거나 어긋나지 않는 구조

(2) 강도

1) 테두리 및 매다는 망의 강도 : $1500kg/cm^2$
2) 방망사의 신품에 대한 인장강도

그물코의 종류	매듭없는 방망의 강도	매듭방망의 강도
10cm	240kg	200kg
5cm		110kg

3) 방망사의 폐기시 인장강도

그물코의 크기 (단위 : cm)	방망의 종류 (단위 : kg)	
	매듭 없는 방망	매듭방망
10	150	135
5		60

(3) 추락방지망(안전방망)의 설치기준

1) 설치위치 : 가능하면 작업면으로부터 가까운 지점에 설치하여야 하며, 작업면에서 방망설치지점까지의 수직거리는 10m를 초과하지 아니할 것
2) 방망은 수평으로 설치할 것
3) 방망의 처짐 : 짧은 변 길이의 12% 이상
4) 방망의 내민 길이 : 벽면으로부터 3m 이상

주 다만, 그물코가 20mm 이하인 망을 사용한 경우에는 낙하물방지망을 설치한 것으로 봄.

(4) 방망지지점 강도

1) 600kg의 외력에 견딜 수 있을 것
2) 연속적인 구조물이 방망지지점인 경우의 외력

$F = 200B$

여기서, F : 외력(kg)
B : 지지점 간격(m)

(5) 방망의 정기시험
: 방망은 사용 개시 후 1년 이내, 그 후 6개월마다 1회 정기적으로 시험용사에 대하여 인장시험을 하여야 한다.

(6) 방망의 표시사항

1) 제조자명
2) 제조연월
3) 재봉치수
4) 그물코
5) 신품 때의 방망의 강도

❷ 낙하·비래재해

[1] 낙하·비래의 위험방지 조치사항 및 방호설비

(1) 물체가 낙하·비래할 위험이 있을 경우 위험방지 조치사항

1) 낙하물 방지망(방망)·수직 보호망 또는 방호선반의 설치
2) 출입금지 구역의 설정
3) 보호구 착용

(2) 낙하물 방지망 또는 방호선반의 설치기준

1) 높이 10m 이내마다 설치하고, 내민 길이는 벽면으로부터 2m 이상으로 할 것
2) 수평면과의 각도는 20° 이상 30° 이하를 유지할 것

(3) 물체를 투하할 경우 위험방지 조치사항

1) 투하설비 설치 2) 감시인 배치

(4) 낙하·비래재해의 방호설비
: 방호철망, 방호울타리, 방호시트, 방호선반, 안전망 등

❸ 붕괴재해

[1] 붕괴재해의 위험방지 조치사항

(1) 갱내에서의 낙반 또는 측벽의 붕괴에 의한 위험방지 조치사항

1) 지보공 설치
2) 부석제거

(2) 지반의 붕괴, 구축물의 붕괴 또는 토석의 낙하 등에 의한 위험방지 조치사항

1) 지반을 안전한 경사로 할 것
2) 낙하의 위험이 있는 토석을 제거할 것
3) 옹벽, 흙막이 지보공을 설치할 것
4) 지반의 붕괴, 토석의 낙하원인이 되는 빗물이나 지하수 등을 배제할 것

(3) 굴착작업 시 지반의 붕괴 또는 토석의 낙하 등에 의한 위험방지 조치사항

1) 흙막이 지보공의 설치
2) 방호망의 설치
3) 근로자의 출입금지
4) 비올 경우 대비 측구설치 및 굴착사면에 비닐을 덮음

(4) 지반의 굴착작업 시 조사사항

1) 형상, 지질 및 지층의 상태
2) 균열·함수용수 및 동결의 유무 또는 상태
3) 매설물의 유무 또는 상태
4) 지반의 지하수위 상태

(5) 굴착면의 기울기(구배) 기준

구 분	지반의 종류	구 배
보통 흙	모 래	1:1.8
	그 밖에 흙	1:1.2
암 반	풍화암	1:1.0
	연 암	1:1.0
	경 암	1:0.5

(6) 흙막이지보공(흙막이판, 말뚝, 버팀대 및 띠장 등) 조립시 조립도에 포함되는 내용

1) 부재의 배치
2) 부재의 치수
3) 부재의 재질
4) 부재의 설치방법과 순서

(7) 흙막이지보공 설치시 붕괴 등의 위험방지를 위한 정기점검사항

1) 부재의 손상·변형·부식·변위 및 탈락의 유무와 상태
2) 버팀대의 긴압의 정도
3) 부재의 접속부·부착부 및 교차부의 상태
4) 침하의 정도

[2] 터널작업 등의 위험방지

(1) 사전조사 및 작업계획서 내용

1) 터널굴착작업시 낙반·출수 및 가스폭발 등의 위험방지를 위해 미리 조사할 사항 : 지형·지질 및 지층상태
2) 터널굴착작업시 작업계획의 작성내용
   ① 굴착의 방법
   ② 터널지보공 및 복공의 시공방법과 용수의 처리방법
   ③ 환기 또는 조명시설을 하는 때에는 그 방법

(2) 자동경보장치의 설치 등

1) 터널공사 등 건설작업시에는 인화성 가스의 농도를 측정할 담당자를 지명하고, 인화성 가스의 농도를 측정할 것
2) 자동경보장치의 설치 : 터널공사 등 건설작업시에는 인화성 가스 농도의 이상상승을 조기에 파악하기 위해 자동경보장치를 설치할 것
3) 자동경보장치에 대한 당일의 작업시작 전 점검사항
   ① 계기의 이상유무
   ② 검지부의 이상유무
   ③ 경보장치의 작동상태

(3) 터널건설작업시 낙반 등에 의한 위험방지 조치사항

1) 터널지보공 설치
2) 록볼트의 설치
3) 부석의 제거

(4) 터널 등의 출입구 부근의 지반 붕괴 및 토석 낙하에 의한 위험방지 조치사항

1) 흙막이지보공 설치
2) 방호망 설치

(5) 터널작업시 터널 내부의 시계를 유지하기 위한 조치사항
1) 환기를 시킬 것
2) 물을 뿌릴 것

(6) 터널지보공 설치시 수시점검사항
1) 부재의 손상·변형·부식·변위 탈락의 유무 및 상태
2) 부재의 긴압의 정도
3) 부재의 접속부 및 교차부의 상태
4) 기둥침하의 유무 및 상태

(7) 깊이 10.5m 이상의 굴착시 설치해야 할 계측기기
1) 수위계
2) 경사계
3) 하중 및 침하계
4) 응력계

(8) 파이럿터널(pilot tunnel) : 본 터널(main tunnel)을 시공하기 전에 터널에서 약간 떨어진 곳에 지질조사, 환기, 배수, 운반 등의 상태를 알아보기 위하여 설치하는 터널

[3] 채석작업 및 잠함내 작업 등 안전기준

(1) 채석작업시 작업계획의 작성내용
1) 노천굴착과 갱내굴착의 구별 및 채석방법
2) 굴착면의 높이와 기울기
3) 굴착면의 소단(小段)의 위치와 넓이
4) 갱내에서의 낙반 및 붕괴방지의 방법
5) 발파방법
6) 암석의 분할방법
7) 암석의 가공장소
8) 사용하는 굴착기계·분할기계·적재기계 또는 운반기계(이하 "굴착기계 등"이라 함)의 종류 및 능력
9) 토석 또는 암석의 적재 및 운반방법과 운반경로
10) 표토 또는 용수의 처리방법

(2) 잠함·우물통·수직갱 그 밖에 이와 유사한 건설물 또는 설비의 내부에서 굴착작업시 준수사항
1) 산소결핍의 우려가 있는 때에는 산소의 농도를 측정하는 자를 지명하여 측정하도록

할 것
2) 근로자가 안전하게 승강하기 위한 설비(승강설비)를 설치할 것
3) 굴착깊이가 20m를 초과하는 때에는 해당 작업장소와 외부와의 연락을 위한 통신설비 등을 설치할 것
4) 산소결핍이 인정되거나 굴착깊이가 20m를 초과할 때에는 송기설비를 설치하여 필요한 양의 공기를 공급할 것

[4] 토석붕괴

(1) 토석붕괴의 원인(고용노동부 고시)

1) 외적요인
   ① 사면, 법면의 경사 및 구배의 증가
   ② 절토 및 성토 높이의 증가
   ③ 지표수 및 지하수의 침투에 의한 토사중량의 증가
   ④ 공사에 의한 진동 및 반복하중의 증가
   ⑤ 지진, 차량, 구조물의 하중
2) 내적요인
   ① 절토사면의 토질, 암석   ② 토석의 강도저하
   ③ 성토사면의 토질

(2) 토석 붕괴의 형태

1) 미끄러져 내림   2) 절토면의 붕괴
3) 얕은 표층의 붕괴   4) 성토법면의 붕괴
5) 깊은 절토 법면의 붕괴

(3) 토석 붕괴 시 조치사항

1) 동시작업의 금지   2) 대피 통로 및 공간의 확보
3) 2차재해 방지

(4) 토사붕괴예방을 위한 조치사항(고용노동부 고시)

1) 적절한 경사면의 기울기를 계획하여야 한다.
2) 경사면의 기울기가 당초 계획과 차이가 발생되면 즉시 재검토하여 계획을 변경시켜야 한다.
3) 활동할 가능성이 있는 토석은 제거하여야 한다.
4) 경사면의 하단부에 압성토 등 보강공법으로 활동에 대한 저항대책을 강구하여야 한다.

5) 말뚝(강관, H형강, 철근콘크리트)을 타입하여 지반을 강화시킨다.
6) 비탈면 또는 법면의 「하단」을 다져서 활동이 안 되도록 저항을 만들어야 한다.
7) 지표수가 침투되지 않도록 배수를 시키고 지하수위를 낮추기 위하여 수평보링을 하여 배수시켜야 한다.

(5) 토사붕괴의 발생을 예방하기 위하여 점검할 사항(고용노동부 고시)

1) 전 지표면의 답사
2) 경사면의 지층 변화부 상황 확인
3) 부석의 상황 변화의 확인
4) 용수의 발생 유무 또는 용수량의 변화 확인
5) 결빙과 해빙에 대한 상황의 확인
6) 각종 경사면 보호공의 변위, 탈락 유무
7) 점검시기는 작업 전·중·후, 비온 후, 인접 작업구역에서 발파한 경우에 실시

[5] 지반개량공법

(1) 연약지반 개량공법

1) 치환공법 : 굴착치환공법, 성토자중에 의한 치환공법, 폭파치환공법, 폭파다짐공법
2) 압성토 및 여성토 공법
3) 샌드드레인공법 및 페이퍼드레인공법
4) 샌드콤펙션 말뚝공법(다짐모래말뚝공법 : 압축법)
5) 바이브로플로테이션공법(진동법)
6) 약액주입공법과 생석회 파일공법

(2) 점토지반의 개량공법

1) 샌드드레인(sand drain)공법
2) 페이퍼드레인(paper drain)공법
3) 프리로딩(pre loading)공법
4) 치환공법

(3) 사질토지반을 강화하는 개량공법 : 다짐기계 등을 이용하는 다짐공법 사용

1) 바이브로플로테이션 공법 : 진동법
2) 샌드콤펙션말뚝 공법 : 압축법

(4) 지반개량을 위한 재하공법

1) 여성토(pre-loading)공법
2) 서차지(sur-charge)공법

3) 사면선단 재하공법

(5) 지반개량을 위한 탈수공법

1) 샌드드레인 공법(점성토에 적합)
2) 페이퍼드레인 공법(점성토에 적합)
3) 웰포인트 공법(사질토에 적합)
4) 생석회 공법

(6) 언더피닝 공법 : 기존건물의 인접된 장소에서 새로운 깊은 기초를 시공하고자 할 때 기존건물의 기초를 보강하거나 새로이 기초를 삽입하는 공법

❹ 감전안전

[1] 정전 작업시 및 정전작업 후 조치사항

(1) 정전작업시의 조치사항 : 전로차단의 절차

1) 전기기기 등에 공급되는 모든 전원을 관련 도면, 배선도 등으로 확인할 것.
2) 전원을 차단한 후 각 단로기 등을 개방하고 확인할 것.
3) 차단장치나 단로기 등에 잠금장치 및 꼬리표를 부착할 것.
4) 개로된 전로에서 유도전압 또는 전기에너지가 축적되어 근로자에게 전기위험을 끼칠 수 있는 전기기기 등은 접촉하기 전에 잔류전하를 완전히 방전시킬 것.
5) 검전기를 이용하여 작업 대상 기기가 충전되었는지를 확인할 것.
6) 전기기기 등이 다른 노출 충전부와의 접촉, 유도 또는 예비동력원의 역송전 등으로 전압이 발생할 우려가 있는 경우에는 충분한 용량을 가진 단락 접지기구를 이용하여 접지할 것.

(2) 정전작업 후 조치사항

1) 작업기구, 단락 접지기구 등을 제거하고 전기기기 등이 안전하게 통전될 수 있는지를 확인할 것.
2) 모든 작업자가 작업이 완료된 전기기기 등에서 떨어져 있는지를 확인할 것.
3) 잠금장치와 꼬리표는 설치한 근로자가 직접 철거할 것.
4) 모든 이상 유무를 확인한 후 전기기기 등의 전원을 투입할 것.

[2] 충전전로에서의 전기작업(활선작업시의 안전조치)

(1) 충전전로 취급 및 인근작업시 안전조치 : 근로자가 충전전로를 취급하거나 그 인근에서 작업하는 경우에는 다음 각 호의 조치를 하여야 한다.

1) 충전전로를 정전시키는 경우에는 제319조에 따른 조치를 할 것.
2) 충전전로를 방호, 차폐하거나 절연 등의 조치를 하는 경우에는 근로자의 신체가 전로와 직접 접촉하거나 도전재료, 공구 또는 기기를 통하여 간접 접촉되지 않도록 할 것.
3) 충전전로를 취급하는 근로자에게 그 작업에 적합한 **절연용 보호구를 착용**시킬 것.
4) 충전전로에 근접한 장소에서 전기작업을 하는 경우에는 해당 전압에 적합한 **절연용 방호구를 설치**할 것. 다만, 저압인 경우에는 해당 전기작업자가 절연용 보호구를 착용하되, 충전전로에 접촉할 우려가 없는 경우에는 절연용 방호구를 설치하지 아니할 수 있다.
5) 고압 및 특별고압의 전로에서 전기작업을 하는 근로자에게 **활선작업용 기구 및 장치**를 사용하도록 할 것.
6) 근로자가 절연용 방호구의 설치·해체작업을 하는 경우에는 절연용 **보호구를 착용**하거나 **활선작업용 기구 및 장치**를 사용하도록 할 것.
7) 유자격자가 아닌 근로자가 충전전로 인근의 높은 곳에서 작업할 때에 근로자의 몸 또는 긴 도전성 물체가 방호되지 않은 충전전로에서 대지전압이 50kV 이하인 경우에는 300cm 이내로, 대지전압이 50kV를 넘는 경우에는 10kV당 10cm씩 더한 거리 이내로 각각 접근할 수 없도록 할 것.
8) 유자격자가 충전전로 인근에서 작업하는 경우에는 다음 각 목의 경우를 제외하고는 노출 충전부에 다음 표에 제시된 **접근한계거리** 이내로 접근하거나 절연 손잡이가 없는 도전체에 접근할 수 없도록 할 것.
   ① 근로자가 노출 충전부로부터 절연된 경우 또는 해당 전압에 적합한 절연장갑을 착용한 경우
   ② 노출 충전부가 다른 전위를 갖는 도전체 또는 근로자와 절연된 경우
   ③ 근로자가 다른 전위를 갖는 모든 도전체로부터 절연된 경우

[표] 특별고압에 대한 접근한계거리

충전전로의 선간전압 (단위 : KV)	충전전로에 대한 접근한계거리 (단위 : cm)
0.3 이하	접근금지
0.3 초과 0.75 이하	30
0.75 초과 2 이하	45
2 초과 15 이하	60
15 초과 37 이하	90
37 초과 88 이하	110
88 초과 121 이하	130
121 초과 145 이하	150
145 초과 169 이하	170
169 초과 242 이하	230
242 초과 362 이하	380
362 초과 550 이하	550
550 초과 800 이하	790

(2) 절연이 되지 않은 충전부 및 인근에 접근방지 및 제한조치

1) 방책을 설치하고 근로자가 쉽게 알아볼 수 있도록 할 것.
2) 전기와 접촉할 위험이 있는 경우에는 도전성 금속제 방책을 사용하거나, 접근 한계거리 이내에 설치하지 않을 것.
3) 방책설치가 곤란한 경우에는 사전에 위험을 경고하는 감시인을 배치할 것.

[3] 충전전로 인근에서의 차량·기계장치 작업

(1) 충전전로 인근에서 차량, 기계장치 작업이 있는 경우

1) 차량 등을 충전전로의 충전부로부터 300cm 이상 이격시켜 유지시킨다.
2) 대지전압이 50kV(킬로볼트)를 넘는 경우 이격거리는 10kV 증가할 때마다 10cm씩 증가시켜야 한다.
3) 다만, 차량 등의 높이를 낮춘 상태에서 이동하는 경우에는 이격거리를 120cm 이상(대지전압이 50kV를 넘는 경우에는 10kV 증가할 때마다 이격거리를 10cm씩 증가)으로 할 수 있다.

(2) 충전전로의 전압에 적합한 절연용 방호구 등을 설치한 경우 : 이격거리를 절연용 방호구 앞면까지로 할 수 있으며, 차량 등의 가공 붐대의 버킷이나 끝부분 등이 충전전로의 전압에 적합하게 절연되어 있고 유자격자가 작업을 수행하는 경우에는 붐대의 절연되지 않은 부분과 충전전로 간의 이격거리는 접근 한계거리까지로 할 수 있다.

(3) 방책 등 설치 : 차량 등의 그 어느 부분과도 접촉하지 않도록 방책을 설치하거나 감시인 배치 등의 조치를 하여야 한다.

(4) 방책·설치 및 감시인 배치 제외되는 경우

1) 근로자가 해당 전압에 적합한 절연용 보호구 등을 착용하거나 사용하는 경우
2) 차량 등의 절연되지 않은 부분이 접근 한계거리 이내로 접근하지 않도록 하는 경우

(5) 충전전로 인근에서 접지된 차량 등이 충전전로와 접촉할 우려가 있을 경우 :
지상의 근로자가 접지점에 접촉하지 않도록 조치하여야 한다.

[4] 전기작업용 안전장구

(1) 절연용 보호구 : 절연안전모(절연모), 절연 고무장갑, 절연복, 절연고무장화 등

(2) 절연용 방호구 : 방호관, 점퍼 호오스, 건축지장용 방호관, 커트아웃스위치커버, 고무불랭킷, 애자후드, 완금커버

(3) 활선장구 : 활선시메라, 활선커터, 커트아웃스위치조작봉, 디스콘스위치 조작봉, 점퍼선, 주상작업대, 활선애자 청소기, 활선사다리, 기타 활선공구

4. 비계·거푸집 가시설 위험 방지

❶ 비계 설치기준

[1] 비 계

(1) 비계 : 건축공사시 고소에서 작업 발판과 작업 통로 확보를 주목적으로 하는 가설 구조물

(2) 비계의 종류

1) 통나무비계
2) 강관비계
3) 강관틀비계
4) 달비계
5) 달대비계
6) 이동식비계
7) 말비계(안장비계, 각주비계)
8) 시스템비계

(3) 비계가 갖추어야 할 3요소

1) 안전성
2) 작업성
3) 경제성

[2] 비계 조립 시 안전조치

(1) 통나무 비계(지상높이 4층 이하 또는 12m 이하 건축물에 사용)

1) 비계기둥의 간격 : 2.5m 이하(표준안전 작업지침에서는 1.8m 이하로 규정), 첫 번째 띠 장은 지상으로부터 3m 이하에 설치할 것
2) 침하 방지 조치 : 호박돌, 잡석, 깔판 등으로 보강, 지반이 연약할 경우는 매입고정 할 것.
3) 비계기둥의 이음
   ① 겹침 이음 : 1m 이상 서로 겹쳐서 2개소 이상을 묶을 것
   ② 맞댐이음 : 1.8m 이상의 덧 댐목을 사용하여 4개소 이상 묶을 것
4) 벽이음 : 수직방향 5.5m 이하, 수평 방향 7.5m 이하

5) 인장재와 압축재로 구성되어 있는 경우 인장재와 압축재의 간격 : 1m 이내

(2) 강관비계

1) 비계기둥의 미끄러짐, 침하방지조치 : 밑받침철물, 깔판, 깔목 등을 사용하여 밑둥 잡이 설치
2) 강관의 접속부 또는 교차부 : 부속 철물을 사용하여 접속하고 단단히 묶을 것.
3) 교차가새 : 기둥간격 10m마다 45° 방향으로 설치
4) 벽 이음 및 버팀대 설치
   ① 강관비계 조립 간격

강관비계종류	조립간격(단위 : m)	
	수직방향	수평방향
단관비계	5	5
틀비계(높이 5m 미만 제외)	6	8

   ② 인장재와 압축재로 구성 시는 인장재와 압축재의 간격을 1m 이내로 할 것
5) 비계기둥의 간격 : 보 방향(띠장방향)에서는 1.85m, 간 사이 방향(장선방향)에서는 1.5m 이하
6) 띠장간격 : 2m 이하의 위치에 설치할 것
7) 비계 기둥간의 적재하중 : 400kg을 초과하지 않을 것
8) 31m 되는 비계기둥 밑 부분 : 비계기둥 2본을 강관으로 묶어세울 것.

(3) 강관틀비계

1) 비계기둥의 밑둥에는 밑받침 철물을 사용하여야 하며 밑받침에 고저차(高低差)가 있는 경우에는 조절형 밑받침철물을 사용하여 각각의 강관틀비계가 항상 수평 및 수직을 유지하도록 할 것
2) 높이가 20m를 초과하거나 중량물의 적재를 수반하는 작업을 할 경우에는 주틀 간의 간격을 1.8m 이하로 할 것
3) 주틀 간에 교차 가새를 설치하고 최상층 및 5층 이내마다 수평재를 설치할 것
4) 수직방향으로 6m, 수평방향으로 8m 이내마다 벽이음을 할 것
5) 길이가 띠장 방향으로 4m 이하이고 높이가 10m를 초과하는 경우에는 10m 이내마다 띠장 방향으로 버팀기둥을 설치할 것

(4) 달비계

1) 달비계에 사용하는 와이어로프의 사용금지사항
   ① 이음매가 있는 것
   ② 와이어로프의 한 꼬임[스트랜드(strand)를 말함]에서 끊어진 소선의 수가 10(%)이

상(비자전로프의 경우에는 끊어진 소선의 수가 와이어로프 호칭 지름의 6배 길이 이내에서 4개 이상이거나 호칭지름 30배 길이 이내에서 8개 이상) 인 것
③ 지름의 감소가 공칭지름의 7(%)를 초과하는 것
④ 꼬인 것
⑤ 심하게 변형 또는 부식된 것
⑥ 열과 전기충격에 의한 손상된 것

2) 달비계에 사용하는 달기체인의 사용금지사항
① 달기체인의 길이의 증가가 그 달기체인이 제조된 때의 길이의 5%를 초과한 것
② 링의 단면지름의 감소가 그 달기체인이 제조된 때의 해당 링의 지름의 10%를 초과하여 감소한 것
③ 균열이 있거나 심하게 변형된 것

3) 달비계(곤돌라의 달비계는 제외)의 안전계수
① 달기와이어로프 및 달기강선의 안전계수 : 10이상
② 달기체인 및 달기훅의 안전계수 : 5이상
③ 달기강대와 달비계 하부 및 상부지점의 안전계수 : 강재의 경우 2.5이상 목재의 경우 5이상

(5) 달대비계 : 철골공사의 리벳치기, 볼트 작업시에 주로 이용되는 것으로 주체인 철골에 매달아서 작업발판을 만드는 비계로서 상하이동을 시킬 수 없는 것이다.

(6) 말비계를 조립하여 사용하는 경우 준수사항
1) 지주부재(支柱部材)의 하단에는 미끄럼 방지장치를 하고, 근로자가 양측 끝부분에 올라서 작업하지 않도록 할 것
2) 지주부재와 수평면의 기울기를 75도 이하로 하고, 지주부재와 지주부재 사이를 고정시키는 보조부재를 설치할 것
3) 말비계의 높이가 2미터를 초과하는 경우에는 작업발판의 폭을 40cm 이상으로 할 것

(7) 이동식 비계를 조립하여 작업을 하는 경우 준수사항
1) 이동식 비계의 바퀴에는 뜻밖의 갑작스러운 이동 또는 전도를 방지하기 위하여 브레이크.쐐기 등으로 바퀴를 고정시킨 다음 비계의 일부를 견고한 시설물에 고정하거나 아웃트리거(outrigger)를 설치하는 등 필요한 조치를 할 것
2) 승강용 사다리는 견고하게 설치할 것
3) 비계의 최상부에서 작업을 할 경우에는 안전난간을 설치할 것
4) 작업발판은 항상 수평을 유지하고 작업발판 위에서 안전난간을 딛고 작업을 하거나

받침대 또는 사다리를 사용하여 작업하지 않도록 할 것

5) 작업발판의 최대 적재하중은 250(kg)을 초과하지 않도록 할 것

(8) 걸침비계의 구조 : 선박 및 보트 건조작업에서 걸침비계를 설치하는 경우에는 다음 각 호의 사항을 준수하도록 할 것

1) 지지점이 되는 매달림부재의 고정부는 구조물로부터 이탈되지 않도록 견고히 고정할 것
2) 비계재료 간에는 서로 움직임, 뒤집힘 등이 없어야 하고, 재료가 분리되지 않도록 철물 또는 철선으로 충분히 결속할 것. 다만, 작업발판 밑 부분에 띠장 및 장선으로 사용되는 수평부재 간의 결속은 철선을 사용하지 않을 것
3) 매달림부재의 안전율은 4 이상일 것
4) 작업발판에는 구조검토에 따라 설계한 최대적재하중을 초과하여 적재하여서는 아니되며, 그 작업에 종사하는 근로자에게 최대적재하중을 충분히 알릴 것

❷ 가설통로 설치기준

[1] 통로의 설치 및 구조

(1) 통로의 설치

1) 통로의 주요 부분에는 통로표시를 하고, 근로자가 안전하게 통행할 수 있도록 하여야 한다.
3) 통로면으로부터 높이 2m 이내에는 장애물이 없도록 하여야 한다.
4) 통로의 조명 : 75Lux 이상의 채광 또는 조명시설을 할 것

(2) 가설통로의 구조(가설통로 설치시 준수사항)

1) 견고한 구조로 할 것
2) 경사는 30도 이하로 할 것. 다만, 계단을 설치하거나 높이 2미터 미만의 가설통로로서 튼튼한 손잡이를 설치한 경우에는 그러하지 아니하다.
3) 경사가 15도를 초과하는 경우에는 미끄러지지 아니하는 구조로 할 것
4) 추락할 위험이 있는 장소에는 안전난간을 설치할 것. 다만, 작업상 부득이한 경우에는 필요한 부분만 임시로 해체할 수 있다.
5) 수직갱에 가설된 통로의 길이가 15m 이상인 경우에는 10m 이내마다 계단참을 설치할 것
6) 건설공사에 사용하는 높이 8m 이상인 비계다리에는 7m 이내마다 계단참을 설치할 것

(3) 가설계단

1) 계단의 강도 : 계단 및 계단참은 500kg/m²(매 m²당 500kg) 이상의 하중에 견딜 수 있는 강도를 가진 구조로 설치하여야 하며, 안전율(파괴응력도 / 허용응력도)은 4 이상으로 하여야 한다.
2) 계단의 폭 : 계단은 그 폭을 1m 이상으로 하여야 한다.(단, 급유용·보수용·비상용 계단 및 나선형 계단은 제외)
3) 계단참의 높이 : 높이가 3m를 초과하는 계단에 높이 3m 이내마다 너비 1.2m 이상의 계단참을 설치하여야 한다.
4) 천장의 높이 : 계단 설치시는 바닥면으로부터 높이 2m 이내의 공간에 장애물이 없도록 한다.(단, 급유용·보수용·비상용 계단 및 나선형 계단은 제외)
5) 계단의 난간 : 높이 1m 이상인 계단의 개방된 측면에 안전난간을 설치하여야 한다.

[2] 사다리 및 사다리식 통로

(1) 사다리의 구조

1) 옥외용 사다리 : 철재를 원칙으로 하며, 길이가 10m 이상인 때에는 5m 이내의 간격으로 계단참을 두어야 하고 사다리 전면의 사방 75cm 이내에는 장애물이 없을 것
2) 목재 사다리 : 발 받침대의 간격은 25~35cm로 하고 벽면과의 이격거리는 20cm이상으로 할 것
3) 철재 사다리 : 발 받침대는 미끄럼 방지장치를 하여야 하며 받침대의 간격은 25~35cm로 할 것

(2) 사다리식 통로의 설치기준

1) 견고한 구조로 할 것
2) 심한 손상·부식 등이 없는 재료를 사용할 것
3) 발판의 간격은 일정하게 할 것
4) 발판과 벽과의 사이는 15센티미터 이상의 간격을 유지할 것
5) 폭은 30cm 이상으로 할 것
6) 사다리가 넘어지거나 미끄러지는 것을 방지하기 위한 조치를 할 것
7) 사다리의 상단은 걸쳐놓은 지점으로부터 60cm 이상 올라가도록 할 것
8) 사다리식 통로의 길이가 10m 이상인 경우에는 5m 이내마다 계단참을 설치할 것
9) 사다리식 통로의 기울기는 75° 이하로 할 것. 다만, 고정식 사다리식 통로의 기울기는 90° 이하로 하고, 그 높이가 7m 이상인 경우에는 바닥으로부터 높이가 2.5m 되는 지점부터 등받이울을 설치할 것
10) 접이식 사다리 기둥은 사용 시 접혀지거나 펼쳐지지 않도록 철물 등을 사용하여 견고하게 조치할 것

❸ 거푸집 설치 기준

[1] 거푸집에 작용하는 하중

(1) 거푸집 및 지보공(동바리) 설계시 고려해야 할 하중(콘크리트공사 표준작업지침)

1) 연직방향 하중 : 거푸집, 지보공(동바리), 콘크리트, 철근, 작업원, 타설용 기계 기구, 가설설비 등의 중량 및 충격하중
2) 횡방향 하중 : 작업할 때의 진동, 충격, 시공오차 등에 기인되는 횡방향 하중 이외에 필요에 따라 풍압, 유수압, 지진 등
3) 콘크리트의 측압 : 굳지 않은 콘크리트의 측압
4) 특수하중 : 시공중에 예상되는 특수한 하중
5) 상기 1~4호의 하중에 안전율을 고려한 하중

(2) 거푸집의 연직방향 하중(W) 산정식

$$W = 고정하중 + 충격하중 + 작업하중 = (r \cdot t) + (1/2 r \cdot t) + 150 \text{kg/m}^2$$

여기서, r : 철근콘크리트 비중(kg/m^3)
t : 슬래브 두께(m)

1) 고정하중 : 콘크리트 자중(=철근콘크리트 비중×슬래브 두께)
2) 충격하중 : 고정하중×1/2
3) 작업하중 : 작업원 중량+장비 및 가설설비의 등의 중량=150kg/m^2

[2] 거푸집 재료 및 조립시 안전조치사항

(1) 거푸집 및 거푸집 동바리의 재료 : 변형, 부식, 심하게 손상된 것을 사용하지 않을 것

(2) 거푸집 동바리 조립 시 안전조치 사항

1) 깔목의 사용, 콘크리트 타설, 말뚝 박기 등 동바리의 침하를 방지하기 위한 조치를 할 것
2) 개구부 상부에 동바리 설치 시 상부하중을 견딜 수 있는 견고한 받침대를 설치할 것
3) 동바리의 상하고정 및 미끄러짐 방지 조치를 하고, 하중의 지지 상태를 유지할 것
4) 동바리의 이음 : 동질 재료를 사용하여 맞댐 이음, 장부 이음을 할 것
5) 강재와 강재의 접속부 및 교차부는 볼트, 클램프 등 전용철물을 사용하여 단단히 연결할 것
6) 곡면인 거푸집은 버팀대의 부착 등 거푸집 부상방지 조치를 할 것

(3) 깔판 및 깔목 등을 끼워서 단상으로 조립하는 거푸집 동바리에 대하여 준수할 사항

1) 거푸집의 형상에 따른 부득이한 경우를 제외하고는 깔판·깔목 등을 2단 이상 끼우지 않도록 할 것
2) 깔판·깔목 등을 이어서 사용할 때에는 당해 깔판·깔목 등을 단단히 연결할 것
3) 동바리는 깔판·깔목 등에 고정시킬 것

[3] 거푸집 동바리의 설치기준

(1) 거푸집의 동바리로 사용하는 강관의 설치기준(파이프 서포트 제외)

1) 높이 2m 이내마다 수평연결재를 2개 방향으로 만들고 수평연결재의 변위를 방지할 것
2) 멍에 등을 상단에 올릴 때에는 해당 상단에 강재의 단판을 붙여 멍에 등을 고정시킬 것

(2) 거푸집의 동바리로 사용하는 파이프 서포트에 대한 설치기준

1) 파이프 서포트를 3개 이상이어서 사용하지 안하도록 할 것
2) 파이프 서포트를 이어서 사용할 때에는 4개 이상의 볼트 또는 전용철물을 사용하여 이을 것
3) 높이가 3.5m를 초과할 때에는 높이가 2m 이내마다 수평연결재를 2개 방향으로 만들고 수평연결재의 변위를 방지할 것

(3) 거푸집의 동바리로 사용하는 강관틀에 대한 설치기준

1) 강관틀과 강관틀과의 사이에 교차가새를 설치할 것
2) 최상층 및 5층 이내마다 거푸집 동바리의 측면과 틀면의 방향 및 교차가새의 방향에서 5개 이내마다 수평 연결재를 설치하고 수평 연결재의 변위를 방지할 것
3) 최상층 및 5층 이내마다 거푸집 동바리의 틀면의 방향에서 양단 및 5개 틀이내마다의 장소에 교차가새의 방향으로 띠장틀을 설치할 것
4) 멍에를 상단에 올릴 때에는 당해 상단에 강재의 단판을 부착하여 멍에 등을 고정시킬 것

(4) 거푸집의 동바리로 사용하는 조립강주에 대한 설치기준

1) 멍에 등을 상단에 올릴 때에는 당해 상단에 강재의 단판을 부착하여 멍에 등을 고정시킬 것
2) 높이가 4m를 초과할 때에는 높이 4m이내마다 수평 연결재를 2개 방향으로 설치하고

수평연결재의 변위를 방지할 것

(5) 거푸집의 동바리로 사용하는 목재에 대한 설치기준

1) 높이 2m 이내마다 수평 연결재를 2개 방향으로 만들고 수평연결재의 변위를 방지할 것
2) 목재를 이어서 사용할 때에는 2개 이상의 덧 댐목을 대고 4군데 이상 견고하게 묶은 후 상단을 보 또는 멍에에 고정시킬 것

(6) 시스템 동바리(규격화·부품화된 수직재, 수평재 및 가새재 등의 부재를 현장에서 조립하여 거푸집으로 지지하는 동바리 형식을 말함) 설치기준

1) 수평재는 수직재와 직각으로 설치하여야 하며, 흔들리지 않도록 견고하게 설치할 것
2) 연결철물을 사용하여 수직재를 견고하게 연결하고, 연결 부위가 탈락 또는 꺾어지지 않도록 할 것
3) 수직 및 수평하중에 의한 동바리 본체의 변위가 발생하지 않도록 각각의 단위 수직재 및 수평재에는 가새재를 견고하게 설치하도록 할 것
4) 동바리 최상단과 최하단의 수직재와 받침철물은 서로 밀착되도록 설치하고 수직재와 받침철물의 연결부의 겹침길이는 받침철물 전체길이의 3분의 1 이상 되도록 할 것

[4] 거푸집 동바리의 조립 또는 해체작업

(1) 거푸집 동바리를 고정하거나 조립 또는 해체작업을 할 때 관리감독자의 직무

1) 안전한 작업방법을 결정하고 작업을 지휘하는 일
2) 재료·기구의 결함유무를 점검하고 불량품을 제거하는 일
3) 작업중 안전대 및 안전모 등 보호구 착용상황을 감시하는 일

(2) 기둥·보·벽체·슬리브 등의 거푸집 동바리 등의 조립 또는 해체작업을 하는 때 준수 할 사항

1) 해당 작업을 하는 구역에는 관계근로자 외의 자의 출입을 금지시킬 것
2) 비, 눈 그 밖의 기상상태의 불안정으로 인하여 날씨가 몹시 나쁠 때에는 그 작업을 중지시킬 것
3) 재료, 기구 또는 공구 등을 올리거나 내릴 때에는 근로자로 하여금 달줄·달포대 등을 사용하도록 할 것
4) 낙하충격에 의한 돌발적 재해를 방지하기 위하여 버팀목을 설치하고 거푸집 동바리 등을 인양장비에 매단 후에 작업을 하도록 하는 등 필요한 조치를 할 것

[5] 철근조립 및 콘크리트 타설 작업 시 준수할 사항

(1) 철근 조립 등의 작업을 하는 때에 준수하여야 할 사항

1) 크레인 등 양중기로 철근을 운반할 경우에는 2개소 이상 묶어서 수평으로 운반할 것
2) 작업위치의 높이가 2m 이상일 경우에는 작업발판을 설치하거나 안전대를 착용하게 하는 등 위험방지를 위하여 필요한 조치를 할 것

(2) 콘크리트의 타설 작업을 하는 때에 준수할 사항

1) 당일의 작업을 시작하기 전에 해당 작업에 관한 거푸집 동바리 등의 변형·변위 및 지반의 침하유무 등을 점검하고 이상이 있으면 이를 보수할 것
2) 작업 중에는 거푸집 동바리 등의 변형·변위 및 침하유무 등을 감시할 수 있는 감시자를 배치하여 이상이 있으면 작업을 중지하고 근로자를 대피시킬 것
3) 콘크리트의 타설 작업 시 거푸집 붕괴의 위험이 발생할 우려가 있으면 충분한 보강 조치를 할 것
4) 설계 도서상의 콘크리트 양생기간을 준수하여 거푸집 동바리 등을 해체할 것
5) 콘크리트를 타설하는 경우에는 편심이 발생하지 않도록 골고루 분산하여 타설할 것

(3) 콘크리트의 타설작업을 하기 위하여 콘크리트 펌프카를 사용할 때에 준수할 사항

1) 작업을 시작하기 전에 콘크리트 펌프카용 비계를 점검하고 이상을 발견한 때에는 즉시 보수할 것
2) 건축물의 난간 등에서 작업하는 근로자가 호스의 요동·선회로 인하여 추락하는 위험을 방지하기 위하여 안전난간의 설치 등 필요한 조치를 할 것
3) 콘크리트 펌프카의 붐을 조정할 때에는 주변전선 등에 의한 위험을 예방하기 위한 적절한 조치를 할 것
4) 작업 중에 지반의 침하, 아웃트리거의 손상 등으로 인하여 콘크리트 펌프카의 전도 우려가 있는 때에는 이를 방지하기 위한 적절한 조치를 할 것

[6] 콘크리트 타설 및 다지기 및 타설시 거푸집 측압에 미치는 영향

(1) 콘크리트 타설시의 유의사항

1) 타설속도는 하계 1.5m/h, 동계 1.0m/h를 표준으로 한다.
2) 비비기로부터 타설시까지 시간은 25℃ 이상에서는 1.5시간을 넘어서는 안 된다.
3) 최상부의 슬래브는 이어붓기를 되도록 피하고 일시에 전체를 타설하도록 한다.

4) 휠 발로우(wheel barrow)로 콘크리트를 운반할 때에는 적당한 간격으로 한다.
5) 타설시 콘크리트의 재료분리는 가능한 적게 일어나도록 해야 한다.
6) 운반통로에는 장애물 등이 없는가 확인하고, 있으면 즉시 제거하도록 한다.
7) 타설한 콘크리트를 거푸집 안에서 횡방향으로 이동시켜서는 안 된다.
8) 높은 곳으로부터 콘크리트를 세게 거푸집 내에 부어넣지 않는다.
9) 타설시 공동이 발생되지 않도록 밀실하게 부어 넣는다.

(2) 콘크리트 타설시 내부진동기를 사용하여 다지기를 할 때 유의사항

1) 진동기는 슬럼프값 15cm 이하에만 사용한다.
2) 퍼붓기 1회의 깊이는 60cm 미만으로 하고, 진동기 사용간격은 60cm 이내로 한다.
3) 내부진동기는 수직으로 사용한다.
4) 진동기를 넣고 나서 뺄 때까지의 시간은 보통 5~15초가 적당하다.
5) 진동기를 가지고 거푸집 속의 콘크리트를 옆 방향으로 이동시켜서는 안 된다.
6) 진동기는 거푸집, 철근 또는 철골에 접촉되지 않도록 하고, 뽑을 때에는 천천히 뽑아내어 콘크리트에 구멍이 남지 않도록 한다.

(3) 콘크리트 타설을 할 때 거푸집의 측압에 미치는 영향

1) 슬럼프가 클수록 크다(물·시멘트 비가 클수록 크다).
2) 기온이 낮을수록 크다(대기 중에 습도가 높을수록 크다).
3) 콘크리트의 치어붓기 속도가 클수록 크다.
4) 거푸집의 수밀성이 높을수록 크다.
5) 콘크리트의 다지기가 강할수록 크다(진동시 사용시 측압은 30% 정도 증가).
6) 거푸집의 수평단면이 클수록 크다(벽 두께가 클수록 크다).
7) 거푸집의 강성이 클수록 크다.
8) 거푸집 표면이 매끄러울수록 크다.
9) 콘크리트의 비중이 클수록 크다(단위중량이 클수록 크다).
10) 묽은 콘크리트일수록 크다.
11) 철근량이 적을수록 크다.
12) 측압은 생콘크리트의 높이가 높을수록 커지는 것이나, 일정한 높이에 이르면 측압의 증대는 없게 된다.

[7] 철골공사 안전기준

(1) 철골구조물이 외압에 대한 내력이 설계에 고려되었는지 확인할 사항

1) 높이 20m 이상의 구조물
2) 구조물의 폭과 높이의 비가 1 : 4 이상인 구조물
3) 단면구조에 현저한 차이가 있는 구조물
4) 연면적당 철골량이 50kg/m²이하인 구조물
5) 기둥이 타이 플레이트(tie plate)형인 구조물
6) 이음부가 현장용접인 구조물

(2) 승강로 및 작업발판의 설치

1) 근로자가 수직방향으로 이동하는 철골부재에는 답단 간격이 30cm 이내인 고정된 승강로를 설치할 것
2) 수평방향 철골과 수직방향 철골이 연결되는 부분에는 연결작업을 위하여 작업발판 등을 설치할 것

(3) 철골작업을 중지해야 하는 기상조건

1) 풍속이 10m/sec 이상인 경우
2) 강우량이 1mm/hr 이상인 경우
3) 강설량이 1cm/hr 이상인 경우

5. 공사 및 작업 종류별 안전

❶ 운반작업

[1] 취급 · 운반 작업의 원칙

(1) 취급 · 운반의 3조건

1) 운반을 기계화 할 것
2) 운반거리를 단축시킬 것
3) 손이 닿지 않는 운반 방식으로 할 것

(2) 취급 · 운반의 5원칙

1) 직선운반을 할 것
2) 연속운반을 할 것
3) 운반 작업을 집중화 시킬 것
4) 생산을 최고로 하는 운반을 생각할 것
5) 시간과 경비를 절약할 수 있는 운반 방법을 고려할 것

[2] 인력운반

(1) 인력운반의 하중기준 및 안전하중기준

1) 인력운반 하중기준 : 체중의 40% 정도의 운반물을 60~80(m/min)의 속도로 운반할 것
2) 안전하중기준
   ① 성인남자 : 25kg정도
   ② 성인여자 : 15kg 정도

(2) 인력운반 작업 시 안전수칙

1) 물건을 들어 올릴 때는 팔과 무릎을 사용하며, 척추는 곧은 자세로 할 것
2) 무거운 물건은 공동작업으로 실시하고 보조기구를 사용할 것

3) 길이가 긴 물건은 앞쪽을 높여 운반할 것
4) 화물에 최대한 접근하여 중심을 낮게 할 것
5) 어깨보다 높이 들어 올리지 않을 것

[3] 중량물 취급·운반 및 운반기계에 의한 운반

(1) 중량물 취급 작업시 작업계획의 작성내용

1) 추락위험을 예방할 수 있는 안전대책
2) 낙하위험을 예방할 수 있는 안전대책
3) 전도위험을 예방할 수 있는 안전대책
4) 협착위험을 예방할 수 있는 안전대책
5) 붕괴위험을 예방할 수 있는 안전대책

(2) 반복에 의한 중량물 취급 작업 시 작업 시작 전 점검사항

1) 중량물 취급의 올바른 자세 및 복장
2) 위험물 비산에 따른 보호구 착용
3) 카바이드, 생석회 등과 같이 온도 상승이나 습기에 의하여 위험성이 존재하는 중량물의 취급방법
4) 하역운반 기계 등의 적절한 사용방법

❷ 하역작업

[1] 차량 계 하역 운반기계 및 통로 폭

(1) 차량의 구내속도 : 8km/hr 이내의 속도유지

(2) 물자 운반용 차량의 통로 폭

1) 일방통행용 : W=B+60(cm)
2) 양방통행용 : W=2B+90(cm)
   여기서, B=운반차량의 폭

(3) 운반 통로에서 우선 통과 순서

1) 기중기
2) 짐차
3) 빈차
4) 사람

[2] 항만 하역작업

(1) 부두, 안벽 등 하역작업을 하는 장소에 대하여 조치할 사항

1) 작업장, 통로의 위험한 부분 : 안전작업을 할 수 있는 조명을 유지할 것
2) 부두 또는 안벽의 선을 따라 통로를 설치할 경우 : 폭을 90cm 이상으로 할 것
3) 육상에서의 통로 및 작업장소에 다리 또는 갑문을 넘는 보도 등의 위험한 부분 : 울 등을 설치할 것

(2) 300t 급 이상의 선박에서 하역작업을 할 경우 조치사항

1) 안전하게 승강할 수 있는 현문 사다리를 설치할 것
2) 현문 사다리 밑에는 안전망을 설치할 것
3) 현문 사다리의 바닥의 넓이는 55cm 이상이어야 하고, 양쪽에 82cm 이상 높이로 방책을 설치할 것

(3) 통행설비의 설치 등
: 갑판의 윗면에서 선창 밑바닥까지의 깊이가 1.5m를 초과하는 선창의 내부에서 화물취급작업을 하는 때에는 당해 작업에 종사하는 근로자가 안전하게 통행할 수 있는 설비를 설치할 것(다만, 안전하게 통행할 수 있는 설비가 선박에 설치되어 있는 때에는 제외)

③ 해체작업

(1) 해체작업시 작업계획의 작성내용

1) 해체의 방법 및 해체순서도면
2) 가설설비, 방호설비, 환기설비 및 살수, 방화 설비 등의 방법
3) 사업장내 연락방법
4) 해체물의 처분계획
5) 해체 작업용 기계, 기구 등의 작업계획서
6) 해체 작업용 화약류 등의 사용계획서

(2) 해체 작업 시 조치할 사항

1) 작업구역 내는 관계자 외의 자의 출입을 금지시킬 것
2) 악천후(폭풍, 폭우 및 폭설 등)시는 작업을 중지시킬 것

PART 06

산업안전산업기사
기출복원문제

2021년 1회 CBT복원 기출문제

산업안전산업기사

제1과목 / 산업안전관리론

01 버드(Bird)는 사고가 5개의 연쇄반응에 의하여 발생되는 것으로 보았다. 다음 중 재해발생의 첫 단계에 해당하는 것은?

① 개인적 결함
② 사회적 환경
③ 전문적 관리의 부족
④ 불안전한 행동 및 불안전한 상태

해설 버드의 사고연쇄성 이론 5단계
1) 1단계 : 통제의 부족 – 관리 소홀(경영)
2) 2단계 : 기본적인 – 기원(원인론)
3) 3단계 : 직접원인 – 징후
4) 4단계 : 사고 – 접촉
5) 5단계 : 상해 – 손해 – 손실

02 무재해운동의 추진에 있어 무재해운동을 개시한 날부터 며칠 이내에 무재해운동 개시신청서를 관련 기관에 제출하여야 하는가?

① 4일
② 7일
③ 14일
④ 30일

해설 무재해운동 개시 신청서 : 무재해운동을 개시한 날로부터 14일 이내에 신청

03 다음 중 부주의 현상을 그림으로 표시한 것으로 의식의 우회를 나타낸 것은?

① 의식의 흐름 →위험
② 의식의 흐름 →위험
③ 의식의 흐름 ▼위험
④ 의식의 흐름 ▼위험

해설 부주의 현상
1) 의식의 단절 : 지속적인 의식의 흐름에 단절이 생기고 공백의 상태가 나타나는 것
2) 의식의 우회 : 의식의 흐름이 옆으로 빗나가 발생하는 것
3) 의식수준의 저하 : 심신이 피로할 경우, 단조로운 반복작업시 발생
4) 의식수준의 과잉 : 지나친 의욕에 의해서 생기는 부주의 현상

04 산업안전보건법령에 따라 건설현장에서 사용하는 크레인, 리프트 및 곤돌라는 최초로 설치한 날부터 얼마마다 안전검사를 실시하여야 하는가?

① 6개월
② 1년
③ 2년
④ 3년

해설 안전검사의 주기
1) 크레인, 리프트 및 곤돌라 : 사업장에 설치가 끝난 날부터 3년 이내에 최초 안전검사를 실시하되, 그 이후부터 매 2년(건설현장

■정답■ 01.③ 02.③ 03.④ 04.①

에서 사용하는 것은 최초로 설치한 날부터 매 6개월)

2) 그 밖의 유해·위험기계 등 : 사업장에 설치가 끝난 날부터 3년 이내에 최초 안전검사를 실시하되, 그 이후부터 매 2년(공정안전보고서를 제출하여 확인을 받은 압력용기는 4년)

05 재해손실비 중 직접 손실비에 해당하지 않는 것은?

① 요양급여 ② 휴업급여
③ 간병급여 ④ 생산손실급여

해설 생산손실급여 : 간접 손실비

06 산업안전보건법령상 안전·보건표지의 종류에 있어 "안전모 착용"은 어떤 표지에 해당하는가?

① 경고 표지 ② 지시 표지
③ 안내 표지 ④ 관계자외 출입금지

해설 안전모 착용 등 보호구 착용 표지 : 지시표지

07 어떤 사업장의 종합재해지수가 16.95이고, 도수율이 20.83이라면 강도율은 약 얼마인가?

① 20.45 ② 15.92
③ 13.79 ④ 10.54

해설 종합재해지수 = $\sqrt{도수율 \times 강도율}$

∴ 강도율 = $\dfrac{(종합재해지수)^2}{도수율} = \dfrac{16.95^2}{20.83}$
= 13.79

08 인간관계 메커니즘 중에서 다른 사람으로부터의 판단이나 행동을 무비판적으로 논리적, 사실적 근거 없이 받아들이는 것을 무엇이라 하는가?

① 모방(imitation)
② 암시(suggestion)
③ 투사(projection)
④ 동일화(identification)

해설 인간관계의 메커니즘
1) **모방** : 남의 행동이나 판단을 표본으로 하여 그것과 같거나 또는 그것에 가까운 행동 판단을 취하는 것
2) **암시** : 본문설명
3) **투사** : 자기 속의 억압된 것을 다른 사람의 것으로 생각하는 것
4) **동일화** : 다른 사람의 행동양식이나 태도를 투입하거나 다른 사람 가운데서 자기와 비슷한 것을 발견하는 것
5) **커뮤니케이션** : 갖가지 행동양식이나 기호를 매개로 하여 어떤 사람으로부터 다른 사람에게 전달되는 과정

09 다음 중 산업안전보건법령에서 정한 안전보건관리규정의 세부내용으로 가장 적절하지 않은 것은?

① 산업안전보건위원회의 설치·운영에 관한 사항
② 사업주 및 근로자의 재해예방 책임 및 의무 등에 관한 사항
③ 근로자 건강진단, 작업환경측정의 실시 및 조치절차 등에 관한 사항
④ 산업재해 및 중대산업사고의 발생시 손실비용산정 및 보상에 관한 사항

해설 ④항, 산업재해 및 중대산업사고의 발생시 처리절차 및 긴급조치에 관한 사항
주 안전보건관리규정의 세부내용 : 시행규칙 별표 6의3 (2014.3.12. 개정)

10 다음 중 교육훈련의 학습을 극대화시키고, 개인의 능력개발을 극대화시켜 주는 평가방법이 아닌 것은?

① 관찰법 ② 배제법
③ 자료분석법 ④ 상호평가법

■ 정답 ■ 05.④ 06.② 07.③ 08.② 09.④ 10.②

[해설] 교육훈련의 학습 극대화 및 개인능력 개발의 극대화를 위한 평가방법
1) 관찰법
2) 자료분석법
3) 상호평가법

11 다음 중 안전심리의 5대 요소에 해당하는 것은?

① 기질(temper)
② 지능(intelligence)
③ 감각(sense)
④ 환경(environment)

[해설] 안전심리의 5대 요소
1) 습관 2) 습성 3) 동기
4) 기질 5) 감정

12 다음 중 시행착오설에 의한 학습법칙에 해당하지 않은 것은?

① 효과의 법칙   ② 준비성의 법칙
③ 연습의 법칙   ④ 일관성의 법칙

[해설] 시행착오설에 의한 학습법칙
1) 연습의 법칙(빈도의 법칙)
2) 효과의 법칙(결과의 법칙)
3) 준비성의 법칙

13 다음 중 재해조사시의 유의사항으로 가장 적절하지 않은 것은?

① 사실을 수집한다.
② 사람, 기계설비, 양면의 재해요인을 모두 도출한다.
③ 객관적인 입장에서 공정하게 조사하며, 조사는 2인 이상이 한다.
④ 목격자는 증언과 추측의 말을 모두 반영하여 분석하고, 결과를 도출한다.

[해설] 목격자의 증언과 추측의 말은 참고로만 한다.

14 산업안전보건법령상 특별안전·보건교육에 있어 대상 작업별 교육내용 중 밀폐공간에서의 작업에 대해 교육 내용과 가장 거리가 먼 것은? (단, 기타 안전·보건관리에 필요한 사항은 제외한다.)

① 산소농도측정 및 작업환경에 관한 사항
② 유해물질의 인체에 미치는 영향
③ 보호구 착용 및 사용방법에 관한 사항
④ 사고시의 응급처치 및 비상시 구출에 관한 사항

[해설] 밀폐공간에서 작업시 특별안전보건교육의 교육내용 (시행규칙 별표 8의 2)
1) ①, ③, ④항
2) 밀폐공간작업의 안전작업방법에 관한 사항

15 다음 중 안전대의 각 부품(용어)에 관한 설명으로 틀린 것은?

① "안전그네"란 신체지지의 목적으로 전신에 착용하는 띠 모양의 것으로서 상체 등 신체일부분만 지지하는 것은 제외한다.
② "버클"이란 벨트 또는 안전그네와 신축조절기를 연결하기 위한 사각형의 금속 고리를 말한다.
③ "U자걸이"란 안전대의 죔줄을 구조물 등에 U자 모양으로 돌린 뒤 훅 또는 카라비너를 D링에, 신축조절기를 각링 등에 연결하는 걸이 방법을 말한다.
④ "1개걸이"란 죔줄의 한쪽 끝을 D링에 고정시키고 훅 또는 카라비너를 구조물 또는 구명줄에 고정시키는 걸이 방법을 말한다.

[해설] 버클 : 벨트 또는 안전그네를 신체에 착용하기 위해 그 끝에 부착한 금속장치

■ 정답 ■ 11.① 12.④ 13.④ 14.② 15.②

16 다음 중 무재해운동 추진기법에 있어 지적확인의 특성을 가장 적절하게 설명한 것은?

① 오관의 감각기관을 총동원하여 작업의 정확성과 안전을 확인한다.
② 참여자 전원의 스킨십을 통하여 연대감, 일체감을 조성할 수 있고 느낌을 교류한다.
③ 비평을 금지하고, 자유로운 토론을 통하여 독창적인 아이디어를 끌어낼 수 있다.
④ 작업 전 5분간의 미팅을 통하여 시나리오상의 역할을 연기하여 체험하는 것을 목적으로 한다.

해설 지적확인 : 인간의 실수를 없애기 위해 눈, 손, 입, 귀 등을 이용하여 작업을 착수하기 전에 대뇌를 자극시켜 안전을 확보하기 위한 기법

17 다음 중 학습목적의 3요소에 해당하지 않는 것은?

① 주제 ② 대상
③ 목표 ④ 학습정도

해설 학습목적의 3요소
 1) 목표 : 학습을 통하여 달성하려는 지표
 2) 주제 : 목표달성을 위한 테마(thema)
 3) 학습정도 : 학습범위와 내용의 정도

18 다음 중 매슬로우의 욕구 5단계 이론에서 최종 단계에 해당하는 것은?

① 존경의 욕구 ② 성장의 욕구
③ 자아실현 욕구 ④ 생리적 욕구

해설 매슬로우의 욕구 5단계
 1) 1단계 : 생리적 욕구
 2) 2단계 : 안전의 욕구
 3) 3단계 : 사회적 욕구
 4) 4단계 : 인정받으려는 욕구
 5) 5단계 : 자아실현의 욕구

19 다음 중 안전교육의 3단계에서 생활지도, 작업동작지도 등을 통한 안전의 습관화를 위한 교육을 무엇이라 하는가?

① 지식교육 ② 기능교육
③ 태도교육 ④ 인성교육

해설 안전교육의 3단계
 1) 1단계-지식교육 : 안전의식 향상, 안전 책임감 주입, 안전규정 숙지 등
 2) 2단계-기능교육 : 안전기술기능, 방호장치 관리기능, 정비·검사·점검 등에 관한 기능
 3) 3단계-태도교육 : 안전의 정착화 및 습관화

20 다음 중 헤드십에 관한 내용으로 볼 수 없는 것은?

① 부하와의 사회적 간격이 좁다.
② 지휘의 형태는 권위주의적이다.
③ 권한의 부여는 조직으로부터 위임받는다.
④ 권한에 대한 근거는 법적 또는 규정에 의한다.

해설 헤드십은 부하와의 사회적 간격이 넓다.

제2과목 / 인간공학 및 시스템안전공학

21 다음 중 음(음)의 크기를 나타내는 단위로만 나열된 것은?

① dB, nit ② phon, lb
③ dB, psi ④ phon, dB

해설 음의 크기를 나타내는 단위 : dB(데시벨), phon(폰), sone(손) 등

22 다음 중 결함수분석법(FTA)에 관한 설명으로 틀린 것은?

① 최초 Watson이 군용으로 고안하였다.
② 미니멀 패스(Minimal path sets)를 구하기 위해서는 미니멀 컷(Minimal cut sets)의 상대성을 이용한다.
③ 정상사상의 발생확률을 구한 다음 FT를 작성한다.
④ AND게이트의 확률 계산은 각 입력사상의 곱으로 한다.

해설 정상사상의 발생확률은 FT도를 작성한 후에 산정한다.

23 다음 통제용 조종장치의 형태 중 그 성격이 다른 것은?

① 노브(knob)
② 푸시 버튼(push button)
③ 토글스위치(toggle switch)
④ 로터리선택스위치(rotary select switch)

해설 통제장치 유형
1) 양의 조절에 의한 통제 : 연속조절(knob, crank, handle, lever, pedal 등)
2) 개폐에 의한 통제 : 불연속 조절(푸시버튼, 토글스위치, 로터리스위치 등)
3) 반응에 의한 통제 : 자동경보시스템

24 다음 중 공간배치의 원칙에 해당되지 않는 것은?

① 중요성의 원칙
② 다양성의 원칙
③ 기능별 배치의 원칙
④ 사용빈도의 원칙

해설 부품배치의 4원칙
1) 중요성의 원칙
2) 사용빈도의 원칙
3) 기능별 배치의 원칙
4) 사용순서의 원칙

25 다음 중 위험 및 운전성 분석(HAZOP) 수행에 가장 좋은 시점은 어느 단계인가?

① 구상단계   ② 생산단계
③ 설치단계   ④ 개발단계

해설 위험 및 운전성 검토를 수행하기에 가장 좋은 시점 : 설계완료단계(개발단계)

26 1Cd의 점광원에서 1m 떨어진 곳에서의 조도가 3Lux이었다. 동일한 조건에서 5m 떨어진 곳에서의 조도는 약 몇 Lux인가?

① 0.12   ② 0.22
③ 0.36   ④ 0.56

해설 조도 $= 3 \times \dfrac{1}{5^2} = 0.12 \text{Lux}$

27 다음 중 신체와 환경간의 열교환 과정을 가장 올바르게 나타낸 식은? (단, W는 일, M은 대사, S는 열축적, R은 복사, C는 대류, E는 증발, Clo는 의복의 단열률이다.)

① $W = (M + S) \pm R \pm C - E$
② $S = (M - W) \pm R \pm C - E$
③ $W = Clo \times (M - S) \pm R \pm C - E$
④ $S = Clo \times (M - W) \pm R \pm C - E$

해설 열축적(S)=대사(M)−일(W)±복사(R)±대류(C)−증발(E)

28 다음 중 위험을 통제하는데 있어 취해야 할 첫 단계 조사는?

① 작업원을 선발하여 훈련한다.
② 덮개나 격리 등으로 위험을 방호한다.
③ 설계 및 공정계획서에 위험을 제거토록 한다.
④ 점검과 필요한 안전보호구를 사용하도록 한다.

■정답■ 22.③ 23.② 24.① 25.④ 26.① 27.② 28.③

해설 위험을 통제하기 위한 단계
1) 1단계 : 설계 및 공정계획서에 위험 제거
2) 2단계 : 작업원 선발 및 훈련
3) 3단계 : 덮개, 격리 등 위험의 방호
4) 4단계 : 안전보호구 등 사용

29 FT도에서 사용되는 다음 기호의 의미로 옳은 것은?

① 결함사상
② 기본사상
③ 통상사상
④ 제외사상

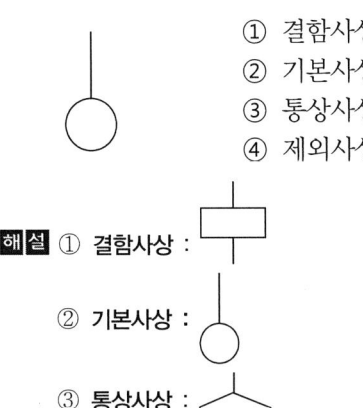

해설 ① 결함사상 :
② 기본사상 :
③ 통상사상 :

30 System 요소 간의 link 중 인간 커뮤니케이션 link에 해당되지 않는 것은?

① 방향성 link
② 통신계 link
③ 시각 link
④ 컨트롤 link

해설 인간 커뮤니케이션 link
1) 방향성 link
2) 통신계 link
3) 시각 link

31 다음 중 일반적인 수공구의 설계원칙으로 볼 수 없는 것은?

① 손목을 곧게 유지한다.
② 반복적인 손가락 동작을 피한다.
③ 사용이 용이한 검지만을 주로 사용한다.
④ 손잡이는 접촉면적을 가능하면 크게 한다.

해설 수공구의 설계원칙
1) 손목을 곧게 펼 수 있도록 할 것(손목이 팔과 일직선일 때 가장 이상적)
2) 손가락으로 지나친 반복동작을 하지 않도록 할 것 (검지의 지나친 사용은 「방아쇠 손가락」 증세 유발)
3) 손바닥면에 압력이 가해지지 않도록 손잡이 접촉면적을 가능한 크게 할 것

32 인간 오류의 분류에 있어 원인에 의한 분류 중 작업자가 기능을 움직이려 해도 필요한 물건, 정보, 에너지 등의 공급이 없는 것처럼 작업자가 움직이려 해도 움직일 수 없어서 발생하는 오류는?

① primary error
② secondary error
③ command error
④ omission error

해설 휴먼에러의 원인의 level적 분류
1) primary error(주과오) : 작업자 자신으로부터의 error
2) secondary error(2차과오) : 작업형태나 작업조건 중에서 다른 문제나 생겨 그 때문에 필요한 사항을 실행할 수 없는 error
3) command error(지시과오) : 본문 설명

33 다음 중 신호의 강도, 진동수에 의한 신호의 상대식별 등 물리적 자극의 변화여부를 감지 할 수 있는 최소의 자극 범위를 의미하는 것은?

① Chunking
② Stimulus Range
③ SDT(Signal Detection Theory)
④ JND(Just Noticeable Difference)

해설 JND(Just Noticeable Difference, 판별한계)
1) 가장 통용되는 식별도의 척도로서 사람이 50%를 검출(의식)할 수 있는 자극차원(신호강도 세기나 주파수)의 최소변화 또는 차이이다.
2) JND가 작을수록 그 차원의 변화를 검출하기 쉽다.

■ 정답 ■ 29.② 30.④ 31.③ 32.③ 33.④

34 조도가 400Lux인 위치에 놓인 흰색 종이 위에 짙은 회색의 글자가 씌어져 있다. 종이의 반사율은 80%이고, 글자의 반사율은 40%라 할 때 종이와 글자의 대비는 얼마인가?

① -100% ② -50%
③ 50%   ④ 100%

해설 대비 = $\dfrac{L_b - L_t}{L_b} \times 100$

$= \dfrac{80-40}{80} \times 100 = 50\%$

35 다음 중 인간-기계시스템에서 기계에 비교한 인간의 장점과 가장 거리가 먼 것은?

① 완전히 새로운 해결책을 찾아낸다.
② 여러 개의 프로그램된 활동을 동시에 수행한다.
③ 다양한 경험을 토대로 하여 의사결정을 한다.
④ 상황에 따라 변화하는 복잡한 자극 형태를 식별한다.

해설 ②항, 기계의 장점

36 성인이 하루에 섭취하는 음식물의 열량 중 일부는 생명을 유지하기 위한 신체기능에 소비되고, 나머지는 일을 한다거나 여가를 즐기는데 사용될 수 있다. 이 중 생명을 유지하기 위한 최소한의 대사량을 무엇이라 하는가?

① BMR   ② RMR
③ GSR   ④ EMR

해설 ①항, BMR : 생명을 유지하기 위한 최소한의 대사량
②항, RMR : 에너지대사율(작업대사량/기초대사량)

③항, GSR : 피부전기반사
④항, EMG : 근전도

37 Chapanis의 위험분석에서 발생이 불가능한(impossible) 경우의 위험발생률은?

① 10^{-2}/day   ② 10^{-4}/day
③ 10^{-6}/day   ④ 10^{-8}/day

해설 위험발생이 불가능한 위험발생률
: $1/10^8$ (10^{-8}/day)

38 세발자전거에서 각 바퀴의 신뢰도가 0.9일 때 이 자전거의 신뢰도는 얼마인가?

① 0.729   ② 0.810
③ 0.891   ④ 0.999

해설 $R = 0.9 \times 0.9 \times 0.9 = 0.729$

39 다음 중 형상 암호화된 조종장치에서 "이산 멈춤 위치용" 조종장치로 가장 적절한 것은?

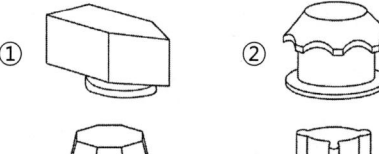

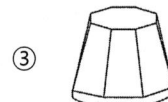 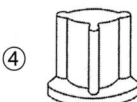

해설 촉각적 암호와의 종류
1) 형상 암호화된 조정장치
  ① 만져봐서 식별되는 손잡이 : 다회선용, 단회전용, 이산 멈춤 위치용 등
  ② 용도와 관련된 형상으로 식별되는 손잡이 : 착륙장치, 회전수 등
2) 표면촉감을 이용한 조정장치 : 매끄러운 면, 세로홈, 깔쭉면 등
3) 크기를 이용한 조정장치 : 크기 차이를 쉽게 구별할 수 있도록 설계

40 다음 중 보전용 자재에 관한 설명으로 가장 적절하지 않은 것은?

① 소비속도가 느려 순환사용이 불가능하므로 폐기시켜야 한다.
② 휴지손실이 적은 자재는 원자재나 부품의 형태로 재고를 유지한다.
③ 열화상태를 경향검사로 예측이 가능한 품목은 적시 발주법을 적용한다.
④ 보전의 기술수준, 관리수준이 재고량을 좌우한다.

해설 순환사용이 불가능하다고 폐기시켜는 안 된다.

제3과목 / 기계위험방지기술

41 선반에서 절삭가공 중 발생하는 연속적인 칩을 자동적으로 끊어 주는 역할을 하는 것은?

가 . 커버　　② 방진구
③ 보안경　　④ 칩 브레이커

해설 칩 브레이커 : 칩을 짧게 끊어내는 장치

42 다음 중 연삭기를 이용한 작업을 할 경우 연삭숫돌을 교체한 후에는 얼마 동안 시험운전을 하여야 하는가?

① 1분 이상
② 3분 이상
③ 10분 이상
④ 15분 이상

해설 연삭기 : 작업시작 전 1분 이상, 숫돌교체 후에는 3분 이상 시운전을 할 것

43 다음 중 와이어로프 구성기호 "6×19"의 표기에서 "6"의 의미에 해당하는 것은?

① 소선 수　　② 소선의 직경(mm)
③ 스트랜드 수　　④ 로프의 인장강도

해설 와이어로프 명명법 : 6×19
1) 6 : 가닥(꼬임, strand)의 수
2) 19 : 소선의 수

44 다음 중 산업안전보건법령상 안전난간의 구조 및 설치요건에서 상부난간대의 높이는 바닥면으로부터 얼마지점에 설치하여야 하는가?

① 30cm 이상　　② 60cm 이상
③ 90cm 이상　　④ 120cm 이상

해설 상부난간대의 높이 : 90cm 이상 지점에 설치할 것
1) 상부난간대를 120cm 이하에 설치하는 경우 : 중간난간대를 상부난간대와 바닥면의 중간에 설치할 것
2) 상부난간대를 120cm 이상에 설치하는 경우 : 중간난간대를 2단 이상으로 균등하게 설치하고 난간의 상하간격은 60cm 이하가 되도록 할 것

45 기계의 안전조건 중 외형의 안전화로 가장 적합한 것은?

① 기계의 회전부에 덮개를 설치하였다.
② 강도의 열화를 고려해 안전율을 최대로 설계하였다.
③ 정전시 오동작을 방지하기 위하여 자동제어장치를 설치하였다.
④ 사용압력 변동시의 오동작 방지를 위하여 자동제어장치를 설치하였다.

해설 외형의 안전화
1) 덮개 및 방호장치 설치
2) 별실 또는 구획된 장소에 격리
3) 안전색채 조절

■ 정답 ■　40.①　41.④　42.②　43.③　44.③　45.①

46 드릴로 구멍을 뚫는 작업 중 공작물이 드릴과 함께 회전할 우려가 가장 큰 경우는?

① 처음 구멍을 뚫을 때
② 중간 쯤 뚫렸을 때
③ 거의 구멍이 뚫렸을 때
④ 구멍이 완전히 뚫렸을 때

해설 드릴작업 중 공작물이 드릴과 함께 회전하기 쉬운 경우 : 거의 구멍이 뚫렸을 때

47 다음 중 톱의 후면날 가까이에 설치되어 목재의 켜진 틈 사이에 끼어서 쐐기작용을 하여 목재가 압박을 가하지 않도록 하는 장치를 무엇이라 하는가?

① 분할날
② 반발방지장치
③ 날접촉예방장치
④ 가동식 접촉예방장치

해설 분할날
1) 톱날과의 간격 : 12mm 이내
2) 분할날의 두께 : $1.1t_1 \leq t_2 < b$
   여기서, t_1 : 톱날두께
   t_2 : 분할날의 두께
   b : 치진폭
3) 분할날의 길이 : $\pi D \times \frac{1}{4} \times \frac{2}{3}$
   (D : 숫돌직경)

48 다음 중 원심기의 방호장치로 가장 적합한 것은 무엇인가?

① 덮개
② 반발방지장치
③ 릴리프밸브
④ 수인식 가드

해설 원심심기 방호장치 : 덮개(뚜껑)

49 다음 중 기계설비 안전화의 기본개념으로서 적절하지 않은 것은 무엇인가?

① fail-safe의 기능을 갖추도록 한다.
② fool proof의 기능을 갖추도록 한다.
③ 안전상 필요한 장치는 단일 구조로 한다.
④ 안전 기능은 기계 장치에 내장되도록 한다.

해설 ③항, 안전상 필요한 장치는 병렬구조로 한다.

50 다음 중 산업안전보건법령상 이동식 크레인을 사용하여 작업할 때의 작업시작 전 점검사항으로 틀린 것은?

① 브레이크·클러치 및 조정장치의 기능
② 권과방지장치나 그 밖의 경보장치의 기능
③ 와이어로프가 통하고 있는 곳 및 작업장소의 지반 상태
④ 원동기·회전축·기어 및 폴리 등의 덮개 또는 울 등의 이상 유무

해설 ④항, 컨베이어의 작업시작 전 점검사항

51 클러치 프레스에 부착된 양수조작식 방호장치에 있어서 클러치 맞물림 개소수가 4군데, 매분 행정수가 300 SPM일 때 양수조작식 조작부의 최소 안전거리는? (단, 인간의 손의 기준 속도는 1.6m/s로 한다.)

① 240mm ② 260mm
③ 340mm ④ 360mm

해설 안전거리
$$D_m = 1.6 \times \left(\frac{1}{\text{클러치물림개소수}} + \frac{1}{2}\right) \times \frac{60,000}{SPM}$$
$$= 1.6 \times \left(\frac{1}{4} + \frac{1}{2}\right) \times \frac{60,000}{300} = 240\text{mm}$$

■ 정답 ■ 46.③ 47.① 48.① 49.③ 50.④ 51.①

52 다음 중 산업안전보건법령에 따른 압력용기에 설치하는 안전밸브의 설치 및 작동에 관한 설명으로 틀린 것은?

① 다단형 압축기에는 각 단 또는 각 공기압축기별로 안전밸브 등을 설치하여야 한다.
② 안전밸브는 이를 통하여 보호하려는 설비의 최저사용압력 이하에서 작동되도록 설정하여야 한다.
③ 화학공정 유체와 안전밸브의 디스크 또는 시트가 직접 접촉될 수 있도록 설치된 경우에는 매년 1회 이상 국가 교정기관에서 검사한 후 납으로 봉인하여 사용한다.
④ 공정안전보고서 이행상태 평가결과가 우수한 사업장의 안전밸브의 경우 검사주기는 4년마다 1회 이상이다.

해설 압력용기에 설치하는 안전밸브는 최고사용압력 이하에서 작동되도록 설정하여야 한다.

53 다음 중 벨트 컨베이어의 특징에 해당되지 않는 것은 무엇인가?

① 무인화 작업이 가능하다.
② 연속적으로 물건을 운반할 수 있다.
③ 운반과 동시에 하역작업이 가능하다.
④ 경사각이 클수록 물건을 쉽게 운반할 수 있다.

해설 벨트 컨베이어의 특징
1), ①, ②, ③항
2) 경사각도가 30° 이하인 경우에 이용된다.
3) 대용량의 운반수단에 이용한다.
4) 컨베이어 중 가장 널리 쓰인다.

54 프레스의 고아전자식 방호장치에서 손이 광선을 차단한 직후부터 급정지장치가 작동을 개시한 시간이 0.03초이고, 급정지장치가 작동을 시작하여 슬라이드가 정지한 때까지의 시간이 0.2초라면 광축의 설치위치는 위험점에서 얼마 이상 유지해야 하는가?

① 153mm
② 279mm
③ 368mm
④ 451mm

해설 설치거리=160×(0.03+0.2)=36.8cm
=368mm

55 다음 중 슬로터(slotter)의 방호장치로 적합하지 않은 것은?

① 칩받이
② 방책
③ 칸막이
④ 인발블록

해설 1) 슬로터 : 공작물은 테이블에 고정되고 램(ram)에 의하여 절삭공구가 상하운동을 하면서 수직면을 절삭하는 공작기계로 수직형 형삭기라고도 한다.
2) 슬로터의 방호장치 :
㉠ 칩받이
㉡ 방책
㉢ 칸막이 등

56 원래 길이가 150mm인 슬링체인을 점검한 결과 길이에 변형이 발생하였다. 다음 중 폐기대상에 해당되는 측정값(길이)으로 옳은 것은 무엇인가?

① 151.5mm 초과
② 153.5mm 초과
③ 155.5mm 초과
④ 157.5mm 초과

해설 슬링체인은 길이의 증가가 5% 초과할 때 폐기처분한다.
150×0.05=7.5mm
∴ 150+7.5=157.5mm

■ 정답 ■ 52.② 53.④ 54.③ 55.④ 56.④

57 다음 중 보일러의 부식원인과 가장 거리가 먼 것은 무엇인가?

① 증기발생이 과다할 때
② 급수처리를 하지 않은 물을 사용할 때
③ 급수에 해로운 불순물이 혼입되었을 때
④ 불순물을 사용하여 수관이 부식되었을 때

해설 증기발생의 과다는 보일러의 부식원인과 관계가 없다.

58 산업안전보건법령상 가스집합장치로부터 얼마 이내의 장소에서는 흡연, 화기의 사용 또는 불꽃을 발생할 우려가 있는 행위를 금지하여일를피는가?

① 5m   ② 7m
③ 10m   ④ 25m

해설 가스집합장치로부터 화기 등 열원이 있는 장소까지의 이격거리 : 5m

59 다음 중 선반의 안전장치로 볼 수 없는 것은?

① 울   ② 급정지브레이크
③ 안전블럭   ④ 칩비산방지 투명판

해설 선반의 안전장치
1) ①, ②, ④항
2) 칩 브레이커
3) 쉴드(shield)
4) 기타 척의 인터록 덮개, 고정브리지(bridge) 등

60 다음 중 지게차 헤드가드에 관한 설명으로 틀린 것은?

① 상부틀의 각 개구의 폭 또는 길이가 16cm 미만일 것
② 강도는 지게차 최대하중의 등분포정하중에 견딜 것
③ 운전자가 서서 조작하는 방식의 지게차의 경우에는 운전석의 바닥면에서 헤드가드의 상부틀 하면까지의 높이가 1.88m이상일 것
④ 운전자가 앉아서 조작하는 방식의 지게차의 경우에는 운전자의 좌석 윗면에서 헤드가드의 상부틀 아랫면까지의 높이가 0.903m 이상일 것

해설 ②항, 강도는 지게차 최대하중의 2배의 값(그 값이 4톤 초과시는 4톤)이 등분포정하중에 견딜 수 있는 것일 것

제4과목 / 전기 및 화학설비위험방지기술

61 다음 중 인체 접촉상태에 따른 허용접촉전압과 해당종별의 연결이 틀린 것은?

① 2.5V 이하 – 제 1종
② 25V 이하 – 제 2종
③ 50V 이하 – 제 3종
④ 100V 이하 – 제 4종

해설 제4종 – 제한 없음

62 다음 중 교류 아크 용접기에서 자동전격방지장치의 기능으로 틀린 것은 무엇인가?

① 감전위험방지
② 전력손실 감소
③ 정전기 위험방지
④ 무부하시 안전전압 이하로 저하

해설 자동전격방지장치는 교류아크 용접기의 방호장치로 정전기 위험방지와는 관계가 없다.

63 다음 중 내압 방폭구조인 전기기기의 성능시험에 관한 설명으로 틀린 것은 무엇인가?

① 성능시험은 모든 내용물이 용기에 장착한 상태로 시험한다.
② 성능시험은 충격시험을 실시한 시료 중 하나를 사용해서 실시한다.
③ 부품의 일부가 용기에 포함되지 않은 상태에서 사용할 수 있도록 설계된 경우, 최적의 조건에서 시험을 실시해야 한다.
④ 제조자가 제시한 자세한 부품 배열방법이 있고, 빈 용기가 최악의 폭발압력을 발생시키는 조건인 경우에는 빈 용기 상태로 시험을 할 수 있다.

해설 내압방폭구조 : 용기 내부에서 폭발성가스 또는 증기가 폭발하였을 때 용기가 그 압력에 견디며 접합면이나 개구부 등을 통해서 외부의 폭발성가스·증기에 인화되지 않도록 한 구조

64 다음 중 사업장의 정전기 발생에 대한 재해방지 대책으로 적합하지 못한 것은 무엇인가?

① 습도를 높인다.
② 실내 온도를 높인다.
③ 도체부분에 접지를 실시한다.
④ 적절한 도전성 재료를 사용한다.

해설 정전기 발생 방지대책
 1) ①, ③, ④항
 2) 배관 내에 액체의 유속제한 및 정치시간의 확보
 3) 보호구 착용
 4) 대전방지제 사용
 5) 제전장치(제전기) 사용

65 옥내배선 중 누전으로 인한 화재방지를 위해 별도로 실시할 필요가 없는 것은

① 배선불량시 재시공할 것
② 배선로 상에 단로기를 설치할 것
③ 정기적으로 절연저항을 측정할 것
④ 정기적으로 배선시공 상태를 확인할 것

해설 단로기(DS)는 무부하회로에서 개폐하는 개폐기이기 때문에 화재방지조치가 필요하지 않다.

66 다음 중 전기기기의 절연의 종류와 최고허용온도가 잘못 연결된 것은?

① Y : 90℃   ② A : 105℃
③ B : 130℃   ④ F : 180℃

해설 F종 : 155℃

67 Dalziel의 심실세동전류와 통전시간과의 관계식에 의하면 인체 전격시의 통전시간이 4초이었다고 했을 때 심실세동 전류의 크기는 약 몇 mA인가?

① 42   ② 83
③ 165   ④ 185

해설 $I = \dfrac{165}{\sqrt{T}} = \dfrac{165}{\sqrt{4}} = 82.5\,\mathrm{mA}$

68 다음 중 전기화재의 직접적인 원인이 아닌 것은?

① 절연 열화
② 애자의 기계적 강도 저하
③ 과전류에 의한 단락
④ 접촉 불량에 의한 과열

해설 전기화재의 직접적인 원인
 1) 단락   2) 과전류   3) 스파크
 4) 누전 및 지락   5) 접촉부의 과열
 6) 절연열화, 절연파괴 등

■ 정답 ■ 63.③ 64.② 65.② 66.④ 67.② 68.②

69 다음 중 방폭전기기기의 선정시 고려하여야 할 사항과 가장 거리가 먼 것은 무엇인가?

① 압력 방폭구조의 경우 최고표면온도
② 내압 방폭구조의 경우 최대안전틈새
③ 안전증 방폭구조의 경우 최대안전틈새
④ 본질안전 방폭구조의 경우 최소점화전류

해설 안전증방폭구조의 경우 최고표면온도

70 페인트를 스프레이로 뿌려 도장작업을 하는 작업 중 발생할 수 있는 정전기 대전으로만 이루어진 것은?

① 분출대전, 충돌대전
② 충돌대전, 마찰대전
③ 유동대전, 충돌대전
④ 분출대전, 유동대전

해설 1) 분출대전 : 기체·액체·분체류 등 단면적이 작은 분출구를 통과할 때 마찰에 의해서 정전기가 발생하는 현상
2) 충돌대전 : 분체류와 같은 입자끼리 또는 입자와 고체와의 충돌에 의해서 정전기가 발생하는 현상

71 다음 중 전기화재시 부적합한 소화기는?

① 분말 소화기
② CO_2 소화기
③ 할론 소화기
④ 산알칼리 소화기

해설 산알칼리 소화기는 전기화재에 부적합하다.

72 전기설비로 인한 화재폭발의 위험분위기를 생성하지 않도록 하기 위해 필요한 대책으로 가장 거리가 먼 것은 무엇인가?

① 폭발성 가스의 사용 방지
② 폭발성 분진의 생성 방지
③ 폭발성 가스의 체류 방지
④ 폭발성 가스 누설 및 방출 방지

해설 폭발성 가스의 사용방지는 화재폭발의 위험방지를 위한 대책으로는 부적당하다.

73 다음 중 위험물에 대한 일반적 개념으로 옳지 않은 것은 무엇인가?

① 반응속도가 급격히 진행된다.
② 화학적 구조 및 결합력이 불안정하다.
③ 대부분 화학적 구조가 복잡한 고분자 물질이다.
④ 그 자체가 위험하다든가 또는 환경 조건에 따라 쉽게 위험성을 나타내는 물질을 말한다.

해설 고분자물질은 합성수지류와 합성고무류 등이 있으며 대부분이 위험물에 해당되지 않는다.

74 아세틸렌(C_2H_2)의 공기 중의 완전연소 조성농도(C_{st})는 약 얼마인가?

① 6.7 vol%
② 7.0 vol%
③ 7.4 vol%
④ 7.7 vol%

해설 완전연소 조성농도(C_{st}, 화학양론농도)
C_2H_2의

$$C_{st} = \frac{1}{1+4.773\left(n+\frac{m}{4}\right)} \times 100\%$$

$$= \frac{1}{1+4.773\left(2+\frac{2}{4}\right)} \times 100 = 7.73\%$$

(여기서, n : C의 수, m : H의 수)

75 가스용기 파열사고의 주요 원인으로 가장 거리가 먼 것은?

① 용기 밸브의 이탈
② 용기의 내압력 부족
③ 용기 내압의 이상 상승
④ 용기 내 폭발성 혼합가스 발화

해설 용기밸브의 이탈 : 누설사고의 원인

■ 정답 ■   69.③   70.①   71.④   72.①   73.③   74.④   75.①

76 물질안전보건자료(MSDS)의 작성항목이 아닌 것은 무엇인가?

① 물리화학적 특성
② 유해물질의 제조법
③ 환경에 미치는 영향
④ 누출사고시 대처방법

[해설] 물질안전보건자료의 작성항목(법 제41조 제① 항)
1) 대상화학물질의 명칭
2) 구성성분의 명칭 및 함유량
3) 안전·보건상의 취급주의사항
4) 건강 유해성 및 물리적 위험성
5) 고용노동부령으로 정하는 사항(규칙 제92 조의 4)
　① 물리·화학적 특성
　② 독성에 관한 정보
　③ 폭발·화재시의 대처방법
　④ 응급조치요령
　⑤ 그 밖에 고용노동부장관이 정하는 사항

77 반응기를 조작방법에 따라 분류할 때 반응기의 한 쪽에서는 원료를 계속적으로 유입하는 동시에 다른 쪽에서는 반응생성 물질을 유출시키는 형식의 반응기를 무엇이라 하는가?

① 관형 반응기
② 연속식 반응기
③ 회분식 반응기
④ 교반조형 반응기

[해설] 반응기의 조작방식에 의한 분류
1) **회분식 반응기** : 반응기로 원료를 공급하고 반응을 진행시켜 소정의 시간이 지나면 반응을 멈추고 생성물을 끄집어내는 방식
2) **연속식 반응기** : 원료의 공급과 생성물의 배출을 연속적으로 행하는 방식
3) **반회분식 반응기** : 원료는 수동으로 공급하고 생성물은 연속적으로 배출하는 방식

78 윤활유를 닦은 기름걸레를 햇빛이 잘 드는 작업장의 구석에 모아 두었을 때 가장 발생가능성이 높은 재해는?

① 분진폭발
② 자연발화에 의한 화재
③ 정전기 불꽃에 의한 화재
④ 기계의 마찰열에 의한 화재

[해설] 윤활유를 닦은 기름걸레(가연물)+햇빛(열원) → 자연발화

79 다음 중 "공기 중의 발화온도"가 가장 높은 물질은?

① CH_4
② C_2H_2
③ C_2H_6
④ H_2S

[해설] 발화점
1) CH_4(메탄) : 537℃
2) C_2H_2(아세틸렌) : 299℃
3) C_2H_6(에탄) : 515℃
4) H_2S(황화수소) : 260℃

80 공정안전보고서에 포함되어야 할 세부 내용 중 공정안전자료에 해당하는 것은?

① 결함수분석(FTA)
② 도급업체 안전관리계획
③ 각종 건물·설비의 배치도
④ 비상조치계획에 따른 교육계획

[해설] 공정안전자료
① 취급·저장하고 있거나 취급·저장하고자 하는 유해·위험물질의 종류 및 수량
② 유해·위험물질에 대한 물질안전보건자료
③ 유해·위험설비의 목록 및 사양
④ 유해·위험설비의 운전방법을 알 수 있는 공정도면
⑤ 각종 건물설비의 배치도
⑥ 방폭지역 구분도 및 전기단선도
⑦ 위험설비의 안전설계·제작 및 설치관련 지침서

제5과목 / 건설안전기술

81 리프트(Lift)의 안전장치에 해당하지 않는 것은?

① 권과방지장치
② 비상정지장치
③ 과부하방지장치
④ 조속기

해설 조속기 : 승강기의 안전장치

82 벽체 콘크리트 타설시 거푸집이 터져서 콘크리트가 쏟아진 사고가 발생하였다. 다음 중 이 사고의 주요 원인으로 추정할 수 있는 것은?

① 콘크리트를 부어 넣는 속도가 빨랐다.
② 거푸집에 박리제를 다량 도포했다.
③ 대기온도가 매우 높았다.
④ 시멘트 사용량이 많았다.

해설 콘크리트 타설시 거푸집이 터졌을 경우 사고원인 : 콘크리트 타설속도(부어넣는 속도)과속

83 산업안전보건기준에 관한 규칙에 따른 굴착면의 기울기 기준으로 옳지 않은 것은?

① 경암 = 1 : 0.5
② 연암 = 1 : 1.0
③ 풍화암 = 1 : 1.0
④ 모래 = 1 : 1.2

해설 굴착면의 기울기 기준

구분	지반의 종류	구배
보통 흙	모래	1 : 1.8
	그 밖에 흙	1 : 1.2
암반	풍화암	1 : 1.0
	연암	1 : 1.0
	경암	1 : 0.5

84 비계발판의 크기를 결정하는 기준은?

① 비계의 제조회사
② 재료의 부식 및 손상정도
③ 지점의 간격 및 작업시 하중
④ 비계의 높이

해설 비계에 설치하는 발판의 크기는 지지물의 간격 및 작업하중 등을 고려하여 결정한다.

85 작업발판 및 통로의 끝이나 개구부로서 근로자가 추락할 위험이 있는 장소에 설치하는 것과 거리가 먼 것은?

① 교차가새
② 안전난간
③ 울타리
④ 수직형 추락방망

해설 작업발판 및 통로의 끝이나 개구부 등에서의 추락재해방지 조치사항
1) 안전난간, 울타리, 수직형 추락방망 등 설치
2) 덮개 설치 및 개구부 표시
3) 안전방망 설치
4) 안전대 착용

86 콘크리트를 타설할 때 거푸집에 작용하는 콘크리트 측압에 영향을 미치는 요인과 가장 거리가 먼 것은?

① 콘크리트 타설 속도
② 콘크리트 타설 높이
③ 콘크리트의 강도
④ 콘크리트의 단위용적질량

해설 콘크리트 측압 산정시 고려되는 요소
1) 굳지 않은 콘크리트의 단위용적중량(t/m^3)
2) 콘크리트의 타설높이 및 타설속도 (보통 10~50m/h 정도)
3) 거푸집 속의 콘크리트 온도
4) 벽길이(m) 등

■ 정답 ■ 81.④ 82.① 83.④ 84.③ 85.① 86.③

87 토사붕괴재해의 발생 원인으로 보기 어려운 것은?

① 부석의 점검을 소홀히 했다.
② 지질조사를 충분히 하지 않았다.
③ 굴착면 상하에서 동시작업을 했다.
④ 안식각으로 굴착했다.

해설 안식각(휴식각)으로 굴착시는 토사붕괴가 발생되지 않는다.

88 추락에 의한 위험방지를 위해 조치해야 할 사항과 거리가 먼 것은?

① 추락방지망 설치
② 안전난간 설치
③ 안전모 착용
④ 투하설비 설치

해설 투하설비 설치는 높이가 3m 이상인 장소에서 물체를 투하할 경우에 위험방지 조치사항이다.

89 가설계단 및 계단참의 하중에 대한 지지력은 최소 얼마 이상이어야 하는가?

① 300kg/m^2
② 400kg/m^2
③ 500kg/m^2
④ 600kg/m^2

해설 가설계단 및 계단참을 설치하는 경우 매 m^2당 500kg이상의 하중에 견딜 수 있는 장소를 가진 구조로 설치하여야 하며, 안전율은 4이상으로 할 것

90 강관비계 중 단관비계의 조립간격(벽체와의 연결간격)으로 옳은 것은?

① 수직방향 : 6m, 수평방향 : 8m
② 수직방향 : 5m, 수평방향 : 5m
③ 수직방향 : 4m, 수평방향 : 6m
④ 수직방향 : 8m, 수평방향 : 6m

해설 비계의 조립간격(벽체와의 연결간격)

구분	수직방향	수평방향
통나무비계	5.5m	7.5m
단관비계	5m	5m
강관틀비계	6m	8m

91 철골구조에서 강풍에 대한 내력이 설계에 고려되었는지 검토를 실시하지 않아도 되는 건물은?

① 높이 30m인 건물
② 연면적당 철골량이 45kg인 건물
③ 단면구조가 일정한 구조물
④ 이음부가 현장용접인 건물

해설 철골구조물 건립시 강풍에 의한 풍압 등 외압에 대한 내력이 설계에 고려되었는지 검토할 사항
1) 높이 20m 이상의 구조물
2) 구조물의 폭과 높이의 비가 1 : 4이상인 구조물
3) 단면구조의 현저한 차이가 있는 구조물
4) 연면적당 철골량이 50kg/m^2 이하인 구조물
5) 기둥이 타이 플레이트(tie plate)형인 구조물
6) 이음부가 현장용접인 경우

92 콘크리트의 재료분리현상 없이 거푸집 내부에 쉽게 타설 할 수 있는 정도를 나타낸 것은?

① Workability
② Bleeding
③ Consistency
④ Finishability

해설 Workability(워커빌리티) : 반죽질기에 의한 작업의 난이도 및 재료분리에 저항하는 정도를 나타내는 콘크리트 성질(시공연도라고도 함)

93 굴착공사에서 굴착 깊이가 5m, 굴착 저면의 폭이 5m인 경우 양단면 굴착을 할 때 굴착부 상단면의 폭은? (단, 굴착면의 기울기는 1 : 1로 한다.)

① 10m   ② 15m
③ 20m   ④ 25m

해설 1) 굴착깊이 5m, 굴착저면의 폭 5m, 구락면의 기울기 1 : 1

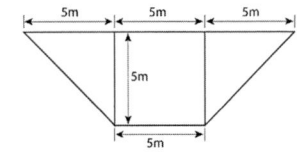

2) 굴착부 상단면의 폭=5+5+5=15m

94 하물을 적재하는 경우에 준수하여야 하는 사항으로 옳지 않은 것은?

① 침하 우려가 없는 튼튼한 기반 위에 적재할 것
② 건물의 칸막이나 벽 등이 화물의 압력에 견딜 만큼의 강도를 지니지 아니한 경우에는 칸막이나 벽에 기대어 적재하지 않도록 할 것
③ 불안정할 정도로 높이 쌓아 올리지 말 것
④ 편하중이 발생하도록 쌓을 것

해설 ④항, 편하중이 발생하지 않도록 쌓을 것

95 거푸집의 일반적인 조립순서를 옳게 나열한 것은?

① 기둥→보받이 내력벽→큰보→작은보→바닥판→내벽→외벽
② 외벽→보받이 내력벽→큰보→작은보→바닥판→내벽→기둥
③ 기둥→보받이 내력벽→작은보→큰보→바닥판→내벽→외벽
④ 기둥→보받이 내력벽→바닥판→큰보→작은보→내벽→외벽

해설 거푸집의 조립순서
1) 기둥 → 1) 보받이 내력벽 → 3) 큰보 → 4) 작은보 → 5) 바닥판 → 6) 내벽→ 7) 외벽

96 건설기계에 관한 설명 중 옳은 것은?

① 백호는 장비가 위치한 지면보다 높은 곳의 땅을 파는 데에 적합하다.
② 바이브레이션 롤러는 노반 및 소일시멘트 등의 다지기에 사용된다.
③ 파워쇼벨은 지면에 구멍을 뚫어 낙하해머 또는 디젤해머에 의해 강관말뚝, 널말뚝 등을 박는데 이용된다.
④ 가이데릭은 지면을 일정한 두께로 깎는 데에 이용된다.

해설 ①항, 백호우 : 지면보다 낮은 곳 굴착
③항, 파워쇼벨 : 지면보다 높은 곳 굴착
④항, 가이데릭 : 철골세우기용 장비

97 일반적으로 사면이 가장 위험한 경우는 어느 때인가?

① 사면이 완전건조상태일 때
② 사면의 수위가 서서히 상승할 때
③ 사면이 완전포화상태일 때
④ 사면의 수위가 급격히 하강할 때

해설 사면이 가장 위험한 때 : 사면의 수위가 급격히 하강할 때

98 산업안전보건기준에 관한 규칙에 따른 작업장 근로자의 안전한 통행을 위하여 통로에 설치하여야 하는 조명시설의 조도기준(Lux)은?

① 30Lux 이상   ② 75Lux 이상
③ 150Lux 이상   ④ 300Lux 이상

해설 통로의 조명 : 75Lux이상의 채광 또는 조명시설을 할 것

99 정기안전점검 결과 건설공사의 물리적·기능적 결함 등이 발견되어 보수·보강 등의 조치를 하기 위하여 필요한 경우에 실시하는 것은?

① 자체안전점검
② 정밀안전점검
③ 상시안전점검
④ 품질관리점검

해설 정밀안전점검 : 본문 설명

100 건설작업용 리프트에 대하여 바람에 의한 붕괴를 방지하는 조치를 한다고 할 때 그 기준이 되는 최소풍속은?

① 순간풍속 30m/sec 초과
② 순간풍속 35m/sec 초과
③ 순간풍속 40m/sec 초과
④ 순간풍속 45m/sec 초과

해설 폭풍에 의한 붕괴·도괴 등의 방지
1) 건설작업용 리프트 : 순간풍속이 35m/sec 초과시 받침수를 증가시키는 등 붕괴방지조치를 할 것
2) 옥외에 설치된 승강기 : 순간풍속이 30m/sec 초과시 받침수를 증가시키는 등 도괴방지조치를 할 것

■ 정답 ■ 99.② 100.②

2021년 2회 CBT복원 기출문제
산업안전산업기사

제1과목 / 산업안전관리론

01 다음 중 일반적인 안전관리 조직의 기본 유형으로 볼 수 없는 것은 무엇인가?

① line system
② staff system
③ safety system
④ line-staff system

해설 안전관리조직의 기본유형
1) line system : 직계형
2) staff system : 참모형
3) line-staff system : 직계·참모 혼합형

02 다음 중 적성배치시 작업자의 특성과 가장 관계가 적은 것은?

① 연령
② 작업조건
③ 태도
④ 업무경력

해설 적성배치시 작업 및 작업자의 특성
1) **작업의 특성** : 작업조건, 작업내용, 환경조건, 형태, 법적자격 및 제한 등
2) **작업자의 특성** : 연령, 태도, 지적능력, 기능, 성격, 신체적 특성, 업무경력 등

03 다음 중 안전 태도 교육의 원칙으로 적절하지 않은 것은?

① 적성 배치를 한다.
② 이해하고 납득한다.
③ 항상 모범을 보인다.
④ 지적과 처벌 위주로 한다.

해설 안전태도교육의 원칙
1) ①, ②, ③항
2) 청취한다.
3) 권장한다.
4) 처벌한다.
5) 좋은 지도자를 얻도록 힘쓴다.
6) 평가한다.

04 연평균 1,000명의 근로자를 채용하고 있는 사업장에서 연간 24명의 재해자가 발생하였다면 이 사업장의 연천인율은 얼마인가?(단, 근로자는 1일 8시간씩 연간 300일을 근무한다.)

① 10
② 12
③ 24
④ 48

해설 연천인율 $= \dfrac{\text{사상자수}}{\text{연평균근로자수}} \times 1000$

$= \dfrac{24}{1000} \times 1000 = 24$

05 다음 중 산업재해로 인한 재해손실비 산정에 있어 하인리히의 평가방식에서 직접비에 해당하지 않는 것은 무엇인가?

① 통신급여
② 유족급여
③ 간병급여
④ 직업재활급여

해설
1) **직접비** : 유족급여, 간병급여, 직업재활급여 등 법정산재보상비
2) **간접비** : 통신급여 등 산재보상비외의 손실비

■ 정답 ■ 1.③ 2.② 3.④ 4.③ 5.①

06 다음 중 산업안전보건법령상 안전·보건표지의 용도 및 사용 장소에 대한 표지의 분류가 가장 올바른 것은 무엇인가?

① 폭발성 물질이 있는 장소 : 안내표지
② 비상구가 좌측에 있음을 알려야 하는 장소 : 지시표시
③ 보안경을 착용해야만 작업 또는 출입을 할 수 있는 장소 : 안내표시
④ 정리·정돈 상태의 물체나 움직여서는 안 될 물체를 보존하기 위하여 필요한 장소 : 금지표시

해설 1) 폭발성 물질이 있는 장소 : 경고표지
2) 비상구가 좌측에 있음을 알려야 하는 장소 : 안내표지
3) 보안경을 착용해야만 하는 작업 또는 출입을 할 수 있는 장소 : 지시표지

07 하인리히의 재해발생 5단계 이론 중 재해 국소화 대책은 어느 단계에 대비한 대책인가?

① 제1단계 → 제2단계
② 제2단계 → 제3단계
③ 제3단계 → 제4단계
④ 제4단계 → 제5단계

해설 1) 하인리히의 재해발생 5단계
  ① 1단계 : 사회적 환경 및 유전적 요소
  ② 2단계 : 개인적 결함
  ③ 3단계 : 불안전한 행동 및 불안전한 대책
  ④ 4단계 : 사고
  ⑤ 5단계 : 재해
2) 재해 국소화 대책은 4단계(사고) → 5단계(재해)를 대비한 대책이다.

08 다음 중 [그림]에 나타난 보호구의 명칭으로 옳은 것은 무엇인가?

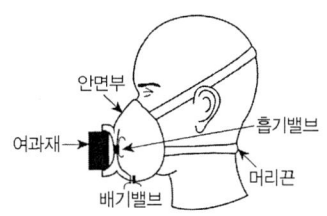

① 격리식 반면형 방독마스크
② 직결식 반면형 방진마스크
③ 격리식 전면형 방독마스크
④ 안면부여과식 방진마스크

해설 방진마스크의 종류별 공기흡입 방식
1) 분리식
  ① 격리식(전면형, 반면형) : 여과재 → 연결관 → 흡기밸브
  ② 직결식(전면형, 반면형) : 여과재 → 흡기밸브
2) 안면 여과식 : 여과재인 안면부에 의해 흡입

09 다음 중 매슬로우의 욕구위계 5단계 이론을 올바르게 나열한 것은?

① 생리적 욕구 → 사회적 욕구 → 안전의 욕구 → 존경의 욕구 → 자아실현의 욕구
② 안전의 욕구 → 생리적 욕구 → 사회적 욕구 → 존경의 욕구 → 자아실현의 욕구
③ 생리적 욕구 → 안전의 욕구 → 사회적 욕구 → 존경의 욕구 → 자아실현의 욕구
④ 사회적 욕구 → 생리적 욕구 → 안전의 욕구 → 자아실현의 욕구 → 존경의 욕구

해설 매슬로우의 욕구위계 5단계
1) 1단계 : 생리적 욕구(신체적 욕구)
2) 2단계 : 안전의 욕구(위험방지욕구)
3) 3단계 : 사회적 욕구(친화욕구)
4) 4단계 : 존경의 욕구(인정받으려는 욕구)
5) 5단계 : 자아실현의 욕구(성취욕구)

■ 정답 ■ 6.④ 7.④ 8.② 9.③

10 안전교육의 방법 중 TWI(Training Within Industry for supervisor)의 교육내용에 해당하지 않는 것은?

① 작업지도기법(JIT)
② 작업개선기법(JMT)
③ 작업환경 개선기법(JET)
④ 인간관계 관리기법(JRT)

해설 TWI 교육내용
1) JI(Job Instruction) : 작업지도기법
2) JM(Job Method) : 작업개선기법
3) JR(Job Relation) : 인간관계관리기법(부하통솔기법)
4) JS(Job Safety) : 작업안전기법

11 작업장에서 매일 작업자가 작업 전, 중, 후에 시설과 작업동작 등에 대하여 실시하는 안전점검의 종류를 무엇이라 하는가?

① 정기점검   ② 일상점검
③ 임시점검   ④ 특별점검

해설 일상점검 : 작업 전·중·후에 실시하는 점검으로 수시점검이라고도 한다.

12 다음 중 재해조사시 유의사항으로 가장 적절하지 않은 것은 무엇인가?

① 가급적 재해 현장이 변형되지 않은 상태에서 실시한다.
② 목격자가 제시한 사실 이외의 추측되는 말은 정밀분석한다.
③ 과거 사고 발생 경향 등을 참고하여 조사한다.
④ 객관적 입장에서 재해방지에 우선을 두고 조사한다.

해설 ②항, 목격자가 제시한 사실 이외의 추측되는 말을 참고로만 한다.

13 산업안전보건법령상 사업 내 안전·보건교육에 있어 "채용 시의 교육 및 작업내용 변경 시의 교육 내용"에 해당하지 않는 것은 무엇인가? (단, 산업안전보건법 및 일반관리에 관한 사항은 제외한다.)

① 물질안전보건자료에 관한 사항
② 사고 발생시 긴급조치에 관한 사항
③ 작업 개시 전 점검에 관한 사항
④ 표준안전작업방법 및 지도 요령에 관한 사항

해설 채용시 및 작업내용 변경시 교육
1) ①, ②, ③항
2) 기계·기구의 위험성과 작업의 순서 및 동선에 관한 사항
3) 정리정돈 및 청소에 관한 사항
4) 산업보건 및 직업병 예방에 관한 사항
5) 산업안전보건법 및 일반관리에 관한 사항

14 적응기제(Adjustment Mechanism) 중 방어적 기제(Defence Mechanism)에 해당하는 것은 무엇인가?

① 고립(Isolation)
② 퇴행(Regression)
③ 억압(Suppression)
④ 합리화(Rationalization)

해설 적응기제
1) 방어적 기제
① 보상 ② 합리화 ③ 동일시 ④ 승화
2) 도피적 기제
① 고립 ② 퇴행 ③ 억압 ④ 백일몽

15 다음 중 사고의 위험이 불안전한 행위 외에 불안전한 상태에서도 적용된다는 것과 가장 관계가 있는 것은 무엇인가?

① 이념성   ② 개인차
③ 부주의   ④ 지능성

■ 정답 ■ 10.③ 11.② 12.② 13.④ 14.④ 15.③

해설 부주의의 개념 특성
1) 부주의는 불안전한 행위나 행동뿐만 아니라 불안전한 상태에서도 통용된다.
2) 부주의란 말은 결과를 표현한 것이다.
3) 부주의에는 발생 원인이 있다.
4) 부주의와 유사한 현상 구분 : 착각이나 인간 능력의 한계를 초과하는 요인에 의한 동작 실패는 부주의에서 제외한다.
5) 부주의는 무의식 행위나 그것에 가까운 의식의 주변에서 행해지는 행위에 한정한다.

16 다음 중 기억과 망각에 관한 내용으로 틀린 것은 무엇인가?

① 학습된 내용은 학습 직후의 망각률이 가장 낮다.
② 의미없는 내용은 의미있는 내용보다 빨리 망각한다.
③ 사고력을 요하는 내용이 단순한 지식보다 기억, 파지의 효과가 높다.
④ 연습은 학습한 직후에 시키는 것이 효과가 있다.

해설 학습된 내용은 학습 직후의 망각률이 가장 높다.

17 재해예방의 4원칙 중 대책선정의 원칙에서 관리적 대책에 해당하지 않는 것은 무엇인가?

① 안전교육 및 훈련
② 동기부여와 사기 향상
③ 각종 규정 및 수칙의 준수
④ 경영자 및 관리자의 솔선수범

해설 안전교육 및 훈련 : 교육적 대책

18 다음 중 안전교육의 4단계를 올바르게 나열한 것은?

① 도입 → 확인 → 제시 → 적용
② 도입 → 제시 → 적용 → 확인
③ 확인 → 제시 → 도입 → 적용
④ 제시 → 확인 → 도입 → 적용

해설 안전교육의 4단계 : 도입(준비) → 제시(설명) → 적용(응용) → 확인(총괄)

19 다음 중 무재해운동에서 실시하는 위험예지훈련에 관한 설명으로 틀린 것은 무엇인가?

① 근로자 자신이 모르는 작업에 대한 것도 파악하기 위하여 참가집단의 대상범위를 가능한 넓혀 많은 인원이 참가토록 한다.
② 직장의 팀워크로 안전을 전원이 빨리 올바르게 선취하는 훈련이다.
③ 아무리 좋은 기법이라도 시간이 많이 소요되는 것은 현장에서 큰 효과는 없다.
④ 정해진 내용의 교육보다는 전원의 대화방식으로 진행한다.

해설 위험예지훈련은 10명 이하의 소수인원(5~7인 최적인원)으로 편성하여 실시하는 것이 좋다.

20 다음 중 리더가 가지고 있는 세력의 유형이 아닌 것은 무엇인가?

① 전문세력(expert power)
② 보상세력(reward power)
③ 위임세력(entrust power)
④ 합법세력(legitimate power)

해설 리더가 가지고 있는 세력의 유형
1) 전문세력
2) 보상세력
3) 합법세력

■ 정답 ■ 16.① 17.① 18.② 19.① 20.③

제2과목 / 인간공학 및 시스템안전공학

21 인간 오류의 분류에 있어 원인에 의한 분류 중 작업의 조건이나 작업의 형태 중에서 다른 문제가 생겨 그 때문에 필요한 사항을 실행할 수 없는 오류(error)를 무엇이라고 하는가?

① secondary error
② primary error
③ command error
④ commission error

해설 human error의 원인의 level적 분류
1) primary error : 작업자 자신으로부터의 error
2) secondary error : 작업형태나 작업조건 중에서 다른 문제가 생겨 그 때문에 필요한 사항을 실행할 수 없는 error, 어떤 결함으로부터 파생하여 발생하는 error
3) command error : 요구된 것을 실행하고자 하여도 필요한 물건, 정보, 에너지 등의 공급이 없는 것처럼 작업자가 움직이려 해도 움직일 수 없으므로 발생하는 error

22 일반적으로 스트레스로 인한 신체반응의 척도 가운데 정신적 작업의 스트레인 척도와 가장 거리가 먼 것은?

① 뇌전도
② 부정맥지수
③ 근전도
④ 심박수의 변화

해설 1) 근전도(EMG) : 근육활동 전위차의 기록
2) 정신적 작업의 스트레인 척도 : 뇌전도, 부정맥지수, 심박수의 변화 등

23 다음 중 인간공학에 관련된 설명으로 옳지 않은 것은 무엇인가?

① 인간의 특성과 한계점을 고려하여 제품을 변경한다.
② 생산성을 높이기 위해 인간의 특성을 작업에 맞추는 것이다.
③ 사고를 방지하고 안전성과 능률성을 높일 수 있다.
④ 편리성, 쾌적성, 효율성을 높일 수 있다.

해설 인간공학의 정의 : 기계기구, 환경 등의 물적 조건을 인간의 특성과 능력에 잘 조화되도록 설계하기 위한 수단을 연구하는 학문이다.

24 다음과 같이 ① ~ ④의 기본사상을 가진 FT도에서 minimal cut set으로 옳은 것은 무엇인가?

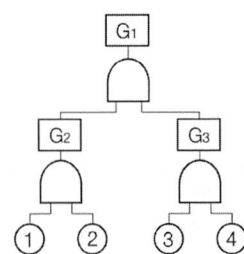

① {①, ②, ③, ④}
② {①, ③, ④}
③ {①, ②}
④ {③, ④}

해설 $G_1 \to G_2 G_3 \to ①② G_3 \to ①②③④$
　　　　　　　　　　　　　　　[미니멀 컷셋]

25 다음 중 조도의 단위에 해당하는 것은 무엇인가?

① fL　　　　　② diopter
③ lumen/m²　　④ lumen

해설 조도(illiminance) : 물체의 표면에 도달하는 빛의 단위면적당 밀도를 조도라 하며, 척도 기

준은 다음과 같다.
1) foot-candle(fc) : 1촉광의 점광원으로부터 1foot 떨어진 곡면에 비추는 광의 밀도(1 lumen/ft^2)
2) lux(meter-candle) : 1촉광의 점광원으로부터 1m 떨어진 곡면에 비추는 광의 밀도(1 lumen/m^2)
3) 거리가 증가할 때 조도는 역자승의 법칙에 따라 감소한다.(조도는 광도에 비례하고 거리의 제곱에 반비례한다.)

∴ 조도 = $\dfrac{광도}{(거리)^2}$

26 다음 중 불대수(Boolean algebra)의 관계식으로 옳은 것은 무엇인가?

① $A(A \cdot B) = B$
② $A + B = A \cdot B$
③ $A + A \cdot B = A \cdot B$
④ $(A + B)(A + C) = A + B \cdot C$

해설 (1) A(A · B) = AB
(2) A + B = B + A
(3) A + A · B = A

27 2개의 공정의 소음수준 측정 결과 1공정은 100dB에서 2시간, 2공정은 90dB에서 1시간 소요될 때 총 소음량(TND)과 소음설계의 적합성을 올바르게 나타낸 것은? (단, 우리나라는 90dB에 8시간 노출될 때를 허용기준으로 하며, 5dB 증가할 때 허용시간은 1/2로 감소되는 법칙을 적용한다.)

① TND = 약 0.83, 적합
② TND = 약 0.93, 적합
③ TND = 약 1.03, 부적합
④ TND = 약 1.13, 부적합

해설 1) 소음의 부분투여 및 허용소음노출
① 소음의 부분투여 = $\dfrac{실제노출시간}{최대허용시간}$
총소음 투여량 = 부분투여의 합

② 허용소음노출

음압수준(dB)	90	95	100	105	110	115	120
허용시간(hr)	8	4	2	1	0.5	0.25	0.125

2) TND(총소음량)
∴ TND = $\dfrac{8}{1} + \dfrac{2}{2} = 1.125$

28 다음 중 시스템 안전의 최종분석 단계에서 위험을 고려하는 결정인자가 아닌 것은 무엇인가?

① 효율성
② 피해가능성
③ 비용산정
④ 시스템의 고장모드

해설 시스템안전의 단계
1) 1단계 : 잠재적인 위험을 확인하고 분석하여 이들에 의한 불안전한 결과가 최소화되도록 관리하는 것이다.
2) 2단계 : 설계단계에서 위험을 제거하고 경보장치의 설치, 개정된 운전절차 또는 다른 효과적인 수단에 의해 위험의 영향을 최소화하는 것이다.
3) 최종분석단계 : 안전기술의 적용과 관리적 판단에 따라 허용할 수 있는 리스크(risk)를 결정하는 것이 핵심요소가 되며 리스크 결정시 고려해야 할 인자는 다음과 같다.
① 비용산정
② 효율성
③ 피해가능성
④ 폭발빈도
⑤ 손익계산 등

■ 정답 ■ 26.④ 27.④ 28.④

29 시스템이 저장되고, 이동되고, 실행됨에 따라 발생하는 작동시스템의 기능이나 과업, 활동으로부터 발생되는 위험에 초점을 맞추어 진행하는 위험분석방법은 무엇인가?

① FHA   ② OHA
③ PHA   ④ SHA

해설 1) FHA(fault hazard analysis, 결함위험분석) : 기본적인 분석접근을 특수한 분야에서 일반적인 것까지 할 수 있는 귀납적인 분석방법이다.
2) OHA(operating hazard analysis, 운용위험분석) : 본문 설명
3) PHA(preliminary hazard analysis, 예비위험분석) : 최초단계의 분석으로 시스템 내의 위험요소가 어떤 상태에 있는지를 정성적으로 평가하기 위한 분석법이다.
4) SHA(system hazard analysis, 시스템위험분석) : 귀납적인 분석법이다.

30 다음 중 인체계측에 관한 설명으로 틀린 것은 무엇인가?

① 의자, 피복과 같이 신체모양과 치수와 관련성이 높은 설비의 설계에 중요하게 반영된다.
② 일반적으로 몸의 측정 치수는 구조적 치수(structural dimension)와 기능적 치수(functional dimension)로 나눌 수 있다.
③ 인체계측치의 활용시에는 문화적 차이를 고려하여야 한다.
④ 인체계측치를 활용한 설계는 인간의 신체적 안락에는 영향을 미치지만 성능수행과는 관련이 없다.

해설 인체계측치를 활용한 설계는 인간의 신체적 안락 및 성능수행에도 영향을 미친다.

31 품질 검사 작업자가 한 로트에서 검사오류를 범할 확률이 0.1이고, 이 작업자가 하루에 5개의 로트를 검사한다면, 5개 로트에서 에러를 범하지 않을 확률은 얼마인가?

① 90%   ② 75%
③ 59%   ④ 40%

32 다음 중 망막의 원추세포가 가장 낮은 민감성을 보이는 파장의 색은?

① 적색   ② 회색
③ 청색   ④ 녹색

해설 (1) 망막의 감광요소
  ㉠ 원추체(cone) : 밝은 곳에서 기능, 색 구별
  ㉡ 간상체(rod) : 조도수준이 낮을 때 기능, 흑백의 음영구분
(2) 원추세포가 가장 낮은 민감성을 보이는 파장의 색 : 회색

33 다음 중 작업방법의 개선원칙(ECRS)에 해당되지 않는 것은?

① 교육(Education)
② 결합(Combine)
③ 재배치(Rearrange)
④ 단순화(Simplify)

해설 1) 작업방법의 개선원칙(ECRS) : 작업분석방법, 새로운 작업방법의 개발원칙
  ① 제거(eliminate)
  ② 결합(combine)
  ③ 재조정(rearrange)
  ④ 단순화(simplify)
2) 작업개선단계
  ① 1단계 : 작업분해
  ② 2단계 : 세부내용 검토
  ③ 3단계 : 작업분석
  ④ 4단계 : 새로운 방법의 적용

■ 정답 ■   29.②   30.④   31.③   32.②   33.①

34 다음 중 얼음과 드라이아이스 등을 취급하는 작업에 대한 대책으로 적절하지 않은 것은 무엇인가?

① 더운 물과 더운 음식을 섭취한다.
② 가능한 한 식염을 많이 섭취한다.
③ 혈액순환을 위해 틈틈이 운동을 한다.
④ 오랫동안 한 장소에 고정하여 작업하지 않는다.

해설 식염 섭취 : 고온장소작업시 대책

35 다음 중 시스템 안전성 평가 기법에 관한 설명으로 틀린 것은 무엇인가?

① 가능성을 정량적으로 다룰 수 있다.
② 시각적 표현에 의해 정보전달이 용이하다.
③ 원인, 결가 및 모든 사상들의 관계가 명확해진다.
④ 연역적 추리를 통해 결함사항을 빠짐없이 도출하나, 귀납적 추리로는 불가능하다.

36 다음 중 시스템의 수명곡선(욕조곡선)에서 우발고장 기간에 발생하는 고장의 원인으로 볼 수 없는 것은?

① 사용자의 과오 때문에
② 안전계수가 낮기 때문에
③ 부적절한 설치나 시동 때문에
④ 최선의 검사방법으로도 탐지되지 않는 결함 때문에

해설 1) 부적절한 설치나 시동 때문에 고장 발생 : 초기고장
2) 고장의 유형
① 초기고장(감소형) : 불량제조나 생산과정에서의 품질관리 미비로 생기는 고장
② 우발고장(일정형) : 예측할 수 없을 때 생기는 고장
③ 마모고장(증가형) : 시스템의 일부가 수명을 다하여 생기는 고장

37 정보를 전송하기 위한 표시장치 중 시각장치보다 청각장치를 사용해야 더 좋은 경우는?

① 메시지가 나중에 재참조되는 경우
② 직무상 수신자가 자주 움직이는 경우
③ 메시지가 공간적인 위치를 다루는 경우
④ 수신자의 청각계통이 과부하상태인 경우

해설 청각장치와 시각장치의 선택(특정 감각의 선택)

청각장치사용	시각장치사용
1) 전언이 간단하고 짧다.	1) 전언이 복잡하고 길다.
2) 전언이 후에 재참조되지 않는다.	2) 전언이 후에 재참조된다.
3) 전언이 즉각적인 사상(event)을 이룬다.	3) 전언이 공간적인 위치를 다룬다.
4) 전언이 즉각적인 행동을 요구한다.	4) 전언이 즉각적인 행동을 요구하지 않는다.
5) 수신자가 시각계통이 과부하 상태일 때	5) 수신자의 청각계통이 과부하 상태일 때
6) 수신장소가 너무 밝거나 암조의 유지가 필요할 때	6) 수신장소가 너무 시끄러울 때
7) 직무상 수신자가 자주 움직이는 경우	7) 직무상 수신자가 한 곳에 머무르는 경우

38 FT도에 사용되는 기호 중 "시스템의 정상적인 가동상태에서 일어날 것이 기대되는 사상"을 나타내는 것은 무엇인가?

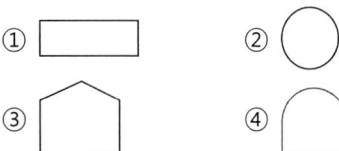

해설 ① 결함사상 : 해석하고자 하는 정상사상과 중간사상에 사용한다.
② 기본사상 : 더 이상 해석할 필요가 없는 기본적인 기계의 결함 또는 오작동을 나타낸다.
③ 통상사상 : 본문 설명
④ 생략사상 : 사상과 원인의 관계를 충분히 알 수 없거나 필요한 정보를 얻을 수 없기 때문

에 이것 이상 전개할 수 없는 최후적 사상을 나타낼 때 사용한다.

39 인간공학의 중요한 연구과제인 계면(interface)설계에 있어서 다음 중 계면에 해당하지 않는 것은 무엇인가?

① 작업공간 ② 표시장치
③ 조종장치 ④ 조명시설

해설 계면(interface)
1) 계면 : 인간·기계체계에서 인간과 기계가 만나는 면을 말한다.
2) 계면설계시 감정적인 부문을 고려하지 않았을 때 나타나는 현상 : 진부감
3) 인간·기계체계의 계면에서 조화성의 차원으로 고려해야 할 사항
   ① 지적 조화성
   ② 신체적 조화성
   ③ 감성적 조화성
4) 계면설계를 위한 인간요소자료
   ① 상식과 경험
   ② 전문가의 판단
   ③ 상대적인 정량적 자료
   ④ 정량적 자료집
   ⑤ 수학적 함수와 등식
   ⑥ 원칙
   ⑦ 설계표준 및 기준
   ⑧ 도식적 설명문

40 다음 중 통제표시비(control/display ratio)를 설계할 때 고려하는 요소에 관한 설명으로 틀린 것은 무엇인가?

① 계기의 조절시간이 짧게 소요되도록 계기의 크기(size)는 항상 작게 설계한다.
② 짧은 주행 시간 내에 공차의 인정범위를 초과하지 않는 계기를 마련한다.
③ 목시거리(目示距離)가 길면 길수록 조절의 정확도는 떨어진다.
④ 통제표시비가 낮다는 것은 민감한 장치라는 것을 의미한다.

해설 1) 조종·반응비율(C/R비) 또는 통제표시비(C/D비) : 통제기기와 표시장치의 관계를 나타낸 비율을 말한다.
2) 조종·반응비율 설계시 고려사항
   ① 계기의 크기 : 계기의 조절시간이 짧게 소요되는 사이즈를 선택하되 너무 작으면 오차발생이 증대되므로 상대적으로 고려한다.
   ② 공차 : 짧은 주행시간 내에 공차의 인정범위를 초과하지 않는 계기를 마련한다.
   ③ 목시거리 : 눈의 목시거리가 길면 길수록 조절의 정확도는 떨어지며 시간이 증가한다.
   ④ 조작시간 : 조작시간의 지연은 직접적으로 조종반응비가 가장 크게 작용한다.(필요시 통제비 감소조치)
   ⑤ 방향성 : 조종기기의 조작방향과 표시기기의 운동방향이 일치하지 않으면 조작의 정확성이 감소한다.(작업자 혼란초래)
   ⑥ 조종기기의 민감성 : 조종반응비(통제표시비)가 작을수록 이동시간은 짧고 조종은 어려워서 민감한 조정장치이다.

제3과목 / 기계위험방지기술

41 다음 중 선반 작업시 준수하여야 하는 안전 사항으로 틀린 것은 무엇인가?

① 작업 중 장갑 착용을 금한다.
② 작업 시 공구는 항상 정리해 둔다.
③ 운전 중에 백기어(back gear)를 사용한다.
④ 주유 및 청소를 할 때에는 반드시 기계를 정지시키고 한다.

해설 1) ③항, 운전 중에는 백기어(back gear)사용을 금지한다.
2) 선반기계를 정지시켜야 할 경우
   ① 치수를 측정할 경우
   ② 백기어를 넣거나 풀 경우
   ③ 주축을 변속할 경우
   ④ 기계에 주유 및 청소를 할 경우

■ 정답 ■ 39.④ 40.① 41.③

42 산업안전보건법령에 따라 다음 중 목재가공용으로 사용되는 모떼기기계의 방호장치는? (단, 자동이송장치를 부착한 것은 제외한다.)

① 분할날　　② 날접촉예방장치
③ 급정지장치　④ 이탈방지장치

해설 목재가공용 기계의 방호장치
1) 둥근톱기계
　① 분할날 등 반발예방장치
　② 톱날접촉예방장치
2) 띠톱기계
　① 덮개 또는 울
　② 스파이크가 붙어있는 이송롤러 또는 요철형 이송롤러 : 날접촉예방자치 또는 덮개
3) 대패기계 : 날접촉예방장치
4) 모떼기기계 : 날접촉예방장치

43 다음 중 컨베이어(conveyor)에 반드시 부착해야 되는 방호장치로 가장 적당한 것은 무엇인가?

① 해지장치
② 권과방지장치
③ 과부하방지장치
④ 비상정지장치

해설 컨베이어의 방호장치
1) 비상용정지장치
2) 이탈 및 역주행방지장치
3) 건널다리

44 다음 중 정하중이 작용할 때 기계의 안전을 위해 일반적으로 안전율이 가장 크게 요구되는 재질은 무엇인가?

① 벽돌　　② 주철
③ 구리　　④ 목재

해설 1) 정하중 : 시간이 경과하여도 크기와 방향이 변화되지 않는 하중

2) 안전율 = $\dfrac{파괴하중}{허용응력}$

45 다음 중 프레스에 사용되는 광전자식 방호장치의 일반구조에 관한 설명으로 틀린 것은 무엇인가?

① 방호장치의 감지기능은 규정한 검출영역 전체에 걸쳐 유효하여야 한다.
② 슬라이드 하강 중 정전 또는 방호장치의 이상 시에는 1회 동작 후 정지할 수 있는 구조이어야 한다.
③ 정상동작표시램프는 녹색, 위험표시램프는 붉은색으로 하며, 쉽게 근로자가 볼 수 있는 곳에 설치해야 한다.
④ 방호장치의 정상작동 중에 감지가 이루어지거나 공급 전원이 중단되는 경우 적어도 두 개 이상의 출력신호 개폐장치가 꺼진 상태로 돼야 한다.

해설 광전자식 방호장치는 작업자의 손이나 신체를 검출기구에 의해 검출하여 제어회로를 통해 슬라이드 하강을 정지시키는 구조이다.

46 다음 중 120 SPM 이상의 소형 확동식 클러치 프레스에 가장 적합한 방호장치는 무엇인가?

① 양수조작식
② 수인식
③ 손쳐내기식
④ 초음파식

해설 양수조작식은 행정수가 빠른(120SPM이상) 소형 확동식 클러치 프레스에 적합한 방호장치이다.

■ 정답 ■　42.②　43.④　44.①　45.②　46.①

47 롤러기 조작부의 설치 위치에 따른 급정지장치의 종류에서 손조작식 급정지장치의 설치 위치로 옳은 것은 무엇인가?

① 밑면에서 0.5m 이내
② 밑면에서 0.6m 이상 1.0m 이내
③ 밑면에서 1.8m 이내
④ 밑면에서 1.0m 이상 2.0m 이내

해설 롤러기의 급정지장치 종류별 설치위치
1) 손조작 로프식 : 밑면에서 1.8m 이내
2) 복부 조작식 : 밑면에서 0.8m 이상 1.1m 이내
3) 무릎 조작식 : 밑면에서 0.6m 이내

48 다음 중 탁상용 연삭기에 사용하는 것으로서 공작물을 연삭할 때 가공물 지지점이 되도록 받쳐주는 것을 무엇이라 하는가?

① 주판
② 측판
③ 심압대
④ 워크레스트

해설 워크레스트(work rest) : 작업받침대

49 다음 중 작업장 내의 안전을 확보하기 위한 행위로 볼 수 없는 것은 무엇인가?

① 통로의 주요 부분에는 통로표시를 하였다.
② 통로에는 50럭스 정도의 조명시설을 하였다.
③ 비상구의 너비는 1.0m로 하고, 높이는 2.0m로 하였다.
④ 통로면으로부터 높이 2m 이내에는 장애물이 없도록 하였다.

해설 통로에는 75Lux 이상의 채광 또는 조명시설을 하여야한다.

50 산업안전보건법령에 따라 아세틸렌-산소 용접기의 아세틸렌 발생기실에 설치해야 할 배기통은 얼마 이상의 단면적을 가져야 하는가?

① 바닥면적의 $\frac{1}{16}$
② 바닥면적의 $\frac{1}{20}$
③ 바닥면적의 $\frac{1}{24}$
④ 바닥면적의 $\frac{1}{30}$

해설 아세틸렌 발생기실에 설치하는 배기통 : 바닥면의 1/16이상의 단면적을 가진 배기통을 옥상으로 돌출시키고 그 개구부를 창 또는 출입구로부터 1.5m 이상 떨어지도록 할 것

51 설비에 사용되는 재질의 최대사용하중이 100kg이고, 파단하중이 300kg이라면 안전율은 얼마인가?

① 0.3
② 1
③ 3
④ 100

해설 안전율 = $\frac{파단하중}{최대사용하중} = \frac{300}{100} = 3$

52 다음 중 기계를 정지 상태에서 점검하여야 할 사항으로 틀린 것은 무엇인가?

① 급유 상태
② 이상음과 진동상태
③ 볼트 · 너트의 풀림 상태
④ 전동기 개폐기의 이상 유무

해설 취급 · 운반의 5원칙
1) ①, ②, ③항
2) 생산을 최고로 하는 운반을 생각할 것
3) 최대한 시간과 경비를 절약할 수 있는 운반방법을 고려할 것

■ 정답 ■ 47.③ 48.④ 49.② 50.① 51.③ 52.②

53 다음 중 취급운반의 5원칙으로 틀린 것은 무엇인가?

① 연속 운반으로 할 것
② 직선 운반으로 할 것
③ 운반 작업을 집중화시킬 것
④ 생산을 최소로 하는 운반을 생각할 것

54 연삭기에서 숫돌의 바깥지름이 180mm라면, 플랜지의 바깥지름은 몇 mm 이상이어야 하는가?

① 30 ② 36
③ 45 ④ 60

해설 플랜지의 바깥지름
= 숫돌의 바깥지름 $\times \dfrac{1}{3} = 180 \times \dfrac{1}{3} = 60 \, mm$

55 크레인 작업시 로프에 1톤의 중량을 걸어, 20m/s² 의 가속도로 감아올릴 때 로프에 걸리는 총 하중(kgf)은 약 얼마인가?

① 1040.34 ② 2040.53
③ 3040.82 ④ 3540.91

해설 총하중 = 정하중 + 동하중
= 정하중 + $\left(\text{정하중} \times \dfrac{\text{작용가속도}}{\text{중력가속도}}\right)$
= $1,000 + \left(1,000 \times \dfrac{20}{9.8}\right)$
= $3040.92 \, kgf$

56 아세틸렌 용접장치를 사용하여 금속의 용접·용단 또는 가열작업을 하는 경우 게이지 압력으로 얼마를 초과하는 압력의 아세틸렌을 발생시켜 사용해서는 아니 되는가?

① 85kPa ② 107kPa
③ 127kPa ④ 150kPa

해설 아세틸렌 용접장치는 게이지 압력이 127 kPa(1.3kg/cm²)을 초과하는 압력의 아세틸렌을 발생시켜 사용하지 않을 것

> **길잡이** 아세틸렌의 분해폭발 : 아세틸렌(C_2H_2)은 127kPa 이상의 압력이 작용하면 다음과 같은 반응을 일으키며 분해폭발을 한다.
> $C_2H_2 \rightarrow 2C + H_2$

57 페일 세이프(Fail safe) 구조의 기능면에서 설비 및 기계 장치의 일부가 고장이 난 경우 기능의 저하를 가져오더라도 전체 기능은 정지하지 않고 다음 정기 점검시까지 운전이 가능한 방법은?

① Fail-passive ② Fail-soft
③ Fail-active ④ Fail-operational

해설 페일세이프 구조의 기능면에서의 분류
1) fail passive : 성분의 고장시 기계장치는 정지상태로 옮겨간다.
2) fail active : 성분의 고장시 기계장치는 경보를 나타내며 단시간에 역전이 된다.
3) fail operational : 성분의 고장이 있어도 다음 정기 점검시까지 운전이 가능하다.

58 업안전보건법령에 따른 다음 설명에 해당하는 기계설비는?

> 동력을 사용하여 가이드레일을 따라 상하로 움직이는 운반구를 매달아 화물을 운반할 수 있는 설비 또는 이와 유사한 구조 및 성능을 가진 것으로 건설현장이 아닌 장소에서 사용하는 것

① 크레인
② 일반작업용 리프트
③ 곤돌라
④ 이삿짐운반용 리프트

해설 리프트의 종류
1) 건설작업용 리프트 : 건설현장에서 사용하

■ 정답 ■ 53.④ 54.④ 55.③ 56.③ 57.④ 58.②

는 리프트
2) **일반작업용 리프트** : 본문 설명
3) **간이리프트** : 소형화물 운반용으로 운반구의 바닥면적이 $1m^2$ 이하이거나 천장높이가 1.2m 이하인 리프트
4) **이삿짐운반 리프트** : 화물자동차 등 차량에 탑재하여 이삿짐운반 등에 사용하는 리프트

59 다음 중 셰이퍼(shaper)의 크기를 표시하는 것은 무엇인가?

① 램의 행정
② 새들의 크기
③ 테이블의 면적
④ 바이트의 최대 크기

해설 셰이퍼 크기 : 램(ram)의 최대해정

60 다음 중 산업용 로봇의 재해 발생에 대한 주된 원인이며, 본체의 외부에 조립되어 인간의 팔에 해당되는 기능을 하는 것은?

① 배관
② 외부전선
③ 제동장치
④ 매니퓰레이터

해설 매니퓰레이터(manipulator) : 로봇 팔

제4과목 / 전기 및 화학설비위험방지기술

61 다음은 정전기로 인한 재해를 방지하기 위한 조치 중 전기를 통하지 않는 부도체 물질에 적합하지 않는 조치는?

① 가습을 시킨다.
② 접지를 실시한다.
③ 도전성을 부여한다.
④ 자기방전식 제전기를 설치한다.

해설 접지 실시는 도체물질의 정전기 발생방지대책이다.

62 충전전로의 선간전압이 121kV 초과 145kv 이하의 활선 작업시 충전전로에 대한 접근한계거리는?

① 130cm ② 150cm
③ 170cm ④ 230cm

해설 접근한계 거리

충전전로의 선간전압(단위 :kV)	충전전로에 대한 접근한계거리(cm)
0.3 이하	접촉금지
0.3 초과 0.75 이하	30
0.75 초과 2이하	45
2 초과 15 이하	60
15 초과 37 이하	90
37 초과 88 이하	110
88 초과 121 이하	130
121 초과 145 이하	150
145 초과 169 이하	170
169 초과 242 이하	230
242 초과 362 이하	380
362 초과 550 이하	550
550 초과 800이하	790

정답 59.① 60.④ 61.② 62.②

63 다음 중 방폭구조의 종류에 해당하지 않는 것은 무엇인가?

① 유출 방폭구조
② 안전증 방폭구조
③ 압력 방폭구조
④ 본질안전 방폭구조

해설 방폭구조의 종류별 특징
1) **내압방폭구조** : 아크 또는 고열이 발생하여 폭발성 가스에 점화할 우려가 있는 부분을 전폐된 용기에 넣어 폭발에 견디도록 한 구조
2) **유입방폭구조** : 전폐용기에 기름을 채워서 외부의 폭발성 가스와 점화원이 접촉하여 인화될 위험이 없도록 한 구조
3) **안전증방폭구조** : 안전성을 더욱 보강하기 위하여 코일의 절연보강, 공극을 크게 하여 구조상 또는 온도상승에 대하여 금속망 같은 물질로 차폐시킨 구조로 전기불꽃이나 과열에 대하여 회로특성상 폭발의 위험을 방지할 수 있는 구조
4) **압력방폭구조** : 용기내부에 불연성 가스인 공기나 질소 등을 압입시켜 외부의 폭발성 가스가 용기내부로 침투하지 못하도록 한 구조

64 전압과 인체저항과의 관계를 잘못 설명한 것은 무엇인가?

① 정(+)의 저항온도계수를 나타낸다.
② 내부조직의 저항은 전압에 관계없이 일정하다.
③ 1,000V 부근에서 피부의 전기저항은 거의 사라진다.
④ 남자보다 여자가 일반적으로 전기저항이 작다.

해설 인체에 5V의 교류를 인가했을 경우 : 인가시간의 경과와 함께 인체저항치는 급격히 또는 완만히 감소한다.
1) **급격히 감소하는 부분** : 인가전압에 의해 피부가 파괴되어 나타나는 특성이다.
2) **완만히 감소하는 부분** : 인체의 온도상승으로 인해 부(負)의 저항온도계수에 따른 결과이다.

65 다음 중 누전차단기의 설치 환경조건에 관한 설명으로 틀린 것은 무엇인가?

① 전원전압은 정격전압의 85~110% 범위로 한다.
② 설치장소가 직사광선을 받을 경우 차폐시설을 설치한다.
③ 정격부동작 전류가 정격감도 전류의 30% 이상이어야 하고 이들의 차가 가능한 큰 것이 좋다.
④ 정격전부하전류가 30A인 이동형 전기기계 · 기구에 접속되어 있는 경우 일반적으로 정격감도전류는 30mA 이하인 것을 사용한다.

해설 누전차단기의 설치 환경조건
1) **주위 온도** : -10~40℃범위 내에서 성능을 발휘할 수 있을 것
2) **표고** : 1,000m 이하 장소로 할 것
3) **상대습도** : 45~80% 사이에서 사용할 것
4) **전원전압** : 정격전압의 85~110% 범위로 할 것

66 접지공사의 종류에 대한 접지선의 굵기 기준이 바르게 연결된 것은 무엇인가?

① 제1종 접지공사 – 지름 4mm 이상의 연동선
② 제2종 접지공사 – 지름 1.6mm 이상의 연동선
③ 제3종 접지공사 – 지름 4mm 이상의 연동선
④ 특별 제3종 접지공사 – 지름 1.6mm 이상의 연동선

해설 접지선의 굵기(단면적)
1) 제1종 : 6mm² 이상 연동선
2) 제2종 : 16mm² 이상 연동선
3) 제3종 : 2.5mm² 이상 연동선
4) 제4종 : 2.5mm² 이상 연동선
[참고] 본 문제는 정답이 없음(전항정답으로 처리)

■ 정답 63.① 64.① 65.③ 66.전항정답

67 정전기가 컴퓨터에 미치는 문제점으로 가장 거리가 먼 것은?

① 디스크 드라이브가 데이터를 읽고 기록한다.
② 메모리 변경이 에러나 프로그램의 분실을 발생시킨다.
③ 프린터가 오작동을 하여 너무 많이 찍히거나, 글자가 겹쳐서 찍힌다.
④ 터미널에서 컴퓨터에 잘못된 데이터를 입력시키거나 데이터를 분실한다.

해설 ①항, 정전기에 의해서 발생되는 현상과 관계가 없다.

68 업장에서 근로자의 감전 위험을 방지하기 위하여 필요한 조치를 하여야 한다. 맞지 않는 것은 무엇인가?

① 작업장 통행 등으로 인하여 접촉하거나 접촉할 우려가 있는 배선 또는 이동전선에 대하여는 절연피복이 손상되거나 노화된 경우에는 교체하여 사용하는 것이 바람직하다.
② 전선을 서로 접속하는 때에는 해당 전선의 절연성능 이상으로 절연될 수 있는 것으로 충분히 피복하거나 적합한 접속기구를 사용하여야 한다.
③ 물 등의 도전성이 높은 액체가 있는 습윤한 장소에서 근로자의 통행 등으로 인하여 접촉할 우려가 있는 이동 전선 및 이에 부속하는 접속기구는 그 도전성이 높은 액체에 대하여 충분한 절연효과가 있는 것을 사용하여야 한다.
④ 차량 기타 물체의 통과 등으로 인하여 전선의 절연피복이 손상될 우려가 없더라도 통로바닥에 전선 또는 이동 전선을 설치하여 사용하여서는 아니 된다.

해설 통로바닥에서의 전선 등 사용금지(안전보건규칙 제315조)
1) 사업주는 통로바닥에 전선 또는 이동전선 등을 설치하여 사용해서는 아니된다.
2) 다만, 차량이나 그 밖의 물체의 통과 등으로 인하여 해당 전선의 절연피복이 손상될 우려가 없거나 손상되지 않도록 적절한 조치를 하여 사용하는 경우에는 그러하지 아니한다.

69 전기설비의 접지저항을 감소시킬 수 있는 방법으로 가장 거리가 먼 것은 무엇인가?

① 접지극을 깊이 묻는다.
② 접지극을 병렬로 접속한다.
③ 접지극의 길이를 길게 한다.
④ 접지극과 대지간의 접촉을 좋게 하기 위해서 모래를 사용한다.

해설 접지저항 저감법
1) ①, ②, ③항
2) 토양이 불량할 경우는 토질에 적합한 시공법을 택하거나, 접지저항 저감제를 사용하여 토양을 개선할 것

70 다음 중 최대공급전류가 200A인 단상 전로의 한 선에서 누전되는 최소전류는 몇 A 인가?

① 0.1
② 0.2
③ 0.5
④ 1.0

해설 누전되는 최소전류량
$= 최대공급전류 \times \dfrac{1}{2,000}$
$= 200 \times \dfrac{1}{2,000} = 0.1A$

■ 정답 ■ 67.① 68.④ 69.④ 70.①

71 다음 중 소화(消火)방법에 있어 제거소화에 해당되지 않는 것은 무엇인가?

① 연료 탱크를 냉각하여 가연성 기체의 발생 속도를 작게 한다.
② 금속화재의 경우 불활성 물질로 가연물을 덮어 미연소 부분과 분리한다.
③ 가연성 기체의 분출 화재시 주밸브를 잠그고 연료 공급을 중단시킨다.
④ 가연성 가스나 산소의 농도를 조절하여 혼합 기체의 농도를 연소 범위 밖으로 벗어나게 한다.

해설 ④항, 희석소화

72 산업안전보건법에 따라 사업주는 공정안전보고서의 심사결과를 송부 받은 경우 몇 년간 보존하여야 하는가?

① 1년 ② 2년
③ 3년 ④ 5년

해설 공정안전보고서 심사를 송부받은 경우(시행규칙 제130조의 4 제③항) : 송부받은 날부터 5년간 보존하여야 한다.

73 환풍기가 고장난 장소에서 인화성 액체를 취급하는 과정에 부주의로 마개를 막지 않았다. 이 장소에서 작업자가 담배를 피우기 위해 불을 켜는 순간 인화성 액체에서 불꽃이 일어나는 사고가 발생하였다면 다음 중 이와 같은 사고의 발생 가능성이 가장 높은 물질은?

① 아세트산 ② 등유
③ 에틸에테르 ④ 경유

해설 1) 이환성 액체 등의 인화점
① 에틸에트르($C_2H_5OC_2H_5$) : $-45℃$
② 아세트산(CH_3COOH) : $39℃$
③ 등유(kerosene) : $43\sim72℃$
④ 경유(diesel oil) : $50\sim70℃$
2) 인화점이 낮을수록 화재발생 가능성이 높다.

74 다음 중 자연발화에 대한 설명으로 가장 적절한 것은?

① 습도를 높게 하면 자연발화를 방지할 수 있다.
② 점화원을 잘 관리하면 자연발화를 방지할 수 있다.
③ 윤활유를 닦은 걸레의 보관 용기로는 금속재보다는 플라스틱 제품이 더 좋다.
④ 자연발화는 외부로 방출하는 열보다 내부에서 발생하는 열의 양이 많은 경우에 발생한다.

해설 자연발화현상 : 가연물이 열이 축적되어 스스로 연소하는 현상으로 밖으로 방열하는 열보다 내부에서 열의 양이 많아 일어난다.
∴ 열의 축적=열의 발생-열의 방열

75 다음 중 폭발이나 화재 방지를 위하여 물과의 접촉을 방지하여야 하는 물질에 해당하는 것은 무엇인가?

① 칼륨 ② 트리니트로톨루엔
③ 황린 ④ 니트로셀룰로오스

해설 칼륨(K), 나트륨(Na) 등은 물반응성 물질로 물과 접촉을 금지시켜야 한다.

76 부피조성이 메탄 65%, 에탄 20%, 프로판 15%인 혼합가스의 공기 중 폭발하한계는 약 몇 vol%인가? (단, 메탄, 에탄, 프로판의 폭발하한계는 각각 5.0vol%, 3.0vol%, 2.1vol%이다.)

① 2.63 ② 3.73
③ 4.83 ④ 5.93

■ 정답 ■ 71.④ 72.④ 73.③ 74.④ 75.① 76.②

[해설] $L = \dfrac{V_1 + V_2 + V_3}{\dfrac{V_1}{L_1} + \dfrac{V_2}{L_2} + \dfrac{V_3}{L_3}}$

$= \dfrac{65 + 20 + 15}{\dfrac{65}{5.0} + \dfrac{20}{3.0} + \dfrac{15}{2.1}} = 3.73 \text{vol}\%$

77 O_2 20 ppm은 약 몇 g/m^3 인가? (단, SO_2의 분자량은 64이고, 온도는 21℃, 압력은 1기압으로 한다.)

① 0.571
② 0.531
③ 0.0571
④ 0.0531

[해설] ppm을 g/m^3으로 바꾸는 공식
$A(g/m^3)$
$= \dfrac{\text{ppm} \times \text{분자량}}{22.4 \times (273 + t℃)/273} \times \dfrac{1}{1,000}$
$= \dfrac{20 \times 64}{22.4 \times (273 + 21)/273} \times \dfrac{1}{1,000}$
$= 0.0531 g/m^3$

78 다음 중 화염일주한계와 폭발등급에 대한 설명으로 틀린 것은 무엇인가?

① 수소와 메탄은 상호 다른 등급에 해당한다.
② 폭발등급은 화염일주한계에 따라 등급을 구분한다.
③ 폭발등급 1등급 가스는 폭발등급 3등급 가스보다 폭발점화 파급위험이 크다.
④ 폭발성 혼합가스에서 화염일주한계값이 작은 가스일수록 외부로 폭발점화 파급위험이 커진다.

[해설] 폭발점화 파급위험
　　　폭발 1등급 < 폭발 2등급 < 폭발 3등급

79 다음 중 화염의 역화를 방지하기 위한 안전장치는?

① flame arrester
② flame stack
③ molecular seal
④ water seal

[해설] fame arrester : 화염을 차단하는 안전장치로서 탱크에서 외부에 증기를 방출하거나 탱크 내에 외기를 흡입하거나 하는 부분에 설치한다.

80 다음 중 증류탑의 일상 점검항목으로 볼 수 없는 것은 무엇인가?

① 도장의 상태
② 트레이(Tray)의 부식상태
③ 보온재, 보냉재의 파손여부
④ 접속부, 맨홀부 및 용접부에서의 외부 누출 유무

[해설] 1) 증류탑의 일상점검 항목
　　① 보온재, 보냉재의 파손여부
　　② 도장(painting)의 보존상태여부
　　③ 접속부, 맨홀부, 용접부에서 이상유무
　　④ 앵커볼트 이탈여부
　　⑤ 증기배관이 열팽창에 의한 무리한 힘이 가하지 않고 있는지 여부
　　⑥ 부식 등으로 두께가 얇아지지는 않았는지 유무
2) 증류탑의 개방점검 항목
　　① 탑 내 tray의 부식상태, 부식정도, 부식범위 정도
　　② 폴리머나 scale의 생성되어 당공판의 구멍이 막혔는지 여부
　　③ 익류구의 높이는 설계대로 통과되는지 여부
　　④ 용접선의 상태
　　⑤ tray의 고정상태
　　⑥ linning과 coating상태의 이상유무

■ 정답 ■　77.④　78.③　79.①　80.②

제5과목 / 건설안전기술

81 흙막이 가시설 공사 중 발생할 수 있는 히빙(Heaving)현상에 관한 설명으로 틀린 것은 무엇인가?

① 흙막이 벽체 내·외의 토사의 중량차에 의해 발생한다.
② 연약한 점토지반에서 굴착면의 융기로 발생한다.
③ 연약한 사질토 기반에서 주로 발생한다.
④ 흙막이벽의 근입장 깊이가 부족할 경우 발생한다.

해설 히빙현상 : 연약한 점토질 지반에서 발생

82 다음 빈칸에 알맞은 숫자를 순서대로 옳게 나타낸 것은?

> 강관비계의 경우, 띠장간격은 ( )m 이하로 설치하되, 첫 번째 띠장은 지상으로부터 ( )m 이하의 위치에 설치한다.

① 2, 2   ② 2.5, 3
③ 1.5, 2   ④ 1, 3

해설 강관비계의 구조
1) 비계기둥의 간격 : 띠장방향에서 1.5m 이상 1.8m 이하, 장선방향에서 1.5m 이하
2) 띠장간격 : 1.5m 이하, 첫 번째 띠장은 지상에서 2m 이하
3) 비계기둥의 제일 윗부분에서 31m 되는 밑부분의 비계기둥 : 2개의 강관으로 묶어 세울 것
4) 비계기둥간의 적재하중 : 400kg 이하

83 굴착기계 중 주행기면 보다 하방의 굴착에 적합하지 않은 것은 무엇인가?

① 백호우   ② 클램셸
③ 파워쇼벨   ④ 드래그라인

해설
① 불도저(bull dozer) : 블레이드를 트랙터 앞부분에 90°로 설치하여 블레이드를 상하로 조정하면서 임의의 각도로 기울일 수 없게 한 정지용 기계
② 앵글도저(angle dozer) : 블레이드 길이가 길고 높이를 30°의 각도로 회전시킬 수 있어 흙을 측면으로 보낼 수 있다.
③ 로더(loader) : 본문 설명
④ 파워쇼벨(power shovel) : 중기가 위치한 지면보다 높은 곳의 땅을 파는데 적합하다.

84 크레인을 사용하여 양중작업을 하는 때에 안전한 작업을 위해 준수하여야 할 내용으로 틀린 것은 무엇인가?

① 인양할 하물(荷物)을 바닥에서 끌어당기거나 밀어 정위치 작업을 할 것
② 가스통 등 운반 도중에 떨어져 폭발 가능성이 있는 위험물용기는 보관함에 담아 매달아 운반할 것
③ 인양 중인 하물이 작업자의 머리 위로 통과하지 않도록 할 것
④ 인양할 하물이 보이지 아니하는 경우에는 어떠한 동작도 하지 아니할 것

해설 크레인을 사용하여 작업시는 인양할 하물을 바닥에서 끌어당기거나 밀어내는 작업을 하지 아니할 것(안전보건규칙 제146조)

85 다음 ( )안에 들어갈 말로 옳은 것은?

> 콘크리트 측압은 콘크리트 타설속도, ( ), 단위용적질량, 온도, 철근배근상태 등에 따라 달라진다.

① 타설높이   ② 골재의 형상
③ 콘크리트 강도   ④ 박리제

해설 흙의 동상을 방지하기 위해서는 물의 유통을 차단하고 지하수위를 감소시켜야 한다.

■ 정답 ■ 81.③ 82.③ 83.③ 84.① 85.①

86 주행크레인 및 선회크레인과 건설물 사이에 통로를 설치하는 경우, 그 폭은 최소 얼마 이상으로 하여야 하는가? (단, 건설물의 기둥에 접촉하지 않는 부분인 경우)

① 0.3m
② 0.4m
③ 0.5m
④ 0.6m

해설 건설물 등과의 사이 통로
1) 주행크레인 또는 선회크레인과 건설물 또는 설비와의 사이에 통로를 설치하는 경우 그 폭을 0.6m 이상으로 하여야 한다.
2) 다만, 그 통로 중 건설물의 기둥에 접촉하는 부분에 대해서는 0.4m 이상으로 할 수 있다.

87 철골공사에서 나타나는 용접결함의 종류에 해당하지 않는 것은 무엇인가?

① 오버랩(overlap)
② 언더 컷(under cut)
③ 블로우 홀(blow hole)
④ 가우징(gouging)

해설 가우징(gouging) : 용접시 쪼아 따내기 등에 의해 여분을 제거하는 작업

88 와이어로프나 철선 등을 이용하여 상부 지점에서 작업용 발판을 매다는 형식의 비계로서 건물 외벽도장이나 청소 등의 작업에서 사용되는 비계는 무엇인가?

① 브라켓 비계
② 달비계
③ 이동식 비계
④ 말비계

해설 1) 달비계 : 본문 설명(상하이동 가능)
2) 달대비계 : 철골에 매달아 사용하는 비계, 상하이동 불가능

89 건설공사 시 계측관리의 목적이 아닌 것은 무엇인가?

① 지역의 특수성보다는 토질의 일반적인 특성 파악을 목적으로 한다.
② 시공 중 위험에 대한 정보제공을 목적으로 한다.
③ 설계 시 예측치와 시공 시 측정치와의 비교를 목적으로 한다.
④ 향후 거동 파악 및 대책 수립을 목적으로 한다.

해설 계측관리의 목적에는 지역의 특수성을 파악하는 것도 포함된다.

90 유해·위험방지계획서 검토자의 자격요건에 해당하지 않는 것은 무엇인가?

① 건설안전분야 산업안전지도사
② 건설안전기사로서 실무경력 3년인 자
③ 건설안전산업기사 이상으로서 실무경력 7년인 자
④ 건설안전기술사

해설 ②항, 건설안전기사로서 실무경력 5년인 자

91 차량계 하역운반기계에서 화물을 싣거나 내리는 작업에서 작업지휘자가 준수해야할 사항과 가장 거리가 먼 것은 무엇인가?

① 작업순서 및 그 순서마다의 작업방법을 정하고 작업을 지휘하는 일
② 기구 및 공구를 점검하고 불량품을 제거하는 일
③ 당해 작업을 행하는 장소에 관계근로자외의 자의 출입을 금지하는 일
④ 총 화물량을 산출하는 일

해설 차량계 하역운반기계 등에 단위화물의 무게가 100kg 이상인 화물을 싣거나 내리는 작업을 하는 경우 작업지휘자의 준수사항(안전보건규

■ 정답 ■ 86.④ 87.④ 88.② 89.① 90.② 91.④

칙 제 177조)
1) ①, ②, ③항
2) 로프 풀기작업 또는 덮개 벗기기 작업은 적재함의 화물이 떨어질 위험이 없음을 확인한 후에 하도록 할 것

92 흙의 동상을 방지하기 위한 대책으로 틀린 것은 무엇인가?

① 물의 유통을 원활하게 하여 지하수위를 상승시킨다.
② 모관수의 상승을 차단하기 위하여 지하수위 상층에 조립토층을 설치한다.
③ 지표의 흙을 화학약품으로 처리한다.
④ 흙속에 단열재료를 매입한다.

해설 흙의 동상을 방지하기 위해서는 물의 유통을 차단하고 지하수위를 감소시켜야 한다.

93 타워크레인을 벽체에 지지하는 경우 서면심사 서류 등이 없거나 명확하지 아니할 때 설치를 위해서는 특정 기술자의 확인을 필요로 하는데, 그 기술자에 해당하지 않는 것은 무엇인가?

① 건설안전기술사
② 기계안전기술사
③ 건축시공기술사
④ 건설안전분야 산업안전지도사

해설 타워크레인을 벽체에 지지하는 경우 서면심사 서류 등이 없거나 명확하지 아니할 경우 설치를 위해서 확인을 받아야할 기술자의 자격
1) 건축구조·건설기계·기계안전·건설안전 기술사
2) 건설안전분야 산업안전지도사

94 안전난간의 구조 및 설치요건과 관련하여 발끝막이판의 바닥으로부터 설치높이 기준으로 옳은 것은 무엇인가?

① 10cm 이상
② 15cm 이상
③ 20cm 이상
④ 30cm 이상

해설 안전난간의 발끝막이판의 설치높이 : 바닥면 등에서 10cm 이상

95 산업안전보건기준에 관한 규칙에 따른 토사붕괴를 예방하기 위한 굴착면의 기울기 기준으로 틀린 것은 무엇인가?

① 모래 1 : 1.8
② 연암 1 : 1.0
③ 풍화암 1 : 0.5
④ 경암 1 : 0.5

해설 굴착작업시 굴착면의 기울기 기준

구분	지반의 종류	구배
보통 흙	모래	1 : 1.8
	그 밖에 흙	1 : 1.2
암반	풍화암	1 : 1.0
	연암	1 : 1.0
	경암	1 : 0.5

96 콘크리트 타설시 거푸집의 측압에 영향을 미치는 인자들에 대한 설명으로 틀린 것은 무엇인가?

① 슬럼프가 클수록 측압은 크다.
② 거푸집의 강성이 클수록 측압은 크다.
③ 철근량이 많을수록 측압은 작다.
④ 타설 속도가 느릴수록 측압은 크다.

해설 ④항, 타설속도가 빠를수록 측압은 크다.

■정답■ 92.① 93.③ 93.③ 94.① 95.③ 96.④

97 항타기 · 항발기의 권상용 와이어로프로 사용 가능한 것은 무엇인가?

① 이음매가 있는 것
② 와이어로프의 한 꼬임에서 끊어진 소선의 수가 5%인 것
③ 지름의 감소가 호칭지름의 8% 인 것
④ 심하게 변형된 것

해설 ②항, 와이어로프의 한 꼬임에서 끊어진 소선의 수가 10% 이상인 것

98 철근가공작업에서 가스절단을 할 때의 유의사항으로 틀린 것은 무엇인가?

① 가스절단 작업 시 호스는 겹치거나 구부러지거나 밟히지 않도록 한다.
② 호스, 전선 등은 작업효율을 위하여 다른 작업장을 거치는 곡선상의 배선이어야 한다.
③ 작업장에서 가연성 물질에 인접하여 용접작업을 할 때에는 소화기를 비치하여야 한다.
④ 가스절단 작업 중에는 보호구를 착용하여야 한다.

해설 철근가공작업을 할 때 가스절단시 유의사항(고용노동부 고시)
1) ①, ③, ④항
2) 호스, 전선 등은 다른 작업장을 거치지 않는 직선상의 배선이어야 하며, 길이가 짧아야 한다.

99 사다리식 통로의 설치기준으로 틀린 것은 무엇인가?

① 폭은 30cm 이상으로 할 것
② 발판과 벽과의 사이는 15cm 이상의 간격을 유지할 것
③ 사다리의 상단은 걸쳐놓은 지점으로부터 60cm 이상 올라가도록 할 것
④ 사다리식 통로의 길이가 10m 이상인 경우에는 7m 이내마다 계단참을 설치할 것

해설 사다리식 통로의 길이가 10m 이상인 경우에는 5m 이내마다 계단참을 설치할 것

100 추락방지망의 달기로프를 지지점에 부착할 때 지지점의 간격이 1.5m인 경우 지지점의 강도는 최소 얼마 이상이어야 하는가? (단, 연속적인 구조물이 방망지지점인 경우임)

① 200kg   ② 300kg
③ 400kg   ④ 500kg

해설 추락방지망의 달기로프를 지지점에 부착할 경우 : 지지점의 간격이 1.5m인 경우 지지점의 강도는 300kg 이상일 것

■ 정답 ■ 97.② 98.② 99.④ 100.②

2021년 3회 CBT복원 기출문제
산업안전산업기사

제1과목 / 산업안전관리론

01 다음 중 안전교육의 4단계를 올바르게 나열한 것은 무엇인가?

① 제시→확인→적용→도입
② 확인→도입→제시→적용
③ 도입→제시→적용→확인
④ 제시→도입→확인→적용

해설 안전교육훈련 4단계
1) 1단계 : 도입(준비)
2) 2단계 : 제시(실연)
3) 3단계 : 적용(실습)
4) 4단계 : 확인(총괄)

02 다음 중 재해예방의 4원칙에 해당되지 않는 것은 무엇인가?

① 대책 선정의 원칙
② 손실 우연의 원칙
③ 통계 방법의 원칙
④ 예방 가능의 원칙

해설 재해예방의 4원칙
1) **손실우연의 원칙** : 사고에 의해서 생기는 손실의 종류와 정도는 우연적이다.
2) **원인계기의 원칙** : 모든 재해는 필연적인 원인에 의해서 발생한다.
3) **예방가능의 원칙** : 재해는 원칙적으로 원인만 제거하면 예방이 가능하다.
4) **대책선정의 원칙** : 재해예방을 위한 가능한 안전대책은 반드시 존재한다.

03 다음 중 인간의 행동에 대한 레빈(K. Lewin)의 식 "B= f(P · E)"에서 인간관계 요인을 나타내는 변수에 해당하는 것은?

① B(Behavior)
② f(Function)
③ P(Person)
④ E(Environment)

해설 레빈(K. Lewin)의 법칙 : Lewin은 인간의 행동(B)은 그 사람이 가진 자질 즉, 개체(P)와 심리학적 환경(E)과의 상호 함수관계에 있다고 하였다.

$$B = f(P \cdot E)$$

1) B (Behavior) : 인간의 행동
2) f (function) : 함수로 적성, 기타 P와 E에 영향을 미칠 수 있는 조건
3) P (Person) : 개체 또는 개성, 연령, 경험, 심신상태, 성격, 지능 등 인간의 조건
4) E (Environment) : 심리적 환경, 인간관계, 감독, 작업조건, 작업환경 등 환경조건

04 리더십의 3가지 유형 중 지도자가 모든 정책을 단독으로 결정하기 때문에 부하 직원들은 오로지 따르기만 하면 된다는 유형을 무어서이라 하는가?

① 민주형
② 자유방임형
③ 권위형
④ 강제형

해설 리더십의 유형별 정책결정
1) **권위형** : 지도자(리더) 중심
2) **민주형** : 집단(지도자+종업원)중심
3) **자유방임형** : 종업원 중심

■ 정답 ■ 01.③ 02.③ 03.④ 04.③

05 보호구의 의무안전인증기준에 있어 다음 설명에 해당하는 부품의 명칭으로 옳은 것은?

> 머리받침끈, 머리고정대 및 머리받침고리로 구성되어 추락 및 감전 위험방지용 안전모 머리부위에 고정시켜 주며, 안전모에 충격이 가해졌을 때 착용자의 머리부위에 전해지는 충격을 완화시켜주는 기능을 갖는 부품

① 챙　　　　② 착장체
③ 모체　　　④ 충격흡수재

해설 ①항, 챙 : 햇빛 등을 가리기 위한 목적으로 착용자의 이마 앞으로 돌출된 모체의 일부를 말한다.
②항, 착장체, 본문 설명
③항, 모체 : 착용자의 모리부위에 덮는 주된 물체로써 단단하고 매끄럽게 마감된 재료를 말한다.
④항, 충격흡수재 : 안전모에 충격이 가해졌을 때 착용자의 머리부위에 전해지는 충격을 완화하기 위하여 모체의 내면에 붙이는 부품을 말한다.

06 다음 중 학습의 연속에 있어 앞(前)의 학습이 뒤(後)의 학습을 방해하는 조건과 가장 관계가 적은 경우는 무엇인가?

① 앞의 학습이 불완전한 경우
② 앞과 뒤의 학습 내용이 다른 경우
③ 앞과 뒤의 학습 내용이 서로 반대인 경우
④ 앞의 학습 내용을 재생하기 직전에 실시하는 경우

해설 1) **전이**는 앞과 뒤의 학습이 유사한 경우에 발생한다.
2) **앞과 뒤의 학습내용이 다른 경우**에는 전이의 조건에 위배되므로 학습을 방해하는 조건과 관계가 없다.

07 다음 중 무재해운동의 실천 기법에 있어 브레인스토밍(Brain storming)의 4원칙에 해당하지 않는 것은 무엇인가?

① 수정발언　　② 비판금지
③ 본질추구　　④ 대량발언

해설 브레인스토밍(BS, brain storming)의 4원칙
1) **비평금지** : 좋다, 나쁘다고 비평하지 않는다.
2) **자유분방** : 마음대로 편안히 발언한다.
3) **다량발언** : 무엇이건 좋으니 많이 발언한다.
4) **수정발언** : 타인의 아이디어에 수정하거나 덧붙여 말하여도 좋다.

08 다음 중 허즈버그의 2요인 이론에 있어 직무만족에 의한 생산능력의 증대를 가져올 수 있는 동기부여 요인은?

① 작업조건　　② 정책 및 관리
③ 대인관계　　④ 성취에 대한 인정

해설 Herzberg의 위생·동기 이론
1) **위생요인(직무환경)** : 개인 상호간의 관계(친교, 대인관계), 감독형태, 작업조건, 임금(급료, 보수), 지위, 안전 등
2) **동기요인(직무내용-일의 내용)** : 목표달성에 대한 성취감, 책임감, 안정감, 도전감, 성질과 발전, 작업자체(일 자체) 등

09 다음 중 피로(fatigue)에 관한 설명으로 가장 적절하지 않은 것은?

① 피로는 신체의 변화, 스스로 느끼는 권태감 및 작업 능률의 저하 등을 총칭하는 말이다.
② 급성 피로란 보통의 휴식으로는 회복이 불가능한 피로를 말한다.
③ 정신 피로는 정신적 긴장에 의해 일어나는 중추신경계의 피로로 사고활동, 정서 등의 변화가 나타난다.
④ 만성 피로란 오랜 기간에 걸쳐 축적되어 일어나는 피로를 말한다.

■ 정답 ■　05.②　06.②　07.③　08.④　09.②

해설 급성피로 : 휴식에 의해서 회복되는 피로(정상피로 또는 건강피로)

10 다음 중 산업안전보건법령상 안전관리자의 직무에 해당되지 않는 것은?(단, 기타 안전에 관한 사항으로서 고용노동부장관이 정하는 사항은 제외한다.)

① 안전·보건에 관한 노사협의체에서 심의·의결한 직무
② 작업장 내에서 사용되는 전체 환기장치 및 국소 배기 장치 등에 관한 설비의 점검
③ 의무안전인증대상 기계·기구 등과 자율안전확인대상 기계·기구 등의 구입시 적격품의 선정
④ 해당 사업장의 안전보건관리규정 및 취업규칙에서 정한 직무

해설 안전관리자의 업무
① 산업안전보건위원회 또는 안전보건에 관한 노사협의체에서 심의·의결한 직무와 당해 사업장의 안전보건 관리규정 및 취업규칙에 정한 직무
② 안전인증대상 기계·기구등과 자율안전확인대상 기계·기구 등 구입시 적격품의 선정에 관한 보좌 및 조언·지도
③ 위험성 평가에 관한 보좌 및 조언·지도
④ 해당 사업장 안전교육계획의 수립 및 안전교육 실시에 관한 보좌 및 조언·지도
⑤ 사업장 순회점검·지도 및 조치의 건의
⑥ 산업재해발생의 원인조사분석 및 재발방지를 위한 기술적 보좌 및 조언·지도
⑦ 산업재해에 관한 통계의 유지·관리·분석을 위한 보좌 및 조언·지도(안전분야에 한함)
⑧ 법 또는 법에 따른 명령으로 정한 안전에 관한 사항의 이행에 관한 보좌 및 조언·지도
⑨ 업무수행 내용의 기록·유지
⑩ 그 밖에 안전에 관한 사항으로서 고용노동부장관이 정하는 사항

11 인간의 행동은 사람의 개성과 환경에 영향을 받는데 다음 중 환경적 요인이 아닌 것은?

① 책임 ② 작업조건
③ 감독 ④ 직무의 안정

해설 레빈(K. Lewin)의 법칙
∴ $B = f(P \cdot E)$
1) B (Behavior) : 인간의 행동
2) f (function) : 함수로 적성, 기타 P와 E에 영향을 미칠 수 있는 조건
3) P (Person) : 개체 또는 개성, 연령, 경험, 심신상태, 성격, 지능 등 인간의 조건
4) E (Environment) : 심리적 환경, 인간관계, 감독, 작업조건, 작업환경 등 환경조건

12 다음 중 안전점검의 목적과 가장 거리가 먼 것은 무엇인가?

① 기기 및 설비의 결함제거로 사전 안전성 확보
② 안전측면에서의 안전한 행동 유지
③ 기기 및 설비의 본래성능 유지
④ 생산제품의 품질관리

해설 안전점검의 목적
1) 기기 및 설비의 결함이나 불안전 조건의 제거(설비의 안전확보)
2) 인적인 안전행동상태의 유지
3) 설비의 안전상태 유지 및 본래의 성능유지
4) 합리적인 생산관리(생산성 향상)

13 다음 중 강의계획 수립 시 학습목적 3요소가 아닌 것은?

① 목표 ② 주제
③ 학습정도 ④ 교재내용

해설 학습목적의 3요소
1) **목표** : 학습을 통하여 달성하려는 지표이다.
2) **주제** : 목표달성을 위한 테마(thema)를 의미한다.

■ 정답 ■ 10.② 11.① 12.④ 13.④

3) 학습정도 : 학습범위와 내용의 정도를 말한다. (단계 : 인지→지각→이해→적용)

14 다음 중 안전·보건교육 계획수립에 반드시 포함되어야 할 사항이 아닌 것은?

① 교육 지도안
② 교육의 목표 및 목적
③ 교육장소 및 방법
④ 교육의 종류 및 대상

해설 안전·보건교육계획에 포함하여야 할 사항
1) 교육목표(첫째 과제)
2) 교육의 종류 및 교육대상
3) 교육과목 및 교육내용
4) 교육기간 및 시간
5) 교육장소 및 교육방법
6) 교육담당자 및 강사

15 다음 중 도미노이론에서 사고의 직접원인이 되는 것은?

① 통제의 부족
② 유전과 환경적 영향
③ 불안전한 행동과 상태
④ 관리 구조의 부적절

해설 사고발생의 연쇄성이론(도미노이론)
1) 하인리히의 사고연쇄성이론
 ① 1단계 : 사회 환경 및 유전적 요소 ┐간접
 ② 2단계 : 개인적 결함 ┘원인
 ③ 3단계 : 불안전한 행동 및 상태 - 직접원인
 ④ 4단계 : 사고
 ⑤ 5단계 : 재해
2) 버드의 사고연쇄성이론
 ① 1단계 : 통제의 부족-관리소홀 ┐간접
 ② 2단계 : 기본원인-기원 ┘원인
 ③ 3단계 : 직접원인-징후
 ④ 4단계 : 사고-접촉
 ⑤ 5단계 : 상해-손해-손실

(3) 아담스의 사고연쇄성이론
 ① 1단계 : 관리구조 ┐간접
 ② 2단계 : 작전적(전략적)에러 ┘원인
 ③ 3단계 : 전술적 에러-직접원인
 ④ 4단계 : 사고
 ⑤ 5단계 : 상해 또는 손실

16 산업안전보건법령에 따라 작업장 내에 사용하는 안전·보건표지의 종류에 관한 설명으로 옳은 것은?

① "위험장소"는 경고표지로서 바탕은 노란색, 기본모형은 검은색, 그림은 흰색으로 한다.
② "출입금지"는 금지표지로서 바탕은 흰색, 기본모형은 빨간색, 그림은 검은색으로 한다.
③ "녹십자표지"는 안내표지로서 바탕은 흰색, 기본모형과 관련 부호는 녹색, 그림은 검은색으로 한다.
④ "안전모착용"은 경고표지로서 바탕은 파란색, 관련 그림은 검은색으로 한다.

해설 1) 위험장소 : 경고표지로서 바탕은 노란색, 기본모형·관련부호 및 그림은 검정색
2) 녹십자표지 : 안내표지로서 바탕은 흰색, 기본모형 및 관련부호는 녹색
3) 안전모착용 : 지시표지로서 바탕은 파란색 관련그림은 흰색

17 다음과 같은 재해 사례의 분석으로 옳은 것은?

> 어느 직장에서 메인스위치를 끄지 않고 퓨즈를 교체하는 작업 중 단락사고로 인하여 스파크가 발생하여 작업자가 화상을 입었다.

① 화상 : 상해의 형태
② 스파크의 발생 : 재해
③ 메인 스위치를 끄지 않음 : 간접원인
④ 스위치를 끄지 않고 휴즈 교체 : 불안전한

■ 정답 ■ 14.① 15.③ 16.② 17.①

상태

[해설] 재해사례의 분석
1) 기인물 : 퓨즈
2) 가해물 : 스파크
3) 불안전한 행동 : 스위치를 끄지 않고 퓨즈 교체
4) 상해의 형태 : 화상

18 연간 상시근로자수가 500명인 A 사업장에서 1일 8시간씩 연간 280일을 근무하는 동안 재해가 36건이 발생하였다면 이 사업장의 도수율은 약 얼마인가?

① 10 ② 10.14
③ 30 ④ 32.14

[해설] 도수율 = $\dfrac{재해건수}{연근로시간수} \times 10^6$

$= \dfrac{36}{500 \times 8 \times 280} \times 10^6 = 32.14$

19 다음 중 칼날이나 뾰족한 물체 등 날카로운 물건에 찔린 상해를 무엇이라 하는가?

① 자상 ② 창상
③ 절상 ④ 찰과상

[해설] ① **자상(찔림)** : 칼날 등 날카로운 물건에 찔린 상해
② **창상(베임)** : 창, 칼 등에 베인 상해
③ **절상** : 끝이 예리한 물체로 인한 상처
④ **찰과상** : 스치거나 문질러서 벗겨진 상해

20 산업안전보건법령상 사업 내 안전·보건교육과정 중 일용근로자의 채용 시 교육시간으로 옳은 것은?

① 1시간 이상 ② 2시간 이상
③ 3시간 이상 ④ 4시간 이상

[해설] 채용시 교육시간
1) 일용근로자 : 1시간 이상
2) 일용근로자를 제외한 근로자 : 8시간 이상

제2과목 / 인간공학 및 시스템안전공학

21 반경 7cm의 조종구를 30° 움직일 때 계기판의 표시가 3cm 이동하였다면 이 조종장치의 C/R비는 약 얼마인가?

① 0.22
② 0.38
③ 1.22
④ 1.83

[해설] $\dfrac{C}{R} = \dfrac{a/360 \times 2\pi L}{표시장치 \ 이동거리}$

$= \dfrac{30/360 \times 2 \times 3.14 \times 7}{3} = 1.22$

22 다음 중 결함수분석법에서 사용하는 기호의 명칭으로 옳은 것은?

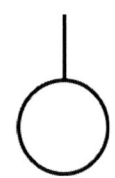

① 결함사상 ② 기본사상
③ 생략사상 ④ 통상사상

[해설] (1) 결함사상 : ▭

(2) 기본사상 : ◯

(3) 생략사상 : ⬠

(4) 통상사상 : △

■ 정답 ■ 18.④ 19.① 20.① 21.③ 22.②

23 다음 중 결함수분석법에 관한 설명으로 틀린 것은?

① 잠재위험을 효율적으로 분석한다.
② 연역적 방법으로 원인을 규명한다.
③ 복잡하고 대형화된 시스템의 분석에 사용한다.
④ 정성적 평가보다 정량적 평가를 먼저 실시한다.

해설 FTA(결함수분석법)의 특징
  1) **연역적 해석**
  2) **정량적 해석** : 정량적 해석은 정성적 해석을 한 후에 실시하는 것이다.

24 다음 중 눈의 구조 가운데 기능 결함이 발생할 경우 색맹 또는 색약이 되는 세포는?

① 간상세포   ② 원추세포
③ 수평세포   ④ 양극세포

해설 망막의 감광요소
  1) **원추체(cone)** : 밝은 곳에서 기능, 색구별, 황반에 집중
  2) **간상체(rod)** : 조도수준이 낮을 때 기능, 흑백의 음영 구분, 망막 주변

25 다음 중 기능식 생산에서 유연생산 시스템 설비의 가장 적합한 배치는 무엇인가?

① 유자(U)형 배치
② 일자(-)형 배치
③ 합류(Y)형 배치
④ 복수라인(=)형 배치

해설 시스템 설비의 배치 : 기능식 생산에서 새산성 향상을 위한 가장 효율적인 배치는 U자형으로 배치하는 것이다.

26 인간의 신뢰성 요인 중 경험연수, 지식수준, 기술수준에 의존하는 요인은?

① 주의력   ② 긴장수준
③ 의식수준   ④ 감각수준

해설 인간의 신뢰성 요인
  1) 주의력
  2) 긴장수중
  3) 의식수준(경험연수, 지식수준, 기술수준)

27 다음 중 FTA에서 어떤 고장이나 실수를 일으키지 않으면 정상사상(top event)은 일어나지 않는다고 하는 것으로 시스템의 신뢰성을 표시하는 것은?

① cut set   ② minimal cut set
③ free event   ④ minimal pass set

해설 1) 컷셋과 미니멀 컷
  ① **컷셋(cut sets)** : 정상사상을 일으키는 기본사상(통상사상, 생략사상 포함)의 집합
  ② **미니멀 컷(minimal cut sets)** : 정상사상을 일으키기 위해 필요한 최소한의 컷 (시스템의 위험성을 나타냄)
2) 패스셋과 미니멀 패스
  ① **패스셋(path sets)** : 정상사상이 일어나지 않는 기본사상의 집합
  ② **미니멀 패스(minimal path sets)** : 필요한 최소한의 패스(시스템의 신뢰성을 나타냄)

28 다음 중 선 자세와 앉은 자세의 비교에서 틀린 것은?

① 서 있는 자세보다 앉은 자세에서 혈액순환이 향상된다.
② 서 있는 자세보다 앉은 자세에서 균형감이 높다.
③ 서 있는 자세보다 앉은 자세에서 정확한 팔 움직임이 가능하다.
④ 앉은 자세보다 서 있는 자세에서 척추에 더 많은 해를 줄 수 있다.

해설 서 있는 자세보다 앉은 자세에서 척추에 더 많은 해를 줄 수 있다.

■정답■ 23.④ 24.② 25.① 26.③ 27.전항목 28.①, ④

29 6개의 표시장치를 수평으로 배열할 경우 해당 제어장치를 각각의 그 아래에 배치하면 좋아지는 양립성의 종류는?

① 공간 양립성　② 운동 양립성
③ 개념 양립성　④ 양식 양립성

해설 양립성 : 정보입력 및 처리와 관련한 양립성은 인간의 기대와 모순되지 않는 자극들 간의, 반응들 간의 또는 자극반응 조합의 관계를 말하는 것으로 다음의 3가지가 있다.
1) 공간적 양립성 : 표시장치나 조종장치에서 물리적 형태나 공간적인 배치의 양립성
2) 운동양립성 : 표시 및 조종장치, 체계반응에 대한 운동방향의 양립성
3) 개념적 양립성 : 사람들이 가지고 있는 개념적 연상(어떤 암호체계에서 청색이 정상을 나타내듯이)의 양립성
4) 양식 양립성 : 청각적 자극제시와 이에 대한 음성응답 과업에서 갖은 양립성

30 다음 중 영상표시단말기(VDT)를 취급하는 작업장에서 화면의 바탕 색상이 검정색 계통일 경우 추천되는 조명수준으로 가장 적절한 것은 무엇인가?

① 100 ~ 200럭스(Lux)
② 300 ~ 500럭스(Lux)
③ 750 ~ 800럭스(Lux)
④ 850 ~ 950럭스(Lux)

해설 VDT 취급 작업장의 주변환경 밝기
1) 바탕이 검정색 계통일 경우 : 300~500Lux
2) 바탕이 흰색 계통일 경우 : 500~700Lux

31 다음 중 체계분석 및 설계에 있어서 인간공학적 노력의 효능을 산정하는 척도의 기준에 포함하지 않는 것은?

① 성능의 향상
② 훈련 비용의 향상
③ 인력 이용율의 저하
④ 생산 및 보전의 경제성 향상

해설 체계 설계과정에서의 인간공학의 기여도
1) ①, ④항
2) 인력이용률의 향상
3) 사고 및 오용으로부터의 손실감소
4) 사용자의 수용도 향상

32 다음 중 예비위험분석(PHA)에 대한 설명으로 가장 적합한 것은?

① 관련된 과거 안전점검결과의 조사에 적절하다.
② 안전관련 법규 조항의 준수를 위한 조사방법이다.
③ 시스템 고유의 위험성을 파악하고 예상되는 재해의 위험 수준을 결정한다.
④ 초기의 단계에서 시스템 내의 위험요소가 어떠한 위험상태에 있는가를 정성적 평가하는 것이다.

해설 PHA의 정의·목적
1) PHA(예비위험분석) : 대부분 시스템 안전 프로그램에 있어서 최초단계의 분석으로, 시스템 내의 위험한 요소가 얼마나 위험한 상태에 있는가를 정성적으로 평가하는 것이다.
2) PHA의 목적 : 시스템의 개발 단계에 있어서 시스템 고유의 위험상태를 식별하고 예상되는 재해의 위험수준을 결정하는 데 있다.

33 다음 설명에서 (　)안에 들어갈 단어를 순서적으로 바르게 나타낸 것은?

> ㉠ : 필요한 직무 또는 절차를 수행하지 않는 데 기인한 과오
> ㉡ : 필요한 직무 또는 절차를 수행하였으나 잘못 수행한 과오

① ㉠ Sequential Error　㉡ Extraneous Error
② ㉠ Extraneous Error　㉡ Omission Error
③ ㉠ Omission Error　㉡ Commission Error
④ ㉠ Commission Error　㉡ Omission Error

■ 정답 ■　29.①　30.②　31.③　32.④　33.③

[해설] 휴먼에러의 심리적인 분류
1) Omission Error : 부작위 실수, 생략과오
2) Commissin Error : 작위실수, 수행적 과오
3) Time error : 시간적 과오, 지연오류
4) Sequential error : 순서적 과오
5) Extraneous error : 불필요한 과오

34 다음 중 초음파의 기준이 되는 주파수로 옳은 것은?

① 4,000Hz 이상
② 6,000Hz 이상
③ 10,000Hz 이상
④ 20,000Hz 이상

[해설] 1) 가청주파수 : 20~20,000Hz
2) 초음파 : 20,000Hz 이상
3) 초저음파 : 20Hz 미만

35 다음 중 인간공학(Ergonomics)의 기원에 대한 설명으로 가장 적합한 것은?

① 차패니스(Chapanis, A.)에 의해서 처음 사용되었다.
② 민간 기업에서 시작하여 군이나 군수회사로 전파되었다.
③ "ergon(작업) + nomos(법칙) + ics(학문)"의 조합된 단어이다.
④ 관련 학회는 미국에서 처음 설립되었다.

[해설] 인간공학
1) 오크너(J. O'Connor)에 의해서 처음 사용되기 시작하였다.(1992)
2) 군대에서 시작하여 민간기업으로 전파되었다.
3) 인간공학 용어의 분류
　① human engineering : 인간공학
　② human factors engineering : 인간요소 공학
　③ man-machine system engineering : 인간·기계체계 공학
　④ erg(작업·노동)+nomos(원칙·법칙) + ics(학문) : 작업경제학, 노동과학

36 지게차 인장벨트의 수명은 평균이 100,000시간, 표준편차가 500시간인 정규분포를 따른다. 이 인장벨트의 수명이 101,000시간 이상일 확률은 약 얼마인가? (단, 표준정규분포표에서 Z_1=0.8413, Z_2=0.9772, Z_3=0.9987이다.)

① 1.60% ② 2.28%
③ 3.28% ④ 4.28%

[해설] 1) $Z = \dfrac{101,000 - 100,000}{500} = 2$
2) $P(Z \leq 2) = 0.9772 = 2$
3) $(1-0.977) \times 100 = 2.28\%$

37 다음 중 설계강도 이상의 급격한 스트레스가 축적됨으로써 발생하는 고장에 해당하는 것은?

① 우발고장 ② 초기고장
③ 마모고장 ④ 열화고장

[해설] 고장률의 유형
1) 초기고장 : 점검이나 시운전 등에 의해 사전에 방지할 수 있는 고장
　① 디버깅(debugging)기간 : 결함을 찾아내 고장률을 안정시키는 기간
　② 번인(burn in)기간 : 실제로 장시간 움직여보고 그동안 고장 난 것을 제거하는 고정기간
2) 우발고장 : 예측할 수 없을 때 생기는 고장으로 시운전이나 점검작업으로는 방지할 수 없는 고장
3) 마모고장 : 수명이 다해서 생기는 고장으로 안전진단 및 적당한 보수(정비)에 의해서 방지할 수 있는 고장

38 잡음 등이 개입되는 통신 악조건 하에서 전달 확률이 높아지도록 전언을 구성할 때 다음 중 가장 적절하지 않은 것은?

① 표준 문장의 구조를 사용한다.
② 문장보다 독립적인 음절을 사용한다.

■ 정답 ■ 34.④ 35.③ 36.② 37.① 38.②

③ 사용하는 어휘수를 가능한 적게 한다.
④ 수신자가 사용하는 단어와 문장구조에 친숙해지도록 한다.

해설 전단확률이 높은 전언(message)의 방법
  1) 전언의 문맥 : 독립된 음절보다 문장이 유리하다.
  2) 문장구조
    ① 표준문장의 구조를 사용한다.
    ② 수신자는 사용단어와 문장구조에 친숙해지도록 한다.
  3) 사용 어휘 : 어휘수가 적을수록 유리하다.
  4) 음성학적 국면 : 음성출력이 높은음을 선택한다.

39 광원으로부터 2m 떨어진 곳에서 측정한 조도가 400럭스이고, 다른 곳에서 동일한 광원에 의한 밝기를 측정 하였더니 100럭스이었다면, 두 번째로 측정한 지점은 광원으로부터 몇 m 떨어진 곳인가?

① 4 ② 6
③ 8 ④ 10

해설 조도(L)는 거리의 자승(d^2)에 반비례하므로,
$$\frac{L_2}{L_1} = \left(\frac{d_1}{d_2}\right)^2 \quad \frac{d_1}{d_2} = \sqrt{\frac{L_2}{L_1}}$$
$$d_2 = d_1 \times \sqrt{\frac{L_1}{L_2}}$$
$$= 2 \times \sqrt{\frac{400}{100}} = 4\text{m}$$

40 다음 중 위험과 운전성연구(HAZOP)에 대한 설명으로 틀린 것은?

① 전기설비의 위험성을 주로 평가하는 방법이다.
② 처음에는 과거의 경험이 부족한 새로운 기술을 적용한 공정설비에 대하여 실시할 목적으로 개발되었다.
③ 설비전체보다 단위별 또는 부문별로 나누어 검토하고 위험요소가 예상되는 부문에 상세하게 실시한다.
④ 장치 자체는 설계 및 제작사양에 맞게 제작된 것으로 간주하는 것이 전제 조건이다.

해설 위험 및 운전성 검토(HAZOP, hazard and operability study) : 각각의 장비에 대해 잠재된 위험이나 기능저하, 운전 잘못 등과 전체로서의 시설에 결과적으로 미칠 수 있는 영향 등을 평가하기 위해서 공정이나 설계도 등에 체계적이고 비판적인 검토를 행하는 것을 말한다.

제3과목 / 기계위험방지기술

41 그림과 같이 2개의 슬링 와이어로프로 무게 1,000N의 화물을 인양하고 있다. 로프 T_{AB}에 발생하는 장력의 크기는 얼마인가?

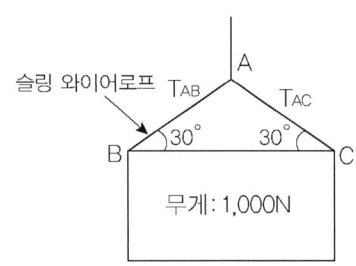

① 500N ② 707N
③ 1,00N ④ 1,14N

해설
$$T_{AB} = \frac{\text{짐의 무게}}{\text{로프의 수}} \div \cos\left(\frac{\text{로프의 각도}}{2}\right)$$
$$= \frac{1,000}{2} \div \cos\left(\frac{120}{2}\right) = 1,000\text{N}$$

42 다음 중 선반작업의 안전수칙을 설명한 것으로 옳지 않은 것은?

① 운전 중에는 백기어(back gear)를 사용하지 않는다.
② 센터 작업시 심압 센터에 자주 절삭유를 준다.
③ 일감의 치수 측정, 주유 및 청소시에는 기계를 정지시켜야 한다.
④ 가공 중 발생하는 절삭칩에 의한 상해를 방지하기 위하여 면장갑을 착용한다.

해설 선반 등 공장기계 작업시에는 면장갑 착용을 금지한다.

43 다음 중 위험한 작업점에 대한 격리형 방호장치와 가장 거리가 먼 것은?

① 안전방책
② 덮개형 방호장치
③ 포집형 방호장치
④ 완전차단형 방호장치

해설 1) 격리형 방호장치 : 작업자가 작업점에 접촉되지 않도록 기계설비 외부에 차단벽이나 방호망을 설치하는 것
2) 종류 : 완전차단형, 덮개형, 안전방책(방호망 등)

44 다음 중 연삭작업에 관한 설명으로 옳은 것은?

① 일반적으로 연삭숫돌은 정면, 측면 모두를 사용할 수 있다.
② 평형 플랜지의 직경은 설치하는 숫돌 직경의 20% 이상의 것으로 숫돌바퀴에 균일하게 밀착시킨다.
③ 연삭숫돌은 사용하는 작업의 경우 작업 시작 전과 연삭 숫돌을 교체 후에는 1분 이상 시험운전을 실시한다.
④ 탁상용 연삭기의 덮개에는 워크레스트 및 조정편을 구비하여야 하며, 워크레스트는 연삭숫돌과의 간격을 3mm 이하로 조정할 수 있는 구조이어야 한다.

해설 ①항, 연삭숫돌은 정면을 사용하여 작업하여야 한다.(측면 사용시 숫돌이 파괴될 수 있음)
②항, 플랜지의 직경은 숫돌 직경의 1/3이상 되어야 한다.
③항, 연삭숫돌은 작업시작 전 1분 이상, 숫돌 교체시는 3분 이상 시운전을 한다.

45 기계의 운동 형태에 따른 위험점의 분류에서 고정부분과 회전하는 동작 부분이 함께 만드는 위험점으로 교반기의 날개와 하우스 등에서 발생하는 위험점을 무엇이라 하는가?

① 끼임점
② 절단점
③ 물림점
④ 회전말림점

해설 ① 끼임점 : 본문 설명
② 절단점 : 회전하는 운동부분 자체와 운동하는 기계 자체에 위험이 형성되는 점(예 : 둥근톱날, 띠톱기계의 날, 밀링 커터 등)
③ 물림점 : 회전하는 두 개의 회전체에 물려 들어갈 위험성이 형성되는 점 (예 : 롤러, 기어와 피니언)
④ 회전말림점 : 회전하는 부분에 돌기 등이 돌출되어 작업복 등이 말리는 위험점(예 : 회전축, 드릴축, 커플링 등)

46 다음 중 욕조 형태를 갖는 일반적인 기계 고장 곡선에서의 기본적인 3가지 고장 유형이 아닌 것은?

① 우발고장
② 피로고장
③ 초기고장
④ 마모고장

해설 기계 고장률의 유형
1) 초기고장 : 감소형
2) 우발고장 : 일정형
3) 마모고장 : 증가형

■ 정답 ■ 42.④ 43.③ 44.④ 45.① 46.②

47 기계의 안전을 확보하기 위해서는 안전율을 고려하여야 하는데 다음 중 이에 관한 설명으로 틀린 것은?

① 기초강도와 허용응력과의 비를 안전율이라 한다.
② 안전율 계산에 사용되는 여유율은 연성재료에 비하여 취성재료를 크게 잡는다.
③ 안전율은 크면 클수록 안전하므로 안전율이 높은 기계는 우수한 기계라 할 수 있다.
④ 재료의 균질성, 응력계산의 정확성, 응력의 분포 등 각종 인자를 고려한 경험적 안전율도 사용된다.

해설 (1) 안전율 = $\dfrac{파괴응력}{허용응력}$
(2) 안전율이 클수록 파괴응력이 커지므로 위험성이 큰 기계라고 할 수 있다.

48 양수조작식 방호장치의 누름버튼에서 손을 떼는 순간부터 급정지기구가 작동하여 슬라이드가 정지할 때까지의 시간이 0.2초 걸린다면, 양수조작식 방호장치의 안전 거리는 최소한 몇 mm 이상이어야 하는가?

① 160 ② 320
③ 480 ④ 560

해설 안전거리 = 160×0.2 = 32cm = 320mm

49 다음 중 천장크레인의 방호장치와 가장 거리가 먼 것은 무엇인가?

① 과부하방지장치 ② 낙하방지장치
③ 권과방지장치   ④ 충돌방지장치

해설 크레인의 방호장치
1) 과부하방지장치
2) 권과방지장치
3) 제동장치(브레이크장치)
4) 비상정지장치
5) 충돌방지장치

50 롤러기에서 가드의 개구부와 위험점 간의 거리가 200mm이면 개구부 간격은 얼마이어야 하는가? (단, 위험점이 진동체이다.)

① 30mm ② 26mm
③ 36mm ④ 20mm

해설 Y = 6+0.1X = 6+(0.1×200) = 26mm
주 위험점이 전동체가 아닌 경우 개구부 간격(Y)
∴ Y = 6+0.15X

51 산업안전보건법령상 로봇의 작동 범위에서 그 로봇에 관하여 교시 등의 작업을 할 때 작업시작 전, 점검사항에 해당하지 않는 것은?

① 제동장치 및 비상정지장치의 기능
② 외부 전선의 피복 또는 외장의 손상 유무
③ 매니퓰레이터(manipulator) 작동의 이상 유무
④ 주행로의 상측 및 트롤리(trolley)가 횡행하는 레일의 상태

해설 ④항, 크레인을 사용하여 작업을 하는 경우 작업시작 전 점검사항이다.

52 산업안전보건법령에 따라 보일러의 과열을 방지하기 위하여 최고사용압력과 상용압력 사이에서 보일러의 버너 연소를 차단할 수 있도록 부착하여 사용하여야 하는 장치는 무엇인가?

① 경보음장치   ② 압력제한스위치
③ 압력방출장치   ④ 고저수위 조절장치

해설 보일러의 방호장치
1) 압력제한스위치 : 본문 설명
2) 압력방출장치 : 최고사용압력 이하에서 자동적으로 밸브가 열려서 증기를 외부로 분출시켜 증기 상승압력을 방지하는 장치
3) 고·저수위조절장치 : 보일러 내의 수위가 최저 또는 최고한계에 도달하였을 경우, 자

■ 정답 ■ 47.③ 48.② 49.② 50.② 51.④ 52.②

동적으로 경보를 발하는 동시에 단수 또는 급수에 의해 수위를 조절하는 장치

53 산업안전보건법령에 따른 안전난간의 구조를 올바르게 설명한 것은 무엇인가?

① 상부 난간대, 중간 난간대, 발끝먹이판 및 난간기둥으로 구성하여야 한다.
② 발끝막이판은 바닥면 등으로부터 5cm 이하의 높이를 유지하여야 한다.
③ 난간대는 지름 1.5cm 이상의 금속제 파이프를 사용하여야 한다.
④ 상부 난간대, 난간기둥은 이와 비슷한 구조의 것으로 대체할 수 있다.

해설 안전난간의 구조 및 설치요건(안전보건규칙)
1) 상부난간대, 중간난간대, 발끝막이판 및 난간기둥으로 구성할 것(중간난간대, 발끝막이판 및 난간기둥은 이와 비슷한 구조 및 성능을 가진 것으로 대체할 수 있다.)
2) 상부난간대는 바닥면, 발판 또는 경사로의 표면(이하 "바닥면 등")으로부터 90cm 이상지점에 설치하고, 상부난간대를 120cm 이하에 설치하는 경우 중간난간대는 상부난간대와 바닥면 등의 중간에 설치하여야 하며, 120cm 이상 지점에 설치하는 경우에는 중간난간대를 2단 이상으로 균등하게 설치하고 난간의 상하간격은 60cm 이하가 되도록 할 것
3) 발끝막이판은 바닥면 등으로부터 10 cm이상의 높이를 유지할 것(물체가 떨어지거나 날아올 위험이 없거나 그 위험을 방지할 수 있는 망을 설치하는 등 필요한 예방조치를 한 장소는 제외)
4) 난간기둥은 상부난간대와 중간난간대를 견고하게 떠받칠 수 있도록 적정 간격을 유지할 것
5) 상부난간대와 중간난간대는 난간길이 전체에 걸쳐 바닥면 등과 평행을 유지할 것
6) 난간대는 지름 2.7cm 이상의 금속제 파이프나 그 이상의 강도를 가진 재료일 것
7) 안전난간은 임의의 점에서 임의의 방향으로 움직이는 100kg이상의 하중에 견딜 수 있는 튼튼한 구조일 것

54 다음 중 플레이너(planer)에 관한 설명으로 틀린 것은?

① 이송운동은 절삭운동의 1왕복에 대하여 2회의 연속운동으로 이루어진다.
② 평면가공을 기준으로 하여 경사면, 홈파기 등의 가공을 할 수 있다.
③ 절삭행정과 귀환행정이 있으며, 가공효율을 높이기 위하여 귀환행정을 빠르게 할 수 있다.
④ 플레이너의 크기는 테이블의 최대행정과 절삭할 수 있는 최대폭 및 최대 높이로 표시한다.

해설 플레이너(planer) : 공작물을 테이블에 설치하여 왕복운동시키고 바이트를 이송시켜 공작물의 수평면, 수직면, 경사면, 홈곡면 등을 절삭하는 공작기계이다.

55 다음 중 셰이퍼에 의한 연강 평면절삭 작업시 안전 대책으로 적절하지 않은 것은?

① 공작물은 견고하게 고정하여야 한다.
② 바이트는 가급적 짧게 물리도록 한다.
③ 가공 중 가공면의 상태는 손으로 점검한다.
④ 작업 중에는 바이트의 운동방향에 서지 않도록 한다.

해설 가공중에는 가공면을 점검하지 않는다.

56 다음 중 밀링작업의 안전사항으로 적절하지 않은 것은?

① 측정시에는 반드시 기계를 정지시킨다.
② 절삭 중의 칩 제거는 칩브레이커로 한다.
③ 일감을 풀어내거나 고정할 때에는 기계를 정지시킨다.
④ 상하 이송장치의 핸들은 사용 후 반드시 빼두어야 한다.

해설 ②항, 칩의 제거는 기계를 정지시키고 반드시 브러시를 사용한다.

■ 정답 ■   53.①   54.①   55.③   56.②

57 산업안전보건법령에 따라 목재가공용 기계에 설치하여야 하는 방호장치의 내용으로 틀린 것은?

① 목재가공용 둥근톱기계에는 분할날 등 반발예방장치를 설치하여야 한다.
② 목재가공용 둥근톱기계에는 톱날접촉예방장치를 설치하여야 한다.
③ 모떼기기계에는 가공 중 목재의 회전을 방지하는 회전 방지장치를 설치하여야 한다.
④ 작업대상물이 수동으로 공급되는 동력식 수동대패기계에 날접촉예방장치를 설치하여야 한다.

해설 모떼기기계에는 날접촉예방장치를 설치하여야 한다.

58 다음 중 드릴작업시 가장 안전한 행동에 해당하는 것은?

① 장갑을 끼고 작업한다.
② 작업 중에 브러시로 칩을 털어 낸다.
③ 작은 구멍을 뚫고 큰 구멍을 뚫는다.
④ 드릴을 먼저 회전시키고 공작물을 고정한다.

해설 드릴작업시 안전수칙
1) 장갑 착용을 금지한다.
2) 작업 중에는 청소를 하지 않는다.
3) 공작물을 고정시킨 후에 드릴을 회전시킨다.

59 산업안전보건법령상 롤러기 조작부의 설치 위치에 따른 급정지장치의 종류가 아닌 것은?

① 손조작식   ② 복부조작식
③ 무릎조작식   ④ 발조작식

해설 롤러기의 급정지장치 종류별 설치위치
1) 손조작 로프식 : 밑면에서 1.8m 이내
2) 복부 조작식 : 밑면에서 0.8m 이상 1.1m 이내
3) 무릎 조작식 : 밑면에서 0.6m 이내

60 산업안전보건법령상 근로자가 위험해질 우려가 있는 경우 컨베이어에 부착, 조치하여야 할 방호장치가 아닌 것은?

① 안전매트
② 비상정지장치
③ 덮개 또는 울
④ 이탈 및 역주행 방지 장치

해설 안전매트 : 산업용 로봇의 방호장치

제4과목 / 전기 및 화학설비위험방지기술

61 전기설비의 화재에 사용되는 소화기의 소화제로 가장 적절한 것은?

① 물거품
② 탄산가스
③ 염화칼슘
④ 산 및 알칼리

해설 (1) 탄산가스(CO_2)는 전기절연성이 좋아 전기설비의 화재에 효과적이다.
(2) 전기화재의 적응소화기
㉠ 분말소화기
㉡ 탄산가스 소화기
㉢ 유기성 소화기

■ 정답 ■ 57.③ 58.③ 59.④ 60.① 61.②

62 누전 경보기의 수신기는 옥내의 점검에 편리한 장소에 설치하여야 한다. 이 수신기의 설치장소로 옳지 않은 것은?

① 습도가 낮은 장소
② 온도의 변화가 거의 없는 장소
③ 화약류를 제조하거나 저장 또는 취급하는 장소
④ 부식성 증기와 가스는 발생되나 방식이 되어있는 곳

해설 누전경보기의 수신기는 폭발의 위험이 없는 곳에 설치하여야 한다.

63 다음 중 교류 아크 용접작업시 작업자에게 발생할 수 있는 재해의 종류와 가장 거리가 먼 것은?

① 낙하·충돌 재해
② 피부 노출시 화상 재해
③ 폭발, 화재에 의한 재해
④ 안구(눈)의 조직손상 재해

해설 교류 아크 용접작업시 낙하 및 충돌 등의 재해가 발생할 확률을 매우 적다.

64 정상운전 중의 전기설비가 점화원으로 작용하지 않는 것은?

① 변압기 권선
② 보호계전기 접점
③ 직류 전동기의 정류자
④ 권선형 전동기의 슬립링

해설 전기설비의 잠재적인 점화원
1) 변압기 권선
2) 전동기 권선

65 변압기의 내부고장을 예방하려면 어떤 보호계전방식을 선택하는가?

① 차동계전방식
② 과전류계전방식
③ 과전압계전방식
④ 부흐홀쯔계전방식

66 정전기 발생량과 관련된 내용으로 옳지 않은 것은?

① 분리속도가 빠를수록 정전기량이 많아진다.
② 두 물질간의 대전서열이 가까울수록 정전기의 발생량이 많다.
③ 접촉면적이 넓을수록, 접촉압력이 증가할수록 정전기 발생량이 많아진다.
④ 물질의 표면이 수분이나 기름 등에 오염되어 있으면 정전기 발생량이 많아진다.

해설 두 물질간의 대전서열이 가까울수록 정전기의 발생량은 적어진다.

67 전기사용장소의 사용전압이 440V인 저압전로의 전선 상호간 및 전로와 대지 사이의 절연저항은 얼마 이상이어야 하는가?

① 0.1MΩ   ② 0.4MΩ
③ 0.5MΩ   ④ 1.0MΩ

해설 절연전선의 전기저항치

대지전압	절연저항치
150V 이하	0.1MΩ 이상
150V 초과 300V 이하	0.2MΩ 이상
300V 초과 400V 이하	0.3MΩ 이상
400V 초과	0.4MΩ 이상

■ 정답 ■ 62.③ 63.① 64.① 65.①,④ 66.② 67.②

68 이동전선에 접속하여 임시로 사용하는 전등이나 가설의 배선 또는 이동전선에 접속하는 가공매달기식 전등 등을 접촉함으로 인한 감전 및 전구의 파손에 의한 위험을 방지하기 위하여 부착하여야 하는 것은?

① 퓨즈 ② 누전차단기
③ 보호망 ④ 회로차단기

해설 임시로 사용하거나 가공매달기식 전등 : 감전 및 전구파손을 방지하기 위하여 보호망을 설치할 것

69 방전에너지가 크지 않은 코로나 방전이 발생할 경우 공기 중에 발생할 수 있는 것은?

① O_2 ② O_3
③ N_2 ④ N_3

해설 코로나(corona) 방전시 공기중에 오존(O_3)이 생성된다.

70 다음 중 전자, 통신기기 등의 전자파장해(EMI)를 방지하기 위한 조치로 가장 거리가 먼 것은?

① 절연을 보강한다.
② 접지를 실시한다.
③ 필터를 설치한다.
④ 차폐체를 설치한다.

해설 1) **전자파** : 공존하고 있는 전계와 자계의 주기적인 변화에 의한 진동이 진공 또는 물질 중을 전파하여 나가는 진동현상이다.
  ① 전자파는 서로 수직으로 진동하는 전기장과 자기장으로 이루어지며, 3×10^8 m/sec의 속도로 전파되어 나간다.
  ② 전자파는 공간을 이동하는 일종의 energy 이다.
2) **전자파의 종류** : 감마(gamma)선, X선, 자외선, 적외선, 가시광선, 마이크로파, 라디오파, 극저주파 등
3) ①항, 절연을 보강한다는 것은 전자파장해 방지조치사항과 관계가 없다.

71 다음 각 물질의 저장방법에 관한 설명으로 옳은 것은?

① 황린은 저장용기 중에 물을 넣어 보관한다.
② 과산화수소는 장기 보존시 유리용기에 저장한다.
③ 피크린산은 철 또는 구리로 된 용기에 저장한다.
④ 마그네슘은 다습하고 통풍이 잘 되는 장소에 보관한다.

해설 ② 과산화수소(H_2O_2) : 산화성 물질로 환기가 잘되고 찬 곳에 저장
③ 피크린산 : 폭발성물질이므로 통풍이 양호한 냉암소에 보관
④ 마그네슘(Hg) : 습기가 없는 장소에 보관

72 다음 중 공정안전보고서에 관한 설명으로 틀린 것은?

① 사업주가 공정안전보고서를 작성한 후에는 별도의 심의 과정이 없다.
② 공정안전보고서를 제출한 사업주는 정하는 바에 따라 고용노동부장관의 확인을 받아야 한다.
③ 고용노동부장관은 공정안전보고서의 이행상태를 평가하고 그 결과에 따라 공정안전보고서를 다시 제출하도록 명할 수 있다.
④ 고용노동부장관은 공정안전보고서를 심사한 후 필요하다고 인정하는 경우에는 그 공정안전보고서의 변경을 명할 수 있다.

해설 ①항, 사업주가 공정안전보고서를 작성할 경우에는 산업안전보건위원회의 심의를 거쳐야 한다. 다만, 산업안전보건위원회가 설치되어 있지 아니한 사업장의 경우에는 근로자대표의 의견을 들어야 한다.

■ 정답 ■ 68.③ 69.② 70.① 71.① 72.①

73 산화성 액체의 성질에 관한 설명으로 옳지 않은 것은?

① 피부 및 의복을 부식하는 성질이 있다.
② 가연성 물질이 많으므로 화기에 극도로 주의한다.
③ 위험물 유출시 건조사를 뿌리거나 중화제로 중화한다.
④ 물과 반응하면 발열반응을 일으키므로 물과의 접촉을 피한다.

해설 산화성 액체는 불연성이며 산소를 많이 함유하고 있는 강산화제이다.

74 취급물질에 따라 여러 가지 종류 방법이 있는데, 다음 중 특수 종류방법이 아닌 것은?

① 감압 증류   ② 추출 증류
③ 공비 증류   ④ 기·액 증류

해설 특수 종류방법
1) ①, ②, ③항
2) 수증기 종류

75 다음 중 소화방법의 분류에 해당하지 않는 것은?

① 포소화   ② 질식소화
③ 희석소화   ④ 냉각소화

해설 소화방법
1) ②, ③, ④항
2) 화염의 불안정화에 의한 소화
3) 억제소화
4) 제거소화

76 다음 중 만성중독과 가장 관계가 깊은 유독성 지표는?

① LD50(Median lethal dose)
② MLD(Minimum lethal dose)
③ TLV(Threshold limit value)
④ LC50(Median lethal concentration)

해설 TLV : 미국산업위생전문가회의에서 채택성 유독성물질의 허용농도기준

77 후드의 설치 요령으로 옳지 않은 것은?

① 충분한 포집속도를 유지한다.
② 후드의 개구면적은 작게 한다.
③ 후드는 되도록 발생원에 접근시킨다.
④ 후드로부터 연결된 덕트는 곡선화 시킨다.

해설 ④항, 후드로부터 연결된 덕트는 직선화시킨다.

78 헥산 5vol%, 메탄 4vol%, 에틸렌 1vol%로 구성된 혼합 가스의 연소하한값(vol%)은 약 얼마인가? (단, 각 가스의 공기 중 연소하한값으로 헥산은 1.1vol%, 메탄은 5.0vol%, 에틸렌은 2.7vol%이다.)

① 0.58   ② 1.75
③ 2.72   ④ 3.72

해설 $L = \dfrac{V_1 + V_2 + V_3}{\dfrac{V_1}{L_1} + \dfrac{V_2}{L_2} + \dfrac{V_3}{L_3}}$

$= \dfrac{5+4+1}{\dfrac{5}{1.1} + \dfrac{4}{5} + \dfrac{1}{2.7}} = 1.75 \text{vol}\%$

79 다음 중 화학반응에 의해 발생하는 열이 아닌 것은?

① 연소열   ② 압축열
③ 반응열   ④ 분해열

해설 반응열의 종류 : 연소열, 분해열, 생성열, 용해열, 중화열 등

■ 정답 ■   73.②   74.④   75.①   76.③   77.④   78.②   79.②

80 공정별로 폭발을 분류할 때 물리적 폭발이 아닌 것은?

① 분해폭발
② 탱크의 감압폭발
③ 수증기 폭발
④ 고압용기의 폭발

해설 분해폭발 : 화학적 폭발

제5과목 / 건설안전기술

81 차량계 건설기계를 사용하여 작업하고자 할 때 작업계획서에 포함되어야 할 사항으로 틀린 것은?

① 차량계 건설기계의 제동장치 이상유무
② 차량계 건설기계의 운행경로
③ 차량계 건설기계의 종류 및 성능
④ 차량계 건설기계에 의한 작업방법

해설 차량계 건설기계 작업시 작업계획서에 포함되는 사항 : ②, ③, ④항 3가지 사항뿐이다.

82 철근을 인력으로 운반할 때의 주의사항으로 틀린 것은?

① 긴 철근은 2인 1조가 되어 어깨메기로 하여 운반한다.
② 긴 철근을 부득이 1인이 운반할 때는 철근의 한쪽을 어깨에 메고 다른 한쪽 끝을 땅에 끌면서 운반한다.
③ 1인이 1회에 운반할 수 있는 적당한 무게한도는 운반자의 몸무게 정도이다.
④ 운반시에는 항상 양끝을 묶어 운반한다.

해설 인력운반의 하중기준 및 안전하중기준
1) 인력운반 하중기준 : 체중의 40% 정도의 운반물을 60~80m/min의 속도로 운반할 것
2) 안전하중기준
 ㉠ 성인남자 : 25kg 정도
 ㉡ 성인여자 : 15kg 정도

83 철골공사 시 안전을 위한 사전 검토 또는 계획수립을 할 때 가장 거리가 먼 내용은?

① 추락방지망의 설치
② 사용기계의 용량 및 사용대수
③ 기상조건의 검토
④ 지하매설물 조사

해설 지하매설물의 조사 : 굴착작업시 사전조사내용이다.

84 안전난간은 구조적으로 가장 취약한 지점에서 가장 취약한 방향으로 작용하는 최소 얼마 이상의 하중에 견딜 수 있어야 하는가?

① 50kg
② 100kg
③ 150kg
④ 200kg

해설 안전난간은 구조적으로 가장 취약한 지점에서 가장 취약한 방향으로 작용하는 100kg 이상의 하중에 견딜 수 있는 튼튼한 구조일 것

85 옹벽 안정조건의 검토사항이 아닌 것은?

① 활동(sliding)에 대한 안전검토
② 전도(overturing)에 대한 안전검토
③ 보일링(boiling)에 대한 안전검토
④ 지반 지지력(settlement)에 대한 안전검토

해설 옹벽의 외부 안정조건(옹벽이 외력에 대하여 안전하기 위한 검토조건)
1) 활동에 대한 안정
2) 전도에 대한 안정
3) 지반 지지력에 대한 안정

86 흙막이 가시설의 버팀대(Strut)의 변형을 측정하는 계측기에 해당하는 것은?
① Water level meter
② Strain gauge
③ Piezometer
④ Load cell

해설 ①항, Water level meter : 지하수위계
②항, Strain gauge : 버팀대 변형 측정계
③항, Pizometer : 간극수압계
④항, Load cell : 하중계

87 추락방지용 방망의 지지점은 최소 몇 kgf 이상의 외력에 견딜 수 있어야 하는가?
① 300kgf
② 500kgf
③ 600kgf
④ 1,00kgf

해설 방망지점의 강도
1) 600kg의 외력에 견딜 수 있을 것
2) 연속적인 구조물이 방망지지점인 경우의 외력
∴ $F = 200B$
여기서, F : 외력(kg)
B : 지지점의 간격(m)

88 철근콘크리트 슬래브에 발생하는 응력에 대한 설명으로 틀린 것은?
① 전단력은 일반적으로 단부보다 중앙부에서 크게 작용한다.
② 중앙부 하부에는 인장응력이 발생한다.
③ 단부 하부에는 압축응력이 발생한다.
④ 휨응력은 일반적으로 슬래브의 중앙부에서 크게 작용한다.

해설 전단력 : 중앙부보다 단부에서 크게 작용한다.

89 단면적이 800mm²인 와이어로프에 의지하여 체중 800N 인 작업자가 공중 작업을 하고 있다면 이 때 로프에 걸리는 인장응력은 얼마인가?
① 1MPa
② 2MPa
③ 3MPa
④ 4MPa

해설 인장응력
$= \dfrac{\text{하중}}{\text{단면적}} = \dfrac{800\text{N}}{800\text{mm}^2}$
$= 1\text{N/mm}^2 = 1\text{MPa}$

90 철근의 가스절단 작업 시 안전 상 유의해야 할 사항으로 틀린 것은?
① 작업장에는 소화기를 비치하도록 한다.
② 호스, 전선 등은 다른 작업장을 거치는 곡선상의 배선이어야 한다.
③ 전선의 경우 피복이 손상되어 있는지를 확인하여야 한다.
④ 호스는 작업중에 겹치거나 밟히지 않도록 한다.

해설 ②항, 호스, 전선 등은 다른 작업장을 거치지 않는 직선상의 배선이어야 하며 길이가 짧아야 한다.

91 경화된 콘크리트의 각종 강도를 비교한 것 중 옳은 것은?
① 전단강도 > 인장강도 > 압축강도
② 압축강도 > 인장강도 > 전단강도
③ 인장강도 > 압축강도 > 전단강도
④ 압축강도 > 전단강도 > 인장강도

해설 경화된 콘크리트 강도크기 순서
압축강도 > 전단강도 > 휨강도 > 인장강도

■ 정답 ■ 86.② 87.③ 88.① 89.① 90.② 91.④

92 추락시 로프의 지지점에서 최하단가지의 거리(h)를 구하는 식으로 옳은 것은?

① h = 로프의 길이 + 신장
② h = 로프의 길이 + 신장/2
③ h = 로프의 길이 + 로프의 늘어난 길이 + 신장
④ h = 로프의 길이 + 로프의 늘어난 길이 + 신장/2

해설 바닥면(지면)으로부터 안전대 고정점까지의 최소높이
1) 추락시 로프의 지지점에서 신체의 최하단까지의 거리(h)
 h=로프길이+(로프의 길이×신장률)+(작업자 신장×1/2)
2) 로프를 지지한 위치에서 바닥면까지의 거리를 H라 하면 H〉h가 되어야만 한다.

93 콘크리트의 유동성과 묽기를 시험하는 방법은?

① 다짐시험 ② 슬럼프시험
③ 압축강도시험 ④ 평판시험

해설 (1) 슬럼프 시험(slump test) : 콘크리트의 시공연도(workability)를 측정하는 시험
(2) 워커빌리티(workability) : 콘크리트의 반죽질기(consistency)에 의한 작업을 난이도 및 재료분리에 저항하는 정도를 나타내는 성질
(3) 콘시스텐시(consistency, 반죽질기) : 수량의 다소에 의해서 변화하는 정도를 나타내는 성질

94 토공사용 건설장비 중 굴착기계가 아닌 것은 무엇인가?

① 파워쇼벨 ② 드래그 쇼벨
③ 로더 ④ 드래그 라인

해설 로더(loader) : 정지용 기계

95 건축물의 층고가 높아지면서, 현장에서 고소작업대의 사용이 증가하고 있다. 고소작업대의 사용 및 설치기준으로 옳은 것은?

① 작업대를 와이어로프 또는 체인으로 올리거나 내릴 경우에는 와이어로프 또는 체인의 안전율은 10 이상일 것
② 작업대를 올린 상태에서 항상 작업자를 태우고 이동할 것
③ 바닥과 고소작업대는 가능하면 수직을 유지하도록 할 것
④ 갑작스러운 이동을 방지하기 위하여 아웃트리거(outrigger) 또는 브레이크 등을 확실히 사용할 것

해설 ①항, 작업대를 와이어로프 또는 체인으로 올리거나 내릴 경우에는 와이어로프 또는 체인의 안전율은 5 이상일 것
②항, 작업대를 올린 상태에서 작업자를 태우고 이동하지 말 것. 다만, 이동 중 전도 등의 위험예방을 위하여 유도자를 배치하고 짧은 구간을 이동하는 경우에는 제외
③항, 바닥과 고소작업대는 가능하면 수평을 유지하도록 할 것

96 흙의 입도 분포와 관련한 삼각좌표에 나타나는 흙의 분류에 해당되지 않는 것은?

① 모래 ② 점토
③ 자갈 ④ 실트

해설 삼각좌표로 나타내는 흙의 분류

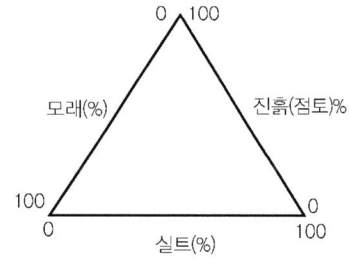

97 거푸집 및 동바리 설계 시 적용하는 연직방향하중에 해당되지 않는 것은?

① 철근콘크리트의 자중
② 작업하중
③ 충격하중
④ 콘크리트의 측압

해설 거푸집, 동바리 설계시 고려하여야 할 하중(표준안전작업지침)
① **연직방향 하중** : 거푸집, 지보공(동바리), 콘크리트, 철근, 작업원, 타설용 기계기구, 가설설비 등의 중량 및 충격하중
② **횡방향 하중** : 작업할 때의 진동, 충격, 시공오차 등에 기인되는 횡방향 하중 및 풍압, 유수압, 지진하중, 생콘크리트의 측압
③ **콘크리트의 측압** : 굳지 않는(생) 콘크리트의 측압
④ **특수하중** : 시공 중에 예상되는 특수한 하중
⑤ 상기 ①~④호의 하중에 안전율을 고려한 하중

98 프리캐스트 부재의 현장야적에 대한 설명으로 틀린 것은?

① 오물로 인한 부재의 변질을 방지한다.
② 벽 부재는 변형을 방지하기 위해 수평으로 포개 쌓아 놓는다.
③ 부재의 제조번호, 기호 등을 식별하기 쉽게 야적한다.
④ 받침대를 설치하여 휨, 균열 등이 생기지 않게 한다.

해설 벽 부재는 변형을 방지하기 위해 수직으로 쌓아 놓는다.

99 흙의 동상현상을 지배하는 인자가 아닌 것은?

① 흙의 마찰력
② 동결지속시간
③ 모관 상승고의 크기
④ 흙의 투수성

해설 흙의 동상현상을 지배하는 인자
1) 흙의 투수성
2) 동결지속시간
3) 모관 상승고의 크기

100 암질 변화 구간 및 이상 암질 출현시 판별 방법과 가장 거리가 먼 것은?

① R.Q.D
② R.M.R
③ 지표침하량
④ 탄성파 속도

해설 암질판별 방식
1) RQD(Rock Quality Designation) : 암반시 추후 10cm 이상 되는 core채취길이의 합계를 총 시추길이로 나눈 백분율(%)로서 암반의 상태를 나타내는 암반지수를 말함

$$\therefore RQD = \frac{10cm\ 이상인\ core길이\ 합계\ (회수암석의\ 길이)}{총\ 시추길이\ (보링공의\ 길이)} \times 100(\%)$$

2) RMR(Rock Mass Rating) : 터널 각 구간의 암반상태를 등급화하기 위하여 암석의 일축압축강도, RQD, 지하수 상태, 절리상태, 절리간격 등의 요소를 조사하는 행위
3) 일축압축강도(kg/cm^2)
4) 탄성파 속도(km/sec)

2022년 제1회 CBT복원 기출문제
산업안전산업기사

제1과목 / 산업안전관리론

01 재해의 원인과 결과를 연계하여 상호관계를 파악하기 위해 도표화하는 분석 방법은?

① 특성요인도　　② 파렛토도
③ 크로스분류도　④ 관리도

해설 통계적 원인 분석 방법
1) **파렛트도** : 분류항목을 큰 순서대로 도표화한 분석법
2) **특성요인도** : 특성과 요인관계를 도표로 하여 어골상으로 세분화 한 분석법
3) **크로스(Close)분석** : 데이터(data)를 집계하고 표로 표시하여 요인별 결과내역을 교차한 크로스 그림을 작성하여 분석하는 방법
4) **관리도** : 재해발생건수 등의 추이를 파악하여 목표관리를 행하는데 필요한 월별 재해발생수를 그래프화하여 관리선을 설정·관리하는 방법

02 산업안전보건법령상 사업주가 근로자에 대하여 실시하여야 하는 교육 중 **특별안전·보건교육**의 대상이 되는 작업이 아닌 것은?

① 화학설비의 탱크 내 작업
② 전압이 30V인 정전 및 활선작업
③ 건설용 리프트·곤돌라를 이용한 작업
④ 동력에 의하여 작동되는 프레스기계를 5대 이상 보유한 사업장에서 해당 기계로 하는 작업

해설 ②항, 전압이 75볼트 (V) 이상인 정전 및 활선작업

03 인간의 행동 특성에 관한 레빈(Lewin)의 법칙에서 각 인자에 대한 내용으로 틀린 것은?

$$B = f(P \cdot E)$$

① B : 행동
② f : 함수관계
③ P : 개체
④ E : 기술

해설 레빈(K. Lewin)의 법칙 : Lewin은 인간의 행동(B)은 그 사람이 가진 자질 즉, 개체(P)와 심리학적 환경(E)과의 상호 함수관계에 있다고 하였다.
∴ $B = f(P \cdot E)$

여기서,
1) B(Behavior) : 인간의 행동
2) f(function, 함수관계) : 적성 기타 P와 E에 영향을 미칠 수 있는 조건
3) P(Person, 개체) : 연령, 경험, 심신상태, 성격, 지능 등 인간의 조건
4) E(Environment, 심리적 환경) : 인간관계, 작업환경 등 환경조건

■ 정답 ■　01.①　02.②　03.④

04 산업안전보건법령상 안전·보건표지에 관한 설명으로 틀린 것은?

① 안전·보건표지 속의 그림 또는 부호의 크기는 안전·보건표지의 크기와 비례하여야 하며, 안전·보건표지 전체 규격의 30%이상이 되어야 한다.
② 안전·보건표지 색채의 물감은 변질되지 아니하는 것에 색채 고정완료를 배합하여 사용하여야 한다.
③ 안전·보건표지는 그 표시내용을 근로자가 빠르고 쉽게 알아볼 수 있는 크기로 제작하여야 한다.
④ 안전·보건표지에서 야광물질을 사용하여서는 아니 된다.

해설 ④항, 야간에 필요한 안전·보건표지는 야광물질을 사용하는 등 쉽게 알아볼 수 있도록 제작하여야 한다.

05 무재해운동의 추진을 위한 3요소에 해당하지 않는 것은?

① 모든 위험잠재요인의 해결
② 최고경영자의 경영자세
③ 관리감독자(Line)의 적극적 추진
④ 직장 소집단의 자주활동 활성화

해설 무재해운동의 추진 3기둥(무재해운동의 3요소)
1) 최고경영자의 엄격한 안전경영자세
2) 관리감독자에 의한 안전보건의 추진(라인화의 철저)
3) 직장 소집단 자주활동의 활발화

06 억측판단의 배경이 아닌 것은?

① 생략 행위   ② 초조한 심정
③ 희망적 관측   ④ 과거의 성공한 경험

해설 **억측판단**
1) **억측판단** : 자기 주관적인 판단
2) **억측판단이 발생하는 배경**
① 희망적인 관측 : 그때도 그랬으니까 괜찮겠지 하는 관측
② 정보나 지식의 불확실 : 위험에 대한 정보의 불확실 및 지식의 부족
③ 과거의 선입견 : 과거에 그 행위로 성공한 경험의 선입관
④ 초조한 심정 : 일을 빨리 끝내고 싶은 초조한 심정

07 재해의 기본원인 4M에 해당하지 않는 것은?

① Man   ② Machine
③ Media   ④ Measurement

해설 산업재해의 기본원인 4M(인간과오의 배후요인 4요소)
1) Man : 본인 이외의 사람
2) Machine : 장치나 기기 등의 물적요인
3) Media : 인간과 기계를 잇는 매체(작업방법, 순서, 작업정보의 실태, 작업환경, 정리정돈 등)
4) Management : 안전법규의 준수방법, 단속, 점검 관리 외에 지휘 감독, 교육훈련 등

08 다음과 같은 스트레스에 대한 반응은 무엇에 해당하는가?

> 여동생이나 남동생을 얻게 되면서 손가락을 빠는 것과 같이 어린 시절의 버릇을 나타낸다.

① 투사   ② 억압
③ 승화   ④ 퇴행

해설 **퇴행**(regression) 현실의 곤란한 장면에서 이겨내지 못하고 옛날 어린 시절로 되돌아가려는 행동이다. 즉 발전단계를 역행함으로서 욕구를 충족하려는 행동이다.

■ 정답 ■   04.④   05.①   06.①   07.④   08.④

09 개인 카운슬링(Counseling)방법으로 가장 거리가 먼 것은?

① 직접적 충고
② 설득적 방법
③ 설명적 방법
④ 반복적 충고

해설 개인적인 카운셀링 방법
1) **직접충고** : 안전수칙 불이행시 적합, 지시적 방법
2) **설득적 방법** : 비지시적 방법
3) **설명적 방법** : 비지시적 방법

10 교육의 효과를 높이기 위하여 시청각 교재를 최대한으로 활용하는 시청각적 방법의 필요성이 아닌 것은?

① 교재의 구조화를 기할 수 있다.
② 대량 수업체제가 확립될 수 있다.
③ 교수의 평준화를 기할 수 있다.
④ 개인차를 최대한으로 고려할 수 있다.

해설 시청각 교육의 특징
1) 교수의 효율성 증대
2) 교재의 구조화
3) 대량 수업체제 확정
4) 교수의 평준화

11 보호구 안전인증 고시에 따른 안전모의 일반 구조 중 턱끈의 최소 폭 기준은?

① 5mm 이상
② 7mm 이상
③ 10mm 이상
④ 12mm 이상

해설 안전모의 일반구조 요약정리
1) 안전모의 착용높이는 85mm 이상이고, 외부수직거리는 80mm 미만일 것
2) 안전모의 내부수직거리는 25mm 이상 50mm 미만일 것
3) 안전모의 수평간격은 5mm 이상일 것
4) 머리받침끈이 섬유인 경우에는 각각의 폭은 15mm 이상이어야 하며, 교차되는 끈의 폭의 합은 72mm 이상일 것
5) 턱끈의 폭은 10mm 이상일 것
6) 안전모의 모체, 착장체 및 충격흡수재를 포함한 질량은 440g을 초과하지 않을 것

12 허츠버그(Herzberg)의 동기·위생 이론에 대한 설명으로 옳은 것은?

① 위생요인은 직무내용에 관련된 요인이다.
② 동기요인은 직무에 만족을 느끼는 주요인이다.
③ 위생요인은 매슬로우 욕구단계 중 존경, 자아실현의 욕구와 유사하다.
④ 동기요인은 매슬로우 욕구단계 중 생리적 욕구와 유사하다.

해설 허즈버그(Herzberg)의 위생요인 및 동기요인
1) **위생요인** : 직무환경에 관계된 내용으로 기업정책, 개인 상호간의 관계(친교, 대인관계), 감독형태, 작업조건, 임금(급료), 보수 지위, 안전 등이 있다.
2) **동기요인** : 직무내용 (일의 내용)에 관한 것으로 목표달성에 대한 성취감, 안정감, 도전감, 책임감, 성장과 발전, 작업자체 등이 있다.(자아실현을 하려는 인간의 독특한 경향 반영)

13 연평균 근로자수가 1,000명인 사업장에서 연간 6건의 재해가 발생한 경우, 이 때의 도수율은? (단, 1일 근로시간수는 4시간, 연평균 근로일수는 150일이다.)

① 1
② 10
③ 100
④ 1,000

해설 도수율 $= \dfrac{\text{재해건수}}{\text{연근로시간수}} \times 10^6$

$= \dfrac{6}{1,000 \times 4 \times 150} \times 10^6 = 10$

14 산업안전보건법령상 안전인증대상 기계·기구 등이 아닌 것은?

① 프레스 ② 전단기
③ 롤러기 ④ 산업용 원심기

해설 안전인증대상 기계·기구

구분	안전인증대상 기계·기구	자율안전확인대상 기계·기구
기계·기구 및 설비	① 프레스 ② 절단기 및 절곡기 ③ 크레인 ④ 리프트 ⑤ 압력용기 ⑥ 롤러기 ⑦ 사출성형기 ⑧ 고소작업대 ⑨ 곤돌라	① 연삭기 또는 연마기 (휴대형은 제외) ② 산업용 로봇 ③ 혼합기 ④ 파쇄기 또는 분쇄기 ⑤ 컨베이어 ⑥ 식품가공용기계(파쇄·절단·혼합·제면기만 해당) ⑦ 자동차정비용리프트 ⑧ 인쇄기 ⑨ 공작기계(선반, 드릴기, 평삭·형삭기, 밀링만 해당) ⑩ 고정형 목재가공용 기계 (둥근톱, 대패, 루타기, 띠톱, 모떼기 기계만 해당)
방호장치	① 프레스 및 전단기 방호장치 ② 양중기용 과부하방지장치 ③ 보일러 압력추출용 안전밸브 ④ 압력용기 압력방출용 안전밸브 ⑤ 압력용기 압력방출용 파열판 ⑥ 절연용 방호구 및 활선작업용 기구 ⑦ 방폭구조 전기기계·기구 및 부품 ⑧ 추락·낙하 및 붕괴 등의 위험 방지 및 보호 필요한 가설기자재로서 고용노동부 장관이 정하여 고시하는 것	① 아세틸렌 용접장치용 또는 가스집합 용접장치용 안전기 ② 교류아크 용접기용 자동 전격방지기 ③ 롤러기 급정지장치 ④ 연삭기 덮개 ⑤ 목재가공용 둥근톱 반발 예방장치 및 날접촉 예방장치 ⑥ 동력식 수동 대패용 칼날 접촉방지장치 ⑦ 산업용 로봇 안전매트
보호구	① 추락 및 감전 위험방지용 안전모 ② 차광 및 비산물 위험 방지용 보안경 ③ 방진마스크 ④ 방독마스크 ⑤ 송기마스크 ⑥ 전동식 호흡보호구 ⑦ 방음용 귀마개 또는 귀덮개 ⑧ 용접용 보안면 ⑨ 안전장갑 ⑩ 안전화 ⑪ 안전대 ⑫ 보호복	① 안전모(추락 및 감전 위험방지용 제외) ② 보안경(차광 및 비산물 위험방지용 제외) ③ 보안면(용접용 제외) ④ 잠수기(잠수헬멧 및 잠수마스크 포함)

15 적응기제(Adjustment Mechanism)의 도피적 행동인 고립에 해당하는 것은?

① 운동시합에서 진 선수가 컨디션이 좋지 않았다고 말한다.
② 키가 작은 사람이 키 큰 친구들과 같이 사진을 찍으려 하지 않는다.
③ 자녀가 없는 여교사가 아동교육에 전념하게 되었다.
④ 동생이 태어나자 형이 된 아이가 말을 더듬는다.

해설 고립 : 현실을 피하고 자신의 내부로 도피하려는 행동기제

16 조직이 리더에게 부여하는 권한으로 볼 수 없는 것은?

① 보상적 권한 ② 강압적 권한
③ 합법적 권한 ④ 위임된 권한

해설 리더십의 권한
1) **조직이 지도자에게 부여한 권한**
   ① 보상적 권한
   ② 강압적 권한
   ③ 합법적 권한
2) **지도자 자신이 자신에게 부여한 권한**
   ① 전문성의 권한
   ② 위임된 권한

■ 정답 ■ 14.④ 15.② 16.④

17 산업안전보건법령상 일용근로자의 안전·보건교육 과정별 교육시간 기준으로 틀린 것은?

① 채용 시의 교육 : 1시간 이상
② 작업내용 변경 시의 교육 : 2시간 이상
③ 건설업 기초안전·보건교육(건설 일용근로자) : 4시간
④ 특별교육 : 2시간 이상(흙막이 지보공의 보강 또는 동바리를 설치하거나 해체하는 작업에 종사하는 일용근로자)

해설 일용근로자
의 작업내용 변경 시의 교육시간 : 1시간 이상

18 산업안전보건법상 고용노동부장관이 산업재해 예방을 위하여 종합적인 개선조치를 할 필요가 있다고 인정할 때에 안전보건개선계획의 수립·시행을 명할 수 있는 대상 사업장이 아닌 것은?

① 산업재해율이 같은 업종의 규모별 평균 산업재해율보다 높은 사업장
② 사업주가 안전보건조치의무를 이행하지 아니하여 중대재해가 발생한 사업장
③ 고용노동부장관이 관보 등에 고시한 유해인자의 노출기준을 초과한 사업장
④ 경미한 재해가 다발로 발생한 사업장

해설 안전보건개선계획 수립대상 사업장 : ①, ②, ③항 (3개 항목만 있음)

19 안전교육 훈련기법에 있어 태도 개발 측면에서 가장 적합한 기본교육 훈련방식은?

① 실습방식 ② 제시방식
③ 참가방식 ④ 시뮬레이션방식

해설 안전교육 훈련기법 (사업장에서의 기본교육 훈련방식)
1) **지식형성** : 제시방식
2) **기능숙련** : 실습방식
3) **태도개발** : 참가방식

20 무재해운동의 추진을 위한 3요소에 해당하지 않는 것은?

① 모든 위험잠재요인의 해결
② 최고경영자의 경영자세
③ 관리감독자(Line)의 적극적 추진
④ 직장 소집단의 자주 활동 활성화

해설 무재해 운동 추진의 3기둥(무재해 운동의 3요소)
1) 최고 경영자의 경영자세
2) 라인화의 철저(관리감독자에 의한 안전보건의 추진)
3) 직장(소집단)의 자주 활동의 활발화

제2과목 / 인간공학 및 시스템안전공학

21 반복되는 사건이 많이 있는 경우에 FTA의 최소 컷셋을 구하는 알고리즘이 아닌 것은?

① Fussel Algorithm
② Boolean Algorithm
③ Monte Carlo Algorithm
④ Limnios & Ziani Algorithm

해설 최소컷셋을 구하는 알고리즘(Algorithm)
1) Fussel 알고리즘
2) Boolean 알고리즘
3) Limnios & Ziani 알고리즘

22 모든 시스템 안전 프로그램 중 최초 단계의 분석으로 시스템 내의 위험요소가 어떤 상태에 있는지를 정성적으로 평가하는 방법은?

① CA   ② FHA
③ PHA   ④ FMEA

■ 정답 ■ 17.② 18.④ 19.③ 20.① 21.③ 22.③

해설 1) PHA(예비위험분석) : 대부분 시스템 안전 프로그램에 있어서 최초단계의 분석으로, 시스템 내의 위험한 요소가 얼마나 위험한 상태에 있는가를 정성적으로 평가하는 것이다.
2) PHA의 목적 : 시스템의 개발 단계에 있어서 시스템 고유의 위험상태를 식별하고 예상되는 재해의 위험수준을 결정하는 데 있다.

23 인터페이스 설계 시 고려해야 하는 인간과 기계와의 조화성에 해당되지 않는 것은?

① 지적 조화성 ② 신체적 조화성
③ 감성적 조화성 ④ 심미적 조화성

해설 인간기계 체계에서의 계면설계
1) 계면(interface) : 인간기계 체계에서 인간과 기계가 만나는 면(面)
2) 인간과 기계(환경)의 계면에서의 조화성 : 다음 3가지 차원이 고려되어야 함
 ① 신체적 조화성
 ② 지적 조화성
 ③ 감성적 조화성

24 FTA에 의한 재해사례 연구의 순서를 올바르게 나열한 것은?

[다음]
A. 목표사상 선정
B. FT도 작성
C. 사상마다 재해원인 규명
D. 개선계획 작성

① A→B→C→D
② A→C→B→D
③ B→C→A→D
④ B→A→C→D

해설 FTA에 의한 재해사례의 연구순서
1) 1step : 톱사상의 선정
2) 2step : 사상마다 재해원인·요인의 규명
3) 3step : FT도의 작성
4) 4step : 개선계획의 작성
5) 5step : 개선안의 실시계획

25 어떤 작업자의 배기량을 측정하였더니, 10분간 200L이었고, 배기량을 분석한 결과 O_2 : 16%, CO_2 : 4%였다. 분당 산소 소비량은 약 얼마인가?

① 1.05L/분 ② 2.05L/분
③ 3.05L/분 ④ 4.05L/분

해설 1) 배기량 = 200L/10min = 20L/min
2) 흡기량 × 79% = 배기량 × N_2%

$$흡기량 = 배기량 \times \frac{N_2\%}{79\%}$$
$$= 20 \times \frac{100-(16+4)}{79}$$
$$= 20.25 L/min$$

3) 산소소비량
$$= \left(흡기량 \times \frac{21}{100}\right) - \left(배기량 \times \frac{16}{100}\right)$$
$$= (20.25 \times 0.21) - (20 \times 0.16)$$
$$= 1.05 L/min$$

26 청각적 표시장치에서 300m 이상의 장거리용 경보기에 사용하는 진동수로 가장 적절한 것은?

① 800Hz 전후 ② 2,200Hz 전후
③ 3,500Hz 전후 ④ 4,000Hz 전후

해설 300m 이상의 장거리용 경보기는 1,000Hz 이하의 진동수를 사용하여야 한다.

길잡이 경계 및 경보신호의 선택 또는 설계 시의 설계 지침
1) 500~3,000Hz(또는 2,000~5,000Hz)의 진동수 사용
2) 장거리 (300m 이상)용은 1,000Hz 이하의 진동수 사용 (고음은 멀리가지 못함)
3) 장애물 및 칸막이 통과시 500Hz 이하의 진동수 사용
4) 주의를 끌기 위해서는 변조된 신호 (초당 1~8번 나는 소리, 초당 1~3번 오르내리는 소리 등) 사용
5) 배경소음의 진동수와 구별되는 신호 사용

■ 정답 ■ 23.④ 24.② 25.① 26.①

27 FT도에 사용되는 다음 기호의 명칭으로 맞는 것은?

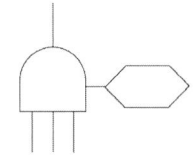

① 억제 게이트
② 부정 게이트
③ 배타적 OR 게이트
④ 우선적 AND 게이트

해설 수정기호의 종류
1) 우선적 AND 게이트 : 입력사상 가운데 어느 사상이 다른 사상보다 먼저 일어났을 때에 출력사상이 생긴다.(A는 B보다 먼저)와 같이 기입
2) 짜맞춤(조합) AND 게이트 : 3개 이상의 입력사상 가운데 어느 것인가 2개가 일어나면 출력사상이 생긴다.(어느 것이든 2개)라고 기입
3) 위험지속기호 : 입력사상이 생기어 어느 일정시간 지속하였을 때에 출력사상이 생긴다.(위험지속시간)과 같이 기입
4) 배타적 OR 게이트 : OR 게이트로 2개 이상의 입력이 동시에 존재한 때에는 출력사상이 생기지 않는다.(동시에 발생하지 않는다.)라고 기입

28 작업장 내의 색채조절이 적합하지 못한 경우에 나타나는 상황이 아닌 것은?

① 안전표지가 너무 많아 눈에 거슬린다.
② 현란한 색배합으로 물체 식별이 어렵다.
③ 무채색으로만 구성되어 중압감을 느낀다.
④ 다양한 색채를 사용하면 작업의 집중도가 높아진다.

해설 ④항, 다양한 색체를 사용하면 작업의 집중도가 낮아진다.

29 설비나 공법 등에서 나타날 위험에 대하여 정성적 또는 정량적인 평가를 행하고 그 평가에 따른 대책을 강구하는 것은?

① 설비보전   ② 동작분석
③ 안전계획   ④ 안전성 평가

해설 안전성평가의 6단계
1) 제1단계 : 관계자료의 정비검토
2) 제2단계 : 정성적 평가
3) 제3단계 : 정략적 평가
4) 제4단계 : 안전대책
5) 제5단계 : 재해정보에 의한 재평가
6) 제6단계 : F.T.A에 의한 재평가

30 위험처리 방법에 관한 설명으로 틀린 것은?

① 위험처리 대책 수립 시 비용문제는 제외된다.
② 재정적으로 처리하는 방법에는 보류와 전가 방법이 있다.
③ 위험의 제어 방법에는 회피, 손실제어, 위험분리, 책임 전가 등이 있다.
④ 위험처리 방법에는 위험을 제어하는 방법과 재정적으로 처리하는 방법이 있다.

해설 ①항, 위험처리 대책 수립시 비용문제가 포함된다.

31 인간의 가청주파수 범위는?

① 2 ~ 10,000Hz
② 20 ~ 20,000Hz
③ 200 ~ 30,000Hz
④ 200 ~ 40,000Hz

해설 가청주파수 범위 : 20~20,000Hz

32 산업안전보건법에서 규정하는 근골격계 부담작업의 범위에 해당하지 않는 것은?

① 단기간작업 또는 간헐적인 작업
② 하루에 10회 이상 25kg 이상의 물체를 드는 작업
③ 하루에 총 2시간 이상 쪼그리고 앉거나 무릎을 굽힌 자세에서 이루어지는 작업
④ 하루에 4시간 이상 집중적으로 자료입력 등을 위해 키보드 또는 마우스를 조작하는 작업

해설 근골격계 부담작업의 범위 : "근골격계부담작업"이라 함은 다음 각 호의 1에 해당하는 작업을 말한다. 다만, 단기간작업 또는 간헐적인 작업은 제외된다.
  1) 하루에 4시간 이상 집중적으로 자료입력 등을 위해 키보드 또는 마우스를 조작하는 작업
  2) 하루에 총 2시간 이상 목, 어깨, 팔꿈치, 손목 또는 손을 사용하여 같은 동작을 반복하는 작업
  3) 하루에 총 2시간 이상 머리위에 손이 있거나, 팔꿈치가 어깨위에 있거나, 팔꿈치를 몸통으로 들거나, 팔꿈치를 몸통뒤쪽에 위치하도록 하는 상태에서 이루어지는 작업
  4) 지지되지 않은 상태이거나 임의로 자세를 바꿀 수 없는 조건에서, 하루에 총 2시간 이상 목이나 허리를 구부리거나 트는 상태에서 이루어지는 작업
  5) 하루에 총 2시간 이상 쪼그리고 앉거나 무릎을 굽힌 자세에서 이루어지는 작업
  6) 하루에 총 2시간 이상 지지되지 않은 상태에서 1kg이상의 물건을 한손의 손가락으로 집어 올리거나, 2kg이상에 상응하는 힘을 가하여 한손의 손가락으로 물건을 쥐는 작업
  7) 하루에 총 2시간 이상 지지되지 않은 상태에서 4.5kg 이상의 물체를 드는 작업
  8) 하루에 10회 이상 25kg 이상의 물체를 드는 작업
  9) 하루에 25회 이상 10kg 이상의 물체를 무릎 아래에서 들거나, 어깨 위에서 들거나, 팔을 뻗은 상태에서 드는 작업
  10) 하루에 총 2시간 이상, 분당 2회 이상 4.5kg이상의 물체를 드는 작업
  11) 하루에 총 2시간 이상 시간당 10회 이상 손 또는 무릎을 사용하여 반복적으로 충격을 가하는 작업

33 기능식 생산에서 유연생산 시스템 설비의 가장 적합한 배치는?

① 합류(Y)형 배치
② 유자(U)형 배치
③ 일자(─)형 배치
④ 복수라인(=)형 배치

해설 시스템 설비의 배치 : 기능식 생산에서 생산성 향상을 위한 가장 효율적인 배치는 U자형으로 배치하는 것이다.

34 1cd의 점광원에서 1m떨어진 곳에서의 조도가 3lux이었다. 동일한 조건에서 5m 떨어진 곳에서의 조도는 약 몇 lux인가?

① 0.12
② 0.22
③ 0.36
④ 0.56

해설 1) 조도는 거리의 제곱(자승)에 반비례한다.
$$조도 = \frac{1}{(거리)^2}$$
2) $조도 = 3(\text{lux}) \times \frac{1^2}{5^2} = 0.12 \text{lux}$

35 지게차 인장벨트의 수명은 평균이 100,000시간, 표준편차가 500시간인 정규분포를 따른다. 이 인장벨트의 수명이 101,000시간 이상일 확률은 약 얼마인가? (단, $P(Z \leq 1) = 0.8413$, $P(Z \leq 2) = 0.9772$, $P(Z \leq 3) = 0.99870$이다.)

① 1.60%
② 2.28%
③ 3.28%
④ 4.28%

해설 1) $Z = \frac{101,000 - 100,000}{500} = 2$
2) $P(Z \leq 2) = 0.9772 = 2$
3) $(1 - 0.977) \times 100 = 2.28\%$

36 산업안전보건법령에서 정한 물리적 인자의 분류 기준에 있어서 소음은 소음성난청을 유발할 수 있는 몇 dB(A)이상의 시끄러운 소리로 규정하고 있는가?

① 70
② 85
③ 100
④ 115

해설 소음 : 소음성난청을 유발할 수 있는 85 dB(A) 이상의 시끄러운 소리

주 물리적 인자의 분류 기준 : 시행규칙 별표 11의 2(유해인자의 분류기준)

37 인간-기계 체계에서 인간의 과오에 기인된 원인 확률을 분석하여 위험성의 예측과 개선을 위한 평가 기법은?

① PHA
② FMEA
③ THERP
④ MORT

해설 1) PHA(예비사고분석) : 최초단계 분석법, 정성적분석법
2) FMEA(고장형과 영향분석) : 정성적·귀납적분석법
3) THERP(인간과오율 예측기법) : 정량적 분석법
4) MORT(경영소홀 및 위험수 분석) : 광범위한 안전도모, 고도의 안전 달성

38 인간공학에 관련된 설명으로 틀린 것은?

① 편리성, 쾌적성, 효율성을 높일 수 있다.
② 사고를 방지하고 안전성과 능률성을 높일 수 있다.
③ 인간의 특성과 한계점을 고려하여 제품을 설계한다.
④ 생산성을 높이기 위해 인간을 작업 특성에 맞추는 것이다.

해설 인간공학의 정의 : 기계기구, 환경 등의 물적 조건을 인간의 특성과 능력에 잘 조화되도록 설계하기 위한 수단을 연구하는 학문이다.

39 다음 그림은 C/R비와 시간관의 관계를 나타낸 그림이다. ㉠~㉣에 들어갈 내용이 맞는 것은?

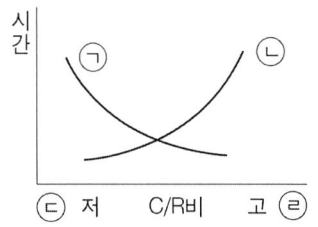

① ㉠ 이동시간 ㉡ 조정시간 ㉢ 민감 ㉣ 둔감
② ㉠ 이동시간 ㉡ 조정시간 ㉢ 둔감 ㉣ 민감
③ ㉠ 조정시간 ㉡ 이동시간 ㉢ 민감 ㉣ 둔감
④ ㉠ 조정시간 ㉡ 이동시간 ㉢ 둔감 ㉣ 민감

해설 통제표시비 (C/D비 또는 C/R비) : 통제표시비가 감소함에 따라 이동시간은 급격히 감소하다가 안정되며 조정시간은 이와 반대의 형태를 갖는다.
(최적 C/D비 : 1.18~2.42)

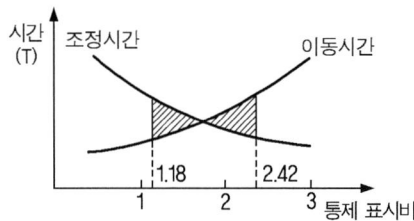

40 인체계측 자료에서 주로 사용하는 변수가 아닌 것은?

① 평균
② 5백분위수
③ 최빈값
④ 95 백분위수

해설 인체 측정자료의 응용원리
1) 최대치수와 최소치수(극단적 개인용 설계) : 최대 및 최소 설계 매개변수로서는 남성의 제 95백분위수와 여성의 제 5백분위수를

■정답 36.② 37.③ 38.④ 39.③ 40.③

사용한다.
2) 조절식 (가변적 설계) : 여성의 제 5백분위 수 및 남성의 제 95백분위 수 범위에서 조정하도록 한다.
3) 평균 설계 : 극단적 설계 및 가변적 설계가 곤란할 때 적용한다.

제3과목 / 기계위험방지기술

41 방호장치의 안전기준상 평면연삭기 또는 절단연삭기에서 덮개의 노출각도 기준으로 옳은 것은?

① 80° 이내
② 125° 이내
③ 150° 이내
④ 180° 이내

해설 연삭기 덮개의 노출 각도
1) 원통 연삭기, 만능 연삭기의 덮개 : 덮개의 노출각은 180°이내
2) 휴대용 연삭기, 스윙 연삭기의 덮개 : 덮개의 노출각은 180°이내
3) 평면 연삭기, 절단 연삭기의 덮개 : 덮개의 노출각은 150°이내

42 프레스 광전자식 방호장치의 광선에 신체의 일부가 감지된 후로부터 급정지기구 작동 시까지 시간이 30ms이고, 급정지기구의 작동 직후로부터 프레스기가 정지될 때까지의 시간이 20ms라면 광축의 최소 설치거리는?

① 75mm ② 80mm
③ 100mm ④ 150mm

해설 광축의 설치거리 = $1.6(T_L - T_s)$
$= 1.6 \times (30+20) = 80mm$

43 불순물이 포함된 물을 보일러 수로 사용하여 보일러의 관벽과 드럼 내면에 발생한 관석(Scale)으로 인한 영향이 아닌 것은?

① 과열
② 불완전 연소
③ 보일러의 효율 저하
④ 보일러 수의 순환 저하

해설 불완전연소 : 이상연소현상

44 롤러기의 방호장치 중 복부조작식 급정지 장치의 설치위치 기준에 해당하는 것은? (단, 위치는 급정지장치의 조작부의 중심점을 기준으로 한다.)

① 밑면에서 1.8m 이상
② 밑면에서 0.8m 미만
③ 밑면에서 0.8m 이상 1.1m 이내
④ 밑면에서 0.4m 이상 0.8m 이내

해설 급정지장치의 종류 및 설치위치

급정지장치의 종류	설치위치
1. 손조작로프식	밑면에서 1.8m 이내
2. 복부 조작식	밑면에서 0.8m 이상 1.1m 이내
3. 무릎 조작식	밑면에서 0.6m 이내

45 광전자식 방호장치가 설치된 프레스에서 손이 광선을 차단했을 때부터 급정지기구가 작동을 개시할 때까지의 시간은 0.3초, 급정지기구가 작동을 개시했을 때부터 슬라이드가 정지할 때까지의 시간이 0.4초 걸린다고 할 때 최소 안전거리는 약 몇 mm인가?

① 540 ② 760
③ 980 ④ 1,120

해설 안전거리 = 160(cm)×(0.3+0.4)
= 112cm = 1,120mm

■ 정답 ■ 41.③ 42.② 43.② 44.③ 45.④

46 드릴링 머신의 드릴지름이 10mm이고, 드릴 회전수가 1,000rpm일 때 원주속도는 약 얼마인가?

① 3.14m/min ② 6.28m/min
③ 31.4m/min ④ 62.8m/min

해설 드릴링 원주속도(V)
$$V = \frac{\pi DN}{1,000} = \frac{3.14 \times 10 \times 1,000}{1,000} = 31.4 \text{m/min}$$

47 프레스 방호장치의 공통일반구조에 대한 설명으로 틀린 것은?

① 방호장치의 표면은 벗겨짐 현상이 없어야 하며, 날카로운 모서리 등이 없어야 한다.
② 위험기계·기구 등에 장착이 용이하고 견고하게 고정될 수 있어야 한다.
③ 외부충격으로부터 방호장치의 성능이 유지될 수 있도록 보호덮개가 설치되어야 한다.
④ 각종 스위치, 표시램프는 돌출형으로 쉽게 근로자가 볼 수 있는 곳에 설치해야 한다.

해설 ④항, 각종 스위치, 표시램프 등은 매립형으로 쉽게 근로자가 볼 수 있는 곳에 설치해야 한다.

48 아세틸렌 용접장치의 발생기실을 옥외에 설치한 경우에는 그 개구부는 다른 건축물로부터 몇 m 이상 떨어져야 하는가?

① 1 ② 1.5
③ 2.5 ④ 3

해설 아세틸렌용접장치 발생기실의 설치장소
1) 발생기는 전용의 발생기실 내에 설치할 것
2) 발생기실은 건물의 최상층에 위치하여야 하며 화기를 사용하는 설비로부터 3m를 초과하는 장소에 설치할 것
3) 발생기실을 옥외에 설치한 경우에는 그 개구부를 다른 건축물로부터 1.5m이상 떨어지도록 할 것

49 소성가공의 종류가 아닌 것은?

① 단조 ② 압연
③ 인발 ④ 연삭

해설 소성가공의 종류
1) 단조가공 2) 압연가공
3) 인발가공 4) 압출가공
5) 프레스가공 6) 전조가공

50 위험한 작업점과 작업자 사이에 서로 접근되어 일어날 수 있는 재해를 방지하는 격리형 방호장치가 아닌 것은?

① 완전 차단형 방호장치
② 덮개형 방호장치
③ 안전 방책
④ 양수조작식 방호장치

해설 1) 격리형 방호장치의 종류
① 완전차단형
② 덮개형
③ 안전방책(방호망)
2) 양수조작식 방호장치 : 위치제한형 방호장치

51 컨베이어의 종류가 아닌 것은?

① 체인 컨베이어
② 스크류 컨베이어
③ 슬라이딩 컨베이어
④ 유체 컨베이어

해설 컨베이어의 종류
1) 벨트컨베이어(가장 많이 쓰임)
2) 체인컨베이어
3) 스크류(screw ; 나사) 컨베이어
4) 유체컨베이어
5) 롤러컨베이어
6) 진동컨베이어 등

■ 정답 ■ 46.③ 47.④ 48.② 49.④ 50.④ 51.③

52 밀링머신(milling machine)의 작업 시 안전수칙에 대한 설명으로 틀린 것은?

① 커터의 교환 시는 테이블 위에 목재를 받쳐 놓는다.
② 강력절삭 시에는 일감을 바이스에 깊게 물린다.
③ 작업 중 면장갑을 끼지 않는다.
④ 커터는 가능한 칼럼(column)으로부터 멀리 설치한다.

해설 밀링의 안전작업수칙
1) 테이블 위에 공구나 기타 물건 등을 올려놓지 않을 것
2) 상하 좌우 이송장치의 핸들(손잡이)은 사용 후 반드시 풀어 둘 것
3) 장갑의 사용을 금할 것
4) 칩의 제거는 반드시 브러시를 사용할 것(걸레 사용금지)
5) 일감을 풀거나 고정할 때와 측정 시에는 반드시 운전을 정지시킬 것
6) 가공중에 손으로 가공면을 점검하지 않을 것
7) 강력 절삭을 할 때는 일감을 바이스에 깊게 물릴 것
8) 가동중에 기계를 변속시키지 않을 것
9) 밀링 칩(공작 기계 중 가장 가늘고 예리함)의 비산에 의한 부상 방지를 위해 보안경을 착용할 것
10) 아버 너트(arbor nut : 고정 너트의 압력으로 축심에 정확히 직각으로 고정해주는 역할을 함)는 너무 힘껏 조이지 않도록 할 것

53 공기압축기의 작업시작 전 점검사항이 아닌 것은?

① 윤활유의 상태
② 언로드 밸브의 기능
③ 비상정지장치의 기능
④ 압력방출장치의 기능

해설 공기압축기의 작업 시작 전 점검사항(안전보건규칙 별표3 제3호)
1) 공기저장 압력용기의 외관상태
2) 드레인 밸브의 조작 및 배수
3) 압력방출장치의 기능
4) 언로드 밸브의 기능
5) 윤활유의 상태
6) 회전부의 덮개 또는 울
7) 기타 연결 부위의 이상 유무

54 풀 푸르프(fool proof)에 해당되지 않는 것은?

① 각종 기구의 인터록 기구
② 크레인의 권과방지장치
③ 카메라의 이중 촬영 방지기구
④ 항공기의 엔진

해설 풀 프루프(fool proof)
1) 풀 프루프(fool proof) : 기계장치 설계 단계에서 안전화를 도모하는 것으로 근로자가 기계 등의 취급을 잘못해도 사고로 연결되는 일이 없도록 하는 안전기구이며 인간과오(human error)를 방지하기 위한 것이다.
2) 가드(guard), 세이프티블록(safety block : 안전블록), 크레인의 권과방지장치, 카메라의 이중 촬영방지 기구, 각종인터록기구 등이 있다.

55 산업안전보건법상 양중기가 아닌 것은?

① 곤돌라
② 이동식 크레인
③ 최대하중이 0.2톤 인 승강기
④ 적재하중이 0.1톤 인 이삿짐 운반용 리프트

해설 양중기의 종류(안전보건규칙 제132조)
1) 크레인(호이스트 포함)
2) 이동식 크레인
3) 리프트(이삿짐 운반용 리프트의 경우에는 적재하중이 0.1톤 이상)
4) 곤돌라
5) 승강기

■ 정답 ■ 52④ 53.③ 54④ 55.③

56 안전한 상태를 확보할 수 있도록 기계의 작동부분 상호간을 기계적, 전기적인 방법으로 연결하여 기계가 정상 작동을 하기 위한 모든 조건이 충족되어야만 작동하며, 그 중 하나라도 충족되지 않으면 자동적으로 정지시키는 방호장치 형식은?

① 자동식 방호장치
② 가변식 방호장치
③ 고정식 방호장치
④ 인터록식 방호장치

해설 인터록 (interlock) : 기계장치 자체가 어떤 조건을 갖추지 않으면 작동하지 않도록 하여 오조작이 발생하지 않도록 하는 것을 말한다.

57 다음 중 목재가공용 둥근톱에 설치해야 하는 분할날의 두께에 관한 설명으로 옳은 것은?

① 톱날 두께의 1.1배 이상이고, 톱날의 차진폭보다 커야 한다.
② 톱날 두께의 1.1배 이상이고, 톱날의 치진폭보다 작아야 한다.
③ 톱날 두께의 1.1배 이상이고, 톱날의 치진폭보다 커야 한다.
④ 톱날 두께의 1.1배 이내이고, 톱날의 치진폭보다 작아야 한다.

해설 분할날의 두께 : 톱날두께의 1.1배 이상이고 톱날의 치진폭 이하로 할 것

∴ $1.1 t_1 \leq t_2 \leq b$

여기서, t_1 : 톱의 두께
t_2 : 분할날의 두께
b : 치진폭

58 롤러기의 급정지장치를 작동시켰을 경우에 무부하 운전 시 앞면 롤러의 표면속도가 30m/min 미만일 때의 급정지거리로 적합한 것은?

① 앞면 롤러 원주의 1/1.5이내
② 앞면 롤러 원주의 1/2이내
③ 앞면 롤러 원주의 1/2.5이내
④ 앞면 롤러 원주의 1/3 이내

해설 급정지장치의 성능

앞면 롤러의 표면속도(m/min)	급정지거리
30미만	앞면 롤러 원주 ×1/3
30이상	앞면 롤러 원주×1/2.5

59 산업용 로봇의 재해 발생에 대한 주된 원인이며, 본체의 외부에 조립되어 인간의 팔에 해당되는 기능을 하는 것은?

① 센서(sensor)
② 제어 로직(control logic)
③ 제동장치(brake system)
④ 머니퓰레이터(manipulator)

해설 매니퓰레이터 : 산업용 로봇에 있어서 인간의 팔에 해당하는 아암(arm)이 기계 본체의 외부에 조립되어 아암의 끝부분으로 물건을 잡기도 하고 도구를 잡고 작업을 행하기도 하는데, 이와 같은 기능을 갖는 아암을 매니퓰레이터(Manipulator)라고 한다.

60 산업안전보건법령상 크레인의 직동식 권과 방지장치는 훅·버킷 등 달기구의 윗면이 드럼, 상부 도르래 등 권상장치의 아랫면과 접촉할 우려가 있을 때 그 간격이 얼마 이상이어야 하는가?

① 0.01m 이상
② 0.02m 이상
③ 0.03m 이상
④ 0.05m 이상

■ 정답 ■ 56④ 57.② 58④ 59④ 60④

해설 크레인의 권과방지장치(안전보건규칙 제 13조)
: 권과방지장치는 훅·버킷 등 달기구의 윗면이 드럼, 상부 도르래, 트롤리프레임 등 권상장치의 아랫면과 접촉할 우려가 있는 경우에 그 간격이 0.25m 이상 (직동식 권과방지장치는 0.05m이상)이 되도록 조정하여야 한다.

제4과목 / 전기 및 화학설비위험방지기술

61 교류아크 용접기의 재해방지를 위해 쓰이는 것은?
① 자동전격방지 장치
② 리미트 스위치
③ 정전압 장치
④ 정전류 장치

해설 교류아크 용접기의 방호장치 : 자동전격방지 장치

62 피뢰설비 기본 용어에 있어 외부 뇌보호 시스템에 해당되지 않는 구성요소는?
① 수뢰부 ② 인하도선
③ 접지시스템 ④ 등전위 본딩

해설 등전위 본딩 : 같은 전위를 서로 연결시킨다는 의미를 나타낸다.

63 방폭구조의 종류와 기호가 잘못 연결된 것은?
① 유압방폭구조 – o
② 압력방폭구조 – p
③ 내압방폭구조 – d
④ 본질안전방폭구조 – e

해설 1) 본질안전방폭구조 : ia, ib
2) 안전증방폭구조 : e

64 누전에 의한 감전위험을 방지하기 위하여 누전차단기를 설치하여야 하는데 다음 중 누전차단기를 설치하지 않아도 되는 것은?
① 절연대 위에서 사용하는 이중 절연구조의 전동기기
② 임시배선의 전로가 설치되는 장소에서 사용하는 이동형 전기기구
③ 철판 위와 같이 도전성이 높은 장소에서 사용하는 이동형 전기기구
④ 물과 같이 도전성이 높은 액체에 의한 습윤 장소에서 사용하는 이동형 전기기구

해설 누전차단기 설치적용 제외대상
1) 이중절연구조일 것
2) 비접지방식의 전로에 접속하여 사용하는 것
3) 절연대 위에서 사용하는 것

65 여러 가지 성분의 액체 혼합물을 각 성분별로 분리하고자 할 때 비점의 차이를 이용하여 분리하는 화학설비를 무엇이라 하는가?
① 건조기 ② 반응기
③ 진공관 ④ 증류탑

해설 증류탑 : 증발하기 쉬운 차이 (비점의 차이)를 이용하여 액체혼합물의 성분을 분리시키는 장치

66 이온생성 방법에 따라 정전기 제전기의 종류가 아닌 것은?
① 고전압인가식 ② 접지제어식
③ 자기방전식 ④ 방사선식

해설 제전기의 종류
1) 전압인가식(코로나 방전식)
2) 자기방전식
3) 방사선식

■ 정답 ■ 61.① 62.④ 63.④ 64.① 65.④ 66.②

67 누전차단기의 설치 환경조건에 관한 설명으로 틀린 것은?

① 전원전압은 정격전압의 85~110% 범위로 한다.
② 설치장소가 직사광선을 받을 경우 차폐시설을 설치한다.
③ 정격부동작전류가 정격감도 전류의 30% 이상이어야 하고 이들의 차가 가능한 큰 것이 좋다.
④ 정격전부하전류가 30A인 이동형 전기기계·기구에 접속되어 있는 경우 일반적으로 정격감도 전류는 30mA 이하인 것을 사용한다.

해설 누전차단기의 설치 환경조건
  1) **주위 온도** : -10~40℃범위 내에서 성능을 발휘할 수 있을 것
  2) **표고** : 1,000m 이하 장소로 할 것
  3) **상대습도** : 45~80% 사이에서 사용할 것
  4) **전원전압** : 정격전압의 85~110% 범위로 할 것
  5) **누전차단기 최소동작전류** : 정격감도 전류의 50% 이상

68 전기화재의 직접적인 발생요인과 가장 거리가 먼 것은?

① 피뢰기의 손상
② 누전, 열의 축적
③ 과전류 및 절연의 손상
④ 지락 및 접속불량으로 인한 과열

해설 출화의 경과에 의한 전기화재 분류
  1) 단락 (25%)
  2) 스파크 (24%)
  3) 누전 및 지락
    ① 누전 (15%)
    ② 지락
  4) 접촉부의 과열 (12%)
  5) 절연열화, 절연파괴(11%)
  6) 과전류 (8%)

69 화재 발생 시 알코올포(내알코올포)소화약제의 소화효과가 큰 대상물은?

① 특수인화물
② 물과 친화력이 있는 수용성 용매
③ 인화점이 영하 이하의 인화성 물질
④ 발생하는 증기가 공기보다 무거운 인화성 액체

해설 내알코올포 소화약제 : 알코올과 같은 물과 친화력이 있는 수용성 액체 (극성액체)의 화재에 사용되는 소화약제이다.

70 콘덴서의 단자전압이 1kV, 정전용량이 740pF일 경우 방전에너지는 약 몇 mJ인가?

① 370
② 37
③ 3.7
④ 0.37

해설
$E = \dfrac{1}{2}CV^2$
$= \dfrac{1}{2} \times (740 \times 10^{-12}) \times (1,000)^2$
$= 3.7 \times 10^{-4} J \times \dfrac{1,000 mJ}{1J} = 0.37 mJ$

71 다음 중 화학물질 및 물리적 인자의 노출기준에 따른 TWA 노출기준이 가장 낮은 물질은?

① 불소
② 아세톤
③ 니트로벤젠
④ 사염화탄소

해설 TWA 노출기준
  1) **불소**(F_2) : 0.1ppm
  2) **아세톤**(CH_3COCH_3) : 500ppm
  3) **니트로벤젠** ($C_6H_5NO_3$) : 1ppm
  4) **사염화탄소** (CCl_4) : 5ppm

■ 정답 ■ 67.③ 68.① 69.② 70.④ 71.①

72 송전선의 경우 복도체 방식으로 송전하는데 이는 어떤 방전 손실을 줄이기 위한 것인가?

① 코로나방전   ② 평등방전
③ 불꽃방전   ④ 자기방전

해설 코로나방전 : 돌기형 도체와 평판 도체 사이에 전압이 상승할 때 발생하는 현상이다.

73 위험장소의 분류에 있어 다음 설명에 해당되는 것은?

> 분진운 형태의 가연성 분진이 폭발농도를 형성할 정도로 충분한 양이 정상작동 중에 연속적으로 또는 자주 존재하거나, 제어할 수 없을 정도의 양 및 두께의 분질층이 형성될 수 있는 장소

① 20종 장소   ② 21종 장소
③ 22종 장소   ④ 23종 장소

해설 위험장소 구분

폭발위험 장소 분류	적요	예(장소)
20종 장소	분진운 형태의 가연성 분진이 폭발농도를 형상할 정도로 충분한 양이 정상 작동 중에 연속적으로 또는 자주 존재하거나, 제어할 수 없을 정도의 양 및 두께의 분진층이 형성될 수 있는 장소	호퍼·분진저장소·집진장치·필터 등의 내부
21종 장소	20종 장소 외의 장소로서 분진운 형태의 가연성 분진이 폭발농도를 형성할 정도의 충분한 양이 정상작동 중에 존재할 수 있는 장소	집진장치·백필터·배기구 등의 주위, 이송밸트의 샘플링 지역 등
22종 장소	20종 장소 외의 장소로서 가연성 분진운 형태로 드물게 발생 또는 단기간 존재할 우려가 있거나 이상작동 상태하에서 가연성 분진층이 형성될 수 있는 장소	21종 장소에서 예방조치가 취하여진 지역, 환기설비 등과 같은 안전 장치 배출구 주위 등

74 대기 중에 대량의 가연성 가스가 유출되거나 대량의 가연성 액체가 유출하여 그것으로부터 발생하는 증기가 공기와 혼합해서 가연성 혼합기체를 형성하고, 점화원에 의하여 발생하는 폭발을 무엇이라 하는가?

① UVCE   ② BLEVE
③ Detonaion   ④ Boil over

해설
1) UVCE(Unconfined Vapor Cloud Explosion ; 증기운 폭발) : 본문 설명
2) BLEVE(Boiling Liquid expanding Vapor Explosion) : 비등액 팽창 증기 폭발
3) Detonation : 폭굉
4) Boil over : 기름탱크의 일종의 수증기 폭발

75 산업안전보건법령에서 정한 위험물질의 종류에서 "물반응성 물질 및 인화성 고체"에 해당하는 것은?

① 니트로화합물   ② 과염소산
③ 아조화합물   ④ 칼륨

해설 물반응성물질 및 인화성고체(안전보건규칙)
1) 리튬
2) 칼륨·나트륨
3) 황
4) 황린
5) 황화인·적린
6) 셀룰로이드류
7) 알킬알루미늄·알칼리튬
8) 마그네슘분말
9) 금속분말(마그네슘분말은 제외)
10) 알칼리금속(리튬·칼륨 및 나트륨은 제외)
11) 유기금속화합물(알킬알루미늄 및 알킬리튬은 제외)
12) 금속의 수소화물
13) 금속의 인화물
14) 칼슘탄화물·알루미늄탄화물

■ 정답 ■ 72.① 73.① 74.① 75.④

76 가스를 저장하는 가스용기의 색상이 틀린 것은? (단, 의료용 가스는 제외한다.)

① 암모니아 – 백색
② 이산화탄소 – 황색
③ 산소 – 녹색
④ 수소 – 주황색

해설 ②항, 이산화탄소(CO_2) : 청색

77 다음 중 폭발한계의 범위가 가장 넓은 가스는?

① 수소　　　　② 메탄
③ 프로판　　　④ 아세틸렌

해설 폭발한계(폭발범위)
1) 수소(H_2) : 4.0 ~ 75vol%
2) 메탄(CH_4) : 5.0 ~ 15vol%
3) 프로판(C_3H_8) : 2.1 ~ 9.5vol%
4) 아세틸렌(C_2H_2) : 2.5 ~ 81vol%

78 20℃, 1기압의 공기를 압축비 3으로 단열 압축하였을 때 온도는 약 몇 ℃가 되겠는가? (단, 공기의 비열비는 1.4이다.)

① 84　　　　② 128
③ 182　　　④ 1091

해설 단열압축시 가스의 온도(T_2)
1) $T_2 = T_1 \times \left(\dfrac{P_2}{P_1}\right)^{\frac{n-1}{n}}$

$= (273+20) \times \left(\dfrac{3}{1}\right)^{\frac{1.4-1}{1.4}} = 401K$

2) $T_2 = 273 + t℃$
$t℃ = T_2 - 273$
$= 401 - 273 = 128℃$

79 산업안전보건법령에서 정한 안전검사의 주기에 따르면 건조설비 및 그 부속설비는 사업장에 설치가 끝난 날부터 몇 년 이내에 최초 안전검사를 실시하여야 하는가?

① 1　　　　② 2
③ 3　　　　④ 4

해설 안전검사의 주기
1) 크레인, 리프트 및 곤돌라 : 사업장에 설치가 끝난 날부터 3년 이내에 최초 안전 검사를 실시하되, 그 이후부터 매 2년 (건설현장에서 사용하는 것은 최초로 설치한 날부터 매 6개월)
2) 그 밖의 유해·위험기계 등 : 사업장에 설치가 끝난 날부터 3년 이내에 최초 안전검사를 실시하게, 그 이후부터 매 2년 (공정안전보고서를 제출하여 확인을 받은 압력 용기는 4년)

80 프로판(C_3H_8) 가스의 공기 중 완전연소 조성농도는 약 몇 vol%인가?

① 2.02　　　② 3.02
③ 4.02　　　④ 5.02

해설 완전연소조성농도(양론농도 ; Cst)

$Cst = \dfrac{1}{1 + 4.773\left(n + \dfrac{m}{4}\right)} \times 100$

$= \dfrac{1}{1 + 4.773\left(3 + \dfrac{8}{4}\right)} \times 100$

$= 4.02 vol\%$

여기서, n : C_3H_8의 C의 수
　　　　m : C_3H_8의 H의 수

■ 정답 ■　76.②　77.④　78.②　79.③　80.③

제5과목 / 건설안전기술

81 콘크리트 타설작업을 하는 경우에 준수해야 할 사항으로 옳지 않은 것은?

① 당일의 작업을 시작하기 전에 해당 작업에 관한 거푸집동바리등의 변형·변위 및 지반의 침하 유무 등을 점검하고 이상이 있으면 보수할 것
② 작업 중에는 거푸집동바리등의 변형·변위 및 침하 유무 등을 감시할 수 있는 감시자를 배치하여 이상이 있으면 작업을 중지하고 근로자를 대피시킬 것
③ 설계도서상의 콘크리트 양생기간을 준수하여 거푸집동바리 등을 해체할 것
④ 콘크리트를 타설하는 경우에는 편심을 유발하여 한쪽 부분부터 밀실하게 타설되도록 유도할 것

해설 콘크리트 타설작업시 준수 해야 할 사항
 1) ①, ②, ③항
 2) 콘크리트를 타설하는 경우에는 편심이 발생하지 않도록 골고루 분산하여 타설할 것
 3) 콘크리트의 타설 작업시 거푸집 붕괴의 위험이 발생할 우려가 있는 때에는 충분한 보강 조치를 할 것

82 크레인을 사용하여 작업을 하는 경우 준수해야 할 사항으로 옳지 않은 것은?

① 인양할 하물(荷物)을 바닥에서 끌어당기거나 밀어 정위치 작업을 할 것
② 유류드럼이나 가스통 등 운반 도중에 떨어져 폭발하거나 누출될 가능성이 있는 위험물 용기는 보관함(또는 보관고)에 담아 안전하게 매달아 운반할 것
③ 미리 근로자의 출입을 통제하여 인양 중인 하물이 작업자의 머리 위로 통과하지 않도록 할 것
④ 인양할 하물이 보이지 아니하는 경우에는 어떠한 동작도 하지 아니할 것(신호하는 사람에 의하여 작업을 하는 경우는 제외한다)

해설 ①항, 인양할 하물을 바닥에서 끌어당기거나 밀어내는 방법으로 작업을 하지 않도록 할 것

83 철골공사에서 나타나는 용접결함의 종류에 해당하지 않는 것은?

① 가우징(gouging)
② 오버랩(overlap)
③ 언더 컷(under cut)
④ 블로우 홀(blow gole)

해설 가우징(gouging) : 용접시 쪼아 따내기 등에 의해 여분을 제거하는 작업

84 버팀대(Strut)의 축하중 변화상태를 측정하는 계측기는?

① 경사계(Inclino meter)
② 수위계(Water level meter)
③ 침하계(Extension)
④ 하중계(Load cell)

해설 계측기의 종류 및 계측내용
 1) **하중계**(load cell) : 버팀보(지주) 또는 어스 앵커(earth anchor) 등의 실제 축하중 변화상태를 측정(부재의 안전상태를 파악하는 기기)
 2) **간극 수압계**(piezometer) : 지하수의 수압을 측정
 3) **수위계**(water level meter) : 지반내 지하수위 변화를 측정
 4) **경사계**(inclinometer) : 흙막이벽의 수평변위(변형) 측정
 5) **변형계**(stain gauge) : 흙막이벽의 변형과 응력을 측정

■ 정답 ■ 81.④ 82.① 83.① 84.④

85 건설업에서 사업주의 유해·위험 방지 계획 제출 대상 사업장이 아닌 것은?

① 지상 높이가 31m 이상인 건축물의 건설, 개조 또는 해체공사
② 연면적 5,000m² 이상 관광숙박시설의 해체공사
③ 저수용량 5,000톤 이하의 지방상수도 전용댐 건설 등의 공사
④ 깊이 10m 이상인 굴착공사

해설 다목적댐, 발전용댐 및 저수용량 2천만 톤 이상의 용수 전용댐, 지방상수도 전용댐 건설 등의 공사

86 굴착작업을 하는 경우 지반의 붕괴 또는 토석의 낙하에 의한 근로자의 위험을 방지하기 위하여 관리감독자로 하여금 작업시작 전에 점검하도록 해야 하는 사항과 가장 거리가 먼 것은?

① 부석·균열의 유무
② 함수·용수
③ 동결상태의 변화
④ 시계의 상태

해설 굴착작업시 지반의 붕괴 또는 토석의 낙하에 의한 위험방지를 위해 관리감독자가 작업시작 전에 점검해야 할 사항
1) 작업장소 및 그 주변의 부석·균열의 유무
2) 함수·용수 및 동결상태의 변화

87 건설업 산업안전보건관리비의 안전시설비로 사용가능하지 않은 항목은?

① 비계·통로·계단에 추가 설치하는 추락방지용 안전난간
② 공사수행에 필요한 안전통로
③ 틀비계에 별도로 설치하는 안전난간·사다리
④ 통로의 낙하물 방호선반

해설 안전통로는 안전시설에 해당되지 않는다.

88 다음은 산업안전보건법령에 따른 지붕 위에서의 위험 방지에 관한 사항이다. ( )안에 알맞은 것은?

> 슬레이트, 선라이트 등 강도가 약한 재료로 덮은 지붕 위에서 작업을 할 때에 발이 빠지는 등 근로자가 위험해질 우려가 있는 경우 폭 ( )센티미터 이상의 발판을 설치하거나 안전방망을 치는 등 근로자의 위험을 방지하기 위하여 필요한 조치를 하여야 하는가?

① 20 ② 25
③ 30 ④ 40

해설 슬레이트, 선라이트(sunlight) 등 지붕 위에서의 작업시 위험방지조치사항
1) 폭 30cm 이상의 발판 설치
2) 안전방망 설치

89 안전방망을 건축물의 바깥쪽으로 설치하는 경우 벽면으로부터 망의 내민 길이는 최소 얼마 이상이어야 하는가?

① 2m ② 3m
③ 5m ④ 10m

해설 안전방망(추락 방지망) 설치기준
1) **설치위치** : 작업면에 가장 가까운 지점에 설치하여야 하며, 작업면에서 방망설치 지점까지의 수직거리는 10m를 초과하지 않을 것
2) **방망** : 수평으로 설치
3) **방망의 처짐** : 짧은 변 길이의 12% 이상일 것
4) **방망의 내민 길이** : 벽면으로부터 3m 이상 (다만, 그물코가 20mm 이하인 망을 사용한 경우에는 낙하물방지망을 설치한 것으로 봄)

■ 정답 ■ 85.③ 86.④ 87.② 88.③ 89.②

90 추락방지망의 방망 지지점은 최소 얼마 이상의 외력에 견딜 수 있는 강도를 보유하여야 하는가?

① 500kg ② 600kg
③ 700kg ④ 800kg

해설 방망지지점 강도
1) 600kg 외력에 견딜 수 있을 것
2) 연속적인 구조물이 방망지지점인 경우의 외력
   $F = 200B$
   여기서, F: 외력 (kg)
   B: 지지점 간격 (m)

91 다음에서 설명하고 있는 건설장비의 종류는?

> 앞뒤 두 개의 차륜이 있으며(2축 2륜), 각각의 차축이 평행으로 배치된 것으로 찰흙, 점성토 등의 두꺼운 흙을 다짐하는데 적당하나 단단한 각재를 다지는 데는 부적당하며 머캐덤 롤러 다짐 후의 아스팔트 포장에 사용된다.

① 클램쉘
② 탠덤 롤러
③ 트랙터 쇼벨
④ 드래그 라인

해설
1) **크렘쉘** : 붐의 선단에서 버킷을 와이어로프로 매달아 바로 아래로 떨어뜨려 흙을 떠올리는 중기
2) **텐덤롤러** : 본문설명
3) **트랙터쇼벨** : 트랙터 앞면에 버킷을 장착한 적재기계
4) **드래그라인** : 지반보다 낮은 연질지반의 넓은 굴착에 적합

92 이동식비계를 조립하여 작업을 하는 경우의 준수사항으로 옳지 않은 것은?

① 이동식비계의 바퀴에는 뜻밖의 갑작스러운 이동 또는 전도를 방지하기 위하여 브레이크·쐐기 등으로 바퀴를 고정시킨 다음 비계의 일부를 견고한 시설물에 고정하거나 아웃트리거(outrigger)를 설치하는 등 필요한 조치를 할 것
② 작업발판은 항상 수평을 유지하고 작업발판 위에서 안전난간을 딛고 작업을 하지 않도록 하며, 대신 받침대 또는 사다리를 사용하여 작업할 것
③ 비계의 최상부에서 작업을 하는 경우에는 안전난간을 설치할 것
④ 작업발판의 최대적재하중은 250kg을 초과하지 않도록 할 것

해설 이동식 비계를 조립하여 작업을 할 때 준수사항
1) ①, ③, ④항
2) 작업 발판은 항상 수평으로 유지하고 작업 발판 위에서 안전난간을 딛고 작업을 하거나 받침대 또는 사다리를 사용하여 작업하지 않도록 할 것
3) 승강용사다리는 견고하게 설치할 것

93 작업으로 인하여 물체가 떨어지거나 날아올 위험이 있는 경우 설치하는 낙하물 방지망의 수평면과의 각도 기준으로 옳은 것은?

① 10°이상 20°이하를 유지
② 20°이상 30°이하를 유지
③ 30°이상 40°이하를 유지
④ 40°이상 45°이하를 유지

해설 낙하물방지망 또는 방호선반 설치시 준수사항
1) **설치 높이** : 10m 이내마다 설치
2) **내민 길이** : 벽면으로부터 2m 이상으로 할 것
3) **수평면과의 각도** : 20° 내지 30°를 유지할 것

■ 정답 ■ 90.② 91.② 92.② 93.②

94 다음은 산업안전보건법령에 따른 말비계를 조립하여 사용하는 경우에 관한 준수사항이다. (   )안에 알맞은 숫자는?

> 말비계의 높이가 2m를 초과한 경우에는 작업발판의 폭을 (   )cm 이상으로 할 것

① 10　　② 20
③ 30　　④ 40

해설 말비계를 조립하여 사용시 준수사항
1) 지주부재의 하단에는 미끄럼 방지장치를 하고, 양측 끝부분에 올라서서 작업하지 아니하도록 할 것
2) 지주부재와 수평면과의 기울기를 75°이하로 하고, 지주부재와 지주부재 사이를 고정시키는 보조부재를 설치할 것
3) 말비계의 높이가 2m를 초과할 경우에는 작업발판의 폭을 40cm 이상으로 할 것

95 터널 지보공을 설치한 경우에 수시로 점검하여야 할 사항에 해당하지 않는 것은?

① 기둥침하의 유무 및 상태
② 부재의 긴압 정도
③ 매설물 등의 유무 또는 상태
④ 부재의 접속부 및 교차부의 상태

해설 터널지보공 설치시 수시점검사항
1) 부재의 손상·변형·부식·변위 탈락의 유무 및 상태
2) 부재의 긴압의 정도
3) 부재의 접속부 및 교차부의 상태
4) 기둥침하의 유무 및 상태

96 통나무 비계를 건축물, 공작물 등의 건조·해체 및 조립 등의 작업에 사용하기 위한 지상 높이 기준은?

① 2층 이하 또는 6m 이하
② 3층 이하 또는 9m 이하
③ 4층 이하 또는 12m 이하
④ 5층 이하 또는 15m 이하

해설 통나무비계를 사용할 수 있는 경우 : 지상높이 4층 이하 또는 12m 이하인 건축물·공작물 등의 건조·해체 및 조립 등 작업시

97 아스팔트 포장도로의 노반의 파쇄 또는 토사 중에 있는 암석제거에 가장 적당한 장비는?

① 스크레이퍼(Scraper)
② 롤러(Roller)
③ 리퍼(Ripper)
④ 드래그라인(Dragline)

해설 리퍼(ripper) : 단단한 흙이나 연약한 암석을 파내는 갈고리 모양의 기계장비

98 거푸집동바리등을 조립하거나 해체하는 작업을 하는 경우 준수사항으로 옳지 않은 것은?

① 해당 작업을 하는 구역에는 관계 근로자가 아닌 사람의 출입을 금지할 것
② 비, 눈, 그 밖의 기상상태의 불안전으로 날씨가 몹시 나쁜 경우에는 그 작업을 중지할 것
③ 낙하·충격에 의한 돌발적 재해를 방지하기 위하여 버팀목을 설치하고 거푸집동바리 등을 인양장비에 매단 후에 작업을 하도록 하는 등 필요한 조치를 할 것
④ 재료, 기구 또는 공구 등을 올리거나 내리는 경우에는 근로자로 하여금 달줄·달포대 등의 사용을 금지하도록 할 것

해설 거푸집동바리 등을 조립·해체작업을 하는 경우 준수사항
1) ①, ②, ③항
2) 재료, 기구 또는 공구 등을 올리거나 내리는 경우에는 근로자로 하여금 달줄·달포대 등을 사용하도록 할 것

■ 정답 ■　94.④　95.③　96.③　97.③　98.④

99 고소작업대가 갖추어야 할 설치조건으로 옳지 않은 것은?

① 작업대를 와이어로프 또는 체인으로 올리거나 내릴 경우에는 와이어로프 또는 체인이 끊어져 작업대가 떨어지지 아니하는 구조여야 하며, 와이어로프 또는 체인의 안전율은 3이상일 것
② 작업대를 유압에 의해 올리거나 내릴 경우에는 작업대를 일정한 위치에 유지할 수 있는 장치를 갖추고 압력의 이상저하를 방지할 수 있는 구조일 것
③ 작업대에 정격하중(안전율 5이상)을 표시할 것
④ 작업대에 끼임·충돌 등 재해를 예방하기 위한 가드 또는 과상승방지장치를 설치할 것

해설 ①항, 와이어로프 또는 체인의 안전율은 5이상일 것

100 굴착공사 중 암질변화구간 및 이상암질 출현시에는 암질판별시험을 수행하는데 이 시험의 기준과 거리가 먼 것은?

① 함수비　　② R.Q.D
③ 탄성파속도　④ 일축압축강도

해설 굴착공사중 암질변화구간 및 이상암질의 출현 시 암질판별기준
1) R·O·D(%)
2) 탄성파 속도(m/sec)
3) R·M·R
4) 일축압축강도(kg/cm²)
5) 진동치속도(cm/sec=Kine)

■ 정답 ■　99.①　100.①

2022년 2회 CBT복원 기출문제

산업안전산업기사

제1과목 / 산업안전관리론

01 연간 총 근로시간 중에 발생하는 근로손실일수를 1,000 시간 당 발생하는 근로손실일수로 나타내는 식은?

① 강도율 ② 도수율
③ 연천인율 ④ 종합재해지수

해설 1) 강도율 : 연근로시간 1,000시간 당 재해로 인해서 잃어버린 근로손실일수를 말한다.
2) 관계식
$$강도율 = \frac{근로손실일수}{연근로시간수} \times 1,000$$

02 산업안전보건법상 아세틸렌 용접장치 또는 가스집합 용접장치를 사용하여 행하는 금속의 용접·용단 또는 가열작업자에게 특별안전·보건교육을 시키고자 할 때의 교육내용이 아닌 것은?

① 용접흄·분진 및 유해광선 등의 유해성에 관한 사항
② 작업방법·작업순서 및 응급처치에 관한 사항
③ 안전밸브의 취급 및 주의에 관한 사항
④ 안전기 및 보호구 취급에 관한 사항

해설 아세틸렌용접장치 또는 가스집합용접장치를 사용하여 금속의 용접·용단 또는 가열작업시 특별안전·보건교육의 교육내용
1) ①, ②, ④항

2) 가스용접기, 압력조정기, 호스 및 취관두 등의 기기점검에 관한 사항
3) 화재예방 및 초기대응에 관한 사항
4) 그 밖에 안전·보건관리에 필요한 사항

03 재해원인을 직접원인과 간접원인으로 나눌 때, 직접원인에 해당하는 것은?

① 기술적 원인 ② 관리적 원인
③ 교육적 원인 ④ 물적 원인

해설 재해발생의 원인
1) 직접원인
   ① 인적원인 : 불안전한 행동
   ② 물적원인 : 불안전한 상태
2) 간접원인 : 기술적원인, 관리적원인, 교육적원인

04 성공적인 리더가 갖추어야 할 특성으로 가장 거리가 먼 것은?

① 강한 출세 욕구
② 강력한 조직 능력
③ 미래지향적 사고 능력
④ 상사에 대한 부정적인 태도

해설 성실한 지도자가 공통적으로 갖는 속성
1) 업무수행능력 및 판단능력
2) 강력한 조직능력 및 강한 출세욕구
3) 자신에 대한 긍정적 태도
4) 상사에 대한 긍정적 태도
5) 조직의 목표에 대한 충성심
6) 실패에 대한 두려움
7) 원만한 사교성
8) 매우 활동적이며 공격적인 도전
9) 자신의 건강과 체력 단련
10) 부모로부터의 정서적 독립

■ 정답 ■ 01.① 02.③ 03.④ 04.④

05 교육훈련의 효과는 5관을 최대한 활용하여야 하는데 다음 중 효과가 가장 큰 것은?

① 청각 ② 시각
③ 촉각 ④ 후각

해설 5관의 효과순서 : 시각 〉 청각 〉 촉각 〉 미각 〉 후각

06 TBM(Tool Box Meeting)의 의미를 가장 잘 설명한 것은?

① 지시나 명령의 전달회의
② 공구함을 준비한 후 작업하라는 뜻
③ 작업원 전원의 상호대화로 스스로 생각하고 납득하는 작업장 안전회의
④ 상사의 지시된 작업내용에 따른 공구를 하나하나 준비해야 한다는 뜻

해설 TBM(tool box meeting)
  1) TBM은 통상 작업 시작 전에 5분~15분 정도의 시간을 들여 행하여진다. 또한 작업 종업시의 극히 짧은 3분~5분으로 행하는 미팅도 TBM의 하나이다.
  2) TBM은 직장, 현장, 공구 상자 등의 근처에서 될 수 있는 한 작은 원을 만들어 이루어진다(인원 5~7명 정도).
  3) TBM은 직장이나 작업의 상황에 잠재된 위험을 모두가 말을 하는 가운데 스스로 생각하고 납득하고 합의하는 것이다.

07 교육 대상자수가 많고, 교육 대상자의 학습능력의 차이가 큰 경우 집단안전 교육방법으로서 가장 효과적인 방법은?

① 문답식 교육 ② 토의식 교육
③ 시청각 교육 ④ 상담식 교육

해설 시청각 교육 : 교육대상자수가 많고 교육대상자의 학습능력차이가 큰 경우 집단교육방법으로 효과적이다.

08 일선 관리감독자를 대상으로, 작업지도기법, 작업개선기법, 인간관계 관리기법 등을 교육하는 방법은?

① ATT(American Telephone & Telegram Co.)
② MTP(Management Training Program)
③ CCS(Civil Communication Section)
④ TWI(Training Within Industry)

해설 TWI(Training Within Industry)
  1) 교육대상자 : 감독자
  2) 교육내용
    ① JI(Job Instruction) : 작업지도 기법
    ② JM(Job Method) : 작업개선 기법
    ③ JR(Job Relation) : 인간관계관리 기법 (부하통솔 기법)
    ④ JS(Job Safety) : 작업안전 기법
  3) 한 클래스는 10명 정도, 교육방법은 토의법, 1일 2시간씩 5일에 걸쳐 10시간 정도 한다.

09 산업안전보건법상 바탕은 흰색, 기본모형은 빨간색, 관련 부호 및 그림은 검은색을 사용하는 안전·보건표지는?

① 안전복착용 ② 출입금지
③ 고온경고   ④ 비상구

해설 산업안전표지의 종류와 색채
  1) 금지표시 : 바탕은 흰색, 기본모형은 빨간색, 관련부호 및 그림은 검정색
  2) 경고표시 : 바탕은 노란색, 기본모형, 관련부호 및 그림은 검정색[다만, 인화성물질 경고, 산화성물질 경고, 폭발성물질 경고, 급성독성물질 경고, 부식성물질 경고 및 발암성·변이원성·생식독성·전신독성·호흡기과민성물질 경고의 경우 바탕은 무색, 기본모형은 빨간색(흑색도 가능)]
  3) 지시표지 : 바탕은 파란색, 관련그림은 흰색
  4) 안내표지 : 바탕은 흰색, 기본모형 및 관련부호는 녹색, 바탕은 녹색, 관련부호 및 그림은 흰색
  5) 관계자외 출입금지표지 : 바탕은 흰색, 글자는 흑색, 다음 글자는 적색
    ① ○○○제조/사용/보관중

■ 정답 ■　05.②　06.③　07.③　08.④　09.②

② 석면취급/해체중
③ 발암물질 취급중

10 다음 ( )안에 알맞은 것은?

> 사업주는 산업재해로 사망자가 발생하거나 ( )일 이상의 휴업이 필요한 부상을 입거나 질병에 걸린 사람이 발생한 경우 해당 산업재해가 발생한 날부터 1개월 이내에 산업재해조사표를 작성하여 관할 지방고용노동청장 또는 지청장에게 제출하여야 한다.

① 3 ② 4
③ 5 ④ 7

해설 산업재해 발생보고(시행규칙 제4조)
1) 사업주는 산업재해로 사망자가 발생하거나 3일 이상의 휴업이 필요한 부상을 입거나 질병에 걸린 사람이 발생한 경우
2) 해당 산업재해가 발생한 날부터 1개월 이내에 산업재해조사표를 작성하여
3) 지방 고용노동관서의 장에게 제출하여야 한다.

11 피로의 예방과 회복대책에 대한 설명이 아닌 것은?

① 작업부하를 크게 할 것
② 정적 동작을 피할 것
③ 작업속도를 적절하게 할 것
④ 근로시간과 휴식을 적정하게 할 것

해설 피로의 예방대책
1) 작업부하를 작게 할 것
2) 근로시간과 휴식을 적정하게 할 것
3) 작업속도 및 작업정도 등을 적당하게 할 것
4) 불필요한 마찰을 배제 할 것
5) 정적동작을 피할 것
6) 직장체조를 통해 혈액순환을 촉진할 것(운동을 적당히 할 것)
7) 충분한 영양을 섭취할 것(건강식품의 준비, 비타민 B·C등의 적정한 영양제보급 등)

12 안전관리에 관한 계획에서 실시에 이르기까지 모든 권한이 포괄적이며 하향적으로 행사되며, 전문 안전담당 부서가 없는 안전관리조직은?

① 직계식 조직
② 참모식 조직
③ 직계 - 참모식 조직
④ 안전보건 조직

해설 직계식 조직(line 형)
1) 생산 또는 현장 라인(line)에서 생산 및 안전 업무를 동시에 실시하는 조직 형태이다 (100명 미만 소규모 사업장에 적합)
2) 장점
① 안전지시나 개선조치 등 명령이 철저하고 신속하게 수행된다.
② 상하관계만 있기 때문에 명령과 보고가 간단명료하다.
③ 참모식 조직보다 경제적인 조직체계이다.
3) 단점
① 안전전담부서(staff)가 없기 때문에 안전에 대한 정보가 불충분하고 안전지식 및 기술축적이 어렵다.
② 라인(line)에 과중한 책임을 지우기 쉽다.

13 매슬로우(A.H.Maslow)의 인간욕구 5단계 이론에서 각 단계별 내용이 잘못 연결된 것은?

① 1단계 : 자아실현의 욕구
② 2단계 : 안전에 대한 욕구
③ 3단계 : 사회적 욕구
④ 4단계 : 존경에 대한 욕구

해설 매슬로우(Maslow)의 욕구 5단계
1) 1단계-생리적 욕구(신체적 욕구) : 기아, 갈등, 호흡, 배설, 성욕 등 기본적 욕구
2) 2단계-안전의 욕구 : 안전을 구하려는 욕구
3) 3단계-사회적 욕구(친화욕구) : 애정, 소속에 대한 욕구

■ 정답 ■ 10.① 11.① 12.① 13.①

4) 4단계-인정받으려는 욕구(자기존경의 욕구, 승인욕구) : 자존심, 명예, 성취, 지위 등에 대한 욕구
5) 5단계-자아실현의 욕구(성취욕구) : 잠재적인 능력을 실현하고자 하는 욕구

14 산업안전보건법상 중대재해에 해당하지 않는 것은?

① 추락으로 인하여 1명이 사망한 재해
② 건물의 붕괴로 인하여 15명의 부상자가 동시에 발생한 재해
③ 화재로 인하여 4개월의 요양이 필요한 부상자가 동시에 3명 발생한 재해
④ 근로환경으로 인하여 직업성질병자가 동시에 5명 발생한 재해

해설 중대재해의 정의(시행규칙 제2조 제1항)
1) 사망자가 1명 이상 발생한 재해
2) 3개월 이상의 요양이 필요한 부상자가 동시에 2명 이상 발생한 재해
3) 부상자 또는 직업성 질병자가 동시에 10명 이상 발생한 재해

15 하버드 학파의 5단계 교수법에 해당되지 않는 것은?

① 교시(Presentation)
② 연합(Association)
③ 추론(Reasoning)
④ 총괄(Generalization)

해설 하버드 학파의 5단계 교수법
1) 1단계 : 준비시킨다(preparation)
2) 2단계 : 교시한다(presentation)
3) 3단계 : 연합한다(association)
4) 4단계 : 총괄시킨다(generalization)
5) 5단계 : 응용시킨다(application)

16 산업안전보건법상 프레스 작업 시 작업시작 전 점검사항에 해당하지 않는 것은?

① 클러치 및 브레이크의 기능
② 매니퓰레이터(manipulator) 작동의 이상 유무
③ 프레스의 금형 및 고정볼트 상태
④ 1행정 1정지기구·급정지장치 및 비상정지장치의 기능

해설 프레스 작업시 작업시작 전 점검사항
1) 클러치 및 브레이크의 기능
2) 크랭크축·플라이휠·슬라이드·연결봉 및 연결나사의 풀림유무
3) 1행정 1정지기구·급정지장치 및 비상정지장치의 기능
4) 슬라이드 또는 칼날에 의한 위험방지기구의 기능
5) 프레스의 금형 및 고정볼트 상태
6) 방호장치의 기능
7) 전단기의 칼날 및 테이블의 상태

17 다음과 같은 착시현상에 해당하는 것은?

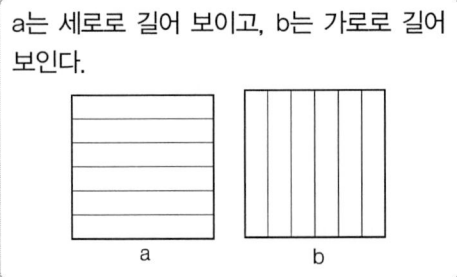
a는 세로로 길어 보이고, b는 가로로 길어 보인다.

① 뮬러-라이어(Muler-Lyer)의 착시
② 헬호츠(Helmhotz)의 착시
③ 헤링(Hering)의 착시
④ 포겐도프(Poggendorf)의 착시

해설 헬호츠(Helhotz)의 착시 : 가로, 세로의 길이가 같은데 선으로 나눈 부분이 길어져 보인다.

■ 정답 ■ 14.④ 15.③ 16.② 17.②

18 재해손실 코스트 방식 중 하인리히의 방식에 있어 1 : 4의 원칙 중 1에 해당하지 않는 것은?

① 재해예방을 위한 교육비
② 치료비
③ 재해자에게 지급된 급료
④ 재해보상 보험금

해설 하인리히의 재해손실비
1) 총재해 cost=직접비+간접비
2) 직접비 : 간접비 = 1 : 4
   ① 직접비 : 법으로 정한 치료비 및 산재보상비(휴업보상비, 장해보상비, 요양보상비, 장의비, 유족보상비, 상병보상연금 등)
   ② 간접비 : 재산손실, 생산중단 등으로 인해 기업이 입은 손실(인적손실, 물적손실, 생산손실, 기타손실 등)

19 방독마스크의 흡수관의 종류와 사용조건이 옳게 연결된 것은?

① 보통가스용 - 산화금속
② 유기가스용 - 활성탄
③ 일산화탄소용 - 알칼리제제
④ 암모니아용 - 산화금속

해설 방독마스크의 흡수관(흡수통 또는 정화통)

종류	표지 기호	표지 색	대응독물	주성분
보통가스용 (할로겐가스용)	A	흑색 회색	염소 및 할로겐류, 포스겐, 유기 및 산성가스	활성탄, 소다라임
유기가스용	C	흑색	유기가스 및 증기, 이황화탄소	활성탄
일산화탄소용	E	적색	TEL, 일산화탄소	호프카라이트, 방습제
암모니아용	H	녹색	암모니아	큐프라마이트
아황산용	I	황적색	아황산 및 황산미스트	산화금속 알카리제제

20 레빈(Lewin)의 법칙 중 환경조건(E)이 의미하는 것은?

① 지능
② 소질
③ 적성
④ 인간관계

해설 레빈(Lewin)의 법칙
$B = f(P \cdot E)$
1) B(Behavior) : 인간의 행동
2) f(function, 함수관계) : 적성 기타 P와 E에 영향을 미칠 수 있는 조건
3) P(Person, 개체) : 연령, 경험, 심신상태, 성격, 지능 등 인간의 조건
4) E(Environment, 심리적 환경) : 인간관계, 작업환경 등 환경조건

제2과목 / 인간공학 및 시스템안전공학

21 음량 수준이 50 phon일 때 sone 값은?

① 2
② 5
③ 10
④ 100

해설 sone=$2^{(\text{phon}-40)/10}$
= $2^{(50-40)/10} = 2$

길잡이 phon과 sone
1) **phon에 의한 음량수준** : 1,000Hz순음의 음압수준(dB)을 phon이라 한다.
2) **sone에 의한 음량** : 40phon(1,000Hz, 40dB의 음압수준을 가진 순음의 크기)을 1sone이라 한다.

■ 정답 ■ 18.① 19.② 20.④ 21.①

22 고온 작업자의 고온 스트레스로 인해 발생하는 생리적 영향이 아닌 것은?

① 피부와 직장온도의 상승
② 발한(sweating)의 증가
③ 심박출량(cardiac output)의 증가
④ 근육에서의 젖산 감소로 인한 근육통과 근육피로 증가

해설 ④항, 근육에서의 젖산 증가로 인한 근육통과 근육피로 증가.

23 청각적 표시장치 지침에 관한 설명으로 틀린 것은?

① 신호는 최소한 0.5~1초 동안 지속한다.
② 신호는 배경소음과 다른 주파수를 이용한다.
③ 소음은 양쪽 귀에, 신호는 한쪽 귀에 들리게 한다.
④ 300m 이상 멀리 보내는 신호는 2,000 Hz 이상의 주파수를 사용한다.

해설
1) 300m 이상 멀리 보내는 신호는 1,000 Hz 이하의 주파수를 사용한다.
2) 장애물 칸막이 통과시는 500Hz이하의 진동수를 사용한다.

24 조종반응비율(C/R비)에 관한 설명으로 틀린 것은?

① 조종장치와 표시장치의 물리적 크기와 성질에 따라 달라진다.
② 표시장치의 이동거리를 조종장치의 이동거리로 나눈 값이다.
③ 조종반응비율이 낮다는 것은 민감도가 높다는 의미이다.
④ 최적의 조종반응비율은 조종장치의 조종시간과 표시장치의 이동시간이 교차하는 값이다.

해설 조종반응비율(C/R비 또는 C/D 또는 ; 통제표시비)

$$\frac{C}{R}비 = \frac{조종장치 이동거리}{표시장치 이동거리}$$

25 인체측정치를 이용한 설계에 관한 설명으로 옳은 것은?

① 평균치를 기준으로 한 설계를 제일 먼저 고려한다.
② 자세와 동작에 따라 고려해야 할 인체측정치수가 달라진다.
③ 의자의 깊이와 너비는 작은 사람을 기준으로 설계한다.
④ 큰 사람을 기준으로 한 설계는 인체측정치의 5%tile을 사용한다.

해설
1) 최대치수나 최소치수, 조절식으로 하기가 곤란할 때 평균치를 기준으로 하여 설계한다.
2) 의자좌판의 깊이는 작은 사람에게, 나비(폭)는 큰 사람에게 맞도록 설계한다.
3) 큰 사람을 기준으로 한 설계(최대 집단치)는 인체측정치의 상위 백분위수를 기준으로 한 90,95,99%치를 사용한다.(최소집단치는 하위 백분위 수 1,5,10%치 사용)

26 인간-기계 시스템 설계 과정의 주요 6단계를 올바른 순서로 나열한 것은?

ⓐ 기본설계
ⓑ 시스템 정의
ⓒ 목표 및 성능 명세 결정
ⓓ 인간-기계인터페이스(human-machine interface) 설계
ⓔ 매뉴얼 및 성능보조자료 작성
ⓕ 시험 및 평가

① ⓒ→ⓑ→ⓐ→ⓓ→ⓔ→ⓕ
② ⓐ→ⓑ→ⓒ→ⓓ→ⓔ→ⓕ
③ ⓑ→ⓒ→ⓐ→ⓔ→ⓓ→ⓕ
④ ⓒ→ⓐ→ⓑ→ⓔ→ⓓ→ⓕ

■ 정답 ■ 22.④ 23.④ 24.② 25.② 26.①

해설 인간·기계 시스템 설계과정의 6단계
1) 1단계 : 목표 및 성능 명세 결정
2) 2단계 : 시스템 정의
3) 3단계 : 기본설계
4) 4단계 : 인간·기계 인터페이스(interface) 설계
5) 5단계 : 매뉴얼 및 성능보조자로 작성
6) 6단계 : 시험 및 평가

주 interfase(계면) : 인간·기계체계에서 인간과 기계가 만나는 면(面)

27 동전던지기에서 앞면이 나올 확률이 0.7이고, 뒷면이 나올 확률이 0.3일 때, 앞면이 나올 사건의 정보량(A)과 뒷면이 나올 사건이 정보량(B)은 각각 얼마인가?

① A : 0.88 bit,   B : 1.74 bit
② A : 0.51 bit,   B : 1.74 bit
③ A : 0.88 bit,   B : 2.25 bit
④ A : 0.51 bit,   B : 2.25 bit

28 FMEA의 위험성 분류 중 "카테고리 2"에 해당 되는 것은?

① 영향 없음
② 활동의 지연
③ 사명 수행의 실패
④ 생명 또는 가옥의 상실

해설 FMEA의 위험성 분류
1) category 1 : 생명 또는 가옥의 상실
2) category 2 : 사명(작업) 수행의 실패
3) category 3 : 활동의 지연
4) category 4 : 영향 없음

29 옥내 조명에서 최적 반사율의 크기가 작은 것부터 큰 순서대로 나열된 것은?

① 벽 < 천장 < 가구 < 바닥
② 바닥 < 가구 < 천장 < 벽
③ 가구 < 바닥 < 천장 < 벽
④ 바닥 < 가구 < 벽 < 천장

해설 옥내 최적 반사율
1) 천장 : 80~90%
2) 벽, 창문 발(blind) : 40~60%
3) 가구, 사무기기, 책상 : 25~45%
4) 바닥 : 20~40%

30 다음 중 일반적으로 가장 신뢰도가 높은 시스템의 구조는?

① 직렬연결구조
② 병렬연결구조
③ 단일부품구조
④ 직·병렬 혼합구조

해설 1) 병렬연결 : 신뢰도가 가장 높음
2) 관계식

$$R = 1 - \prod_{i=1}^{n}(1-R_i)$$

31 중량물을 반복적으로 드는 작업의 부하를 평가하기 위한 방법인 NIOSH 들기지수를 적용할 때 고려되지 않는 항목은?

① 들기빈도   ② 수평이동거리
③ 손잡이 조건   ④ 허리 비틀림

해설 1) NIOSH(미국 산업안전보건연구원)들기지수
(LI ; lifting index) : 실제작업물의 무게와 권장무게한계(RWL)의 비를 말한다.

$$LI = \frac{실제작업무게(L)}{권장무게한계(RWL)}$$

2) 권장무게한계(RWL)
RWL = Lc×HM×VM×DM×AM×FM×CM
여기서, Lc : 중량상수(32kg)
HM : 수평계수
VM : 수직계수
DM : 이동거리계수
AM : 비대칭계수
FM : 작업빈도계수(들기빈도)
CM : 물체를 잡는데 따른 계수
(커플링계수)(손잡이조건)

■ 정답 ■   27.②   28.③   29.④   30.②   31.②

32 다음 중 시스템 안전성 평가의 순서를 가장 올바르게 나열한 것은?

① 자료의 정리 → 정량적 평가 → 정성적 평가 → 대책 수립 → 재평가
② 자료의 정리 → 정성적 평가 → 정량적 평가 → 재평가 → 대책 수립
③ 자료의 정리 → 정량적 평가 → 정성적 평가 → 재평가 → 대책 수립
④ 자료의 정리 → 정성적 평가 → 정량적 평가 → 대책 수립 → 재평가

해설 공장설비의 안전성 평가의 5단계
 1) 1단계 : 관계 자료의 작성준비
 2) 2단계 : 정성적 평가
 3) 3단계 : 정량적 평가
 4) 4단계 : 안전대책
 5) 5단계 : 재평가

33 에너지대사율(Relative Metabolic Rate)에 관한 설명으로 틀린 것은?

① 작업대사량은 작업 시 소비에너지와 안정 시 소비에너지의 차로 나타낸다.
② RMR은 작업대사량을 기초대사량으로 나눈 값이다.
③ 산소소비량을 측정할 때 더글라스백(Douglas bag)을 이용한다.
④ 기초대사량은 의자에 앉아서 호흡하는 동안에 측정한 산소소비량으로 구한다.

해설 1) 기초대사량 : 생명을 유지하는데 필요한 최소한의 시간당 에너지를 말한다.
 2) 기초대사량 : 1,500~1,800kcal/day

34 결함수분석법에 있어 정상사상(top event)이 발생하지 않게 하는 기본사상들의 집합을 무엇이라고 하는가?

① 컷셋(cut set)
② 페일셋(fail set)
③ 트루셋(truth set)
④ 패스셋(path set)

해설 1) 컷셋과 미니멀 컷
 ① 컷셋(cut sets) : 정상사상을 일으키는 기본사상(통상사상, 생략사상 포함)의 집합을 컷이라 한다.
 ② 미니멀 컷(minimal cut sets) : 정상사상을 일으키기 위해 필요한 최소한의 컷을 말한다.(시스템의 위험성을 나타냄)
 2) 패스셋과 미니멀 패스
 ① 패스셋(path sets) : 정상사상이 일어나지 않는 기본사상의 집합을 말한다.
 ② 미니멀 패스(minimal path sets) : 필요한 최소한의 패스를 말한다.(시스템의 신뢰성을 나타냄)

35 FT도에 사용되는 논리기호 중 AND 게이트에 해당하는 것은?

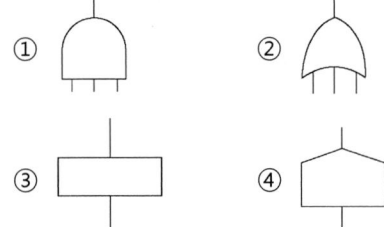

해설 ① 항 : AND gate
 ② 항 : OR gate
 ③ 항 : 결함사상
 ④ 항 : 통상사상

36 작업자가 소음 작업환경에 장기간 노출되어 소음성 난청이 발병하였다면 일반적으로 청력손실이 가장 크게 나타나는 주파수는?

① 1,000Hz ② 2,000Hz
③ 4,000Hz ④ 6,000Hz

해설 유해주파수 : 4,000Hz

■ 정답 ■ 32.④ 33.④ 34.④ 35.① 36.③

37 페일 세이프(fail-safe)의 원리의 해당되지 않는 것은?

① 교대 구조
② 다경로하중 구조
③ 배타설계 구조
④ 하중경감 구조

해설 구조적 페일 세이프(항공기의 엔진, 압력용기의 안전밸브)
1) 저균열속도 구조 : 기계·장치 등에 균열이 발생하더라도 그 진전속도가 늦어 정지를 일으키는 구조
2) 조합구조 : 다층재 등에서와 같이 여러 개의 재료를 조합시켜 하나의 재료에서 균열이 생겨도 다른 재료가 하중을 받아주는 구조
3) 다경로하중 구조 : 하중을 받아주는 부재가 몇 개로 나뉘어져 있어 일부 부재가 파열되어도 다른 부재로 인해 하중을 받아줄 수 있는 구조
4) 하중해방 구조 : 안전파열판 등과 같이 어딘가가 파열되면 그 이상의 하중이 걸리지 않는 구조

38 관측하고자 하는 측정값을 가장 정확하게 읽을 수 있는 표시장치는?

① 계수형
② 동침형
③ 동목형
④ 묘사형

해설 정량적 동적표시장치의 기본형
1) 정목동침(moving pointer)형 : 눈금이 고정되고 지침이 움직이는 형
2) 정침동목(moving scale)형 : 지침이 고정되고 눈금이 움직이는 형
3) 계수(digital)형 : 전력계나 택시요금 계기와 같이 기계·전자적으로 숫자가 표시되는 형

39 그림의 FT도에서 최소 컷셋(minimal cut set)으로 옳은 것은?

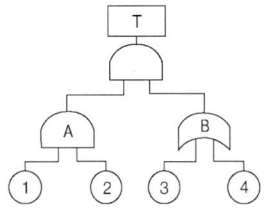

① {1, 2, 3, 4}
② {1, 2, 3}, {1, 2, 4}
③ {1, 3, 4}, {2, 3, 4}
④ {1, 3}, {1, 4}, {2, 3}, {2, 4}

해설 FT도를 다음과 같이 그린 후에 최소컷 셋을 구한다.

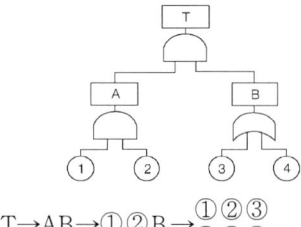

T→AB→①②B→①②③
                       ①②④

40 설비의 보전과 가동에 있어 시스템의 고장과 고장 사이의 시간 간격을 의미하는 용어는?

① MTTR
② MDT
③ MTBF
④ MTBR

해설
1) MTTF(mean time to failure) : 평균 수명 또는 고장발생까지의 동작시간 평균이라고도 하며, 하나의 고장에서부터 다음 고장까지의 평균동작시간을 말한다.
∴ $MTTF = \dfrac{1}{\lambda(고장률)}$
2) MTTR(mean time to repair) : 평균수리시간(총수리시간을 그 기간의 수리회수로 나눈 시간)
3) MTBF(mean time between failure) : 평균고장간격
∴ MTBF=MTTF+MTTR

■ 정답 ■ 37.③ 38.① 39.② 40.③

제3과목 / 기계위험방지기술

41 운전자가 서서 조작하는 방식의 지게차의 경우 운전석의 바닥면에서 헤드가드의 상부틀의 하면까지의 높이가 몇 m 이상이 되어야 하는가?

① 0.3 ② 0.5
③ 1.0 ④ 2.0

해설 지게차 헤드가드(head guard)의 구비조건 (안전보건규칙)
1) 강도는 지게차 최대하중의 2배의 값(그 값이 4톤을 넘는 것에 대해서는 4톤으로 한다.)의 등분포정하중에 견딜 수 있는 것일 것
2) 상부틀의 각 개구의 폭 또는 길이가 16cm 미만일 것
3) 운전자가 앉아서 조작하는 방식의 지게차에 있어서는 운전자 좌석의 상면에서 헤드가드 상부틀의 하면까지의 높이가 0.903m 이상일 것
4) 운전자가 서서 조작하는 방식의 지게차에 있어서는 운전석의 바닥면에서 헤드가드 상부틀의 하면까지의 높이가 1.88m 이상일 것

42 원심기의 안전대책에 관한 사항에 해당되지 않는 것은?

① 최고사용회전수를 초과하여 사용해서는 아니된다.
② 내용물이 튀어나오는 것을 방지하도록 덮개를 설치하여야 한다.
③ 폭발을 방지하도록 압력방출장치를 2개 이상 설치하여야 한다.
④ 청소, 검사, 수리 등의 작업 시에는 기계의 운전을 정지하여야 한다.

해설 압력 방출 장치 : 보일러, 압력용기 등의 방호장치

43 기계설비의 안전조건에서 구조적 안전화로 틀린 것은?

① 가공결함
② 재료의 결함
③ 설계상의 결함
④ 방호장치의 작동결함

해설 구조적안전화를 위한 조건
1) 재료선택의 안전화(재료결함)
2) 설계상의 올바른 강도계산(설계상 결함)
3) 가공상의 안전화(가공결함)42

44 프레스에 적용되는 방호장치의 유형이 아닌 것은?

① 접근거부형   ② 접근반응형
③ 위치제한형   ④ 포집형

해설 프레스기 방호장치의 유형
1) **접근거부형** : 수인식 방호장치, 손쳐내기식 방호장치
2) **접근반응형** : 감응식 방호장치
3) **위치제한형** : 양수조작식 방호장치

45 롤러기 방호장치의 무부하 동작시험 시 앞면 롤러의 지름이 150mm이고, 회전수가 30rpm인 롤러기의 급정지거리는 몇 mm 이내이어야 하는가?

① 157   ② 188
③ 207   ④ 237

해설 1) $V = \dfrac{\pi DN}{1000}$

$= \dfrac{3.14 \times 150 \times 30}{1,000} = 14.13 \text{m/min}$

2) 급정지거리 $= \pi D \times \dfrac{1}{3}$

$= 3.14 \times 150 \times \dfrac{1}{3} = 157 \text{mm}$ 이내

46 기계가 그 부품에 고장이나 기능 불량이 생겨도 항상 안전하게 작동하는 안전화 대책은?

① 진단
② 예방정비
③ 페일 세이프(fail safe)
④ 풀 프루프(fool proof)

해설 1) 페일세이프(fail safe) : 인간이나 기계 등에 과오나 동작상의 실수가 있더라도 사고·재해를 발생시키지 않도록 철저하게 2중, 3중으로 통제를 가하는 것
2) 페일세이프 구조의 기능면에서의 분류
① fail passive : 성분의 고장시 기계·장치는 정지 상태로 돌아간다.
② fail operational : 병렬 여분계의 성분을 구성한 경우이며, 성분의 고장이 있어도 다음 정기 점검시 까지는 운전이 가능하다.
③ fail active : 성분의 고장시 기계·장치는 경보를 나타내며 단시간에 역전이 된다.

47 탁상용 연삭기의 평형 플랜지 바깥지름이 150mm일 때, 숫돌의 바깥지름은 몇 mm 이내 이어야 하는가?

① 300mm   ② 450mm
③ 600mm   ④ 750mm

해설 플랜지 직경 = 숫돌의 바깥지름 × 1/3
숫돌의 바깥지름 = 플랜지 직경 × 3
= 150 × 3 = 450mm

48 금형 운반에 대한 안전수칙에 대한 설명으로 옳지 않은 것은?

① 상부금형과 하부금형이 닿을 위험이 있을 때는 고정 패드를 이용한 스트랩, 금속재질이나 우레탄 고무의 블록 등을 사용한다.
② 금형을 안전하게 취급하기 위해 아이볼트를 사용할 때는 숄더형으로 사용하는 것이 좋다.
③ 관통 아이볼트가 사용될 때는 조립이 쉽도록 구멍 틈새를 크게 한다.
④ 운반하기 위해 꼭 들어 올려야 할 때는 필요한 높이 이상으로 들어 올려서는 안된다.

해설 아이볼트 : 머리부분에 고리가 달린 볼트를 말한다.

49 지게차의 안정도 기준으로 틀린 것은?

① 기준부하상태에서 주행시의 전후 안정도는 8% 이내이다.
② 하역작업시의 좌우안정도는 최대하중상태에서 포크를 가장 높이 올리고 마스트를 가장 뒤로 기울인 상태에서 6% 이내이다.
③ 하역작업시의 전후안정도는 최대하중상태에서 포크를 가장 높이 올린 경우 4%이내이며, 5톤 이상은 3.5% 이내이다.
④ 기준무부하상태에서 주행시의 좌우안정도는 (15+1.1×V)%이내이고, V는 구내최고속도(km/h)를 의미한다.

해설 ① 기준 부하 상태에서 주행시의 전후 안정도는 18%이다

길잡이	지게차의 안정도		
구 분	상 태	구 배(%)	
전후 안정도	하역작업시	4 (최대하중 5톤 이상은 3.5)	
	주행시	18	
좌우 안정도	하역작업시	6	
	주행시	1.5+1.1×최고속도(V)	

■ 정답 ■ 46.③ 47.② 48.③ 49.①

50 선반 등으로부터 돌출하여 회전하고 있는 가공물이 근로자에게 위험을 미칠 우려가 있는 경우 설치할 방호 장치로 가장 적합한 것은?

① 덮개 또는 울　② 슬리브
③ 건널다리　④ 체인 블록

해설 선반의 안전장치
1) **칩 브레이크** : 바이트에 설치된 칩을 짧게 끊어내는 장치
2) **쉴드**(Shield) : 칩비산방지 투명판
3) **덮개 또는 울** : 돌출 가공물에 설치한 안전장치
4) **브레이크** : 급정지장치
5) 기타 척의 인터록 덮개, 고정브리지(bridge) 등

51 기계설비 구조의 안전을 위해 설계 시 고려하여야 할 안전계수(safety factor)의 산출 공식으로 틀린 것은?

① 파괴강도 ÷ 허용응력
② 안전하중 ÷ 파단하중
③ 파괴하중 ÷ 허용하중
④ 극한강도 ÷ 최대설계응력

해설 안전계수 $= \dfrac{\text{파괴강도 (파괴하중)}}{\text{허용응력 (허용하중)}}$
$= \dfrac{\text{극한강도 (절대하중)}}{\text{최대설계응력 (최대사용하중)}}$

52 산업안전보건법령상 고속회전체의 회전시험을 하는 경우 미리 회전축의 재질 및 형상 등에 상응하는 종류의 비파괴검사를 해서 결함유무(有無)를 확인하여야 하는 고속회전체 대상은?

① 회전축의 중량이 0.5톤을 초과하여, 원주속도가 15m/s 이상인 것
② 회전축의 중량이 1톤을 초과하고, 원주속도가 30m/s 이상인 것
③ 회전축의 중량이 0.5톤을 초과하고, 원주속도가 60m/s 이상인 것
④ 회전축의 중량이 1톤을 초과하고, 원주속도가 120m/s 이상인 것

해설 비파괴검사의 실시(안전보건규칙 제 115조) : 고속회전체 (회전축의 중량이 1ton을 초과하고 원주속도가 120m/sec 이상인 것 한정)의 회전시험을 하는 경우 미리 회전축의 재질 및 형상 등에 상응하는 종류의 비파괴검사를 해서 결함 유무를 확인하여야 한다.

53 기계를 구성하는 요소에서 피로현상은 안전과 밀접한 관련이 있다. 다음 중 기계요소의 피로 파괴현상과 가장 관련이 적은 것은?

① 소음(noise)
② 노치(notch)
③ 부식(corrosion)
④ 치수 효과(size effect)

해설
1) **노치**(notch) : 축의 키 홈, 핀 구멍 등과 같이 갑자기 단면이 변화하는 부분으로 그곳에 음력 집중현상이 일어나 파괴되는 수가 있다.
2) **부식**(corrosion) : 금속이 그 표면에서 화학적 또는 전기화학적 작용으로 변질되어 가는 현상이다.
3) **치수효과**(size effect) : 부재치수의 증대에 수반하여 파괴강도가 저하하는 것을 말한다.

54 위험기계·기구 자율안전 확인고시에 의하면 탁상용 연삭기에서 연삭숫돌의 외주면과 가공물 받침대 사이 거리는 몇 mm를 초과하지 않아야 하는가?

① 1　② 2
③ 4　④ 8

해설 연삭숫돌의 외주면과 가공물 받침대 사이 간격 : 2mm 이내

55 지게차의 헤드가드 상부틀에 있어서 각 개구부의 폭 또는 길이의 크기는?

① 8cm 미만   ② 10cm 미만
③ 16cm 미만   ④ 20cm 미만

해설 지게차 헤드가드(head guard)의 구비조건
1) 강도는 지게차의 최대하중의 2배의 값(그 값이 4톤을 넘는 것에 대하여서는 4톤)의 등분포정하중에 견딜 수 있는 것일 것
2) 상부틀의 각 개구의 폭 또는 길이가 16cm 미만일 것
3) 운전자가 앉아서 조작하는 방식의 지게차에 있어서는 운전자의 좌석의 상면에서 헤드가드의 상부틀의 하면까지의 높이가 0.903m 이상일 것
4) 운전자가 서서 조작하는 방식의 지게차에 있어서는 운전석의 바닥면에서 헤드가드의 상부틀의 하면까지의 높이가 1.88m 이상일 것

56 연강의 인장강도가 420MPa이고, 허용응력이 140MPa이라면, 안전율은?

① 0.3   ② 0.4
③ 3   ④ 4

해설 안전율 = $\dfrac{\text{인장강도(파괴하중)}}{\text{허용응력}}$
= $\dfrac{420\text{MPa}}{140\text{MPa}} = 3$

57 프레스 금형의 설치 및 조정 시 슬라이드 불시하강을 방지하기 위하여 설치해야 하는 것은?

① 인터록   ② 클러치
③ 게이트 가드   ④ 안전블럭

해설 금형조정 작업의 위험방지(안전보건규칙) : 프레스 등의 금형을 부착, 해체 또는 조정 작업을 할 때는 당해 작업에 종사하는 근로자의 신체의 일부가 위험한계 내에 들어갈 때에 슬라이드가 갑자기 작동함으로써 발생하는 근로자의 위험을 방지하기 위하여 안전블록을 사용하는 등 필요한 조치를 할 것

58 그림과 같은 지게차에서 W를 화물중량, G를 지게차 자체 중량, a를 앞바퀴 중심부터 화물의 중심까지의 최단거리, b를 앞바퀴 중심에서 지게차의 중심까지의 최단거리라고 할 때 지게차의 안정조건은?

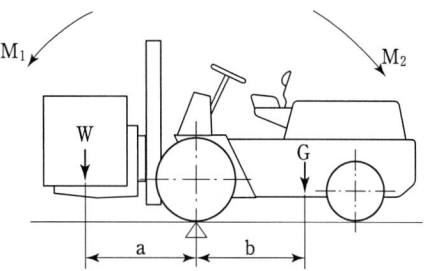

M_1 : 화물의 모멘트
M_2 : 차의 모멘트

① $W \cdot a < G \cdot b$
② $W - 1 < G \cdot \dfrac{b}{a}$
③ $W \cdot a > G \cdot (b-1)$
④ $W > G \cdot \dfrac{b}{a}$

해설 지게차의 안정성 : 앞바퀴 중심에서 뒷쪽 차의 모멘트(G×b)가 앞쪽 화물의 모멘트(W×a)보다 커야 안전성이 유지된다.
$W \cdot a < H \cdot b$

59 기계운동 형태에 따른 위험점 분류에 해당되지 않는 것은?

① 접선끼임점
② 회전말림점
③ 물림점
④ 절단점

해설 위험점의 분류
1) 끼임점
2) 협착점
3) 물림점
4) 절단점
5) 회전말림점
6) 접선물림점 등

■ 정답 ■ 55.③ 56.③ 57.④ 58.① 59.①

60 연삭기 덮개에 관한 설명으로 틀린 것은?

① 탁상용 연삭기의 워크레스트는 연삭숫돌과의 간격을 3mm 이하로 조정할 수 있는 구조이어야 한다.
② 연삭숫돌의 상부를 사용하는 것을 목적으로 하는 탁상용 연삭기의 덮개의 노출 각도는 90° 이내로 제한하고 있다.
③ 덮개의 두께는 연삭숫돌의 최고사용속도, 연삭숫돌의 두께 및 직경에 따라 달라진다.
④ 덮개 재료는 인장강도 274.5MPa 이상이고 신장도가 14% 이상이어야 한다.

해설 연삭숫돌의 상부를 사용하는 것을 목적으로 하는 탁상용 연삭기의 덮개의 노출각도는 60° 이내로 제한하고 있다.

제4과목 / 전기 및 화학설비위험방지기술

---

61 저압 전로의 사용전압이 220V인 경우 절연저항 값은 몇 MΩ D이상이어야 하는가?

① 0.1　② 0.2
③ 0.3　④ 0.4

해설 전로의 절연저항치

대지전압	절연저항치
150V 이하	0.1MΩ이상
150V 초과 300V이하	0.2MΩ이상
300V 초과 400V이하	0.3MΩ이상
400V 초과	0.4MΩ이상

62 전기불꽃이나 과열에 대해서 회로특성상 폭발의 위험을 방지할 수 있는 방폭구조는?

① 내압 방폭구조
② 유입 방폭구조
③ 안전증 방폭구조
④ 압력 방폭구조

해설 방폭구조의 종류별 특징
1) **내압방폭구조** : 아크 또는 고열이 발생하여 폭발성 가스에 점화할 우려가 있는 부분을 전폐된 용기에 넣어 폭발에 견디도록 한 구조
2) **유입방폭구조** : 전폐용기에 기름을 채워서 외부의 폭발성 가스와 점화원이 접촉하여 인화될 위험이 없도록 한 구조
3) **안전증방폭구조** : 안전성을 더욱 보강하기 위하여 코일의 절연보강, 공극을 크게 하여 구조상 또는 온도상승에 대하여 금속망 같은 물질로 차폐시킨 구조로 전기불꽃이나 과열에 대하여 회로특성상 폭발의 위험을 방지할 수 있는 구조
4) **압력방폭구조** : 용기내부에 불연성 가스인 공기나 질소 등을 압입시켜 외부의 폭발성 가스가 용기내부로 침투하지 못하도록 한 구조

63 저항 값이 0.1Ω인 도체에 10A의 전류가 1분간 흘렀을 경우 발생하는 열량은 몇 cal인가?

① 124　② 144
③ 166　④ 250

해설 $W = I^2 RT$
$= 10^2 \times 0.1 \times 60 = 600J \times \dfrac{1cal}{4.186J}$
$= 143.3 cal$

여기서, W : 전기에너지(Joule 또는 cal, 1cal=4.186J)
I : 전류(A)
R : 전기저항(Ω)
T : 통전시간(sec)

■ 정답 ■　60.②　61.②　62.③　63.②

64 전류밀도, 통전전류, 접촉면적과 피부저항과의 관계를 올바르게 설명한 것은?

① 전류밀도와 통전전류는 반비례 관계이다.
② 통전전류와 접촉면적에 관계없이 피부저항은 항상 일정하다.
③ 같은 크기의 통전전류가 흘러도 접촉면적이 커지면 전류밀도는 커진다.
④ 같은 크기의 통전전류가 흘러도 접촉면적이 커지면 피부저항은 작게 된다.

해설 1) 전류밀도(A/m^2)와 통전전류는 비례관계이다.
2) 통전전류와 접촉면적에 의해 피부저항은 영향을 받는다.
3) 같은 크기의 통전전류가 흘러도 접촉면적이 커지면 전류밀도는 작아진다.

주 전류밀도(J) : 도체를 흐르는 전류(I)를 그 유선(전류를 운반하는 매체)에 직각방향의 단면적(S)으로 나눈값을 말한다.

$$J(A/m^2) = \frac{I}{S}$$

65 다음과 같은 특성이 있으며 제한전압이 낮기 때문에 접지저항을 낮게 하기 어려운 배전선로에 적합한 피뢰기는?

> 피뢰기의 특성요소가 화이버관으로 되어 있고 방전은 직렬 캡을 통하여 화이버관 내부의 상부와 하부 전극 간에서 행하여지며, 속류차단은 화이버관 내부벽면에서 아크열에 의한 하이버질의 분해로 발생하는 고압가스의 소호작용에 의한다.

① 변형 피뢰기
② 방출형 피뢰기
③ 갭레스형 피뢰기
④ 변저항형 피뢰기

해설 동작원리에 의한 피뢰기의 분류
1) **변형 피뢰기** : 특정요소가 일정한 임계전압을 가지고 있어서 과전압방전의 단시간 동안만 방전전류가 흐르고 기압에 의한 속류가 거의 흐르지 않는 성격을 갖는 피뢰기이다 (종이피뢰기, 알루미늄피뢰기, 페레트피뢰기, 옥사이드 필름 피뢰기 등)
2) **방출형 피뢰기** : 본문설명
3) **변 저항령 피뢰기** : 특성요소로 탄화규소의 비직선저항을 쓰며 대전류에 대해서는 되도록 적은 제한전압을 주는 성질과 정격전압 이하에서 충분히 적은 속류로 하는 성질이 있는 피뢰기이다 (현재 대부분의 피뢰기가 이형에 속함)
4) **산화아연형 피뢰기** : 소형이며 내오손성과 보수성이 좋다.

66 인화성 액체의 증기 또는 가연성 가스에 의한 가스폭발 위험장소의 분류에 해당되지 않는 것은?

① 0종 장소
② 1종 장소
③ 2종 장소
④ 3종 장소

해설 위험장소의 분류

분류	적요	예
0종 장소	인화성 액체의 증기 또는 가연성 가스에 의한 폭발 위험이 지속적으로 또는 장시간 존재하는 장소	용기·장치·배관 등의 내부
1종 장소	정상 작동상태에서 인화성 액체의 증기 또는 가연성 가스에 의한 폭발위험 분위기가 존재하기 쉬운 장소	맨홀·벤트·피트 등의 주위
2종 장소	정상작동상태에서 인화성 액체의 증기 또는 가연성 가스에 의한 폭발위험분위기가 존재할 우려가 없으나, 존재할 경우 그 빈도가 아주 적고 단기간만 존재할 수 있는 장소	개스킷·패킹 등의 주위

■ 정답 ■ 64④ 65.② 66④

67 사람이 전기에 접촉하는 경우에는 접촉하는 상태에 따라 인체저항과 통전전류가 달라지므로 인체의 접촉사애에 따라 접촉 전압을 제한할 필요가 있다. 다음의 경우 일반 허용접촉전압으로 옳은 것은?

- 인체가 현저하게 젖어 있는 상태
- 금속성의 전기기계장치나 구조물에 인체의 일부가 상시 접촉되어 있는 상태

① 2.5V 이하 ② 25V 이하
③ 50V 이하 ④ 제한 없음

해설 접촉상태별 허용접촉전압

종별	접촉상태	허용접촉전압
제1종	・인체의 대부분이 수중에 있는 상태	2.5V 이하
제2종	・인체가 현저히 젖어 있는 상태 ・금속성의 전기기계장치나 구조물에 인체의 일부가 상시 접촉되어 있는 상태	25V 이하
제3종	・제1종 및 제2종 이외의 경우로서 통상의 인체생태에 있어서 접촉전압이 가해지면 위험성이 높은 상태	50V 이하
제4종	・제3종의 경우로써 위험성이 낮은 상태 ・접촉전압이 가해질 위험이 없는 경우	제한없음

68 정전기 방전의 종류 중 부도체의 표면을 따라서 star-check 마크를 가지는 나뭇가지 형태의 방광을 수반하는 것은?

① 기중방전 ② 불꽃방전
③ 연면방전 ④ 고압방전

해설 연면방전
1) 액체 또는 고체 절연체와 기체 사이의 경계에 따른 방전이다.
2) 정전기가 대전되어 있는 부도체에 접지체가 접근할 경우 대전물체와 접지체 사이에서 발생하는 것으로 나뭇가지 형태(별표마크)의 발광을 수반하는 방전을 말한다.
3) 연면방전의 방전조건
  ① 부도체의 대전량이 극히 큰 경우
  ② 대전된 부도체의 표면 가까이에 접지체가 있는 경우
4) 방전에너지가 커서 불꽃방전과 더불어 착화 및 전격을 일으킬 위험성이 크다.

69 전기기계・기구의 누전에 의한 감전위험을 방지하기 위하여 해당 전로에는 정격에 적합하고 감도가 양호한 감전방지용 누전차단기를 설치하여야 한다. 이 누전차단기의 기준은 정격감도 전류가 30mA 이하이고 작동시간은 몇 초 이내 이어야 하는가? (단, 정격부하전류가 50A 미만의 전기기계・기구에 접속되는 누전 차단기 이다.

① 0.03초 ② 0.1초
③ 0.3초 ④ 0.5초

해설 누전차단기
1) 누전차단기의 최소동작전류 : 정격감도전류의 50%이상
2) 감전방지용 누전차단기의 작동 : 저역감도전류 30mA이하, 동작시간 0.03초 이내

70 액체계의 과도한 상승 압력의 방출에 이용되고 설정압력이 되었을 때 압력상승에 비례하여 서서히 개방되는 밸브는?

① 릴리프밸브 ② 체크밸브
③ 안전밸브 ④ 통기밸브

해설 릴리프밸브(도피밸브)는 주로 펌프나 배관 내에서 유체의 압력상승을 방지하기 위해서 설치한다. 일정한 압력 이상 상승하면 유체는 이 밸브를 통해 배출되어 저장탱크나 펌프의 흡입측으로 되돌려 직접 대기중으로는 방출시키지 않는다.

■ 정답 ■ 67.② 68.③ 69.① 70.①

71 유류저장 탱크에서 배관을 통해 드럼으로 기름을 이송하고 있다. 이 때 유동전류에 의한 정전대전 및 정전기 방전에 의한 피해를 방지하기 위한 조치와 관련이 먼 것은?

① 유체가 흘러가는 배관을 접지시킨다.
② 배관 내 유류의 유속은 가능한 느리게 한다.
③ 유류저장 탱크와 배관, 드럼 간에 본딩(Bonding)을 시킨다.
④ 유류를 취급하고 있으므로 화기 등을 가까이 하지 않도록 점화원 관리를 한다.

해설 1) 정전기 방지대책
　　① 접지 및 본딩
　　② 배관 내 액체의 유속 제한

72 소화방법에 대한 주된 소화원리로 틀린 것은?

① 물을 살포한다. : 냉각소화
② 모래를 뿌린다. : 질식소화
③ 초를 불어서 끈다. : 억제소화
④ 담요로 덮는다. : 질식소화

해설 초를 불어서 끈다 : 제거 소환

73 산업안전보건기준에 관한 규칙에서 정한 위험물질 종류 중 부식성 물질에서 부식성 염기류에 해당하는 것은?

① 농도 40% 이상인 염산
② 농도 40% 이상인 불산
③ 농도 40% 이상인 아세트산
④ 농도 40% 이상인 수산화칼륨

해설 부식성 물질의 종류(안전보건규칙)
　1) 부식성 산류
　　① 농도가 20% 이상인 염산(HCl), 황산(H_2SO_4), 질산(HNO_3) 등
　　② 농도가 60% 이상인 인산(H_3PO_4), 아세트산(CH_3COOH), 불산(HF) 등
　2) 부식성 염기류 : 농도가 40% 이상인 수산화나트륨(NaOH), 수산화칼륨(KOH) 등

74 다음 중 절연성 액체를 운반하는 관에 있어서 정전기로 인한 화재 및 폭발을 예방하기 위한 방법으로 가장 거리가 먼 것은?

① 유속을 줄인다.
② 관을 접지시킨다.
③ 도전성이 큰 재료의 관을 사용한다.
④ 관의 안지름을 작게 한다.

해설 ④항, 관의 안지름을 크게 한다.

75 물과의 접촉을 금지하여야 하는 물질은?

① 적린
② 칼슘
③ 히드라진
④ 니트로셀룰로오스

해설 1) 적린 : 인화성 고체
　2) 칼슘 : 물반응성 물질(금수성 물질)
　3) 히드라진 : 폭발성 물질
　4) 니트로셀룰로오스 : 폭발성 물질

> **길잡이** 물반응성 물질(금수성 물질) : 대부분 고체로서 물과 접촉하면 발열반응을 일으키고 가연성 가스와 유독성가스를 발생시키는 물질이다.
> 1) 칼륨(K), 나트륨(Na), 기타 알칼리 금속 등
> 2) 알킬알미늄, 알킬리듐, 기타 유기금속화합물
> 3) 금속의 수소화물
> 4) 금속의 인화물 : Ca_3P_2(인화칼슘)
> 5) 칼슘 또는 알루미늄의 탄화물 : CaC_2(카바이트)

76 다음 중 화학장치에서 반응기의 유해·위험요인(hazard)으로 화학반응이 있을 때 특히 유의해야 할 사항은?

① 낙하, 절단
② 감전, 협착
③ 비래, 붕괴
④ 반응폭주, 과압

■ 정답 ■　71.④　72.③　73.④　74.④　75.②　76.④

[해설] 1) 반응기에 의한 화학반응시 특히 유의해야할 사항 : 반응폭주 및 과압
2) 화학반응에 영향을 주는 요인 : 반응물질, 농도, 온도, 압력, 촉매 등

77 다음 물질 중 가연성 가스가 아닌 것은?

① 수소
② 메탄
③ 프로판
④ 염소

[해설] 1) 가연성가스 : 수소(H_2), 메탄(CH_4), 프로판(C_3H_8) 등
2) 조연성가스 : 염소(Cl_2)

78 최소점화에너지(MIE)와 온도, 압력의 관계를 옳게 설명한 것은?

① 압력, 온도에 모두 비례한다.
② 압력, 온도에 모두 반비례한다.
③ 압력에 비례하고, 온도에 반비례한다.
④ 압력에 반비례하고, 온도에 비례한다.

[해설] 최소점화에너지(MIE)
1) MIE는 압력과 절대온도에 반비례한다.
2) MIE는 연소속도가 큰 혼합기체일수록 작고 열전도율과 화염온도가 낮은 것일수록 작다.

79 황린에 대한 설명으로 옳은 것은?

① 연소 시 인화수소가스를 발생한다.
② 황린은 자연발화하므로 물속에 보관한다.
③ 황린은 황과 인의 화합물이다.
④ 독성 및 부식성이 없다.

[해설] 황린(P_4)
1) 백색 또는 담황색의 자연발화성 고체이다.
2) 공기 중 다량의 백색연기(P_2O_5 ; 오산화인)을 내면서 연소한다.
$P_4 + 5O_2 \rightarrow 2P_2O_5$
3) 물과 반응하지 않으며 물에 녹지 않으므로 물속에 저장한다.

4) 강한 마늘 냄새가 나며 증기는 공기보다 무겁고(증기비중 : 4.3)매우 자극적이며 맹독성물질이다.
5) 강알칼리성인 KOH용액과 반응하여 가연성·유독성의 PH_3 가스를 발생한다.
$P_4 + 3KOH + 3H_2O \rightarrow PH_3 + 3KH_2PO_2$

80 다음 가스 중 위험도가 가장 큰 것은?

① 수소
② 아세틸렌
③ 프로판
④ 암모니아

[해설] 위험도 = $\dfrac{폭발상한계 - 폭발하한계}{폭발하한계}$

1) 수소위험도 = $\dfrac{74.2 - 4.1}{4.1} = 17.1$
2) 아세틸렌위험도 = $\dfrac{81 - 2.5}{2.5} = 31.4$
3) 프로판위험도 = $\dfrac{9.5 - 2.1}{2.1} = 3.5$
4) 암모니아위험도 = $\dfrac{28 - 15}{15} = 0.87$

제5과목 / 건설안전기술

81 다음 중 건설공사관리의 주요 기능이라 볼 수 없는 것은?

① 안전관리
② 공정관리
③ 품질관리
④ 재고관리

[해설] 건축시공의 5대관리
1) 공정관리
2) 원가관리
3) 품질관리
4) 안전관리
5) 환경관리

■ 정답 ■ 77.④ 78.② 79.② 80.② 81.④

82 사다리를 설치하여 사용함에 있어 사다리 지주 끝에 사용하는 미끄럼 방지재료로 적당하지 않는 것은?

① 고무　　② 코르크
③ 가죽　　④ 비닐

해설 미끄럼방지장치 : 사다리를 설치하여 사용할 때는 다음 사항을 준수하도록 할 것
1) 미끄럼방지장치 사다리 지주의 끝에 고무, 코르크, 가죽, 강스파이크 등을 부착시켜 바닥과의 미끄럼을 방지하는 안전장치가 있어야 한다.
2) 쐐기형 강스파이크는 지반이 평탄한 맨땅 위에 세울 때 사용하여야 한다.
3) 미끄럼방지 판자 및 미끄럼방지 고정쇠는 돌마무리 또는 인조선 깔기마감한 바닥용으로 사용하여야 한다.
4) 미끄럼방지 발판은 인조고무 등으로 마감한 실내용으로 사용하여야 한다.

83 화물용 승강기를 설계하면서 와이어로프의 안전하중은 10ton이라면 로프의 가닥수를 얼마로 하여야 하는가? (단, 와이어로프 한 가닥의 파단강도는 4ton이며, 화물용 승강기 와이어로프의 안전율은 6으로 한다.)

① 10 가닥　　② 15 가닥
③ 20 가닥　　④ 30 가닥

해설 1) 와이어로프 한가닥의 허용하중(안전하중)
$$안전율 = \frac{파단강도}{안전하중}$$
$$안전하중 = \frac{파단강도}{안전율}$$
2) 안전하중 10ton의 로프가닥수
$$로프가닥수 = \frac{안전하중}{한가닥 안전하중}$$
$$= \frac{10}{4/6} = 15가닥$$

84 공사종류 및 규모별 안전관리비 계상기준표에서 공사종류의 명칭에 해당되지 않는 것은?

① 철도·궤도신설공사
② 일반건설공사(병)
③ 중건설공사
④ 특수 및 기타건설공사

해설 안전관리비 계상기준에서 공사의 종류
1) 일반건설공사(갑)
2) 일반건설공사(을)
3) 중건설공사
4) 철도·궤도 신설공사
5) 특수 및 기타건설공사

85 현장에서 가설통로의 설치 시 준수사항으로 옳지 않은 것은?

① 건설공사에 사용하는 높이 8m 이상인 비계다리에는 10m 이내마다 계단참을 설치할 것
② 수직갱에 가설된 통로의 길이가 15m 이상인 때에는 10m 이내마다 계단참을 설치할 것
③ 경사가 15°를 초과하는 때에는 미끄러지지 아니하는 구조로 할 것
④ 경사는 30°이하로 할 것

해설 가설통로의 구조 : 가설통로 설치시 준수사항
1) 견고한 구조로 할 것
2) 경사는 30° 이하로 할 것(다만, 계단을 설치하거나 높이 2m 미만의 가설통로로서 튼튼한 손잡이를 설치한 경우에는 그러하지 아니하다)
3) 경사가 15°를 초과하는 경우에는 미끄러지지 아니하는 구조로 할 것
4) 추락의 위험이 있는 장소에는 안전난간을 설치할 것(작업상 부득이한 경우에는 필요한 부분에 한하여 임시로 이를 해체할 수 있다)
5) 수직갱에 가설된 통로의 길이가 15m 이상인 때에는 10m 이내마다 계단참을 설치할 것
6) 건설공사에서 사용하는 높이 8m 이상인 비계다리에는 7m 이내마다 계단참을 설치할 것

■ 정답 ■　82.④　83.②　84.②　85.①

86 추락재해를 방지하기 위하여 10cm 그물코인 방망을 설치할 때 방망과 바닥면 사이의 최소 높이로 옳은 것은? (단, 설치된 방망의 단변 방향 길이 L=2m, 장변방향 방망의 지지간격 A=3m이다.)

① 2.0m
② 2.4m
③ 3.0m
④ 3.4m

해설 L < A일 때 10cm 그물코의 방망과 바닥면 사이의 높이(H)

$$H = \frac{0.85}{4}(L+3A)$$
$$= \frac{0.85}{4} \times (2+3\times 3) = 2.34\text{m}$$

길잡이 허용낙하높이 및 방망과 바닥면 높이

높이종류 조건	낙하높이(H_1)		방망과 바닥면 높이(H_2)		방망의 처짐길이(S)
	단일 방망	복합 방망	10cm 그물코	5cm 그물코	
L < A	$\frac{1}{4}$(L+2A)	$\frac{1}{5}$(L+2A)	$\frac{0.85}{4}$(L+3A)	$\frac{0.95}{4}$(L+3A)	$\frac{1}{4}$(L+2A)$\times\frac{1}{3}$
L ≥ A	$\frac{3}{4}$L	$\frac{3}{5}$L	0.85L	0.95L	$\frac{3}{4}$L$\times\frac{1}{3}$

위 [표]에서,
L : 단편방향길이[m]
A : 장편방향 방망의 지지간격

87 철골공사에서 기둥의 건립작업 시 앵커볼트를 매립할 때 요구되는 정밀도에서 기둥 중심은 기준선 및 인접기둥의 중심으로부터 얼마 이상 벗어나지 않아야 하는가?

① 3mm
② 5mm
③ 7mm
④ 10mm

해설 철골기둥 건립시 앵커볼트를 매립할 때 요구되는 정밀도 : 철골기둥중심이 기준선 및 인접기둥 중심에서 5mm 이상 벗어나지 않을 것

88 철골공사의 용접, 용단작업에 사용되는 가스의 용기는 최대 몇 ℃ 이하로 보존해야 하는가?

① 25℃
② 36℃
③ 40℃
④ 48℃

해설 금속의 용접·용단 또는 가열에 사용되는 가스 등의 용기의 온도 : 40℃이하로 유지할 것

89 안전난간의 구조 및 설치기준으로 옳지 않은 것은?

① 안전난간은 상부난간대, 중간난간대, 발끝막이판, 난간기둥으로 구성할 것
② 상부난간대와 중간난간대는 난간 길이 전체에 걸쳐 바닥면 등과 평행을 유지할 것
③ 발끝막이판은 바닥면 등으로부터 10cm 이상의 높이를 유지할 것
④ 안전난간은 구조적으로 가장 취약한 지점에서 가장 취약한 방향으로 작용하는 80kg 이상의 하중에 견딜 수 있는 튼튼한 구조일 것

해설 안전난간의 구조 및 설치요건(안전보건규칙 제13조)
1) ①, ②, ③항
2) 안전난간은 구조적으로 가장 취약한 지점에서 가장 취약한 방향으로 작용하는 100kg이상의 하중에 견딜 수 있는 튼튼한 구조일 것
3) 상부난간대는 바닥면, 발판 또는 경사로의 표면(이하 "바닥면 등")으로부터 90cm 이상지점에 설치하고, 상부난간대를 120cm 이하에 설치하는 경우 중간난간대는 상부난간대와 바닥면 등의 중간에 설치하여야 하며, 120cm 이상 지점에 설치하는 경우에는 중간난간대를 2단 이상으로 균등하게 설치하고 난간의 상하 간격은 60cm 이하가 되도록 할 것
4) 난간기둥은 상부난간대와 중간난간대를 견고하게 떠받칠 수 있도록 적정 간격을 유지할 것
5) 난간대는 지름 2.7cm 이상의 금속제 파이프나 그 이상의 강도가 있는 재료일 것

■ 정답 ■ 86.② 87.② 88.③ 89.④

90 철골 작업을 중지해야 할 강설량 기준으로 옳은 것은?

① 강설량이 시간당 1mm 이상인 경우
② 강설량이 시간당 5mm 이상인 경우
③ 강설량이 시간당 1cm 이상인 경우
④ 강설량이 시간당 5cm 이상인 경우

해설 철골작업을 중지해야하는 기상조건
1) 풍속 : 10m/sec 이상
2) 강우량 : 1mm/hr 이상
3) 강우량 : 1cm/hr 이상

91 말뚝박기 해머(hammer) 중 연약지반에 적합하고 상대적으로 소음이 적은 것은?

① 드롭 해머(drop hammer)
② 디젤 해머(diesel hammer)
③ 스팀 해어(steam hammer)
④ 바이브로 해머(vibro hammer)

해설 바이브로 해머(vibro hammer ; 진동해머)
1) 진동에 의한 말뚝박기 및 빼기 기구이다.
2) 소음이 적고 연약지반에 적합하다.

92 다음은 지붕 위에서의 위험방지로 위한 내용이다. 빈 칸에 알맞은 수치로 옳은 것은?

> 슬레이트, 선라이트(sunlight) 등 강도가 약한 재료로 덮은 지붕 위에서 작업을 할 때에 발이 빠지는 등 근로자가 위험해질 우려가 있는 경우 폭 (   ) 이상의 발판을 설치하거나 안전방망을 치는 등 위험을 방지하기 위하여 필요한 조치를 하여야 한다.

① 20cm   ② 25cm
③ 30cm   ④ 40cm

해설 슬레이트, 선라이트(sunlight) 등 지붕 위에서의 작업시 위험방지조치사항
1) 폭 30cm 이상의 발판 설치
2) 안전방망 설치

93 옥외에 설치되어 있는 주행크레인에 대하여 이탈방지장치를 작동시키는 등 이탈 방지를 위한 조치를 하여야 하는 순간 풍속 기준은?

① 초당 10m 초과   ② 초당 20m 초과
③ 초당 30m 초과   ④ 초당 40m 초과

해설 폭풍에 의한 이탈방지조치 및 이상유무 점검
1) **이탈방지조치** : 순간 풍속이 30m/sec를 초과하는 바람이 불어올 우려가 있을 때는 옥외 설치 주행 크레인에 대하여 이탈방지장치를 작동시킬 것
2) **이상유무점검** : 순간 풍속이 30m/sec를 초과하는 바람이 불어온 후 또는 중진 이상 진도의 지진 후에는 크레인의 각 부위의 이상유무를 점검할 것

94 강재 거푸집과 비교한 합판 거푸집의 특성이 아닌 것은?

① 외기 온도의 영향이 적다.
② 녹이 슬지 않음으로 보관하기가 쉽다.
③ 중량이 무겁다.
④ 보수가 간단하다.

해설 합판거푸집 : 강재거푸집보다 중량이 가볍다.

95 이동식 사다리를 설치하여 사용하는 경우의 준수 기준으로 옳지 않은 것은?

① 길이가 6m를 초과해서는 안된다.
② 다리의 벌림은 벽 높이는 1/4 정도가 적당하다.
③ 미끄럼방지 발판은 인조고무 등으로 마감한 실내용을 사용하여야 한다.
④ 벽면 상부로부터 최소한 90cm 이상의 연장길이가 있어야 한다.

해설 벽면 상부로부터 최소한 1m이상의 연장길이가 있어야 한다(고용노동부고시)

96 다음은 작업으로 인하여 물체가 떨어지거나 날아올 위험이 있는 경우에 조치하여야 하는 사항이다. 빈 칸에 알맞은 내용으로 옳은 것은?

> 낙하물 방지망 또는 방호선반을 설치하는 경우 높이 10m 이내마다 설치하고, 내민 길이는 벽면으로부터 (   )이상으로 할 것

① 2m   ② 2.5m
③ 3m   ④ 3.5m

해설 낙하물방지망 또는 방호선반 설치시 준수사항
1) 설치 높이 : 10m 이내마다 설치
2) 내민 길이 : 벽면으로부터 2m 이상으로 할 것
3) 수평면과의 각도 : 20°내지 30°를 유지할 것

97 철골조립 공사 중에 볼트작업을 하기 위해 주체인 철골에 매달아서 작업발판으로 이용하는 비계는?

① 달비계   ② 말비계
③ 달대비계   ④ 선반비계

해설 달비계 및 달대비계
1) 달비계 : 와이어로프나 철선 등을 이용하여 상부지점에 승강할 수 있는 작업용 발판을 매다는 형식의 비계로서 건물외벽의 도장이나 청소 등의 작업에 사용된다.
2) 달대비계 : 철골공사의 리벳치기, 볼트 작업 시에 주로 이용되는 것으로 주체인 철골에 매달아서 작업발판을 만드는 비계로서 상하 이동을 시킬 수 없는 것이다.

98 콘크리트의 양생 방법이 아닌 것은?

① 습윤 양생   ② 건조 양생
③ 증기 양생   ④ 전기 양생

해설 콘크리트의 양생방법
1) 습윤양생(수중양생, 살수양생)
2) 증기양생
3) 전기양생
4) 피막양생

99 기계가 서 있는 지면보다 높은 곳을 파는 작업에 가장 적합한 굴착기계는?

① 파워쇼벨
② 드래그라인
③ 백호우
④ 클램쉘

해설
1) **파워쇼벨**(power shovel) : 중기가 위치한 지면보다 높은 장소 굴착시 적합
2) **백호우**(drag shovel, 드래그 쇼벨) : 중기가 위치한 지면보다 낮은 장소 굴착시 적합 (앞쪽으로 끌어당기면서 작업)
3) **드래그 라인**(drag line) : 지반보다 낮은 연질지반의 넓은 굴착에 적합(힘이 약함)
4) **클램쉘**(clamshell) : 붐의 선단에서 버킷을 와이어로프로 매달아 바로 아래로 떨어뜨려 흙을 떠 올리는 중기

100 토석붕괴의 요인 중 외적 요인이 아닌 것은?

① 토석의 강도저하
② 사면, 법면의 경사 및 기울기의 증가
③ 절토 및 성토 높이의 증가
④ 공사에 의한 진동 및 반복하중의 증가

해설 토사붕괴의 원인(고용노동부고시)
1) 외적요인
   ① 사면, 법면의 경사 및 구배의 증가
   ② 절토 및 성토 높이의 증가
   ③ 공사에 의한 진동 및 반복하중의 증가
   ④ 지표수 및 지하수의 침투에 의한 토사중량 증가
   ⑤ 지진, 차량, 구조물의 하중
2) 내적요인
   ① 절토사면의 토질, 암석
   ② 성토사면의 토질
   ③ 토석의 강도저하

■ 정답 ■   96.①   97.③   98.②   99.①   100.①

2022년 3회 CBT복원 기출문제
산업안전산업기사

제1과목 / 산업안전관리론

01 안전관리의 중요성과 가장 거리가 먼 것은?

① 인간존중이라는 인도적인 신념의 실현
② 경영 경제상의 제품의 품질 향상과 생산성 향상
③ 재해로부터 인적·물적 손실 예방
④ 작업환경 개선을 통한 투자 비용 증대

해설 산업안전의 이념(안전관리의 효과)
1) 인간존중 : 안전제일 이념
2) 생산성 향상 및 품질향상 : 안전태도 개선 및 손실예방
3) 기업의 경제적 손실예방 : 재해로 인한 인적·재산손실예방
4) 대외여론 개선으로 신뢰성 향상 : 노사협력의 경영태세 완성
5) 사회복지증진 : 경제성 향상

02 OJT(On the Job Training)에 관한 설명으로 옳은 것은?

① 집합교육형태의 훈련이다.
② 다수의 근로자에게 조직적 훈련이 가능하다.
③ 직장의 실정에 맞게 실제적 훈련이 가능하다.
④ 전문가를 강사로 활용할 수 있다.

해설 OJT와 off JT
1) OJT(현장중심교육) : 현장에서 개인에 대한 직속상사의 개별교육 및 지도
2) off JT(현장외중심교육) : 공통교육대상자에 대한 집합교육
3) 특징

O·J·T (현장중심교육)	off J·T (현장외 중심교육)
① 개개인에게 적합한 지도 훈련을 할 수 있다.	① 다수의 근로자에게 조직적 훈련이 가능하다.
② 직장의 실정에 맞는 실제적 훈련을 할 수 있다.	② 훈련에만 전념하게 된다.
③ 훈련 필요한 업무의 계속성이 끊어지지 않는다.	③ 특별설비기구를 이용할 수 있다.
④ 즉시 업무에 연결되는 관계로 신체와 관련이 있다.	④ 전문가를 강사로 초청할 수 있다.
⑤ 효과가 곧 업무에 나타나며 훈련의 좋고 나쁨에 따라 개선이 용이하다.	⑤ 각 직장의 근로자가 많은 지식이나 경험을 교류할 수 있다.
⑥ 교육을 통한 훈련 효과에 의해 상호 신뢰 이해도가 높아진다.	⑥ 교육훈련 목표에 대해서 집단적 노력이 흐트러질 수도 있다.

03 재해예방의 4원칙에 해당되지 않는 것은?

① 손실방생의 원칙 ② 원인계기의 원칙
③ 예방가능의 원칙 ④ 대책선정의 원칙

해설 재해예방의 4원칙
1) 손실우연의 원칙
2) 원인계기의 원칙
3) 예방가능의 원칙
4) 대책선정의 원칙

■정답■ 01.④ 02.③ 03.①

04 자신의 약점이나 무능력, 열등감을 위장하여 유리하게 보호함으로써 안정감을 찾으려는 방어적 적응기제에 해당하는 것은?

① 보상 ② 고립
③ 퇴행 ④ 억압

해설 1) 보상 : 본문설명
2) 고립(isolation) : 자신이 없을 때 현실에서 피함으로서 곤란한 상황과의 접촉을 벗어나 자기 내부로 도피하려는 행동이다.
3) 퇴행(regression) : 현실의 곤란한 장면에서 이겨내지 못하고 옛날 어린 시절로 되돌아가려는 행동이다. 즉 발전단계를 역행함으로서 욕구를 충족하려는 행동이다.
4) 억압(repression) : 불쾌감이나 욕구불만 등의 갈등으로 생긴 욕구를 의식 밖으로 배제함으로서 얻는 행동이다. 즉 현실적인 필요(역망, 감정)를 묵살함으로서 오히려 자신의 안정을 유지하려는 행동이다.

05 하인리히(Heinrich)의 이론에 의한 재해 발생의 주요 원인에 있어 다음 중 불안전한 행동에 의한 요인이 아닌 것은?

① 권한 없이 행한 조작
② 전문지식의 결여 및 기술, 숙련도 부족
③ 보호구 미착용 및 위험한 장비에서 작업
④ 결함 있는 장비 및 공구의 사용

해설 ②항, 전문지식의 결여 및 기술, 숙련도 부족 : 간접원인 중 교육적 원인

06 공장 내에 안전·보건표지를 부착하는 주된 이유는?

① 안전의식 고취
② 인간 행동의 변화 통제
③ 공장 내의 환경 정비 목적
④ 능률적인 작업을 유도

해설 1) 안전·보건표지를 부착하는 주된 이유 : 안전의식 고취
2) 안전표지의 사용목적 : 위험성을 표지로 경고 → 인간행동의 변화 및 작업환경 통제 → 사전에 재해예방

07 안전모의 종류 중 머리 부위의 감전에 대한 위험을 방지할 수 있는 것은?

① A형 ② B형
③ AC형 ④ AE형

해설 안전모의 종류

안전인증대상	자율안전확인대상
① AB형 : 낙하 및 비래, 추락방지용 ② AE형 : 낙하 및 비래, 감전방지용 (내전압성 : 7,000V이하의 전압에서 견디는 것) ③ ABE형 : 낙하 및 비래, 추락, 감전방지용 (내전압성)	안전인증대상 안전모를 제외한 안전모

08 모랄 서베이(Morale Survey)의 주요 방법 중 태도조사법에 해당하는 것은?

① 사례연구법 ② 관찰법
③ 실험연구법 ④ 문답법

해설 모랄 서어베이(morale survey : 사기조사)의 주요방법
1) 통계에 의한 방법 : 사고 상해율, 생산고, 결근, 지각, 조퇴, 이직 등을 분석하여
2) 사례 연구법 : 경영 관리상의 여러 가지 제도에 나타나는 사례에 대해 케이스 스터디(case study)로서 현상을 파악하는 방법
3) 관찰법 : 종업원의 근무 실태를 계속 관찰함으로서 문제점을 찾아내는 방법
4) 실험연구법 : 실험 그룹과 통제 그룹으로 나누고 정황, 자극을 주어 태도 변화 여부를 조사하는 방법
5) 태도조사법(의견조사) : 질문지법, 면접법, 집단토의법, 투사법(projective technique) 등에 의해 의견을 조사하는 방법

09 산업안전보건법상 사업 내 안전 보건교육의 교육과정에 해당하지 않는 것은?

① 검사원 정기점검교육
② 특별안전 보건교육
③ 근로자 정기안전 보건교육
④ 작업내용 변경 시의 교육

해설 안전보건교육의 교육과정(시행규칙 별표8)
1) 근로자 정기안전·보건교육
2) 관리감독자 정기안전·보건교육
3) 채용시 교육
4) 작업내용 변경시의 교육
5) 특별안전·보건교육

10 인간의 실수 및 과오의 요인과 직접적인 관계가 가장 먼 것은?

① 관리의 부적당   ② 능력의 부족
③ 주의의 부족   ④ 환경조건의 부적당

해설 인간의 실수 및 과오의 3대요인
1) 능력의 부족
   ① 적성의 부적합
   ② 지식의 부족
   ③ 기술의 미숙
   ③ 인간관계
2) 주의의 부족
   ① 개성
   ② 감성의 불안정
   ③ 습관성
   ④ 감수성 미약
3) 환경조건의 불량
   ① 재해표준 및 작업조건 불량
   ② 연락 및 의사소통 불량
   ③ 계획 불충분
   ④ 불안과 동요

11 재해손실비용 중 직접비에 해당되는 것은?

① 인적손실   ② 생산손실
③ 산재보상비 ④ 특수손실

해설 하인리히의 재해손실비
1) 직접비 : 법정 산재보상비
2) 간접비 : 인적손실, 물적손실, 생산손실, 기타손실 등

12 피로를 측정하는 방법 중 동작분석, 연속반응시간 등을 통하여 피로를 측정하는 방법은?

① 생리학적 측정
② 생화학적 측정
③ 심리학적 측정
④ 생역학적 측정

해설 피로의 측정법
1) **생리학적 방법** : 근전도(EMG), 산소소비량 및 에너지대사율, 피부전기반사(GSR), 프릿가값(융합점멸주파수 : 대뇌활동측정) 등
2) **화학적 방법** : 혈색소농도, 혈액수준, 혈단백, 응형시간, 혈액, 요전해질, 요단백, 요교질, 배설량 등
3) **심리학적 방법** : 피부(전위)저장, 동작분석, 연속반응시간, 행동기록, 정신작업, 전신자각증상, 집중유지기능 등

13 도수율이 12.57, 강도율이 17.45인 사업장에서 1명의 근로자가 평생 근무한다면 며칠의 근로 손실이 발생하겠는가? (단, 1인 근로자의 평생근로시간은 10^5시간이다.)

① 1257일
② 126일
③ 1745일
④ 175일

해설 1) 환산강도율 : 근로자가 평생(입사 → 퇴직, 40년, 10만 시간)근무하였을 때 발생하는 근로손실일수를 의미한다.
2) 환산강도율 = 강도율×100
           = 17.45×100=1745일

■ 정답 ■   09.①   10.①   11.③   12.③   13.③

14 산업안전보건법상 안전보건관리규정을 작성하여야 할 사업 중에 정보서비스업의 상시 근로자 수는 몇 명 이상인가?

① 50   ② 100
③ 300 ④ 500

해설 안전보건관리규정을 작성하여야 할 사업의 종류 및 규모(시행규칙 별표 6의 2)

사업의 종류	규모
1. 농업 2. 어업 3. 소프트웨어 개발 및 공급법 4. 컴퓨터 프로그래밍, 시스템 통합 및 관리업 5. 정보서비스업 6. 금융 및 보호법 7. 임대업 ; 부동산 제외 8. 전문, 과학 및 기술 서비스업(연구개발업은 제외한다) 9. 사업지원 서비스업 10. 사회복지 서비스업	상시근로자 300명 이상을 사용하는 사업장
11. 제11호부터 제10호까지의 사업을 제외한 사업	상시근로자 100명 이상을 사용하는 사업장

15 적응기제에서 방어기제가 아닌 것은?

① 보상   ② 고립
③ 합리화 ④ 동일시

해설 적응기제
1) 방어적 기제 : 보상, 합리화, 동일시, 승화 등
2) 도피적 기제 : 고립, 퇴행, 억압, 백일몽 등

16 토의식 교육지도에 있어서 가장 시간이 많이 소요되는 단계는?

① 도입   ② 제시
③ 적용   ④ 확인

해설 단계별 교육의 시간배분

교육법의 4단계	강의식	토의식
1단계 – 도입(준비)	5분	5분
2단계 – 제시(설명)	40분	10분
3단계 – 적용(응용)	10분	40분
4단계 – 확인(총괄)	5분	5분

17 인지과정 착오의 요인이 아닌 것은?

① 정서 불안정
② 감각차단 현상
③ 작업자의 기능미숙
④ 생리·심리적 능력의 한계

해설 착오요인(대뇌의 휴먼에러)
1) 인지과정 착오
   ① 생리, 심리적 능력의 한계
   ② 정보량 저장능력의 한계
   ③ 감각차단현상(단조로운 업무, 반복작업 시 발생)
   ④ 정서불안정(공포, 불안, 불만)
2) 판단과정 착오
   ① 능력부족
   ② 정보부족
   ③ 자기합리화
   ④ 환경조건의 불비
3) 조치과정 착오 : 기술능력 미숙 및 경험부족에서 발생

18 위험예지훈련 기초 4라운드(4R)에서 라운드별 내용이 바르게 연결된 것은?

① 1라운드 : 현상파악
② 2라운드 : 대책수립
③ 3라운드 : 목표설정
④ 4라운드 : 본질추구

해설 위험예지훈련의 문제해결 4라운드(4Round)
1) 1R–현상파악 : 잠재위험요인을 발견하는 단계
2) 2R–본질추구 : 가장 위험한 요인(위험 포인트)을 합의로 결정하는 단계
3) 3R–대책수립 : 구체적인 대책을 수립하는

■ 정답 ■ 14.③ 15.② 16.③ 17.③ 18.①

단계
4) 4R-행동목표 설정 : 행동계획을 정하고 수립한 대책 가운데서 질이 높은 항목에 합의하는 단계(요약)

19 자율검사프로그램을 인정받으려는 자가 한국산업안전보건공단에 제출해야 하는 서류가 아닌 것은?

① 안전검사대상 유해·위험기계 등의 보유현황
② 유해·위험기계 등의 검사 주기 및 검사기준
③ 안전검사대상 유해·위험기계의 사용 실적
④ 향후 2년간 검사대상 유해·위험기계 등의 검사 수행계획

해설 자율검사프로그램을 인정받으려는 자가 산업안전보건공단에 제출해야 할 서류(시행규칙 제74조의 2)
1) ①, ②, ④항
2) 검사원 보유현황과 검사를 할 수 있는 장비 관리방법
3) 과거 2년간 자율검사프로그램 수행 실적(재신청의 경우만 해당)
4) 자율검사프로그램 인정신청서

20 ERG(Existence Relation Growth)이론을 주창한 사람은?

① 매슬로우(Maslow)
② 맥그리거(McGregor)
③ 테일러(Taylor)
④ 알더퍼(Alderfer)

해설 알더퍼(Alderfer)의 ERG이론
1) **생존(Existence)욕구(존재욕구)** : 신체적인 차원에서 유기체의 생존과 유지에 관련된 욕구
2) **관계(Relatedness)욕구** : 타인과의 상호작용을 통해 만족되는 대인욕구
3) **성장(Growth)욕구** : 개인적인 발전과 증진에 관한 욕구

제2과목 / 인간공학 및 시스템안전공학

21 청각신호의 수신과 관련된 인간의 기능으로 볼 수 없는 것은?

① 검출(detection)
② 순응(adaptation)
③ 위치 판별(directional judgement)
④ 절대적 식별(absolute judgement)

해설 청각적 신호의 수신에 관계되는 인간의 기능(또는 과업)
1) **검출** : 경고신호와 같은 신호의 존재 여부 판단
2) **위치판별** : 신호가 오는 방향의 판별
3) **절대적식별** : 단독으로 존재하는 특정 신호의 확인
4) **상대적분간** : 인접해 있는 두 가지 이상의 신호분간

주 순응(adaptation) : 빛에 대한 감도변화를 말한다.

22 창문을 통해 들어오는 직사 휘광을 처리하는 방법으로 가장 거리가 먼 것은?

① 창문을 높이 단다.
② 간접 조명 수준을 높인다.
③ 차양이나 발(blind)을 사용한다.
④ 옥외 창 위에 드리우개(overhang)를 설치한다.

해설 창문으로부터의 직사휘광 처리
1) 창문을 높이 단다.
2) 창 위(실외)에 드리우개(overhang)를 설치한다.
3) 창문(안쪽)에 수직날개(fin)들을 달아서 직시선을 제한한다.
4) 차양(shade)혹은 발(blind)을 사용한다.

정답 19.③ 20.④ 21.② 22.②

23 실효온도(ET)의 결정요소가 아닌 것은?
① 온도 ② 습도
③ 대류 ④ 복사

해설 실효온도(ET)
1) 실효온도(체감온도 또는 감각온도)에 영향을 주는 요인 : 온도, 습도, 기류(공기유동)
2) 허용한계 : 정신(사무작업)(60 ~ 64°F), 중작업(50~55°F)

24 녹색과 적색의 두 신호가 있는 신호등에서 1시간 동안 적색과 녹색이 각각 30분씩 켜진다면 이 신호등의 정보량은?
① 0.5 bit ② 1 bit
③ 2 bit ④ 4 bit

해설 bit의 정의 : 실현가능성이 같은 2개의 대안 중 하나가 명시되었을 때 얻는 정보량을 나타낸다.

25 건강한 남성이 8시간 동안 특정 작업을 실시하고, 산소소비량이 1.2L/분으로 나타났다면 8시간 총 작업시간에 포함되어야 할 최소 휴식시간은? (단, 남성의 권장 평균에너지소비량은 5kcal/분, 안정 시 에너지소비량은 1.5kcal/분으로 가정한다.)
① 107분 ② 117분
③ 127분 ④ 137분

해설 $R = \dfrac{T(W-S)}{W-1.5}$
$= \dfrac{480 \times (6-5)}{6-1.5} = 107분$

여기서, R : 필요한 휴식시간
T : 총 작업시간(8×60=480분)
W : 작업중 에너지소비량 (1.2L/분×5kcal/L=6kcal/분)
S : 권장 평균에너지소비량 (4~5kcal/분)

26 과전압이 걸리면 전기를 차단하는 차단기, 퓨즈 등을 설치하여 오류가 재해로 이어지지 않도록 사고를 예방하는 설계 원칙은?
① 에러복구 설계
② 풀-프루프(fool-proof)설계
③ 페일-세이프(fail-safe)설계
④ 템퍼-프루프(tamper proog)설계

해설 페일 세이프(fail safe) : 인간이나 기계에 과오(error)나 동작상의 실수가 있더라도 사고방지를 위해서 2중, 3중으로 통제를 가하도록 한 체계를 말함

27 일반적으로 의자설계의 원칙에서 고려해야 할 사항과 거리가 먼 것은?
① 체중분포에 관한 사항
② 상반신의 안정에 관한 사항
③ 개인차의 반영에 관한 사항
④ 의자 좌판의 높이에 관한 사항

해설 의자설계의 원칙
1) 체중분포 : 체중이 좌걸 결절에 실려야 한다.
2) 의자 좌판의 높이 : 좌판 앞부분이 오금의 높이 보다 높지 않아야 한다.
3) 의자 좌판의 깊이와 폭 : 폭은 큰 사람에게, 깊이는 작은 사람에게 맞도록 해야 한다.
4) 몸통의 안정 : 의자의 좌판 각도는 3°, 좌판 등판 간의 등판 각도는 100°가 몸통안정에 효과적이다.

28 사고의 발단이 되는 초기 사상이 발생할 경우 그 영향이 시스템에서 어떤 결과(정상 또는 고장)로 진전해 가는지를 나뭇가지가 갈라지는 형태로 분석하는 방법은?
① FTA ② PHA
③ FHA ④ ETA

해설 ETA(Event Tree Analysis, 사상분석법)
1) 사상(事象)의 안전도를 사용한 시스템의 안

■ 정답 ■ 23.④ 24.② 25.① 26.③ 27.③ 28.④

전도를 나타내는 시스템모델의 하나로서 귀납적이고 정량적인 분석방법이다.
2) 재해의 확대요인을 분석하는 데 적합한 방법이다.
3) 디시전트리(decision tree)를 재해사고의 분석에 이용할 경우의 분석법을 ETA(사상 수분석법)라 한다.

29 조종장치의 저항 중 갑작스런 속도의 변화를 막고 부드러운 제어동작을 유지하게 해주는 저항을 무엇이라 하는가?

① 점성저항
② 관성저항
③ 마찰저항
④ 탄성저항

해설 조종장치의 저항 종류
1) 점성저항
  ① 출력과 반대방향으로 속도에 비례해서 작용하는 힘 때문에 생기는 저항이다.
  ② 점성저항은 갑작스러운 속도변화를 막고 원활한 제어동작을 유지하게 해준다.
2) 관성저항 : 물체의 질량으로 인한 운동에 대한 저항으로 가속도에 따라 변한다.
3) 마찰저항 : 정적마찰은 초기 동작에 대한 저항으로 동작초기에 최대이지만 급격히 감소하며, 미끄럼(coulomb)마찰은 동작에 대한 저항으로 계속되지만 마찰력은 속도나 변위와는 무관하다.
4) 탄성저항 : 조종장치의 변위에 따라 변한다 (변위가 클수록 저항이 커진다)

30 인간공학적 수공구의 설계에 관한 설명으로 맞는 것은?

① 손잡이 크기를 수공구 크기에 맞추어 설계한다.
② 수공구 사용 시 무게 균형이 유지되도록 설계한다.
③ 정밀 작업용 수공구의 손잡이는 직경 5mm 이하로 한다.
④ 힘을 요하는 수공구의 손잡이는 직경을 60mm 이상으로 한다.

해설 수공구 설계원칙
1) 수공구 무게를 줄이고 사용시 무게 균형이 유지되도록 설계한다.
2) 손바닥면에 압력이 가해지지 않도록 설계한다.
3) 손가락이 지나치게 반복적인 동작을 하지 않도록 한다.
4) 손목을 곧게 펼 수 있도록 한다.
5) 안전측면을 고려한 디자인이 이루어지도록 한다.

31 인간이 현존하는 기계를 능가하는 기능으로 거리가 먼 것은?

① 완전히 새로운 해결책을 도출할 수 있다.
② 원칙을 적용하여 다양한 문제를 해결할 수 있다.
③ 여러 개의 프로그램 된 활동을 동시에 수행할 수 있다.
④ 상황에 따라 변하는 복잡한 자극 형태를 식별할 수 있다.

해설 기계가 우수한 기능 : 여러 개의 프로그램 된 활동을 동시에 수행할 수 있다.

길잡이	인간과 기계의 상대적 재능	
인간이 우수한 기능	기계가 우수한 기능
① 저 에너지 자극(시각, 청각, 후각 등) 감지	① 인간 감지범위 밖의 자극(X선, 초음파 등) 감지
② 복잡 다양한 자극 형태 식별	② 인간 및 기계에 대한 모니터 기능
③ 예기치 못한 사건 감지(예감, 느낌)	③ 드물게 발생하는 사상 감지
④ 다량정보를 오래 보관	④ 암호화된 정보를 신속하게 대량보관
⑤ 귀납적 추리	⑤ 연역적 추리
⑥ 과부하 상황에서는 중요한 일에만 전념	⑥ 과부하시 효율적으로 작동
⑦ 임기응변, 융통성, 원칙적용, 주관적 추산, 독창력 발휘 등의 기능	⑦ 정량적 정보처리, 장시간 중량작업, 반복작업, 동시에 여러 가지 작업수행

■ 정답 ■ 29.① 30.② 31.③

32 결함수 분석의 컷셋(cut set)과 패스셋(path set)에 관한 설명으로 틀린 것은?

① 최소 컷셋은 시스템의 위험성을 나타낸다.
② 최소 패스셋은 시스템의 신뢰도를 나타낸다.
③ 최소 패스셋은 정상사상을 일으키는 최소한의 사상 집합을 의미한다.
④ 최소 컷셋은 반복사상이 없는 경우 일반적으로 퍼셀(Fussell)알고리즘을 이용하여 구한다.

해설 최소 패스셋은 정상사상을 일으키지 않는 최소한의 사상 집합을 의미한다.

33 FTA의 논리게이트 중에서 3개 이상의 입력사상 중 2개가 일어나면 출력이 나오는 것은?

① 억제 게이트
② 조합 AND 게이트
③ 배타적 OR 게이트
④ 우선적 AND 게이트

해설 수정기호의 종류
1) **우선적 AND Gate** : 입력사상 가운데 어느 사상이 다른 사상보다 먼저 일어났을 때에 출력사상이 생긴다. 예를 들면 「A는 B보다 먼저」와 같이 기입
2) **짜맞춤 AND Gate** : 3개 이상의 입력사상 가운데 어느 것이든 2개가 일어나면 출력사상이 생긴다. 예를 들면 「어느 것이든 2개」라고 기입
3) **위험지속기호** : 입력사상이 생겨서 어느 일정시간 지속하였을 때에 출력사상이 생긴다. 예를 들면 「위험지속시간」과 같이 기입
4) **배타적 OR Gate** : OR Gate로 2개 이상의 입력이 동시에 존재할 때에는 출력사상이 생기지 않는다. 예를 들면 「동시에 발생하지 않는다」라고 기입

34 인적 오류로 인한 사고를 예방하기 위한 대책 중 성격이 다른 것은?

① 작업의 모의훈련
② 정보의 피드백 개선
③ 설비의 위험요인 개선
④ 적합한 인체측정치 적용

해설 인적오류로 인한 사고예방대책
1) 정보의 피드백 개선
2) 설비의 위험요인 개선
3) 적합한 인체측정치 적용
4) 경보장치 및 방호장치 설치

35 설비보전 방식의 유형 중 궁극적으로는 설비의 설계, 제작 단계에서 보전 활동이 불필요한 체계를 목표로 하는 것은?

① 개량보전(corrective maintenance)
② 예방보전(preventive maintenance)
③ 사후보전(break-down maintenance)
④ 보전예방(maintenance prevention)

해설 설비보전방식의 유형
1) **예방보존** : 설비를 항상 정상, 양호한 상태로 유지하기 위한 정기검사와 초기단계에서 성능의 저하나 고장을 제거하거나 조정 또는 수복(修復)하기 위한 설비의 보수활동을 의미한다.
2) **일상보존** : 설비의 열화를 방지하고 그 진행을 지연시켜 수명을 연장하기 위한 설비의 점검, 청소, 주유, 교체 등의 활동을 의미한다.
3) **개량보존** : 고장을 미연에 방지하기 위해 설비를 개조하거나 설계에서부터 시정조치를 취하고 설비의 체질개선을 도모하는 설비보전 방법을 의미한다.
4) **보전예방** : 설계단계에서 보존활동 하는 것을 예방하는 것이다.
5) **사후보전** : 수리를 행하는 설비보전방법을 의미한다.
6) **예지보전** : 설비의 이상 상태를 검출, 측정 또는 감시하여 열화의 정도가 사용한도에 이른 시점에서 분해, 검사, 부품교환, 수리하는 설비보전방법을 의미한다.

36 시스템 수명주기에서 예비위험분석을 적용하는 단계는?

① 구상단계　② 개발단계
③ 생산단계　④ 운전단계

해설 시스템의 수명주기
1) 구상단계
　① 특정위험을 찾아내기 위해 예비위험분석 (PHA)을 이용한다.
　② 위험관리와 안전설계기준을 개발하고 우선적으로 필요한 사항을 결정하기 위해서 리스크 분석을 수행한다.
2) 정의단계 : 예비설계와 생산기술을 확인하는 단계이다.
3) 개발단계 : 고장형태 및 영향분석(FMEA)과 관련된 신뢰성공학이 적용된다.
4) 생산단계 : 안전부서에 의한 모니터링이 가장 중요하며 품질관리부서는 생산물을 검사하고 조사하는 역할을 한다.
5) 운전단계 : 교육훈련이 진행되고 사고 또는 사건으로 부터 자료가 축적된다.

37 표시 값의 변화 방향이나 변화 속도를 관찰할 필요가 있는 경우에 가장 적합한 표시장치는?

① 동목형 표시장치　② 계수형 표시장치
③ 묘사형 표시장치　④ 동침형 표시장치

해설 정량적 동적표시장치의 기본형
1) 정목동침(moving pointer)형 : 눈금이 고정되고 지침이 움직이는 형
2) 정침동목(moving scale)형 : 지침이 고정되고 눈금이 움직이는 형
3) 계수(digital)형 : 전력계나 택시요금 계기와 같이 기계, 전자적으로 숫자가 표시되는 형

38 음의 세기인 데시벨(dB)을 측정할 때 기준 음압의 주파수는?

① 10Hz　② 100Hz
③ 1,000Hz　④ 10,000Hz

해설 dB수준과 음압과의 관계식 : 음의 강도는 음압의 제곱에 비례하므로 dB 수준은 다음과 같다.

∴ $dB수준 = 20\log\left(\dfrac{P_1}{P_0}\right)$

여기서, P_1 : 측정하려는 음압
　　　　P_0 : 기준음의 음압
　　　　$(2 \times 10^5 N/m^2 : 10,00Hz$에서의 최소 가정치$)$

39 FT도에서 정상사상 A의 발생확률은? (단, 사상 B_1의 발생확률은 0.3이고, B_2의 발생확률은 0.2이다.)

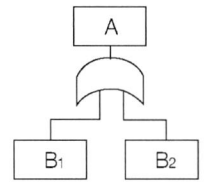

① 0.06　② 0.44
③ 0.56　④ 0.94

해설 A=1-(1-B1)(1-B2)
　　　=1-(1-0.3)(1-0.2)=0.44

40 그림의 부품 A, B, C로 구성된 시스템의 신뢰도는? (단, 부품 A의 신뢰도는 0.85, 부품 B와 C의 신뢰도는 각각 0.9이다.)

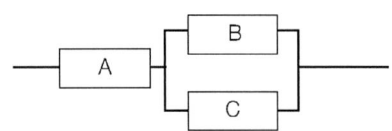

① 0.8415
② 0.8425
③ 0.8515
④ 0.8525

해설 R=A×[1-(1-B)(1-C)]
　　　=0.85×[1-(1-0.9)(1-0.9)]=0.8415

제3과목 / 기계위험방지기술

41 기계의 안전조건 중 구조의 안전화가 아닌 것은?

① 기계재료의 선정 시 재료 자체에 결함이 없는지 철저히 확인한다.
② 사용 중 재료의 강도가 열화될 것을 감안하여 설계시 안전율을 고려한다.
③ 기계작동 시 기계의 오동작을 방지하기 위하여 오동작 방지 회로를 적용한다.
④ 가공경화와 같은 가공결함이 생길 우려가 있는 경우는 열처리 등으로 결함을 방지한다.

해설 기계설비의 구조적 안전화
 1) 재료선택의 안전화(재료결함)
 2) 설계상의 올바른 강도계산(설계상 결함)
 3) 가공상의 안전화(가공결함)

42 보일러의 안전한 기동을 위해 압력방출장치가 2개 이상 설치된 경우 최고사용압력 이하에서 1개가 작동되었다면, 다른 압력방출장치의 작동압력의 범위는?

① 최고사용압력 1.05배 이하
② 최고사용압력 1.1배 이하
③ 최고사용압력 1.15배 이하
④ 최고사용압력 1.2배 이하

해설 압력방출장치의 설치기준(안전보건규칙)
 1) 보일러의 안전한 가동을 위하여 보일러 규격에 적합한 압력방출장치를 1개 또는 2개 이상 설치하고 최고사용압력 이하에서 작동되도록 할 것. 다만 압력방출장치가 2개 이상 설치된 경우에는 최고사용압력 이하에서 1개가 작동되고, 다른 압력 방출장치는 최고사용압력 1.05배 이하에서 작동되도록 할 것
 2) 압력방출장치는 1년에 1회 이상 표준 압력계를 이용하여 토출압력을 실험한 후 납으로 봉인하여 사용하도록 할 것

43 화물의 하중을 직접 지지하는 달기 와이어로프의 안전계수 기준은?

① 3이상 ② 4이상
③ 5이상 ④ 10이상

해설 양중기의 와이어로프 또는 달기체인(고리걸이용 포함)의 안전계수

$$안전계수 = \frac{절단하중}{최대사용하중(허용하중)}$$

 1) 근로자가 탑승하는 운반구를 지지하는 경우 : 10이상
 2) 화물의 하중을 직접 지지하는 경우 : 5이상
 3) 훅, 샤클, 클램프, 리프팅 빔의 경우 : 3이상
 4) 그 밖의 경우 : 4이상

44 공작기계 중 플레이너 작업 시 안전대책이 아닌 것은?

① 베드 위에는 다른 물건을 올려 놓지 않는다.
② 절삭행정 중 일감에 손을 대지 말아야 한다.
③ 프레임내의 피트(Pit)에는 뚜껑을 설치하여야 한다.
④ 바이트는 되도록 길게 나오도록 설치한다.

해설 플레이너의 안전작업수칙
 1) 공작물(일감)의 고정시에는 반드시 전원을 차단시킬 것
 2) 이동테이블에 방호울을 설치할 것
 3) 프레임(frame)중앙부에 있는 피트(pit)에는 덮개(뚜껑)를 설치할 것
 4) 바이트는 되도록 짧게 설치할 것
 5) 베드 위에는 다른 물건을 올려 놓지 않을 것
 6) 압판은 죄는 힘에 의해 휘어지지 않도록 충분히 두꺼운 것을 사용하고 수평이 되도록 고정시킬 것
 7) 테이블과 고정벽이나 다른 기계와의 최소거리가 80cm이하인 경우에는 그 사이를 통행할 수 없게 할 것

■ 정답 ■ 41.③ 42.① 43.③ 44.④

45 프레스작업의 안전을 위한 방호장치 중 투광부와 수광부를 구비하는 방호장치는?

① 양수조작식 ② 가드식
③ 광전자식 ④ 수인식

해설 광전자식 방호장치 설치기준
1) 광축의 설치거리(위험부위에서 안전거리)
  설치거리(mm)=1.6($T_L + T_S$)
  여기서, T_L : 손이 광선차단 직후부터 급정지 기구가 작동을 개시할 때까지의 시간(ms)
  T_S : 급정지기구 작동개시 시간부터 슬라이드가 정지할 때까지의 시간 (ms)
  $T_L + T_S$: 최대정지시간(급정지시간)
2) 광축의 수는 2개 이상, 광축 간의 간격은 50mm 이하일 것
3) 투광기와 수광기의 사이에 연속차광을 할 수 있는 차광폭은 30mm이하일 것

46 체인과 스프로킷, 랙과 피니언, 풀리와 V벨트 등에서 형성되는 위험점은?

① 끼임점 ② 회전말림점
③ 접선물림점 ④ 협착점

해설 1) 끼임점 : 연삭숫돌과 작업대, 반복 동작되는 링크기구, 교반기의 교반날개와 몸체사이 등
2) 회전말림점 : 회전축, 드릴축, 커플링 등
3) 접선물림점 : 본문 설명
4) 협착점 : 프레스, 성형기, 절곡기 등

47 수공구 작업 시 재해방지를 위한 일반적인 유의사항이 아닌 것은?

① 사용 전 이상 유무를 점검한다.
② 작업자에게 필요한 보호구를 착용시킨다.
③ 적합한 수공구가 없을 경우 유사한 것을 선택하여 사용한다.
④ 사용 전 충분한 사용법을 숙지한다.

해설 수공구 작업시 재해방지를 위한 유의사항
1) 사용전 이상유무 점검
2) 보호구 착용
3) 사용전 사용법 숙지

48 플레이너와 세이퍼의 방호장치가 아닌 것은?

① 칩 브레이커 ② 칩받이
③ 칸막이 ④ 방책

해설 세이퍼의 방호장치
1) 칩받이
2) 방책(방호울)
3) 칸막이

49 기계설비에 있어서 방호의 기본 원리가 아닌 것은?

① 위험제거 ② 덮어씌움
③ 위험도 분석 ④ 위험에 적응

해설 방호의 기본원리
1) 위험제거
2) 덮어씌움(위험해지는 상태의 삭감)
3) 위험에 적응
4) 차단(위험해 지는 상태의 제거)

50 목재 가공용 둥근톱의 목재반발 예방장치가 아닌 것은?

① 반발방지 발톱(finger)
② 분할날(spreader)
③ 덮개(cover)
④ 반발방지 롤(roll)

해설 둥근톱기계의 방호장치
1) 톱날접촉예방장치 : 보호덮개
2) 반발예방장치
  ① 분할날
  ② 반발방지기구(finger)
  ③ 반발방지롤(roll)

■ 정답 ■ 45.③ 46.③ 47.③ 48.① 49.③ 50.③

51 산업안전보건기준에 관한 규칙상 안전난간의 구조 및 설치요건 중 상부 난간대는 바닥면·발판 또는 경사로의 표면으로부터 몇 cm 이상 지점에 설치해야 하는가?

① 30cm   ② 60cm
③ 90cm   ④ 120cm

해설 안전난간의 구조 및 설치요건(안전보건규칙 제13조)
1) 상부난간대, 중간난간대, 발끝막이판 및 난간기둥으로 구성할 것(중간난간대, 발끝막이판 및 난간기둥은 이와 비슷한 구조 및 성능을 가진 것으로 대체할 수 있다.)
2) 상부난간대는 바닥면, 발판 또는 경사로의 표면(이하 "바닥면 등")으로부터 90cm 이상지점에 설치하고, 상부난간대를 120cm 이하에 설치하는 경우 중간난간대는 상부난간대와 바닥면 등의 중간에 설치하여야 하며, 120cm 이상 지점에 설치하는 경우에는 중간난간대를 2단 이상으로 균등하게 설치하고 난간의 상하간격은 60cm 이하가 되도록 할 것
3) 발끝막이판은 바닥면 등으로부터 10cm이상의 높이를 유지할 것(물체가 떨어지거나 날아올 위험이 없거나 그 위험을 방지할 수 있는 망을 설치하는 등 필요한 예방조치를 한 장소는 제외)
4) 난간기둥은 상부난간대와 중간난간대를 견고하게 떠받칠 수 있도록 적정 간격을 유지할 것
5) 상부난간대와 중간난간대는 난간길이 전체에 걸쳐 바닥면 등과 평행을 유지할 것
6) 난간대는 지름 2.7cm 이상의 금속제 파이프나 그 이상의 강도를 가진 재료일 것
7) 안전난간은 임의의 점에서 임의의 방향으로 움직이는 100kg이상의 하중에 견딜 수 있는 튼튼한 구조일 것

52 산업용 로봇의 방호장치로 옳은 것은?

① 압력방출 장치
② 안전매트
③ 과부하 방지장치
④ 자동전격 방지장치

해설 산업용 로봇의 방호장치
1) 안전매트
2) 방책(높이 1.8m 이상)
3) 제동장치 및 비상정지장치

53 연삭숫돌의 파괴원인이 아닌 것은?

① 숫돌 작업 시 측면 사용이 원인이 된다.
② 숫돌 작업 시 드레싱을 실시했을 때 원인이 된다.
③ 숫돌의 회전속도가 너무 빠를 때 원인이 된다.
④ 숫돌의 회전중심이 잡히지 않았거나 베어링의 마모에 의한 진동이 원인이 된다.

해설 연삭기 숫돌의 파괴원인
1) 숫돌의 회전속도가 빠를 때
2) 숫돌자체에 균열이 있을 때
3) 숫돌에 과대한 충격을 가할 때
4) 숫돌의 측면을 사용하여 작업할 때
5) 숫돌의 불균형이나 베어링 마모에 의한 진동이 있을 때
6) 숫돌 반경방향의 온도변화가 심할 때
7) 작업에 부적당한 숫돌을 사용할 때
8) 숫돌의 치수가 부적당할 때
9) 플랜지가 현저히 작을 때(플랜지 직경=숫돌 직경×1/3)

54 선반의 안전작업 방법 중 틀린 것은?

① 절삭칩의 제거는 반드시 브러시를 사용할 것
② 기계운전 중에는 백기어(back gear)의 사용을 금할 것
③ 공작물의 길이가 직경의 6배 이상일 때는 반드시 방진구를 사용할 것
④ 시동 전에 척 핸들을 빼둘 것

해설 ③항, 공작물의 길이가 직경의 12배 이상으로 가늘고 길 때는 방진구(공작물의 고정에 사용)를 사용하여 진동을 막을 것

■ 정답 ■ 51.③ 52.② 53.② 54.③

55 지게차가 무부하 상태로 구내 최고속도 25km/h로 주행 시 좌우안정도는 몇 % 이내인가?

① 16.5% ② 25.0%
③ 37.5% ④ 42.5%

해설 지게차 주행시 좌우안정도=15+1.1V
= 15+(1.1×25)=42.5%

> **길잡이** 지게차의 안정도
> 1) 하역 작업시
>   ① 전후 안정도 : 4%(5톤 이상의 것은 3.5%)
>   ② 좌우 안정도 : 6%
> 2) 주행시
>   ① 전후 안정도 : 18%
>   ② 좌우 안정도 : (15+1.1V)%, V는 최고속도(km/hr)

56 그림과 같이 2줄 걸이 인양작업에서 와이어로프 1줄의 파단하중이 1,0000N, 인양화물의 무게가 2,000N 이라면 이 작업에서 확보된 안전율은?

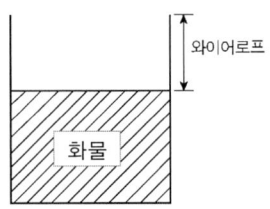

① 2 ② 5
③ 10 ④ 20

해설 1) 로프 2줄의 파단하중 = 10,000N×2 = 20,000N
2) 안전율 = $\dfrac{파단하중}{허용응력}$
$\dfrac{20,000N}{2,000N} = 10$

57 가스집합용접장치에서 가스장치실에 대한 안전조치로 틀린 것은?

① 가스가 누출될 때에는 해당 가스가 정체되지 않도록 한다.
② 지붕 및 천장은 콘크리트 등의 재료로 폭발을 대비하여 견고히 한다.
③ 벽에는 불연성 재료를 사용한다.
④ 가스장치실에는 관계근로자가 아닌 사람의 출입을 금지시킨다.

해설 ②항, 지붕과 천장은 가벼운 불연성 재료를 사용할 것

58 가드(guard)의 종류가 아닌 것은?

① 고정식 ② 조정식
③ 자동식 ④ 반자동식

해설 가드(guard)의 종류
1) 고정형 가드(fixed guard) : 완전밀폐형, 작업점용
2) 자동형 가드(auto guard) : 이동형, 가동형 등 기계·전기·유공압적 인터록 시스템
3) 조절형 가드(adjustable guard) : 작업여건에 따라 조절하여 사용

59 근로자가 탑승하는 운반구를 지지하는 달기체인의 안전계수는 몇 이상이어야 하는가?

① 3 ② 4
③ 5 ④ 10

해설 양중기의 와이어로프 또는 달기체인의 안전계수(안전보건규칙)
1) 근로자가 탑승하는 운반구를 지지하는 경우 : 10이상
2) 화물의 하중을 직접 지지하는 경우 : 5이상
3) 훅, 샤클, 클램프, 리프팅 빔의 경우 : 3이상
4) 그 밖의 경우 : 4이상

60 프레스의 양수조작식 방호장치에서 양쪽버튼의 작동시간 차이는 최대 몇 초 이내일 때 프레스가 동작되도록 해야 하는가?

① 0.1   ② 0.5
③ 1.0   ④ 1.5

해설 양수조작식은 누름버튼을 양손으로 동시에 조작하지 않으면 작동시킬 수 없는 구조이어야 하며, 양쪽버튼의 작동시간 차이는 최대 0.5초 이내일 때 프레스가 동작되도록 할 것

제4과목 / 전기 및 화학설비위험방지기술

---

61 교류아크 용접작업시 감전을 예방하기 위하여 사용하는 자동전격방지기의 2차 전압은 몇 V 이하로 유지하여야 하는가?

① 25   ② 35
③ 50   ④ 40

해설 교류아크용접기의 방호장치
1) 방호장치 : 자동전격방지장치
2) 방호장치의 성능
   ① 아크발생을 정지시킬 때 주접점이 개로 될 때까지의 시간(자동시간)은 1초 이내일 것
   ② 2차 무부하전압은 25V 이내일 것
3) 자동전격방지장치의 기능 : 용접작업중단 직후부터 다음 아크 발생기까지 유지할 것

62 전기기기의 불꽃 또는 열로 인해 폭발성 위험분위기에 점화되지 않도록 컴파운드를 충전해서 보호한 방폭구조는?

① 몰드 방폭구조
② 비점화 방폭구조
③ 안전증 방폭구조
④ 본질안전 방폭구조

해설
1) 몰드 방폭구조 : 본문설명
2) 비점화방폭구조 : 전기기기가 정상작동과 규정된 특정한 비정상상태에서 주위의 폭발성 가스 분위기를 점화시키지 못하도록 만든 방폭구조
3) 안전증방폭구조 : 폭발성가스·증기의 점화원이 될 전기불꽃, 아크 또는 고온이 되어서는 안 되는 부분에 기계적, 전기적 구조상 또는 온도상승을 억제할 수 있도록 안전도를 증가시킨 구조
4) 본질안전방폭구조 : 정상시 및 사고시(단선, 단락, 지락 등)에 발생하는 전기불꽃 아크 또는 고온에 의하여 폭발성가스 또는 증기에 점화되지 않는 것이 점화시험, 기타에 의해서 확인된 구조

63 대전된 물체가 방전을 일으킬 때의 에너지 E(J)를 구하는 식으로 옳은 것은? (단, 도체의 정전용량은 C(F), 대전전위는 V(V), 대전전하량은 Q(C)이다.)

① $E = \sqrt{2CQ}$ ② $E = \dfrac{1}{2}CV$

③ $E = \dfrac{Q^2}{2C}$ ④ $E = \sqrt{\dfrac{2V}{C}}$

해설 $E = \dfrac{1}{2}CV^2 = \dfrac{1}{2}QV = \dfrac{Q^2}{2C}$

여기서, E : 정전에너지(J)
C : 도체의 정전용량(F)
V : 대전전위(V)(V=Q/C)
Q : 대전전하량(C)(Q=CV)

64 저항이 0.2Ω인 도체에 10A의 전류가 1분간 흘렀을 경우 발생하는 열량은 몇 cal인가?

① 64   ② 144
③ 288   ④ 386

해설 $Q = I^2 RT$
$= 10^2 \times 0.2 \times 60$
$= 1200J \times \dfrac{1cal}{4.186J} = 286.67cal$

■ 정답 ■   60.②   61.①   62.①   63.③   64.③

65 누전차단기의 선정 및 설치에 관한 설명으로 틀린 것은?

① 차단기를 설치한 전로에 과부하 보호장치를 설치하는 경우는 서로 협조가 잘 이루어지도록 한다.
② 정격부동작전류와 정격감도전류와의 차는 가능한 큰 차단기로 선정한다.
③ 휴대용, 이동용 전기기기에 설치하는 차단기는 정격감도전류가 낮고, 동작시간이 짧은 것을 선정한다.
④ 전로의 대지정전용량이 크면 차단기가 오동작하는 경우가 있으므로 각 분기회로마다 차단기를 설치한다.

해설 ②항, 정격부동작전류가 정격감도전류의 50% 이상이어야 하고 전류치가 가능한 작을 것

66 가스 또는 분진폭발위험장소에는 변전실·배전반실·제어실 등을 설치하여서는 아니 된다. 다만, 실내기압이 항상 양압을 유지하도록 하고, 별도의 조치를 한 경우에는 그러하지 아니한데 이 때 요구되는 조치사항으로 틀린 것은?

① 양압을 유지하기 위한 환기설비의 고장 등으로 양압이 유지되지 아니한 때 경보를 할 수 있는 조치를 한 경우
② 환기설비가 정지된 후 재가동하는 경우 변전실 등에 가스 등이 있는지를 확인할 수 있는 가스검지기 등의 장비를 비치한 경우
③ 환기설비에 의하여 변전실 등에 공급되는 공기는 가스 또는 분진폭발위험장소가 아닌 곳으로부터 공급되도록 하는 조치를 한 경우
④ 항상 유지해야 하는 실내기압이 항상 양압 10Pa 이상이 되도록 장치를 한 경우

해설 ④항, 항상 유의해야 하는 실내기압이 항상 양압 25Pa(파스칼) 이상이 되도록 할 것

67 22.9kV 특별고압 활선작업 시 충전전로에 대한 접근한계거리는 몇 cm인가?

① 30 ② 60
③ 90 ④ 110

해설 접근한계거리

충전전로의 선간전압(단위 :kV)	충전전로에 대한 접근한계거리(cm)
0.3 이하	접촉금지
0.3 초과 0.75 이하	30
0.75 초과 2이하	45
2 초과 15 이하	60
15 초과 37 이하	90
37 초과 88 이하	110
88 초과 121 이하	130
121 초과 145 이하	150
145 초과 169 이하	170
169 초과 242 이하	230
242 초과 362 이하	380
362 초과 550 이하	550
550 초과 800이하	790

68 감전에 영향을 미치는 요인으로 통전경로별 위험도가 가장 높은 것은?

① 왼손 - 등
② 오른손 - 등
③ 오른손 - 왼발
④ 왼손 - 가슴

해설 통전경로별 위험도

통전경로	위험도
1) 왼손 – 가슴	1.5
2) 오른손 – 가슴	1.3
3) 왼손 – 한발 또는 양발	1.0
4) 양손 – 양발	1.0
5) 오른손 – 한발 또는 양발	0.8
6) 왼손 – 등	0.7
7) 한손 또는 양손 – 앉아 있는 거리	0.7
8) 왼손 – 오른손	0.4
9) 오른손 – 등	0.3

■ 정답 ■ 65.② 66.④ 67.③ 68.④

69 일반적인 방전형태의 종류가 아닌 것은?

① 스트리머(streamer)방전
② 적외선(infrared-ray)방전
③ 코로나(corona)방전
④ 연면(surface)방전

해설 방전의 형태
1) 스파크(spark)방전(불꽃방전)
2) 코로나(corona)방전
3) 연면방전
4) 스트리머(streamer)방전
5) 뇌상방전

70 전로에 시설하는 기계기구의 철대 및 금속제 외함에는 규정에 따른 접지공사를 실시하여야 하나 시설하지 않아도 되는 경우가 있다. 예외 규정으로 틀린 것은?

① 사용전압이 교류 대지전압 150V이하인 기계 기구를 습한 곳에 시설하는 경우
② 철대 또는 외함 주위에 적당한 절연대를 설치하는 경우
③ 저압용 기계기구를 건조한 마루나 절연성 물질 위에서 취급하도록 시설하는 경우
④ 2중 절연구조로 되어있는 기계기구를 시설하는 경우

해설 접지공사가 생략되는 장소
1) 건조한 장소에 설치한 직류 300V 또는 교류 대지전압이 150V이하인 전기기계·기구
2) 목재 마루 등 건조한 장소에서 전기기기를 취급하는 곳
3) 철대와 외함 주위에 절연대를 설치한 전기기계·기구
4) 사람이 쉽게 접촉되지 않게 목주 등에 높이 설치한 저압·고압용 전기기계·기구 (단, 절연성이 없는 철주상 등에 설치시는 접지공사를 해야 함)
5) 전기용품안전관리법의 적용을 받는 이중절연의 전기기계·기구
6) 누전차단기(정격감도전류 30mA이하, 동작시간 0.03sec 이하의 전류동작형의 것에 한함)로 보호된 저압전로의 기계·기구

71 다음 중 물분무소화설비의 주된 소화효과에 해당하는 것으로만 나열한 것은?

① 냉각효과, 질식효과
② 희석효과, 제거효과
③ 제거효과, 억제효과
④ 억제효과, 희석효과

해설 물분무소화설비의 주된 소화효과
1) 냉각효과
2) 억제효과
3) 희석효과

72 산업안전보건법령상 안전밸브 전단, 후단에 자물쇠형 차단밸브를 설치할 수 없는 경우는?

① 화학설비 및 그 부속설비에 안전밸브 등이 복수방식으로 설치되어있는 경우
② 예비용 설비를 설치하고 각각의 설비에 안전밸브 등이 설치되어있는 경우
③ 열팽창에 의하여 상승된 압력을 낮추기 위한 목적으로 안전밸브가 설치된 경우
④ 안전밸브 등의 배출용량의 2분의 1이상에 해당하는 용량의 자동압력조절밸브와 안전밸브가 직렬로 연결된 경우

해설 차단밸브의 설치 금지(안전보건규칙 제266조) : 안전밸브 등의 전단·후단에 차단밸브를 설치해서는 아니된다. 다만, 다음 각 호에 해당하는 경우에는 자물쇠형 또는 이에 준하는 형식의 차단밸브를 설치할 수 있다.
1) 인접한 화학설비 및 그 부속설비에 안전밸브 등이 각각 설치되어 있고, 해당 화학설비 및 그 부속설비의 연결배관에 차단밸브가 없는 경우
2) 안전밸브 등의 배출용량의 2분의 1이상에 해당하는 용량의 자동압력조절밸브(구동용 동력원의 공급을 차단하는 경우 열리는 구조인 것으로 한정)와 안전밸브 등이 병렬로

■ 정답 ■ 69.② 70.① 71.④ 72.④

연결된 경우
3) 화학설비 및 그 부속설비에 안전밸브 등이 복수방식으로 설치되어 있는 경우
4) 예비용 설비를 설치하고 각각의 설비에 안전밸브 등이 설치되어 있는 경우
5) 열팽창에 의하여 상승된 압력을 낮추기 위한 목적으로 안전밸브가 설치된 경우
6) 하나의 플레어 스택(flare stack)에 둘 이상의 단위공정의 플레어 헤더(flare header)를 연결하여 사용하는 경우로서 각각의 단위공정의 플레어헤더에 설치된 차단밸브의 열림·닫힘 상태를 중앙제어실에서 알 수 있도록 조치한 경우

73 폭발범위에 있는 가연성 가스 혼합물에 전압을 변화시키며 전기 불꽃을 주었더니 1,000V가 되는 순간 폭발이 일어났다. 이때 사용한 전기 불꽃의 콘덴서 용량은 $0.1\mu F$을 사용하였다면 이 가스에 대한 최소 발화에너지는 몇 mJ인가?

① 5 ② 10
③ 50 ④ 100

해설 $E = \dfrac{1}{2}CV^2$
$= \dfrac{1}{2} \times 0.1 \times 10^{-6} \times 1{,}000^2$
$= 0.05 \text{J} = 50 \text{mJ}$

74 유해·위험물질 취급시 보호구의 구비 조건으로 가장 거리가 먼 것은?

① 방호성능이 충분할 것
② 재료의 품질이 양호할 것
③ 작업에 방해가 되지 않을 것
④ 착용감이 뛰어나고 외관이 화려할 것

해설 보호구의 구비조건
1) ①, ②, ③항
2) 착용시 작업이 용이할 것
3) 구조와 끝 마무리가 양호할 것
4) 외관 및 디자인이 양호할 것

75 다음 중 분진 폭발의 발생 위험성을 낮추는 방법으로 적절하지 않은 것은?

① 주변의 점화원을 제거한다.
② 분진이 날리지 않도록 한다.
③ 분진과 그 주변의 온도를 낮춘다.
④ 분진 입자의 표면적을 크게 한다.

해설 ④항, 분진 입자의 표면적을 작게 한다.

76 가열·마찰·충격 또는 다른 화학물질과의 접촉 등으로 인하여 산소나 산화제의 공급이 없더라도 폭발 등 격렬한 반응을 일으킬 수 있는 물질은?

① 알코올류 ② 무기과산화물
③ 니트로화합물 ④ 과망간산칼륨

해설 폭발성 물질 및 유기과산화물 : 가열·마찰·충격 또는 다른 화학물질과의 접촉 등으로 인하여 산소나 산화제의 공급이 없더라도 폭발 등 격렬한 반응을 일으킬 수 있는 고체나 액체로서 다음 항목에 해당하는 물질
1) 질산에트레르류
2) 니트로 화합물
3) 니트로소 화합물
4) 아조 화합물
5) 디아조 화합물
6) 하이드라진 및 그 유도체
7) 유기과산화물 등

77 반응기가 이상과열인 경우 반응폭주를 방지하기 위하여 작동하는 장치로 가장 거리가 먼 것은?

① 고온경보장치
② 블로우다운시스템
③ 긴급차단장치
④ 자동shutdown장치

해설 블로우다운(blow down) : 응축성 증기, 열유, 열액 등 공정액체를 빼내고 이것을 안전하게 유지 또는 처리하기 위한 안전장치이다.

■ 정답 ■ 73.③ 74.④ 75.④ 76.③ 77.②

78 다음 중 아세틸렌의 취급·관리시 주의사항으로 옳지 않은 것은?

① 용기는 폭발할 수 있으므로 전도·낙하되지 않도록 한다.
② 폭발할 수 있으므로 필요 이상 고압으로 충전하지 않는다.
③ 용기는 밀폐된 장소에 보관하고, 누출시에는 누출원에 직접 주수하도록 한다.
④ 폭발성 물질을 생성할 수 있으므로 구리나 일정 함량 이상의 구리합금과 접촉하지 않도록 한다.

해설 아세틸렌 용기는 통풍이나 환기가 불충분한 밀폐된 장소에 설치, 보관(저장)하지 않도록 할 것

79 공정 중에서 발생하는 미연소가스를 연소하여 안전하게 밖으로 배출시키기 위하여 사용하는 설비는 무엇인가?

① 증류탑
② 플레어스택
③ 흡수탑
④ 인화방지망

해설 긴급방출장치
1) flare stack : 가연성 가스나 고휘발성 액체의 증기를 연소시켜 대기 중으로 방출하는 안전장치이다.
2) blow down : 응축성 증기, 열유, 열액 등 공정액체를 빼내고 이것을 안전하게 유지 또는 처리하기 위한 안전장치이다.

80 폭발범위에 관한 설명으로 옳은 것은?

① 공기밀도에 대한 폭발성 가스 및 증기의 폭발 가능 밀도 범위
② 가연성 액체의 액면 근방에 생기는 증기가 착화 할 수 있는 온도 범위
③ 폭발화염이 내부에서 외부로 전파될 수 있는 용기의 틈새 간격 범위
④ 가연성 가스와 공기와의 혼합가스에 점화원을 주었을 때 폭발이 일어나는 혼합가스의 농도 범위

해설 폭발한계(폭발범위)
1) 점화원에 의하여 폭발을 일으킬 수 있는 폭발성 가스와 공기와의 혼합가스 농도 범위를 말하며 폭발이 일어날 수 있는 낮은 농도값을 폭발하한계, 가장 높은 농도값을 폭발상한계라 한다.
2) 일반적으로 폭발범위가 넓고 하한계가 낮을수록 폭발성 분위기를 생성하기 쉽다.

제5과목 / 건설안전기술

81 철골기둥 건립 작업 시 붕괴·도괴 방지를 위하여 베이스 플레이트의 하단은 기준높이 및 인접기둥의 높이에서 얼마 이상 벗어나지 않아야 하는가?

① 2mm
② 3mm
③ 4mm
④ 5mm

해설 앵커볼트를 매립하는 경우 정밀도(고용노동부 고시)
1) 기둥중심은 기준선 및 인접기둥의 중심에서 5mm이상 벗어나지 않을 것
2) 인접기둥간·중심거리의 오차는 3mm이하일 것
3) 앵커볼트는 기둥중심에서 2mm이상 벗어나지 않을 것
4) 베이스플레이트 하단은 기준높이 및 인접기둥의 높이에서 3mm 이상 벗어나지 않을 것

82 콘크리트의 비파괴 검사방법이 아닌 것은?

① 반발경도법
② 자기법
③ 음파법
④ 침지법

해설 콘크리트의 비파괴검사법 : 반발경도법, 자기법, 음파법 등

83 가설공사와 관련된 안전율에 대한 정의로 옳은 것은?

① 재료의 파괴응력도와 허용응력도의 비율이다.
② 재료가 받을 수 있는 허용응력도이다.
③ 재료의 변형이 일어나는 한계응력도이다.
④ 재료가 받을 수 있는 허용하중을 나타내는 것이다.

해설 안전율 = $\dfrac{\text{파괴응력}}{\text{허용응력}}$

84 콘크리트를 타설할 때 거푸집에 작용하는 콘크리트 측압에 영향을 미치는 요인과 가장 거리가 먼 것은?

① 콘크리트 타설 속도
② 콘크리트 타설 높이
③ 콘크리트의 강도
④ 기온

해설 콘크리트 측압산정시 고려되는 요소
1) 굳지 않은 콘크리트의 단위용적중량(t/m^3)
2) 벽 길이 9(m)
3) 굳지 않은 콘크리트의 타설높이(m)
4) 콘크리트의 타설속도(보통 10~50m/h 정도)
5) 거푸집 속의 콘크리트 온도

85 달비계에 설치되는 작업발판의 폭에 대한 기준으로 옳은 것은?

① 20cm 이상
② 40cm 이상
③ 60cm 이상
④ 80cm 이상

해설 달비계에 설치되는 작업발판의 폭 : 40cm이상

86 토석붕괴의 내적 요인으로 옳은 것은?

① 사면의 경사 증가
② 공사에 의한 진동, 하중의 증가
③ 절토 및 성토 높이의 증가
④ 토석의 강도 저하

해설 토사붕괴의 원인(고용노동부고시)
1) 외적요인
   ① 사면, 법면의 경사 및 구배의 증가
   ② 절토 및 성토 높이의 증가
   ③ 공사에 의한 진동 및 반복하중의 증가
   ④ 지표수 및 지하수의 침투에 의한 토사중량 증가
   ⑤ 지진, 차량, 구조물의 하중
2) 내적요인
   ① 절토사면의 토질, 암석
   ② 성토사면의 토질
   ③ 토석의 강도 저하

87 거푸집에 작용하는 연직방향 하중에 해당하지 않는 것은?

① 고정하중
② 작업하중
③ 충격하중
④ 콘크리트측압

해설 거푸집의 연직방향 하중(W) 산정식
∴ W = 고정하중 + 충격하중 + 작업하중
= (r·t) + (1/2 r·t) + 150kg/m^2
여기서, r : 철근콘크리트 비중(kg/m^3)
t : 슬래브 두께(m)

1) 고정하중 : 콘크리트 자중(=철근콘크리트 비중×슬래브두께)
2) 충격하중 : 고정하중×1/2
3) 작업하중 : 작업원 중량+장비 및 가설설비의 등의 중량=150kg/m^2

88 토사붕괴를 방지하기 위한 대책으로 붕괴방지공법에 해당되지 않는 것은?

① 배토공법
② 압성토공법
③ 집수정공법
④ 공작물의 설치

■ 정답 ■ 83.① 84.③ 85.② 86.④ 87.④ 88.③

해설 토사붕괴를 방지하기 위한 공법
1) 배토공법   2) 압성토공법
3) 공작물의 설치

89 가설통로 중 경사로를 설치, 사용함에 있어 준수해야 할 사항으로 옳지 않은 것은?

① 경사로의 폭은 최소 90센티미터 이상이어야 한다.
② 비탈면의 경사각은 45도 내외로 한다.
③ 높이 7미터 이내마다 계단참을 설치하여야 한다.
④ 추락방지용 안전난간을 설치하여야 한다.

해설 ②항, 비탈면의 경사각은 30°이내로 한다.

90 지반의 투수계수에 영향을 주는 인자에 해당하지 않는 것은?

① 토립자의 단위중량
② 유체의 점성계수
③ 토립자의 공극비
④ 유체의 밀도

해설 지반의 투수계수에 영향을 주는 인자
1) 유체의 점성계수
2) 토립자의 공극비
3) 유체의 밀도

91 수중굴착 및 구조물의 기초바닥 등과 같은 협소하고 상당히 깊은 범위의 굴착과 호퍼작업에 가장 적당한 굴착기계는?

① 파워쇼벨
② 항타기
③ 클램셀
④ 리버스서큘레이션 드릴

해설 클램셀(clamshell)
1) 붐의 선단에서 버킷을 와이어로프로 매달아 바로 아래로 떨어뜨려 흙을 떠 올리는 중기
2) 수직굴착, 수중굴착, 연약지반에 사용

92 다음 중 굴착기의 전부장치와 거리가 먼 것은?

① 붐(Boom)   ② 암(Arm)
③ 버킷(Bucket)   ④ 블레이드(Blade)

해설 굴착기의 전부장치 : 붐(Boom), 암(arm), 버킷(bucket) 등으로 구성

93 강관을 사용하여 비계를 구성하는 경우 비계기둥간의 적재하중은 얼마를 초과하지 않도록 하여야 하는가?

① 200kg   ② 300kg
③ 400kg   ④ 500kg

해설 강관비계의 구조
1) 비계기둥의 간격은 띠장방향에서는 1.5m 이상 1.8m 이하, 장선방향에서는 1.5m 이하로 할 것
2) 띠장간격은 1.5m 이하로 설치하되, 첫 번째 띠장은 지상으로부터 2m 이하의 위치에 설치할 것
3) 비계기둥의 제일 윗부분으로부터 31m 되는 지점 밑부분의 비계기둥은 2개의 강관으로 묶어세울 것(브라켓 등으로 보강하여 그 이상의 강도가 유지되는 경우에는 그러하지 아니하다)
4) 비계기둥 간의 적재하중은 400kg을 초과하지 아니하도록 할 것

94 흙의 액성한계 $W_L = 48\%$, 소성한계 $W_P = 26\%$일 때 소성지수(I_P)는 얼마인가?

① 18%   ② 22%
③ 26%   ④ 32%

해설 소성지수(I_P)
= 액성한계(W_L) − 소성한계(W_P)
= 48 − 26 = 22%

■ 정답 ■   89.②   90.①   91.③   92.④   93.③   94.②

95 철골작업에서 작업을 중지해야 하는 규정에 해당되지 않는 경우는?

① 풍속이 초당 10m 이상인 경우
② 강우량이 시간당 1mm 이상인 경우
③ 강설량이 시간당 1cm 이상인 경우
④ 겨울철 기온이 영상 4℃이상인 경우

해설 철골작업을 중지해야 하는 기상조건
1) 풍속이 10/sec 이상인 경우
2) 강우량이 1mm/hr 이상인 경우
3) 강설량이 1cm/hr 이상인 경우

96 다음 그림은 산업안전보건기준에 관한 규칙에 따른 풍화암에서 토사붕괴를 예방하기 위한 기울기를 나타낸 것이다. x의 값은?

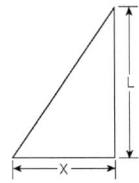

① 1.0　　② 0.8
③ 0.5　　④ 0.3

해설 굴착작업시 굴착면의 기울기 기준

구분	지반의 종류	구배
보통 흙	모래 그 밖에 흙	1 : 1.8 1 : 1.2
암반	풍화암 연암 경암	1 : 1.0 1 : 1.0 1 : 0.5

97 터널작업 중 낙반 등에 의한 위험방지를 위해 취할 수 있는 조치사항이 아닌 것은?

① 터널지보공 설치
② 록볼트 설치
③ 부석의 제거
④ 산소의 측정

해설 터널건설작업시 낙반 등에 의한 위험방지 조치사항
1) 터널지보공 설치
2) 록볼트의 설치
3) 부석의 제거

98 산업안전보건기준에 관한 규칙에서 규정하는 현장에서 고소작업대 사용 시 준수사항이 아닌 것은?

① 작업자가 안전모·안전대 등의 보호구를 착용하도록 할 것
② 관계자가 아닌 사람이 작업구역 내에 들어오는 것을 방지하기 위하여 필요한 조치를 할 것
③ 작업을 지휘하는 자를 선임하여 그 자의 지휘 하에 작업을 실시할 것
④ 안전한 작업을 위하여 적정수준의 조도를 유지할 것

해설 고소작업대 사용시 준수사항
1) ①, ②, ④ 항
2) 전로(電路)에 근접하여 작업을 하는 경우에는 작업감시자를 배치하는 등 감전사고를 방지하기 위하여 필요한 조치를 할 것
3) 작업대를 정기적으로 점검하고 붐·작업대 등 각 부위의 이상 유무를 확인할 것
4) 전환스위치는 다른 물체를 이용하여 고정하지 말 것
5) 작업대는 정격하중을 초과하여 물건을 싣거나 탑승하지 말 것
6) 작업대의 붐대를 상승시킨 상태에서 탑승자는 작업대를 벗어나지 말 것. 다만, 작업대에 안전대 부착설비를 설치하고 안전대를 연결하였을 때에는 그러하지 아니하다.

■ 정답 ■　95.④　96.②　97.④　98.③

99 차량계 건설기계의 운전자가 운전위치를 이탈하는 경우 준수해야 할 사항으로 옳지 않은 것은?

① 버킷은 지상에서 1m 정도의 위치에 둔다.
② 브레이크를 걸어둔다.
③ 디퍼는 지면에 내려둔다.
④ 원동기를 정지시킨다.

해설 운전위치 이탈시 조치사항
  1) 포크, 버킷, 디퍼 등의 장치를 가장 낮은 위치 또는 지면에 내려 둘 것
  2) 원동기를 정지시키고 브레이크를 확실히 거는 등 갑작스러운 주행이나 이탈을 방지하기 위한 조치를 할 것
  3) 운전석을 이탈하는 경우에는 시동키를 운전대에서 분리시킬 것. 다만, 운전석에 잠금장치를 하는 등 운전자가 아닌 사람이 운전하지 못하도록 조치한 경우에는 그러하지 아니하다.

100 콘크리트 타설시 안전에 유의해야 할 사항으로 옳지 않은 것은?

① 콘크리트 다짐효과를 위하여 최대한 높은 곳에서 타설한다.
② 타설 순서는 계획에 의하여 실시한다.
③ 콘크리트를 치는 도중에는 거푸집, 동바리 등의 이상 유무를 확인하여야 한다.
④ 타설시 비어있는 공간이 발생되지 않도록 밀실하게 부어 넣는다.

해설 콘크리트 타설 시 높은 곳으로부터 콘크리트를 세게 거푸집 내에 부어넣지 않는다.

2023년 1회 CBT복원 기출문제
산업안전산업기사

제1과목 / 산업안전관리론

01 산업안전보건법상 안전·보건표지의 종류 중 지시표지에 해당되지 않는 것은?

① 안전모 착용   ② 안전화 착용
③ 방호복 착용   ④ 방독마스크 착용

해설 지시표지
1) 안전모 착용
2) 안전화 착용
3) 보안경 착용
4) 방독마스크 착용
5) 방진마스크 착용
6) 보안면 착용
7) 안전복 착용
8) 귀마개 착용
9) 안전장갑 착용

02 집단에 있어서의 인간관계를 하나의 단면(斷面)에서 포착하였을 때 이러한 단면적(斷面的)인 인간관계가 생기는 기제(mechanism)와 가장 거리가 먼 것은?

① 모방   ② 암시
③ 습관   ④ 커뮤니케이션

해설 인간관계의 메커니즘(mechanism)
1) **동일화**(identification) : 다른 사람의 행동 양식이나 태도를 투입시키거나, 다른 사람 가운데서 자기와 비슷한 것을 발견하는 것을 말한다.
2) **투사**(投射 : projection) : 자기 속의 억압된 것을 다른 사람의 것으로 생각하는 것을 투사(또는 투출)라고 한다.
3) **커뮤니케이션**(communication) : 갖가지 행동 양식이나 기호를 매개로 하여 어떤 사람으로부터 다른 사람에게 전달되는 과정을 말한다.
4) **모방**(imitation) : 남의 행동이나 판단을 표본으로 하여 그것과 같거나 또는 그것에 가까운 행동 또는 판단을 취하려는 것이다.
5) **암시**(suggestion) : 다른 사람으로부터의 판단이나 행동을 무비판적으로 논리적, 사실적 근거 없이 받아들이는 것을 말한다.

03 부주의에 대한 설명 중 틀린 것은?

① 부주의는 거의 모든 사고의 직접 원인이 된다.
② 부주의라는 말은 불안전한 행위뿐만 아니라 불안전한 상태에도 통용된다.
③ 부주의라는 말은 결과를 표현한다.
④ 부주의는 무의식적 행위나 의식의 주변에서 행해지는 행위에 나타난다.

해설 부주의 특징
1) ②, ③, ④항
2) 부주위에는 발생원인이 있다.
3) 착각이나 인간능력한계를 초과하는 요인에 의한 동작실패는 부주위에서 제외한다.

04 리더십에 있어서 권한의 역할 중 조직이 지도자에게 부여한 권한이 아닌 것은?

① 보상적 권한
② 강압적 권한
③ 합법적 권한
④ 전문성의 권한

■정답■ 01.③   02.③   03.①   04.④

해설 리더십의 권한
1) 조직이 지도자에게 부여한 권한
   ① **보상적 권한** : 지도자가 부하들에게 보상할 수 있는 능력으로 인해 부하직원들을 통제할 수 있으며 부하들의 행동에 대해 영향을 끼칠 수 있는 권한이다.
   ② **강압적 권한** : 부하직원들을 처벌할 수 있는 권한이다.
   ③ **합법적 권한** : 조직의 규정에 의해 지도자의 권한이 공식화 된 것을 말한다.
2) 지도자 자신이 자신에게 부여한 권한 : 부하직원들이 지도자의 성격이나 그 능력을 인정하고 지도자를 존경하며 자진해서 따르는 것이다.
   ① **전문성의 권한** : 지도자가 목표수행에 필요한 전문적인 지식을 갖고 업무수행을 하므로 부하직원들이 자발적으로 지도자를 따르게 된다.
   ② **위임된 권한** : 집단의 목표를 성취하기 위해 부하직원들이 지도자가 정한 목표를 자진해서 자신의 것으로 받아들여 지도자와 함께 일하는 것이다.

05 국제노동기구(ILO)에서 구분한 "일시전노동불능"에 관한 설명으로 옳은 것은?

① 부상의 결과로 근로기능을 완전히 잃은 부상
② 부상의 결과로 신체의 일부가 근로기능을 완전히 상실한 부상
③ 의사의 소견에 따라 일정 기간 동안 노동에 종사할 수 없는 상해
④ 의사의 소견에 따라 일시적으로 근로시간 중 치료를 받는 정도의 상해

해설 상해정도별 분류(ILO 규정)
1) **사망** : 안전사고로 사망하거나 또는 부상의 결과로 사망한 것
2) **영구전노동불능** : 부상결과 근로기능을 완전히 잃은 부상(장애등급 1급~3급)
3) **영구일부노동불능** : 부상결과 신체의 일부가 영구적으로 노동기능을 상실한 부상(장애등급 4급~14급)
4) **일시전노동불능** : 의사의 진단으로 일정기간 정규노동에 종사할 수 없는 상해
5) **일시일부노동불능** : 근로시간 중에 일시 업무를 떠나 치료를 받는 정도의 상해
6) **구급처치상해** : 응급처치 또는 의료조치를 받은 후에 정상으로 작업을 할 수 있는 정도의 상해

68 인간의 안전교육 형태에서 행위의 난이도가 점차적으로 높아지는 순서를 올바르게 표현한 것은?

① 지식→태도변형→개인행위→집단행위
② 태도변형→지식→집단행위→개인행위
③ 개인행위→태도변형→집단행위→지식
④ 개인행위→집단행위→지식→태도변형

해설 인간 행동변화의 4단계
1) 1단계 : 지식의 변화
2) 2단계 : 태도의 변화
3) 3단계 : 개인행동의 변화
4) 4단계 : 집단 또는 조직에 대한 성과의 변화

07 교육훈련 평가의 4단계를 올바르게 나열한 것은?

① 학습 → 반응 → 행동 → 결과
② 학습 → 행동 → 반응 → 결과
③ 행동 → 반응 → 학습 → 결과
④ 반응 → 학습 → 행동 → 결과

해설 교육훈련평가의 4단계
1) **반응단계(1단계)** : 훈련을 어떻게 생각하고 있는가?
2) **학습단계(2단계)** : 어떠한 원칙과 사실 및 기술 등을 배웠는가?
3) **행동단계(3단계)** : 직무수행상 어떠한 행동의 변화를 가져왔는가?
4) **결과단계(4단계)** : 코스트 절감, 품질개선, 안전관리, 생산증대 등에 어떠한 결과를 가져왔는가?

08 주요 구조 부분을 변경하는 경우 안전인증을 받아야 하는 기계·기구가 아닌 것은?

① 원심기 ② 사출성형기
③ 압력용기 ④ 고소작업대

해설 안전인증 및 자율안전확인대상 기계·기구 및 설비

1) 안전인증 대상기계·기구	2) 자율 안전확인 대상기계·기구
① 프레스 ② 전단기 및 절곡기(折曲機) ③ 크레인 ④ 리프트 ⑤ 압력용기 ⑥ 롤러기 ⑦ 사출성형기 ⑧ 고소작업대 ⑨ 곤돌라	① 연삭기 또는 연마기(휴대형은 제외) ② 산업용 로봇 ③ 혼합기 ④ 파쇄기 또는 분쇄기 ⑤ 식품가공용 기계(파쇄·절단·혼합·제면만 해당) ⑥ 컨베이어 ⑦ 자동차정비용 리프트 ⑧ 공작기계(선반, 드릴기, 평삭·형삭기, 밀링 만 해당) ⑨ 고정형 목재가공용 기계(둥근톱, 대패, 루타기, 띠톱, 모떼기 기계만 해당) ⑩ 인쇄기

09 다음에 설명하는 착시 현상과 관계가 깊은 것은?

> 그림에서 선 ab 와 선 cd는 그 길이가 동일한 것이지만, 시각적으로 선 ab 가선 cd보다 길어 보인다.
>
>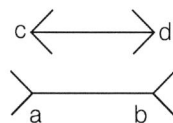

① 헴몰쯔의 착시
② 쾰러의 착시
③ 뮬러-라이어의 착시
④ 포겐 도르프의 착시

해설 뮬러-라이어의 착시 : 선을 벌인 쪽(a b)이 선을 오무린 쪽 (c d)보다 길어져 보이는 착시현상이다.

10 벨트식, 안전그네식 안전대의 사용구분에 따른 분류에 해당되지 않는 것은?

① U자 걸이용 ② D링 걸이용
③ 안전블록 ④ 추락방지대

해설 안전대의 종류

종류	사용구분	
벨트식 안전그네식	1개걸이용	추락방지대 및 안전블록은 안전그네식에만 적용
	U자걸이용	
	추락방지대	
	안전블록	

11 안전교육의 3요소가 아닌 것은?

① 지식교육 ② 기능교육
③ 태도교육 ④ 실습교육

해설 교육의 3요소
 1) **주체** : 교도자, 강사, 교사
 2) **개체** : 학생, 수강자, 피교육자
 3) **매개체** : 교재

12 매슬로우(Maslow)의 욕구 5단계 이론에 해당되지 않는 것은?

① 생리적 욕구 ② 안전의 욕구
③ 사회적 욕구 ④ 심리적 욕구

해설 매슬로우(Maslow)의 욕구 5단계
 1) 1단계-생리적 욕구(신체적 욕구) : 기아, 갈등, 호흡, 배설, 성욕 등 기본적 욕구
 2) 2단계-안전의 욕구 : 안전을 구하려는 욕구
 3) 3단계-사회적 욕구(친화욕구) : 애정, 소속에 대한 욕구
 4) 4단계-인정받으려는 욕구(자기존경의 욕구, 승인욕구) : 자존심, 명예, 성취, 지위 등에 대한 욕구
 5) 5단계-자아실현의 욕구(성취욕구) : 잠재적인 능력을 실현하고자 하는 욕구

13 위험예지훈련 기초 4라운드법의 진행에서 전원이 토의를 통하여 위험요인을 발견하는 단계로 가장 적절한 것은?

① 제1라운드 : 현상파악
② 제2라운드 : 본질추구
③ 제3라운드 : 대책수립
④ 제4라운드 : 목표설정

해설 위험예지훈련의 문제해결 4라운드(4Round)
1) 1R-현상파악 : 전원이 토의를 통해서 잠재 위험요인을 발견하는 단계
2) 2R-본질추구 : 가장 위험한 요인(위험 포인트)을 합의로 결정하는 단계
3) 3R-대책수립 : 구체적인 대책을 수립하는 단계
4) 4R-행동목표 설정 : 행동계획을 정하고 수립한 대책 가운데서 질이 높은 항목에 합의하는 단계(요약)

14 관리감독자를 대상으로, 작업지도방법, 작업개선방법, 대인관계능력 등을 가르치는 교육은?

① TWI(Training Within Industry)
② ATT(American Telephone & Telegram co.)
③ MTP(Management Training Program)
④ CCS(Civil Communication Section)

해설 TWI(Training Within Industry)
1) 교육대상자 : 감독자
2) 교육내용
  ① JI(Job Instruction) : 작업지도 기법
  ② JM(Job Method) : 작업개선 기법
  ③ JR(Job Relation) : 인간관계관리 기법 (부하통솔 기법)
  ④ JS(Job Safety) : 작업안전 기법
3) 교육방법 : 한 클래스는 10명 정도, 교육방법은 토의법, 1일 2시간씩 5일에 걸쳐 10시간 정도 한다.

15 학습의 전개 단계에서 주제를 논리적으로 체계화하는 방법이 아닌 것은?

① 간단한 것에서 복잡한 것으로
② 부분적인 것에서 전체적인 것으로
③ 미리 알려져 있는 것에서 미지의 것으로
④ 많이 사용하는 것에서 적게 사용하는 것으로

해설 ②항, 전체적인 것에서 부분적인 것으로

16 무재해 운동의 3대 원칙에 대한 설명이 아닌 것은?

① 사람이 죽거나 다쳐서 일을 못하게 되는 일 및 모든 잠재요소를 제거한다.
② 잠재위험요인을 발굴·제거로 안전 확보 및 사고를 예방한다.
③ 작업환경을 개선하고 이상을 발견하면 정비 및 수리를 통해 사고를 예방한다.
④ 무재해를 지향하고 안전과 건강을 선취하기 위해 전원 참가한다.

해설 무재해운동이념 3원칙
1) 무의 원칙 : 사망, 휴업 및 불휴 재해는 물론 일체의 잠재위험 요인을 사전에 발견, 파악, 해결함으로써 근원적인 산업재해를 없애는 것을 말한다.
2) 참가의 원칙 : 재해 및 일체의 위험요인을 발견, 해결하기 위해 전원이 무재해운동에 참가하여 문제해결 등을 실천하는 것을 말한다.
3) 선취해결의 원칙 : 선취란 궁극의 목표로서 무재해, 무질병의 직장을 실현하기 위해 일체의 위험요인을 행동하기 전에 발견, 파악, 해결하여 재해를 예방하거나 방지하는 것을 말한다.

17 산업재해 손실액 산정 시 직접비가 2,000만원일 때 하인리히 방식을 적용하면 총 손실액은?

① 2,000만원   ② 8,000만원
③ 1억원   ④ 1억2,000만원

해설 하인리히 방식의 재해손실비
재해손실비
=직접비+간접비(직접비 : 간접비 = 1:4)
=2,000만+(2,000만×4) =1억원

18 산업안전보건법상 사업 내 안전·보건교육 교육과정이 아닌 것은?

① 특별교육
② 양성교육
③ 작업내용 변경 시의 교육
④ 건설업 기초 안전·보건교육

해설 산업안전보건법상 사업 내 안전·보건교육의 교육과정(시행규칙 별표8)
1) 근로자 및 관리감독자의 정기교육
2) 채용시 교육
3) 작업내용 변경시 교육
4) 특별교육
5) 건설업 기초 안전·보건교육

19 다음 ( )안에 들어갈 내용으로 알맞은 것은?

> 산업안전보건법상 사업주는 안전보건관리 규정을 작성 또는 변경할 때에는 (㉠)의 심의·의결을 거쳐야 한다. 다만, (㉠)가 설치되어 있지 아니한 사업장에 있어서는 (㉡)의 동의를 받아야 한다.

① ㉠ 안전보전관리규정위원회
   ㉡ 노사대표
② ㉠ 안전보건관리규정원원회
   ㉡ 근로자대표
③ ㉠ 산업안전보건위원회
   ㉡ 노사대표
④ ㉠ 산업안전보건위원회
   ㉡ 근로자대표

해설 안전보건관리규정의 작성·변경절차(법 제21조)
1) 사업주는 안전보건관리규정을 작성하거나 변경할 때에는 산업안전보건위원회의 심의를 거쳐야 한다.
2) 다만, 산업안전보건위원회가 설치되어 있지 아니한 사업장의 경우에는 근로자 대표의 동의를 얻어야 한다.

20 재해예방 4원칙 중 대책선정의 원칙의 충족 조건이 아닌 것은?

① 문제해결 능력 고취
② 적합한 기준 설정
③ 경영자 및 관리자의 솔선수범
④ 부단한 동기부여와 사기 향상

해설
1) 대책선정의 원칙의 충족조건
   ① 적합한 기준 설정
   ② 경영자 및 관리자의 솔선수범
   ③ 근로자의 부단한 동기부여와 사기향상
2) 재해예방의 4원칙
   ① 손실우연의 원칙 : 사고에 의해 생기는 손실(상해)의 종류와 정도는 우연적이다.
   ② 원인계기의 원칙 : 모든 재해는 필연적인 원인에 의해서 발생되며 재해발생은 직접원인만이 아니고 많은 간접원인의 연쇄로 발생되는 것이다.
   ③ 예방가능의 원칙 : 재해는 원칙적으로 모든 방지가 가능하다.
   ④ 대책선정의 원칙 : 가장 효과적인 재해방지대책의 선정은 이들 원인의 정확한 분석에 의해서 얻어진다.

■ 정답 ■ 17.③ 18.② 19.④ 20.①

제2과목 / 인간공학 및 시스템안전공학

21 의자 좌판의 높이 결정 시 사용할 수 있는 인체측정치는?

① 앉은 키
② 앉은 무릎 높이
③ 앉은 팔꿈치 높이
④ 앉은 오금 높이

해설 의자설계의 원칙
1) **체중분포** : 체중이 좌결 결절에 실려야 한다.
2) **의자 좌판의 높이** : 좌판 앞부분이 오금의 높이 보다 높지 않아야 한다.
3) **의자 좌판의 깊이와 폭** : 폭은 큰 사람에게, 깊이는 작은 사람에게 맞도록 해야 한다.
4) **몸통의 안정** : 의자의 좌판 각도는 3°, 좌판 등판 간의 등판 각도는 100°가 몸통안정에 효과적이다.

22 인간-기계시스템의 신뢰도를 향상시킬 수 있는 방법으로 가장 적절하지 않은 것은?

① 중복설계
② 고가재료 사용
③ 부품개선
④ 충분한 여유용량

해설 인간·기계체계의 신뢰도를 향상시킬 수 있는 방법
1) 중복설계(redundancy)
2) 부품개선
3) 충분한 여유용량

23 설비에 부착된 안전장치를 제거하면 설비가 작동되지 않도록 하는 안전설계는?

① Fail safe
② Fool proof
③ Lock out
④ Temper proof

해설 1) **페일세이프티**(fail-safety) : 인간 또는 기계의 과오나 동작상의 실수가 있어도 안전사고를 발생시키지 않도록 2중 또는 3중으로 통제를 가하도록 한 체계
2) **풀프루프**(fool proof) : 인간이 기계 등의 취급을 잘못해도 사고로 연결되는 일이 없도록 하는 안전기구(기계장치 설계 단계에서 안전화를 도모하는 것)
3) **템퍼프루프**(temper proof) : 본문설명

24 측정값의 변화방향이나 변화속도를 나타내는데 가장 유리한 표시장치는?

① 동침형
② 동목형
③ 계수형
④ 묘사형

해설 정목동침형(고정눈금 이동지침)
1) 수치가 자주 또는 계속변하는 경우에 유용하다.(디지털 표시장치는 수치를 읽을 시간이 모자라기 때문에 사용하기 곤란함)
2) 표시값(측정값)의 변화방향이나 변화속도(정성적 읽음)를 관찰할 때 정침동목형(이동눈금고정지침)보다 우수하다.

25 VDT(visual display terminal)작업을 위한 조명의 일반원칙으로 적절하지 않은 것은?

① 화면반사를 줄이기 위해 산란식 간접조명을 사용한다.
② 화면과 화면에서 먼 주위의 휘도비는 1 : 10으로 한다.
③ 작업영역을 조명기구들 사이보다는 조명기구 바로 아래에 둔다.
④ 조명의 수준이 높으면 자주 주위를 둘러봄으로써 수정체의 근육을 이완시키는 것이 좋다.

해설 VDT(영상표시단말기)작업영역을 적정 환경조명수준을 위해 조명기구를 사이에 둔다.

■ 정답 ■ 21.④ 22.② 23.④ 24.① 25.③

26 후각적 표시장치에 대한 설명으로 틀린 것은?

① 냄새의 확산을 통제하기 힘들다.
② 코가 막히면 민감도가 떨어진다.
③ 복잡한 정보를 전달하는데 유용하다.
④ 냄새에 대한 민감도의 개인차가 있다.

해설 후각적 표시장치는 복잡한 정보를 전달하는데는 불리하다.

27 인간오류의 확률을 이용하여 시스템의 위험성을 평가하는 기법은?

① PHA
② THERP
③ OHA
④ HAZOP

해설 THERP(Technique of Human Error Rate Prediction)
1) THERP(인간과오율 예측기법) : 인간의 과오를 정량적으로 평가하기 위한 안전해석 기법이다.
2) 인간과오의 분류 시스템과 그 확률을 계산함으로서 원래 제품의 결함을 감소시키고 사고의 원인 가운데 인간의 과오에 기인한 근원에 대한 분석 및 안전 공학적 대책수립에 사용하는 안전해석 기법이다.

28 광원으로부터 직사휘광을 처리하기 위한 방법으로 틀린 것은?

① 광원의 휘도를 줄인다.
② 가리개나 차양을 사용한다.
③ 광원을 시선에서 멀리 한다.
④ 광원의 주위를 어둡게 한다.

해설 광원으로부터의 직사휘광 처리
1) 광원의 휘도를 줄이고 수를 증가시킨다.
2) 광원을 시선에서 멀리 위치시킨다.
3) 휘광원 주위를 밝게 하여 광속발산비(휘도)를 줄인다.
4) 가리대(shield), 갓(hood), 혹은 차양(visor)을 사용한다.

29 다음 설명에 해당하는 시스템 위험분석 방법은?

[다음]
· 시스템의 정의 및 개발 단계에서 실행한다.
· 시스템의 기능, 과업, 활동으로부터 발생되는 위험에 초점을 둔다.

① 모트(MORT)
② 결함수분석(FTA)
③ 예비위험분석(PHA)
④ 운용위험분석(OHA)

해설 운용위험분석(OHA ; Operating Hazard Analysis)
1) 시스템의 정의 및 개발단계에서 실행한다.
2) 시스템이 저장되고 이동되고 실행됨에 따라 발생하는 작동시스템의 기능이나 과업, 활동으로 부터 발생되는 위험에 초점을 맞춘다.
3) 위험은 반드시 구성요소의 고장 또는 조작자의 실수의 결과는 아니지만 초점은 작동 중인 사상 또는 활동이 단지 불행한 사건의 간접원인일수도 있다.

30 다음의 인체측정자료의 응용원리를 설계에 적용하는 순서로 가장 적절한 것은?

[다음]
㉠ 극단치 설계
㉡ 평균치 설계
㉢ 조절식 설계

① ㉠→㉡→㉢
② ㉢→㉡→㉠
③ ㉡→㉠→㉢
④ ㉢→㉠→㉡

해설 1) 인체측정자료 응용원리를 설계에 적용하는 순서
① 조절식 설계 → ② 극단치 설계 → ③ 평균치 설계
2) 인간계측자료의 응용원칙
① 최대치수와 최소치수 : 최대치수 또는 최소치수를 기준으로 하여 설계한다.(극단

에 속하는 사람을 위한 설계)
② 조절범위(조절식) : 체격이 다른 여러 사람에게 맞도록 만드는 것 이다.(조절할 수 있도록 범위를 두는 설계)
③ 평균치를 기준으로 한 설계 : 최대치수나 최소치수, 조절식으로 하기가 곤란할 때 평균치를 기준으로 하여 설계한다.(평균적인 사람을 위한 설계)

31 60폰(phon)의 소리에 해당하는 손(sone)의 값은?

① 1
② 2
③ 4
④ 8

해설 sone치=$2^{(phon-40)/10}$
$= 20^{(60-40)/10} = 2^2 = 4$

32 설비의 이상상태 여부를 감시하여 열화의 정도가 사용한도에 이른 시점에서 부품교환 및 수리하는 설비보전 방법은?

① 예지보전
② 계량보전
③ 사후보전
④ 일상보전

해설 설비보전방식의 유형
1) **예지보전** : 설비의 이상상태 여부를 검출·측정 또는 감시하여 열화의 정도가 사용한도에 이른 시점에서 분해, 검사, 부품교환, 수리하는 설비보전 방법이다.
2) **개량보전** : 설비고장대책으로서 설비를 개조하거나 설계에서 시정조치를 하고 설비의 체질개선을 도모하는 설비보전방법이다.
3) **사후보전** : 설비성능이 저하되거나 고장시에 수리를 행하는 설비보존방법이다.
4) **일상보전** : 설비열화방지와 그 진행을 지연시켜 수명을 연장하기 위해 설비의 점검, 청소, 주유, 교체 등의 활동을 의미한다.

33 그림의 선형 표시장치를 움직이기 위해 길이가 L인 레버(lever)를 a°움직일 때 조종반응(C/R)비율을 계산하는 식은?

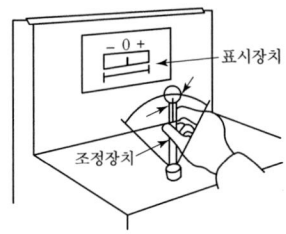

① $\dfrac{(a/360) \times 2\pi L}{표시장치 이동거리}$

② $\dfrac{표시장치 이동거리}{(a/360) \times 2\pi L}$

③ $\dfrac{(a/360) \times 4\pi L}{표시장치 이동거리}$

④ $\dfrac{표시장치 이동거리}{(a/360) \times 4\pi L}$

해설 조종구(ball control)에서의 C/R비

$$\dfrac{C}{R}비 = \dfrac{\dfrac{a}{360} \times 2\pi L}{표시계기의 이동거리}$$

여기서, a : 조정장치가 움직인 각도
L : 반경(지레의 길이)

34 인간의 반응체계에서 이미 시작된 반응을 수정하지 못하는 저항시간(refractory period)은?

① 0.1초
② 0.5초
③ 1초
④ 2초

해설 저항시간(refractory period) : 인간의 반응체계에서 반응이 시작되었을 경우 수정을 할 수 없는 저항시간은 0.5초이다.

35 "음의 높이, 무게 등 물리적 자극을 상대적으로 판단하는데 있어 특정 감각기관의 변화감지역은 표준자극에 비례한다."라는 법칙을 발견한 사람은?

① 핏츠(Fitts) ② 드루리(Drury)
③ 웨버(Weber) ④ 호프만(Hofmann)

해설 Weber(웨버)의 법칙
1) 특정감각기관의 변화감지역(JND)은 표준자극(기준자극) 크기에 비례한다.
$$\text{Weber비} = \frac{\text{변화감지역}}{\text{표준자극크기}}$$
변화감지역=Weber비×표준자극크기
2) 웨버(Weber)비가 작은 감각일수록 분별력이 우수하다.

36 그림의 FT도에서 최소 패스셋(minimal path set)은?

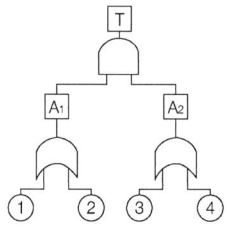

① {1, 3}, {1, 4}
② {1, 2}, {3, 4}
③ {1, 2, 3}, {1, 2, 4}
④ {1, 3, 4}, {2, 3, 4}

해설 상대결함수(AND → OR, OR → AND)에 의한 FT도를 그린다.

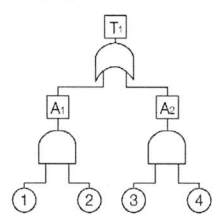

2) 윗 FT도에서 미니멀 컷을 구하면 FT의 미니멀 패스(최소패스셋)가 된다.

$T \to \begin{matrix} A_1 \\ A_2 \end{matrix} \to \begin{matrix} ①② \\ A_2 \end{matrix} \to \begin{matrix} ①② \\ ③④ \end{matrix}$

(미니멀패스)

37 FT에서 두입력사상 A와 B가 AND게이트로 결합되어 있을 때 출력사상의 고장발생확률은? (단, A의 고장률은 0.6, B의 고장률은 0.2이다.)

① 0.12 ② 0.40
③ 0.68 ④ 0.80

해설 AND게이트 출력사상의 고장발생확률(Ft)
$$Ft = A \times B = 0.6 \times 0.2 = 0.12$$

38 신뢰도가 동일한 부품 4개로 구성된 시스템 전체의 신뢰도가 가장 높은 것은?

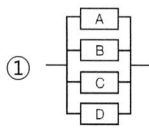

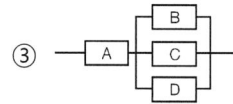

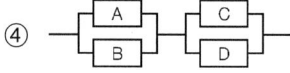

해설 A,B,C,D 각 요소의 신뢰도를 90%로 할 경우 전체 신뢰도
① R=1-(1-0.9)(1-0.9)(1-0.9)(1-0.9)
  =0.9999
② R=0.9×0.9×0.9×0.9=0.6561
③ R=0.9×[1-(1-0.9)(1-0.9)(1-0.9)]
  =0.8991
④ R=[1-(1-0.9)(1-0.9)]×[1-(1-0.9)(1-0.9)]=0.9801

∴ 신뢰도 크기순서 : ① > ④ > ③ > ②

■ 정답 ■ 35.③ 36.② 37.① 38.①

39 인간공학의 연구방법에서 인간-기계 시스템을 평가하는 척도로서 인간기준이 아닌 것은?

① 사고 빈도 ② 인간성능 척도
③ 객관적 반응 ④ 생리학적 지표

해설 인간기준의 유형
1) **인간성능척도** : 여러 가지 감각활동, 정신활동, 근육활동 등에 의해서 판단된다.
2) **생리학적 지표** : 혈압 맥박수, 분당 호흡수, 뇌파, 혈당량, 혈액의 성분, 피부온도 전기 피부반응(galvanic skin response) 등의 척도가 있다.
3) **주관적인 반응** : 개인성능의 평점(rating), 체계 설계면에 대한 대안들의 평점, 체계에 사용되는 여러 가지 다른 유형의 정보에 판단된 중요도 평점, 의자의 안락도 평점 등이 있다.
4) **사고빈도** : 어떤 목적을 위해서는 사고나 상해 발생빈도가 적절한 기준이 될 수 있다.

40 FT에서 사용되는 사상기호에 대한 설명으로 맞는 것은?

① 위험지속기호 : 정해진 횟수 이상 입력이 될 때 출력이 발생한다.
② 억제게이트 : 조건부 사건이 일어났다는 조건하에 출력이 발생한다.
③ 우선적 AND 게이트 : 입력이 될 때 정해진 순서대로 복수의 출력이 발생한다.
④ 배타적 OR 게이트 : 2개 이상 입력이 동시에 존재하는 경우에 출력이 발생한다.

해설 1) **억제게이트**(inhibit gate) : 수정기호(modifier)의 일종으로서 억제 모디파이어(inhibit modifier)라고 하며, 실질적으로 수정기호를 병용해서 게이트의 역할을 한다.
  ① 입력사상이 일어난 조건이 만족되어야 출력사상이 생긴다.(조건이 만족되지 않으면 출력은 생기지 않는다)
  ② 조건은 수정기호 안에 쓴다.
2) **수정기호의 종류**
  ① **우선적 AND Gate** : 입력사상 가운데 어느 사상이 다른 사상보다 먼저 일어났을 때에 출력사상이 생긴다. 예를 들면 「A는 B보다 먼저」와 같이 기입한다.
  ② **짜맞춤 AND Gate** : 3개 이상의 입력사상 가운데 어느 것이든 2개가 일어나면 출력사상이 생긴다. 예를 들면 「어느 것이든 2개」라고 기입한다.
  ③ **위험지속기호** : 입력사상이 생겨서 어느 일정시간 지속하였을 때에 출력사상이 생긴다. 예를 들면 「위험지속시간」과 같이 기입한다.
  ④ **배타적 OR Gate** : OR Gate로 2개 이상의 입력이 동시에 존재할 때에는 출력사상이 생기지 않는다. 예를 들면 「동시에 발생하지 않는다」라고 기입한다.

제3과목 / 기계위험방지기술

41 숫돌의 지름이 D[mm], 회전수 N[rpm]이라 할 경우 숫돌의 원주속도 V [m/min]를 구하는 식으로 옳은 것은?

① $D \cdot N$ ② $\pi \cdot D \cdot N$
③ $\dfrac{D \cdot N}{1000}$ ④ $\dfrac{\pi \cdot D \cdot N}{1000}$

해설 원주속도(V) = $\dfrac{\pi DN}{1,000}$ (m/min)

42 기계 고장률의 기본모형에 해당하지 않는 것은?

① 예측 고장 ② 초기 고장
③ 우발 고장 ④ 마모 고장

해설 고장률의 유형(욕조곡선에서의 고장형태)
1) 초기고장구간 : 감소형
2) 우발고장구간 : 일정형
3) 마모고장구간 : 증가형

■ 정답 ■ 39.③ 40.② 41.④ 42.①

43 크레인에 사용하는 방호장치가 아닌 것은?

① 과부하방지장치 ② 가스집합장치
③ 권과방지장치 ④ 제동장치

해설 크레인의 방호장치
1) 해지장치 : 훅걸이용 와이어로프 등이 훅으로부터 벗겨지는 것을 방지하기 위한 장치
2) 비상정지장치 : 비상시에 즉시 정지할 수 있는 장치
3) 권과방지장치 : 운반구의 이탈 등의 위험방지를 위해 권상용와이어로프 등의 권과를 방지하는 장치
4) 과부하방지장치 : 정격하중 이상의 하중 부하시 자동으로 상승정지되면서 경보음·경보등을 발생하는 장치
5) 제동장치 : 브레이크 장치

44 왕복운동을 하는 기계의 동작부분과 고정부분 사이에 형성되는 위험점으로 프레스, 절단기 등에서 주로 나타나는 것은?

① 끼임점 ② 절단점
③ 협착점 ④ 접선 물림점

해설 위험점(작업점)의 분류
1) 협착점 : 왕복운동을 하는 운동부와 고정부 사이에 형성되는 위험점
   [예] 프레스금형 조립부위, 전단기 누름판 및 칼날부위, 선반 및 평삭기 베드 끝부위
2) 끼임점 : 기계의 고정부분과 회전 또는 직선운동부분이 함께 형성하는 위험점
   [예] 연삭숫돌과 작업대 사이, 교반기의 교반날개와 몸체 사이, 회전풀리와 베드 사이
3) 절단점 : 회전하는 운동부분자체와 운동하는 기계자체와의 위험이 형성되는 점
   [예] 회전대패날부분, 밀링커터부분, 둥근톱날부분, 컨베이어의 호퍼부분
4) 물림점 : 회전하는 두 개의 회전체에 물려들어갈 위험성이 형성되는 것
   [예] 기어물림점, 롤러회전에 의한 물림점
5) 접선물림점 : 회전하는 부분이 접선방향으로 물려들어갈 위험성이 형성되는 것
   [예] V풀리와 V벨트, 체인과 스프라켓, 랙과 피니언, 롤러와 평벨트
6) 회전말림점 : 회전하는 물체의 불규칙 부위와 돌기회전 부위에 의해 장갑 및 작업복 등이 말려 들 위험이 형성되는 점
   [예] 회전하는 축이나 드릴축의 드릴, 커플링

45 크레인 작업시 2000N의 화물을 걸어 25m/s² 가속도로 감아올릴 때 로프에 걸리는 총하중은 몇 약 kN인가? (단, 중력가속도는 9.81m/s^2이다.)

① 3.1 ② 5.1
③ 7.1 ④ 9.1

해설 총하중=정하중+동하중
$$= 정하중+\left(정하중 \times \frac{작용가속도}{중력가속도}\right)$$
$$= 2kN+\left(2kN \times \frac{25}{9.81}\right) = 7.1 kV$$

46 다음 중 원통 보일러의 종류가 아닌 것은?

① 입형 보일러 ② 노통 보일러
③ 연관 보일러 ④ 관류 보일러

해설 보일러의 종류
1) 원통형 보일러 : 입형 보일러, 횡형보일러 (노통 보일러, 연관 보일러, 노통연관 보일러)
2) 수관식 보일러 : 자연순환식 보일러, 강제순환식 보일러, 관류식 보일러
3) 특수 보일러 : 특수액체, 특수연료, 폐열, 간접가열

47 다음 중 원심기에 적용하는 방호장치는?

① 덮개 ② 권과방지장치
③ 리미트 스위치 ④ 과부하 방지장치

해설 원심기에는 덮개를 설치하여야 한다.

■ 정답 ■ 43.② 44.③ 45.③ 46.④ 47.①

48 지름이 60cm이고, 20rpm으로 회전하는 롤러기의 무부하 동작에서 급정지 거리 기준으로 옳은 것은?

① 앞면 롤러 원주의 1/1.5이내 거리에서 급정지
② 앞면 롤러 원주의 1/2 이내 거리에서 급정지
③ 앞면 롤러 원주의 1/2.5 이내 거리에서 급정지
④ 앞면 롤러 원주의 1/3 이내 거리에서 급 정지

해설 1) 앞면 롤러의 표면속도(V : m/min)

$$V = \frac{\pi DN}{1000}$$

$$= \frac{3.14 \times 600 \times 20}{1000} = 37.67 \text{m/min}$$

2) 급정지거리 : 표면속도가 30m/min 이상이므로 앞면 롤러원주의 1/2.5 이내 거리에서 급정지

길잡이 급정지장치의 성능

앞면 롤러의 표면속도(m/min)	급정지거리
30 미만	앞면 롤러 원주 ×1/3
30 이상	앞면 롤러 원주×1/2.5

49 통로의 설치기준 중 (   )안에 공통적으로 들어갈 숫자로 옳은 것은?

> 사업주는 통로면으로부터 높이 (   )미터 이내에는 장애물이 없도록 하여야 한다. 다만, 부득이하게 통로면으로부터 높이 (   )미터 이내에 장애물을 설치할 수밖에 없거나 통로면으로부터 높이 (   )미터 이내의 장애물을 제거하는 것이 곤란하다고 고용노동부장관이 인정하는 경우에는 근로자에게 발생할 수 있는 부상 등의 위험을 방지하기 위한 안전 조치를 하여야 한다.

① 1 ② 2 ③ 1.5 ④ 2.5

해설 통로의 설치기준
1) 통로면으로부터 높이 2m 이내에는 장애물이 없도록 할 것
2) 통로의 주요부분에는 통로표시를 하고 근로자가 안전하게 통행할 수 있도록 할 것

50 프레스기에 사용되는 손쳐내기식 방호장치의 일반 구조에 대한 설명으로 틀린 것은?

① 슬라이드 하행정거리의 1/4 위치에서 손을 완전히 밀어내야 한다.
② 방호판의 폭은 금형폭의 1/2 이상이어야 하고, 행정길이가 300mm 이상의 프레스기계에는 방호판 폭을 300mm로 해야 한다.
③ 부착볼트 등의 고정금속부분은 예리하게 돌출되지 않아야 한다.
④ 손쳐내기봉의 행정(Stroke) 길이를 금형의 높이에 따라 조정할 수 있고, 진동폭은 금형폭 이상이어야 한다.

해설 손쳐내기식 방호장치 설치기준
1) 슬라이드의 행정길이가 40mm 이상일 경우에 사용할 것
2) 손쳐내기식 막대는 그 길이 및 진폭을 조정할 수 있는 구조일 것
3) 손쳐내기판의 폭은 금형 크기의 1/2 이상으로 할 것(단, 행정이 300mm 이상은 폭을 300mm로 할 것)
4) 슬라이드 하행정 거리의 3/4 위치에서 손을 완전히 밀어낼 것

51 지게차의 작업과정에서 작업 대상물의 팔레트 폭이 b라고 할 때 적절한 포크 간격은? (단, 포크의 중심과 팔레트의 중심은 일치한다고 가정한다.)

① $\frac{1}{4}b \sim \frac{1}{2}b$ ② $\frac{1}{4}b \sim \frac{3}{4}b$
③ $\frac{1}{2}b \sim \frac{3}{4}b$ ④ $\frac{3}{4}b \sim \frac{7}{8}b$

해설 지게차 포크간격 : $\frac{1}{2}b \sim \frac{3}{4}b$
(b : 팔레트 폭)

52 롤러에 설치하는 급정지 장치 조작부의 종류와 그 위치로 옳은 것은? (단, 위치는 조작부의 중심점을 기준으로 함)

① 발조작식은 밑면으로부터 0.2m 이내
② 손조작식은 밑면으로부터 1.8m 이내
③ 복부조작식은 밑면으로부터 0.6m 이상 1m 이내
④ 무릎조작식은 밑면으로부터 0.2m 이상 0.4m 이내

해설 롤러기 급정지장치의 종류 및 설치위치

급정지장치의 종류	설치위치
1. 손조작 로프식	밑면에서 1.8m 이내
2. 복부 조작식	밑면에서 0.8m 이상 1.1m 이내
3. 무릎 조작식	밑면에서 0.6m 이내

53 프레스의 분류 중 동력 프레스에 해당하지 않는 것은?

① 크랭크 프레스   ② 토글 프레스
③ 마찰 프레스   ④ 아버 프레스

해설 동력프레스의 종류
1) 크랭크 프레스
2) 토글 프레스
3) 액압 프레스(유압프레스, 수압프레스)
4) 마찰 프레스

54 선반 등으로부터 돌출하여 회전하고 있는 가공물에 설치할 방호장치는?

① 클러치   ② 울
③ 슬리브   ④ 베드

해설 선반의 안전장치
1) 칩 브레이크 : 바이트에 설치된 칩을 짧게 끊어내는 장치
2) 쉴드(shield) : 칩비산방지 투명판
3) 덮개 또는 울 : 돌출가공물에 설치한 안전장치
4) 브레이크 : 급정지장치
5) 기타 척의 인터록 덮개, 고정브리지(bridge) 등

55 드릴 작업시 유의사항 중 틀린 것은?

① 균열이 심한 드릴은 사용해서는 안 된다.
② 드릴을 장치에서 제거할 경우에는 회전을 완전히 멈추고 한다.
③ 드릴이 밑면에 나왔는지 확인을 위해 가공물 밑면에 손으로 만지면서 확인한다.
④ 가공 중에는 소리에 주의하여 드릴의 날에 이상한 소리가 나면 즉시 드릴을 연마하거나 다른 드릴과 교환한다.

해설 드릴링 머신의 안전작업수칙
1) 장갑을 끼고 작업하지 말 것
2) 쇳가루가 날리기 쉬운 작업은 보안경을 착용할 것
3) 드릴을 끼운 뒤 척 핸들은 반드시 빼 놓을 것
4) 뚫린 것을 확인하기 위해 손을 집어넣지 말 것
5) 공작물을 견고하게 고정하고, 손으로 잡고 구멍을 뚫지 말 것
6) 작은 구멍을 먼저 뚫은 뒤 큰 구멍을 뚫을 것
7) 가공중에 구멍이 관통되면 기계를 멈추고 손으로 돌려서 드릴을 뺄 것

56 연삿숫돌의 상부를 사용하는 것을 목적으로 하는 탁상용 연삭기 덮개의 노출각도는?

① 60° 이내   ② 65° 이내
③ 80° 이내   ④ 125° 이내

해설 탁상용연삭기
1) 덮개의 최대노출각도 : 90° 이내(원주의 1/4 이내)

■ 정답 ■ 52.② 53.④ 54.② 55.③ 56.①

2) 숫돌 주축에서 수평면 위로 이루는 원주각도 : 65° 이내
3) 수평면 이하의 부분에서 연삭할 경우 : 125° 까지 증가
4) 숫돌의 상부사용을 목적으로 할 경우 : 60° 이내

57 화물 적재 시에 지게차의 안정 조건을 옳게 나타낸 것은? (단, W는 화물의 중량, L_w는 앞바퀴에서 화물중심까지의 최단거리, G는 지게차의 중량, L_G는 앞바퀴에서 지게차 중심까지의 최단거리이다.)

① $G \times L_G \geq W \times L_w$
② $W \times L_w \geq G \times L_G$
③ $G \times L_w \geq W \times L_G$
④ $W \times L_G \geq G \times L_w$

해설 지게차의 안정성 : 앞바퀴 중심에서 뒷쪽 차의 모멘트가 앞쪽 화물의 모멘트보다 커야 안전성이 유지된다.
$G \times L_G \geq W \times L_W$

58 작업자의 신체움직임을 감지하여 프레스의 작동을 급정지시키는 광전자식 안전장치를 부착한 프레스가 있다. 안전거리가 48cm인 경우 급정지에 소요되는 시간은 최대 몇 초 이내일 때 안전한가? (단, 급정지에 소요되는 시간은 손이 광선을 차단한 순간부터 급정지기구가 작동하여 슬라이드가 정지할 때까지의 시간을 의미한다.)

① 0.1초   ② 0.2초
③ 0.3초   ④ 0.5초

해설 설치거리(D : 안전거리)
= 160 × 급정지에 소요되는 시간(t)
$t = \dfrac{D}{160} = \dfrac{48}{160} = 0.3초$

59 프레스 및 전단기에서 양수조작식 방호장치의 일반 구조에 대한 설명으로 옳지 않은 것은?

① 누름버튼(레버 포함)은 돌출형 구조로 설치할 것
② 누름버튼의 상호간 내측거리는 300mm 이상일 것
③ 누름버튼을 양손으로 동시에 조작하지 않으면 작동시킬 수 없는 구조일 것
④ 정상동작표시등은 녹색, 위험표시등은 붉은색으로 하며, 쉽게 근로자가 볼 수 있는 곳에 설치할 것

해설 양수조작식 방호장치 일반 구조
1) 누름버튼을 양손으로 동시에 조작하지 않으면 작동시킬 수 없는 구조일 것.
2) 수조작식 방호장치의 누름버튼 또는 조작레버의 간격 : 300mm 이상
3) 정상동작표시램프 : 녹색, 위험표시램프 : 붉은색

60 연삭숫돌을 사용하는 작업 시 해당 기계의 이상 유·무를 확인하기 위한 시험운전 시간으로 옳은 것은?

① 작업시작 전 30초 이상, 연삭숫돌 교체 후 5분 이상
② 작업시작 전 30초 이상, 연삭숫돌 교체 후 3분 이상
③ 작업시작 전 1분 이상, 연삭숫돌 교체 후 5분 이상
④ 작업시작 전 1분 이상, 연삭숫돌 교체 후 3분 이상

해설 연삭기 : 작업시작 전 1분 이상, 숫돌교체 후에는 3분 이상 시운전을 할 것

제4과목 /
전기 및 화학설비위험방지기술

61 다음 중 전압의 분류가 잘못된 것은?

① 1000V 이하의 교류전압 – 저압
② 1500V 이하의 직류전압 – 저압
③ 1000V 초과 7kV 이하의 교류전압 – 고압
④ 10kV를 초과하는 직류전압 – 초고압

해설 전압의 분류

압력 분류	직류	교류
저압	1500V이하	1000V이하
고압	1500~7000V이하	1000~7000V이하
특별고압	7000V초과	7000V초과

62 방폭구조 중 전폐구조를 하고 있으며, 외부의 폭발성 가스가 내부로 침입하여 내부에서 폭발하더라도 용기는 그 압력에 견디고, 내부의 폭발로 인하여 외부의 폭발성 가스에 착화될 우려가 없도록 만들어진 구조는?

① 안전증방폭구조
② 본질안전방폭구조
③ 유입방폭구조
④ 내압방폭구조

해설 방폭구조의 종류별 특징
1) **내압방폭구조** : 아크 또는 고열이 발생하여 폭발성 가스에 점화할 우려가 있는 부분을 전폐된 용기에 넣어 폭발에 견디도록 한 구조
2) **유입방폭구조** : 전폐용기에 기름을 채워서 외부의 폭발성 가스와 점화원이 접촉하여 인화될 위험이 없도록 한 구조
3) **안전증방폭구조** : 안전성을 더욱 보강하기 위하여 코일의 절연보강, 공극을 크게 하여 구조상 또는 온도상승에 대하여 금속망 같은 물질로 차폐시킨 구조로 전기불꽃이나 과열에 대하여 회로특성상 폭발의 위험을 방지할 수 있는 구조
4) **압력방폭구조** : 용기내부에 불연성 가스인 공기나 질소 등을 압입시켜 외부의 폭발성 가스가 용기내부로 침투하지 못하도록 한 구조
5) **본진안전방폭구조** : 정상시 및 사고시(단선, 단락, 지락 등)에 발생하는 전기불꽃 아크 또는 고온에 의하여 폭발성가스 또는 증기에 점화되지 않는 것이 점화시험, 기타에 의해서 확인된 구조

63 작업장에서 꽂음접속기를 설치 또는 사용하는 때에 작업자의 감전 위험을 방지하기 위하여 필요한 준수사항으로 틀린 것은?

① 서로 다른 전압의 꽂음접속기는 상호 접속되는 구조의 것을 사용할 것
② 습윤한 장소에 사용되는 꽂음접속기는 방수형 등 해당 장소에 적합한 것을 사용할 것
③ 꽂음접속기를 접속시킬 경우 땀 등으로 젖은 손으로 취급하지 않도록 할 것
④ 꽂음접속기에 잠금장치가 있는 때에는 접속 후 잠그고 사용할 것

해설 꽂음접속기의 설치·사용시 준수사항
1) 서로 다른 전압의 꽂음 접속기는 서로 접속되지 아니한 구조의 것을 사용할 것
2) 습윤한 장소에 사용되는 꽂음 접속기는 방수형 등 그 장소에 적합한 것을 사용할 것
3) 근로자가 해당 꽂음 접속기를 접속시킬 경우에는 땀 등으로 젖은 손으로 취급하지 않도록 할 것
4) 해당 꽂음 접속기에 잠금장치가 있는 경우에는 접속 후 잠그고 사용할 것

64 다음 물질 중 가연성 가스가 아닌 것은?

① 수소
② 메탄
③ 프로판
④ 염소

해설 염소(Cl_2) : 조연성·독성가스

■ 정답 ■ 61.④ 62.④ 63.① 64.④

65 전기 기계·기구에 누전에 의한 감전 위험을 방지하기 위하여 설치한 누전차단기에 의한 감전방지의 사항으로 틀린 것은?

① 정격감도전류가 30mA 이하이고 작동시간은 3초 이내일 것
② 분기회로 또는 전기기계·기구마다 누전차단기를 접속할 것
③ 파손이나 감전사고를 방지할 수 있는 장소에 접속할 것
④ 지락보호전용 기능만 있는 누전차단기는 과전류를 차단하는 퓨즈나 차단기 등과 조합하여 접속할 것

해설 감전방지용 누전차단기의 작동 : 정격감도전류 30mA 이하, 동작시간 0.03초이내

66 페인트를 스프레이로 뿌려 도장작업을 하는 작업 중 발생할 수 있는 정전기 대전으로만 이루어진 것은?

① 유동대전, 충돌대전
② 유동대전, 마찰대전
③ 분출대전, 충돌대전
④ 분출대전, 유동대전

해설 1) **분출대전** : 기체·액체·분체류 등 단면적이 작은 분출구를 통과할 때 마찰에 의해서 정전기가 발생하는 현상
2) **충돌대전** : 분체류와 같은 입자끼리 또는 입자와 고체와의 충돌에 의해서 정전기가 발생하는 현상

67 정전기에 의한 재해 방지대책으로 틀린 것은?

① 대전방지제 등을 사용한다.
② 공기 중의 습기를 제거한다.
③ 금속 등의 도체를 접지시킨다.
④ 배관 내 액체가 흐를 경우 유속을 제한한다.

해설 정전기에 의한 재해방지 대책
1) 접지(부도체 물질은 부적합)
2) 가습
3) 보호구 착용
4) 대전방지제 사용
5) 배관 내에 액체의 유속제한 및 정치시간 확보
6) 도전성 재료사용
7) 제전장치사용

68 폭발위험장소 중 1종 장소에 해당하는 것은?

① 폭발성 가스 분위기가 연속적, 장기간 또는 빈번하게 존재하는 장소
② 폭발성 가스 분위기가 정상적동 중 주기적 또는 빈번하게 생성되는 장소
③ 폭발성 가스 분위기가 정상적동 중 조성되지 않거나 조성된다 하더라도 짧은 기간에만 존재할 수 있는 장소
④ 전기설비를 제조, 설치 및 사용함에 있어 특별한 주의를 요하는 정도의 폭발성 가스 분위기가 조성될 우려가 없는 장소

해설 ①항 : 0종 장소
②항 : 1종 장소
③항 : 2종 장소

69 누설전류로 인해 화재가 발생될 수 있는 누전화재의 3요소에 해당하지 않는 것은?

① 누전점   ② 인입점
③ 접지점   ④ 출화점

해설 전기누전화재라는 것은 입증하기 위한 요건(누전화재의 3요소)
1) 누전점 : 전류의 유입점
2) 발화점(출화점) : 발화된 장소
3) 접지점 : 확실한 접지점의 소재 및 적당한 접지저항치

■ 정답 ■ 65.① 66.③ 67.② 68.② 69.②

70 전기사용장소의 사용전압이 440V 인 저압전로의 전선 상호간 및 전로와 대지 사이의 절연저항은 얼마 이상이어야 하는가?

① 0.1MΩ ② 0.2MΩ
③ 0.3MΩ ④ 0.4MΩ

해설 절연전선의 전기저항치

대지전압	절연저항치
150V 이하	0.1MΩ이상
150V 초과 300V이하	0.2MΩ이상
300V 초과 400V이하	0.3MΩ이상
400V 초과	0.4MΩ이상

71 피뢰기의 제한전압이 800kV이고, 충격절연강도가 1000kV라면, 보호여유도는?

① 12% ② 25%
③ 39% ④ 43%

해설 보호여유도
$$= \frac{충격절연강도 - 제한전압}{제한전압} \times 100$$
$$= \frac{1000-800}{800} \times 100 = 25\%$$

72 최소점화에너지(MIE)와 온도, 압력 관계를 옳게 설명한 것은?

① 압력, 온도에 모두 비례한다.
② 압력, 온도에 모두 반비례한다.
③ 압력에 비례하고, 온도에 반비례한다.
④ 압력에 반비례하고, 온도에 비례한다.

해설 최소점화에너지(MIE)
1) MIE는 압력과 절대온도에 반비례한다.
2) MIE는 연소속도가 큰 혼합기체일수록 작고 열전도율과 화염온도가 낮은 것일수록 작다.

73 폭발범위가 1.8~8.5vol%인 가스의 위험도를 구하면 얼마인가?

① 0.8 ② 3.7
③ 5.7 ④ 6.7

해설 위험도 $= \frac{폭발상한치 - 폭발하한치}{폭발하한치}$
$= \frac{8.5-1.8}{1.8} = 3.72$

74 공정별로 폭발을 분류할 때 물리적 폭발이 아닌 것은?

① 분해폭발
② 탱크의 감압폭발
③ 수증기 폭발
④ 고압용기의 폭발

해설 분해폭발 : 화학적 폭발

75 산업안전보건기준에 관한 규칙에서 정한 위험물질의 종류에서 인화성 액체에 해당하지 않는 것은?

① 적린
② 에틸에테르
③ 산화프로필렌
④ 아세톤

해설 인화성액체(안전보건규칙, 별표 1)
1) 인화점이 23℃미만이고 초기 끓는점이 35℃이하인 물질 : 가솔린, 아세트알데히드, 에틸에테르, 산화프로필렌 등
2) 인화점이 23℃미만이고 초기 끓는점이 35℃를 초과하는 물질 : 메틸에틸케톤, 아세톤, 산화에틸렌, 노말헥산, 메틸알코올, 에틸알코올, 이황화탄소 등
3) 인화점이 23℃ 이상 60℃ 이하인 물질 : 크실렌, 아세트산아밀, 등유, 경유, 테레핀유, 이소아밀알코올, 아세트산, 하이드라진 등

■정답■ 70.④ 71.② 72.② 73.② 74.① 75.①

76 산업안전보건법령상 공정안전보고서의 내용 중 공정안전자료에 포함되지 않는 것은?

① 유해·위험설비의 목록 및 사양
② 폭발위험장소 구분도 및 전기단선도
③ 안전운전지침서
④ 각종 건물·설비의 배치도

해설 공정안전자료 세부내용
1) 취급·저장하고 있거나 취급·저장하려는 유해·위험물질의 종류 및 수량
2) 유해·위험물질에 대한 물질안전보건자료
3) 유해·위험설비의 목록 및 사양
4) 유해·위험설비의 운전방법을 알 수 있는 공정도면
5) 각종 건물·설비의 배치도
6) 폭발위험장소 구분도 및 전기단선도
7) 위험설비의 안전설계·제작 및 설치관련 지침서

77 사업주가 금속의 용접·용단 또는 가열에 사용되는 가스 등의 용기를 취급하는 경우에 준수하여야 하는 사항으로 틀린 것은?

① 용기의 온도를 섭씨 40도 이하로 유지할 것
② 전도의 위험이 없도록 할 것
③ 밸브의 개폐는 빠르게 할 것
④ 용해아세틸렌의 용기는 세워 둘 것

해설 금속의 용접·용단 또는 가열에 사용되는 가스 등의 용기 취급시 준수사항(안전보건규칙)
1) 다음 항목에 해당하는 장소에서 사용하거나 해당 장소에 설치·저장 또는 방치하지 않도록 할 것
   ① 통풍이나 환기가 불충분한 장소
   ② 화기를 사용하는 장소 및 그 부근
   ③ 위험물 또는 인화성액체를 취급하는 장소 및 그 부근
2) 용기의 온도를 섭씨 40도 이하로 유지할 것
3) 전도의 위험이 없도록 할 것
4) 충격을 가하지 않도록 할 것
5) 운반하는 경우에는 캡을 씌울 것
6) 사용하는 경우에는 용기의 마개에 부착되어 있는 유류 및 먼지를 제거 할 것
7) 밸브의 개폐는 서서히 할 것
8) 사용 전 또는 사용 중인 용기와 그 밖의 용기를 명확히 구별하여 보관할 것
9) 용해아세틸렌의 용기는 세워 둘 것
10) 용기의 부식·마모 또는 변형상태를 점검한 후 사용할 것

78 관로의 크기를 변경하고자 할 때 사용하는 관부속품은?

① 밸브(valve)
② 엘보우(elbow)
③ 부싱(bushing)
④ 플랜지(flange)

해설 배관부속품

용도	종류
1. 유량조절	① 밸브(valve)
2. 관로의 크기를 변경할 때	① 부싱(bushing) ② 축소관(reducer)
3. 두 개의 관을 연결할 때	① 플랜지(flange) ② 유니온(union) ③ 커플링(couping) ④ 니플(nipple) ⑤ 소켓(socket)
4. 관로의 방향을 변경할 때	① 엘보우(elbow) ② Y지관 ③ 티(tee) ④ 십자(cross)
5. 유로를 차단할 때	① 플러그(plug) ② 캡(cap)

■ 정답 ■ 76.③ 77.③ 78.③

79 산업안전보건기준에 관한 규칙상 ( ) 안의 내용으로 알맞은 것은?

> 사업주는 급성 독성물질이 지속적으로 외부에 유출될 수 있는 화학설비 및 그 부속설비에 파열판과 안전밸브를 직렬로 설치하고 그 사이에는 ( )를 설치하여야 한다.

① 온도지시계 또는 과열방지장치
② 압력지시계 또는 자동경보장치
③ 유량지시계 또는 유속지시계
④ 액위지시계 또는 과압방지장치

해설 파열판 및 안전밸브의 직렬설치(안전보건규칙)
: 사업주는 급성 독성물질이 지속적으로 외부에 유출될 수 있는 화학설비 및 그 부속설비에 파열판과 안전밸브를 직렬로 설치하고 그 사이에는 압력지시계 또는 자동경보장치를 설치하여야 한다.

80 황린의 저장 및 취급방법으로 옳은 것은?

① 강산화제를 첨가하여 중화된 상태로 저장한다.
② 물 속에 저장한다.
③ 자연발화하므로 건조한 상태로 저장한다.
④ 강알칼리 용액 속에 저장한다.

해설 황린(P4)의 저장 및 안전취급방법
1) 직사광선을 피하고 환기시킨다.
2) 산화제, 폭발물과의 저장을 피한다.
3) 자연 발화하므로 물속에 저장한다.
4) 포스핀 생성을 방지하기 위해 저장용액의 액성을 약알칼리성으로 한다.

제5과목 / 건설안전기술

81 다음 건설기계 중 360° 회전작업이 불가능한 것은?

① 타워 크레인 ② 크롤러 크레인
③ 가이 데릭   ④ 삼각 데릭

해설 삼각 데릭의 회전반경 : 270°

82 다음 빈칸에 알맞은 숫자를 옳게 나타낸 것은?

> 강관비계의 경우, 띠장간격은 ( )m 이하로 설치할 것.

① 3.5   ② 3
③ 2   ④ 1

해설 강관비계의 구조
1) 비계기둥의 간격은 띠장방향에서는 1.85m 이하, 장선방향에서는 1.5m 이하로 할 것
2) 띠장간격은 2m 이하로 설치할 것
3) 비계기둥의 제일 윗부분으로부터 31m 되는 지점 밑부분의 비계기둥은 2개의 강관으로 묶어세울 것(브라켓 등으로 보강하여 그 이상의 강도가 유지되는 경우에는 그러하지 아니하도)
4) 비계기둥 간의 적재하중은 400kg을 초과하지 아니하도록 할 것

83 굴착공사표준안전작업지침에 따른 인력굴착 작업시 굴착면이 높아 계단식 굴착을 할 때 소단의 폭은 수평거리로 얼마 정도 하여야 하는가?

① 1m   ② 1.5m
③ 2m   ④ 2.5m

해설 굴착면이 높은 경우 : 계단식으로 굴착하고 소단의 폭은 수평거리 2m 정도로 하여야 한다.

■정답■ 79.② 80.② 81.④ 82.③ 83.③

84 다음 공사규모를 가진 사업장 중 유해위험방지계획서를 제출해야할 대상사업장은?

① 최대 지간길이가 40m인 교량 건설공사
② 연면적 4,000㎡인 종합병원 공사
③ 연면적 3,000㎡인 종교시설 공사
④ 연면적 6,000㎡인 지하도상가 공사

해설 건설업 중 유해위험방지계획서 제출대상 사업장(시행규칙 제120조 제2항)
1) 지상높이가 31m 이상인 건축물 또는 인공구조물, 연면적 3만 m² 이상인 건축물 또는 연면적 5천 m² 이상의 문화 및 집회시설(전시장 및 동물원·식물원은 제외), 판매시설, 운수시설(고속철도의 역사 및 집배송시설은 제외), 종교시설, 의료시설 중 종합병원, 숙박시설 중 관광숙박시설, 지하도상가 또는 냉동·냉장 창고시설의 건설·개조 또는 해체(이하 "건설등"이라 함)
2) 연면적 5천 m² 이상의 냉동·냉장 창고시설의 설비공사 및 단열공사
3) 최대 지간길이가 50m 이상인 교량건설등 공사
4) 터널 건설등의 공사
5) 다목적댐, 발전용댐 및 저수용량 2천만톤 이상의 용수 전용 댐, 지방상수도 전용댐 건설등의 공사
6) 깊이 10m 이상인 굴착공사

85 다음은 건설업 산업안전보건관리비 계상 및 사용기준의 적용에 관한 사항이다. 빈 칸에 들어갈 내용으로 옳은 것은?

이 고시는 「산업재해보상보험법」 제6조에 따라 「산업재해보상보험법」의 적용을 받는 공사 중 총공사금액 (   ) 이상인 공사에 적용한다.

① 2천만원 ② 4천만원
③ 8천만원 ④ 1억원

해설 건설업 산업안전보건관리비 계상 및 사용기준

적용범위
1) 「산업재해보상보험법」 제6조에 따라 「산업재해보상보험법」의 적용을 받는 공사 중 총공사금액 2천만원 이상인 공사에 적용한다.
2) 「전기공사업법」 제2조에 따른 전기공사(고압 및 특별고압작업) 및 「정보통신공사업법」 제2조에 따른 정보통신공사(지하맨홀, 관로 또는 통신주 작업)로서 단가계약에 의하여 행하는 공사에 대하여는 총계약금액을 기준으로 이를 적용한다.

86 지내력 시험을 통하여 다음과 같은 하중-침하량 곡선을 얻었을 때 장기하중에 대한 허용 지내력도로 옳은 것은? (단, 장기하중에 대한 허용지내력도 = 단기하중에 대한 허용지내력도 $\times \dfrac{1}{2}$)

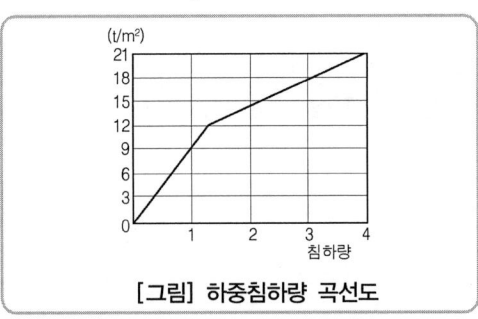

[그림] 하중침하량 곡선도

① 6 t/m^2 ② 7 t/m^2
③ 12 t/m^2 ④ 14 t/m^2

해설 1) 단기하중에 대한 허용지내력 : 총 침하량이 20mm에 도달하였을 때, 침하량이 20mm 이하여도 침하곡선이 항복상황(그림에서 12t/m²)을 나타낼 때로 한다.
2) 장기하중에 대한 허용지내력
   =단기하중에 대한 허용지내력 × 1/2
   = 12t/m² × 1/2 = 6t/m²

87 하루의 평균기온이 4℃ 이하로 될 것이 예상되는 기상조건에서 낮에도 콘크리트가 동결의 우려가 있는 경우에 사용되는 콘크리트는?

① 고강도 콘크리트 ② 경량 콘크리트
③ 서중 콘크리트   ④ 한중 콘크리트

해설 한중콘크리트 : 콘크리트 붓기 후 4주까지의 예상 평균기온이 약 4℃ 이하에서 시공되는 콘크리트를 말한다.

88 거푸집 해체작업 시 일반적인 안전수칙과 거리가 먼 것은?

① 거푸집동바리를 해체할 때는 작업책임자를 선임한다.
② 해체된 거푸집 재료를 올리거나 내릴 때는 달줄이나 달포대를 사용한다.
③ 보 밑 또는 슬라브 거푸집을 해체할 때는 동시에 해체하여야 한다.
④ 거푸집의 해체가 곤란한 경우 구조체에 무리한 충격이나 지렛대 사용은 금하여야 한다.

해설 거푸집 해체작업시 주의사항
1) 거푸집의 제거는 보 옆이나 기둥을 먼저하고 보 밑이나 슬래브를 나중에 한다.
2) 진동, 충격 등을 주지 않고 콘크리트가 손상되지 않도록 한다.
3) 높은 곳 작업시에는 낙하사고에 유의해야 한다.
4) 상하 동시작업은 원칙적으로 금지하되 부득이한 경우에는 긴밀히 연락을 취하여 작업을 하여야 한다.
5) 지주(받침기둥)를 바꾸어 세우기 할 때는 상부의 작업을 제한하여 적재하중을 적게 하고, 집중하중을 받는 부분의 지주는 그대로 둔다.
6) 제거한 거푸집은 재사용할 수 있도록 적당한 장소에 정리하여 둔다.

89 건설현장에서 근로자가 안전하게 통행할 수 있도록 통로에 설치하는 조명의 조도 기준은?

① 65 lux 이상   ② 75 lux 이상
③ 85 lux 이상   ④ 95 lux 이상

해설 통로에는 75럭스(Lux)이상의 조명시설을 하여야 한다.

90 거푸집 동바리 등을 조립하는 경우의 준수사항으로 옳지 않은 것은?

① 강재와 강재의 접속부 및 교차부는 볼트, 클램프 등 전용철물을 사용하여 단단히 연결할 것
② 동바리로 사용하는 강관(파이프 서포트는 제외)은 높이 2m 이내마다 수평연결재를 2개 방향으로 만들고 수평연결재의 변위를 방지할 것
③ 동바리의 이음은 맞댄이음으로 하고 장부이음의 적용은 절대 금할 것
④ 거푸집이 곡면인 경우에는 버팀대의 부착 등 그 거푸집의 부상(浮上)을 방지하기 위한 조치를 할 것

해설 동바리의 이음은 맞댄이음 또는 장부이음으로 하고 같은 품질의 재료를 사용할 것

91 화물취급작업 중 화물적재 시 준수하여야 할 사항으로 옳지 않은 것은?

① 침하 우려가 없는 튼튼한 기반 위에 적재할 것
② 중량의 화물은 공간의 효율성을 고려하여 건물의 칸막이나 벽에 기대어 적재할 것
③ 불안정할 정도로 높이 쌓아 올리지 말 것
④ 하중이 한쪽으로 치우치지 않도록 쌓을 것

해설 ②항, 중량의 화물은 건물의 칸막이나 벽에 기대어 적재하지 않도록 할 것

■ 정답 ■ 87.④ 88.③ 89.② 90.③ 91.②

92 다음은 건설현장의 추락재해를 방지하기 위한 사항이다. 빈칸에 들어갈 내용으로 옳은 것은?

> 사업주는 높이 또는 깊이가 ( )를 초과하는 장소에서 작업하는 경우 해당 작업장에 종사하는 근로자가 안전하게 승강하기 위한 건설작업용 리프트 등의 설비를 설치하여야 한다. 다만, 승강설비를 설치하는 것이 작업의 성질상 곤란한 경우에는 그러하지 아니하다.

① 2m ② 3m
③ 4m ④ 5m

해설 승강설비의 설치 : 높이 또는 깊이가 2m를 초과하는 작업장소에는 근로자가 안전하게 승강하기 위한 건설작업용 리프트 등을 설치할 것

93 거푸집 동바리 등을 조립하는 때 동바리로 사용하는 파이프서포트에 대하여는 다음 각 목에서 정하는 바에 의해 설치하여야 한다. 빈칸에 들어갈 내용으로 옳은 것은?

> 가. 파이프서포트를 ( )개 이상 이어 서 사용하지 않도록 할 것
> 나. 파이프서포트를 이어서 사용하는 경 우에는 ( )개 이상의 볼트 또는 전용철물을 사용하여 이을 것

① 가 : 1, 나 : 2 ② 가 : 2, 나 : 3
③ 가 : 3, 나 : 4 ④ 가 : 4, 나 : 5

해설 동바리로 사용하는 파이프서포트의 설치기준
① 파이프서포트를 3개 이상 이어서 사용하지 아니하도록 할 것
② 파이프서포트를 이어서 사용할 때에는 4개 이상의 볼트 또는 전용철물을 사용하여 이을 것
③ 높이가 3.5m를 초과하는 경우에는 높이 2m 이내마다 수평연결재를 2개 방향으로 만들고 수평연결재의 변위를 방지할 것

94 앞 뒤 두 개의 차륜이 있으며(2축 2륜) 각각의 차축이 평행으로 배치된 것으로 찰흙, 점성토 등의 두꺼운 흙을 다짐하는 데는 적당하나 단단한 각재를 다지는 데는 부적당한 기계는?

① 머캐덤 롤러(Macadam Roller)
② 텐덤 롤러(Tandem Roller)
③ 래머(rammer)
④ 진동 롤러(Vibrating roller)

해설 1) 머캐덤 롤러(macadam roller) : 앞쪽에 1개의 조향륜 롤러와 뒤축에 2개의 롤러가 배치된 것으로(2축 3륜) 전륜구동식과 후륜구동식이 있으며 하층노반다지기, 아스팔트 포장에 주로 쓰인다.
2) 탠덤롤러(tandem roller) : 본문 설명
3) 래머(rammer) : 흙을 다지는 기계
4) 진동롤러(vibrating roller) : 진동식 다짐기계

95 다음과 같은 조건에서 방망사의 신품에 대한 최소 인장강도로 옳은 것은? (단, 그물코의 크기는 10cm, 매듭방망)

① 240kg ② 200kg
③ 150kg ④ 110kg

해설 방망사의 강도
1) 방망사의 신품에 대한 인장강도

그물코의 크기 (단위 : cm)	방망의 종류(단위 : kg)	
	매듭 없는 방망	매듭 방망
10	240	200
5		110

2) 방망사의 폐기시 인장강도

그물코의 크기 (단위 : cm)	방망의 종류(단위 : kg)	
	매듭 없는 방망	매듭 방망
10	150	135
5		60

■ 정답 ■ 92.① 93.③ 94.② 95.②

96 비계(달비계, 달대비계 및 말비계 제외)의 높이가 2m 이상인 작업장소에 적합한 작업발판의 폭은 최소 얼마 이상이어야 하는가?

① 10cm　　② 20cm
③ 20cm　　④ 40cm

해설 1) 작업발판의 폭 : 40cm 이상
　　　2) 발판재료간의 틈 : 3cm 이하

97 작업장의 바닥, 도로 및 통로 등에서 낙하물이 근로자에게 위험을 미칠 우려가 있는 경우의 필요한 조치 및 준수사항으로 옳지 않은 것은?

① 수직 보호망 또는 방호 선반 설치
② 출입금지구역의 설정
③ 낙하물 방지망의 수평면과의 각도는 20° 이상 30° 이하 유지
④ 낙하물 방지망을 높이 15m 이내마다 설치

해설 낙하물방지망의 높이 : 10m 이내

98 터널 계측관리 및 이상발견 시 조치에 관한 설명으로 옳지 않은 것은?

① 숏크리트가 벗겨지면 두께를 감소시키고 뿜어붙이기를 금한다.
② 터널의 계측관리는 일상계측과 대표계측으로 나뉜다.
③ 록볼트의 축력이 증가하여 지압판이 휘게되면 추가볼트를 시공한다.
④ 지중변위가 크게 되고 이완영역이 이상하게 넓어지면 추가볼트를 시공한다.

해설 숏크리트 타설 후 불량부분 발견시 : 불량구간이 국부적인 경우에는 불량구간을 제거하고 양호한 숏크리트로 재시공하여야 한다.

99 리프트(Lift)의 안전장치에 해당하지 않는 것은?

① 권과방지장치
② 비상정지장치
③ 과부하방지장치
④ 조속기

해설 리프트의 방호장치 : 권과방지장치, 과부하방지장치, 비상정지장치 등

100 방망의 정기시험은 사용개시 후 몇 년 이내에 실시하는가?

① 1년 이내　　② 2년 이내
③ 3년 이내　　④ 4년 이내

해설 방망의 정기시험 : 사용개시 후 1년 이내로 하고, 그 후 6개월마다 1회씩 정기적으로 시험용사에 대해서 등속인장시험을 할 것

■ 정답 ■　96.④　97.④　98.①　99.④　100.①

2023년 2회 CBT 복원 기출문제
산업안전산업기사

제1과목 / 산업안전관리론

01 의사결정 과정에 따른 리더십의 행동유형 중 전제형에 속하는 것은?

① 집단 구성원에게 자유를 준다.
② 지도자가 모든 정책을 결정한다.
③ 집단토론이나 집단결정을 통해서 정책을 결정한다.
④ 명목적인 리더의 자리를 지키고 부하직원들의 의견에 따른다.

해설 리더십의 유형
1) **권위형(독재형)** : 전제형으로 부하를 강압적으로 지배하고 부하직원의 정책결정에 참여를 거부하는 유형(리더중심)
2) **민주형** : 집단토론이나 집단결정을 통하여 정책을 결정하는 유형(집단중심)
3) **자유방임형** : 집단구성원(종업원)에게 완전한 자유를 주고 리더의 권한 행사를 하지 않는 유형

02 착시현상 중 그림과 같이 우선 평행의 호를 보고 이어 직선을 본 경우에 직선은 호와의 반대방향에 보이는 현상은?

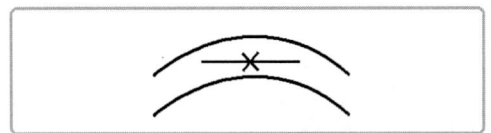

① 동화착오
② 분할착오
③ 윤곽착오
④ 방향착오

해설 윤곽 착오 : köhler의 착시현상

03 무재해운동 추진기법 중 다음에서 설명하는 것은?

> 작업을 오조작 없이 안전하게 하기 위하여 작업공정의 요소에서 자신의 행동을 하고 대상을 가리킨 후 큰 소리로 확인하는 것

① 지적확인
② T. B. M
③ 터치 앤드 콜
④ 삼각 위험예지훈련

해설 지적확인 : 인간의 실수를 없애기 위해 눈, 손, 입, 귀 등을 이용하여 작업을 착수하기 전에 대뇌를 자극시켜 안전을 확보하기 위한 기법

04 안전보건관리조직의 형태 중 라인(Line)형 조직의 특성이 아닌 것은?

① 소규모 사업장(100명 이하)에 적합하다.
② 라인에 과중한 책임을 지우기가 쉽다.
③ 안전관리 전담 요원을 별도로 지정한다.
④ 모든 명령은 생산 계통을 따라 이루어진다.

해설 라인(Line)형 조직의 특징(장점, 단점)
1) 장점
① 안전지시나 개선조치 등 명령이 철저하고 신속하게 수행된다.
② 상하관계만 있기 때문에 명령과 보고가 간단명료하다.
③ 참모식 조직보다 경제적인 조직체계이다.
2) 단점
① 안전전담부서(staff)가 없기 때문에 안전

■ 정답 ■ 01.② 02.③ 03.① 04.③

에 대한 정보가 불충분하고 안전지식 및 기술축적이 어렵다.
② 라인(Line)에 과중한 책임을 지우기가 쉽다.

05 안전·보건표지의 색채 및 색도 기준 중 다음 ( )안에 알맞은 것은?

색채	색도기준	용도
(㉠)	5Y 8.5/12	경고
(㉡)	2.5PB 4/10	지시

① ㉠ 빨강색, ㉡ 흰색
② ㉠ 검은색, ㉡ 노란색
③ ㉠ 흰색, ㉡ 녹색
④ ㉠ 노란색, ㉡ 파란색

해설 안전표지의 색채·색도기준 및 용도(시행규칙 별표3)

색채	색도기준	용도	사용예
빨간색	7.5R 4/14	금지	정지신호, 소화설비 및 그 장소, 유해행위 금지
		경고	화학물질 취급장소에서의 유해·위험 경고
노란색	5Y 8.5/12	경고	화학물질 취급장소에서의 유해·위험 경고, 이외의 위험경고, 주의표지 또는 기계방호물
파란색	2.5PB 4/10	지시	특정 행위의 지시 및 사실의 고지
녹색	2.5G 4/10	안내	비상구 및 피난소, 사람 또는 차량의 통행표지
흰색	N 9.5		파란색 또는 녹색에 대한 보조색
검은색	N 0.5		문자 및 빨간색 또는 노란색에 대한 보조색

06 조건반사설에 의한 학습이론의 원리에 해당하지 않는 것은?

① 강도의 원리
② 시간의 원리
③ 효과의 원리
④ 계속성의 원리

해설 조건반사설에 의한 학습이론의 원리
1) 시간의 원리 : 조건자극(종소리)이 무조건자극(음식물)보다 시간적으로 동시 또는 조금 앞서서 주어야만 조건화, 즉시 강화가 잘 된다는 원리이다.
2) 강도의 원리 : 조건 반사적인 행동이 이루어지려면 먼저 준 자극의 정도에 비해 적어도 같거나 그보다 강한 자극을 주어야 바람직한 결과를 낳게 된다.
3) 일관성의 원리 : 조건자극은 일관된 자극물을 사용하여야 한다는 원리이다.
4) 계속성의 원리 : 자극과 반응과의 관계를 반복하여 횟수를 거듭할수록 조건화가 잘 형성된다는 원리이다.

07 안전교육방법 중 사례연구법의 장점이 아닌 것은?

① 흥미가 있고, 학습동기를 유발할 수 있다.
② 현실적인 문제의 학습이 가능하다.
③ 관찰력과 분석력을 높일 수 있다.
④ 원칙과 규정의 체계적 습득이 용이하다.

해설 사례연구법의 장점·단점
1) 장점
① 흥미와 학습동기유발
② 현실적인 문제의 학습가능
③ 관찰, 분석력 및 판단, 응용력 향상
④ 사고방향에 대한 태도변형(문제를 다양한 관점에서 바라봄)
2) 단점
① 적절한 사례확보 곤란
② 원칙·규정의 체계적 습득 곤란
④ 학습 진보측정 곤란

08 하인리히(Heinrich)의 사고발생의 연쇄성 5단계 중 2단계에 해당되는 것은?

① 유전과 환경   ② 개인적인 결함
③ 불안전한 행동   ④ 사고

해설 하인리히의 재해발생 5단계
1) 1단계 : 사회적 환경 및 유전적 요소
2) 2단계 : 개인적 결함
3) 3단계 : 불안전한 행동 및 불안전한 대책
4) 4단계 : 사고
5) 5단계 : 재해

09 T.W.I(Training Within Indsutry)의 교육내용이 아닌 것은?

① Job Support Training
② Job Method Training
③ Job Relation Training
④ Job Instruction Training

해설 TWI 교육내용
1) JI(Job Instruction) : 작업지도기법
2) JM(Job Method) : 작업개선기법
3) JR(Job Relation) : 인간관계관리기법(부하통솔기법)
4) JS(Job Safety) : 작업안전기법

10 무재해 운동의 기본이념 3대 원칙이 아닌 것은?

① 무의 원칙   ② 참가의 원칙
③ 선취의 원칙   ④ 자주활동의 원칙

해설 무재해운동이념 3원칙
1) 무의 원칙 : 사망, 휴업 및 불휴재해는 물론 일체의 잠재위험요인을 사전에 발견, 파악, 해결함으로써 근원적인 산업재해를 없애는 것을 말한다.
2) 참가의 원칙 : 재해 및 일체의 위험요인을 발견, 해결하기 위해 전원이 무재해운동에 참가하여 문제 해결 등을 실천하는 것을 말한다.
3) 선취해결의 원칙 : 선취란 궁극의 목표로서 무재해, 무질병의 직장을 실현하기 위해 일체의 위험요인을 행동하기 전에 발견, 파악, 해결하여 재해를 예방하거나 방지하는 것을 말한다.

11 교육의 3요소 중 교육의 주체에 해당하는 것은?

① 강사   ② 교재
③ 수강자   ④ 교육방법

해설 교육의 3요소
1) 주체 : 교도자, 강사, 교사 등
2) 객체 : 학생, 수강자, 피교육자 등
3) 매개체 : 교재

12 인간의 사회적 행동의 기본 형태가 아닌 것은?

① 대립   ② 도피
③ 모방   ④ 협력

해설 사회행동의 기본형태
1) 협력 : 조력, 분업 등
2) 대립 : 공격, 경쟁 등
3) 도피 : 고립, 정신병, 자살 등

13 허즈버그(Herzberg)의 동기·위생이론 중 위생요인에 해당하지 않는 것은?

① 보수   ② 책임감
③ 작업조건   ④ 감독

해설 허즈버그(Herzberg)의 2요인
1) 위생요인 : 직무환경에 관계된 내용으로 기업정책, 개인 상호 간의 관계(친교, 대인관계), 감독형태, 작업조건, 임금(급료), 보수 지위, 안전 등이 있다.
2) 동기요인 : 직무내용(일의 내용)에 관한 것으로 목표달성에 대한 성취감, 안정감, 도전감, 책임감, 성장과 발전, 작업자체 등이 있다(자아실현을 하려는 인간의 독특한 경향 반영).

■ 정답 ■ 08.② 09.① 10.④ 11.① 12.③ 13.②

14 산업안전보건법령상 사업장 내 안전·보건교육 중 근로자의 정기안전·보건교육내용에 해당하지 않는 것은?

① 산업재해보상보험 제도에 관한 사항
② 산업안전 및 사고 예방에 관한 사항
③ 산업보건 및 직업병 예방에 관한 사항
④ 기계·기구의 위험성과 작업의 순서 및 동선에 관한 사항

해설 1) 근로자 정기안전·보건 교육의 교육내용
① 산업안전 및 사고예방에 관한 사항
② 산업보건 및 직업병 예방에 관한 사항(공통)
③ 건강증진 및 질병 예방에 관한 사항
④ 유해위험 작업환경 관리에 관한 사항(공통)
⑤ 산업안전보건법령 및 산업재해보상보험 제도에 관한 사항
⑥ 직무스트레스 예방 및 관리에 관한 사항
⑦ 직장 내 괴롭힘, 고객의 폭언 등으로 인한 건강장해 예방 및 관리에 관한 사항

2) 채용시 및 작업내용 변경시 교육내용
① 기계기구의 위험성과 작업의 순서 및 동선에 관한 사항
② 작업 개시 전 점검에 관한 사항
③ 정리정돈 및 청소에 관한 사항
④ 사고발생시 긴급조치에 관한 사항
⑤ 산업보건 및 사고예방에 관한 사항
⑥ 산업보건 및 직업병 예방에 관한 사항(공통)
⑦ 물질안전보건자료에 관한 사항

15 재해원인 분석방법의 통계적 원인분석 중 다음에서 설명하는 것은?

> 사고의 유형, 기인물 등 분류항목을 큰 순서대로 도표화한다.

① 파레토도   ② 특성 요인도
③ 크로스도   ④ 관리도

해설 통계적 원인분석방법
1) 파레토도 : 사고의 유형, 기인물 등 분류항목을 큰 순서대로 도표화하여 분석하는 방법이다.

2) 특성요인도 : 특성과 요인을 도표로 하여 어골상(魚骨狀)으로 세분화한다.
3) 크로스 분석 : 데이터를 집계하고 표로 표시하여 요인별 결과 내역을 교차한 크로스 그림을 작성하여 분석한다.
4) 관리도 : 재해발생건수 등의 추이를 파악하고 목표관리를 행하는데 필요한 월별재해발생수를 그래프화하여 관리선을 설정·관리하는 방법이다.

16 산업안전보건법령상 안전검사 대상 유해·위험 기계가 아닌 것은?

① 선반   ② 리프트
③ 압력용기   ④ 곤돌라

해설 안전검사대상 유해·위험기계·설비 등(시행령 제28조의 6)
1) 프레스
2) 전단기
3) 크레인(정격하중이 2톤 미만인 것은 제외)
4) 리프트
5) 압력용기
6) 곤돌라
7) 국소배기장치(이동식은 제외)
8) 원심기(산업용에 한정)
9) 고소작업대(화물자동차 또는 특수자동차에 탑재한 고소작업대로 한정)
10) 롤러기(밀폐구조는 제외)
11) 사출성형기(형체결력 294kN 미만은 제외)
12) 컨베이어
13) 산업용 로봇

17 추락 및 감전 위험방지용 안전모의 난연성 시험성능기준 중 모체가 불꽃을 내며 최소 몇 초 이상 연소되지 않아야 하는가?

① 3   ② 5
③ 7   ④ 10

해설 난연성 시험 : 모체가 불꽃을 내며 5초 이상 연소되지 않아야 한다.

■ 정답 ■ 14.④ 15.① 16.① 17.②

18 50인의 상시 근로자를 가지고 있는 어느 사업장에 1년간 3건의 부상자를 내고 그 휴업일수가 219일이라면 강도율은?

① 1.37   ② 1.50
③ 1.86   ④ 2.21

해설 강도율 = $\dfrac{\text{근로손실일수}}{\text{연근로시간수}} \times 1,000$

$= \dfrac{219 \times \dfrac{300}{365}}{50 \times 300 \times 8} \times 1,000$
$= 1.50$

19 재해손실의 평가방식 중 하인리히(Heinrich) 계산방식으로 옳은 것은?

① 총재해비용 = 보험비용 + 비보험비용
② 총재해비용 = 직접손실비용 + 간접손실비용
③ 총재해비용 = 공동비용 + 개별비용
④ 총재해비용 = 노동손실비용 + 설비손실비용

해설 하인리히 방식
∴ 총재해 cost=직접비+간접비
 (직접비 : 간접비=1 : 4)
1) 직접비
 ① 휴업보상비 : 평균임금의 70%에 상당하는 금액
 ② 장해보상비 : 신체장애가 남은 경우에 장해 등급에 의한 금액
 ③ 요양보상비 : 요양비의 전액
 ④ 장의비 : 평균임금의 120일분에 상당하는 금액
 ⑤ 유족보상비 : 평균임금의 1300일분에 상당하는 금액
 ⑥ 장해특별보상비, 유족특별보상비, 상병보상연금 등
2) 간접비 : 재산손실, 생산중단 등으로 기업이 입은 손실
 ① 인적 손실 : 본인 및 제3자에 관한 것을 포함한 시간손실
 ② 물적 손실 : 기계, 공구, 재료, 시설의 복구에 소비된 시간손실 및 재산손실
 ③ 생산 손실 : 생산 감소, 생산 중단, 판매 감소 등에 의한 손실
 ④ 특수 손실 : 근로자의 신규 채용, 교육훈련비, 섭외비 등에 의한 손실

20 상황성 누발자의 재해유발원인과 거리가 먼 것은?

① 작업의 어려움   ② 기계설비의 결함
③ 심신의 근심   ④ 주의력의 산만

해설 사고경향성
1) **상황성 누발자** : 작업의 어려움, 기계설비의 결함, 환경상 주의력의 집중곤란, 심신의 근심 등 때문에 재해유발
2) **소질성 누발자** : 재해의 소질적 요인(주의력 산만, 도덕성 결여, 감각운동 부적합 등)때문에 재해유발
3) **습관성 누발자** : 재해의 경험으로 겁쟁이가 되거나 신경과민이 되어 재해를 유발하거나 슬럼프 상태에 빠져서 재해유발
4) **미숙성 누발자** : 기능미숙, 환경에 익숙하지 못하기 때문에 재해유발

제2과목 / 인간공학 및 시스템안전공학

21 불대수(Boolean algebra)의 관계식으로 맞는 것은?

① $A(A \cdot B) = B$
② $A + B = A \cdot B$
③ $A + A \cdot B = A \cdot B$
④ $A + B \cdot C = (A + B)(A + C)$

해설 (1) $A(A \cdot B) = AB$
 (2) $A+B=B+A$
 (3) $A+A \cdot B=A$

■ 정답 ■ 18.② 19.② 20.④ 21.④

22 A 요업공장의 근로자 최씨는 작업일 3월 15일에 다음과 같은 소음에 노출되었다. 총 소음 투여량은(%) 약 얼마인가?

[다음]
80 dB - A : 2시간 30분
90 dB - A : 4시간 30분
100 dB - A : 1시간

① 114.1 ② 124.1
③ 134.1 ④ 144.1

해설 소음투여량
$$= \left(\frac{2.5}{32} + \frac{4.5}{8} + \frac{1}{2}\right) \times 100 = 114.06\%$$

길잡이

1) 소음정도에 따른 허용노출시간

소음 음압[dB(A)]	1일 노출 지속시간
80	32
85	16
90	8
92	6
95	4
97	3
100	2
102	1.5
105	1
110	0.5
115	0.25

2) 소음량과 소음투여량 관계식
① 소음량 $= \dfrac{\text{주어진 음수준에서 실제노출시간}}{\text{주어진 음수준에서 최대허용시간}}$
② 소음투여량(%)=소음량×100

23 고장의 발생상황 중 부적합품 제조 생산과정에서의 품질관리 미비, 설계미숙 등으로 일어나는 고장은?

① 초기고장 ② 마모고장
③ 우발고장 ④ 품질관리고장

해설 고장의 유형
1) 초기고장(감소형) : 불량제조나 생산과정에서의 품질관리 미비로 생기는 고장
2) 우발고장(일정형) : 예측할 수 없을 때 생기는 고장
3) 마모고장(증가형) : 시스템의 일부가 수명을 다하여 생기는 고장

24 기계의 고장률이 일정한 지수분포를 가지며, 고장률이 0.04/시간일 때, 이 기계가 10시간 동안 고장이 나지 않고 작동할 확률은 약 얼마인가?

① 0.40 ② 0.67
③ 0.84 ④ 0.96

해설 고장 없이 작동할 확률(신뢰도 : R_t)
$$R_t = e^{-\lambda t} = e^{-(0.04 \times 10)} = 0.67$$

25 출력과 반대 방향으로 그 속도에 비례해서 작용하는 힘 때문에 생기는 항력으로 원활한 제어를 도우며, 특히 규정된 변위 속도를 유지하는 효과를 가진 조종 장치의 저항력은?

① 관성
② 탄성저항
③ 점성저항
④ 정지 및 미끄럼 마찰

해설 조종장치 저항력의 종류
1) 관성 : 물체(또는 기구)의 질량에 의한 동작(또는 동작방향 변화)에 대한 저항으로 가속도에 따라 변한다.
2) 탄성저항 : 조정장치의 변위에 따라 변하며 변위가 클수록 저항이 커진다.
3) 점성저항 : 본문 설명
4) 정지 및 미끄럼 마찰 : 정지마찰은 초기 동작에 대한 저항으로 동작 초기에 최대이지만 급격히 감소하여 미끄럼 마찰은 동작에 대한 저항으로 계속되지만 마찰력은 속도와 변위와는 무관하다.

■ 정답 ■ 22.① 23.① 24.② 25.③

26 작업장에서 광원으로부터의 직사휘광을 처리하는 방법으로 맞는 것은?

① 광원의 휘도를 늘인다.
② 가리개, 차양을 설치한다.
③ 광원을 시선에서 가까이 위치시킨다.
④ 휘광원 주위를 밝게 하여 광도비를 늘린다.

해설 광원으로부터의 직사휘광 처리
 1) 광원의 휘도를 줄이고 수를 증가시킨다.
 2) 광원을 시선에서 멀리 위치시킨다.
 3) 휘광원 주위를 밝게 하여 광속발산비(휘도)를 줄인다.
 4) 가리개(shield), 갓(hood) 혹은 차양(visor)을 사용한다.

27 FT 도에서 사용되는 다음 기호의 의미로 맞는 것은?

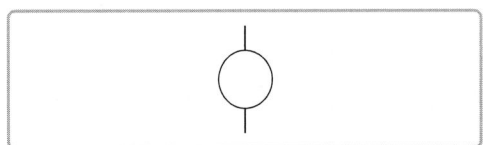

① 결함사상 ② 통상사상
③ 기본사상 ④ 제외사상

해설 ① 결함사상 : □

② 기본사상 : ○

③ 통상사상 :

28 일반적인 조종장치의 경우, 어떤 것을 켤 때 기대되는 운동방향이 아닌 것은?

① 레버를 앞으로 민다.
② 버튼을 우측으로 민다.
③ 스위치를 위로 올린다.
④ 다이얼을 반시계 방향으로 돌린다.

해설 ④항 : 기대되는 운동방향의 반대가 된다.

29 안정성 향상을 위한 시설배치의 예로 적절하지 않은 것은?

① 기계배치는 작업의 흐름을 따른다.
② 작업자가 통로 쪽으로 등을 향하여 일하도록 한다.
③ 기계 설비 주위에 운전 공간, 보수 점검 공간을 확보한다.
④ 통로는 선을 그어 작업장과 명확히 구별하도록 한다.

해설 ②항 : 작업자가 통로 쪽으로 앞을 향하여 일하도록 한다.

30 신호검출 이론의 응용분야가 아닌 것은?

① 품질검사   ② 의료진단
③ 교통통제   ④ 시뮬레이션

해설 신호검출이론의 적용대상
 1) 품질검사(산업에서의 검사과업)
 2) 의료진단
 3) 교통통제(항공기 관제)
 4) 법정에서의 판정 및 증인(목격자) 증언 등

31 현장에서 인간공학의 적용분야로 가장 거리가 먼 것은?

① 설비관리
② 제품설계
③ 재해·질병 예방
④ 장비·공구·설비의 설계

해설 인간공학 적용분야
 1) 제품설계 및 사용성 평가
 2) 재해 및 작업관련 질병예방
 3) 장비·공구·설비의 설계
 4) 작업장내 조사 및 연구

32 청각적 표시의 원리로 조작자에 대한 입력신호는 꼭 필요한 정보만을 제공한다는 원리는?

① 양립성 ② 분리성
③ 근사성 ④ 검약성

해설 검약성(parsimony) : 조작자에 대한 입력 신호는 필요한 정보만을 제공하는 것을 말한다.

33 반복되는 사건이 많이 있는 경우, FTA의 최소 컷셋과 관련이 없는 것은?

① Fussel Algorithm
② Boolean Algorithm
③ Montr Carlo Algorithm
④ Limnios & Ziani Algorithm

해설 최소컷셋을 구하는 알고리즘(Algorithm)
1) Fussel 알고리즘
2) Boolean 알고리즘
3) Limnios & Ziani 알고리즘

34 계수형(digital) 표시장치를 사용하는 것이 부적합한 것은?

① 수치를 정확히 읽어야 할 경우
② 짧은 판독 시간을 필요로 할 경우
③ 판독 오차가 적은 것을 필요로 할 경우
④ 표시장치에 나타나는 값들이 계속 변하는 경우

해설 정량적 동적표시장치의 기본형
1) **정목동침**(moving pointer)형 : 눈금이 고정되고 지침이 움직이는 형
2) **정침동목**(moving scale)형 : 지침이 고정되고 눈금이 움직이는 형
3) **계수**(digital)형 : 전력계나 택시요금 계기와 같이 기계·전자적으로 숫자가 표시되는 형

35 누적손상장애(CTDs)의 원인이 아닌 것은?

① 과도한 힘의 사용
② 높은 장소에서의 작업
③ 장시간 진동공구의 사용
④ 부적절한 자세에서의 작업

해설 CTDs(cumulative trauma disorders ; 누적 외상증)
1) 특정 신체부위를 반복적으로 사용함으로써 통증이 생기는 만성적인 병의 총칭이다.
2) CTDs의 발생요인
① 장시간의 진동
② 과도한 힘의 요구
③ 부적잡한 작업 자세

36 정신적 작업 부하 척도와 가장 거리가 먼 것은?

① 부정맥
② 혈액성분
③ 점멸융합주파수
④ 눈 깜박임률(blink rate)

해설 정신적 작업 부하척도(정신활동의 부담을 측정하는 방법)
1) 부정맥 점수
2) 점멸융합주파수(flicker fusion frequency)
3) 눈 깜박임률(blink rate)
4) JND(Just Noticeable difference)

37 IES(Illuminating Engineering Society)의 권고에 따른 작업장 내부의 추천 반사율이 가장 높아야 하는 곳은?

① 벽 ② 바닥
③ 천장 ④ 가구

해설 옥내 최적 반사율
1) 천장 : 80~90%
2) 벽, 창문 발(blind) : 40~60%
3) 가구, 사무기기, 책상 : 25~45%
4) 바닥 : 20~40%

■ 정답 ■ 32.④ 33.③ 34.④ 35.② 36.② 37.③

38 MIL-STD-882B에서 시스템 안전 필요사항을 충족시키고 확인된 위험을 해결하기 위한 우선권을 정하는 순서로 맞는 것은?

[다음]
㉠ 경보장치 설치
㉡ 안전장치 설치
㉢ 절차 및 교육훈련 개발
㉣ 최소 리스크를 위한 설계

① ㉣→㉡→㉠→㉢
② ㉣→㉠→㉡→㉢
③ ㉢→㉣→㉠→㉡
④ ㉢→㉣→㉡→㉠

해설 1) 시스템의 안전설계원칙(시스템 안전달성) 단계(MIL-STD-882B)
① 1단계 : 위험상태 존재의 최소화(최소 리스크를 위한 설계)
② 2단계 : 안전장치 설치
③ 3단계 : 경보장치 설치
④ 4단계 : 절차 및 교육훈련개발(특수한 수단 강구)
2) 시스템 위험의 강도(MIL-STD-882A)
① 범주 1 : 파국적
② 범주 2 : 위기적
③ 범주 3 : 한계적
④ 범주 4 : 무시

39 인간-기계 시스템을 설계하기 위해 고려해야 할 사항으로 틀린 것은?

① 시스템 설계 시 동작 경제의 원칙이 만족되도록 고려하여야 한다.
② 인간과 기계가 모두 복수인 경우, 종합적인 효과 보다 기계를 우선적으로 고려한다.
③ 대상이 되는 시스템이 위치할 환경 조건이 인간에 대한 한계치를 만족하는가의 여부를 조사한다.
④ 인간이 수행해야 할 조작이 연속적인가 불연속적 인가를 알아보기 위해 특성조사를 실시한다.

해설 ②항, 인간과 기계가 모두 복수인 경우, 종합적인 효과보다 인간을 우선적으로 고려한다.

[길잡이] 인간·기계 시스템 설계과정의 6단계
1) 1단계 : 목표 및 성능 명세 결정
2) 2단계 : 시스템 정의
3) 3단계 : 기본설계
4) 4단계 : 인간·기계 인터페이스 (interface) 설계
5) 5단계 : 매뉴얼 및 성능보조자로 작성
6) 6단계 : 시험 및 평가

40 좌식 평면 작업대에서의 최대작업영역에 관한 설명으로 맞는 것은?

① 각 손의 정상작업영역 경계선이 작업자의 정면에서 교차되는 공통영역
② 윗팔과 손목을 중립자세로 유지한 채 손으로 원을 그릴 때, 부채꼴 원호의 내부 영역
③ 어깨로부터 팔을 펴서 어깨를 축으로 하여 수평면상에 원을 그릴 때, 부채꼴 원호의 내부지역
④ 자연스러운 자세로 윗팔을 몸통에 붙인 채 손으로 수평면상에 원을 그릴 때, 부채꼴 원호의 내부지역

해설 좌식 평면 작업대
1) 최대작업영역 : ③항
2) 정상작업영역 : ④항

■ 정답 ■ 38.① 39.② 40.③

제3과목 / 기계위험방지기술

41 밀링작업에 관한 설명으로 틀린 것은?

① 하향절삭은 날의 마모가 적고, 가공면이 깨끗하다.
② 상향절삭은 절삭열에 의한 치수정밀도의 변화가 적다.
③ 커터의 회전방향과 반대방향으로 가공재를 이송하는 것을 상향절삭이라고 한다.
④ 하향절삭은 커터의 회전방향과 같은 방향으로 일감을 이송하므로 백래시 제거장치가 필요없다.

해설 하향절삭은 밀링커터의 절삭방향과 공작물의 이송방향이 같기 때문에 백래시 제거장치가 필요하다.

42 프레스기에 사용하는 양수조작식 방호장치의 일반구조에 관한 설명 중 틀린 것은?

① 1행정 1정지 기구에 사용할 수 있어야 한다.
② 누름버튼을 양 손으로 동시에 조작하지 않으면 작동시킬 수 없는 구조이어야 한다.
③ 양쪽버튼의 작동시간 차이는 최대 0.5초 이내일 때 프레스가 동작되도록 해야 한다.
④ 방호장치는 사용전원전압의 ±50%의 변동에 대하여 정상적으로 작동되어야 한다.

해설 방호장치는 사용전원 전압의 ±100분의 20(20%)의 변동에 대하여 정상적으로 작동되어야 한다.

43 기계설비의 방호장치 분류 중 위험원에 대한 방호장치는?

① 감지형 방호장치
② 접근반응형 방호장치
③ 위치제한형 방호장치
④ 접근거부형 방호장치

해설 1) **접근반응형 방호장치** : 작업자의 신체부위가 위험한계 또는 그 인접한 거리 내로 들어오면 이를 감지하여 그 즉시 기계의 동작을 정지시키고 경보 등을 발하는 것[예] 프레스기의 감응식 방호장치 등
2) **위치제한형 방호장치** : 작업자의 신체부위가 위험한계 밖에 있도록 기계의 조작장치를 위험한 작업점에서 안전거리 이상 떨어지게 하거나 조작장치를 양손으로 동시조작하게 함으로써 위험한계에 접근하는 것을 제한하는 것[예] 양수조작식
3) **접근거부형 방호장치** : 작업자의 신체부위가 위험한계로 접근하였을 때 기계적인 작용에 의하여 접근을 못하도록 제지하는 것 [예] 수인식, 손쳐내기식 방호장치 등

44 기계운동 형태에 따른 위험점 분류 중 다음에 설명하는 것은?

> 고정부분과 회전하는 동작부분이 함께 만드는 위험점으로 연삭숫돌과 작업받침대, 교반기의 날개와 하우스, 반복왕복운동을 하는 기계부분 등이다.

① 끼임점
② 접선물림점
③ 협착점
④ 절단점

해설 기계설비의 위험점(작업점) 분류
1) **협착점** : 고정부와 왕복운동을 하는 운동부 사이에 형성되는 위험점(예 : 프레스, 성형기, 절곡기 등)
2) **끼임점** : 고정부와 회전 또는 직선운동과 함께 형성하는 부분사이에 형성되는 위험점 (예 : 연삭숫돌과 작업대, 반복 동작되는 링크기구, 교반기의 교반날개와 몸체사이)
3) **절단점** : 회전하는 운동부분 자체와 운동하는 기계자체에 위험이 형성되는 점(예 : 둥근톱날, 띠톱기계의 날 밀링커터 등)
4) **물림점** : 회전하는 두 개의 회전체에 물려들어갈 위험성이 형성되는 점(중심점+회전운동)(예 : 롤러, 기어와 피니언 등)
5) **접선물림점** : 회전하는 부분이 접선방향에서 만들어지는 위험점(접선점+회전운동)(예 : 벨

■ 정답 ■ 41.④ 42.④ 43.① 44.①

트와 풀리, 체인과 스프라켓, 랙과 피니언 등)
6) 회전말림점 : 회전하는 부분에 돌기 등이 돌출되어 작업봉 등이 말리는 위험점(예 : 회전축, 드릴축, 커플링)

45 기계설비의 본질적 안전화를 위한 방식 중 성격이 다른 것은?

① 고정 가드
② 인터록 기구
③ 압력용기 안전밸브
④ 양수조작식 조작기구

해설 1) 고정가드, 일터록기구(열동기구), 양수조작식 조작기구 등은 본질적 안전화를 위한 기구 등이다.
2) 압력용기 안전밸브 : 기능적 안전화

46 컨베이어 작업 시 준수해야 할 사항이 아닌 것은?

① 운전 중인 컨베이어 등의 위로 근로자를 넘어가도록 하는 경우에는 위험을 방지하기 위하여 건널다리를 설치하는 등 필요한 조치를 하여야 한다.
② 근로자를 운반할 수 있는 구조가 아닌 운전 중인 컨베이어에 근로자를 탑승시켜서는 안된다.
③ 작업 중 급정지를 방지하기 위하여 비상 정지장치는 해체해야 한다.
④ 트롤리 컨베이어에 트롤리와 체인·행거가 쉽게 벗겨지지 않도록 확실하게 연결시켜야 한다.

해설 비상정지장치는 근로자의 신체의 일부가 컨베이어에 말려드는 등의 위험시에 컨베이어 등의 운전을 정지시킬 수 있는 장치이므로 해체시켜서는 아니된다.

47 세이퍼 작업시의 안전대책으로 틀린 것은?

① 바이트는 가급적 짧게 물리도록 한다.
② 가공 중 다듬질 면을 손으로 만지지 않는다.
③ 시동하기 전에 행정 조정용 핸들을 끼워둔다.
④ 가공 중에는 바이트의 운동방향에 서지 않도록 한다.

해설 세이퍼의 안전작업수칙
1) 바이트는 잘 갈아서 사용하고 가급적 짧게 물릴 것
2) 사용 전에 행정 조절용 손잡이(handle)는 빼놓을 것
3) 반드시 재질에 따라서 절삭속도를 정할 것
4) 램(ram)은 필요 이상 긴 행정으로 하지 말고 일감에 알맞은 행정으로 조정할 것
5) 일감을 견고하게 고정시킬 것
6) 보안경을 착용할 것
7) 가공 중에 가공면의 거칠기를 손으로 점검하지 않을 것
8) 가공물을 측정하거나 청소를 할 때는 기계를 정지할 것
9) 시동 전에 기계를 점검 및 주유할 것
10) 작업 중에는 바이트의 운동방향에 서지 말 것

48 프레스 등의 금형을 부착·해체 또는 조정 작업 중 슬라이드가 갑자기 작동하여 발생할 수 있는 위험을 방지하기 위하여 설치하는 것은?

① 방호 울   ② 안전블록
③ 시건장치   ④ 게이트 가드

해설 금형조정작업의 위험방치(안전보건규칙 제104조) : 금형작업(부착·해체 또는 조정작업 등)을 할 때에 근로자의 신체가 위험한계에 있는 경우 슬라이드가 갑자기 작동함으로써 근로자에게 발생하는 위험을 방지하기 위해 「안전블록」을 사용하는 등 필요한 조치를 하여야 한다.

■ 정답 ■　45.③　46.③　47.③　48.②

49 연삭기에서 연삭숫돌차의 바깥지름이 250mm일 경우 평형플랜지의 바깥지름은 약 몇 mm이상 이어야 하는가?

① 62　　② 84
③ 93　　④ 114

해설 평형플랜지의 바깥지름
$$= 숫돌지름 \times \frac{1}{3}$$
$$= 250 \times \frac{1}{3} = 83.33 ≒ 84\,mm\ 이상$$

50 산업용 로봇의 작동범위에서 그 로봇에 관하여 교시 등의 작업을 하는 때의 작업시간 전 점검사항에 해당하지 않는 것은? (단, 로봇의 동력원을 차단하고 행하는 것을 제외한다.)

① 회전부의 덮개 또는 울
② 제동장치 및 비상정지장치의 기능
③ 외부전선의 피복 또는 외장의 손상유무
④ 매니퓰레이터(manipulator) 작동의 이상유무

해설 산업용 로봇의 교시 등의 작업시작 전 점검사항 (안전보건규칙 별표3 제 2호)
　1) 외부전선의 피복 또는 외장의 손상 유무
　2) 매니퓰레이터(Manipulator)작동의 이상 유무
　3) 제동자치 및 비상정지장치의 기능

51 기계설비의 일반적인 안전조건에 해당되지 않는 것은?

① 설비의 안전화　　② 기능의 안전화
③ 구조의 안전화　　④ 작업의 안전화

해설 기계설비의 안전조건
　1) 외형(외관)의 안전화
　2) 작업의 안전화
　3) 작업점의 안전화
　4) 기능의 안전화
　5) 구조의 안전화
　6) 보존 작업의 안전화
　7) 표준화를 통한 안전화
　8) 법규제를 통한 안전화

52 보일러수에 유지류, 고형물 등에 의한 거품이 생겨 수위를 판단하지 못하는 현상은?

① 역화　　② 포밍
③ 프라이밍　　④ 캐리오버

해설 보일러 발생증기의 이상현상
　1) 포밍(거품의 발생) : 관수중의 용존 고형물, 유지분에 의해 수면위에 거품이 발생하고 심하면 보일러 밖으로 흘러넘치는 현상
　2) 프라이밍(비수공발) : 보일러의 급격한 부하, 급격한 압력강하, 고수위 등에 의해 물방울 또는 물거품이 수면위로 튀어 올라 관 밖으로 운반되는 현상
　3) 캐리오버(기수공발) : 물속에 용해되어 있는 고형분이나 수분이 증기의 흐름에 따라서 발생증기 속으로 운반되어 나오게 되는 현상

53 프레스기에서 사용하는 손쳐내기식 방호장치의 방호판에 관한 기준으로 옳은 것은?

① 방호판의 폭은 금형폭의 1/2 이상이어야 하고, 행정길이가 300mm이상의 프레스 기계에서 방호판의 폭을 200mm로 해야 한다.
② 방호판의 폭은 금형폭의 1/2이상이어야 하고, 행정길이가 300mm 이상의 프레스 기계에서는 방호판의 폭을 300mm로 해야 한다.
③ 방호판의 폭은 금형폭의 1/3 이상이어야 하고, 행정길이가 300mm이상의 프레스 기계에서 방호판의 폭을 200mm로 해야 한다.
④ 방호판의 폭은 금형폭의 1/3 이상이어야 하고, 행정길이가 300mm이상의 프레스 기계에서 방호판의 폭을 300mm로 해야 한다.

해설 손쳐내기식 방호장치의 설치기준
　1) 슬라이드의 행정길이가 40mm 이상일 경우

■정답■　49.②　50.①　51.①　52.②　53.②

에 사용할 것
2) 손쳐내기식 막대는 그 길이 및 진폭을 조정할 수 있는 구조일 것
3) 손쳐내기판의 폭은 금형 크기의 1/2이상으로 할 것 (단, 행정이 300mm이상은 폭을 300mm로 할 것)
4) 슬라이드 하행정 거리의 3/4 위치에서 손을 완전히 밀어낼 것

54 드릴작업 시 가공재를 고정하기 위한 방법으로 적합하지 않은 것은?

① 가공재가 길 때는 방진구를 이용한다.
② 가공재가 작을 때는 바이스로 고정한다.
③ 가공재가 크고 복잡할 때는 볼트와 고정구로 고정한다.
④ 대량생산과 정밀도가 요구될 때는 지그로 고정한다.

해설 드릴링 작업시 일감의 고정
1) 일감이 작을 때 : 바이스로 고정한다.
2) 일감이 크고 복잡할 때 : 볼트와 고정구(클램프)를 사용하여 고정한다.
3) 대량생산과 정밀도를 요할 때 : 지그(Jig)를 사용하여 고정한다.

55 보일러에서 과열이 발생하는 직접적인 원인과 가장 거리가 먼 것은?

① 수관의 청소 불량
② 관수 부족시 보일러의 가동
③ 안전밸브의 기능이 부정확 할 때
④ 수면계의 고장으로 드럼내의 물의 감소

해설 1) 보일러의 과열원인
① 수관 및 몸체의 청소 불량
② 관수를 감소시키고 빈 통에 불을 땔 때
③ 수면계의 고장으로 드럼 내의 물의 감소
2) 보일러의 압력 상승원인
① 압력계의 고장(압력계의 기능 불완전)
② 안전밸브 기능의 부정확
③ 압력계의 분금을 잘못 읽거나 감시 소홀

56 작업장에서 사용하는 로프의 최대사용하중이 200kgf이고, 절단하중이 600kgf일 때 이 로프의 안전율은?

① 0.33   ② 3
③ 200   ④ 300

해설 안전율 = $\dfrac{절단하중}{최대사용하중}$
$= \dfrac{600 \text{kg f}}{200 \text{kg f}} = 3$

57 기준무부하상태에서 구내최고속도가 20km/h인 지게차의 주행 시 좌우안정도 기준은 몇 %이내인가?

① 4%   ② 20%
③ 37%   ④ 40%

해설 지게차의 주행시 좌우안정도
= 15+(1.1×최고속도)
= 15+(1.1×20) = 37%

58 기계설비의 안전조건 중 외관의 안전화에 해당되는 조치는?

① 고장 발생을 최소화하기 위해 정기점검을 실시하였다.
② 강도의 열화를 생각하여 안전율을 최대로 고려하여 설계하였다.
③ 전압강하, 정전시의 오동작을 방지하기 위하여 자동제어 장치를 설치하였다.
④ 작업자가 접촉할 우려가 있는 기계의 회전부를 덮개로 씌우고 안전색채를 사용하였다.

해설 외형(외관)의 안전화
1) 덮개 및 방호장치(guard)설치
2) 별실 또는 구획된 장소에 격리
3) 안전색채조절

■ 정답 ■ 54.① 55.③ 56.② 57.③ 58.④

59 위험기계·기구와 이에 해당하는 방호장치의 연결이 틀린 것은?

① 연삭기 – 급정지장치
② 프레스 – 광전자식 방호장치
③ 아세틸렌 용접장치 – 안전기
④ 압력용기 – 압력방출용 안전밸브

해설 연삭기 : 연삭숫돌의 덮개

60 롤러의 맞물림점 전방 60mm의 거리에 가드를 설치하고자 할 때 가드 개구부의 간격은? (단, 위험점이 전동체가 아닌 경우이다.)

① 12mm ② 15mm
③ 18mm ④ 20mm

해설 $Y = 6+0.15X$
    $= 6+(0.15 \times 60) = 15mm$

제4과목 / 전기 및 화학설비위험방지기술

61 방폭구조의 명칭과 표기기호가 잘못 연결된 것은?

① 안전증방폭구조 : e
② 유입(油入)방폭구조 : o
③ 내압(耐壓)방폭구조 : p
④ 본질안전방폭구조 : ia 또는 ib

해설 방폭구조의 기호(방폭구조의 상징[심벌] : ex)
1) 내압방폭구조 : d
2) 압력방폭구조 : p
3) 안전증방폭구조 : e
4) 본질안전방폭구조 : ia 또는 ib
5) 유입방폭구조 : o
6) 특수방폭구조 : s
7) 충전방폭구조 : q
8) 몰드방폭구조 : m
9) 비점화방폭구조 : n

62 정전작업 시 주의할 사항으로 틀린 것은?

① 감독자를 배치시켜 스위치의 조작을 통제한다.
② 퓨즈가 있는 개폐기의 경우는 퓨즈를 제거한다.
③ 정전 작업전에 작업내용을 충분히 작업원에게 주지시킨다.
④ 단시간에 끝나는 작업일 경우 작업원의 판단에 의해 작업한다.

해설 단시간에 끝나는 작업일 경우에도 정전작업전에 조치할 사항으로 취한 후에 작업하여야 한다.

63 인체가 전격(감전)으로 인한 사고 시 통전전류에 의한 인체반응으로 틀린 것은?

① 교류가 직류보다 일반적으로 더 위험하다.
② 주파수가 높아지면 감지전류는 작아진다.
③ 심장을 관통하는 경로가 가장 사망률이 높다.
④ 가수전류는 불수전류보다 값이 대체적으로 작다.

해설 주파수(Hz)가 높아지면 감지전류도 증가한다. 이는 주파수가 높을수록 전격의 영향은 감소함을 의미한다.

64 전기설비의 점화원 중 잠재적 점화원에 속하지 않는 것은?

① 전동기 권선   ② 마그네트 코일
③ 케이블   ④ 릴레이 전기접전

해설 전기설비의 잠재적인 점화원
1) ①, ②, ③ 항
2) 변압기 권선

65 400V를 넘는 저압 전로의 절연저항 값은 몇 MΩ이상으로 하여야 하는가?

① 0.2 ② 0.4
③ 0.8 ④ 1.0

해설 전로의 절연저항치

대지전압	절연저항치
150V 이하	0.1MΩ이상
150V 초과 300V이하	0.2MΩ이상
300V 초과 400V이하	0.3MΩ이상
400V 초과	0.4MΩ이상

[참조] 법개정 : 내용 변경

66 근로자가 충전전로에 취급하거나 그 인근에서 작업하는 경우 조치하여야 하는 사항으로 틀린 것은?

① 충전전로를 취급하는 근로자에게 그 작업에 적합한 절연용 보호구를 착용시킬 것
② 충전전로를 정전시키는 경우 차단장치나 단로기 등의 잠금장치 확인 없이 빠른 시간 내에 작업을 완료할 것
③ 충전전로에 근접한 장소에서 전기작업을 하는 경우에는 해당 전압에 적합한 절연용 방호구를 설치할 것
④ 고압 및 특별고압의 전로에서 전기작업을 하는 근로자에게 활선작업용 기구 및 장치를 사용하도록 할 것

해설 충전전로를 취급하거나 그 인근에서 작업시 조치사항(안전보건규칙)
1) ①, ③, ④ 항
2) **충전전로의 정전** : 충전전로를 정전시키는 경우에는 정전전로에서의 전기작업(전로차단 절차 및 정전작업 후 조치사항 등)에 따른 조치를 할 것
3) **충전전로의 방호·차폐 및 절연 등의 조치를 하는 경우** : 근로자의 신체가 전로와 직접 접촉하거나 도전재료, 공구 또는 기기를 통하여 간접 접촉되지 않도록 할 것
4) 절연용 방호구의 설치·해체작업 : 절연용 보호구를 착용하거나 활선작업용 기구 및 장치를 사용하도록 할 것
5) 유자격자가 아닌 근로자가 충전전로 인근의 높은 곳에서 작업할 때에 조치사항 : 근로자의 몸 또는 긴 도전성 물체가 방호되지 않은 충전전로에서,
   ① 대지전압이 50kV 이하인 경우 : 300cm 이내로 접근할 수 없도록 할 것
   ② 대지전압이 50kV를 넘는 경우 : 10kV당 10cm씩 더한 거리 이내로 접근할 수 없도록 할 것

67 접지에 관한 설명으로 틀린 것은?

① 접지저항이 크면 클수록 좋다.
② 접지공사의 접지선은 과전류차단기를 시설하여서는 안 된다.
③ 접지극의 시설은 동판, 동봉 등이 부식될 우려가 없는 장소를 선정하여 지중에 매설 또는 타입 한다.
④ 고압전로와 저압전로를 결합하는 변압기의 저압전로 사용전압이 300V이하로 중성점 접지가 어려운 경우 저압측 임의의 한 단자에 제2종 접지공사를 실시한다.

해설 1) 접지저항
   ① 접지저항이 낮을수록 좋다
   ② 접지저항은 접지전극(동판이나 접지봉 등)과 대지와의 접촉상태에 따라 그 저항치가 결정되어 접지전극과 대지와의 접촉면적이 클수록, 또 접지전극 주변의 흙이 전기가 잘 통하는 상태일수록 접지저항이 낮게 된다.
2) 접지저항 저감법
   ① 접지극의 매설깊이(지중매설 깊이는 75cm 이상)를 깊게 할 것
   ② 접지극의 수를 증가하여 이들을 병렬로 연결시킬 것
   ③ 접지극의 크기를 크게 할 것
   ④ 토량이 불량할 경우는 토질에 적합한 시공법을 택하거나, 접지저항 저감제를 사용하여 토양을 개선할 것

68 인체의 대부분이 수중에 있는 상태에서의 허용 접촉전압으로 옳은 것은?

① 2.5V 이하   ② 25V 이하
③ 50V 이하   ④ 100V 이하

해설 허용접촉전압

종별	접촉상태	허용접촉전압
제1종	・인체의 대부분이 수중에 있는 상태	2.5V 이하
제2종	・인체가 현저히 젖어있는 상태 ・금속성의 전기기계장치나 구조물에 인체의 일부가 상시 접촉되어 있는 상태	25V 이하
제3종	・제1종 및 제2종 이외의 경우로서 통상의 인체 상태에 있어서 접촉전압이 가해지면 위험성이 높은 상태	50V 이하
제4종	・제3종의 경우로써 위험성이 낮은 상태 ・접촉전압이 가해질 위험이 없는 경우	제한없음

69 리튬(Li)에 관한 설명으로 틀린 것은?

① 연소시 산소와는 반응하지 않는 특성이 있다.
② 염산과 반응하여 수소를 발생한다.
③ 물과 반응하여 수소를 발생한다.
④ 화재발생시 소화방법으로는 건조된 마른 모래 등을 이용한다.

해설 리튬(Li)
1) 물과는 상온에서 천천히, 고온에서는 격렬하게 반응하여 수소(H_2)를 발생한다.
$2Li + 2H_2O \rightarrow 2LiOH + H_2 \uparrow$
2) 산소중에서 격렬히 반응하여 산화물을 생성한다.
$2Li + O_2 \rightarrow 2LiO$

70 다음 중 화재의 종류가 옳게 연결된 것은?

① A급화재 - 유류화재
② B급화재 - 유류화재
③ C급화재 - 일반화재
④ D급화재 - 일반화재

해설 화재의 종류
1) A급화재 : 일반화재
2) B급화재 : 유류화재
3) C급화재 : 전기화재
4) D급화재 : 금속화재

71 정전기의 대전현상이 아닌 것은?

① 교반대전   ② 충돌대전
③ 박리대전   ④ 망상대전

해설 정전기의 대전현상
1) 마찰대전 2) 유동대전
3) 박리대전 4) 분출대전
5) 충돌대전 6) 파괴대전
7) 비말대전 8) 진동대전(교반대전)

72 할로겐화합물 소화약제의 소화작용과 같이 연소의 연속적인 연쇄 반응을 차단, 억제 또는 방해하여 연소현상이 일어나지 않도록 하는 소화 작용은?

① 부촉매 소화작용   ② 냉각 소화작용
③ 질식 소화작용   ④ 제거 소화작용

해설 1) 할로겐화합물 소화약제의 소화효과
① 부촉매(연소억제)효과
② 질식효과
③ 냉각효과
2) 부촉매(연소억제)효과
① 할로겐화합물은 연소의 연속적인 연쇄작용을 차단, 억제 또는 방해하여 소화활동을 한다.
② 연소억제효과 크기 :
$F_2 < Cl_2 < Br_2 < I_2$

■정답■ 68.① 69.① 70.② 71.④ 72.①

73 위험물안전관리법상 자기반응성 물질은 제 몇 류 위험물로 분류하는가?

① 제1류 위험물
② 제3류 위험물
③ 제4류 위험물
④ 제5류 위험물

해설 위험물안전관리법상 위험물의 종류
1) 제1류 : 산화성고체
2) 제2류 : 가연성고체
3) 제3류 : 자연발화성물질 및 금수성물질
4) 제4류 : 인화성액체
5) 제5류 : 자기반응성물질
6) 제6류 : 산화성액체

74 전기기계·기구의 조작부분을 점검하거나 보수하는 경우에는 근로자가 안전하게 작업할 수 있도록 전기기계·기구로부터 몇 m 이상의 작업 공간을 확보하여야 하는지 그 기준으로 옳은 것은?

① 0.5
② 0.7
③ 0.9
④ 1.2

해설 전기기계·기구의 조작시등 안전조치(안전보건규칙)
1) 전기기계·기구의 조작부분을 점검하거나 보수하는 경우에는 근로자가 안전하게 작업할 수 있도록 전기 기계·기구로부터 폭 70 cm 이상의 작업공간을 확보하여야 한다. 다만, 작업공간을 확보하는 것이 곤란하여 근로자에게 절연용 보호구를 착용하도록 한 경우에는 그러하지 아니하다.
2) 전기적 불꽃 또는 아크에 의한 화상의 우려가 있는 고압 이상의 충전전로 작업에 근로자를 종사시키는 경우에는 방염처리된 작업복 또는 난연(難燃)성능을 가진 작업복을 착용시켜야 한다.

75 다음 중 물 속에 저장이 가능한 물질은?

① 칼륨
② 황린
③ 인화칼슘
④ 탄화알루미늄

해설
1) 칼륨, 인화칼슘, 탄화알루미늄 : 물반응성물질(금수성물질)
2) 황린 : 자연발화성물질(물속에 보관)

76 25℃, 1기압에서 공기 중 벤젠(C_6H_6)의 허용농도가 10ppm일 때 이를 mg/m³의 단위로 환산하면 약 얼마인가? (단, C,H의 원자량은 각각 12,1 이다.)

① 28.7
② 31.9
③ 34.8
④ 45.9

해설
$$mg/m^3 = \frac{ppm \times MW(분자량)}{24.45}$$
$$= \frac{10 \times 78}{24.45}$$
$$= 31.9 mg/m^3$$

77 다음 중 건조설비의 사용상 주의사항으로 적절하지 않은 것은?

① 건조설비 가까이 가연성 물질을 두지 말 것
② 고온으로 가열 건조한 물질은 즉시 격리 저장할 것
③ 위험물 건조설비를 사용할 때는 미리 내부를 청소하거나 환기시킨 후 사용할 것
④ 건조시 발생하는 가스·증기 또는 분진에 의한 화재·폭발의 위험이 있는 물질은 안전한 장소로 배출할 것

해설 건조설비 사용 작업시 폭발·화재를 예방하기 위하여 준수할 사항(안전보건규칙)
1) ①, ③, ④ 항
2) 고온으로 가열건조한 인화성 액체는 발화의 위험이 없는 온도로 냉각한 후에 격납시킬 것
3) 위험물 건조설비를 사용하여 가열건조하는 건조물은 쉽게 이탈되지 않도록 할 것

■ 정답 ■ 73.④ 74.② 75.② 76.② 77.②

78 다음 중 점화원에 해당하지 않는 것은?

① 기화열 ② 충격·마찰
③ 복사열 ④ 고온물질표면

해설 기화열, 융해열, 증발열 등은 열을 흡수하므로 점화원이 될 수 없다.

79 프로판(C_3H_8) 1몰이 완전하기 위한 산소의 화학양론계수는 얼마인가?

① 2 ② 3
③ 4 ④ 5

해설 프로판(C_3H_8)의 연소반응식 : 프로판(C_3H_8)1몰에 산소(O_2)는 5몰이 필요하다.
$$C_3H_8 + 5O_2 \rightarrow 3CO_2 + 4H_2O$$

80 다음 중 분해 폭발하는 가스의 폭발방지를 위하여 첨가하는 불활성가스로 가장 적합한 것은?

① 산소 ② 질소
③ 수소 ④ 프로판

해설 1) 산소(O_2) : 조연성 가스
2) 질소(N_2) : 불활성(불연성)가스
3) 수소(H_2) 및 프로판(C_3H_6) : 가연성가스

제5과목 / 건설안전기술

81 추락에 의한 위험방지를 위해 해당 장소에서 조치해야 할 사항과 거리가 먼 것은?

① 추락방호망 설치
② 안전난간 설치
③ 덮개 설치
④ 투하설비 설치

해설 추락에 의한 위험방지 조치사항
1) 추락하거나 넘어질 위험이 있는 장소(작업발판 끝·개구부 등은 제외)또는 기계·설비·선반블록 등에서의 추락재해방지조치사항
   ① 작업발판 설치
   ② 추락방호망 설치
   ③ 안전대 착용
2) 작업발판 및 통로의 끝이나 개구부 등에서의 추락재해방지조치사항
   ① 안전난간·울타리·수직형 추락방망 등 설치
   ② 덮개 설치
   ③ 개구부 표시
   ④ 추락방호망 설치
   ⑤ 안전대 착용

82 차량계 하역운반기계의 운전자가 운전위치를 이탈하는 경우의 조치사항으로 부적절한 것은?

① 포크 및 버킷을 가장 높은 위치에 두어 근로자 통행을 방해하지 않도록 하였다.
② 원동기를 정지시키고 브레이크를 걸었다.
③ 시동키를 운전대에서 분리시켰다.
④ 경사지에서 갑작스런 주행이 되지 않도록 바퀴에 블록 등을 놓았다.

해설 차량계 하역운반기계, 차량계 건설기계의 운전자가 운전위치 이탈시의 준수사항(안전보건규칙)
1) 포크, 버킷, 디퍼 등의 장치를 가장 낮은 위치 또는 지면에 내려 둘 것
2) 원동기를 정지시키고 브레이크를 확실히 거는 등 갑작스러운 주행이나 이탈을 방지하기 위한 조치를 할 것
3) 운전석을 이탈하는 경우에는 시동키를 운전대에서 분리시킬 것. 다만, 운전석에 잠금장치를 하는 등 운전자가 아닌 사람이 운전하지 못하도록 조치한 경우에는 그러하지 아니하다.

■ 정답 ■ 78.① 79.④ 80.② 81.④ 82.①

83 콘크리트 타설 시 거푸집의 측압에 영향을 미치는 인자들에 관한 설명으로 옳지 않은 것은?

① 슬럼프가 클수록 측압은 크다.
② 거푸집의 강성이 클수록 측압은 크다.
③ 철근량이 많을수록 측압은 작다.
④ 타설 속도가 느릴수록 측압은 크다.

해설 타설속도가 빠를수록 측압은 크다.

> **길잡이** 콘크리트 타설시 거푸집의 측압에 미치는 영향
> 1) 슬럼프가 클수록 크다(물-시멘트 비가 클수록 크다)
> 2) 기온이 낮을수록 크다(대기 중에 습도가 높을수록 크다)
> 3) 콘크리트의 치어붓기 속도가 클수록 크다.
> 4) 거푸집의 수밀성이 높을수록 크다.
> 5) 콘크리트의 다지기가 강할수록 크다(진동기 사용시 측압은 30% 정도 증가)
> 6) 거푸집의 수평단면이 클수록 크다(벽두께가 클수록 크다.)
> 7) 거푸집의 강성이 클수록 크다.
> 8) 거푸집 표면이 매끄러울수록 크다.
> 9) 콘크리트의 비중이 클수록 크다(단위중량이 클수록 크다)
> 10) 묽은 콘크리트일수록 크다.
> 11) 철근량이 적을수록 크다.

84 절토공사 중 발생하는 비탈면 붕괴의 원인과 거리가 먼 것은?

① 함수비 고정으로 인한 균일한 흙의 단위중량
② 건조로 인하여 점성토의 점착력 상실
③ 점성토의 수축이나 팽창으로 균열 발생
④ 공사진행으로 비탈면의 높이와 기울기 증가

해설 절토공사 중 비탈면붕괴의 원인
1) ②, ③, ④ 항
2) 함수비 증가로 인한 토사중량의 증가

85 굴착면의 기울기 기준으로 옳지 않은 것은?

① 풍화암 – 1 : 1.0 ② 연암 – 1 : 1.0
③ 경암 – 1 : 02   ④ 모래 – 1 : 1.2

해설 굴착면의 기울기 기준

구분	지반의 종류	구배
보통 흙	모래	1 : 1.8
	그 밖에 흙	1 : 1.2
암반	풍화암	1 : 1.0
	연암	1 : 1.0
	경암	1 : 0.5

86 작업으로 인하여 물체가 떨어지거나 날아올 위험이 있는 경우에 조치 및 준수하여야 할 사항으로 옳지 않은 것은?

① 낙하물방지망, 수직보호망 또는 방호선반 등을 설치한다.
② 낙하물방지망의 내민 길이는 벽면으로부터 2m 이상으로 한다.
③ 낙하물방지망의 수평면과의 각도는 20° 이상 30° 이하를 유지한다.
④ 낙하물방지망은 높이 15m 이내마다 설치한다.

해설 낙하·비래에 의한 위험방지
1) 물체가 낙하·비래할 위험이 있을 경우 위험방지 조치사항
  ① 낙하물방지망, 수직보호망 또는 방호선반의 설치
  ② 출입금지구역의 설정
  ③ 안전모 등 보호구의 착용
2) 낙하물방지망 또는 방호선반 설치시 준수사항
  ① 설치 높이는 10m 이내마다 설치하고, 내민 길이는 벽면으로부터 2m 이상으로 할 것
  ② 수평면과의 각도는 20° 내지 30°를 유지할 것

■ 정답 ■ 83.④ 84.① 85.③ 86.④

87 건설업 산업안전보건관리비 항목으로 사용가능한 내역은?

① 경비원, 청소원 및 폐자재처리원의 인건비
② 외부인 출입금지, 공사장 경계표시를 위한 가설울타리 설치 및 해체비용
③ 원활한 공사수행을 위하여 사업장 주변 교통정리를 하는 신호자의 인건비
④ 해열제, 소화제 등 구급약품 및 구급용구 등의 구입비용

해설 ①, ②, ③항은 안전관리비 사용항목에서 제외된다.

88 산업안전보건법령에서는 터널건설작업을 하는 경우에 해당 터널 내부의 화기나 아크를 사용하는 장소에는 필히 무엇을 설치하도록 규정하고 있는가?

① 소화설비 ② 대피설비
③ 충전설비 ④ 차단설비

해설 소화설비 설치(안전보건규칙 제359조) : 터널 건설작업을 하는 경우에는 해당 터널내부의 화기나 아크를 사용하는 장소 또는 배전반, 변압기, 차단기 등을 설치하는 장소에 소화설비를 설치하여야 한다.

89 높이 2m를 초과하는 말비계를 조립하여 사용하는 경우 작업발판의 최소 폭 기준으로 옳은 것은?

① 20cm 이상 ② 30cm 이상
③ 40cm 이상 ④ 50cm 이상

해설 말비계를 조립하여 사용할 때 준수사항(안전보건규칙)
1) 지주부재의 하단에는 미끄럼방지장치를 하고, 양측끝부분에는 올라서서 작업하지 않도록 할 것
2) 지주부재와 수평면과의 기울기를 75°이하로 하고, 지주부재와 지주부재 사이를 고정시키는 보조부재를 설치할 것
3) 말비계의 높이가 2m를 초과할 경우에는 작업발판의 폭을 40cm 이상으로 할 것

90 산업안전보건법령에 따른 가설통로의 구조에 관한 설치기준으로 옳지 않은 것은?

① 경사가 25°를 초과하는 경우에는 미끄러지지 아니하는 구조로 할 것
② 경사는 30°이하로 할 것
③ 수직갱에 가설된 통로의 길이가 15m 이상인 경우에는 10m 이내마다 계단참을 설치할 것
④ 건설공사에 사용하는 높이 8m 이상인 비계다리에는 7m 이내마다 계단참을 설치할 것

해설 가설통로의 구조(안전보건규칙) : 가설통로 설치시 준수사항
1) 견고한 구조로 할 것
2) 경사는 30° 이하로 할 것(다만, 계단을 설치하거나 높이 2m 미만의 가설통로로서 튼튼한 손잡이를 설치한 때에는 그러하지 아니하다)
3) 경사가 15°를 초과하는 때에는 미끄러지지 않는 구조로 할 것
4) 추락의 위험이 있는 장소에는 안전난간을 설치할 것(작업상 부득이한 때에는 필요한 부분에 한하여 임시로 이를 해체할 수 있다)
5) 수직갱에 가설된 통로의 길이가 15m 이상인 때에는 10m 이내마다 계단참을 설치할 것
6) 건설공사에서 사용하는 높이 8m이상인 비계다리에는 7m 이내마다 계단을 설치할 것

91 철골 작업 시 위험 방지를 위하여 철골 작업을 중지하여야 하는 기준으로 옳은 것은?

① 강설량이 시간당 1mm 이상인 경우
② 강우량이 시간당 1mm 이상인 경우
③ 풍속이 초당 20m 이상인 경우
④ 풍속이 시간당 200m 이상인 경우

해설 철골작업을 중지해야 하는 기상조건
1) 풍속이 10m/sec 이상
2) 강우량이 1mm/hr 이상
3) 강설량이 1cm/hr 이상

■ 정답 ■ 87.④ 88.① 89.③ 90.① 91.②

92 비탈면붕괴를 방지하기 위한 방법으로 옳지 않은 것은?

① 비탈면 상부의 토사제거
② 지하 배수공 시공
③ 비탈면 하부의 성토
④ 비탈면 내부 수압의 증가 유도

해설 ④항, 비탈면 내부수압의 감소 유도

93 달비계의 최대 적재하중을 정하는 경우 달기 와이어로프의 최대하중이 50kg일 때 안전계수에 의한 와이어로프의 절단하중은 얼마인가?

① 1000kg   ② 700kg
③ 500kg   ④ 300kg

해설 안전계수 = $\dfrac{\text{절단하중}}{\text{최대사용하중}}$

와이어로프의 절단하중
 = 안전계수 × 최대사용하중
 = 10 × 50kg = 500kg

여기서, ┌ 달기와이어로프 및 달기강선의
       └ 안전계수 : 10이상

94 항타기 또는 항발기의 권상용 와이어로프의 안전계수 기준으로 옳은 것은?

① 3 이상   ② 5 이상
③ 8 이상   ④ 10 이상

해설 항타기 또는 항발기의 권상용 와이어로프의 안전계수(안전보건규칙 제211조) : 5이상

95 발파작업에 종사하는 근로자가 준수해야 할 사항으로 옳지 않은 것은?

① 얼어붙은 다이나마이트는 화기에 접근시키거나 그 밖의 고열물에 직접 접촉시키는 등 위험한 방법으로 융해되지 않도록 할 것
② 발파공의 충진재료는 점토·모래 등의 사용을 금할 것
③ 장전구(裝塡具)는 마찰·충격·정전기 등에 의한 폭발의 위험이 없는 안전한 것을 사용할 것
④ 전기뇌관에 의한 발파의 경우 점화하기 전에 화약류를 장전한 장소로부터 30m 이상 떨어진 안전한 장소에서 전선에 대하여 저항측정 및 도통(導通)시험을 할 것

해설 ②항, 발파공의 충진재료는 점토·모래 등 발화성 또는 인화성의 위험이 없는 재료를 사용할 것

96 유해·위험 방지계획서 작성 대상 공사의 기준으로 옳지 않은 것은?

① 지상높이 31m 이상인 건축물 공사
② 저수용량 1천만 톤 이상의 용수 전용 댐
③ 최대 지간 길이 50m 이상인 교량 건설 등 공사
④ 깊이 10m 이상인 굴착공사

해설 유해위험방지계획서 제출대상 사업의 종류
1) 지상높이가 31m 이상인 건축물 또는 인공구조물, 연면적 3만 m² 이상인 건축물 또는 연면적 5,000m² 이상의 문화 및 집회시설(전시장 및 동물원·식물원은 제외), 판매시설, 운수시설(고속철도의 역사 및 집·배송시설은 제외), 종교시설, 의료시설 중 종합병원, 숙박시설 중 관광숙박시설, 지하상가 또는 냉동·냉장 창고시설의 건설·개조 또는 해체(이하 "건설등"이라 함)
2) 연면적 5,000m² 이상의 냉동·냉장 창고시설의 설비공사 및 단열공사
3) 최대 지간길이가 50m 이상인 교량건설 등 공사
4) 터널 건설 등의 공사
5) 다목적댐, 발전용댐 및 저수용량 2,000만 톤 이상의 용수 전용 댐, 지방상수도 전용댐 건설 등의 공사
6) 깊이 10m 이상인 굴착공사

■ 정답 ■   92.④   93.③   94.②   95.②   96.②

97 산업안전보건법령에 따라 안전관리자와 보건관리자의 직무를 분류할 때 안전관리자의 직무에 해당되지 않는 것은?

① 산업재해에 관한 통계의 유지·관리·분석을 위한 보좌 및 조언·지도
② 산업재해 발생의 원인 조사·분석 및 재발방지를 위한 기술적 보좌 및 조언·지도
③ 해당 사업장 안전교육계획의 수립 및 안전교육 실시에 관한 보좌 및 조언·지도
④ 작업장 내에서 사용되는 전체 환기장치 및 국소 배기장치 등에 관한 설비의 점검과 작업방법의 공학적 개선에 관한 보좌 및 조언·지도

해설 안전관리자의 업무 등
1) 산업안전보건위원회 또는 안전보건에 관한 노사협의체에서 심의·의결한 직무와 당해 사업장의 안전보건 관리규정 및 취업규칙에 정한 직무
2) 안전인증대상 기계·기구 등과 자율안전확인대상 기계·기구 등 구입시 적격품의 선정에 관한 보좌 및 조언·지도
3) 위험성 평가에 관한 보좌 및 조언·지도
4) 해당사업장 안전교육계획의 수립 및 안전교육 실시에 관한 보좌 및 조언·지도
5) 사업장 순회점검·지도 및 조치의 건의
6) 산업재해발생의 원인조사분석 및 재발방지를 위한 기술적 보좌 및 조언·지도
7) 산업재해에 관한 통계의 유지·관리·분석을 위한 보좌 및 조언·지도
8) 법 또는 법에 따른 명령으로 정한 안전에 관한 사항의 이행에 관한 보좌 및 조언·지도
9) 업무수행 내용의 기록·유지
10) 그 밖에 안전에 관한 사항으로서 고용노동부장관이 정하는 사항

98 안전난간의 구조 및 설치요건과 관련하여 발끝막이판은 바닥면으로부터 얼마 이상의 높이를 유지하여야 하는가?

① 10cm 이상   ② 15cm 이상
③ 20cm 이상   ④ 30cm 이상

해설 안전난간의 발끝막이판의 설치높이 : 바닥면 등에서 10cm 이상

99 거푸집 동바리에 작용하는 횡하중이 아닌 것은?

① 콘크리트 축압   ② 풍하중
③ 자중   ④ 지진하중

해설 거푸집 및 지보공(동바리)설계시 고려해야 할 하중(고용노동부 고시)
1) **연직방향 하중** : 거푸집, 지보공(동바리), 콘크리트, 철근, 작업원, 타설용 기계기구, 가설설비 등의 중량 및 충격하중
2) **횡방향 하중** : 작업할 때의 진동, 충격, 시공오차 등에 기인되는 횡방향 하중 이외에 필요에 따라 풍압, 유수압, 지진 등
3) **콘크리트의 측압** : 굳지 않는 콘크리트의 측압
4) **특수하중** : 시공 중에 예상되는 특수 하중
5) 상기 1)~4)호의 하중에 안전율을 고려한 하중

100 앞쪽에 한 개의 조향륜 롤러와 뒤축에 두 개의 롤러가 배치된 것으로(2축 3륜), 하층 노반다지기, 아스팔트 포장에 주로 쓰이는 장비의 이름은?

① 머캐덤 롤러   ② 탬핑 롤러
③ 페이 로더   ④ 래머

해설 롤러의 종류
1) **마케덤 롤러**(macadam roller) : 앞쪽에 1개의 조향륜 롤러와 뒤축에 2개의 롤러가 배치된 것으로(2축 3륜), 전륜구동식과 후륜구동식이 있다. (3륜 롤러, 3-wheel roller)
2) **탠덤 롤러**(tandem roller) : 앞뒤 2개의 차륜이 있으며(2축 2륜), 각각의 차축이 평행으로 배치된 것이다.
3) **탬핑 롤러**(tamping roller) : 롤러의 표면에 돌기를 만들어 부착한 것으로 돌기가 전압층에 매입되어 풍화암을 파쇄하고 흙 속의 간극수압을 제거하는 롤러이다.

■ 정답 ■ 97.④ 98.① 99.③ 100.①

2023년 3회 CBT 복원 기출문제
산업안전산업기사

제1과목 / 산업안전관리론

01 위험예지훈련의 방법으로 적절하지 않은 것은?

① 반복 훈련한다.
② 사전에 준비한다.
③ 자신의 작업으로 실시한다.
④ 단위 인원수를 많게 한다.

[해설] 위험예지훈련의 적정인원 : 5~7명

02 산업안전보건법령에 따른 근로자 안전·보건 교육 중 채용 시의 교육내용이 아닌 것은?(단, 산업안전보건법 및 일반관리에 관한 사항은 제외한다.)

① 사고 발생 시 긴급조치에 관한 사항
② 유해·위험 작업환경 관리에 관한 사항
③ 산업보건 및 직업병 예방에 관한 사항
④ 기계·기구의 위험성과 작업의 순서 및 동선에 관한 사항

[해설] 채용시 및 작업내용 변경시 교육내용
1) 기계·기구의 위험성과 작업의 순서 및 동선에 관한 사항
2) 작업개시 전 점검에 관한 사항
3) 정리정돈 및 청소에 관한 사항
4) 사고발생시 긴급조치에 관한 사항
5) 산업보전 및 직업병 예방에 관한 사항
6) 물질안전보건자료에 관한 사항
7) 산업안전보건법 및 일반관리에 관한 사항

03 산업안전심리의 5대 요소에 해당되지 않는 것은?

① 동기 ② 지능
③ 감정 ④ 습관

[해설] 안전심리의 5대 요소
1) **습관** : 여러 번 거듭되는 동안 몸에 배어 굳어버린 버릇
2) **습성** : 오랜 습관으로 인하여 굳어져 버린 성질로 본능, 학습, 조건반사 등에 의해 형성
3) **동기** : 사람의 마음을 움직여 어떤 행동을 하게 하는 원동력
4) **기질** : 감정의 경향으로 나타난 개인의 성질
5) **감정** : 어떤 대상이나 상태에 따라 나타나는 슬픔, 기쁨, 불쾌감 등에 해당되는 마음의 현상

04 재해예방의 4원칙에 해당하지 않는 것은?

① 손실연계의 원칙
② 대책선정의 원칙
③ 예방가능의 원칙
④ 원인계기의 원칙

[해설] 재해예방의 4원칙
1) **손실우연의 원칙** : 사고에 의해 생기는 손실(상해)의 종류와 정도는 우연적이다.
2) **원인계기의 원칙** : 모든 재해는 필연적인 원인에 의해서 발생되며 재해발생은 직접원인만이 아니고 많은 간접원인의 연쇄로 발생되는 것이다.
3) **예방가능의 원칙** : 재해는 원칙적으로 모든 방지가 가능하다.
4) **대책선정의 원칙** : 가장 효과적인 재해방지 대책의 선정은 이들 원인의 정확한 분석에 의해서 얻어진다.

■ 정답 ■ 01.④ 02.② 03.② 04.①

05 리더쉽(leadership)의 특성으로 볼 수 없는 것은?

① 민주주의적 지휘 형태
② 부하와의 넓은 사회적 간격
③ 밑으로부터의 동의에 의한 권한 부여
④ 개인적 영향에 의한 부하와의 관계 유지

해설 1) ②, 부하와의 좁은 사회적 간격

2) 헤드십과 리더십의 특성

구분	헤드십	리더십
1. 권한부여 및 행사	·위에서 위임 하여 임명	·아래에서 동의 에 의해 선출
2. 권한근거	·법적 또는 공 식적	·개인능력
3. 상관과 부하 와의 관계 및 책임귀속	지배적 상사	·개인적경향 · 상사와 부하
4. 부하와의 사 회적 간격	·넓다	·좁다
5. 지휘형태	·권위주의적	·민주주의적

06 일반적으로 교육이란 "인간행동의 계획적 변화"로 정의할 수 있다. 여기서 인간의 행동이 의미하는 것은?

① 신념과 태도
② 외현적 행동만 포함
③ 내현적 행동만 포함
④ 내현적, 외현적 행동 모두 포함

해설 1) 교육의 정의 : 교육이란 "인간행동의 계획적 변화"로 정의할 수 있다.
2) 인간행동의 의미 : 내현적, 외현적 행동 모 두를 포함한다.

07 사업장의 도수율이 10.83이고, 강도율이 7.92일 경우 종합재해지수(FSI)는?

① 4.63
② 6.42
③ 9.26
④ 12.84

해설 $FSI = \sqrt{도수율 \times 강도율}$
$= \sqrt{10.83 \times 7.92} = 9.26$

08 사고예방대책의 기본원리 5단계 중 사실의 발견 단계에 해당하는 것은?

① 작업환경 측정
② 안전성 진단, 평가
③ 점검, 검사 및 조사실시
④ 안전관리 계획수립

해설 사고예방대책의 기본원리 5단계

단계	과정	내용
1 단계	조직	① 경영자의 안전목표 ② 안전관리자의 임명 ③ 안전의 라인 및 참모 조직구성 ④ 안전활동 방침 및 계획수립 ⑤ 조직을 통한 안전활동
2 단계	사실의 발견	① 사고 및 안전활동 기록 검토 ② 작업분석 ③ 안전점검 및 안전진단 ④ 사고조사 ⑤ 안전회의 및 토의 ⑥ 근로자의 제안 및 여론조사 ⑦ 관찰 및 보고서의 연구 등을 통 하여 불안전 요소 발견
3 단계	분석 평가	① 사고보고서 및 현장조사 ② 사고기록 및 인적 물적 조건의 분석 ③ 작업공정 분석 ④ 교육훈련 분석 등을 통하여 사 고의 직접원인 및 간접원인 규 명
4 단계	시정책 선정	① 기술적 개선 ② 인사조정(배치조정) ③ 교육훈련의 개선 ④ 안전행정의 개선 ⑤ 규정 및 수칙 작업표준 제도의 개선 ⑥ 확인 및 통제체제 개선
5 단계	시정책 적용	① 기술적(engineering)대책 ② 교육적(education)대책 ③ 단속적(enforcement)대책

09 산업스트레스의 요인 중 직무특성과 관련된 요인으로 볼 수 없는 것은?

① 조직구조 ② 작업속도
③ 근무시간 ④ 업무의 반복성

해설 직무특성과 관련된 스트레스 요인 : 작업속도, 작업량, 근무시간, 업무의 반복성 등

10 산업안전보건법령에 따른 안전·보건표지에 사용하는 색채기준 중 비상구 및 피난소, 사람 또는 차량의 통행표지의 안내용도로 사용하는 색채는?

① 빨간색 ② 녹색
③ 노란색 ④ 파란색

해설 안전표지의 색채·색도기준 및 용도(시행규칙 별표3)

색채	색도기준	용도	사용예
빨간색	7.5R 4/14	금지	정지신호, 소화설비 및 그 장소, 유해행위 금지
		경고	화학물질 취급장소에서의 유해·위험경고
노란색	5Y 8.5/12	경고	화학물질 취급장소에서의 유해·위험 경고, 이외의 위험 경고, 주의표지 또는 기계방호물
파란색	2.5PB 4/10	지시	특정 행위의 지시 및 사실의 고지
녹색	2.5G 4/10	안내	비상구 및 피난소, 사람 또는 차량의 통행표지
흰색	N 9.5		파란색 또는 녹색에 대한 보조색
검은색	N 0.5		문자 및 빨간색 또는 노란색에 대한 보조색

11 피로에 의한 정신적 증상과 가장 관련이 깊은 것은?

① 주의력이 감소 또는 경감된다.
② 작업의 효과나 작업량이 감퇴 및 저하된다.
③ 작업에 대한 몸의 자세가 흐트러지고 지치게 된다.
④ 작업에 대하여 무감각·무표정·경련 등이 일어난다.

해설 피로에 의한 정신적 증상 : 주의력의 감소, 경감

12 OFF JT의 설명으로 틀린 것은?

① 다수의 근로자에게 조직적 훈련이 가능하다.
② 훈련에만 전념하게 된다.
③ 효과가 곧 업무에 나타나며 훈련의 좋고 나쁨에 따라 개선이 쉽다.
④ 교육훈련목표에 대해 집단적 노력이 흐트러질 수 있다.

해설 1) OJT와 off-JT
① OJT(On the Training) : 관리감독자 등 직속상사가 부하직원에 대해서 일상업무를 통하여 지식, 기능, 문제해결능력 및 태도 등을 교육훈련하는 방법이며 개별교육 및 추가지도에 적합하다.(현장중심교육)
② off-JT(off the Job Training) : 공통된 교육목적을 가진 근로자를 일정한 장소에 집합시켜 외부강사를 초청하여 실시하는 방법으로 집합교육에 적합하다.(현장외 중심교육)

2) OJT와 off-JT의 특징

O·J·T (현장중심교육)	off J·T (현장 외 중심교육)
① 개개인에게 적합한 지도 훈련을 할 수 있다.	① 다수의 근로자에게 조직적 훈련이 가능하다.
② 직장의 실정에 맞는 실체적 훈련을 할 수 있다.	② 훈련에만 전념하게 된다.
③ 훈련 필요한 업무의 계속성이 끊어지지 않는다.	③ 특별설비기구를 이용할 수 있다.
④ 즉시 업무에 연결되는 관계로 신체와 관련이 있다.	④ 전문가를 강사로 초청할 수 있다.
⑤ 효과가 곧 업무에 나타나며 훈련의 좋고 나쁨에 따라 개선이 용이하다.	⑤ 각 직장의 근로자가 많은 지식이나 경험을 교류할 수 있다.
⑥ 교육을 통한 훈련 효과에 의해 상호 신뢰 이해도가 높아진다.	⑥ 교육훈련 목표에 대해서 집단적 노력이 흐트러질 수도 있다.

13 산업안전보건법령에 따른 안전검사 대상 유해·위험 기계 등의 검사 주기 기준 중 다음 ( )안에 알맞은 것은?

> 크레인(이동식 크레인은 제외), 리프트(이삿짐운반용 리프트는 제외) 및 곤돌라는 사업장에 설치가 끝난 날부터 3년 이내에 최초 안전검사를 실시하되, 그 이후부터 (㉠)년마다(건설현장에서 사용하는 것은 최초로 설치한 날부터 (㉡)개월마다)

① ㉠ 1, ㉡ 4 ② ㉠ 1, ㉡ 6
③ ㉠ 2, ㉡ 4 ④ ㉠ 2, ㉡ 6

해설 안전검사대상 유해·위험기계 등의 검사주기 (시행규칙 제73조의 3)
1) 크레인(이동식크레인은 제외), 리프트(이삿짐 운반용 리프트는 제외) 및 곤돌라 : 사업장이 설치가 끝난 날부터 3년 이내에 최초 안전검사를 실시하되, 그 이후부터 2년마다(건설현장에 사용하는 것은 최초로 설치한 날부터 6개월 마다)
2) 이동식크레인, 이삿짐운반용 리프트 및 고소작업대 : 신규등록이후 3년 이내에 최초 안전검사를 실시하되, 그 이후부터 2년마다
3) 프레스, 전단기, 압력용기, 국소배기장치, 원심기, 화학설비 및 그 부속설비, 건조설비 및 그 부속설비, 롤러기, 사출성형기, 컨베이어 및 산업용 로봇(11종) : 사업장에 설치가 끝난 날부터 3년 이내에 최초 안전검사를 실시하되, 그 이후부터 2년마다 (공정안전보고서를 제출하여 확인을 받은 압력용기는 4년마다)

14 다음 중 교육의 3요소에 해당되지 않는 것은?

① 교육의 주체 ② 교육의 기간
③ 교육의 매개체 ④ 교육의 객체

해설 교육의 3요소
1) 주체 : 교도자, 강사, 교사 등
2) 객체 : 학생, 수강자, 피교육자 등
3) 매개체 : 교재

15 매슬로우(A.H.Maslow) 욕구단계 이론의 각 단계별 내용으로 틀린 것은?

① 1단계 : 자아실현의 욕구
② 2단계 : 안전에 대한 욕구
③ 3단계 : 사회적(애정적) 욕구
④ 4단계 : 존경과 긍지에 대한 욕구

해설 매슬로우(Maslow)의 욕구 5단계
1) 1단계 - 생리적 욕구(신체적 욕구) : 기아, 갈등, 호흡, 배설, 성욕 등 기본적 욕구
2) 2단계 - 안전의 욕구 : 안전을 구하려는 욕구
3) 3단계 - 사회적 욕구(친화욕구) : 애정, 소속에 대한 욕구
4) 4단계 - 인정받으려는 욕구(자기존경의 욕구, 승인욕구) : 자존심, 명예, 성취, 지위 등에 대한 욕구
5) 5단계 - 자아실현의 욕구(성취욕구) : 잠재적인 능력을 실현하고자 하는 욕구

16 보호구 안전인증 고시에 따른 방독마스크 중 할로겐용 정화통 외부 측면의 표시 색으로 옳은 것은?

① 갈색 ② 회색
③ 녹색 ④ 노랑색

해설 정화통의 외부 측면의 표시색

종류	표시색
유기화합물용 정화통	갈색
할로겐용 정화통	회색
황화수소용 정화통	회색
시안화수소용 정화통	회색
아황산용 정화통	노란색
암모니아용 정화통	녹색
복합용 및 겸용의 정화통	·복합용의 경우 : 해당가스 모두 표시(2층 분리) ·겸용의 경우 : 백색과 해당가스 모두 표시(2층 분리)

■정답■ 13.④ 14.② 15.① 16.②

17 산업안전보건법령에 따른 최소 상시 근로자 50명 이상 규모에 산업안전보건위원회를 설치·운영하여야 할 사업의 종류가 아닌 것은?

① 토사석 광업
② 1차 금속 제조업
③ 자동차 및 트레일러 제조업
④ 정보서비스업

해설 산업안전보건위원회를 설치·운영해야 할 사업의 종류 및 규모(시행령 별표6의2)

사업의 종류	규모
1. 토사석 광업 2. 목재 및 나무제품 제조업 : 가구 제외 3. 화학물질 및 화학제품 제조업 : 의약품 제외(세제, 화장품 및 광택제제조업과 화학섬유 제조업은 제외) 4. 비금속 광물제품 제조업 5. 1차 금속 제조업 6. 금속가공제품 제조업 : 기계 및 기구는 제외 7. 자동차 및 트레일러 제조업 8. 기타 기계 및 장비 제조업(사무용 기계 및 장비 제조업은 제외) 9. 기타 운송장비 제조업(전투용 차량 제조업은 제외)	상시근로자 50명 이상
10. 농업 11. 어업 12. 소프트웨어 개발 및 공급업 13. 컴퓨터 프로그래밍 시스템 통합 및 관리업 14. 정보서비스업 15. 금융 및 보험업 16. 임대업 : 부동산 제외 17. 전문 과학 및 기술 서비스업(연구개발업은 제외) 18. 사업지원 서비스업 19. 사회복지 서비스업	상시근로자 300명 이상
20. 건설업	공사금액 120억원 이상(토목공사업에 해당하는 공사의 경우에는 150억원 이상)
21. 제1호부터 제20호까지의 사업을 제외한 사업장	상시근로자 100명 이상

18 기업 내 교육방법 중 작업의 개선 방법 및 사람을 다루는 방법, 작업을 가르치는 방법 등을 주된 교육내용으로 하는 것은?

① CCS(Civil Communication Section)
② MTP(Management Training Program)
③ TWI(Training Within Industry)
④ ATT(American Telephone&Telegram Co)

해설 TWI(Training Within Industry)
1) 교육대상 : 감독자
2) 교육내용
  ① JI(Job Instruction) : 작업지도 기법
  ② JM(Job Method) : 작업개선 기법
  ③ JR(Job Relation) : 인간관계관리 기법 (부하통솔 기법)
  ④ JS(Job Safety) : 작업안전 기법
3) 교육방법 : 한 클래스는 10명 정도, 교육방법은 토의법, 1일 2시간씩 5일에 걸쳐 10시간 정도 행한다.

19 직접 사람에게 접촉되어 위해를 가한 물체를 무엇이라 하는가?

① 낙하물   ② 비래물
③ 기인물   ④ 가해물

해설 1) 기인물 : 불안전한 상태에 있는 물체
2) 가해물 : 직접 사람에게 접촉되어 위해를 가한 물체

20 산업재해보상보험법에 따른 산업재해로 인한 보상비가 아닌 것은?

① 교통비   ② 장의비
③ 휴업급여 ④ 유족급여

해설 산업재해로 인한 보상비(직접비) : 휴업보상비(휴업급여), 장의비, 유족보상비(유족급여), 장해보상비, 요양보상비, 상병보상연금 등

■ 정답 ■ 17.④ 18.③ 19.④ 20.①

제2과목 / 인간공학 및 시스템안전공학

21 인간-기계시스템에 관련된 정의로 틀린 것은?

① 시스템이란 전체목표를 달성하기 위한 유기적인 결합체이다.
② 인간-기계시스템이란 인간과 물리적 요소가 주어진 입력에 대해 원하는 출력을 내도록 결합되어 상호작용하는 집합체이다.
③ 수동시스템은 입력된 정보를 근거로 자신의 신체적 에너지를 사용하여 수공구나 보조기구에 힘을 가하여 작업을 제어하는 시스템이다.
④ 자동화시스템은 기계에 의해 동력과 몇몇 다른 기능들이 제공되며, 인간이 원하는 반응을 얻기 위해 기계의 제어장치를 사용하여 제어기능을 수행하는 시스템이다.

해설 자동화시스템(자동체계)
1) 기계자체가 감지, 정보처리 및 의사결정, 행동을 포함한 모든 임무를 수행하는 체계
2) 인간은 감시(monitor), 프로그램, 정비유지 등의 기능을 수행함

22 체계 설계 과정 중 기본설계 단계의 주요활동으로 볼 수 없는 것은?

① 작업 설계 ② 체계의 정의
③ 기능의 할당 ④ 인간 성능 요건 명세

해설 체계(system)설계과정
1) 1단계 - 목표 및 성능규격의 결정
2) 2단계 - 체계의 정의
3) 3단계 - 기본설계(인간, 하드웨어 및 소프트웨어에 대한 기능할당, 인간성능요건 명세, 과업분석, 작업 및 직무설계 등)
4) 4단계 - 인터페이스(interface)설계
5) 5단계 - 편의수단(facilitator)설계
6) 6단계 - 검사와 평가

23 통제표시비를 설계할 때 고려해야 할 5가지 요소에 해당하지 않는 것은?

① 공차 ② 조작시간
③ 일치성 ④ 목측거리

해설 통제비 설계시 고려해야 할 사항
1) 계기의 크기 2) 공차
3) 방향성 4) 조작시간
5) 목측거리

24 FTA 도표에서 사용하는 논리기호 중 기본사상을 나타내는 기호는?

① 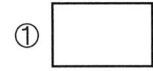 ②
③  ④

해설 ①항 : 결함사상
②항 : 기본사상
③항 : 통상사상
④항 : 생략사상

25 결함수분석(FTA) 결과 다음과 같은 패스셋을 구하였다. X_4가 중복사상인 경우, 최소 패스셋(minimal path sets)으로 맞는 것은?

[다음]
$\{X_2, X_3, X_4\}$
$\{X_1, X_3, X_4\}$
$\{X_3, X_4\}$

① $\{X_3, X_4\}$
② $\{X_1, X_3, X_4\}$
③ $\{X_2, X_3, X_4\}$
④ $\{X_2, X_3, X_4\}$와 $\{X_3, X_4\}$

해설
$\begin{bmatrix}(X_2, X_3, X_4)\\(X_1, X_3, X_4)\\(X_3, X_4)\end{bmatrix} \to [X_3 \cdot X_4]$
패스셋 최소패스셋

26 조도가 250럭스인 책상 위에 짙은 색 종이 A와 B가 있다. 종이 A의 반사율은 20%이고, 종이 B의 반사율은 15%이다. 종이 A에는 반사율 80%의 색으로, 종이 B에는 반사율 60%의 색으로 같은 글자를 각각 썼을 때의 설명으로 맞는 것은?(단, 두 글자의 크기, 색 재질 등은 동일하다.)

① 두 종이에 쓴 글자는 동일한 수준으로 보인다.
② 어느 종이에 쓰인 글자가 더 잘 보이는지 알 수 없다.
③ A종이에 쓰인 글자를 B종이에 쓰인 글자보다 눈에 더 잘 보인다.
④ B종이에 쓰인 글자가 A종이에 쓰인 글자보다 눈에 더 잘 보인다.

해설 1) 종이A의 대비(LA)

$$L_A = \frac{L_b - L_t}{L_b} \times 100$$

$$= \frac{20 - 80}{20} \times 100 = -300$$

여기서, L_b : 배경의 광속발산도 (종이 A : 20%)
L_t : 표적의 광속발산도 (종이 A색 : 80%)

2) 종이B의 대비(LB)

$$L_B = \frac{L_b - L_t}{L_b} \times 100$$

$$= \frac{15 - 60}{15} \times 100 = -300$$

여기서, L_b : 배경의 광속발산도 (종이 B : 15%)
L_t : 표적의 광속발산도 (종이 B색 : 60%)

3) 종이 A와 종이 B의 대비가 같으므로 두 종이에 쓴 글자는 동일한 수준이다.

27 검사공장의 작업자가 제품의 완성도에 대한 검사를 하고 있다. 어느 날 10000개의 제품에 대한 검사를 실시하여 200개의 부적합품을 발견하였으나, 이 로트에는 실제로 500개의 부적합품이 있었다. 이때 인간과오확률(Human Error Probability)은 얼마인가?

① 0.02 ② 0.03
③ 0.04 ④ 0.05

해설 인간과오확률(HEP)

$$HEP = \frac{실제실수횟수}{전체실수 발생기회의 횟수}$$

$$= \frac{500 - 200}{10,000} = 0.03$$

28 제품의 설계단계에서 고유 신뢰성을 증대시키기 위하여 일반적으로 많이 사용되는 방법이 아닌 것은?

① 병렬 및 대기 리던던시의 활용
② 부품과 조립품의 단순화 및 표준화
③ 제조부문과 납품업자에 대한 부품규격의 명세제시
④ 부품의 전기적, 기계적, 열적 및 기타 작동조건의 경감

해설 제품의 고유신뢰성 증대방법
1) 병렬 및 대기리던던시(redundancy)활용
2) 제품의 단순화 및 표준화
3) 부품의 전기적, 기계적, 열적 및 기타 작동조건의 경감

29 작업장의 실효온도에 영향을 주는 인자 중 가장 관계가 먼 것은?

① 온도 ② 체온
③ 습도 ④ 공기유동

해설 실효온도(체감온도)에 영향을 주는 요인
1) 온도   2) 습도
3) 공기유동(기류)

■ 정답 ■ 26.① 27.② 28.③ 29.②

30 정보입력에 사용되는 표시장치 중 청각장치보다 시각장치를 사용하는 것이 더 유리한 경우는?

① 정보의 내용이 긴 경우
② 수신자가 직무상 자주 이동하는 경우
③ 정보의 내용이 즉각적인 행동을 요구하는 경우
④ 정보를 나중에 다시 확인하지 않아도 되는 경우

해설 청각적 표시장치 및 시각적 표시장치의 선택

청각장치 사용	시각장치 사용
1) 전언이 간단하고 짧다. 2) 전언이 후에 재참조되지 않는다. 3) 전언이 즉각적인 사상(event)을 이룬다. 4) 전언이 즉각적인 행동을 요구한다. 5) 수신자가 시각계통이 과부하 상태일 때 6) 수신장소가 너무 밝거나 암조의 유지가 필요할 때 7) 직무상 수신자가 자주 움직이는 경우	1) 전언이 복잡하고 길다. 2) 전언이 후에 재참조된다. 3) 전언이 공간적인 위치를 다룬다. 4) 전언이 즉각적인 행동을 요구하지 않는다. 5) 수신자의 청각계통이 과부하 상태일 때 6) 수신장소가 너무 시끄러울 때 7) 직무상 수신자가 한 곳에 머무르는 경우

31 인간실수의 주원인에 해당하는 것은?

① 기술수준 ② 경험수준
③ 훈련수준 ④ 인간 고유의 변화성

해설 인간실수(human error)의 주원인 : 인간고유의 변화성

32 통신에서 잡음 중의 일부를 제거하기 위해 필터(filter)를 사용하였다면, 어느 것의 성능을 향상시키는 것인가?

① 신호의 양립성 ② 신호의 산란성
③ 신호의 표준성 ④ 신호의 검출성

해설 신호의 검출성 성능 향상 : 통신에서 잡음중의 일부를 제거하기 위해 필터(filter)를 사용한다.

33 청각적 자극제시와 이에 대한 음성응답 과업에서 갖는 양립성에 해당하는 것은?

① 개념적 양립성 ② 운동 양립성
③ 공간적 양립성 ④ 양식 양립성

해설 양립성 : 정보입력 및 처리와 관련한 양립성은 인간의 기대와 모순되지 않는 자극들 간의, 반응들 간의 또는 자극반응 조합의 관계를 말하는 것으로 다음의 3가지가 있다.
1) **공간적 양립성** : 표시장치나 조종장치에서 물리적 형태나 공간적인 배치의 양립성
2) **운동양립성** : 표시 및 조종장치, 체계반응에 대한 운동방향의 양립성
3) **개념적 양립성** : 사람들이 가지고 있는 개념적 연상(어떤 암호체계에서 청색이 정상을 나타내듯이)의 양립성
4) **양식 양립성** : 청각적 자극제시와 이에 대한 음성응답 과업에서 갖는 양립성

34 작업공간에서 부품배치의 원칙에 따라 레이아웃을 개선하려 할 때, 부품배치의 원칙에 해당하지 않는 것은?

① 편리성의 원칙
② 사용 빈도의 원칙
③ 사용 순서의 원칙
④ 기능별 배치의 원칙

해설 부품배치의 4원칙
1) **중요성의 원칙** : 부품을 작동하는 성능이 체계의 목표달성에 긴요한 정도에 따라 우선순위를 설정한다.
2) **사용빈도의 원칙** : 부품을 사용하는 빈도에 따라 우선순위를 설정한다.
3) **기능별 배치의 원칙** : 기능적으로 관련된 부품들(표시장치, 조정장치 등)을 모아서 배치한다.
4) **사용순서의 원칙** : 사용되는 순서에 따라 장치들을 가까이에 배치한다.

■ 정답 ■ 30.① 31.④ 32.④ 33.④ 34.①

35 사후 보전에 필요한 평균수리시간을 나타내는 것은?

① MDT ② MTTF
③ MTBF ④ MTTR

해설 MTTR(Mean Time To Repair) : 평균수리시간(총수리 시간을 그 기간의 수리횟수로 나눈 시간)

36 러닝벨트 위를 일정한 속도로 걷는 사람의 배기가스를 5분간 수집한 표본을 가스성분분석기로 조사한 결과, 산소 16%, 이산화탄소 4%로 나타났다. 배기가스 전량을 가스미터에 통과시킨 결과, 배기량이 90리터였다면 분당 산소 소비량과 에너지가(에너지소비량)는 약 얼마인가?

① 0.95리터/분 - 4.75kcal/분
② 0.96리터/분 - 4.80kcal/분
③ 0.97리터/분 - 4.85kcal/분
④ 0.98리터/분 - 4.90kcal/분

해설 1) 배기량 = $\frac{90L}{5min} = 18L/min$

2) 흡기량 $\times \frac{79\%}{100}$

= 배기량 $\times \frac{100 - O_2\% - CO_2\%}{100}$

흡기량 = 배기량 $\times \frac{100 - O_2\% - CO_2\%}{79}$

= $18 \times \frac{100 - 16 - 4}{79} = 18.23 L/min$

3) 산소소비량
= 흡기량 $\times$ 0.21 - 배기량 $\times$ 0.16
= 18.23 $\times$ 0.21 - 18 $\times$ 0.16
= 0.95 L/min

4) 에너지소비량 = 0.95L/min $\times$ 5kcal/L
= 4.75kcal/min

37 시스템에 영향을 미치는 모든 요소의 고장을 형태별로 분석하여 그 영향을 검토하는 분석기법은?

① FTA ② CHECK LIST
③ FMEA ④ DECISION TREE

해설 FMEA(고장의 형태와 영향분석) : 시스템에 영향을 미치는 전체 요소의 고장을 형별로 분석하여 그 영향을 검토하는 것으로 전형적인 정성적, 귀납적 분석 방법이다.

38 시력 손상에 가장 크게 영향을 미치는 전신 진동의 주파수는?

① 5Hz 미만 ② 5~10Hz
③ 10~25Hz ④ 25Hz 초과

해설 진동이 인간성능에 끼치는 영향
1) 진동은 진폭에 비례하여 시력을 손상하여 10~25Hz의 경우 가장 심각하다.
2) 진동은 진폭에 비례하며 추적능력을 손상하여 5Hz 이하로 낮은 진동수에 가장 심하다.
3) 반응시간, 감시, 형태식별 등 중앙신경 처리에 달린 임무는 진동의 영향을 덜 받는다.
4) 안정되고 정확한 근육조절을 요하는 작업은 진동에 의해서 저하된다.

39 화학 설비의 안전성을 평가하는 방법 5단계 중 제3단계에 해당하는 것은?

① 안전대책 ② 정량적 평가
③ 관계자료 검토 ④ 정성적 평가

해설 화학설비에 대한 안전성평가의 5단계
1) 1단계 : 관계자료의 작성준비
2) 2단계 : 정성적 평가

설계 관계	운전 관계
① 입지조건	① 원재료, 중간체제품
② 공장 내 배치	② 공정
③ 건조물	③ 수송, 저장 등
④ 소방설비	④ 공정기기

■ 정답 ■ 35.④ 36.① 37.③ 38.③ 39.②

3) 3단계 : 정량적 평가
   ① 당해 화학설비의 취급물질, 용량, 온도, 압력 및 조작의 5항목에 대해 A,B,C,D급으로 분류하고, A급은 10점, B급은 5점, C급은 2점, D급은 0점으로 점수를 부여한 후, 5항목에 관한 점수들의 합을 구한다.
   ② 합산결과에 의한 위험도의 등급은 다음과 같다.

등급	점수	내용
등급 I	16점 이상	·위험도가 높다.
등급 II	11~15점 이하	·주위사항, 다른 설비와 관련해서 평가
등급 III	10점 이하	·위험도가 낮다.

4) 4단계 : 안전대책
   ① 설비대책 : 안전장치 및 방재장치에 관해서 배려한다.
   ② 관리적 대책 : 인원배치, 교육훈련 및 보전에 관해서 배려한다.
5) 5단계 : 재평가
   ① 재해정보에 의한 재평가
   ② FTA에 의한 재평가

40 톱사상 T를 일으키는 컷셋에 해당하는 것은?

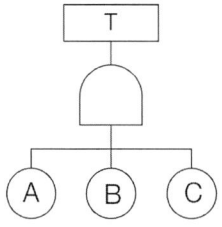

① {A}
② {A, B}
③ {A, B, C}
④ {B, C}

해설 컷셋을 구하는 방법 : AND gate는 가로로 나열시키고 OR rate는 세로로 나열시켜서 말단사상까지 진행시켜 나간다.
T→A,B,C
  컷 셋

제3과목 / 기계위험방지기술

41 크레인에서 훅걸이용 와이어로프 등이 훅으로부터 벗겨지는 것을 방지하기 위해 사용하는 방호장치는?

① 덮개
② 권과방지장치
③ 비상정지장치
④ 해지장치

해설 해지장치의 사용 : 크레인은 훅 걸이용 와이어로프 등이 훅으로부터 벗겨지는 것을 방지하기 위한 해지장치를 구비할 것

42 프레스 및 전단기에서 양수조작식 방호장치 누름버튼의 상호간 최소 내측거리로 옳은 것은?

① 100mm
② 150mm
③ 250mm
④ 300mm

해설 양수조작식 방호장치 누름버튼의 상호간 간격 : 300mm 이상

43 〈보기〉는 기계설비의 안전화 중 기능의 안전화와 구조의 안전화를 위해 고려해야 할 사항을 열거한 것이다. 〈보기〉 중 기능의 안전화를 위해 고려해야 할 사항에 속하는 것은?

〈보기〉
㉠ 재료의 결함
㉡ 가공상의 잘못
㉢ 정전시의 오동작
㉣ 설계의 잘못

① ㉠
② ㉡
③ ㉢
④ ㉣

해설 1) 기능의 안전화
   ① 소극적 대책 : 이상시 기계의 급정지로 안전화 도모

■정답■ 40.③ 41.④ 42.④ 43.③

② 적극적 대책 : 페일세이프와 회로의 개선으로 오동작 방지
2) 구조의 안전화
   ① 재료결함 : 재료선택의 안전화
   ② 설계상 결함 : 설계상의 올바른 강도계상
   ③ 가공결함 : 가공상의 안전화

44 탁상용 연삭기에서 일반적으로 플랜지의 지름은 숫돌 지름의 얼마 이상이 적정한가?

① $\frac{1}{2}$ ② $\frac{1}{3}$
③ $\frac{1}{5}$ ④ $\frac{1}{10}$

해설 탁상용연삭기의 플랜지직경
= 숫돌지름 $\times \frac{1}{3}$

45 산업안전보건법령에 따른 안전난간의 구조 및 설치요건에 대한 설명으로 옳은 것은?

① 상부 난간대, 중간 난간대, 발끝막이판 및 난간기둥으로 구성하여야 한다.
② 발끝막이판은 바닥면 등으로부터 5cm 이하의 높이를 유지하여야 한다.
③ 난간대는 지름 1.5cm 이상의 금속제 파이프를 사용하여야 한다.
④ 안전난간은 가장 취약한 지점에서 가장 취약한 방향으로 작용하는 70킬로그램 이상의 하중에 견딜 수 있어야 한다.

해설 안전난간의 구조 및 설치요건(안전보건규칙 제13조)
1) 상부난간대, 중간난간대, 발끝막이판 및 난간기둥으로 구성할 것(중간난간대, 발끝막이판 및 난간기둥은 이와 비슷한 구조 및 성능을 가진 것으로 대체할 수 있다.)
2) 상부난간대는 바닥면, 발판 또는 경사로의 표면(이하 "바닥면 등")으로부터 90cm 이상지점에 설치하고, 상부난간대를 120cm 이하에 설치하는 경우 중간난간대는 상부난간대와 바닥면 등의 중간에 설치하여야 하며, 120cm 이상 지점에 설치하는 경우에는 중간난간대를 2단 이상으로 균등하게 설치하고 난간의 상하 간격은 60cm 이하가 되도록 할 것
3) 발끝막이판은 바닥면 등으로부터 10cm이상의 높이를 유지할 것(물체가 떨어지거나 날아올 위험이 없거나 그 위험을 방지할 수 있는 망을 설치하는 등 필요한 예방조치를 한 장소는 제외)
4) 난간기둥은 상부난간대와 중간난간대를 견고하게 떠받칠 수 있도록 적정 간격을 유지할 것
5) 상부난간대와 중간난간대는 난간길이 전체에 걸쳐 바닥면 등과 평행을 유지할 것
6) 난간대는 지름 2.7cm 이상의 금속제 파이프나 그 이상의 강도를 가진 재료일 것
7) 안전난간은 임의의 점에서 임의의 방향으로 움직이는 100kg이상의 하중에 견딜 수 있는 튼튼한 구조일 것

46 보일러의 안전한 가동을 위하여 압력방출장치를 2개 설치한 경우에 작동방법으로 옳은 것은?

① 최고 사용압력 이하에서 2개가 동시 작동
② 최고 사용압력 이하에서 1개가 작동되고 다른 것은 최고 사용압력 1.05배 이하에서 작동
③ 최고 사용압력 이하에서 1개가 작동되고 다른 것은 최고 사용압력 1.1배 이하에서 작동
④ 최고 사용압력의 1.1배 이하에서 2개가 동시 작동

해설 보일러의 압력방출장치
1) **압력방출장치** : 최고사용압력 이하에서 자동적으로 밸브가 열려서 증기를 외부로 분출시켜 증기 상승압력을 방지하는 장치
2) **현재 가장 많이 사용되는 안전밸브** : 스프링식
3) **압력방출장치의 설치기준**(안전보건규칙)
   ① 보일러의 안전한 가동을 위하여 보일러 규격에 적합한 압력방출장치를 1개 또는 2개 이상 설치하고 최고사용압력 이하에

■ 정답 ■ 44.② 45.① 46.②

서 작동되도록 할 것. 다만 압력방출장치가 2개 이상 설치된 경우에는 최고사용압력(설계압력 또는 최고허용압력)이하에서 1개가 작동되고, 다른 압력방출장치는 최고 사용압력 1.05배 이하에서 작동되도록 할 것
② 압력방출장치는 1년에 1회 이상 표준 압력계를 이용하여 토출압력을 시험한 후 납으로 봉인하여 사용하도록 할 것

47 다음 중 욕조 형태를 갖는 일반적인 기계 고장 곡선에서의 기본적인 3가지 고장 유형에 해당하지 않는 것은?

① 피로고장 ② 우발고장
③ 초기고장 ④ 마모고장

해설 기계 고장률의 유형
1) 초기고장 : 감소형
2) 우발고장 : 일정형
3) 마모고장 : 증가형

48 다음 중 드릴링 작업에 있어서 공작물을 고정하는 방법으로 가장 적절하지 않은 것은?

① 작은 공작물은 바이스로 고정한다.
② 작고 길쭉한 공작물은 플라이어로 고정한다.
③ 대량 생산과 정밀도를 요구할 때는 지그로 고정한다.
④ 공작물이 크고 복잡할 때는 볼트와 고정구로 고정한다.

해설 드릴링 작업시 일감의 고정
1) 일감이 작을 때 : 바이스로 고정한다.
2) 일감이 크고 복잡할 때 : 볼트와 고정구(클램프)를 사용하여 고정한다.
3) 대량생산과 정밀도를 요할 때 : 지그(Jig)를 사용하여 고정한다.

49 이동식 크레인과 관련된 용어의 설명 중 옳지 않은 것은?

① "정격하중"이라 함은 이동식크레인의 지브나 붐의 경사각 및 길이에 따라 부하할 수 있는 최대 하중에서 인양기구(혹, 그래브 등)의 무게를 뺀 하중을 말한다.
② "정격 총하중"이라 함은 최대 하중(붐 길이 및 작업반경에 따라 결정)과 부가하중(혹과 그 이외의 인양 도구들의 무게)을 합한 하중을 말한다.
③ "작업반경"이라 함은 이동식크레인의 선회중심선으로부터 혹의 중심선까지의 수평거리를 말하며, 최대 작업반경은 이동식크레인으로 작업이 가능한 최대치를 말한다.
④ "파단하중"이라 함은 줄걸이 용구 1개를 가지고 안전율을 고려하여 수직으로 매달 수 있는 최대 무게를 말한다.

해설 안전율 = $\dfrac{파단하중(파괴하중)}{최대사용하중(허용응력)}$

파단하중 = 최대사용하중 × 안전율

50 다음 중 보일러의 폭발사고 예방을 위한 장치로 가장 거리가 먼 것은?

① 압력제한 스위치
② 압력방출장치
③ 고저수위 고정장치
④ 화염 검출기

해설 보일러의 폭발위험의 방지(안전보건규칙 제119조) : 보일러의 폭발사고를 예방하기 위하여 다음의 방호장치를 설치하고 그 기능이 정상적으로 작동될 수 있도록 유지·관리하여야 한다.
1) 압력방출장치
2) 압력제한스위치
3) 고저수위조절장치
4) 화염검출기

■ 정답 ■ 47.① 48.② 49.④ 50.③

51 공작기계인 밀링작업의 안전사항이 아닌 것은?

① 사용 전에는 기계 기구를 점검하고 시운전을 한다.
② 칩을 제거할 때는 칩브레이커로 제거한다.
③ 회전하는 커터에 손을 대지 않는다.
④ 커터의 제거·설치 시에는 반드시 스위치를 차단하고 한다.

해설 ②항, 밀링작업시 칩의 제거는 브러시를 사용한다.

52 프레스 금형의 설치 및 조정 시 슬라이드 불시하강을 방지하기 위하여 설치해야 하는 것은?

① 인터록 ② 클러치
③ 게이트 가드 ④ 안전블럭

해설 금형조정 작업의 위험방지(안전보건규칙) : 프레스 등의 금형을 부착, 해체 또는 조정 작업을 할 때는 당해 작업에 종사하는 근로자의 신체의 일부가 위험한계 내에 들어갈 때에 슬라이드가 갑자기 작동함으로써 발생하는 근로자의 위험을 방지하기 위하여 안전블록을 사용하는 등 필요한 조치를 할 것

53 산업안전보건법령에 따라 컨베이어의 작업시작 전 점검사항 중 틀린 것은?

① 원동기 및 풀리 기능의 이상 유무
② 이탈 등의 방지 장치 기능의 이상 유무
③ 과부하방지장치 기능의 이상 유무
④ 원동기, 회전축, 기어 및 풀리 등의 덮개 또는 울 등의 이상 유무

해설 컨베이어의 작업시작 전 점검사항
1) 원동기 및 풀리 기능의 이상 유무
2) 이탈 등의 방지장치 기능의 이상 유무
3) 비상정지장치 기능의 이상 유무
4) 원동기, 회전축, 치차 및 풀리 등의 덮개 또는 울 등의 이상 유무

54 프레스 방호장치 중 가드식 방호장치의 구조 및 선정조건에 대한 설명으로 옳지 않은 것은?

① 미동(Inching) 행정에서는 작업자 안전을 위해 가드를 개방할 수 없는 구조로 한다.
② 1행정, 1정지기구를 갖춘 프레스에 사용한다.
③ 가드 폭이 400mm 이하일 때는 가드 측면을 방호하는 가드를 부착하여 사용한다.
④ 가드 높이는 프레스에 부착되는 금형 높이 이상(최소 180mm)으로 한다.

해설 가드식 방호장치의 구조 및 선정조건(프레스 방호장치의 선정·설치 및 사용기술지침)
1) ②, ③, ④항
2) 미동(inching)행정에서는 가드를 개발할 수 있는 것이 작업성에 좋다.
3) 오버런 감시장치가 있는 프레스에서는 상승 행정 완료 전에 가드를 열 수 있는 구조로 할 수 있다.

55 다음은 지게차의 헤드가드에 관한 기준이다. ( ) 안에 들어갈 내용으로 옳은 것은?

> 지게차 사용 시 화물 낙하 위험의 방호조치 사항으로 헤드가드를 갖추어야 한다. 그 강도는 지게차 최대하중의 ( ) 값의 등분포정하중(等分布靜荷重)에 견딜 수 있어야 한다. 단, 그 값이 4톤을 넘는 것에 대하여서는 4톤으로 한다.

① 2배 ② 3배
③ 4배 ④ 5배

해설 헤드가드(안전보건규칙)
1) 강도는 지게차의 최대하중의 2배 값(그 값이 4톤을 넘는 값에 대해서는 4톤으로 함)의 등분 포정하중에 견딜 수 있을 것
2) 상부틀의 각 개구의 폭 또는 길이가 16cm 미만일 것
3) 운전자가 앉아서 조작하는 방식의 지게차의 경

■ 정답 ■ 51.② 52.④ 53.③ 54.① 55.①

우에는 운전자의 좌석 윗면에서 헤드가드의 상부틀 아랫면까지의 높이가 0.903m 이상일 것
4) 운전자가 서서 조작하는 방식의 지게차의 경우에는 운전석의 바닥면에서 헤드가드의 상부틀 하면까지의 높이가 1.88m 이상일 것

56 산업안전보건법령상 회전중인 연삭숫돌 지름이 최소 얼마 이상인 경우로서 근로자에게 위험을 미칠 우려가 있는 경우 해당 부위에 덮개를 설치하여야 하는가?

① 3cm 이상　　② 5cm 이상
③ 10cm 이상　　④ 20cm 이상

해설 회전 중인 연삭숫돌에 덮개를 설치해야 하는 경우 : 숫돌지름이 5cm 이상

57 프레스 작업 시 금형의 파손을 방지하기 위한 조치 내용 중 틀린 것은?

① 금형 맞춤핀은 억지 끼워맞춤으로 한다.
② 쿠션 핀을 사용할 경우에는 상승 시 누름판의 이탈방지를 위하여 단붙임한 나사로 견고히 조여야 한다.
③ 금형에 사용하는 스프링은 인장형을 사용한다.
④ 스프링 등의 파손에 의해 부품이 비산될 우려가 있는 부분에는 덮개를 설치한다.

해설 ③항, 금형에 사용하는 스프링(spring)은 압축형을 사용한다.

58 산업용 로봇에 지워지지 않는 방법으로 반드시 표시해야 하는 항목이 있는데 다음 중 이에 속하지 않는 것은?

① 제조자의 이름과 주소, 모델 번호 및 제조일련번호, 제조연월
② 머니퓰레이터 회전 반경
③ 중량
④ 이동 및 설치를 위한 인양 지점

해설 산업용로봇에 표시해야 할 항목
1) 제조자의 이름과 주소
2) 모델번호 및 제조 일련번호, 제조연월
3) 중량
4) 이동 및 설치를 위한 인양지점

59 급정지기구가 있는 1행정 프레스의 광전자식 방호장치에서 광선에 신체의 일부가 감지된 후로부터 급정지 기구의 작동 시까지의 시간이 40ms이고, 급정지기구의 작동직후로부터 프레스기가 정지될 때까지의 시간이 20ms라면 안전거리는 몇 mm이상이어야 하는가?

① 60　　② 75
③ 80　　④ 96

해설 안전거리(mm)=$1.6(T_L+T_S)$
$$=1.6(40+20)=96mm$$

여기서, T_L : 손이 광선차단 직후부터 급정지기구가 작동을 개시할 때까지의 시간(ms)
T_S : 급정지기구 작동개시 시간부터 슬라이드가 정지할 때까지의 시간(ms)
T_L+T_S : 최대정지시간(급정지시간)

60 롤러의 위험점 전방에 개구 간격 16.5mm의 가드를 설치하고자 한다면, 개구부에서 위험점까지의 거리는 몇 mm 이상이어야 하는가? (단, 위험점이 전동체는 아니다.)

① 70　　② 80
③ 90　　④ 100

해설 Y=6+0.15X
$$X=\frac{Y-6}{0.15}=\frac{16.5-6}{0.15}=70mm$$

여기서, Y : 가드 개구부의 간격 (안전간극, mm)
X : 가드와 위험점 간의 거리 (안전거리, mm)

■ 정답 ■　56.②　57.③　58.②　59.④　60.①

제4과목 / 전기 및 화학설비위험방지기술

61 정전기 제전기의 분류 방식으로 틀린 것은?

① 고전압인가형　② 자기방전형
③ 연 X선형　　　④ 접지형

해설 제전기의 종류
1) 전압인가식 제전기(코로나 방전식 제전기)
2) 자기방전식 제전기
3) 방사선식 제전기
4) 이온식 제전기(radio isotope식 제전기)

62 다음 중 인입용 비닐 절연전선에 해당하는 약어로 옳은 것은?

① RB　　　② IV
③ DV　　　④ OW

해설 절연전선의 종류 및 용도
1) 인입용 비닐절연전선(DV) : 저압가공 인입선에 사용
2) 옥외용 비닐절연전선(OW) : 저압가공 배전선로에서 사용
3) 옥외용 가교 폴리에틸렌 절연전선(OC) : 고압가공 전선로에 사용
4) 600V 비닐절연전선(IV) : 습기, 물기가 많은 곳. 금속관 공사용으로 사용

63 절연물은 여러 가지 원인으로 전기저항이 저하되어 이른바 절연불량을 일으켜 위험한 상태가 되는데 절연불량의 주요 원인이 아닌 것은?

① 정전에 의한 전기적 원인
② 온도상승에 의한 열적 요인
③ 진동, 충격 등에 의한 기계적 요인
④ 높은 이상전압 등에 의한 전기적 요인

해설 절연불량의 원인
1) ②, ③, ④항
2) 산화 등에 의한 화학적 요인

64 작업장내 시설하는 저압전선에는 감전 등의 위험으로 나전선을 사용하지 않고 있지만, 특별한 이유에 의하여 사용할 수 있도록 규정된 곳이 있는데 이에 해당되지 않는 것은?

① 버스덕트 작업에 의한 시설 작업
② 애자사용 작업에 의한 전기로용 전선
③ 유희용 전차시설의 규정에 준하는 접촉전선을 시설하는 경우
④ 애자사용 작업에 의한 전선의 피복 절연물이 부식되지 않는 장소에 시설하는 전선

해설 1) ①, ②, ③항 : 나전선 사용
2) ④항 : 피복전선 사용

65 다음은 산업안전보건법령에 따른 위험물질의 종류 중 부식성 염기류에 관한 내용이다. (　)안에 알맞은 수치는?

농도가 (　) 퍼센트 이상인 수산화나트륨, 수산화칼륨, 그 밖에 이와 같은 정도 이상의 부식성을 가지는 염기류

① 20　　　② 40
③ 60　　　④ 80

해설 부식성 물질의 종류(안전보건규칙)
1) 부식성 산류
① 농도가 20% 이상인 염산(HCl), 황산(H_2SO_4), 질산(HNO_3) 등
② 농도가 60% 이상인 인산(H_3PO_4), 아세트산(CH_3COOH), 불산(HF) 등
2) **부식성 염기류** : 농도가 40% 이상인 수산화나트륨(NaOH), 수산화칼륨(KOH) 등

■ 정답 ■　61.④　62.③　63.①　64.④　65.②

66 어떤 혼합가스의 구성성분이 공기는 50vol%, 수소는 20vol%, 아세틸렌은 30vol%인 경우 이 혼합가스의 폭발하한계는? (단, 폭발하한값이 수소는 4vol%, 아세틸렌은 2.5vol% 이다.)

① 2.50%   ② 2.94%
③ 4.76%   ④ 5.88%

해설
$$L = \frac{V_1 + V_2 + V_3}{\frac{V_1}{L_1} + \frac{V_2}{L_2} + \frac{V_3}{L_3}}$$
$$= \frac{20 + 30}{\frac{20}{4} + \frac{30}{2.5}} = 2.94 \text{vol}\%$$

67 제1종, 제2종 접지공사에서 사람이 접촉 할 우려가 있는 경우에 시설하는 방법이 아닌 것은?

① 접지극은 지하 50cm 이상의 깊이로 매설할 것
② 접지극은 금속체로부터 1m 이상 이격시켜 매설 할 것
③ 접지선은 절연전선, 케이블, 캡타이어케이블 등을 사용할 것
④ 접지선은 지하 75cm에서 지표상 2m 까지의 합성수지관 또는 몰드로 덮을 것

해설
1) 접지저항
  ① 접지저항이 낮을수록 좋다
  ② 접지저항은 접지전극(동판이나 접지봉 등)과 대지와의 접촉상태에 따라 그 저항치가 결정되어 접지전극과 대지와의 접촉면적이 클수록, 또 접지전극 주변의 흙이 전기가 잘 통하는 상태일수록 접지저항이 낮게 된다.
2) 접지저항 저감법
  ① 접지극의 매설깊이(지중매설 깊이는 75cm 이상)를 깊게 할 것
  ② 접지극의 수를 증가하여 이들을 병렬로 연결시킬 것
  ③ 접지극의 크기를 크게 할 것
  ④ 토량이 불량할 경우는 토질에 적합한 시공법을 택하거나, 접지저항 저감제를 사용하여 토양을 개선할 것

68 다음 설명에 해당하는 위험장소의 종류로 옳은 것은?

> 공기 중에서 가연성 분진운의 형태가 연속적, 또는 장기적 또는 단기적 자주 폭발성 분위기가 존재하는 장소

① 0종 장소   ② 1종 장소
③ 20종 장소   ④ 21종 장소

해설 위험장소 구분

폭발위험 장소 분류	적요	예(장소)
20종 장소	분진운 형태의 가연성 분진이 폭발농도를 형상할 정도로 충분한 양이 정상 작동 중에 연속적으로 또는 자주 존재하거나, 제어할 수 없을 정도의 양 및 두께의 분진층이 형성될 수 있는 장소	호퍼·분진저장소·집진장치·필터 등의 내부
21종 장소	20종 장소 외의 장소로서 분진운 형태의 가연성 분진이 폭발농도를 형성할 정도의 충분한 양이 정상작동 중에 존재할 수 있는 장소	집진장치·백필터·배기구 등의 주위, 이송밸트의 샘플링 지역 등
22종 장소	20종 장소 외의 장소로서 가연성 분진운 형태가 드물게 발생 또는 단기간 존재할 우려가 있거나 이상작동 상태하에서 가연성 분진층이 형성될 수 있는 장소	21종 장소에서 예방조치가 취하여진 지역, 환기설비 등과 같은 안전 장치 배출구 주위 등

69 LPG에 대한 설명으로 옳지 않은 것은?

① 강한 독성 가스로 분류된다.
② 질식의 우려가 있다.
③ 누설시 인화, 폭발성이 있다.
④ 가스의 비중은 공기보다 크다.

해설 LPG(액화석유가스) : 가연성 가스

70 다음 중 전선이 연소될 때의 단계별 순서로 가장 적절한 것은?

① 착화단계 →순시용단 단계 →발화단계 → 인화단계
② 인화단계 →착화단계 →발화단계 →순시용단 단계
③ 순시용단 단계 →착화단계 →인화단계 → 발화단계
④ 발화단계 →순시용단 단계 →착화단계 → 인화단계

해설 과전류에 의한 전선의 발화단계
1) **인화단계**(허용전류의 3배 정도 흐를 경우) : 전류밀도 40~43A/mm^2
2) **착화단계**(허용전류의 3배 이상 흐를 경우) : 전류밀도 43~60A/mm^2
3) **발화단계** : 전류밀도 60~120A/mm^2
   ① 발화 후 용융되는 단계 : 전류밀도 60~75A/mm^2
   ② 용융되면서 스스로 발화하는 단계 : 전류밀도 75~120A/mm^2
4) **용단단계**(전선이 용단되며 폭발하는 단계) : 전류밀도 120A/mm^2 이상

71 10Ω 의 저항에 10A의 전류를 1분간 흘렸을 때의 발열량은 몇 cal 인가?

① 1800　　　② 3600
③ 7200　　　④ 14400

해설 Q(cal)=$0.24 I^2 RT$
= $0.24 \times 10^2 \times 10 \times 60$ = 14400cal
여기서, Q : 발생열량(cal)
I : 전류(A)
R : 전기저항(Ω)
T : 통전시간(sec)

72 응상폭발에 해당되지 않는 것은?

① 수증기폭발　　② 전선폭발
③ 증기폭발　　　④ 분진폭발

해설 1) 응상폭발(액상 및 고상폭발)
① 수증기폭발 또는 증기폭발
② 고상간의 전이에 의한 폭발
③ 전선폭발
④ 화약류 및 유기과산화물 등의 폭발

73 다음 중 정전기의 발생요인으로 적절하지 않은 것은?

① 도전성 재료에 의한 발생
② 박리에 의한 발생
③ 유동에 의한 발생
④ 마찰에 의한 발생

해설 정전기 발생현상
1) 마찰대전　　2) 유동대전
2) 박리대전　　4) 분출대전
5) 충돌대전　　6) 파괴대전
7) 비말대전　　8) 진동대전(교반대전) 등

74 부탄의 연소하한값이 1.6vol% 일 경우, 연소에 필요한 최소산소농도는 약 몇 vol% 인가?

① 9.4　　　② 10.4
③ 11.4　　　④ 12.4

해설 1) 부탄(C_4H_{10})의 연소반응식
$C_4H_{10} + 6.5O_2 \rightarrow 4CO_2 + 5H_2O$
2) 최소산소농도(MOC)
MOC = 연소하한치 $\times \dfrac{산소(O_2)의\ 몰수}{연료의\ 몰수}$
= $1.6 \times \dfrac{6.5}{1}$ = 10.4vol%

75 배관설비 중 유체의 역류를 방지하기 위하여 설치하는 밸브는?

① 글로브밸브　　② 체크밸브
③ 게이트밸브　　④ 시퀀스밸브

해설 체크밸브(check valve) : 유체의 역류를 방지하기 위한 밸브

■정답■　70.②　71.④　72.④　73.①　74.②　75.②

76 인화점에 대한 설명으로 옳은 것은?

① 인화점이 높을수록 위험하다.
② 인화점이 낮을수록 위험하다.
③ 인화점이 위험성은 관계없다.
④ 인화점이 0℃ 이상인 경우만 위험하다.

해설 인화점이 낮을수록 화재발생 가능성이 높다.

77 다음 중 독성이 강한 순서로 옳게 나열된 것은?

① 일산화탄소 > 염소 > 아세톤
② 일산화탄소 > 아세톤 > 염소
③ 염소 > 일산화탄소 > 아세톤
④ 염소 > 아세톤 > 일산화탄소

해설 허용농도 : 허용농도가 낮을수록 독성이 강하다.
  1) 염소(Cl_2) : 1ppm
  2) 일산화탄소(CO) : 50ppm
  3) 아세톤(CH_3COCH_3) : 200ppm

78 산업안전보건법령에서 규정한 위험물질을 기준량 이상으로 제조 또는 취급하는 특수화학설비에 설치하여야 할 계측장치가 아닌 것은?

① 온도계   ② 유량계
③ 압력계   ④ 경보계

해설 특수화학설비 설치시 필요한 장치
  1) 특수화학설비 설치시 내부의 이상상태를 조기에 파악하기 위해 설치하는 장치
    ① **계측장치** : 온도계, 유량계, 압력계 등 설치
    ② 자동경보장치설치(자동경보장치설치 곤란시는 감시인 배치)
  2) **특수화학설비 설치시 이상상태의 발생에 따른 폭발, 화재 또는 위험물의 누출방지를 위해 설치하는 장치**
    ① 원재료 공급의 긴급차단장치
    ② 제품 등의 긴급방출장치
    ③ 불활성 가스의 주입 또는 냉각용수 등의 공급을 위한 장치 등 설치
  3) **예비동력원** : 특수화학설비에 사용하는 동력원의 이상에 의한 폭발화재를 방지하기 위하여 즉시 사용할 수 있는 예비동력원을 갖추어 둘 것

79 고압가스 용기에 사용되며 화재 등으로 용기의 온도가 상승하였을 때 금속의 일부분을 녹여 가스의 배출구를 만들어 압력을 분출시켜 용기의 폭발을 방지하는 안전장치는?

① 가용합금 안전밸브
② 방유제
③ 폭압방산공
④ 폭발억제장치

해설 가용전식 안전밸브(가용합금 안전밸브) : 용기가 화재 등으로 인하여 이상적으로 온도가 상승할 때 200℃ 이하의 낮은 융점을 갖는 합금(납, 주석, 카드뮴, 비스무트 등)이 녹아서 가스의 배출구를 만들어 용기내의 가스를 방출시켜 용기가 이상승압이 되는 것을 방지하기 위한 용기용 안전장치이다.

80 전기기기의 과도한 온도 상승, 아크 또는 불꽃 발생의 위험을 방지하기 위하여 추가적인 안전조치를 통한 안전도를 증가시킨 방폭구조를 무엇이라 하는가?

① 충전방폭구조
② 안전증방폭구조
③ 비점화방폭구조
④ 본질안전방폭구조

해설 방폭구조의 종류별 특징
  1) **내압방폭구조** : 아크 또는 고열이 발생하여 폭발성 가스에 점화할 우려가 있는 부분을 전폐된 용기에 넣어 폭발에 견디도록 한 구조
  2) **유입방폭구조** : 전폐용기에 기름을 채워서 외부의 폭발성 가스와 점화원이 접촉하여 인

■ 정답 ■   76.②   77.③   78.④   79.①   80.②

화될 위험이 없도록 한 구조
3) **안전증방폭구조** : 안전성을 더욱 보강하기 위하여 코일의 절연보강, 공극을 크게 하여 구조상 또는 온도상승에 대하여 금속망 같은 물질로 차폐시킨 구조로 전기불꽃이나 과열에 대하여 회로특성상 폭발의 위험을 방지할 수 있는 구조
4) **압력방폭구조** : 용기내부에 불연성 가스인 공기나 질소 등을 압입시켜 외부의 폭발성 가스가 용기내부로 침투하지 못하도록 한 구조
5) **본진안전방폭구조** : 정상시 및 사고시(단선, 단락, 지락 등)에 발생하는 전기불꽃 아크 또는 고온에 의하여 폭발성가스 또는 증기에 점화되지 않는 것이 점화시험, 기타에 의해서 확인된 구조
6) **특수방폭구조** : 폭발성 가스 또는 증기에 점화 또는 위험분위기로 인화를 방지할 수 있는 것이 시험, 기타에 의하여 확인된 구조

8) 사용하는 굴착기계, 분할기계, 적재기계 또는 운반기계(이하 "굴착기계 등"이라 한다)의 종류 및 능력
9) 토석 또는 암석의 적재 및 운반방법과 운반경로
10) 표토 또는 용수의 처리방법

82 철골작업 시 폭우와 같은 악천후에 작업을 중지하여야 하는 강우량 기준은?

① 1시간당 1mm 이상 일 때
② 2시간당 1mm 이상 일 때
③ 3시간당 2mm 이상 일 때
④ 4시간당 2mm 이상 일 때

해설 철골작업을 중지해야 하는 기상조건
1) 풍속이 10m/sec 이상인 경우
2) 강우량이 1mm/hr 이상인 경우
3) 강설량이 1cm/hr 이상인 경우

83 흙의 안식각과 동일한 의미를 가진 용어는?

① 자연 경사각   ② 비탈면각
③ 시공 경사각   ④ 계획 경사각

해설 흙의 안식각
1) 흙 등을 쌓거나 깎아냈을 때 자연 상태로 생기는 경사면이 수평과 이루는 각
2) 안식각 = 휴식각 = 정지각

제5과목 / 건설안전기술

81 채석작업을 하는 때 채석작업계획에 포함되어야 하는 사항에 해당되지 않는 것은?

① 굴착면의 높이와 기울기
② 기둥침하의 유무 및 상태 확인
③ 암석의 분할방법
④ 표토 또는 용수의 처리방법

해설 채석작업의 작업계획의 작업내용(안전보건규칙)
1) 노천굴착과 갱내굴착의 구별 및 채석방법
2) 굴착면의 높이와 기울기
3) 굴착면의 소단의 위치와 높이
4) 갱내에서의 낙반 및 붕괴방지의 방법
5) 발파방법
6) 암석의 분할방법
7) 암석의 가공장소

84 추락방지망의 달기로프를 지지점에 부착할 때 지지점의 간격이 1.5m인 경우 지지점의 강도는 최소 얼마 이상이어야 하는가?

① 200kg   ② 300kg
③ 400kg   ④ 500kg

해설 추락방지망 달기로프를 지지점에 부착시 지지점 간격이 1.5m인 경우 지지점의 강도 : 300kg이상

■ 정답 ■ 81.② 82.① 83.① 84.②

85 건설공사 유해·위험방지계획서를 제출하는 경우 자격을 갖춘 자의 의견을 들은 후 제출하여야 하는데 이 자격에 해당하는 않는 자는?

① 건설안전기사로서 건설안전관련 실무경력이 4년인 자
② 건설안전기술사
③ 토목시공기술사
④ 건설안전분야 산업안전지도사

해설 건설공사 유해·위험방지계획서 작성시 의견을 들어야 할 자격을 갖춘자(시행규칙 제120조 제3항)
  1) 건설안전분야 산업안전지도사
  2) 건설안전기술사 또는 토목·건축분야 기술사
  3) 건설안전산업기사 이상으로서 건설안전관련 실무경력이 7년(기사는 5년)이상인 사람

86 굴착면 붕괴의 원인과 가장 관계가 먼 것은?

① 사면경사의 증가
② 성토 높이의 감소
③ 공사에 의한 진동하중의 증가
④ 굴착높이의 증가

해설 ②항, 성토높이의 증가

> 길잡이 토사붕괴의 원인(고용노동부고시)
> 1) 외적요인
>   ① 사면, 법면의 경사 및 구배의 증가
>   ② 절토 및 성토 높이의 증가
>   ③ 공사에 의한 진동 및 반복하중의 증가
>   ④ 지표수 및 지하수의 침투에 의한 토사중량 증가
>   ⑤ 지진, 차량, 구조물의 하중
> 2) 내적요인
>   ① 절토사면의 토질, 암석
>   ② 성토사면의 토질
>   ③ 토석의 강도저하

87 다음은 산업안전보건기준에 관한 규칙 중 조립도에 관한 사항이다. ( )안에 알맞은 것은?

> 거푸집동바리 등을 조립하는 때에는 그 구조를 검토한 후 조립도를 작성하여야 한다. 조립도에는 동바리·멍에 등 부재의 재질·단면규격·( ) 및 이음방법 등을 명시하여야 한다.

① 부재강도   ② 기울기
③ 안전대책   ④ 설치간격

해설 거푸집동바리 등 조립시의 조립도에 명시하여야 할 내용
  1) 동바리, 멍에 등 부재의 재질
  2) 단면규격
  3) 설치간격 및 이음방법

88 가설구조물의 특징으로 옳지 않은 것은?

① 연결재가 적은 구조로 되기 쉽다.
② 부재의 결합이 매우 복잡하다.
③ 구조상의 결함이 있는 경우 중대재해로 이어질 수 있다.
④ 사용부재가 과소단면이거나 결함재료를 사용하기 쉽다.

해설 가설구조물(가시설물)의 특징 (구조상의 문제점)
  1) 연결재가 부족하여 불안정한 구조물이 되기 쉽다.
  2) 부재결합이 간단하여 불안전한 결합이 될 수 있다.
  3) 부재가 비교적 간단하여 조립이 쉬우나 조립의 정밀도는 낮다.
  4) 부재는 과소단면이거나 결함이 있는 재료가 사용되기 쉽다.

■ 정답 ■ 85.① 86.② 87.④ 88.②

89 공사금액이 500억원인 건설업 공사에서 선임해야 할 최소 안전관리자 수는?

① 1명　　　② 2명
③ 3명　　　④ 4명

해설 건설업의 공사금액에 따른 안전관리자 수

공사금액	안전관리자 수
1. 50억원 이상(관계수급인은 100억원이상) 120억원미만(토목공사업은 150억 미만)	1명 이상
2. 120억원이상(토목공사업은 150억원 이상) 800억원 미만	
3. 800억원 이상 1500억원 미만	2명 이상
	다만, 전체공사시간 중 전후 15에 해당하는 기간은 1명 이상
4. 1500억원 이상 2200억원 미만	3명 이상
	다만, 전체공사시간 중 전후 15에 해당하는 기간은 2명 이상
5. 2200억원 이상 3천억원 미만 ⋮ ⋮	4명 이상
	다만, 전체공사시간 중 전후 15에 해당하는 기간은 2명 이상
12. 1조원 이상	11명 이상[매 2천억원(2조원이상부터는 매 3천억원)마다 1명씩 추가]
	다만, 전체공사시간 중 전후 15에 해당하는 기간은 안전관리자의 수의 2분의 1(소수점 이하는 올림)이상으로 함.

90 물체를 투하할 때 투하설비를 설치하거나 감시인을 배치하는 등의 위험방지를 위한 조치를 하여야 하는 기준 높이는?

① 3m 이상　　　② 5m 이상
③ 7m 이상　　　④ 10m 이상

해설 높이가 3m 이상인 장소에서 물체 투하시 위험방지 조치사항
1) 투하설비 설치
2) 감시인 배치

91 양중기에서 화물을 직접 지지하는 달기 와이어로프의 안전계수는 최소 얼마 이상으로 하여야 하는가?

① 2　　　② 3
③ 5　　　④ 10

해설 양중기의 와이어로프 또는 달기체인(고리걸이용 포함)의 안전계수

$$안전계수 = \frac{절단하중}{최대사용하중(허용하중)}$$

1) 근로자가 탑승하는 운반구를 지지하는 경우 : 10이상
2) 화물의 하중을 직접 지지하는 경우 : 5이상
3) 훅, 샤클, 클램프, 리프팅 빔의 경우 : 3이상
4) 그 밖의 경우 : 4이상

92 철골공사에서 부재의 건립용 기계로 거리가 먼 것은?

① 타워크레인　　　② 가이데릭
③ 삼각데릭　　　　④ 항타기

해설 1) 철골 건립용 기계
　① 크레인(타워크레인, 이동식 크레인 등)
　② 가이데릭, 삼각데릭(스티프레그데릭), 진폴데릭
2) 항타기 : 널말뚝을 박기위해 사용하는 기계와 그 부속장치

93 낙하물 방지망 설치기준으로 옳지 않은 것은?

① 높이 10m 이내마다 설치한다.
② 내민 길이는 벽면으로부터 3m 이상으로 한다.
③ 수평면과의 각도는 20° 이상, 30° 이하를 유지한다.
④ 방호선반의 설치기준과 동일하다.

■ 정답　89.①　90.①　91.③　92.④　93.②

해설 낙하물방지망 또는 방호선반 설치시 준수사항
1) 설치 높이는 10m 이내마다 설치하고, 내민 길이는 벽면으로부터 2m 이상으로 할 것
2) 수평면과의 각도는 20° 내지 30°를 유지할 것

94 흙의 함수비 측정시험을 하였다. 먼저 용기의 무게를 잰 결과 10g이었다. 시료를 용기에 넣은 후에 총 무게는 40g, 그대로 건조 시킨 후 무게는 30g이었다. 이 흙의 함수비는?

① 25%   ② 30%
③ 50%   ④ 75%

해설 흙의함수비 = $\dfrac{물의 중량}{흙의 건조중량} \times 100\%$
= $\dfrac{40-30}{30-10} \times 100 = 50\%$

95 콘크리트 양생작업에 관한 설명 중 옳지 않은 것은?

① 콘크리트 타설 후 소요기간까지 경화에 필요한 조건을 유지시켜주는 작업이다.
② 양생 기간 중에 예상되는 진동, 충격, 하중 등의 유해한 작용으로부터 보호하여야 한다.
③ 습윤양생 시 일광을 최대한 도입하여 수화작용을 촉진하도록 한다.
④ 습윤양생 시 거푸집판이 건조될 우려가 있는 경우에는 살수하여야 한다.

해설 ③항, 수분양생시 수분을 최대한 도입하여 수화작용을 촉진하도록 한다.

96 일반적인 안전수칙에 따른 수공구와 관련된 행동으로 옳지 않은 것은?

① 작업에 맞는 공구의 선택과 올바른 취급을 하여야 한다.
② 결함이 없는 완전한 공구를 사용하여야 한다.
③ 작업중인 공구는 작업이 편리한 반경내의 작업대나 기계위에 올려놓고 사용하여야 한다.
④ 공구는 사용 후 안전한 장소에 보관하여야 한다.

해설 작업중(사용중)인 공구는 작업대나 기계위에 올려놓지 않도록 할 것

97 철골보 인양작업 시 준수사항으로 옳지 않은 것은?

① 인양용 와이어로프의 체결지점은 수평부재의 1/4지점을 기준으로 한다.
② 인양용 와이어로프의 매달기 각도는 양변 60°를 기준으로 한다.
③ 흔들리거나 선회하지 않도록 유도 로프로 유도한다.
④ 후크는 용접의 경우 용접규격을 반드시 확인한다.

해설 인양용 와이어로프의 체결지점은 수평부재의 1/3지점을 기준으로 한다.

98 슬레이트, 선라이트 등 강도가 약한 재료로 덮은 지붕 위에서의 작업 중 위험방지를 위하여 필요한 발판의 폭 기준은?

① 10cm 이상
② 20cm 이상
③ 25cm 이상
④ 30cm 이상

해설 슬레이트, 선라이트(sunlight) 등 지붕 위에서의 작업시 위험방지조치사항
1) 폭 30cm 이상의 발판 설치
2) 안전방망 설치

■ 정답 ■ 94.③ 95.③ 96.③ 97.① 98.④

99 히빙현상에 대한 안전대책과 가장 거리가 먼 것은?

① 어스앵커 설치
② 흙막이벽의 근입심도 확보
③ 양질의 재료로 지반개량 실시
④ 굴착주변에 상재하중을 증대

해설 히빙현상 방지대책
1) 굴착주변의 상재하중을 제거한다.
2) 흙막이판의 강성이 높은 것을 사용한다.
3) 시트 파일(Sheet Pile) 등의 근입신도를 검토한다.(흙막이벽 근입깊이를 깊게 한다.)
4) 1.3m 이하 굴착시에는 버팀대(Strut)를 설치한다.
5) 버팀대, 브라켓, 흙막이를 점검한다.
6) 굴착주변을 웰 포인트(Well Point) 공법과 병행한다.
7) 굴착방식을 개선(Island Cut공법 등)한다.

100 강관틀비계를 조립하여 사용하는 경우 벽이음의 수직방향 조립간격은?

① 2m 이내마다
② 5m 이내마다
③ 6m 이내마다
④ 8m 이내마다

해설 강관비계의 조립간격(안전보건규칙 별표5)

강관비계의 종류	조립간격(단위 : m)	
	수직방향	수평방향
단관비계	5	5
틀비계(높이가 5m미만의 것은 제외)	6	8

■정답■ 99.④ 100.③

2024년 1회 CBT 복원 기출문제

제1과목 / 산업안전관리론

01 위험예지훈련 중 TBM(Tool Box Meeting)에 관한 설명으로 옳지 않은 것은?

① 작업 장소에서 원형의 형태를 만들어 실시한다.
② 통상 작업시작 전, 후 10분 정도 시간으로 미팅한다.
③ 토의는 10인 이상에서 20인 단위의 중규모가 모여서 한다.
④ 근로자 모두가 말하고 스스로 생각하고 "이렇게 하자"라고 합의한 내용이 되어야 한다.

해설 TBM(Tool Box Meeting)
  1) **인원** : 5~7명
  2) **장소** : 직장, 현장, 공구상자 등의 근처
  3) **회의** : 작업시작 전 5~15분, 작업종료시 3~5분 동안 안전회의를 하는 것이다.

02 무재해운동 이념의 3원칙에 해당되는 것은?

① 포상의 원칙
② 참가의 원칙
③ 예방의 원칙
④ 팀 활동의 원칙

해설 무재해운동 이념의 3원칙
  1) 무의 원칙
  2) 참가의 원칙
  3) 선취해결의 원칙

03 스트레스의 요인 중 직무특성에 대한 설명으로 가장 옳은 것은?

① 과업의 과소는 스트레스를 경감시킨다.
② 과업의 과중은 스트레스를 경감시킨다.
③ 시간의 압박은 스트레스와 관계없다.
④ 직무로 인한 스트레스는 동기부여의 저하, 정신적 긴장 그리고 자신감 상실과 같은 부정적 반응을 초래한다.

해설 직무로 인한 스트레스 : 다음과 같은 부정적 반응을 초래한다.
  1) 동기부여의 저하
  2) 정신적 긴장
  3) 자신감 상실

04 다음 중 아담스(Edward Adams)의 관리구조 이론에 대한 사고발생 메커니즘(mechanism)을 가장 올바르게 설명한 것은?

① 사람의 불안전한 행동에서만 발생한다.
② 불안전한 상태에 의해서만 발생한다.
③ 불안전한 행동과 불안전한 상태가 복합되어 발생한다.
④ 불안전한 상태와 불안전한 해동은 상호 독립적으로 작용한다.

해설 아담스(Adams)의 사고연쇄성 이론
  1) **1단계** : 관리구조-목적, 조직, 운영 등
  2) **2단계** : 작전적(전략적) 에러-관리자 및 감독자의 행동 에러
  3) **3단계** : 전술적 에러
  4) **4단계** : 사고-사고의 발생
  5) **5단계** : 상해 또는 손실-대인, 대물

■ 정답 ■   01.③   02.②   03.④   04.③

05 국제노동통계회의에서 결의된 재해통계의 국제적 통일안을 설명한 것으로 틀린 것은?

① 국제적 통일안의 결의로서 모든 국가가 이 방법을 적용하고 있다.
② 강도율은 근로손실일수(1,000배)를 총인원의 연근로시간수로 나누어 산정한다.
③ 도수율은 재해의 발생건수(100만 배)를 총인원의 연근로시간수로 나누어 산정한다.
④ 국가별, 시기별, 산업별 비교를 위해 산업재해통계를 도수율이나 강도율의 비율로 나타낸다.

06 산업안전보건법령에 따른 산업안전보건위원회의 회의결과를 주지시키는 방법으로 가장 적절하지 않은 것은?

① 사보에 게재한다.
② 회의에 참석하여 파악토록 한다.
③ 사업장 내의 게시판에 부착한다.
④ 정례 조회시 집합교육을 통하여 전달한다.

해설 산업안전보건위원회 회의결과의 주지방법 : 사내방송, 사내보 게시 또는 자체정례조회, 그 밖에 적절한 방법으로 근로자에게 신속히 알릴 것

07 기억과정에 있어 "파지(retention)"에 대한 설명으로 가장 적절한 것은?

① 사물의 인상을 마음속에 간직하는 것
② 사물의 보존된 인상을 다시 의식으로 떠오르는 것
③ 과거의 경험이 어떤 형태로 미래의 행동에 영향을 주는 작용
④ 과거의 학습 경험을 통하여 학습된 행동이나 내용이 지속되는 것

해설 파지와 망각
  1) **파지** : 획득된 행동이나 내용이 지속되는 현상
  2) **망각** : 획득된 행동이나 내용이 지속되지 않고 소멸되는 현상

08 관료주의에 대한 설명으로 틀린 것은?

① 의사결정에는 작업자의 참여가 필수적이다.
② 인간을 조직 내의 한 구성원으로만 취급한다.
③ 개인의 성장이나 자아실현의 기회가 주어지기 어렵다.
④ 사회적 여건이나 기술의 변화에 신속하게 대응하기 어렵다.

해설 관료주의(권위형) : 지도자가 집단의 모든 권한 행사를 단독으로 처리한다(의사결정에 작업자가 참여하지 않음).

09 산업안전보건법령상 안전·보건표지 중 '산화성 물질 경고'의 색채에 관한 설명으로 옳은 것은?

① 바탕은 파란색, 관련 그림은 흰색
② 바탕은 무색, 기본 모형은 빨간색
③ 바탕은 흰색, 기본모형 및 관련 부호는 녹색
④ 바탕은 노랑색, 기본모형, 관련부호 및 그림은 검은색

해설 산화성물질 경고표지 색채 : 바탕은 무색, 기본모형(다이아몬드형)은 빨간색

10 적응기제(Adjustment Mechanism) 중 방어적 기제(Defence Mechanism)에 해당하는 것은?

① 고립(Isolation)
② 퇴행(Regression)
③ 억압(Suppression)
④ 보상(Compensation)

해설 적응기제
  1) **방어적 기제** : 보상, 합리화, 동일시, 승화 등
  2) **도피적 기제** : 고립, 퇴행, 억압, 백일몽 등

■ 정답 ■　05.①　06.②　07.④　08.①　09.②　10.④

11 Fail-safe의 정의를 가장 올바르게 나타낸 것은?

① 인적 불안전 행위의 통제방법을 말한다.
② 인력으로 예방할 수 없는 불가항력의 사고이다.
③ 인간-기계 시스템의 최적정 설계방안이다.
④ 인간의 실수 또는 기계·설비의 결함으로 인하여 사고가 발생치 않도록 설계시부터 안전하게 하는 것이다.

해설 fail safe의 정의
1) 인간이나 기계의 과오나 동작상의 실수가 있더라도,
2) 사고방지를 위해,
3) 2중, 3중으로 통제를 가하는 것이다.

12 의식의 상태에서 작업 중 걱정, 고민, 욕구불만 등에 의하여 정신을 빼앗기는 것을 무엇이라 하는가?

① 의식의 과잉   ② 의식의 파동
③ 의식의 우회   ④ 의식수준의 저하

해설 부주의 현상
1) 의식의 단절 : 지속적인 의식의 흐름에 단절이 생기고 공백의 상태가 나타나는 것으로 특수한 질병이 있는 경우에 나타난다(의식수준 : Phase 0)
2) 의식의 우회 : 의식의 흐름이 옆으로 빗나가 발생하는 경우로서 작업도중 걱정, 고뇌, 욕구불만 등에 의해 다른 것에 정신을 빼앗기는 경우이다(의식수준 : Phase 0)
3) 의식수준의 저하 : 혼미한 정신상태에서 심신이 피로할 경우나 단조로운 반복작업시 일어나기 쉽다(의식수준 : Phase Ⅰ이하).
4) 의식의 과잉 : 지나친 의욕에 의해서 생기는 부주의 현상으로 긴급사태시 순간적으로 긴장이 한 방향으로만 쏠리게 되는 경우이다. (의식수준 : Phase Ⅳ).

13 누전차단장치 등과 같은 안전장치를 정해진 순서에 따라 동작시키고 동작상황의 양부를 확인하는 점검을 무슨 점검이라고 하는가?

① 외관점검   ② 작동점검
③ 기술점검   ④ 종합점검

해설 점검방법
1) **외관점검** : 기기의 적정한 배치, 설치상태, 변형, 균열, 손상, 부식, 볼트의 여유 등의 유무를 외관에서 시각 및 촉각 등에 의해 조사하고 점검기준에 의해 양부를 확인하는 것이다.
2) **기능점검** : 간단한 조작을 행하여 대상기기의 기능의 양부를 확인하는 것이다.
3) **작동점검** : 안전장치나 누설차단장치 등을 정해진 순서에 의해 작동시켜 작동상황의 양부를 확인하는 것이다.
4) **종합점검** : 정해진 점검 기준에 의해 측정, 검사를 행하고 또 일정한 조건하에서 운전시험을 행하여 그 기계설비의 종합적인 기능을 확인하는 것이다.

14 다음 중 창조성·문제해결능력의 개발을 위한 교육기법으로 가장 적절하지 않은 것은?

① 역할연기법   ② In-Basket법
③ 사례연구법   ④ 브레인스토밍법

해설 역할연기법(role playing)
1) 참석자에게 어떤 역할을 주어서 실제로 시켜봄으로써 훈련이나 평가에 사용하는 교육기법으로,
2) 절충능력이나 협조성을 높여서 태도변용에 도움을 준다.

15 보호구 관련 규정에 따른 안전모의 착장체 구성요소에 해당되지 않는 것은?

① 머리턱끈   ② 머리받침끈
③ 머리고정대   ④ 머리받침고리

해설 안전모 착장체의 구성요소 : 머리받침끈, 머리고정대, 머리받침고리

■ 정답 ■ 11.④ 12.③ 23.② 14.① 15.①

16 안전·보건교육 강사로서 교육진행의 자세로 가장 적절하지 않은 것은?

① 중요한 것은 반복해서 교육할 것
② 상대방의 입장이 되어서 교육할 것
③ 쉬운 것에서 어려운 것으로 교육할 것
④ 가능한 한 전문용어를 사용하여 교육할 것

해설 ④항, 가능한 한 쉬운 용어를 사용할 것

17 하인리히의 재해구성비율에 따라 경상사고가 87건 발생하였다면 무상해사고는 몇 건이 발생하였겠는가?

① 300건 ② 600건
③ 900건 ④ 1,200건

해설 1) 하인리히의 재해구성비율
∴ 중상 또는 사망 : 경상 : 무상해사고
= 1 : 29 : 300
2) 경상 : 무상해사고
29 : 300
87 : x
∴ $x(무상해사고) = \dfrac{87 \times 300}{29} = 900$ 건

18 허츠버그(Herzberg)의 2요인 이론에 있어서 다음 중 동기요인에 해당하는 것은?

① 임금   ② 지위
③ 도전   ④ 작업조건

해설 허즈버그(Herzberg)의 2요인
1) 위생요인 : 직무환경에 관계된 내용으로 기업정책, 개인 상호 간의 관계(친교, 대인관계), 감독형태, 작업조건, 임금(급료), 보수 지위, 안전 등이 있다.
2) 동기요인 : 직무내용(일의 내용)에 관한 것으로 목표달성에 대한 성취감, 안정감, 도전감, 책임감, 성장과 발전, 작업자체 등이 있다(자아실현을 하려는 인간의 독특한 경향 반영).

19 산업안전보건법령상 사업 내 안전·보건교육에 있어 채용시의 교육내용에 해당하는 것은?(단, 산업안전보건법 및 일반관리에 관한 사항은 제외한다.)

① 유해·위험 작업환경 관리에 관한 사항
② 표준안전작업방법 및 지도 요령에 관한 사항
③ 작업공정의 유해·위험과 재해 예방대책에 관한 사항
④ 기계·기구의 위험성과 작업의 순서 및 동선에 관한 사항

해설 채용시 및 작업내용 변경시 교육내용
1) 기계·기구의 위험성과 작업의 순서 및 동선에 관한 사항
2) 작업개시 전 점검에 관한 사항
3) 정리정돈 및 청소에 관한 사항
4) 사고발생시 긴급조치에 관한 사항
5) 산업안전 및 사고예방에 관한 사항
6) 산업보건 및 직업병 예방에 관한 사항
7) 물질안전보건자료에 관한 사항
8) 산업안전보건법 및 산업재해보상보험제도에 관한 사항
9) 직무스트레스 예방 및 관리에 관한 사항
10) 직장 내 괴롭힘, 고객의 폭언 등으로 인한 건강장해 예방 및 관리에 관한 사항

20 주의(Attention)의 특징 중 여러 종류의 자극을 자각할 때, 소수의 특정한 것에 한하여 주의가 집중되는 것을 무엇이라 하는가?

① 선택성 ② 방향성
③ 변동성 ④ 검출성

해설 주의의 특징
1) **선택성** : 여러 종류의 자극을 자각할 때 소수의 특정한 것에 한하여 선택하는 기능
2) **방향성** : 주시점만 인지하는 기능
3) **변동성** : 주위에는 주기적으로 부주의의 리듬이 존재

■ 정답 ■ 16.④ 17.③ 18.③ 19.④ 20.①

제2과목 / 인간공학 및 시스템안전공학

21 다음 중 눈이 식별할 수 있는 과녁(target)의 최소 특징이나 과녁 부분들 간의 최소공간을 의미하는 것은?

① 최소분간시력(minimum separable acuity)
② 최소지각시력(minimum perceptible acuity)
③ 입체시력(stereoscopic acuity)
④ 동시력(dynamic visual acuity)

해설 시력의 유형
1) **최소가분시력(minimum separable acuity)** : 사람의 눈이 식별할 수 있는 표적(target)의 최소모양이나 표적 부분들간의 최소공간을 말한다.
2) **vernier 시력** : 하나의 수직선이 중간에서 끊겨 아랫부분이 옆으로 옮겨진 경우에 탐지할 수 있는 최소측방변위
3) **최소인식시력(minimum perceptible acuity)** : 배경과 구별하여 탐지할 수 있는 최소의 점
4) **입체시력(streoscopic acuity)** : 거리(depth)가 있는 한 물체를 양 눈은 약간 다른 각도로 보기 때문에 시차(parallax)가 생기며, 약간 다른 상이 두 눈의 망막에 맺힐 때 이를 구별하는 능력
5) **동시력(dynamic visual acuity)** : 표적물체나 관측자가 움직이는 경우의 시식별 능력

22 화학설비에 대한 안전성 평가시 "정량적 평가"의 5가지 항목에 해당하지 않는 것은?

① 전원   ② 취급물질
③ 온도   ④ 화학설비

해설 정량적 평가 5항목
1) 취급물질   2) 화학설비용량
3) 온도   4) 압력
5) 조작

23 다음 중 청각적 표시에 대한 설명으로 틀린 것은?

① JND(Just Noticeable Difference)는 인간이 신호의 50%를 검출할 수 있는 자극차원(강도 또는 진동수)의 최소 차이이다.
② 장애물이나 칸막이를 넘어가야 하는 신호는 1,000Hz 이상의 진동수를 갖는 신호를 사용한다.
③ 다차원 코드 시스템을 사용할 경우, 일반적으로 차원의 수가 많고 수준의 수가 적은 것이 차원의 수가 적고 수준의 수가 많은 것보다 좋다.
④ 배경 소음과 다른 진동수를 갖는 신호를 사용하는 것이 바람직하다.

해설 ②항, 장애물이나 칸막이를 통과할 때는 500Hz 이하의 진동수를 사용한다.

24 조도가 250럭스인 책상 위에 짙은 색 종이 A와 B가 있다. 종이 A의 반사율은 20%이고, 종이 B의 반사율은 15%이다. 종이 A에는 반사율 80%의 색으로, 종이 B에는 반사율 60%의 색으로 같은 글자를 각각 썼을 때 다음 설명 중 옳은 것은?(단, 두 글자의 크기, 색, 재질 등은 동일하다.)

① A 종이에 쓰인 글자가 B 종이에 쓰인 글자보다 눈에 더 잘 보인다.
② B 종이에 쓰인 글자가 A 종이에 쓰인 글자보다 눈에 더 잘 보인다.
③ 두 종이에 쓴 글자는 동일한 수준으로 보인다.
④ 어느 종이에 쓰인 글자가 더 잘 보이는지 알 수 없다.

해설 A대비 $= \dfrac{20-80}{20} \times 100 = -300$

B대비 $= \dfrac{15-60}{15} \times 100 = -300$

25 다음 FT도에서 각 사상이 발생할 확률이 B₁은 0.1, B₂는 0.2, B₃는 0.3일 때 사상 A가 발생할 확률은 약 얼마인가?

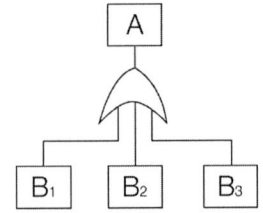

① 0.006
② 0.496
③ 0.604
④ 0.804

해설 A=1−[(1−B_1)(1−B_2)(1−B_3)]
=1−[(1−0.1)(1−0.2)(1−0.3)]=0.496

26 위험조정을 위한 필요한 기술은 조직형태에 따라 다양하며 4가지로 분류하였을 때 이에 속하지 않는 것은?

① 보류(retention)
② 계속(continuation)
③ 전가(transfer)
④ 감축(reduction)

해설 리스크(risk, 위험성)의 통제방법
1) 회피(avoidance)
2) 감축(reduction)
3) 보류(retention)
4) 전가(transfer)

27 휴먼에러에 있어 작업자가 수행해야 할 작업을 잘못 수행하였을 경우의 오류를 무엇이라 하는가?

① omission error
② sequence error
③ timing error
④ commission error

해설
1) omission error(부작위 실수, 생략과오) : 필요한 task 또는 절차를 수행하지 않는 데 기인한 error
2) time error(시간적 과오, 지연오류) : 필요한 task 또는 절차의 수행지연으로 인한 error
3) commission error(작위 실수, 수행적 과오) : 필요한 task 또는 절차의 불확실한 수행으로 인한 error
4) sequential error(순서적 과오) : 필요한 task 또는 절차의 순서착오로 인한 error
5) extraneous error(불필요한 과오) : 불필요한 task 또는 절차를 수행함으로써 기인한 error

28 5,000개의 베어링을 품질 검사하여 400개의 불량품을 처리하였으나 실제로는 1,000개의 불량 베어링이 있었다면 이러한 상황의 HEP(Human Error Probability)는 얼마인가?

① 0.04
② 0.08
③ 0.12
④ 0.16

해설 인간실수확률(HEP)
∴ $HEP = \dfrac{\text{인간의 실수 수}}{\text{전체실수 발생기회의 수}}$
$= \dfrac{1,000-400}{5,000} = 0.12$

29 다음 중 양립성(compatibility)의 종류가 아닌 것은?

① 개념양립성
② 감성양립성
③ 운동양립성
④ 공간양립성

해설
1) 양립성 : 정보입력 및 처리와 관련한 양립성은 인간의 기대와 모순되지 않는 자극들 간의, 반응들 간의 또는 자극반응 조합의 관계를 말하는 것이다.
2) 양립성의 종류
① 공간적 양립성 : 표시장치와 조정장치에서 물리적 형태나 공간적인 배치의 양립성
② 운동 양립성 : 표시 및 조정장치, 체계반응에 대한 운동방향의 양립성
③ 개념적 양립성 : 사람들이 가지고 있는 개념적 연상(어떤 암호체계에서 청색이 정상을 나타내듯이)의 양립성
④ 양식 양립성 : 청각적 자극제시와 이에 대한 음성응답 과업에서 갖은 양립성

30 [그림]과 같은 FT도의 컷셋(cut sets)에 속하는 것은?

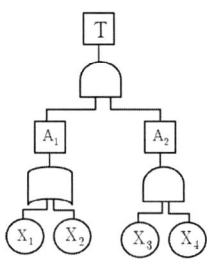

① $\{X_1, X_2, X_3\}$
② $\{X_1, X_2, X_4\}$
③ $\{X_1, X_3, X_4\}$
④ $\{X_1, X_2\}, \{X_3, X_4\}$

해설 $T \to A_1 \cdot A_2 \to \begin{matrix} X_1 \cdot A_2 \\ X_2 \cdot A_2 \end{matrix} \to \begin{matrix} X_1 \cdot X_3 \cdot X_4 \\ X_2 \cdot X_3 \cdot X_4 \end{matrix}$
(컷셋)

31 결함수분석(FTA)에서 지면부족 등으로 인하여 다른 페이지 또는 부분에 연결시키기 위해 사용되는 기호는?

①
②
③
④ △

해설 ①항, 기본사상
②항, 통상사상
③항, 생략사상
④항, 전이기호(연결 또는 이행기호)

32 다음 중 부품배치의 원칙에 해당되지 않는 것은?

① 중요성의 원칙 ② 사용빈도의 원칙
③ 다각능률의 원칙 ④ 기능별 배치원칙

해설 부품배치의 4원칙
1) 중요성의 원칙 2) 사용빈도의 원칙
3) 기능별 배치의 원칙 4) 사용순서의 원칙

33 S 에어컨 제조회사는 올해 경영슬로건으로 "소비자가 가장 선호하는 바람을 제공할 때까지"를 선정하였다. 목표달성을 위하여 에어컨 가동 상태를 테스트하는 실험실을 설계하고자 한다. 다음 중 실험실의 실효온도에 영향을 주는 인자와 가장 관계가 먼 것은?

① 온도 ② 습도
③ 체온 ④ 공기유동

해설 실효온도(체감온도)에 영향을 주는 요인
1) 온도
2) 습도
3) 공기유동(기류)

34 다음 중 교체 주기와 가장 밀접한 관련성이 있는 보전방식은?

① 보전예방 ② 생산보전
③ 품질보전 ④ 예방보전

해설 예방보전 : 설비를 항상 정상 또는 양호한 상태로 유지하기 위한 정기적인 검사와 초기단계에서 성능저하나 고장을 제거하든가 조정 또는 회복하기 위한 설비의 보수 활동을 의미한다.

35 자동생산라인의 오류 경보음을 3단계로 설계하였다. 1단계경보음이 1,000Hz, 60dB라 할 때 3단계오류 경보음이 1단계경보음보다 4배 더 크게 들리도록 하려면, 다음 중 경보음의 주파수와 음압수준으로 가장 적절한 것은?

① 1,000Hz, 80dB ② 1,000Hz, 120dB
③ 2,000Hz, 60dB ④ 2,000Hz, 80dB

해설 1) 1000Hz, 60dB : 60Phon
$S = 2^{(P-40)/10} = 2^2 = 4\text{sone}$
2) 4sone×4=16sone
3) $P = 33.3\log S + 40$
$= 33.3\log(16) + 40 = 80\text{phon}$
4) 80phon : 1000Hz, 80dB

■ 정답 ■ 30.③ 31.④ 32.③ 33.③ 34.④ 35.①

36 다음 중 시스템에 영향을 미칠 우려가 있는 모든 요소의 고장을 형태별로 해석하여 그 영향을 검토하는 분석방법은?

① FTA ② ETA
③ MORT ④ FMEA

해설 1) FTA : 결함수분석법
2) ETA : 사상수분석법
3) MORT : 경영소홀 및 위험수법
4) FMEA : 고장의 형태와 영향분석

37 다음 중 인체에서 뼈의 기능에 해당하지 않는 것은?

① 대사 기능 ② 장기 보호
③ 조혈 기능 ④ 인체의 지주

해설 인체 뼈의 기능
1) 인체의 지주
2) 장기 보호
3) 조혈 기능

38 인간-기계시스템에 대한 평가에서 평가 척도나 기준(criteria)으로서 관심의 대상이 되는 변수를 무엇이라 하는가?

① 독립변수 ② 확률변수
③ 통제변수 ④ 종속변수

해설 인간공학 연구에 사용되는 변수의 유형
1) 독립변수 : 조사·연구되어야 할 인자(factor)로서 조명, 기기의 설계형(design), 정보경로(channel), 중력 등과 같은 것이 있다.
2) 종속변수
① 보통 기준이라고 하며, 독립변수의 가능한 효과의 척도(반응시간과 같은 성능의 척도의 경우가 많음)이다.
② 종속변수 : 인간-기계시스템의 인간성능(human performance)을 평가하는 실험을 수행할 때 평가의 기준이 되는 변수이다.

39 다음 중 시스템의 정의와 관련한 설명으로 틀린 것은?

① 구성요소들이 모인 집합체다.
② 구성요소들이 정보를 주고받는다.
③ 구성요소들은 공통의 목적을 갖고 있다.
④ 개회로(open loop)시스템은 피드백(feedback)정보를 필요로 한다.

해설 ④항, 폐회로 체계가 피드백(feedback)정보를 필요로 한다.

40 다음 중 조정표시비(C/D비, Control-Display ratio)를 설계할 때의 고려할 사항과 가장 거리가 먼 것은?

① 공차 ② 계기의 크기
③ 운동성 ④ 조작시간

해설 통제(조정)표시비 설계시 고려사항
1) 계기의 크기
2) 공차
3) 방향성
4) 조작시간
5) 목측거리

제3과목 / 기계위험방지기술

41 산업안전보건기준에 관한 규칙에 따라 회전축, 기어, 풀리, 플라이휠 등에 사용되는 기계요소인 키, 핀 등의 형태로 적합한 것은?

① 돌출형 ② 개방형
③ 폐쇄형 ④ 묻힘형

해설 회전축, 기어, 풀리 및 플라이휠 등에 부속하는 키, 핀 등의 기계요소 위험방지 조치사항
1) 묻힘형으로 할 것
2) 해당부위에 덮개 설치

■ 정답 ■ 36.④ 37.① 38.④ 39.④ 40.③ 41.④

42 산업용 로봇의 동작 형태별 분류에 속하지 않는 것은?

① 원통좌표 로봇   ② 수평좌표 로봇
③ 극좌표 로봇   ④ 관절 로봇

해설 동작 형태별 로봇의 종류

종류	기능
① 극좌표(robot polar coordinates robot)	팔의 자유도가 주로 극좌표 형식인 매니퓰레이터
② 직각좌표(robot cartesian coordinates robot)	팔의 자유도가 주로 직각좌표 형식인 매니퓰레이터
③ 다관절(robot articulated robot)	자유도가 주로 다관절인 매니퓰레이터로서 운동방향이 넓고 용접, 도장, 조립 등 용도범위가 매우 넓음
④ 원통좌표(robot cylinderical coordinates robot)	팔의 자유도가 주로 원통좌표 형식인 매니퓰레이터

43 산업안전보건법령상 프레스를 사용하여 작업을 할 때 작업시작 전 점검항목에 해당하지 않는 것은?

① 전선 및 접속부 상태
② 클러치 및 브레이크의 기능
③ 프레스의 금형 및 고정볼트 상태
④ 1행정 1정지기구·급정지장치 및 비상정지장치의 기능

해설 프레스 등(프레스 또는 전단기)의 작업시작 전 점검항목
1) 클러치 및 브레이크의 기능
2) 크랭크축·플라이휠·슬라이드·연결봉 및 연결나사의 풀림유무
3) 1행정 1정지기구·급정지장치 및 비상정지장치의 기능
4) 슬라이드 또는 칼날에 의한 위험방지기구의 기능
5) 프레스의 금형 및 고정볼트 상태
6) 방호장치의 기능
7) 전단기의 칼날 및 테이블의 상태

44 프레스에 사용하는 양수조작식 방호장치의 누름버튼 상호간 최소 내측 거리는 얼마인가?

① 300mm 이상   ② 250mm 이상
③ 400mm 이상   ④ 500mm 이상

해설 양수조작식 방호장치 누름버튼 상호간의 간격 : 300mm 이하

45 다음 중 연삭기 및 덮개에 관한 설명으로 틀린 것은?

① "탁상용 연삭기"란 일가공물을 손에 들고 연삭숫돌에 접촉시켜 가공하는 연삭기를 말한다.
② "워크레스트(workrest)"란 탁상용 연삭기에 사용하는 것으로서 공작물을 연삭할 때 가공물의 기기점이 되도록 받쳐주는 것을 말한다.
③ 워크레스트는 연삭숫돌과의 간격을 5mm 이상 조정할 수 있는 구조이어야 한다.
④ 자율안전확인 연삭기 덮개에는 자율안전확인의 표시 외에 숫돌사용 주속도와 숫돌회전방향을 추가로 표시하여야 한다.

해설 ③항, 워크레스트(작업받침대)와 연삭숫돌과의 간격 : 3mm 이내

46 가스용접용 산소 용기에 각인된 "TP50"에서 "TP"의 의미로 옳은 것은?

① 내압시험압력
② 인장응력
③ 최고 충전압력
④ 검사용적

해설 1) TP : 내압시험압력
2) FP : 최고충전압력

■정답■ 42.② 43.① 44.① 45.③ 46.①

47 선반작업 시 사용되는 방호장치는?

① 풀아웃(full out)
② 게이트 가드(gate guard)
③ 스위프 가트(sweep guard)
④ 쉴드(shield)

해설 선박의 안전장치
1) 칩 브레이크 : 바이트에 설치된 칩을 짧게 끊어내는 장치
2) 쉴드(shield) : 칩비산방지 투명판
3) 덮개 또는 울 : 돌출가공물에 설치한 안전장치
4) 브레이크 : 급정지장치
5) 기타 척의 인터록 덮개, 고정브리지(bridge) 등

48 일반적인 연삭기로 작업 중 발생할 수 있는 재해가 아닌 것은?

① 연삭 분진이 눈에 튀어 들어가는 것
② 숫돌 파괴로 인한 파편의 비래
③ 가공 중 공작물의 반발
④ 글레이징(glazing) 현상에 의한 입자의 탈락

해설 글레이징(glazing) : 숫돌이 마멸에 의해 납작하게 된 상태

49 산업안전보건법령에 따라 양중기에서 절단하중이 100톤인 와이어로프를 사용하여 근로자가 탑승하는 운반구를 지지하는 경우, 달기와이어로프에 걸 수 있는 최대 사용하중은 얼마인가?

① 10 톤   ② 20 톤
③ 25 톤   ④ 50 톤

해설 1) 근로자가 탑승하는 운반구를 지지하는 와이어로프의 안전계수 : 10
2) 안전계수 = $\frac{절단하중}{최대사용하중}$
∴ 최대사용하중 = $\frac{절대하중}{안전계수} = \frac{100톤}{10} = 10톤$

50 다음 중 곤돌라의 방호장치에 관한 설명으로 틀린 것은?

① 비상정지장치 작동 시 동력은 차단되고, 누름 버튼의 복귀를 통해 비상정지 조작 직전의 작동이 자동으로 복귀될 것
② 권과방지장치는 권과를 방지하기 위하여 자동적으로 동력을 차단하고 작동을 제동하는 기능을 가질 것
③ 기어·축·커플링 등의 회전부분에는 덮개나 울이 설치되어 있을 것
④ 과부하 방지장치는 적재하중을 초과하여 적재시 주 와이어로프에 걸리는 과부하를 감지하여 경보와 함께 승강되지 않는 구조일 것

해설 곤돌라의 방호장치
1) 과부하방지장치 2) 권과방지장치
3) 비상정지장치   4) 제동장치

51 다음 중 보일러의 증기관 내에서 수격작용(water hammering) 현상이 발생하는 가장 큰 원인은?

① 프라이밍(priming)
② 워터링(watering)
③ 캐리오버(carry over)
④ 서어징(surging)

해설 캐리오버(기수공발) : 물속에 용해되어 있는 고형분이나 수분이 증기의 흐름에 따라서 발생증기 속으로 운반되어 나오게 되는 현상

52 다음 중 기계운동 형태에 따른 위험점의 분류에 해당되지 않는 것은?

① 끼임점   ② 회전물림점
③ 협착점   ④ 절단점

해설 위험점의 분류
1) 끼임점   2) 협착점
3) 물림점   4) 절단점
5) 회전말림점 6) 접선물림점 등

53 다음 중 외형의 안전화를 위한 대상기계·기구·장치별 색채의 연결이 잘못된 것은?

① 시동용 단추스위치 – 녹색
② 고열을 내는 기계 – 노란색
③ 대형기계 – 밝은 연녹색
④ 급정지용 단추스위치 – 빨간색

해설 가습배관 : 황색(노란색)

54 산업안전보건법령상 프레스기의 방호장치에 표시해야 될 사항이 아닌 것은?

① 제조자명
② 규격 또는 등급
③ 프레스기의 사용 범위
④ 제조번호 및 제조연월

해설 프레스기 방호장치에 표시해야 될 사항
1) 제조자명
2) 제조번호 및 제조년월
3) 규격 또는 등급

55 산업안전보건법령상 양중기의 달기체인에 대한 사용금지 사항으로 틀린 것은?

① 달기체인의 한 꼬임에서 끊어진 소선의 수가 10% 이상인 것
② 링의 단면지름이 달기 체인이 제조된 때의 해당 링의 지름의 10%를 초과하여 감소한 것
③ 달기 체인의 길이가 달기 체인이 제조된 때의 길이의 5%를 초과한 것
④ 균열이 있거나 심하게 변형된 것

해설 부적격한 달기체인 사용금지사항
1) 달기체인의 길이의 증가가 그 달기체인이 제조된 때의 길이의 5%를 초과한 것
2) 링의 단면지름 감소가 그 달기체인이 제조된 때의 해당 링의 지름의 10%를 초과한 것
3) 균열이 있거나 심하게 변형된 것

56 프레스기에 설치하는 방호장치의 특징에 관한 설명으로 틀린 것은?

① 양수조작식의 경우 기계적 고장에 의한 2차 낙하에는 효과가 없다.
② 광전자식의 경우 핀클러치방식에는 사용할 수 없다.
③ 손쳐내기식은 측면방호가 불가능하다.
④ 가드식은 금형교환 빈도수가 많을 때 사용하기에 적합하다.

해설 게이트가드식 방호장치의 특징
1) 완전방호가 가능(hand in die 방식 중 가장 안전)
2) 금형파손에 의한 파편으로부터 작업자 보호
3) 금형의 크기에 따라 가드를 선택하여야 함
4) 금형교환 빈도가 적은 기계에만 사용가능

57 동력전달부분의 전방 50cm 위치에 설치한 일방평행 보호망에서 가드용 재료의 최대 구멍크기는 얼마인가?

① 45mm   ② 56mm
③ 68mm   ④ 81mm

해설 $Y = 6 + \dfrac{1}{10}X$
$= 6 + \dfrac{1}{10} \times 500 = 56\text{mm}$

58 다음 중 연삭숫돌의 지름이 100mm이고, 회전수가 1,000rpm이면 숫돌의 원주속도(mm/min)는 약 얼마인가?

① 314   ② 628
③ 314,000   ④ 628,000

해설 $V = \pi DN = 3.14 \times 100 \times 1,000$
$= 314,000 \text{mm/min}$

길잡이
$V = \pi DN \text{mm/min} = \dfrac{\pi DN}{1,000} \text{ m/min}$

■ 정답 ■ 53.② 54.③ 55.① 56.④ 57.② 58.③

59 컨베이어(cinveyor)의 방호장치로 가장 적절하지 않은 것은?

① 비상정지장치 ② 덮개 또는 울
③ 권과방지장치 ④ 역주행방지장치

해설 컨베이어의 방호장치(안전보건규칙)
1) 이탈 및 역주행방지장치 : 컨베이어, 이송용 롤러 등(이하 "컨베이어 등"이라 함)을 사용하는 때에는 정전, 전압강하 등에 의한 화물 또는 운반구의 이탈 및 역주행을 방지하는 장치를 갖출 것(단, 무동력상태 또는 수평상태로만 사용하여 근로자에 위험을 미칠 우려가 없는 때에는 제외)
2) 비상정지장치 : 근로자의 신체가 말려드는 등 위험시와 비상시에는 즉시 운전을 정지시킬 수 있는 비상정지장치를 설치할 것
3) 덮개 또는 울 : 컨베이어 등으로부터 화물이 낙하함으로 인하여 근로자에게 위험을 미칠 우려가 있는 경우에는 해당 컨베이어 등에 덮개 울을 설치하는 등 낙하방지를 위한 조치를 할 것

60 다음 중 산업용 로봇에 사용되는 안전매트에 관한 설명으로 틀린 것은?

① 일반적으로 단선경보장치가 부착되어 있어야 한다.
② 일반적으로 감응시간을 조절하는 장치는 부착되어 있지 않아야 한다.
③ 자율안전확인의 표시 외에 작동하중, 감응시간 등을 추가로 표시하여야 한다.
④ 안전매트의 종류는 연결사용 가능여부에 따라 1선감지기와 복선감지기로 구분할 수 있다.

해설 안전매트의 종류(연결사용 가능여부에 따른 구분)
1) 단일감지기: 감지기를 단독으로 사용
2) 복합감지기: 여러 개의 감지기를 연결하여 사용

**제4과목 /
전기 및 화학설비위험방지기술**

61 교류아크 용접작업시 감전을 예방하기 위하여 사용하는 자동전격방지기의 2차 전압은 몇 V 이하로 유지하여야 하는가?

① 25 ② 35
③ 50 ④ 40

해설 교류아크용접기의 방호장치
1) 방호장치 : 자동전격방지장치
2) 방호장치의 성능
  ① 아크발생을 정지시킬 때 주접점이 개로될 때까지의 시간(자동시간)은 1초 이내일 것
  ② 2차 무부하전압은 25V 이내일 것
3) 자동전격방지장치의 기능 : 용접작업중단 직후부터 다음 아크 발생기까지 유지할 것

62 22.9kV 특별고압 활선작업 시 충전전로에 대한 접근한계거리는 몇 cm인가?

① 30 ② 60
③ 90 ④ 110

해설 접근한계거리

충전전로의 선간전압(단위 :kV)	충전전로에 대한 접근한계거리(cm)
0.3 이하	접촉금지
0.3 초과 0.75 이하	30
0.75 초과 2이하	45
2 초과 15 이하	60
15 초과 37 이하	90
37 초과 88 이하	110
88 초과 121 이하	130
121 초과 145 이하	150
145 초과 169 이하	170
169 초과 242 이하	230
242 초과 362 이하	380
362 초과 550 이하	550
550 초과 800이하	790

■ 정답 ■ 59.③ 60.④ 61.① 62.③

63 전로에 시설하는 기계기구의 철대 및 금속제 외함에는 규정에 따른 접지공사를 실시하여야 하나 시설하지 않아도 되는 경우가 있다. 예외 규정으로 틀린 것은?

① 사용전압이 교류 대지전압 150V이하인 기계 기구를 습한 곳에 시설하는 경우
② 철대 또는 외함 주위에 적당한 절연대를 설치하는 경우
③ 저압용 기계기구를 건조한 마루나 절연성 물질 위에서 취급하도록 시설하는 경우
④ 2중 절연구조로 되어있는 기계기구를 시설하는 경우

해설 접지공사가 생략되는 장소
1) 건조한 장소에 설치한 직류 300V 또는 교류 대지전압이 150V이하인 전기기계·기구
2) 목재 마루 등 건조한 장소에서 전기기기를 취급하는 곳
3) 철대와 외함 주위에 절연대를 설치한 전기기계·기구
4) 사람이 쉽게 접촉되지 않게 목주 등에 높이 설치한 저압·고압용 전기기계·기구 (단, 절연성이 없는 철주상 등에 설치시는 접지공사를 해야 함)
5) 전기용품안전관리법의 적용을 받는 이중절연의 전기기계·기구
6) 누전차단기(정격감도전류 30mA이하, 동작시간 0.03sec 이하의 전류동작형의 것에 한함)로 보호된 저압전로의 기계·기구

64 다음 중 물분무소화설비의 주된 소화효과에 해당하는 것으로만 나열한 것은?

① 냉각효과, 질식효과
② 희석효과, 제거효과
③ 제거효과, 억제효과
④ 억제효과, 희석효과

해설 물분무소화설비의 주된 소화효과
1) 냉각효과
2) 억제효과
3) 희석효과

65 대전된 물체가 방전을 일으킬 때의 에너지 E(J)를 구하는 식으로 옳은 것은? (단, 도체의 정전용량은 C(F), 대전전위는 V(V), 대전전하량은 Q(C)이다.)

① $E = \sqrt{2CQ}$
② $E = \dfrac{1}{2}CV$
③ $E = \dfrac{Q^2}{2C}$
④ $E = \sqrt{\dfrac{2V}{C}}$

해설 $E = \dfrac{1}{2}CV^2 = \dfrac{1}{2}QV = \dfrac{Q^2}{2C}$

여기서,
- E : 정전에너지(J)
- C : 도체의 정전용량(F)
- V : 대전전위(V)(V=Q/C)
- Q : 대전전하량(C)(Q=CV)

66 가스 또는 분진폭발위험장소에는 변전실·배전반실·제어실 등을 설치하여서는 아니 된다. 다만, 실내기압이 항상 양압을 유지하도록 하고, 별도의 조치를 한 경우에는 그러하지 않은데 이 때 요구되는 조치사항으로 틀린 것은?

① 양압을 유지하기 위한 환기설비의 고장 등으로 양압이 유지되지 아니한 때 경보를 할 수 있는 조치를 한 경우
② 환기설비가 정지된 후 재가동하는 경우 변전실 등에 가스 등이 있는지를 확인할 수 있는 가스검지기 등의 장비를 비치한 경우
③ 환기설비에 의하여 변전실 등에 공급되는 공기는 가스 또는 분진폭발위험장소가 아닌 곳으로부터 공급되도록 하는 조치를 한 경우
④ 항상 유지해야 하는 실내기압이 항상 양압 10Pa 이상이 되도록 장치를 한 경우

해설 ④항, 항상 유의해야 하는 실내기압이 항상 양압 25Pa(파스칼) 이상이 되도록 할 것

■정답■ 63.① 64.④ 65.③ 66.④

67 산업안전보건법령상 안전밸브 전단, 후단에 자물쇠형 차단밸브를 설치할 수 없는 경우는?

① 화학설비 및 그 부속설비에 안전밸브 등이 복수방식으로 설치되어있는 경우
② 예비용 설비를 설치하고 각각의 설비에 안전밸브 등이 설치되어있는 경우
③ 열팽창에 의하여 상승된 압력을 낮추기 위한 목적으로 안전밸브가 설치된 경우
④ 안전밸브 등의 배출용량의 2분의 1이상에 해당하는 용량의 자동압력조절밸브와 안전밸브가 직렬로 연결된 경우

해설 차단밸브의 설치 금지(안전보건규칙 제266조) : 안전밸브 등의 전단·후단에 차단밸브를 설치해서는 아니된다. 다만, 다음 각 호에 해당하는 경우에는 자물쇠형 또는 이에 준하는 형식의 차단밸브를 설치할 수 있다.
1) 인접한 화학설비 및 그 부속설비에 안전밸브 등이 각각 설치되어 있고, 해당 화학설비 및 그 부속설비의 연결배관에 차단밸브가 없는 경우
2) 안전밸브 등의 배출용량의 2분의 1이상에 해당하는 용량의 자동압력조절밸브(구동용 동력원의 공급을 차단하는 경우 열리는 구조인 것으로 한정)와 안전밸브 등이 병렬로 연결된 경우
3) 화학설비 및 그 부속설비에 안전밸브 등이 복수방식으로 설치되어 있는 경우
4) 예비용 설비를 설치하고 각각의 설비에 안전밸브 등이 설치되어 있는 경우
5) 열팽창에 의하여 상승된 압력을 낮추기 위한 목적으로 안전밸브가 설치된 경우
6) 하나의 플레어 스택(flare stack)에 둘 이상의 단위공정의 플레어 헤더(flare header)를 연결하여 사용하는 경우로서 각각의 단위공정의 플레어헤더에 설치된 차단밸브의 열림·닫힘 상태를 중앙제어실에서 알 수 있도록 조치한 경우

68 저항이 0.2Ω인 도체에 10A의 전류가 1분간 흘렀을 경우 발생하는 열량은 몇 cal인가?

① 64   ② 144
③ 288   ④ 386

해설 $Q = I^2 RT$
$= 10^2 \times 0.2 \times 60$
$= 1200J \times \dfrac{1cal}{4.186J} = 286.67cal$

69 유해·위험물질 취급시 보호구의 구비조건으로 가장 거리가 먼 것은?

① 방호성능이 충분할 것
② 재료의 품질이 양호할 것
③ 작업에 방해가 되지 않을 것
④ 착용감이 뛰어나고 외관이 화려할 것

해설 보호구의 구비조건
1) ①, ②, ③항
2) 착용시 작업이 용이할 것
3) 구조와 끝 마무리가 양호할 것
4) 외관 및 디자인이 양호할 것

70 누전차단기의 선정 및 설치에 관한 설명으로 틀린 것은?

① 차단기를 설치한 전로에 과부하 보호장치를 설치하는 경우는 서로 협조가 잘 이루어지도록 한다.
② 정격부동작전류와 정격감도전류와의 차는 가능한 큰 차단기로 선정한다.
③ 휴대용, 이동용 전기기기에 설치하는 차단기는 정격감도전류가 낮고, 동작시간이 짧은 것을 선정한다.
④ 전로의 대지정전용량이 크면 차단기가 오동작하는 경우가 있으므로 각 분기회로마다 차단기를 설치한다.

해설 ②항, 정격부동작전류가 정격감도전류의 50% 이상이어야 하고 전류치가 가능한 작을 것

71 다음 중 분진 폭발의 발생 위험성을 낮추는 방법으로 적절하지 않은 것은?

① 주변의 점화원을 제거한다.
② 분진이 날리지 않도록 한다.
③ 분진과 그 주변의 온도를 낮춘다.
④ 분진 입자의 표면적을 크게 한다.

해설 ④항, 분진 입자의 표면적을 작게 한다.

72 전기기기의 불꽃 또는 열로 인해 폭발성 위험분위기에 점화되지 않도록 컴파운드를 충전해서 보호한 방폭구조는?

① 몰드 방폭구조
② 비점화 방폭구조
③ 안전증 방폭구조
④ 본질안전 방폭구조

해설
1) **몰드 방폭구조**: 본문설명
2) **비점화방폭구조**: 전기기기가 정상작동과 규정된 특정한 비정상상태에서 주위의 폭발성 가스 분위기를 점화시키지 못하도록 만든 방폭구조
3) **안전증방폭구조**: 폭발성가스·증기의 점화원이 될 전기불꽃, 아크 또는 고온이 되어서는 안 되는 부분에 기계적, 전기적 구조상 또는 온도상승을 억제할 수 있도록 안전도를 증가시킨 구조
4) **본질안전방폭구조**: 정상시 및 사고시(단선, 단락, 지락 등)에 발생하는 전기불꽃 아크 또는 고온에 의하여 폭발성가스 또는 증기에 점화되지 않는 것이 점화시험, 기타에 의해서 확인된 구조

73 감전에 영향을 미치는 요인으로 통전경로별 위험도가 가장 높은 것은?

① 왼손 - 등
② 오른손 - 등
③ 오른손 - 왼발
④ 왼손 - 가슴

해설 통전경로별 위험도

통전경로	위험도
1) 왼손 - 가슴	1.5
2) 오른손 - 가슴	1.3
3) 왼손 - 한발 또는 양발	1.0
4) 양손 - 양발	1.0
5) 오른손 - 한발 또는 양발	0.8
6) 왼손 - 등	0.7
7) 한손 또는 양손 - 앉아 있는 거리	0.7
8) 왼손 - 오른손	0.4
9) 오른손 - 등	0.3

74 일반적인 방전형태의 종류가 아닌 것은?

① 스트리머(streamer)방전
② 적외선(infrared-ray)방전
③ 코로나(corona)방전
④ 연면(surface)방전

해설 방전의 형태
1) 스파크(spark)방전(불꽃방전)
2) 코로나(corona)방전
3) 연면방전
4) 스트리머(streamer)방전
5) 뇌상방전

75 폭발범위에 있는 가연성 가스 혼합물에 전압을 변화시키며 전기 불꽃을 주었더니 1,000V가 되는 순간 폭발이 일어났다. 이때 사용한 전기 불꽃의 콘덴서 용량은 $0.1\mu F$을 사용하였다면 이 가스에 대한 최소 발화에너지는 몇 mJ인가?

① 5 ② 10
③ 50 ④ 100

해설 $E = \frac{1}{2}CV^2$
$= \frac{1}{2} \times 0.1 \times 10^{-6} \times 1,000^2$
$= 0.05J = 50mJ$

■ 정답 ■ 71.④ 72.① 73.④ 74.② 75.③

76 폭발범위에 관한 설명으로 옳은 것은?

① 공기밀도에 대한 폭발성 가스 및 증기의 폭발 가능 밀도 범위
② 가연성 액체의 액면 근방에 생기는 증기가 착화 할 수 있는 온도 범위
③ 폭발화염이 내부에서 외부로 전파될 수 있는 용기의 틈새 간격 범위
④ 가연성 가스와 공기와의 혼합가스에 점화원을 주었을 때 폭발이 일어나는 혼합가스의 농도 범위

해설 폭발한계(폭발범위)
 1) 점화원에 의하여 폭발을 일으킬 수 있는 폭발성 가스와 공기와의 혼합가스 농도 범위를 말하며 폭발이 일어날 수 있는 낮은 농도값을 폭발하한계, 가장 높은 농도값을 폭발상한계라 한다.
 2) 일반적으로 폭발범위가 넓고 하한계가 낮을수록 폭발성 분위기를 생성하기 쉽다.

77 다음 중 아세틸렌의 취급·관리시 주의사항으로 옳지 않은 것은?

① 용기는 폭발할 수 있으므로 전도·낙하되지 않도록 한다.
② 폭발할 수 있으므로 필요 이상 고압으로 충전하지 않는다.
③ 용기는 밀폐된 장소에 보관하고, 누출시에는 누출원에 직접 주수하도록 한다.
④ 폭발성 물질을 생성할 수 있으므로 구리나 일정 함량 이상의 구리합금과 접촉하지 않도록 한다.

해설 아세틸렌 용기는 통풍이나 환기가 불충분한 밀폐된 장소에 설치, 보관(저장)하지 않도록 할 것

78 반응기가 이상과열인 경우 반응폭주를 방지하기 위하여 작동하는 장치로 가장 거리가 먼 것은?

① 고온경보장치   ② 블로우다운시스템
③ 긴급차단장치   ④ 자동shutdown장치

79 가열·마찰·충격 또는 다른 화학물질과의 접촉 등으로 인하여 산소나 산화제의 공급이 없더라도 폭발 등 격렬한 반응을 일으킬 수 있는 물질은?

① 알코올류   ② 무기과산화물
③ 니트로화합물 ④ 과망간산칼륨

해설 폭발성 물질 및 유기과산화물 : 가열·마찰·충격 또는 다른 화학물질과의 접촉 등으로 인하여 산소나 산화제의 공급이 없더라도 폭발 등 격렬한 반응을 일으킬 수 있는 고체나 액체로서 다음 항목에 해당하는 물질
 1) 질산에트레르류
 2) 니트로 화합물
 3) 니트로소 화합물
 4) 아조 화합물
 5) 디아조 화합물
 6) 하이드라진 및 그 유도체
 7) 유기과산화물 등

80 공정 중에서 발생하는 미연소가스를 연소하여 안전하게 밖으로 배출시키기 위하여 사용하는 설비는 무엇인가?

① 증류탑   ② 플레어스택
③ 흡수탑   ④ 인화방지망

해설 긴급방출장치
 1) flare stack : 가연성 가스나 고휘발성 액체의 증기를 연소시켜 대기 중으로 방출하는 안전장치이다.
 2) blow down : 응축성 증기, 열유, 열액 등 공정액체를 빼내고 이것을 안전하게 유지 또는 처리하기 위한 안전장치이다.

■ 정답 ■   76.④   77.③   78.②   79.③   80.②

제5과목 / 건설안전기술

81 산업안전보건기준에 관한 규칙에서 규정하는 현장에서 고소작업대 사용 시 준수사항이 아닌 것은?

① 작업자가 안전모·안전대 등의 보호구를 착용하도록 할 것
② 관계자가 아닌 사람이 작업구역 내에 들어오는 것을 방지하기 위하여 필요한 조치를 할 것
③ 작업을 지휘하는 자를 선임하여 그 자의 지휘 하에 작업을 실시할 것
④ 안전한 작업을 위하여 적정수준의 조도를 유지할 것

해설 고소작업대 사용시 준수사항
1) ①, ②, ④ 항
2) 전로(電路)에 근접하여 작업을 하는 경우에는 작업감시자를 배치하는 등 감전사고를 방지하기 위하여 필요한 조치를 할 것
3) 작업대를 정기적으로 점검하고 붐·작업대 등 각 부위의 이상 유무를 확인할 것
4) 전환스위치는 다른 물체를 이용하여 고정하지 말 것
5) 작업대는 정격하중을 초과하여 물건을 싣거나 탑승하지 말 것
6) 작업대의 붐대를 상승시킨 상태에서 탑승자는 작업대를 벗어나지 말 것. 다만, 작업대에 안전대 부착설비를 설치하고 안전대를 연결하였을 때에는 그러하지 아니하다.

82 철골기둥 건립 작업 시 붕괴·도괴 방지를 위하여 베이스 플레이트의 하단은 기준높이 및 인접기둥의 높이에서 얼마 이상 벗어나지 않아야 하는가?

① 2mm   ② 3mm
③ 4mm   ④ 5mm

해설 앵커볼트를 매립하는 경우 정밀도(고용노동부고시)
1) 기둥중심은 기준선 및 인접기둥의 중심에서 5mm이상 벗어나지 않을 것
2) 인접기둥간·중심거리의 오차는 3mm이하일 것
3) 앵커볼트는 기둥중심에서 2mm이상 벗어나지 않을 것
4) 베이스플레이트 하단은 기준높이 및 인접기둥의 높이에서 3mm 이상 벗어나지 않을 것

83 가설공사와 관련된 안전율에 대한 정의로 옳은 것은?

① 재료의 파괴응력도와 허용응력도의 비율이다.
② 재료가 받을 수 있는 허용응력도이다.
③ 재료의 변형이 일어나는 한계응력도이다.
④ 재료가 받을 수 있는 허용하중을 나타내는 것이다.

해설 안전율 = $\dfrac{파괴응력}{허용응력}$

84 토석붕괴의 내적 요인으로 옳은 것은?

① 사면의 경사 증가
② 공사에 의한 진동, 하중의 증가
③ 절토 및 성토 높이의 증가
④ 토석의 강도 저하

해설 토사붕괴의 원인(고용노동부고시)
1) 외적요인
  ① 사면, 법면의 경사 및 구배의 증가
  ② 절토 및 성토 높이의 증가
  ③ 공사에 의한 진동 및 반복하중의 증가
  ④ 지표수 및 지하수의 침투에 의한 토사중량 증가
  ⑤ 지진, 차량, 구조물의 하중
2) 내적요인
  ① 절토사면의 토질, 암석
  ② 성토사면의 토질
  ③ 토석의 강도저하

■ 정답 ■ 81.③ 82.② 83.① 84.④

85 철골작업에서 작업을 중지해야 하는 규정에 해당되지 않는 경우는?

① 풍속이 초당 10m 이상인 경우
② 강우량이 시간당 1mm 이상인 경우
③ 강설량이 시간당 1cm 이상인 경우
④ 겨울철 기온이 영상 4℃이상인 경우

해설 철골작업을 중지해야 하는 기상조건
  1) 풍속이 10/sec 이상인 경우
  2) 강우량이 1mm/hr 이상인 경우
  3) 강설량이 1cm/hr 이상인 경우

86 콘크리트를 타설할 때 거푸집에 작용하는 콘크리트 측압에 영향을 미치는 요인과 가장 거리가 먼 것은?

① 콘크리트 타설 속도
② 콘크리트 타설 높이
③ 콘크리트의 강도
④ 기온

해설 콘크리트 측압산정시 고려되는 요소
  1) 굳지 않은 콘크리트의 단위용적중량(t/m^3)
  2) 벽 길이 9(m)
  3) 굳지 않은 콘크리트의 타설높이(m)
  4) 콘크리트의 타설속도(보통 10~50m/h 정도)
  5) 거푸집 속의 콘크리트 온도

87 수중굴착 및 구조물의 기초바닥 등과 같은 협소하고 상당히 깊은 범위의 굴착과 호퍼작업에 가장 적당한 굴착기계는?

① 파워쇼벨
② 항타기
③ 클램셸
④ 리버스서큘레이션 드릴

해설 클램셸(clamshell)
  1) 붐의 선단에서 버킷을 와이어로프로 매달아 바로 아래로 떨어뜨려 흙을 떠 올리는 중기
  2) 수직굴착, 수중굴착, 연약지반에 사용

88 콘크리트의 비파괴 검사방법이 아닌 것은?

① 반발경도법   ② 자기법
③ 음파법   ④ 침지법

해설 콘크리트의 비파괴검사법 : 반발경도법, 자기법, 음파법 등

89 거푸집에 작용하는 연직방향 하중에 해당하지 않는 것은?

① 고정하중   ② 작업하중
③ 충격하중   ④ 콘크리트측압

해설 거푸집의 연직방향 하중(W) 산정식
  ∴W=고정하중+충격하중+작업하중
  =$(r·t)+(1/2r·t)+150kg/m^2$
  여기서, r : 철근콘크리트 비중(kg/m^3)
         t : 슬래브 두께(m)
  1) 고정하중 : 콘크리트 자중(=철근콘크리트 비중×슬래브두께)
  2) 충격하중 : 고정하중×1/2
  3) 작업하중 : 작업원 중량+장비 및 가설설비의 등의 중량=$150kg/m^2$

90 강관을 사용하여 비계를 구성하는 경우 비계기둥간의 적재하중은 얼마를 초과하지 않도록 하여야 하는가?

① 200kg   ② 300kg
③ 400kg   ④ 500kg

해설 강관비계의 구조
  1) 비계기둥의 간격은 띠장방향에서는 1.85m 이하, 장선방향에서는 1.5m 이하로 할 것
  2) 띠장간격은 2m 이하로 설치할 것
  3) 비계기둥의 제일 윗부분으로부터 31m 되는 지점 밑부분의 비계기둥은 2개의 강관으로 묶어세울 것(브라켓 등으로 보강하여 그 이상의 강도가 유지되는 경우에는 그러하지 아니하다)
  4) 비계기둥 간의 적재하중은 400kg을 초과하지 아니하도록 할 것

■ 정답 ■ 85.④ 86.③ 87.③ 88.④ 89.④ 90.③

91 지반의 투수계수에 영향을 주는 인자에 해당하지 않는 것은?

① 토립자의 단위중량
② 유체의 점성계수
③ 토립자의 공극비
④ 유체의 밀도

해설 지반의 투수계수에 영향을 주는 인자
1) 유체의 점성계수
2) 토립자의 공극비
3) 유체의 밀도

92 다음 중 굴착기의 전부장치와 거리가 먼 것은?

① 붐(Boom)   ② 암(Arm)
③ 버킷(Bucket)   ④ 블레이드(Blade)

해설 굴착기의 전부장치 : 붐(Boom), 암(arm), 버킷(bucket) 등으로 구성

93 흙의 액성한계 W_L = 48%, 소성한계 W_P = 26%일 때 소성지수(I_P)는 얼마인가?

① 18%   ② 22%
③ 26%   ④ 32%

해설 소성지수(I_P)
 = 액성한계(W_L) − 소성한계(W_P)
 = 48 − 26 = 22%

94 터널작업 중 낙반 등에 의한 위험방지를 위해 취할 수 있는 조치사항이 아닌 것은?

① 터널지보공 설치   ② 록볼트 설치
③ 부석의 제거   ④ 산소의 측정

해설 터널건설작업시 낙반 등에 의한 위험방지 조치사항
1) 터널지보공 설치
2) 록볼트의 설치
3) 부석의 제거

95 다음 그림은 산업안전보건기준에 관한 규칙에 따른 풍화암에서 토사붕괴를 예방하기 위한 기울기를 나타낸 것이다. x의 값은?

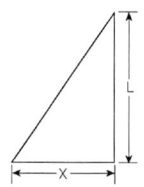

① 0.5   ② 1.0
③ 0.5   ④ 0.3

해설 굴착작업시 굴착면의 기울기 기준

구분	지반의 종류	구배
보통 흙	모래	1 : 1.8
	그 밖에 흙	1 : 1.2
암반	풍화암	1 : 1.0
	연암	1 : 1.0
	경암	1 : 0.5

96 토사붕괴를 방지하기 위한 대책으로 붕괴방지공법에 해당되지 않는 것은?

① 배토공법
② 압성토공법
③ 집수정공법
④ 공작물의 설치

해설 토사붕괴를 방지하기 위한 공법
1) 배토공법
2) 압성토공법
3) 공작물의 설치

97 달비계에 설치되는 작업발판의 폭에 대한 기준으로 옳은 것은?

① 20cm 이상   ② 40cm 이상
③ 60cm 이상   ④ 80cm 이상

해설 달비계에 설치되는 작업발판의 폭 : 40cm이상

■ 정답 ■ 91.① 92.④ 93.② 94.④ 95.② 96.③ 97.②

98 콘크리트 타설시 안전에 유의해야 할 사항으로 옳지 않은 것은?

① 콘크리트 다짐효과를 위하여 최대한 높은 곳에서 타설한다.
② 타설 순서는 계획에 의하여 실시한다.
③ 콘크리트를 치는 도중에는 거푸집, 동바리 등의 이상 유무를 확인하여야 한다.
④ 타설시 비어있는 공간이 발생되지 않도록 밀실하게 부어 넣는다.

해설 콘크리트 타설 시 높은 곳으로부터 콘크리트를 세게 거푸집 내에 부어넣지 않는다.

99 차량계 건설기계의 운전자가 운전위치를 이탈하는 경우 준수해야 할 사항으로 옳지 않은 것은?

① 버킷은 지상에서 1m 정도의 위치에 둔다.
② 브레이크를 걸어둔다.
③ 디퍼는 지면에 내려둔다.
④ 원동기를 정지시킨다.

해설 운전위치 이탈시 조치사항
1) 포크, 버킷, 디퍼 등의 장치를 가장 낮은 위치 또는 지면에 내려 둘 것
2) 원동기를 정지시키고 브레이크를 확실히 거는 등 갑작스러운 주행이나 이탈을 방지하기 위한 조치를 할 것
3) 운전석을 이탈하는 경우에는 시동키를 운전대에서 분리시킬 것. 다만, 운전석에 잠금장치를 하는 등 운전자가 아닌 사람이 운전하지 못하도록 조치한 경우에는 그러하지 아니하다.

100 가설통로 중 경사로를 설치, 사용함에 있어 준수해야 할 사항으로 옳지 않은 것은?

① 경사로의 폭은 최소 90센티미터 이상이어야 한다.
② 비탈면의 경사각은 45도 내외로 한다.
③ 높이 7미터 이내마다 계단참을 설치하여야 한다.
④ 추락방지용 안전난간을 설치하여야 한다.

해설 ②항, 비탈면의 경사각은 30°이내로 한다.

■ 정답 ■ 98.① 99.① 100.②

2024년 2회 CBT 복원 기출문제

산업안전산업기사

제1과목 / 산업안전관리론

01 성공적인 리더가 갖추어야 할 특성으로 가장 거리가 먼 것은?

① 강한 출세 욕구
② 강력한 조직 능력
③ 미래지향적 사고 능력
④ 상사에 대한 부정적인 태도

해설 성실한 지도자가 공통적으로 갖는 속성
1) 업무수행능력 및 판단능력
2) 강력한 조직능력 및 강한 출세욕구
3) 자신에 대한 긍정적 태도
4) 상사에 대한 긍정적 태도
5) 조직의 목표에 대한 충성심
6) 실패에 대한 두려움
7) 원만한 사교성
8) 매우 활동적이며 공격적인 도전
9) 자신의 건강과 체력 단련
10) 부모로부터의 정서적 독립

02 연간 총 근로시간 중에 발생하는 근로손실일수를 1,000 시간 당 발생하는 근로손실일수로 나타내는 식은?

① 강도율
② 도수율
③ 연천인율
④ 종합재해지수

해설
1) 강도율 : 연근로시간 1,000시간 당 재해로 인해서 잃어버린 근로손실일수를 말한다.
2) 관계식

$$강도율 = \frac{근로손실일수}{연근로시간수} \times 1,000$$

03 재해원인을 직접원인과 간접원인으로 나눌 때, 직접원인에 해당하는 것은?

① 기술적 원인
② 관리적 원인
③ 교육적 원인
④ 물적 원인

해설 재해발생의 원인
1) 직접원인
   ① 인적원인 : 불안전한 행동
   ② 물적원인 : 불안전한 상태
2) 간접원인 : 기술적원인, 관리적원인, 교육적원인

04 산업안전보건법상 프레스 작업 시 작업시작 전 점검사항에 해당하지 않는 것은?

① 클러치 및 브레이크의 기능
② 매니퓰레이터(manipulator) 작동의 이상 유무
③ 프레스의 금형 및 고정볼트 상태
④ 1행정 1정지기구·급정지장치 및 비상정지장치의 기능

해설 프레스 작업시 작업시작 전 점검사항
1) 클러치 및 브레이크의 기능
2) 크랭크축·플라이휠·슬라이드·연결봉 및 연결나사의 풀림유무
3) 1행정 1정지기구·급정지장치 및 비상정지장치의 기능
4) 슬라이드 또는 칼날에 의한 위험방지기구의 기능
5) 프레스의 금형 및 고정볼트 상태
6) 방호장치의 기능
7) 전단기의 칼날 및 테이블의 상태

■ 정답 ■ 01.④ 02.① 03.④ 04.②

05 안전관리에 관한 계획에서 실시에 이르기까지 모든 권한이 포괄적이며 하향적으로 행사되며, 전문 안전담당 부서가 없는 안전관리조직은?

① 직계식 조직
② 참모식 조직
③ 직계 - 참모식 조직
④ 안전보건 조직

해설 직계식 조직(line 형)
1) 생산 또는 현장 라인(line)에서 생산 및 안전업무를 동시에 실시하는 조직 형태이다 (100명 미만 소규모 사업장에 적합)
2) 장점
   ① 안전지시나 개선조치 등 명령이 철저하고 신속하게 수행된다.
   ② 상하관계만 있기 때문에 명령과 보고가 간단명료하다.
   ③ 참모식 조직보다 경제적인 조직체계이다.
3) 단점
   ① 안전전담부서(staff)가 없기 때문에 안전에 대한 정보가 불충분하고 안전지식 및 기술축적이 어렵다.
   ② 라인(line)에 과중한 책임을 지우기가 쉽다.

06 교육 대상자수가 많고, 교육 대상자의 학습능력의 차이가 큰 경우 집단안전 교육방법으로서 가장 효과적인 방법은?

① 문답식 교육
② 토의식 교육
③ 시청각 교육
④ 상담식 교육

해설 시청각 교육 : 교육대상자수가 많고 교육대상자의 학습능력차이가 큰 경우 집단교육방법으로 효과적이다.

07 매슬로우(A.H.Maslow)의 인간욕구 5단계 이론에서 각 단계별 내용이 잘못 연결된 것은?

① 1단계 : 자아실현의 욕구
② 2단계 : 안전에 대한 욕구
③ 3단계 : 사회적 욕구
④ 4단계 : 존경에 대한 욕구

해설 매슬로우(Maslow)의 욕구 5단계
1) 1단계-생리적 욕구(신체적 욕구) : 기아, 갈등, 호흡, 배설, 성욕 등 기본적 욕구
2) 2단계-안전의 욕구 : 안전을 구하려는 욕구
3) 3단계-사회적 욕구(친화욕구) : 애정, 소속에 대한 욕구
4) 4단계-인정받으려는 욕구(자기존경의 욕구, 승인욕구) : 자존심, 명예, 성취, 지위 등에 대한 욕구
5) 5단계-자아실현의 욕구(성취욕구) : 잠재적인 능력을 실현하고자 하는 욕구

08 교육훈련의 효과는 5관을 최대한 활용하여야 하는데 다음 중 효과가 가장 큰 것은?

① 청각
② 시각
③ 촉각
④ 후각

해설 5관의 효과순서 : 시각 〉 청각 〉 촉각 〉 미각 〉 후각

09 하버드 학파의 5단계 교수법에 해당되지 않는 것은?

① 교시(Presentation)
② 연합(Association)
③ 추론(Reasoning)
④ 총괄(Generalization)

해설 하버드 학파의 5단계 교수법
1) 1단계 : 준비시킨다(preparation)
2) 2단계 : 교시한다(presentation)
3) 3단계 : 연합한다(association)
4) 4단계 : 총괄시킨다(generalization)
5) 5단계 : 응용시킨다(application)

■ 정답 ■ 05.① 06.③ 07.① 08.② 09.③

10 다음 ( )안에 알맞은 것은?

> 사업주는 산업재해로 사망자가 발생하거나 ( )일 이상의 휴업이 필요한 부상을 입거나 질병에 걸린 사람이 발생한 경우 해당 사업재해가 발생한 날부터 1개월 이내에 산업재해조사표를 작성하여 관할 지방고용노동청장 또는 지청장에게 제출하여야 한다.

① 3 ② 4
③ 5 ④ 7

해설 산업재해 발생보고(시행규칙 제4조)
1) 사업주는 산업재해로 사망자가 발생하거나 3일 이상의 휴업이 필요한 부상을 입거나 질병에 걸린 사람이 발생한 경우
2) 해당 산업재해가 발생한 날부터 1개월 이내에 산업재해조사표를 작성하여
3) 지방 고용노동관서의 장에게 제출하여야 한다.

11 TBM(Tool Box Meeting)의 의미를 가장 잘 설명한 것은?

① 지시나 명령의 전달회의
② 공구함을 준비한 후 작업하라는 뜻
③ 작업원 전원의 상호대화로 스스로 생각하고 납득하는 작업장 안전회의
④ 상사의 지시된 작업내용에 따른 공구를 하나하나 준비해야 한다는 뜻

해설 TBM(tool box meeting)
1) TBM은 통상 작업 시작 전에 5분~15분 정도의 시간을 들여 행하여진다. 또한 작업 종업시의 극히 짧은 3분~5분으로 행하는 미팅도 TBM의 하나이다.
2) TBM은 직장, 현장, 공구 상자 등의 근처에서 될 수 있는 한 작은 원을 만들어 이루어진다(인원 5~7명 정도).
3) TBM은 직장이나 작업의 상황에 잠재된 위험을 모두가 말을 하는 가운데 스스로 생각하고 납득하고 합의하는 것이다.

12 피로의 예방과 회복대책에 대한 설명이 아닌 것은?

① 작업부하를 크게 할 것
② 정적 동작을 피할 것
③ 작업속도를 적절하게 할 것
④ 근로시간과 휴식을 적정하게 할 것

해설 피로의 예방대책
1) 작업부하를 작게 할 것
2) 근로시간과 휴식을 적정하게 할 것
3) 작업속도 및 작업정도 등을 적당하게 할 것
4) 불필요한 마찰을 배제 할 것
5) 정적동작을 피할 것
6) 직장체조를 통해 혈액순환을 촉진할 것(운동을 적당히 할 것)
7) 충분한 영양을 섭취할 것(건강식품의 준비, 비타민 B·C등의 적정한 영양제보급 등)

13 산업안전보건법상 바탕은 흰색, 기본모형은 빨간색, 관련 부호 및 그림은 검은색을 사용하는 안전·보건표지는?

① 안전복착용 ② 출입금지
③ 고온경고 ④ 비상구

해설 산업안전표지의 종류와 색채
1) **금지표시** : 바탕은 흰색, 기본모형은 빨간색, 관련부호 및 그림은 검정색
2) **경고표시** : 바탕은 노란색, 기본모형, 관련부호 및 그림은 검정색[다만, 인화성물질 경고, 산화성물질 경고, 폭발성물질 경고, 급성독성물질 경고, 부식성물질 경고 및 발암성·변이원성·생식독성·전신독성·호흡기과민성물질 경고의 경우 바탕은 무색, 기본모형은 빨간색(흑색도 가능)]
3) **지시표지** : 바탕은 파란색, 관련그림은 흰색
4) **안내표지** : 바탕은 흰색, 기본모형 및 관련부호는 녹색, 바탕은 녹색, 관련부호 및 그림은 흰색
5) **관계자 외 출입금지표지** : 바탕은 흰색, 글자는 흑색, 다음 글자는 적색
   ① ○○○제조/사용/보관중
   ② 석면취급/해체중
   ③ 발암물질 취급중

■ 정답 ■ 10.① 11.③ 12.① 13.②

14 재해손실 코스트 방식 중 하인리히의 방식에 있어 1 : 4의 원칙 중 1에 해당하지 않는 것은?

① 재해예방을 위한 교육비
② 치료비
③ 재해자에게 지급된 급료
④ 재해보상 보험금

해설 하인리히의 재해손실비
1) 총재해 cost=직접비+간접비
2) 직접비 : 간접비 = 1 : 4
① 직접비 : 법으로 정한 치료비 및 산재보상비(휴업보상비, 장해보상비, 요양보상비, 장의비, 유족보상비, 상병보상연금 등)
② 간접비 : 재산손실, 생산중단 등으로 인해 기업이 입은 손실(인적손실, 물적손실, 생산손실, 기타손실 등)

15 산업안전보건법상 아세틸렌 용접장치 또는 가스집합 용접장치를 사용하여 행하는 금속의 용접·용단 또는 가열작업자에게 특별안전·보건교육을 시키고자 할 때의 교육내용이 아닌 것은?

① 용접흄·분진 및 유해광선 등의 유해성에 관한 사항
② 작업방법·작업순서 및 응급처치에 관한 사항
③ 안전밸브의 취급 및 주의에 관한 사항
④ 안전기 및 보호구 취급에 관한 사항

해설 아세틸렌용접장치 또는 가스집합용접장치를 사용하여 금속의 용접·용단 또는 가열작업시 특별안전·보건교육의 교육내용
1) ①, ②, ④항
2) 가스용접기, 압력조정기, 호스 및 취관두 등의 기기점검에 관한 사항
3) 화재예방 및 초기대응에 관한 사항
4) 그 밖에 안전·보건관리에 필요한 사항

16 일선 관리감독자를 대상으로, 작업지도 기법, 작업개선기법, 인간관계 관리기법 등을 교육하는 방법은?

① ATT(American Telephone & Telegram Co.)
② MTP(Management Training Program)
③ CCS(Civil Communication Section)
④ TWI(Training Within Industry)

해설 TWI(Training Within Industry)
1) 교육대상자 : 감독자
2) 교육내용
① JI(Job Instruction) : 작업지도 기법
② JM(Job Method) : 작업개선 기법
③ JR(Job Relation) : 인간관계관리 기법 (부하통솔 기법)
④ JS(Job Safety) : 작업안전 기법
3) 한 클래스는 10명 정도, 교육방법은 토의법, 1일 2시간씩 5일에 걸쳐 10시간 정도 한다.

17 방독마스크의 흡수관의 종류와 사용조건이 옳게 연결된 것은?

① 보통가스용 – 산화금속
② 유기가스용 – 활성탄
③ 일산화탄소용 – 알칼리제제
④ 암모니아용 – 산화금속

해설 방독마스크의 흡수관(흡수통 또는 정화통)

종류	표지 기호	표지 색	대응독물	주성분
보통가스용 (할로겐가스용)	A	흑색 회색	염소 및 할로겐류, 포스겐, 유기 및 산성가스	활성탄, 소다라임
유기가스용	C	흑색	유기가스 및 증기, 이황화탄소	활성탄
일산화탄소용	E	적색	TEL, 일산화탄소	호프카라이트, 방습제
암모니아용	H	녹색	암모니아	큐프라마이트
아황산용	I	황적색	아황산 및 황산미스트	산화금속 알카리제제

■ 정답 ■ 14.① 15.③ 16.④ 17.②

18 산업안전보건법상 중대재해에 해당하지 않는 것은?

① 추락으로 인하여 1명이 사망한 재해
② 건물의 붕괴로 인하여 15명의 부상자가 동시에 발생한 재해
③ 화재로 인하여 4개월의 요양이 필요한 부상자가 동시에 3명 발생한 재해
④ 근로환경으로 인하여 직업성질병자가 동시에 5명 발생한 재해

해설 중대재해의 정의(시행규칙 제2조 제1항)
 1) 사망자가 1명 이상 발생한 재해
 2) 3개월 이상의 요양이 필요한 부상자가 동시에 2명 이상 발생한 재해
 3) 부상자 또는 직업성 질병자가 동시에 10명 이상 발생한 재해

19 다음과 같은 착시현상에 해당하는 것은?

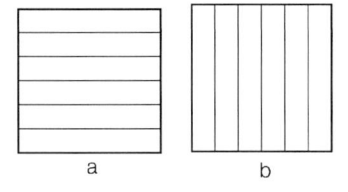
a는 세로로 길어 보이고, b는 가로로 길어 보인다.

① 뮬러-라이어(Muler-Lyer)의 착시
② 헬호츠(Helmhotz)의 착시
③ 헤링(Hering)의 착시
④ 포겐도프(Poggendorf)의 착시

해설 헬호츠(Helhotz)의 착시 : 가로, 세로의 길이가 같은데 선으로 나눈 부분이 길어져 보인다.

20 레빈(Lewin)의 법칙 중 환경조건(E)이 의미하는 것은?

① 지능   ② 소질
③ 적성   ④ 인간관계

해설 레빈(Lewin)의 법칙
 $B = f(P \cdot E)$
 1) B(Behavior) : 인간의 행동
 2) f(function, 함수관계) : 적성 기타 P와 E에 영향을 미칠 수 있는 조건
 3) P(Person, 개체) : 연령, 경험, 심신상태, 성격, 지능 등 인간의 조건
 4) E(Environment, 심리적 환경) : 인간관계, 작업환경 등 환경조건

제2과목 / 인간공학 및 시스템안전공학

21 인체측정치를 이용한 설계에 관한 설명으로 옳은 것은?

① 평균치를 기준으로 한 설계를 제일 먼저 고려한다.
② 자세와 동작에 따라 고려해야 할 인체측정치수가 달라진다.
③ 의자의 깊이와 너비는 작은 사람을 기준으로 설계한다.
④ 큰 사람을 기준으로 한 설계는 인체측정치의 5%tile을 사용한다.

해설 1) 최대치수나 최소치수, 조절식으로 하기가 곤란할 때 평균치를 기준으로 하여 설계한다.
 2) 의자좌판의 깊이는 작은 사람에게, 나비(폭)는 큰 사람에게 맞도록 설계한다.
 3) 큰 사람을 기준으로 한 설계(최대 집단치)는 인체측정치의 상위 백분위수를 기준으로 한 90, 95, 99%치를 사용한다.(최소집단치는 하위 백분위 수 1, 5, 10%치 사용)

■ 정답 ■ 18.④ 19.② 20.④ 21.②

22 인간-기계 시스템 설계 과정의 주요 6단계를 올바른 순서로 나열한 것은?

> ⓐ 기본설계
> ⓑ 시스템 정의
> ⓒ 목표 및 성능 명세 결정
> ⓓ 인간-기계인터페이스(human-machine interface) 설계
> ⓔ 매뉴얼 및 성능보조자료 작성
> ⓕ 시험 및 평가

① ⓒ→ⓑ→ⓐ→ⓓ→ⓔ→ⓕ
② ⓐ→ⓑ→ⓒ→ⓓ→ⓔ→ⓕ
③ ⓑ→ⓒ→ⓐ→ⓔ→ⓓ→ⓕ
④ ⓒ→ⓐ→ⓑ→ⓔ→ⓓ→ⓕ

해설 인간·기계 시스템 설계과정의 6단계
1) 1단계 : 목표 및 성능 명세 결정
2) 2단계 : 시스템 정의
3) 3단계 : 기본설계
4) 4단계 : 인간·기계 인터페이스(interface) 설계
5) 5단계 : 매뉴얼 및 성능보조자로 작성
6) 6단계 : 시험 및 평가

주 interfase(계면) : 인간·기계체계에서 인간과 기계가 만나는 면(面)

23 동전던지기에서 앞면이 나올 확률이 0.7이고, 뒷면이 나올 확률이 0.3일 때, 앞면이 나올 사건의 정보량(A)과 뒷면이 나올 사건이 정보량(B)은 각각 얼마인가?

① A : 0.88 bit,   B : 1.74 bit
② A : 0.51 bit,   B : 1.74 bit
③ A : 0.88 bit,   B : 2.25 bit
④ A : 0.51 bit,   B : 2.25 bit

해설 1) $A = \log_2\left(\dfrac{1}{0.7}\right) = 0.51 bit$

2) $B = \log_2\left(\dfrac{1}{0.3}\right) = 1.74 bit$

24 중량물을 반복적으로 드는 작업의 부하를 평가하기 위한 방법인 NIOSH 들기지수를 적용할 때 고려되지 않는 항목은?

① 들기빈도   ② 수평이동거리
③ 손잡이 조건   ④ 허리 비틀림

해설 1) NIOSH(미국 산업안전보건연구원)들기지수(LI ; lifting index) : 실제작업물의 무게와 권장무게한계(RWL)의 비를 말한다.

$$LI = \dfrac{실제작업무게(L)}{권장무게한계(RWL)}$$

2) 권장무게한계(RWL)
RWL = Lc×HM×VM×DM×AM×FM×CM
여기서, Lc : 중량상수(23kg)
HM : 수평계수
VM : 수직계수
DM : 이동거리계수
AM : 비대칭계수
FM : 작업빈도계수(들기빈도)
CM : 물체를 잡는데 따른 계수 (커플링계수)(손잡이조건)

25 다음 중 시스템 안전성 평가의 순서를 가장 올바르게 나열한 것은?

① 자료의 정리 → 정량적 평가 → 정성적 평가 → 대책 수립 → 재평가
② 자료의 정리 → 정성적 평가 → 정량적 평가 → 재평가 → 대책 수립
③ 자료의 정리 → 정량적 평가 → 정성적 평가 → 재평가 → 대책 수립
④ 자료의 정리 → 정성적 평가 → 정량적 평가 → 대책 수립 → 재평가

해설 공장설비의 안전성 평가의 5단계
1) 1단계 : 관계 자료의 작성준비
2) 2단계 : 정성적 평가
3) 3단계 : 정량적 평가
4) 4단계 : 안전대책
5) 5단계 : 재평가

■ 정답 ■ 22.① 23.② 24.② 25.④

26 페일 세이프(fail-safe)의 원리의 해당되지 않는 것은?

① 교대 구조 ② 다경로하중 구조
③ 배타설계 구조 ④ 하중경감 구조

해설 구조적 페일 세이프(팡공기의 엔진, 압력용기의 안전밸브)
1) **저균열속도 구조** : 기계·장치 등에 균열이 발생하더라도 그 진전속도가 늦어 정지를 일으키는 구조
2) **조합구조** : 다층재 등에서와 같이 여러 개의 재료를 조합시켜 하나의 재료에서 균열이 생겨도 다른 재료가 하중을 받아주는 구조
3) **다경로하중 구조** : 하중을 받아주는 부재가 몇 개로 나뉘어져 있어 일부 부재가 파열되어도 다른 부재로 인해 하중을 받아줄 수 있는 구조
4) **하중해방 구조** : 안전파열판 등과 같이 어딘가가 파열되면 그 이상의 하중이 걸리지 않는 구조

27 고온 작업자의 고온 스트레스로 인해 발생하는 생리적 영향이 아닌 것은?

① 피부와 직장온도의 상승
② 발한(sweating)의 증가
③ 심박출량(cardiac output)의 증가
④ 근육에서의 젖산 감소로 인한 근육통과 근육피로 증가

해설 ④항, 근육에서의 젖산 증가로 인한 근육통과 근육피로 증가

28 작업자가 소음 작업환경에 장기간 노출되어 소음성 난청이 발병하였다면 일반적으로 청력손실이 가장 크게 나타나는 주파수는?

① 1,000Hz ② 2,000Hz
③ 4,000Hz ④ 6,000Hz

해설 유해주파수 : 4,000Hz

29 FMEA의 위험성 분류 중 "카테고리 2"에 해당 되는 것은?

① 영향 없음
② 활동의 지연
③ 사명 수행의 실패
④ 생명 또는 가옥의 상실

해설 FMEA의 위험성 분류
1) category 1 : 생명 또는 가옥의 상실
2) category 2 : 사명(작업) 수행의 실패
3) category 3 : 활동의 지연
4) category 4 : 영향 없음

30 다음 중 일반적으로 가장 신뢰도가 높은 시스템의 구조는?

① 직렬연결구조 ② 병렬연결구조
③ 단일부품구조 ④ 직·병렬 혼합구조

해설 1) **병렬연결** : 신뢰도가 가장 높음
2) 관계식
$$R = 1 - \prod_{i=1}^{n}(1-R_i)$$

31 음량 수준이 50 phon일 때 sone 값은?

① 2 ② 5
③ 10 ④ 100

해설 $sone = 2^{(phon-40)/10}$
$= 2^{(50-40)/10} = 2$

길잡이 phon과 sone
1) **phon에 의한 음량수준** : 1,000Hz순음의 음압수준(dB)을 phon이라 한다.
2) **sone에 의한 음량** : 40phon(1,000Hz, 40dB의 음압수준을 가진 순음의 크기)을 1sone이라 한다.

■ 정답 ■ 26.③ 27.④ 28.③ 29.③ 30.② 31.①

32 그림의 FT도에서 최소 컷셋(minimal cut set)으로 옳은 것은?

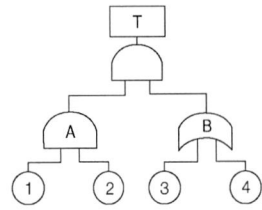

① {1, 2, 3, 4}
② {1, 2, 3}, {1, 2, 4}
③ {1, 3, 4}, {2, 3, 4}
④ {1, 3}, {1, 4}, {2, 3}, {2, 4}

해설 FT도를 다음과 같이 그린 후에 최소컷 셋을 구한다.

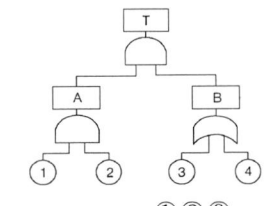

T→AB→①②B→①②③
              ①②④

33 청각적 표시장치 지침에 관한 설명으로 틀린 것은?

① 신호는 최소한 0.5~1초 동안 지속한다.
② 신호는 배경소음과 다른 주파수를 이용한다.
③ 소음은 양쪽 귀에, 신호는 한쪽 귀에 들리게 한다.
④ 300m 이상 멀리 보내는 신호는 2,000 Hz 이상의 주파수를 사용한다.

해설 1) 300m 이상 멀리 보내는 신호는 1,000 Hz 이하의 주파수를 사용한다.
2) 장애물 칸막이 통과시는 500Hz이하의 진동수를 사용한다.

34 결합수분석법에 있어 정상사상(top event)이 발생하지 않게 하는 기본사상들의 집합을 무엇이라고 하는가?

① 컷셋(cut set)   ② 페일셋(fail set)
③ 트루셋(truth set) ④ 패스셋(path set)

해설 1) 컷셋과 미니멀 컷
① 컷셋(cut sets) : 정상사상을 일으키는 기본사상(통상사상, 생략사상 포함)의 집합을 컷이라 한다.
② 미니멀 컷(minimal cut sets) : 정상사상을 일으키기 위해 필요한 최소한의 컷을 말한다.(시스템의 위험성을 나타냄)
2) 패스셋과 미니멀 패스
① 패스셋(path sets) : 정상사상이 일어나지 않는 기본사상의 집합을 말한다.
② 미니멀 패스(minimal path sets) : 필요한 최소한의 패스를 말한다.(시스템의 신뢰성을 나타냄)

35 조종반응비율(C/R비)에 관한 설명으로 틀린 것은?

① 조종장치와 표시장치의 물리적 크기와 성질에 따라 달라진다.
② 표시장치의 이동거리를 조종장치의 이동거리로 나눈 값이다.
③ 조종반응비율이 낮다는 것은 민감도가 높다는 의미이다.
④ 최적의 조종반응비율은 조종장치의 조종시간과 표시장치의 이동시간이 교차하는 값이다.

해설 조종반응비율(C/R비 또는 C/D 또는 ; 통제표시비)

$$\frac{C}{R}비 = \frac{조종장치 이동거리}{표시장치 이동거리}$$

36 옥내 조명에서 최적 반사율의 크기가 작은 것부터 큰 순서대로 나열된 것은?

① 벽 < 천장 < 가구 < 바닥
② 바닥 < 가구 < 천장 < 벽
③ 가구 < 바닥 < 천장 < 벽
④ 바닥 < 가구 < 벽 < 천장

해설 옥내 최적 반사율
1) 천장 : 80~90%
2) 벽, 창문 발(blind) : 40~60%
3) 가구, 사무기기, 책상 : 25~45%
4) 바닥 : 20~40%

37 관측하고자 하는 측정값을 가장 정확하게 읽을 수 있는 표시장치는?

① 계수형   ② 동침형
③ 동목형   ④ 묘사형

해설 정량적 동적표시장치의 기본형
1) 정목동침(moving pointer)형 : 눈금이 고정되고 지침이 움직이는 형
2) 정침동목(moving scale)형 : 지침이 고정되고 눈금이 움직이는 형
3) 계수(digital)형 : 전력계나 택시요금 계기와 같이 기계·전자적으로 숫자가 표시되는 형

38 FT도에 사용되는 논리기호 중 AND 게이트에 해당하는 것은?

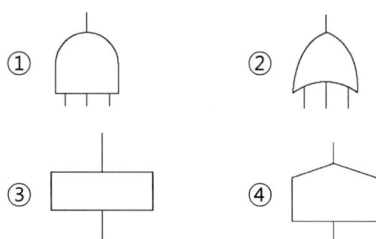

해설 ① 항 : AND gate
② 항 : OR gate
③ 항 : 결함사상
④ 항 : 통상사상

39 설비의 보전과 가동에 있어 시스템의 고장과 고장 사이의 시간 간격을 의미하는 용어는?

① MTTR   ② MDT
③ MTBF   ④ MTBR

해설 1) MTTF(mean time to failure) : 평균 수명 또는 고장발생까지의 동작시간 평균이라고도 하며, 하나의 고장에서부터 다음 고장까지의 평균동작시간을 말한다.

$$\therefore \text{MTTF} = \frac{1}{\lambda(\text{고장률})}$$

2) MTTR(mean time to repair) : 평균수리시간(총수리시간을 그 기간의 수리회수로 나눈 시간)
3) MTBF(mean time between failure) : 평균고장간격

$$\therefore \text{MTBF} = \text{MTTF} + \text{MTTR}$$

40 에너지대사율(Relative Metabolic Rate)에 관한 설명으로 틀린 것은?

① 작업대사량은 작업 시 소비에너지와 안정 시 소비에너지의 차로 나타낸다.
② RMR은 작업대사량을 기초대사량으로 나눈 값이다.
③ 산소소비량을 측정할 때 더글라스백(Douglas bag)을 이용한다.
④ 기초대사량은 의자에 앉아서 호흡하는 동안에 측정한 산소소비량으로 구한다.

해설 1) 기초대사량 : 생명을 유지하는데 필요한 최소한의 시간당 에너지를 말한다.
2) 기초대사량 : 1,500~1,800kcal/day

제3과목 / 기계위험방지기술

41 산업용 로봇 작업 시 안전조치 방법이 아닌 것은?

① 높이 1.8m 이상의 방책을 설치한다.
② 로봇의 조작방법 및 순서의 지침에 따라 작업한다.
③ 로봇 작업 중 이상상황의 대처를 위해 근로자 이외에도 로봇의 기동스위치를 조작할 수 있도록 한다.
④ 2인 이상의 근로자에게 작업을 시킬 때는 신호 방법의 지침을 정하고 그 지침에 따라 작업한다.

해설 로봇의 작업지침 : 다음의 지침에 따라 작업을 시킬 것
   1) 로봇의 조작 방법 및 순서
   2) 작업 중의 매니퓰레이터의 속도
   3) 2명 이상의 근로자에게 작업을 시킬 때의 신호방법
   4) 이상 발견시 조치
   5) 이상 발견시 로봇의 운전을 정지시킨 후 이를 재가동 시킬 때의 조치
   6) 그 밖에 로봇의 불의의 작동, 오조작에 의한 위험방지 조치

42 드릴링 머신을 이용한 작업 시 안전수칙에 관한 설명으로 옳지 않은 것은?

① 일감을 손으로 견고하게 쥐고 작업한다.
② 장갑을 끼고 작업을 하지 않는다.
③ 칩은 기계를 정지시킨 다음에 와이어 브러시로 제거한다.
④ 드릴을 끼운 후에는 척 렌치를 반드시 탈거한다.

해설 ①항, 일감은 견고하게 고정하고 손으로 잡고 구멍을 뚫지 말 것

43 기계나 그 부품에 고장이나 기능 불량이 생겨도 항상 안전하게 작동하는 안전화 대책은?

① fool proof   ② fail safe
③ risk management   ④ hazard diagnosis

해설 페일세이프 (fail safe) : 인간이나 기계에 과오나 동작상의 실수가 있더라도 사고 방지를 위해 2중, 3중으로 통제를 가하는 것

44 산업안전보건법령상 양중기에 사용하지 않아야 하는 달기체인의 기준으로 틀린 것은?

① 변형이 심한 것
② 균열이 있는 것
③ 길이의 증가가 제조시보다 3%를 초과한 것
④ 링의 단면지름의 감소가 제조시 링 지름의 10%를 초과한 것

해설 부적격한 달기체인의 사용금지사항
   1) 달기체인의 길이 증가가 당해 달기체인이 제조된 때의 길이의 5%를 초과한 때
   2) 링의 단면지름 감소가 그 달기체인이 제조된 때의 당해 링의 지름의 10%를 초과 한 때
   3) 균열이 있거나 심하게 변형된 것

45 프레스의 제작 및 안전기준에 따라 프레스의 각 항목이 표시된 이름판에 부착해야 하는데 이름판에 나타내어야 하는 항목이 아닌 것은?

① 압력능력 또는 전단능력
② 제조연월
③ 안전인증의 표시
④ 정격하중

해설 프레스에 표시해야할 항목
   1) 제조연월
   2) 안전인증의 표시
   3) 압력능력 또는 전단 능력

■ 정답 ■ 41.③ 42.① 43.② 44.③ 45.④

46 프레스의 본질적 안전화(no-hand in die 방식) 추진대책이 아닌 것은?

① 안전금형을 설치
② 전용프레스의 사용
③ 방호울이 부착된 프레스 사용
④ 감응식 방호장치 설치

해설 프레스의 작업점에 대한 방호방법

no-hand in die 방식	hand in die 방식
① 안전울을 부착한 프레스 : 작업을 위한 개구부를 제외하고 다른 틈새는 8mm 이하 ② 안전금형을 부착한 프레스 : 상형과 하형과의 틈새 및 가이드 포스트와 부시와의 틈새는 8mm 이하 ③ 전용 프레스의 도입 : 작업자의 손을 금형 사이에 넣을 필요가 없도록 부착한 프레스 ④ 자동 프레스의 도입 : 자동송급, 배출장치를 부착한 프레스	① 프레스기의 종류, 압력능력, 매분행정수, 행정의 길이 및 작업방법에 상응하는 방호장치 ㉠ 가드식 방호장치 ㉡ 손쳐내기식 방호장치 ㉢ 수인식 방호장치 ② 프레스기의 정지성능에 상응하는 방호 장치 ㉠ 양수조작식 방호장치 ㉡ 감응식 방호장치

47 작업장 내 운반을 주목적으로 하는 구내 운반차가 준수해야 할 사항으로 옳지 않은 것은?

① 주행을 제동하거나 정지상태를 유지하기 위하여 유효한 제동장치를 갖출 것
② 경음기를 갖출 것
③ 핸들의 중심에서 차체 바깥 측까지의 거리가 65cm 이내일 것
④ 운전자석이 차 실내에 있는 것은 좌우에 한 개씩 방향지시기를 갖출 것

해설 ③항, 핸들의 중심에서 차체 바깥측가지의 거리가 65cm 이상일 것

48 아세틸렌 용접장치의 안전기준과 관련하여 다음 빈칸에 들어갈 용어로 옳은 것은?

> 사업주는 가스용기가 발생기와 분리되어 있는 아세틸렌 용접장치에 대하여 발생기와 가스용기 사이에 ( )를 설치하여야 한다.

① 격납실　　　② 안전기
③ 안전밸브　　④ 소화설비

해설 1) 아세틸렌 용접장치 : 취관마다 안전기를 설치할 것(단, 주관 및 취관에 가장 근접한 분기관마다 안전기 부착시는 제외)
2) 가스용기와 발생기가 분리되어 있는 아세틸렌 용접 장치 : 발생기와 가스용기 사이에 안전기를 설치할 것

49 기계설비의 안전조건 중 외관의 안전화에 해당되지 않는 것은?

① 오동작 방지 회로 적용
② 안전색채 조절
③ 덮개의 설치
④ 구획된 장소에 격리

해설 외관의 안전화
1) 덮개 및 방호장치(guard)설치
2) 별실 또는 구획된 장소에 격리
3) 안전색채조절

50 롤러기에 사용되는 급정지장치의 종류가 아닌 것은?

① 손 조작식　　② 발 조작식
③ 무릎 조작식　④ 복부 조작식

해설 롤러기 급정치 장치의 종류 및 설치위치

급정지장치의 종류	설치위치
1. 손조작 로프식	밑면에서 1.8m 이내
2. 복부 조작식	밑면에서 0.8m 이상 1.1m 이내
3. 무릎 조작식	밑면에서 0.6m 이내

■ 정답 ■ 46.④ 47.③ 48.② 49.① 50.②

51 양수조작식 방호장치에서 누름버튼 상호간의 내측 거리는 얼마 이상이어야 하는가?

① 250mm 이상 ② 300 mm 이상
③ 350mm 이상 ④ 400 mm 이상

해설 양수조작식 방호장치의 누름버튼 또는 조작레버의 간격 : 300mm 이상

52 연삭기에서 숫돌의 바깥지름이 180mm 라면, 평형 플랜지의 바깥지름은 몇 mm 이상이어야 하는가?

① 30   ② 36
③ 45   ④ 60

해설 플랜지 지름 = 숫돌지름 $\times \frac{1}{3}$
$= 180\text{mm} \times \frac{1}{3} = 60\text{mm}$ 이상

53 동력식 수동대패기계의 덮개와 송급 테이블 면과의 간격 기준은 몇 mm 이하여야 하는가?

① 3   ② 5
③ 8   ④ 12

해설 동력식 수동대패기계의 덮개하단과 테이블 면과의 간격 : 8mm 이하

54 클러치 프레스에 부착된 양수기동식 방호장치에 있어서 확동 클러치의 봉합개소의 수가 4, 분당 행정수가 300spm일 때 양수기동식 조작부의 최소 설치거리는?(단, 인간의 손의 기준 속도는 1.6m/s로 한다.)

① 240mm   ② 260mm
③ 340 mm ④ 360 mm

해설 안전거리
$$D_m = 1.6 \times \left(\frac{1}{\text{클러치물림개소수}} + \frac{1}{2}\right)$$
$$\times \frac{60,000}{\text{SPM}}$$
$$= 1.6 \times \left(\frac{1}{4} + \frac{1}{2}\right) \times \frac{60,000}{300} = 240\text{mm}$$

55 다음 중 연삭기의 원주 속도 V(m/s)를 구하는 식으로 옳은 것은? (단, D는 숫돌의 지름(m), n은 회전수(rpm)이다.

① $V = \frac{\pi Dn}{16}$ ② $V = \frac{\pi Dn}{32}$
③ $V = \frac{\pi Dn}{60}$ ④ $V = \frac{\pi Dn}{1000}$

해설 원주속도 (V)
$V = \frac{\pi DN}{60} m/\sec$
여기서, D : 숫돌 지름 (m)
N : 분당회전수 (rpm)

56 기계운동 형태에 따른 위험점 분류에 해당되지 않는 것은?

① 끼임점   ② 회전물림점
③ 협착점   ④ 절단점

해설 위험점의 분류
1) 끼임점   2) 협착점
3) 물림점   4) 절단점
5) 회전말림점 6) 접선물림점 등

57 산업안전보건법령상 크레인의 방호장치에 해당하지 않는 것은?

① 권과방지장치 ② 낙하방지장치
③ 비상정지장치 ④ 과부하방지장치

해설 크레인의 방호장치
1) 과부하방지장치 2) 권과방지장치
3) 비상정지장치   4) 제동장치

■ 정답 ■ 51.② 52.④ 53.③ 54.① 55.③ 56.② 57.②

58 다음 중 연삭기의 종류가 아닌 것은?

① 다두 연삭기　　② 원통 연삭기
③ 센터리스 연삭기　④ 만능 연삭기

해설 연삭기의 종류
1) 원통 연삭기　　2) 센터리스 연삭기
3) 만능 연삭기　　4) 평면 연삭기
5) 기어 연삭기　　6) 나사 연삭기
7) 모방 연삭기　　8) 바렐 연삭기 등

59 다음 중 컨베이어(conveyor)의 방호장치로 볼 수 없는 것은?

① 반발예방장치　　② 이탈방지장치
③ 비상정지장치　　④ 덮개 또는 울

해설 컨베이어의 방호장치
1) 비상정지장치
2) 이탈 및 역주행방지장치
3) 덮개 또는 울
4) 건널다리

60 산업안전보건법령에 따라 다음 중 덮개 혹은 울을 설치하여야 하는 경우나 부위에 속하지 않는 것은?

① 목재가공용 띠톱기계를 제외한 띠톱기계에서 절단에 필요한 톱날 부위 외의 위험한 톱날 부위
② 선반으로부터 돌출하여 회전하고 있는 가공물이 근로자에게 위험을 미칠 우려가 있는 경우
③ 보일러에서 과열에 의한 압력상승으로 인해 사용자에게 위험을 미칠 우려가 있는 경우
④ 연삭기 또는 평삭기의 테이블, 형삭기 램 등의 행정 끝이 근로자에게 위험을 미칠 우려가 있는 경우

해설 보일러에서 과열에 의한 압력 상승으로 인해 사용자에게 위험을 미칠 우려가 있는 경우 : 압력 제한 스위치를 부착할 것

제4과목 / 전기 및 화학설비위험방지기술

61 다음 중 방폭구조의 종류와 기호가 올바르게 연결된 것은?

① 압력방폭구조 : q
② 유입방폭구조 : m
③ 비점화방폭구조 : n
④ 본질안전방폭구조 : e

해설 방폭구조의 기호 (방폭구조의 상징 [심벌] : ex)
1) 내압방폭구조: d
2) 압력방폭구조 : p
3) 안전증방폭구조 : e
4) 본질안전방폭구조 : ia 또는 ib
5) 유입방폭구조 : o
6) 특수방폭구조 : s
7) 충전방폭구조 : q
8) 몰드방폭구조 : m
9) 비점화방폭구조 : n

62 다음 중 증류탑의 원리로 거리가 먼 것은?

① 끓는점(휘발성) 차이를 이용하여 목적 성분을 분리한다.
② 열 이동은 도모하지만 물질이동은 관계하지 않는다.
③ 기-액 두 상의 접촉이 충분히 일어날 수 있는 접촉 면적이 필요하다.
④ 여러 개의 단을 사용하는 다단탑이 사용될 수 있다.

해설 증류탑
1) 액체 혼합물을 끓는점 (비점)의 차이를 이용하여 성분을 분리하는 장치이다.
2) 기체와 액체를 접촉시켜 물질 전달(물질 이동) 및 열전달(열이동)을 이용하여 성분을 분리시킨다.

63 방폭전기설비의 설치시 고려하여야 할 환경조건으로 가장 거리가 먼 것은?

① 열
② 진동
③ 산소량
④ 수분 및 습기

해설 방폭형 전기설비 설치 시 표준환경조건
1) 압력 : 80kPa (0.8bar)~110kPa (1.1bar)
2) 온도 : -20℃ ~ +40℃
3) 표고 : 1,000m 이하
4) 상대습도 : 45 ~ 85%
5) 공해, 부식성가스, 진동 등이 존재하지 않는 환경

64 메탄(CH_4) 100mol이 산소 중에서 완전 연소하였다면 이 때 소비된 산소량은 몇 mol 인가?

① 50
② 100
③ 150
④ 200

해설 메탄의 연소반응식
$$CH_4 + 2O_2 \rightarrow CO_2 + 2H_2O$$
$\left.\begin{array}{c}1:2\\100:x\end{array}\right]$ $x = \dfrac{100 \times 2}{1} = 200 mol$

65 감전을 방지하기 위하여 정전작업 요령을 관계근로자에 주지시킬 필요가 없는 것은?

① 전원설비 효율에 관한 사항
② 단락접지 실시에 관한 사항
③ 전원 재투입 순서에 관한 사항
④ 작업 책임자의 임명, 정전범위 및 절연용 보호구 작업 등 필요한 사항

해설 정전작업시의 정전작업요령 내용
1) 작업책임자의 임명, 정전범위 및 절연보호구의 이상유무 점검 및 활선접근경보장치의 휴대 등 작업 시작 전에 필요한 사항
2) 전로 또는 설비의 정전순서에 관한 사항
3) 개폐기관리 및 표지판 부착에 관한 사항
4) 정전확인순서에 관한 사항
5) 단락접지시설에 관한 사항
6) 전원재투입 순서에 관한 사항
7) 점검 또는 시운전을 위한 일시운전에 관한 사항
8) 교대 근무시 근무 인계에 필요한 사항

66 다음 중 접지공사의 종류에 해당되지 않는 것은?

① 특별 제1종 접지공사
② 특별 제3종 접지공사
③ 제1종 접지공사
④ 제2종 접지공사

해설 접지공사의 종류
1) 제1종 접지공사
2) 제2종 접지공사
3) 제3종 접지공사
4) 특별 제3종 접지공사

67 다음 중 대전된 정전기의 제거방법으로 적당하지 않은 것은?

① 작업장 내에서의 습도를 가능한 낮춘다.
② 제전기를 이용해 물체에 대전된 정전기를 제거한다.
③ 도전성을 부여하여 대전된 전하를 누설시킨다.
④ 금속 도체와 대지 사이의 전위를 최소화하기 위하여 접지한다.

해설 ①항, 작업장 내에서의 습도를 가능한 높인다 (습도 70%정도 유지).

68 가정에서 요리를 할 때 사용하는 가스렌지에서 일어나는 가스의 연소형태에 해당되는 것은?

① 자기연소
② 분해연소
③ 표면연소
④ 확산연소

해설 가스의 연소형태
1) 확산연소
2) 예혼합연소

■ 정답 ■ 63.③ 64.④ 65.① 66.① 67.① 68.④

69 누전에 의한 감전위험을 방지하기 위하여 감전방지용 누전차단기의 접속에 관한 일반사항으로 틀린 것은?

① 분기회로마다 누전차단기를 설치한다.
② 동작시간은 0.03초 이내이어야 한다.
③ 전기기계·기구에 설치되어 있는 누전차단기는 정격감도전류가 30mA 이하이어야 한다.
④ 누전차단기는 배전반 또는 분전반 내에 접속하지 않고 별도로 설치한다.

해설 ④항, 누전차단기는 배전반 또는 분전반 내에 접속하거나 꽂음 접속기형 누전차단기를 콘센트에 접속하는 등 파손이나 감전사고를 방지할 수 있는 장소에 접속할 것

70 전기스파크의 최소발화에너지를 구하는 공식은?

① $W = \frac{1}{2}CV^2$ ② $W = \frac{1}{2}CV$
③ $W = 2CV^2$ ④ $W = 2C^2V$

해설 최소발화에너지 (W)
$W = \frac{1}{2}CV^2 = \frac{1}{2}QV$
여기서, C : 도체의 정전용량 (F : 패럿)
V : 전압 (V : 볼트)
Q : 대전전하량

71 제 3종 접지 공사 시 접지선에 흐르는 전류가 0.1A 일 때 전압강하로 인한 대지 전압의 최대값은 몇 V 이하이어야 하는가?

① 10V ② 20V
③ 30V ④ 50V

해설 $I(전류) = \frac{E(전압)}{R(저항)}$
$E = I \times R = 0.1 \times 100 = 10\,V$
여기서, R : 저항 (제3종 접지공사 접지저항 : 100Ω 이하)

72 다음 중 물질의 위험성과 그 시험방법이 올바르게 연결된 것은?

① 인화점 - 태그 밀폐식
② 발화온도 - 산소지수법
③ 연소시험 - 가스크로마토그래피법
④ 최소발화에너지 - 클리브랜드 개방식

해설 1) 인화점 시험방법
① 태그 밀폐식
② 에벨펜스키 밀폐식
③ 펜스키·마르텐스 밀폐식
④ 클리보랜드 개방식
2) 발화온도 측정법 : 승온법, 정온법

73 허용접촉전압이 종별 기준과 서로 다른 것은?

① 제1종 - 2.5V 이하정
② 제2종 - 25V 이하
③ 제3종 - 75V 이하
④ 제4종 - 제한없음

해설 허용접촉전압

종별	접촉상태	허용접촉 전압
제1종	· 인체의 대부분이 수중에 있는 상태	2.5V 이하
제2종	· 인체가 현저히 젖어있는 상태 · 금속성의 전기기계장치나 구조물에 인체의 일부가 상시 접촉되어 있는 상태	25V 이하
제3종	· 제1종 및 제2종 이외의 경우로써 통상 인체상태에 있어서 접촉전압이 가해지면 위험성이 높은 상태	50V 이하
제4종	· 제3종의 경우로써 위험성이 낮은 상태 · 접촉전압이 가해질 위험이 없는 경우	제한 없음

정답 69.④ 70.① 71.① 72.① 73.③

74 다음 중 가연성 분진의 폭발 메커니즘으로 옳은 것은?

① 퇴적분진→비산→분산→발화원 발생→폭발
② 발화원 발생→퇴적분진→비산→분산→폭발
③ 퇴적분진→발화원 발생→분산→비산→폭발
④ 발화원 발생→비산→분산→퇴적분진→폭발

[해설] 1) 분진폭발의 발생순서
① 퇴적분진 → ② 비산 → ③ 분산 →
④ 발화원발생 → ⑤ 전면폭발 →
⑥ 2차 폭발
2) 분진이 발화폭발하기 위한 조건
① 가연성
② 미분상태
③ 지연성가스(공기) 중에서의 교반과 유동
④ 점화원의 존재

75 물반응성 물질에 해당하는 것은?

① 니트로화합물 ② 칼륨
③ 염소산나트륨 ④ 부탄

[해설] 1) 니트로 화합물 : 폭발성 물질
2) 칼륨 (K) : 불반응성 물질 (금수성 물질)
3) 염소산나트륨 ($NaClO_3$) : 산화성 물질
4) 부탄 (C_4H_{10}) : 인화성 가스 (가연성 가스)

76 다음 중 유해·위험물질이 유출되는 사고가 발생했을 때의 대처요령으로 가장 적절하지 않은 것은?

① 중화 또는 희석을 시킨다.
② 유해·위험물질을 즉시 모두 소각시킨다.
③ 유출부분을 억제 또는 폐쇄시킨다.
④ 유출된 지역의 인원을 대피시킨다.

[해설] 유해, 위험 물질 중 폭발성 물질, 독성물질 등을 소각시킬 경우에는 더욱 위험해 질 수 있다.

77 SO_2 20 ppm은 약 몇 g/m^3 인가? (단, SO_2의 분자량은 64이고, 온도는 21℃, 압력은 1기압으로 한다.)

① 0.571   ② 0.531
③ 0.0571   ④ 0.0531

[해설] ppm을 g/m^3으로 바꾸는 공식
$$A(g/m^3) = \frac{ppm \times 분자량}{22.4 \times (273+t℃)/273} \times \frac{1}{1,000}$$
$$= \frac{20 \times 64}{22.4 \times (273+21)/273} \times \frac{1}{1,000}$$
$$= 0.0531 g/m^3$$

78 페인트를 스프레이로 뿌려 도장작업을 하는 작업 중 발생할 수 있는 정전기 대전으로만 이루어진 것은?

① 분출대전, 충돌대전
② 충돌대전, 마찰대전
③ 유동대전, 충돌대전
④ 분출대전, 유동대전

[해설] 1) 분출대전 : 기체·액체·분체류 등 단면적이 작은 분출구를 통과할 때 마찰에 의해서 정전기가 발생하는 현상
2) 충돌대전 : 분체류와 같은 입자끼리 또는 입자와 고체와의 충돌에 의해서 정전기가 발생하는 현상

79 화염의 전파속도가 음속보다 빨라 파면 선단에 충격파가 형성되며 보통 그 속도가 1000~3500m/s에 이르는 현상을 무엇이라 하는가?

① 폭발현상   ② 폭굉현상
② 파괴현상   ④ 발화현상

[해설] 폭굉 (detonation)
1) 폭발중에서도 특히 격렬한 경우를 폭굉이라고 한다.
2) 폭굉속도 : 1000~ 3500m/sec

■ 정답 ■ 74.① 75.② 76.② 77.④ 78.① 79.②

80 휘발유를 저장하던 이동저장탱크에 등유나 경유를 이동저장탱크의 밑 부분으로부터 주입할 때에 액표면의 높이가 주입관의 선단의 높이를 넘을 때까지 주입속도는 몇 m/s 이하로 하여야 하는가?

① 0.5 ② 1.0
③ 1.5 ④ 2.0

해설 가솔린(휘발유)이 남아 있는 설비(화학설비, 탱크로리, 드럼 등)에 등유나 경유 등을 주입하는 경우 조치사항
1) 미리 그 내부를 깨끗하게 씻어 내고 가솔린 증기를 불활성가스로 바꾸는 등 안전한 상태를 확인한 후에 작업을 하도록 할 것
2) 다만, 다음 각호의 조치를 하는 경우에는 제외
 ① 등유나 경유를 주입하기 전에 탱크. 드럼 등과 주입설비 사이에 접속선이나 접지선을 연결하여 전위차를 줄이도록 할 것
 ② 등유나 경유를 주입하는 경우에는 그 액표면의 높이가 주입관의 선단의 높이를 넘을 때까지 주입속도를 1m/sec 이하로 할 것

제5과목 / 건설안전기술

81 발파공사 암질 변화구간 및 이상암질 출현 시 적용하는 암질 판별방법과 거리가 먼 것은?

① R.Q.D ② RMR 분류
③ 탄성파 속도 ④ 하중계(Load Cell)

해설 굴착공사 중 암질변화구간 및 이상암질의 출현 시 암질판별기준(고용노동부고시)
1) R·Q·D(%)
2) 탄성파 속도(m/sec)
3) R·M·R
4) 일축압축강도(kg/cm^2)
5) 진동치속도(cm/sec=Kine)

82 잠함 또는 우물통의 내부에서 근로자가 굴착작업을 하는 경우의 준수사항으로 옳지 않은 것은?

① 산소결핍 우려가 있는 경우에는 산소의 농도를 측정하는 사람을 지명하여 측정하도록 할 것
② 근로자가 안전하게 오르내리기 위한 설비를 설치할 것
③ 굴착깊이가 20m를 초과하는 경우에는 해당 작업장소와 외부와의 연락을 위한 통신설비 등을 설치할 것
④ 잠함 또는 우물통의 급격한 침하에 의한 위험을 방지하기 위하여 바닥으로부터 천장 또는 보까지의 높이는 2m 이내로 할 것

해설 잠함·우물통·수직갱 기타 이와 유사한 건설물 또는 설비의 내부에서 굴착작업시 준수사항
1) 산소결핍의 우려가 있는 때에는 산소의 농도를 측정하는 자를 지명하여 측정하도록 할 것
2) 근로자가 안전하게 승강하기 위한 설비를 설치할 것
3) 굴착 깊이가 20m를 초과하는 때에는 해당 작업장소와 외부와의 연락을 위한 통신설비 등을 설치할 것
4) 산소결핍이 인정되거나 굴착 깊이가 20m를 초과할 때에는 송기설비를 설치하여 필요한 양의 공기를 송급할 것

83 다음은 비계발판용 목재재료의 강도상의 결점에 대한 조사기준이다. ( )안에 들어갈 내용으로 옳은 것은?

발판의 폭과 동일한 길이 내에 있는 결점치수의 총합이 발판폭의 ( )을 초과하지 않을 것

① 1/2 ② 1/3
③ 1/4 ④ 1/6

해설 발판의 폭과 동일한 길 이내에 있는 결점치수의 총합 : 발판폭의 1/4을 초과하지 않을 것

■ 정답 ■ 80.② 81.④ 82.④ 83.③

84 흙의 연경도(Consistency)에서 반고체 상태와 소성상태의 한계를 무엇이라 하는가?

① 액성한계 ② 소성한계
③ 수축한계 ④ 반수축한계

해설
1) 흙의 연경도 : 점착성이 있는 흙이 함수량이 점차 감소함에 따라 액성 → 소성 → 반고체 → 고체 상태로 변하는 성질을 흙의 연경도라 한다.
2) 연경도의 한계

```
         고체상태(절건상태)
            ↓ [수축한계]
       반고체상태(끈기 없는 상태)
            ↓ [소성한계]
         소성상태(반죽상태)
            ↓ [액성한계]
        액체상태(유동성상태)
```

① **수축한계** : 고체와 반고체 경계의 함수비(함수량이 감소하여도 부피가 변하지 않는 상태)
② **소성한계** : 반고체와 소성경계의 함수비(파괴없이 변형시킬 수 있는 최소함수비 상태)
③ **액성한계** : 소성과 액체 경계의 함수비(전단력이 0인 최소 함수비 상태)

85 근로자의 추락 등의 위험을 방지하기 위하여 안전난간을 설치하는 경우 안전난간은 구조적으로 가장 취약한 지점에서 가장 취약한 방향으로 작용하는 얼마 이상의 하중에 견딜 수 있는 튼튼한 구조이어야 하는가?

① 50kg   ② 100kg
③ 150kg ④ 200kg

해설 안전난간은 임의의 점에서 임의의 방향으로 움직이는 100kg 이상의 하중에 견딜수 있는 튼튼한 구조일 것

86 화물을 적재하는 경우 준수하여야 할 사항으로 옳지 않은 것은?

① 침하 우려가 없는 튼튼한 기반 위에 적재할 것
② 화물의 압력정도와 관계없이 건물의 벽이나 칸막이 등을 이용하여 화물을 기대어 적재할 것
③ 하중이 한쪽으로 치우치지 않도록 쌓을 것
④ 불안정할 정도로 높이 쌓아 올리지 말 것

해설 화물적재시 준수사항
1) 침하의 우려가 없는 튼튼한 기반 위에 적재할 것
2) 건물의 칸막이나 벽 등이 화물의 압력이 견딜 만큼의 강도를 지니지 아니한 때에는 칸막이나 벽에 기대어 적재하지 아니하도록 할 것
3) 불안정할 정도로 높이 쌓아 올리지 말 것
4) 하중이 한쪽으로 치우치지 않도록 적재할 것

87 토사 붕괴의 내적 요인이 아닌 것은?

① 사면, 법면의 경사 증가
② 절토 사면의 토질구성 이상
③ 성토 사면의 토질구성 이상
④ 토석의 강도 저하

해설 토사붕괴의 원인(고용노동부고시)
1) 외적요인
① 사면, 법면의 경사 및 구배의 증가
② 절토 및 성토 높이의 증가
③ 공사에 의한 진동 및 반복하중의 증가
④ 지표수 및 지하수의 침투에 의한 토사중량 증가
⑤ 지진, 차량, 구조물의 하중
2) 내적요인
① 절토사면의 토질, 암질
② 성토사면의 토질
③ 토석의 강도저하

■ 정답 ■ 84.② 85.② 86.② 87.①

88 철골작업을 중지하여야 하는 풍속과 강우량 기준으로 옳은 것은?

① 풍속 : 10m/sec 이상, 강우량 : 1mm/h이상
② 풍속 : 5m/sec 이상, 강우량 1mm/h 이상
③ 풍속 : 10m/sec 이상, 강우량 : 2mm/h이상
④ 풍속 : 5m/sec 이상, 강우량 : 2mm/h이상

해설 철골작업을 중지해야 하는 기상조건
1) 풍속이 10m/sec 이상
2) 강우량이 1mm/hr 이상
3) 강설량이 1cm/hr 이상

89 굴착작업 시 근로자의 위험을 방지하기 위하여 해당 작업, 작업장에 대한 사전조사를 실시하여야 하는데 이 사전조사 항목에 포함되지 않는 것은?

① 지반의 지하수위 상태
② 형상·지질 및 지층의 상태
③ 굴착기의 이상 유무
④ 매설물 등의 유무 또는 상태

해설 굴착작업시 굴착시기와 작업순서를 정하기 위해 작업 장소 및 그 주변의 지반에 대한 조치사항
1) 형상, 지질 및 지층의 상태
2) 균열·함수·용수 및 동결의 유무 또는 상태
3) 매설물의 유무 또는 상태
4) 지반의 지하수위 상태

90 다음 중 쇼벨계 굴착기계에 속하지 않는 것은?

① 파워쇼벨(power shovel)
② 크램쉘(clamshell)
③ 스크레이퍼(scraper)
④ 드래그라인(dragline)

해설 쇼벨계 굴착기계
1) 파워쇼벨   2) 크램쉘
3) 드래그라인   4) 백호우

91 지반 종류에 따른 굴착면의 기울기 기준으로 옳지 않은 것은?

① 모래 - 1 : 1.8
② 연암 - 1 : 0.7
③ 풍화암 - 1 : 1.0
④ 경암 - 1 : 0.5

해설 굴착작업시 굴착면의 기울기 기준

구분	지반의 종류	구배
보통 흙	모래	1 : 1.8
	그 밖에 흙	1 : 1.2
암반	풍화암	1 : 1.0
	연암	1 : 1.0
	경암	1 : 0.5

92 재료비가 30억원, 직접노무비가 50억원인 건설공사의 예정가격상 안전관리비로 옳은 것은? (단, 건축공사에 해당되며 계상기준은 1.97%임)

① 56,400,000원   ② 94,000,000원
③ 150,400,000원 ④ 157,600,000원

해설 안전관리비 = 대상액 $\times \dfrac{비율(\%)}{100}$

$= (30억+50억) \times \dfrac{1.97}{100}$

= 1억 5천 7백 6십만원(157,600,000원)

93 층고가 높은 슬래브 거푸집 하부에 적용하는 무지주 공법이 아닌 것은?

① 보우빔(bow beam)
② 철근일체형 데크플레이트(deck plate)
③ 페코빔(pecco beam)
④ 솔져시스템(soldier system)

해설 솔져시스템(soldier system ; 합벽지지대) : 건물지하 터파기 공사 후 벽면에 콘크리트 타설 시 유로폼 설치 후 지지해주는 지지대

■정답■ 88.① 89.③ 90.③ 91.② 92.④ 93.④

94 달비계(곤돌라의 달비계는 제외)의 최대 적재하중을 정하는 경우 달기와이어로프 및 달기강선의 안전계수 기준으로 옳은 것은?

① 5이상 ② 7이상
③ 8이상 ④ 10이상

해설 달비계(곤돌라의 달비계는 제외)를 작업발판으로 사용할 때 최대적재하중을 정함에 있어서의 안전계수
1) 달기와이어로프 및 달기강선의 안전계수 : 10이상
2) 달기체인 및 달기훅의 안전계수 : 5이상
3) 달기강대와 달비계의 하부 및 상부지점의 안전계수
  ㉠ 강재의 경우 2.5 이상
  ㉡ 목재의 경우 5이상

95 사질토지반에서 보일링(boiling)현상에 의한 위험성이 예상될 경우의 대책으로 옳지 않은 것은?

① 흙막이 말뚝의 밑둥넣기를 깊게 한다.
② 굴착 저면보다 깊은 지반을 불투수로 개량한다.
③ 굴착 밑 투수층에 만든 피트(pit)를 제거한다.
④ 흙막이벽 주위에서 배수시설을 통해 수두차를 적게 한다.

해설 보일링 현상 방지대책
1) ①, ②, ④ 항
2) 굴착토를 즉시 원상매립한다.

96 유해·위험 방지계획서 제출 시 첨부서류의 항목이 아닌 것은?

① 보호장비 폐기계획
② 공사개요서
③ 산업안전보건관리비 사용계획
④ 전체공정표

해설 유해·위험방지계획서 제출 시 첨부서류(공사개요 및 안전보건관리계획)
1) 공사개요서(별지 제45호 서식)
2) 공사현장의 주변현황 및 주변과의 관계를 나타내는 도면(매설물 현황 포함)
3) 건설물·공사용 기계설비 등의 배치를 나타내는 도면 및 서류
4) 전체공정표
5) 산업안전보건관리비 사용계획(별지 제46호 서식)
6) 안전관리조직표
7) 재해발생위험시 연락 및 대피방법

97 다음 (   )안에 알맞은 수치는?

> 슬레이트, 선라이트(sunlight) 등 강도가 약한 재료로 덮은 지붕 위에서 작업을 할 때에 발이 빠지는 등 근로자가 위험해질 우려가 있는 경우 폭 (   )이상의 발판을 설치하거나 안전방망을 치는 등 위험을 방지하기 위하여 필요한 조치를 하여야 한다.

① 30cm ② 40cm
③ 50cm ④ 60cm

해설 슬레이트, 선라이트(sunlight) 등 지붕 위에서의 작업시 위험방지조치사항
1) 폭 30cm 이상의 발판 설치
2) 안전방망(추락방호망) 설치

98 도심지에서 주변에 주요시설물이 있을 때 침하와 변위를 적게 할 수 있는 가장 적당한 흙막이 공법은?

① 동결공법
② 샌드드레인공법
③ 지하연속벽공법
④ 뉴매틱케이슨공법

해설 **지하연속벽공법**(slurry wall method) : 안정액을 사용하여 굴착한 뒤 지중에 연속된 철근콘크리트 벽을 형성하는 현장타설말뚝공법을 말한다.

■ 정답 ■ 94.④ 95.③ 96.① 97.① 98.③

99 다음은 산업안전보건법령에 따른 작업장에서의 투하설비 등에 관한 사항이다. 빈칸에 들어갈 내용으로 옳은 것은?

> 사업주는 높이가 (　)이상인 정소로부터 물체를 투하하는 경우 적당한 투하설비를 설치하거나 감시인을 배치하는 등 위험을 방지하기 위하여 필요한 조치를 하여야 한다.

① 2m　　② 3m
③ 5m　　④ 10m

해설 높이가 3m 이상인 장소에 물체를 투하하는 경우 위험방지 조치사항
　1) 투하설비 설치
　2) 감시인 배치

100 철골용접 작업자의 전격 방지를 위한 주의사항으로 옳지 않은 것은?

① 보호구와 복장을 구비하고, 기름기가 묻었거나 젖은 것은 착용하지 않을 것
② 작업 중지의 경우에는 스위치를 떼어 놓을 것
③ 개로 전압이 높은 교류 용접기를 사용할 것
④ 좁은 장소에서의 작업에서는 신체를 노출시키지 않을 것

해설 ③항, 개로 전압이 낮은 교류용접기를 사용할 것

■정답■ 99.② 100.③

2024년 3회 CBT 복원 기출문제

산업안전산업기사

제1과목 / 산업안전관리론

01 산업안전보건법령상 안전·보건표지에 관한 설명으로 틀린 것은?

① 안전·보건표지 속의 그림 또는 부호의 크기는 안전·보건표지의 크기와 비례하여야 하며, 안전·보건표지 전체 규격의 30%이상이 되어야 한다.
② 안전·보건표지 색채의 물감은 변질되지 아니하는 것에 색채 고정완료를 배합하여 사용하여야 한다.
③ 안전·보건표지는 그 표시내용을 근로자가 빠르고 쉽게 알아볼 수 있는 크기로 제작하여야 한다.
④ 안전·보건표지에서 야광물질을 사용하여서는 아니 된다.

해설 ④항, 야간에 필요한 안전·보건표지는 야광물질을 사용하는 등 쉽게 알아볼 수 있도록 제작하여야 한다.

02 개인 카운슬링(Counseling)방법으로 가장 거리가 먼 것은?

① 직접적 충고   ② 설득적 방법
③ 설명적 방법   ④ 반복적 충고

해설 개인적인 카운셀링 방법
 1) **직접충고** : 안전수칙 불이행시 적합, 지시적 방법
 2) **설득적 방법** : 비지시적 방법
 3) **설명적 방법** : 비지시적 방법

03 억측판단의 배경이 아닌 것은?

① 생략 행위   ② 초조한 심정
③ 희망적 관측   ④ 과거의 성공한 경험

해설 억측판단
 1) **억측판단** : 자기 주관적인 판단
 2) 억측판단이 발생하는 배경
  ① 희망적인 관측 : 그때도 그랬으니까 괜찮겠지 하는 관측
  ② 정보나 지식의 불확실 : 위험에 대한 정보의 불확실 및 지식의 부족
  ③ 과거의 선입견 : 과거에 그 행위로 성공한 경험의 선입관
  ④ 초조한 심정 : 일을 빨리 끝내고 싶은 초조한 심정

04 재해의 원인과 결과를 연계하여 상호관계를 파악하기 위해 도표화하는 분석 방법은?

① 특성요인도   ② 파렛토도
③ 크로스분류도   ④ 관리도

해설 통계적 원인 분석 방법
 1) **파렛트도** : 분류항목을 큰 순서대로 도표화한 분석법
 2) **특성요인도** : 특성과 요인관계를 도표로 하여 어골상으로 세분화 한 분석법
 3) **크로스(Close)분석** : 데이터(data)를 집계하고 표로 표시하여 요인별 결과내역을 교차한 크로스 그림을 작성하여 분석하는 방법
 4) **관리도** : 재해발생건수 등의 추이를 파악하여 목표관리를 행하는데 필요한 월별 재해발생수를 그래프화하여 관리선을 설정·관리하는 방법

■ 정답 ■   01.④   02.④   03.①   04.①

05 보호구 안전인증 고시에 따른 안전모의 일반 구조 중 턱끈의 최소 폭 기준은?

① 5mm 이상　　② 7mm 이상
③ 10mm 이상　　④ 12mm 이상

해설 안전모의 일반구조 요약정리
1) 안전모의 착용높이는 85mm 이상이고, 외부수직거리는 80mm 미만일 것
2) 안전모의 내부수직거리는 25mm 이상 50mm 미만일 것
3) 안전모의 수평간격은 5mm 이상일 것
4) 머리받침끈이 섬유인 경우에는 각각의 폭은 15mm 이상이어야 하며, 교차되는 끈의 폭의 합은 72mm 이상일 것
5) 턱끈의 폭은 10mm 이상일 것
6) 안전모의 모체, 착장체 및 충격흡수재를 포함한 질량은 440g을 초과하지 않을 것.

06 인간의 행동 특성에 관한 레빈(Lewin)의 법칙에서 각 인자에 대한 내용으로 틀린 것은?

$$B = f(P \cdot E)$$

① B : 행동　　② f : 함수관계
③ P : 개체　　④ E : 기술

해설 레빈(K. Lewin)의 법칙 : Lewin은 인간의 행동(B)은 그 사람이 가진 자질 즉, 개체(P)와 심리학적 환경(E)과의 상호 함수관계에 있다고 하였다.
∴ $B = f(P \cdot E)$
여기서, 1) B(Behavior) : 인간의 행동
2) f(function, 함수관계) : 적성 기타 P와 E에 영향을 미칠 수 있는 조건
3) P(Person, 개체) : 연령, 경험, 심신상태, 성격, 지능 등 인간의 조건
4) E(Environment, 심리적 환경) : 인간관계, 작업환경 등 환경조건

07 재해의 기본원인 4M에 해당하지 않는 것은?

① Man　　② Machine
③ Media　　④ Measurement

해설 산업재해의 기본원인 4M(인간과오의 배후요인 4요소)
1) Man : 본인 이외의 사람
2) Machine : 장치나 기기 등의 물적요인
3) Media : 인간과 기계를 잇는 매체(작업방법, 순서, 작업정보의 실태, 작업환경, 정리정돈 등)
4) Management : 안전법규의 준수방법, 단속, 점검 관리 외에 지휘 감독, 교육훈련 등

08 다음과 같은 스트레스에 대한 반응은 무엇에 해당하는가?

> 여동생이나 남동생을 얻게 되면서 손가락을 빠는 것과 같이 어린 시절의 버릇을 나타낸다.

① 투사　　② 억압
③ 승화　　④ 퇴행

해설 퇴행(regression) 현실의 곤란한 장면에서 이겨내지 못하고 옛날 어린 시절로 되돌아가려는 행동이다. 즉 발전단계를 역행함으로서 욕구를 충족하려는 행동이다.

09 무재해운동의 추진을 위한 3요소에 해당하지 않는 것은?

① 모든 위험잠재요인의 해결
② 최고경영자의 경영자세
③ 관리감독자(Line)의 적극적 추진
④ 직장 소집단의 자주활동 활성화

해설 무재해운동의 추진 3기둥(무재해운동의 3요소)
1) 최고경영자의 엄격한 안전경영자세
2) 관리감독자에 의한 안전보건의 추진(라인화의 철저)
3) 직장 소집단 자주활동의 활발화

■ 정답 ■　05.③　06.④　07.④　08.④　09.①

10 산업안전보건법령상 사업주가 근로자에 대하여 실시하여야 하는 교육 중 특별안전·보건교육의 대상이 되는 작업이 아닌 것은?

① 화학설비의 탱크 내 작업
② 전압이 30V인 정전 및 활선작업
③ 건설용 리프트·곤돌라를 이용한 작업
④ 동력에 의하여 작동되는 프레스기계를 5대 이상 보유한 사업장에서 해당 기계로 하는 작업

해설 ②항, 전압이 75볼트 (V) 이상인 정전 및 활선 작업

11 교육의 효과를 높이기 위하여 시청각 교재를 최대한으로 활용하는 시청각적 방법의 필요성이 아닌 것은?

① 교재의 구조화를 기할 수 있다.
② 대량 수업체제가 확립될 수 있다.
③ 교수의 평준화를 기할 수 있다.
④ 개인차를 최대한으로 고려할 수 있다.

해설 시청각 교육의 특징
1) 교수의 효율성 증대
2) 교재의 구조화
3) 대량 수업체제 확정
4) 교수의 평준화

12 연평균 근로자수가 1,000명인 사업장에서 연간 6건의 재해가 발생한 경우, 이 때의 도수율은? (단, 1일 근로시간수는 4시간, 연평균 근로일수는 150일이다.)

① 1 ② 10
③ 100 ④ 1,000

해설 도수율 $= \dfrac{\text{재해건수}}{\text{연근로시간수}} \times 10^6$
$= \dfrac{6}{1,000 \times 4 \times 150} \times 10^6 = 10$

13 허츠버그(Herzberg)의 동기·위생 이론에 대한 설명으로 옳은 것은?

① 위생요인은 직무내용에 관련된 요인이다.
② 동기요인은 직무에 만족을 느끼는 주요인이다.
③ 위생요인은 매슬로우 욕구단계 중 존경, 자아실현의 욕구와 유사하다.
④ 동기요인은 매슬로우 욕구단계 중 생리적 욕구와 유사하다.

해설 허츠버그(Herzberg)의 위생요인 및 동기요인
1) **위생요인** : 직무환경에 관계된 내용으로 기업정책, 개인 상호간의 관계(친교, 대인관계), 감독형태, 작업조건, 임금(급료), 보수 지위, 안전 등이 있다.
2) **동기요인** : 직무내용 (일의 내용)에 관한 것으로 목표달성에 대한 성취감, 안정감, 도전감, 책임감, 성장과 발전, 작업자체 등이 있다.(자아실현을 하려는 인간의 독특한 경향 반영)

14 산업안전보건법상 고용노동부장관이 산업재해 예방을 위하여 종합적인 개선조치를 할 필요가 있다고 인정할 때에 안전보건개선계획의 수립·시행을 명할 수 있는 대상 사업장이 아닌 것은?

① 산업재해율이 같은 업종의 규모별 평균 산업재해율보다 높은 사업장
② 사업주가 안전보건조치의무를 이행하지 아니하여 중대재해가 발생한 사업장
③ 고용노동부장관이 관보 등에 고시한 유해인자의 노출기준을 초과한 사업장
④ 경미한 재해가 다발로 발생한 사업장

해설 안전보건개선계획 수립대상 사업장 : ①, ②, ③항 (3개 항목만 있음)

15 적응기제(Adjustment Mechanism)의 도피적 행동인 고립에 해당하는 것은?

① 운동시합에서 진 선수가 컨디션이 좋지 않았다고 말한다.
② 키가 작은 사람이 키 큰 친구들과 같이 사진을 찍으려 하지 않는다.
③ 자녀가 없는 여교사가 아동교육에 전념하게 되었다.
④ 동생이 태어나자 형이 된 아이가 말을 더듬는다.

해설 고립 : 현실을 피하고 자신의 내부로 도피하려는 행동기제

16 산업안전보건법령상 일용근로자의 안전·보건교육 과정별 교육시간 기준으로 틀린 것은?

① 채용 시의 교육 : 1시간 이상
② 작업내용 변경 시의 교육 : 2시간 이상
③ 건설업 기초안전·보건교육(건설 일용근로자) : 4시간
④ 특별교육 : 2시간 이상(흙막이 지보공의 보강 또는 동바리를 설치하거나 해체하는 작업에 종사하는 일용근로자)

해설 일용근로자의 작업내용 변경 시의 교육시간 : 1시간 이상

17 산업안전보건법령상 안전인증대상 기계·기구 등이 아닌 것은?

① 프레스
② 전단기
③ 롤러기
④ 산업용 원심기

해설 안전인증대상 기계·기구

구분	안전인증대상 기계·기구	자율안전확인대상 기계·기구
기계·기구 및 설비	① 프레스 ② 절단기 및 절곡기 ③ 크레인 ④ 리프트 ⑤ 압력용기 ⑥ 롤러기 ⑦ 사출성형기 ⑧ 고소작업대 ⑨ 곤돌라	① 연삭기 또는 연마기(휴대형은 제외) ② 산업용 로봇 ③ 혼합기 ④ 파쇄기 또는 분쇄기 ⑤ 컨베이어 ⑥ 식품가공용기계(파쇄·절단·혼합·제면기만 해당) ⑦ 자동차정비용리프트 ⑧ 인쇄기 ⑨ 공작기계(선반, 드릴기, 평삭·형삭기, 밀링만 해당) ⑩ 고정형 목재가공용 기계(둥근톱, 대패, 루타기, 띠톱, 모떼기 기계만 해당)
방호장치	① 프레스 및 전단기 방호장치 ② 양중기용 과부하방지장치 ③ 보일러 압력추출용 안전밸브 ④ 압력용기 압력방출용 안전밸브 ⑤ 압력용기 압력방출용 파열판 ⑥ 절연용 방호구 및 활선작업용 기구 ⑦ 방폭구조 전기기계·기구 및 부품 ⑧ 추락·낙하 및 붕괴 등의 위험 방지 및 보호 필요한 가설기자재로서 고용노동부 장관이 정하여 고시하는 것	① 아세틸렌 용접장치용 또는 가스집합 용접장치용 안전기 ② 교류아크 용접기용 자동전격방지기 ③ 롤러기 급정지장치 ④ 연삭기 덮개 ⑤ 목재가공용 둥근톱 반발예방장치 및 날접촉 예방장치 ⑥ 동력식 수동 대패용 칼날 접촉방지장치
보호구	① 추락 및 감전 위험방지용 안전모 ② 차광 및 비산물 위험 방지용 보안경 ③ 방진마스크 ④ 방독마스크 ⑤ 송기마스크 ⑥ 전동식 호흡보호구 ⑦ 방음용 귀마개 또는 귀덮개 ⑧ 용접용 보안면 ⑨ 안전장갑 ⑩ 안전화 ⑪ 안전대 ⑫ 보호복	① 안전모(추락 및 감전 위험방지용 제외) ② 보안경(차광 및 비산물 위험방지용 제외) ③ 보안면(용접용 제외)

■ 정답 ■ 15.② 16.② 17.④

18 조직이 리더에게 부여하는 권한으로 볼 수 없는 것은?

① 보상적 권한　② 강압적 권한
③ 합법적 권한　④ 위임된 권한

해설 리더십의 권한
1) 조직이 지도자에게 부여한 권한
   ① 보상적 권한
   ② 강압적 권한
   ③ 합법적 권한
2) 지도자 자신이 자신에게 부여한 권한
   ① 전문성의 권한
   ② 위임된 권한

19 안전교육 훈련기법에 있어 태도 개발 측면에서 가장 적합한 기본교육 훈련방식은?

① 실습방식　② 제시방식
③ 참가방식　④ 시뮬레이션방식

해설 안전교육 훈련기법 (사업장에서의 기본교육 훈련방식)
1) **지식형성** : 제시방식
2) **기능숙련** : 실습방식
3) **태도개발** : 참가방식

20 무재해운동의 이념 3원칙이 아닌 것은?

① 재해 감소의 원칙
② 무의 원칙
③ 참가의 원칙
④ 선취해결의 원칙

해설 무재해 운동 추진의 3기둥(무재해 운동의 3요소)
1) 최고 경영자의 경영자세
2) 라인화의 철저(관리감독자에 의한 안전보건의 추진)
3) 직장(소집단)의 자주 활동의 활발화

제2과목 / 인간공학 및 시스템안전공학

21 청각적 표시장치에서 300m 이상의 장거리용 경보기에 사용하는 진동수로 가장 적절한 것은?

① 800Hz 전후　② 2,200Hz 전후
③ 3,500Hz 전후　④ 4,000Hz 전후

해설 300m 이상의 장거리용 경보기는 1,000Hz 이하의 진동수를 사용하여야 한다.

> **길잡이** 경계 및 경보신호의 선택 또는 설계 시의 설계 지침
> 1) 500~3,000Hz(또는 2,000~5,000Hz)의 진동수 사용
> 2) 장거리 (300m 이상)용은 1,000Hz 이하의 진동수 사용 (고음은 멀리가지 못함)
> 3) 장애물 및 칸막이 통과시 500Hz 이하의 진동수 사용
> 4) 주의를 끌기 위해서는 변조된 신호 (초당 1~8번 나는 소리, 초당 1~3번 오르내리는 소리 등) 사용
> 5) 배경소음의 진동수와 구별되는 신호 사용

22 반복되는 사건이 많이 있는 경우에 FTA의 최소 컷셋을 구하는 알고리즘이 아닌 것은?

① Fussel Algorithm
② Boolean Algorithm
③ Monte Carlo Algorithm
④ Limnios & Ziani Algorithm

해설 최소컷셋을 구하는 알고리즘(Algorithm)
1) Fussel 알고리즘
2) Boolean 알고리즘
3) Limnios & Ziani 알고리즘

■ 정답 ■　18.④　19.③　20.①　21.①　22.③

23 FT도에 사용되는 다음 기호의 명칭으로 맞는 것은?

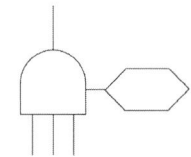

① 억제 게이트
② 부정 게이트
③ 배타적 OR 게이트
④ 우선적 AND 게이트

해설 수정기호의 종류
1) **우선적 AND 게이트** : 입력사상 가운데 어느 사상이 다른 사상보다 먼저 일어났을 때에 출력사상이 생긴다.(A는 B보다 먼저)와 같이 기입
2) **짜맞춤(조합) AND 게이트** : 3개 이상의 입력사상 가운데 어느 것인가 2개가 일어나면 출력사상이 생긴다.(어느 것이든 2개)라고 기입
3) **위험지속기호** : 입력사상이 생기어 어느 일정시간 지속하였을 때에 출력사상이 생긴다.(위험지속시간)과 같이 기입
4) **배타적 OR 게이트** : OR 게이트로 2개 이상의 입력이 동시에 존재한 때에는 출력사상이 생기지 않는다.(동시에 발생하지 않는다.)라고 기입

24 인터페이스 설계 시 고려해야 하는 인간과 기계와의 조화성에 해당되지 않는 것은?

① 지적 조화성   ② 신체적 조화성
③ 감성적 조화성 ④ 심미적 조화성

해설 인간기계 체계에서의 계면설계
1) **계면(interface)** : 인간기계 체계에서 인간과 기계가 만나는 면(面)
2) **인간과 기계(환경)의 계면에서의 조화성** : 다음 3가지 차원이 고려되어야 함
   ① 신체적 조화성
   ② 지적 조화성
   ③ 감성적 조화성

25 모든 시스템 안전 프로그램 중 최초 단계의 분석으로 시스템 내의 위험요소가 어떤 상태에 있는지를 정성적으로 평가하는 방법은?

① CA   ② FHA
③ PHA   ④ FMEA

해설 1) PHA(예비위험분석) : 대부분 시스템 안전 프로그램에 있어서 최초단계의 분석으로, 시스템 내의 위험한 요소가 얼마나 위험한 상태에 있는가를 정성적으로 평가하는 것이다.
2) PHA의 목적 : 시스템의 개발 단계에 있어서 시스템 고유의 위험상태를 식별하고 예상되는 재해의 위험수준을 결정하는 데 있다.

26 1cd의 점광원에서 1m떨어진 곳에서의 조도가 3lux이었다. 동일한 조건에서 5m 떨어진 곳에서의 조도는 약 몇 lux인가?

① 0.12   ② 0.22
③ 0.36   ④ 0.56

해설 1) 조도는 거리의 제곱(자승)에 반비례한다.

$$조도 = \frac{1}{(거리)^2}$$

2) 조도 $= 3(\text{lux}) \times \frac{1^2}{5^2} = 0.12\text{lux}$

27 지게차 인장벨트의 수명은 평균이 100,000시간, 표준편차가 500시간인 정규분포를 따른다. 이 인장벨트의 수명이 101,000시간 이상일 확률은 약 얼마인가?
(단, P(Z ≤ 1) = 0.8413, P(Z ≤ 2) = 0.9772, P(Z ≤ 3) = 0.9987이다.)

① 1.60%   ② 2.28%
③ 3.28%   ④ 4.28%

해설 1) $Z = \dfrac{101,000 - 100,000}{500} = 2$
2) $P(Z \leq 2) = 0.9772 = 2$
3) $(1 - 0.977) \times 100 = 2.28\%$

28 인간공학에 관련된 설명으로 틀린 것은?

① 편리성, 쾌적성, 효율성을 높일 수 있다.
② 사고를 방지하고 안전성과 능률성을 높일 수 있다.
③ 인간의 특성과 한계점을 고려하여 제품을 설계한다.
④ 생산성을 높이기 위해 인간을 작업 특성에 맞추는 것이다.

해설 인간공학의 정의 : 기계기구, 환경 등의 물적 조건을 인간의 특성과 능력에 잘 조화되도록 설계하기 위한 수단을 연구하는 학문이다.

29 설비나 공법 등에서 나타날 위험에 대하여 정성적 또는 정량적인 평가를 행하고 그 평가에 따른 대책을 강구하는 것은?

① 설비보전   ② 동작분석
③ 안전계획   ④ 안전성 평가

해설 안전성평가의 6단계
  1) 제1단계 : 관계자료의 정비검토
  2) 제2단계 : 정성적 평가
  3) 제3단계 : 정량적 평가
  4) 제4단계 : 안전대책
  5) 제5단계 : 재해정보에 의한 재평가
  6) 제6단계 : F.T.A에 의한 재평가

30 작업장 내의 색채조절이 적합하지 못한 경우에 나타나는 상황이 아닌 것은?

① 안전표지가 너무 많아 눈에 거슬린다.
② 현란한 색배합으로 물체 식별이 어렵다.
③ 무채색으로만 구성되어 중압감을 느낀다.
④ 다양한 색채를 사용하면 작업의 집중도가 높아진다.

해설 ④항, 다양한 색체를 사용하면 작업의 집중도가 낮아진다.

31 기능식 생산에서 유연생산 시스템 설비의 가장 적합한 배치는?

① 합류(Y)형 배치   ② 유자(U)형 배치
③ 일자(─)형 배치   ④ 복수라인(=)형 배치

해설 시스템 설비의 배치 : 기능식 생산에서 생산성 향상을 위한 가장 효율적인 배치는 U자형으로 배치하는 것이다.

32 FTA에 의한 재해사례 연구의 순서를 올바르게 나열한 것은?

[다음]
A. 목표사상 선정
B. FT도 작성
C. 사상마다 재해원인 규명
D. 개선계획 작성

① A→B→C→D
② A→C→B→D
③ B→C→A→D
④ B→A→C→D

해설 FTA에 의한 재해사례의 연구순서
  1) 1step : 톱사상의 선정
  2) 2step : 사상마다 재해원인·요인의 규명
  3) 3step : FT도의 작성
  4) 4step : 개선계획의 작성
  5) 5step : 개선안의 실시계획

33 인간의 가청주파수 범위는?

① 2 ~ 10,000Hz
② 20 ~ 20,000Hz
③ 200 ~ 30,000Hz
④ 200 ~ 40,000Hz

해설 가청주파수 범위 : 20~20,000Hz

■ 정답 ■ 28.④ 29.④ 30.④ 31.② 32.② 33.②

34 산업안전보건법에서 규정하는 근골격계 부담작업의 범위에 해당하지 않는 것은?

① 단기간작업 또는 간헐적인 작업
② 하루에 10회 이상 25kg 이상의 물체를 드는 작업
③ 하루에 총 2시간 이상 쪼그리고 앉거나 무릎을 굽힌 자세에서 이루어지는 작업
④ 하루에 4시간 이상 집중적으로 자료입력 등을 위해 키보드 또는 마우스를 조작하는 작업

해설 근골격계 부담작업의 범위 : "근골격계부담작업"이라 함은 다음 각 호의 1에 해당하는 작업을 말한다. 다만, 단기간작업 또는 간헐적인 작업은 제외된다.
1) 하루에 4시간 이상 집중적으로 자료입력 등을 위해 키보드 또는 마우스를 조작하는 작업
2) 하루에 총 2시간 이상 목, 어깨, 팔꿈치, 손목 또는 손을 사용하여 같은 동작을 반복하는 작업
3) 하루에 총 2시간 이상 머리위에 손이 있거나, 팔꿈치가 어깨위에 있거나, 팔꿈치를 몸통으로 들거나, 팔꿈치를 몸통뒤쪽에 위치하도록 하는 상태에서 이루어지는 작업
4) 지지되지 않은 상태이거나 임의로 자세를 바꿀 수 없는 조건에서, 하루에 총 2시간 이상 목이나 허리를 구부리거나 트는 상태에서 이루어지는 작업
5) 하루에 총 2시간 이상 쪼그리고 앉거나 무릎을 굽힌 자세에서 이루어지는 작업
6) 하루에 총 2시간 이상 지지되지 않은 상태에서 1kg이상의 물건을 한손의 손가락으로 집어 올리거나, 2kg이상에 상응하는 힘을 가하여 한손의 손가락으로 물건을 쥐는 작업
7) 하루에 총 2시간 이상 지지되지 않은 상태에서 4.5kg 이상의 물체를 드는 작업
8) 하루에 10회 이상 25kg 이상의 물체를 드는 작업
9) 하루에 25회 이상 10kg 이상의 물체를 무릎 아래에서 들거나, 어깨 위에서 들거나, 팔을 뻗은 상태에서 드는 작업
10) 하루에 총 2시간 이상, 분당 2회 이상 4.5kg이상의 물체를 드는 작업
11) 하루에 총 2시간 이상 시간당 10회 이상 손 또는 무릎을 사용하여 반복적으로 충격을 가하는 작업

35 인간 – 기계 체계에서 인간의 과오에 기인된 원인 확률을 분석하여 위험성의 예측과 개선을 위한 평가 기법은?

① PHA   ② FMEA
③ THERP ④ MORT

해설
1) PHA(예비사고분석) : 최초단계 분석법, 정성적분석법
2) FMEA(고장형과 영향분석) : 정성적 · 귀납적분석법
3) THERP(인간과오율 예측기법) : 정량적 분석법
4) MORT(경영소홀 및 위험수 분석) : 광범위한 안전도모, 고도의 안전 달성

36 다음 그림은 C/R비와 시간관의 관계를 나타낸 그림이다. ㉠~㉣에 들어갈 내용이 맞는 것은?

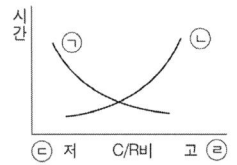

① ㉠ 이동시간 ㉡ 조정시간 ㉢ 민감 ㉣ 둔감
② ㉠ 이동시간 ㉡ 조정시간 ㉢ 둔감 ㉣ 민감
③ ㉠ 조정시간 ㉡ 이동시간 ㉢ 민감 ㉣ 둔감
④ ㉠ 조정시간 ㉡ 이동시간 ㉢ 둔감 ㉣ 민감

해설 통제표시비 (C/D비 또는 C/R비) : 통제표시비가 감소함에 따라 이동시간은 급격히 감소하다가 안정되며 조정시간은 이와 반대의 형태를 갖는다.(최적 C/D비 : 1.18~2.42)

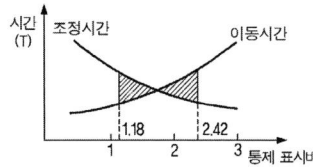

37 인체계측 자료에서 주로 사용하는 변수가 아닌 것은?

① 평균　　② 5백분위수
③ 최빈값　④ 95 백분위수

해설 인체 측정자료의 응용원리
1) **최대치수와 최소치수**(극단적 개인용 설계) : 최대 및 최소 설계 매개변수로서는 남성의 제 95백분위수와 여성의 제 5백분위수를 사용한다.
2) **조절식 (가변적 설계)** : 여성의 제 5백분위수 및 남성의 제 95백분위 수 범위에서 조정하도록 한다.
3) **평균 설계** : 극단적 설계 및 가변적 설계가 곤란할 때 적용한다.

38 위험처리 방법에 관한 설명으로 틀린 것은?

① 위험처리 대책 수립 시 비용문제는 제외된다.
② 재정적으로 처리하는 방법에는 보류와 전가 방법이 있다.
③ 위험의 제어 방법에는 회피, 손실제어, 위험분리, 책임 전가 등이 있다.
④ 위험처리 방법에는 위험을 제어하는 방법과 재정적으로 처리하는 방법이 있다.

해설 ①항, 위험처리 대책 수립시 비용문제가 포함된다.

39 산업안전보건법령에서 정한 물리적 인자의 분류 기준에 있어서 소음은 소음성난청을 유발할 수 있는 몇 dB(A)이상의 시끄러운 소리로 규정하고 있는가?

① 70　　② 85
③ 100　④ 115

해설 소음 : 소음성난청을 유발할 수 있는 85 dB(A) 이상의 시끄러운 소리

[주] 물리적 인자의 분류 기준 : 시행규칙 별표 11의 2(유해인자의 분류기준)

40 어떤 작업자의 배기량을 측정하였더니, 10분간 200L이었고, 배기량을 분석한 결과 O_2 : 16%, CO_2 : 4%였다. 분당 산소 소비량은 약 얼마인가?

① 1.05L/분　② 2.05L/분
③ 3.05L/분　④ 4.05L/분

해설
1) 배기량 = 200L/10min = 20L/min
2) 흡기량 × 79% = 배기량 × N_2%

$$흡기량 = 배기량 \times \frac{N_2\%}{79\%}$$
$$= 20 \times \frac{100-(16+4)}{79}$$
$$= 20.25 L/min$$

3) 산소소비량
$$= \left(흡기량 \times \frac{21}{100}\right) - \left(배기량 \times \frac{16}{100}\right)$$
$$= (20.25 \times 0.21) - (20 \times 0.16)$$
$$= 1.05 L/min$$

제3과목 / 기계위험방지기술

41 위험한 작업점과 작업자 사이에 서로 접근되어 일어날 수 있는 재해를 방지하는 격리형 방호장치가 아닌 것은?

① 완전 차단형 방호장치
② 덮개형 방호장치
③ 안전 방책
④ 양수조작식 방호장치

해설
1) 격리형 방호장치의 종류
　① 완전차단형
　② 덮개형
　③ 안전방책(방호망)
2) 양수조작식 방호장치 : 위치제한형 방호장치

■정답■　37.③　38.①　39.②　40.①　41.④

42 밀링머신(milling machine)의 작업 시 안전수칙에 대한 설명으로 틀린 것은?

① 커터의 교환 시는 테이블 위에 목재를 받쳐 놓는다.
② 강력절삭 시에는 일감을 바이스에 깊게 물린다.
③ 작업 중 면장갑을 끼지 않는다.
④ 커터는 가능한 칼럼(column)으로부터 멀리 설치한다.

해설 밀링의 안전작업수칙
1) 테이블 위에 공구나 기타 물건 등을 올려놓지 않을 것
2) 상하 좌우 이송장치의 핸들(손잡이)은 사용 후 반드시 풀어 둘 것
3) 장갑의 사용을 금할 것
4) 칩의 제거는 반드시 브러시를 사용할 것(걸레 사용금지)
5) 일감을 풀거나 고정할 때와 측정 시에는 반드시 운전을 정지시킬 것
6) 가공중에 손으로 가공면을 점검하지 않을 것
7) 강력 절삭을 할 때는 일감을 바이스에 깊게 물릴 것
8) 가동중에 기계를 변속시키지 않을 것
9) 밀링 칩(공작 기계 중 가장 가늘고 예리함)의 비산에 의한 부상 방지를 위해 보안경을 착용할 것
10) 아버 너트(arbor nut : 고정 너트의 압력으로 축심에 정확히 직각으로 고정해주는 역할을 함)는 너무 힘껏 조이지 않도록 할 것

43 운전자가 서서 조작하는 방식의 지게차의 경우 운전석의 바닥면에서 헤드가드의 상부틀의 하면까지의 높이가 몇 m 이상이 되어야 하는가?

① 0.3 ② 0.5
③ 1.0 ④ 2.0

해설 지게차 헤드가드(head guard)의 구비조건 (안전보건규칙)
1) 강도는 지게차 최대하중의 2배의 값(그 값이 4톤을 넘는 것에 대해서는 4톤으로 한다.)의 등분포정하중에 견딜 수 있는 것일 것
2) 상부틀의 각 개구의 폭 또는 길이가 16cm 미만일 것
3) 운전자가 앉아서 조작하는 방식의 지게차에 있어서는 운전자 좌석의 상면에서 헤드가드 상부틀의 하면까지의 높이가 0.903m 이상일 것
4) 운전자가 서서 조작하는 방식의 지게차에 있어서는 운전석의 바닥면에서 헤드가드 상부틀의 하면까지의 높이가 1.88m 이상일 것

44 아세틸렌 용접장치의 발생기실을 옥외에 설치한 경우에는 그 개구부는 다른 건축물로부터 몇 m 이상 떨어져야 하는가?

① 1   ② 1.5
③ 2.5 ④ 3

해설 아세틸렌용접장치 발생기실의 설치장소
1) 발생기는 전용의 발생기실 내에 설치할 것
2) 발생기실은 건물의 최상층에 위치하여야 하며 화기를 사용하는 설비로부터 3m를 초과하는 장소에 설치할 것
3) 발생기실을 옥외에 설치한 경우에는 그 개구부를 다른 건축물로부터 1.5m이상 떨어지도록 할 것

45 롤러기 방호장치의 무부하 동작시험 시 앞면 롤러의 지름이 150mm이고, 회전수가 30rpm인 롤러기의 급정지거리는 몇 mm 이내이어야 하는가?

① 157 ② 188
③ 207 ④ 237

해설
1) $V = \dfrac{\pi DN}{1000}$
$= \dfrac{3.14 \times 150 \times 30}{1,000} = 14.13 \text{m/min}$

2) 급정지거리 $= \pi D \times \dfrac{1}{3}$
$= 3.14 \times 150 \times \dfrac{1}{3} = 157\text{mm}$ 이내

■정답■ 42.④ 43.④ 44.② 45.①

46 기계가 그 부품에 고장이나 기능 불량이 생겨도 항상 안전하게 작동하는 안전화 대책은?

① 진단
② 예방정비
③ 페일 세이프(fail safe)
④ 풀 프루프(fool proof)

해설 1) 페일세이프(fail safe) : 인간이나 기계 등에 과오나 동작상의 실수가 있더라도 사고·재해를 발생시키지 않도록 철저하게 2중, 3중으로 통제를 가하는 것
2) 페일세이프 구조의 기능면에서의 분류
　① fail passive : 성분의 고장시 기계·장치는 정지 상태로 돌아간다.
　② fail operational : 병렬 여분계의 성분을 구성한 경우이며, 성분의 고장이 있어도 다음 정기 점검시 까지는 운전이 가능하다.
　③ fail active : 성분의 고장시 기계·장치는 경보를 나타내며 단시간에 역전이 된다.

47 프레스에 적용되는 방호장치의 유형이 아닌 것은?

① 접근거부형　② 접근반응형
③ 위치제한형　④ 포집형

해설 프레스기 방호장치의 유형
1) 접근거부형 : 수인식 방호장치, 손쳐내기식 방호장치
2) 접근반응형 : 감응식 방호장치
3) 위치제한형 : 양수조작식 방호장치

48 공기압축기의 작업시작 전 점검사항이 아닌 것은?

① 윤활유의 상태
② 언로드 밸브의 기능
③ 비상정지장치의 기능
④ 압력방출장치의 기능

해설 공기압축기의 작업 시작 전 점검사항(안전보건규칙 별표3 제3호)
1) 공기저장 압력용기의 외관상태
2) 드레인 밸브의 조작 및 배수
3) 압력방출장치의 기능
4) 언로드 밸브의 기능
5) 윤활유의 상태
6) 회전부의 덮개 또는 울
7) 기타 연결 부위의 이상 유무

49 불순물이 포함된 물을 보일러 수로 사용하여 보일러의 관벽과 드럼 내면에 발생한 관석(Scale)으로 인한 영향이 아닌 것은?

① 과열
② 불완전 연소
③ 보일러의 효율 저하
④ 보일러 수의 순환 저하

해설 불완전연소 : 이상연소현상

50 프레스 광전자식 방호장치의 광선에 신체의 일부가 감지된 후로부터 급정지기구 작동시까지 시간이 30ms이고, 급정지기구의 작동 직후로부터 프레스기가 정지될 때까지의 시간이 20ms라면 광축의 최소 설치거리는?

① 75mm　② 80mm
③ 100mm　④ 150mm

해설 광축의 설치거리 $= 1.6(T_L + T_s)$
$= 1.6 \times (30+20) = 80mm$

51 소성가공의 종류가 아닌 것은?

① 단조　② 압연
③ 인발　④ 연삭

해설 소성가공의 종류
1) 단조가공　2) 압연가공
3) 인발가공　4) 압출가공
5) 프레스가공　6) 전조가공

■ 정답 ■　46.③　47.④　48.③　49.②　50.②　51.④

52 프레스 방호장치의 공통일반구조에 대한 설명으로 틀린 것은?

① 방호장치의 표면은 벗겨짐 현상이 없어야 하며, 날카로운 모서리 등이 없어야 한다.
② 위험기계·기구 등에 장착이 용이하고 견고하게 고정될 수 있어야 한다.
③ 외부충격으로부터 방호장치의 성능이 유지될 수 있도록 보호덮개가 설치되어야 한다.
④ 각종 스위치, 표시램프는 돌출형으로 쉽게 근로자가 볼 수 있는 곳에 설치해야 한다.

해설 ④항, 각종 스위치, 표시램프 등은 매립형으로 쉽게 근로자가 볼 수 있는 곳에 설치해야 한다.

53 산업안전보건법상 양중기가 아닌 것은?

① 곤돌라
② 이동식 크레인
③ 최대하중이 0.2톤 인 승강기
④ 적재하중이 0.1톤 인 이삿짐 운반용 리프트

해설 양중기의 종류(안전보건규칙 제132조)
 1) 크레인(호이스트 포함)
 2) 이동식 크레인
 3) 리프트(이삿짐 운반용 리프트의 경우에는 적재하중이 0.1톤 이상)
 4) 곤돌라
 5) 승강기

54 연강의 인장강도가 420MPa이고, 허용응력이 140MPa이라면, 안전율은?

① 0.3 ② 0.4
③ 3   ④ 4

해설 안전율 = $\dfrac{\text{인장강도(파괴하중)}}{\text{허용응력}}$
= $\dfrac{420\text{MPa}}{140\text{MPa}} = 3$

55 그림과 같은 지게차에서 W를 화물중량, G를 지게차 자체 중량, a를 앞바퀴 중심부터 화물의 중심까지의 최단거리, b를 앞바퀴 중신에서 지게차의 중심까지의 최단거리라고 할 때 지게차의 안정조건은?

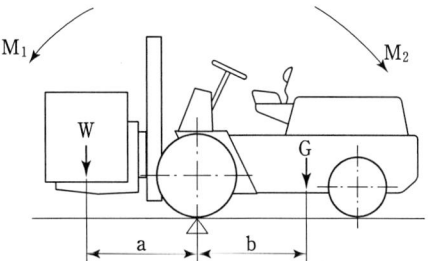

M_1 : 화물의 모멘트
M_2 : 차의 모멘트

① $W \cdot a < G \cdot b$
② $W - 1 < G \cdot \dfrac{b}{a}$
③ $W \cdot a > G \cdot (b-1)$
④ $W > G \cdot \dfrac{b}{a}$

해설 지게차의 안정성 : 앞바퀴 중심에서 뒷쪽 차의 모멘트(G×b)가 앞쪽 화물의 모멘트(W×a)보다 커야 안전성이 유지된다.
$W \cdot a < H \cdot b$

56 컨베이어의 종류가 아닌 것은?

① 체인 컨베이어
② 스크류 컨베이어
③ 슬라이딩 컨베이어
④ 유체 컨베이어

해설 컨베이어의 종류
 1) 벨트컨베이어(가장 많이 쓰임)
 2) 체인컨베이어
 3) 스크류(screw ; 나사) 컨베이어
 4) 유체컨베이어
 5) 롤러컨베이어
 6) 진동컨베이어 등

57 기계설비의 안전조건에서 구조적 안전화로 틀린 것은?

① 가공결함
② 재료의 결함
③ 설계상의 결함
④ 방호장치의 작동결함

해설 구조적안전화를 위한 조건
  1) 재료선택의 안전화(재료결함)
  2) 설계상의 올바른 강도계산(설계상 결함)
  3) 가공상의 안전화(가공결함)

58 프레스 금형의 설치 및 조정 시 슬라이드 불시하강을 방지하기 위하여 설치해야 하는 것은?

① 인터록   ② 클러치
③ 게이트 가드   ④ 안전블럭

해설 금형조정 작업의 위험방지(안전보건규칙) : 프레스 등의 금형을 부착, 해체 또는 조정 작업을 할 때는 당해 작업에 종사하는 근로자의 신체의 일부가 위험한계 내에 들어갈 때에 슬라이드가 갑자기 작동함으로써 발생하는 근로자의 위험을 방지하기 위하여 안전블록을 사용하는 등 필요한 조치를 할 것

59 연삭기 덮개에 관한 설명으로 틀린 것은?

① 탁상용 연삭기의 워크레스트는 연삭숫돌과의 간격을 3mm 이하로 조정할 수 있는 구조이어야 한다.
② 연삭숫돌의 상부를 사용하는 것을 목적으로 하는 탁상용 연삭기의 덮개의 노출 각도는 90° 이내로 제한하고 있다.
③ 덮개의 두께는 연삭숫돌의 최고사용속도, 연삭숫돌의 두께 및 직경에 따라 달라진다.
④ 덮개 재료는 인장강도 274.5MPa 이상이고 신장도가 14% 이상이어야 한다.

해설 연삭숫돌의 상부를 사용하는 것을 목적으로 하는 탁상용 연삭기의 덮개의 노출각도는 60° 이내로 제한하고 있다.

60 풀 푸르프(fool proof)에 해당되지 않는 것은?

① 각종 기구의 인터록 기구
② 크레인의 권과방지장치
③ 카메라의 이중 촬영 방지기구
④ 항공기의 엔진

해설 풀 프루프(fool proof)
  1) 풀 프루프(fool proof) : 기계장치 설계 단계에서 안전화를 도모하는 것으로 근로자가 기계 등의 취급을 잘못해도 사고로 연결되는 일이 없도록 하는 안전기구이며 인간과오(human error)를 방지하기 위한 것이다.
  2) 가드(guard), 세이프티블록(safety block : 안전블록), 크레인의 권과방지장치, 카메라의 이중 촬영방지 기구, 각종인터록기구 등이 있다.

제4과목 / 전기 및 화학설비위험방지기술

61 다음 중 절연성 액체를 운반하는 관에 있어서 정전기로 인한 화재 및 폭발을 예방하기 위한 방법으로 가장 거리가 먼 것은?

① 유속을 줄인다.
② 관을 접지시킨다.
③ 도전성이 큰 재료의 관을 사용한다.
④ 관의 안지름을 작게 한다.

해설 ④항, 관의 안지름을 크게 한다.

■ 정답 ■ 57.④ 58.④ 59.② 60.④ 61.④

62 물과의 접촉을 금지하여야 하는 물질은?

① 적린
② 칼슘
③ 히드라진
④ 니트로셀룰로오스

해설 1) 적린 : 인화성 고체
2) 칼슘 : 물반응성 물질(금수성 물질)
3) 히드라진 : 폭발성 물질
4) 니트로셀룰로오스 : 폭발성 물질

> **길잡이** 물반응성 물질(금수성 물질) : 대부분 고체로서 물과 접촉하면 발열반응을 일으키고 가연성 가스와 유독성가스를 발생시키는 물질이다.
> 1) 칼륨(K), 나트륨(Na), 기타 알칼리 금속 등
> 2) 알킬알루미늄, 알칼리듐, 기타 유기금속화합물
> 3) 금속의 수소화물
> 4) 금속의 인화물 : Ca_3P_2(인화칼슘)
> 5) 칼슘 또는 알루미늄의 탄화물 : CaC_2 (카바이트)

63 산업안전보건기준에 관한 규칙에서 정한 위험물질 종류 중 부식성 물질에서 부식성 염기류에 해당하는 것은?

① 농도 40% 이상인 염산
② 농도 40% 이상인 불산
③ 농도 40% 이상인 아세트산
④ 농도 40% 이상인 수산화칼륨

해설 부식성 물질의 종류(안전보건규칙)
1) 부식성 산류
① 농도가 20% 이상인 염산(HCl), 황산(H_2SO_4), 질산(HNO_3) 등
② 농도가 60% 이상인 인산(H_3PO_4), 아세트산(CH_3COOH), 불산(HF) 등
2) 부식성 염기류 : 농도가 40% 이상인 수산화나트륨(NaOH), 수산화칼륨(KOH) 등

64 저항 값이 0.1Ω인 도체에 10A의 전류가 1분간 흘렀을 경우 발생하는 열량은 몇 cal인가?

① 124 ② 144
③ 166 ④ 250

해설 $W = I^2RT$
$= 10^2 \times 0.1 \times 60 = 600J \times \dfrac{1cal}{4.186J}$
$= 143.3 cal$

여기서, W : 전기에너지(Joule 또는 cal, 1cal=4.186J)
I : 전류(A)
R : 전기저항(Ω)
T : 통전시간(sec)

65 유류저장 탱크에서 배관을 통해 드럼으로 기름을 이송하고 있다. 이 때 유동전류에 의한 정전대전 및 정전기 방전에 의한 피해를 방지하기 위한 조치와 관련이 먼 것은?

① 유체가 흘러가는 배관을 접지시킨다.
② 배관 내 유류의 유속은 가능한 느리게 한다.
③ 유류저장 탱크와 배관, 드럼 간에 본딩(Bonding)을 시킨다.
④ 유류를 취급하고 있으므로 화기 등을 가까이 하지 않도록 점화원 관리를 한다.

해설 정전기 방지대책
1) 접지 및 본딩
2) 배관 내 액체의 유속 제한

66 다음 물질 중 가연성 가스가 아닌 것은?

① 수소 ② 메탄
③ 프로판 ④ 염소

해설 1) 가연성가스 : 수소(H_2), 메탄(CH_4), 프로판(C_3H_8) 등
2) 조연성가스 : 염소(Cl_2)

■ 정답 ■ 62.② 63.④ 64.② 65.④ 66.④

67 전류밀도, 통전전류, 접촉면적과 피부저항과의 관계를 올바르게 설명한 것은?

① 전류밀도와 통전전류는 반비례 관계이다.
② 통전전류와 접촉면적에 관계없이 피부저항은 항상 일정하다.
③ 같은 크기의 통전전류가 흘러도 접촉면적이 커지면 전류밀도는 커진다.
④ 같은 크기의 통전전류가 흘러도 접촉면적이 커지면 피부저항은 작게 된다.

해설 1) 전류밀도(A/m^2)와 통전전류는 비례관계이다.
2) 통전전류와 접촉면적에 의해 피부저항은 영향을 받는다.
3) 같은 크기의 통전전류가 흘러도 접촉면적이 커지면 전류밀도는 작아진다.

주 전류밀도(J) : 도체를 흐르는 전류(I)를 그 유선(전류를 운반하는 매체)에 직각방향의 단면적(S)으로 나눈값을 말한다.

$$J(A/m^2) = \frac{I}{S}$$

68 다음과 같은 특성이 있으며 제한전압이 낮기 때문에 접지저항을 낮게 하기 어려운 배전선로에 적합한 피뢰기는?

> 피뢰기의 특성요소가 화이버관으로 되어 있고 방전은 직렬 캡을 통하여 화이버관 내부의 상부와 하부 전극 간에서 행하여지며, 속류차단은 화이버관 내부벽면에서 아크열에 의한 하이버질의 분해로 발생하는 고압가스의 소호작용에 의한다.

① 변형 피뢰기
② 방출형 피뢰기
③ 갭레스형 피뢰기
④ 변저항형 피뢰기

해설 동작원리에 의한 피뢰기의 분류
1) **변형 피뢰기** : 특정요소가 일정한 임계전압을 가지고 있어서 과전압방전의 단시간 동안만 방전전류가 흐르고 기압에 의한 속류가 거의 흐르지 않는 성격을 갖는 피뢰기이다 (종이피뢰기, 알루미늄피뢰기, 페레트피뢰기, 옥사이드 필름 피뢰기 등)
2) **방출형 피뢰기** : 본문설명
3) **변 저항령 피뢰기** : 특성요소로 탄화규소의 비직선저항을 쓰며 대전류에 대해서는 되도록 적은 제한전압을 주는 성질과 정격전압 이하에서 충분히 적은 속류로 하는 성질이 있는 피뢰기이다 (현재 대부분의 피뢰기가 이형에 속함)
4) **산화아연형 피뢰기** : 소형이며 내오손성과 보수성이 좋다.

69 다음 중 화학장치에서 반응기의 유해·위험요인(hazard)으로 화학반응이 있을 때 특히 유의해야 할 사항은?

① 낙하, 절단
② 감전, 협착
③ 비래, 붕괴
④ 반응폭주, 과압

해설 1) 반응기에 의한 화학반응시 특히 유의해야할 사항 : 반응폭주 및 과압
2) 화학반응에 영향을 주는 요인 : 반응물질, 농도, 온도, 압력, 촉매 등

70 전기기계·기구의 누전에 의한 감전위험을 방지하기 위하여 해당 전로에는 정격에 적합하고 감도가 양호한 감전방지용 누전차단기를 설치하여야 한다. 이 누전차단기의 기준은 정격감도 전류가 30mA 이하이고 작동시간은 몇 초 이내 이어야 하는가? (단, 정격부하전류가 50A 미만의 전기기계·기구에 접속되는 누전 차단기이다.

① 0.03초
② 0.1초
③ 0.3초
④ 0.5초

해설 누전차단기
1) 누전차단기의 최소동작전류 : 정격감도전류의 50%이상
2) 감전방지용 누전차단기의 작동 : 저역감도전류 30mA이하, 동작시간 0.03초 이내

■ 정답 ■ 67.④ 68.② 69.④ 70.①

71 전기불꽃이나 과열에 대해서 회로특성상 폭발의 위험을 방지할 수 있는 방폭구조는?

① 내압 방폭구조 ② 유입 방폭구조
③ 안전증 방폭구조 ④ 압력 방폭구조

해설 방폭구조의 종류별 특징
1) 내압방폭구조 : 아크 또는 고열이 발생하여 폭발성 가스에 점화할 우려가 있는 부분을 전폐된 용기에 넣어 폭발에 견디도록 한 구조
2) 유입방폭구조 : 전폐용기에 기름을 채워서 외부의 폭발성 가스와 점화원이 접촉하여 인화될 위험이 없도록 한 구조
3) 안전증방폭구조 : 안전성을 더욱 보강하기 위하여 코일의 절연보강, 공극을 크게 하여 구조상 또는 온도상승에 대하여 금속망 같은 물질로 차폐시킨 구조로 전기불꽃이나 과열에 대하여 회로특성상 폭발의 위험을 방지할 수 있는 구조
4) 압력방폭구조 : 용기내부에 불연성 가스인 공기나 질소 등을 압입시켜 외부의 폭발성 가스가 용기내부로 침투하지 못하도록 한 구조

72 정전기 방전의 종류 중 부도체의 표면을 따라서 star-check 마크를 가지는 나뭇가지 형태의 방광을 수반하는 것은?

① 기중방전 ② 불꽃방전
③ 연면방전 ④ 고압방전

해설 연면방전
1) 액체 또는 고체 절연체와 기체 사이의 경계에 따른 방전이다.
2) 정전기가 대전되어 있는 부도체에 접지체가 접근할 경우 대전물체와 접지체 사이에서 발생하는 것으로 나뭇가지 형태(별표마크)의 발광을 수반하는 방전을 말한다.
3) 연면방전의 방전조건
   ① 부도체의 대전량이 극히 큰 경우
   ② 대전된 부도체의 표면 가까이에 접지체가 있는 경우
4) 방전에너지가 커서 불꽃방전과 더불어 착화 및 전격을 일으킬 위험성이 크다.

73 사람이 전기에 접촉하는 경우에는 접촉하는 상태에 따라 인체저항과 통전전류가 달라지므로 인체의 접촉사애에 따라 접촉 전압을 제한할 필요가 있다. 다음의 경우 일반 허용접촉전압으로 옳은 것은?

- 인체가 현저하게 젖어 있는 상태
- 금속성의 전기기계장치나 구조물에 인체의 일부가 상시 접촉되어 있는 상태

① 2.5V 이하
② 25V 이하
③ 50V 이하
④ 제한 없음

해설 접촉상태별 허용접촉전압

종별	접촉상태	허용접촉전압
제1종	·인체의 대부분이 수중에 있는 상태	2.5V 이하
제2종	·인체가 현저히 젖어 있는 상태 ·금속성의 전기기계장치나 구조물에 인체의 일부가 상시 접촉되어 있는 상태	25V 이하
제3종	·제1종 및 제2종 이외의 경우로서 통상의 인체상태에 있어서 접촉전압이 가해지면 위험성이 높은 상태	50V 이하
제4종	·제3종의 경우로써 위험성이 낮은 상태 ·접촉전압이 가해질 위험이 없는 경우	제한없음

74 인화성 액체의 증기 또는 가연성 가스에 의한 가스폭발 위험장소의 분류에 해당되지 않는 것은?

① 0종 장소 ② 1종 장소
③ 2종 장소 ④ 3종 장소

■ 정답 ■ 71.③ 72.③ 73.② 74.④

해설 위험장소의 분류

분류	적요	예
0종 장소	인화성 액체의 증기 또는 가연성 가스에 의한 폭발위험이 지속적으로 또는 장시간 존재하는 장소	용기·장치·배관 등의 내부
1종 장소	정상 작동상태에서 인화성 액체의 증기 또는 가연성 가스에 의한 폭발위험분위기가 존재하기 쉬운 장소	맨홀·벤트·피트 등의 주위
2종 장소	정상작동상태에서 인화성 액체의 증기 또는 가연성 가스에 의한 폭발위험분위기가 존재할 우려가 없으나, 존재할 경우 그 빈도가 아주 적고 단기간만 존재할 수 있는 장소	개스킷·패킹 등의 주위

75 저압 전로의 사용전압이 220V인 경우 절연저항 값은 몇 MΩ D이상이어야 하는가?

① 0.1 ② 0.2
③ 0.3 ④ 0.4

해설 전로의 절연저항치

대지전압	절연저항치
150V 이하	0.1MΩ이상
150V 초과 300V이하	0.2MΩ이상
300V 초과 400V이하	0.3MΩ이상
400V 초과	0.4MΩ이상

[참고] 법 개정 : 내용 변경

76 액체계의 과도한 상승 압력의 방출에 이용되고 설정압력이 되었을 때 압력상승에 비례하여 서서히 개방되는 밸브는?

① 릴리프밸브
② 체크밸브
③ 안전밸브
④ 통기밸브

해설 릴리프밸브(도피밸브)는 주로 펌프나 배관 내에서 유체의 압력상승을 방지하기 위해서 설치한다. 일정한 압력 이상 상승하면 유체는 이 밸브를 통해 배출되어 저장탱크나 펌프의 흡입측으로 되돌려 직접 대기중으로는 방출시키지 않는다.

77 다음 가스 중 위험도가 가장 큰 것은?

① 수소   ② 아세틸렌
③ 프로판   ④ 암모니아

해설 위험도 = $\dfrac{\text{폭발상한계} - \text{폭발하한계}}{\text{폭발하한계}}$

1) 수소위험도 = $\dfrac{74.2 - 4.1}{4.1} = 17.1$
2) 아세틸렌위험도 = $\dfrac{81 - 2.5}{2.5} = 31.4$
3) 프로판위험도 = $\dfrac{9.5 - 2.1}{2.1} = 3.5$
4) 암모니아위험도 = $\dfrac{28 - 15}{15} = 0.87$

78 황린에 대한 설명으로 옳은 것은?

① 연소 시 인화수소가스를 발생한다.
② 황린은 자연발화하므로 물속에 보관한다.
③ 황린은 황과 인의 화합물이다.
④ 독성 및 부식성이 없다.

해설 황린(P_4)
1) 백색 또는 담황색의 자연발화성 고체이다.
2) 공기 중 다량의 백색연기(P_2O_5 ; 오산화인)을 내면서 연소한다.
   $P_4 + 5O_2 \rightarrow 2P_2O_5$
3) 물과 반응하지 않으며 물에 녹지 않으므로 물속에 저장한다.
4) 강한 마늘 냄새가 나며 증기는 공기보다 무겁고(증기비중 : 4.3)매우 자극적이며 맹독성물질이다.
5) 강알칼리성인 KOH용액과 반응하여 가연성·유독성의 PH_3가스를 발생한다.
   $P_4 + 3KOH + 3H_2O \rightarrow PH_3 + 3KH_2PO_2$

■ 정답 ■ 75.② 76.① 77.② 78.②

79 최소점화에너지(MIE)와 온도, 압력의 관계를 옳게 설명한 것은?

① 압력, 온도에 모두 비례한다.
② 압력, 온도에 모두 반비례한다.
③ 압력에 비례하고, 온도에 반비례한다.
④ 압력에 반비례하고, 온도에 비례한다.

해설 최소점화에너지(MIE)
1) MIE는 압력과 절대온도에 반비례한다.
2) MIE는 연소속도가 큰 혼합기체일수록 작고 열전도율과 화염온도가 낮은 것일수록 작다.

80 소화방법에 대한 주된 소화원리로 틀린 것은?

① 물을 살포한다. : 냉각소화
② 모래를 뿌린다. : 질식소화
③ 초를 불어서 끈다. : 억제소화
④ 담요로 덮는다. : 질식소화

해설 초를 불어서 끈다 : 제거 소화

제5과목 / 건설안전기술

---

81 화물취급작업 중 화물적재 시 준수하여야 할 사항으로 옳지 않은 것은?

① 침하 우려가 없는 튼튼한 기반 위에 적재할 것
② 중량의 화물은 공간의 효율성을 고려하여 건물의 칸막이나 벽에 기대어 적재할 것
③ 불안정할 정도로 높이 쌓아 올리지 말 것
④ 하중이 한쪽으로 치우치지 않도록 쌓을 것

해설 ②항, 중량의 화물은 건물의 칸막이나 벽에 기대어 적재하지 않도록 할 것

82 다음 공사규모를 가진 사업장 중 유해위험방지계획서를 제출해야할 대상사업장은?

① 최대 지간길이가 40m인 교량 건설공사
② 연면적 4,000㎡인 종합병원 공사
③ 연면적 3,000㎡인 종교시설 공사
④ 연면적 6,000㎡인 지하도상가 공사

해설 건설업 중 유해위험방지계획서 제출대상 사업장(시행규칙 제120조 제2항)
1) 지상높이가 31m 이상인 건축물 또는 인공구조물, 연면적 3만 ㎡ 이상인 건축물 또는 연면적 5천 ㎡ 이상의 문화 및 집회시설(전시장 및 동물원·식물원은 제외), 판매시설, 운수시설(고속철도의 역사 및 집배송시설은 제외), 종교시설, 의료시설 중 종합병원, 숙박시설 중 관광숙박시설, 지하도상가 또는 냉동·냉장 창고시설의 건설·개조 또는 해체(이하 "건설등"이라 함)
2) 연면적 5천 ㎡ 이상의 냉동·냉장 창고시설의 설비공사 및 단열공사
3) 최대 지간길이가 50m 이상인 교량건설등 공사
4) 터널 건설등의 공사
5) 다목적댐, 발전용댐 및 저수용량 2천만톤 이상의 용수 전용 댐, 지방상수도 전용댐 건설등의 공사
6) 깊이 10m 이상인 굴착공사

83 다음은 건설업 산업안전보건관리비 계상 및 사용기준의 적용에 관한 사항이다. 빈 칸에 들어갈 내용으로 옳은 것은?

> 이 고시는 「산업재해보상보험법」 제6조에 따라 「산업재해보상보험법」의 적용을 받는 공사 중 총공사금액 (　　) 이상인 공사에 적용한다.

① 2천만원　　② 4천만원
③ 8천만원　　④ 1억원

해설 건설업 산업안전보건관리비 계상 및 사용기준

■정답■ 79.② 80.③ 81.② 82.④ 83.①

적용범위
1) 「산업재해보상보험법」 제6조에 따라 「산업재해보상보험법」의 적용을 받는 공사 중 총공사금액 2천만원 이상인 공사에 적용한다.
2) 「전기공사업법」 제2조에 따른 전기공사(고압 및 특별고압작업) 및 「정보통신공사업법」 제2조에 따른 정보통신공사(지하맨홀, 관로 또는 통신주 작업)로서 단가계약에 의하여 행하는 공사에 대하여는 총계약금액을 기준으로 이를 적용한다.

84 굴착공사표준안전작업지침에 따른 인력굴착 작업시 굴착면이 높아 계단식 굴착을 할 때 소단의 폭은 수평거리로 얼마 정도 하여야 하는가?

① 1m   ② 1.5m
③ 2m   ④ 2.5m

해설 굴착면이 높은 경우 : 계단식으로 굴착하고 소단의 폭은 수평거리 2m 정도로 하여야 한다.

85 지내력 시험을 통하여 다음과 같은 하중-침하량 곡선을 얻었을 때 장기하중에 대한 허용 지내력도로 옳은 것은? (단, 장기하중에 대한 허용지내력도 = 단기하중에 대한 허용지내력도 $\times \frac{1}{2}$)

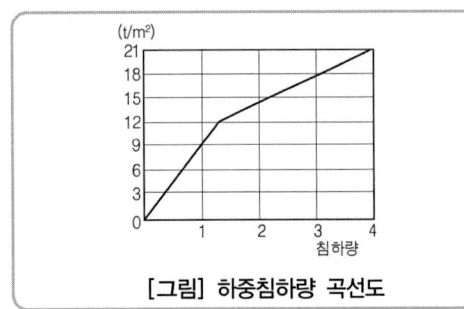

[그림] 하중침하량 곡선도

① $6\ t/m^2$ ② $7\ t/m^2$
③ $12 t/m^2$ ④ $14 t/m^2$

해설 1) 단기하중에 대한 허용지내력 : 총 침하량이 20mm에 도달하였을 때, 침하량이 20mm 이하여도 침하곡선이 항복상황(그림에서 12t/m²)을 나타낼 때로 한다.
2) 장기하중에 대한 허용지내력
 =단기하중에 대한 허용지내력 × 1/2
 = 12t/m² × 1/2 = 6t/m²

86 하루의 평균기온이 4℃ 이하로 될 것이 예상되는 기상조건에서 낮에도 콘크리트가 동결의 우려가 있는 경우에 사용되는 콘크리트는?

① 고강도 콘크리트   ② 경량 콘크리트
③ 서중 콘크리트   ④ 한중 콘크리트

해설 한중콘크리트 : 콘크리트 붓기 후 4주까지의 예상 평균기온이 약 4℃ 이하에서 시공되는 콘크리트를 말한다.

87 방망의 정기시험은 사용개시 후 몇 년 이내에 실시하는가?

① 1년 이내   ② 2년 이내
③ 3년 이내   ④ 4년 이내

해설 방망의 정기시험 : 사용개시 후 1년 이내로 하고, 그 후 6개월마다 1회씩 정기적으로 시험용사에 대해서 등속인장시험을 할 것

88 터널 계측관리 및 이상발견 시 조치에 관한 설명으로 옳지 않은 것은?

① 숏크리트가 벗겨지면 두께를 감소시키고 뿜어붙이기를 금한다.
② 터널의 계측관리는 일상계측과 대표계측으로 나눈다.
③ 록볼트의 축력이 증가하여 지압판이 휘게되면 추가볼트를 시공한다.
④ 지중변위가 크게 되고 이완영역이 이상하게 넓어지면 추가볼트를 시공한다.

해설 숏크리트 타설 후 불량부분 발견시 : 불량구간이 국부적인 경우에는 불량구간을 제거하고 양호한 숏크리트로 재시공하여야 한다.

■ 정답 ■ 84.③ 85.① 86.④ 87.① 88.①

89 거푸집 해체작업 시 일반적인 안전수칙과 거리가 먼 것은?

① 거푸집동바리를 해체할 때는 작업책임자를 선임한다.
② 해체된 거푸집 재료를 올리거나 내릴 때는 달줄이나 달포대를 사용한다.
③ 보 밑 또는 슬라브 거푸집을 해체할 때는 동시에 해체하여야 한다.
④ 거푸집의 해체가 곤란한 경우 구조체에 무리한 충격이나 지렛대 사용은 금하여야 한다.

해설 거푸집 해체작업시 주의사항
  1) 거푸집의 제거는 보 옆이나 기둥을 먼저하고 보 밑이나 슬래브를 나중에 한다.
  2) 진동, 충격 등을 주지 않고 콘크리트가 손상되지 않도록 한다.
  3) 높은 곳 작업시에는 낙하사고에 유의해야 한다.
  4) 상하 동시작업은 원칙적으로 금지하되 부득이한 경우에는 긴밀히 연락을 취하여 작업을 하여야 한다.
  5) 지주(받침기둥)를 바꾸어 세우기 할 때는 상부의 작업을 제한하여 적재하중을 적게 하고, 집중하중을 받는 부분의 지주는 그대로 둔다.
  6) 제거한 거푸집은 재사용할 수 있도록 적당한 장소에 정리하여 둔다.

90 작업장의 바닥, 도로 및 통로 등에서 낙하물이 근로자에게 위험을 미칠 우려가 있는 경우의 필요한 조치 및 준수사항으로 옳지 않은 것은?

① 수직 보호망 또는 방호 선반 설치
② 출입금지구역의 설정
③ 낙하물 방지망의 수평면과의 각도는 20° 이상 30° 이하 유지
④ 낙하물 방지망을 높이 15m 이내마다 설치

해설 낙하물방지망의 높이 : 10m 이내

91 거푸집 동바리 등을 조립하는 경우의 준수사항으로 옳지 않은 것은?

① 강재와 강재의 접속부 및 교차부는 볼트, 클램프 등 전용철물을 사용하여 단단히 연결할 것
② 동바리로 사용하는 강관(파이프 서포트는 제외)은 높이 2m 이내마다 수평연결재를 2개 방향으로 만들고 수평연결재의 변위를 방지할 것
③ 동바리의 이음은 맞댄이음으로 하고 장부이음의 적용은 절대 금할 것
④ 거푸집이 곡면인 경우에는 버팀대의 부착 등 그 거푸집의 부상(浮上)을 방지하기 위한 조치를 할 것

해설 동바리의 이음은 맞댄이음 또는 장부이음으로 하고 같은 품질의 재료를 사용할 것

92 다음과 같은 조건에서 방망사의 신품에 대한 최소 인장강도로 옳은 것은? (단, 그물코의 크기는 10cm, 매듭방망)

① 240kg   ② 200kg
③ 150kg   ④ 110kg

해설 방망사의 강도
  1) 방망사의 신품에 대한 인장강도

그물코의 크기 (단위 : cm)	방망의 종류(단위 : kg)	
	매듭 없는 방망	매듭 방망
10	240	200
5		110

  2) 방망사의 폐기시 인장강도

그물코의 크기 (단위 : cm)	방망의 종류(단위 : kg)	
	매듭 없는 방망	매듭 방망
10	150	135
5		60

93 다음은 건설현장의 추락재해를 방지하기 위한 사항이다. 빈칸에 들어갈 내용으로 옳은 것은?

> 사업주는 높이 또는 깊이가 ( )를 초과하는 장소에서 작업하는 경우 해당 작업장에 종사하는 근로자가 안전하게 승강하기 위한 건설작업용 리프트 등의 설비를 설치하여야 한다. 다만, 승강설비를 설치하는 것이 작업의 성질상 곤란한 경우에는 그러하지 아니하다.

① 2m　　② 3m
③ 4m　　④ 5m

해설 승강설비의 설치 : 높이 또는 깊이가 2m를 초과하는 작업장소에는 근로자가 안전하게 승강하기 위한 건설작업용 리프트 등을 설치할 것

94 비계(달비계, 달대비계 및 말비계 제외)의 높이가 2m 이상인 작업장소에 적합한 작업발판의 폭은 최소 얼마 이상이어야 하는가?

① 10cm　　② 20cm
③ 20cm　　④ 40cm

해설 1) 작업발판의 폭 : 40cm 이상
2) 발판재료간의 틈 : 3cm 이하

95 건설현장에서 근로자가 안전하게 통행할 수 있도록 통로에 설치하는 조명의 조도 기준은?

① 65 lux 이상
② 75 lux 이상
③ 85 lux 이상
④ 95 lux 이상

해설 통로에는 75럭스(Lux)이상의 조명시설을 하여야 한다.

96 거푸집 동바리 등을 조립하는 때 동바리로 사용하는 파이프서포트에 대하여는 다음 각 목에서 정하는 바에 의해 설치하여야 한다. 빈칸에 들어갈 내용으로 옳은 것은?

> 가. 파이프서포트를 ( )개 이상 이어 서 사용하지 않도록 할 것
> 나. 파이프서포트를 이어서 사용하는 경 우에는 ( )개 이상의 볼트 또는 전용철물을 사용하여 이을 것

① 가 : 1, 나 : 2
② 가 : 2, 나 : 3
③ 가 : 3, 나 : 4
④ 가 : 4, 나 : 5

해설 동바리로 사용하는 파이프서포트의 설치기준
① 파이프서포트를 3개 이상 이어서 사용하지 아니하도록 할 것
② 파이프서포트를 이어서 사용할 때에는 4개 이상의 볼트 또는 전용철물을 사용하여 이을 것
③ 높이가 3.5m를 초과하는 경우에는 높이 2m 이내마다 수평연결재를 2개 방향으로 만들고 수평연결재의 변위를 방지할 것

97 다음 건설기계 중 360° 회전작업이 불가능한 것은?

① 타워 크레인
② 크롤러 크레인
③ 가이 데릭
④ 삼각 데릭

해설 삼각 데릭의 회전반경 : 270°

98 다음 빈칸에 알맞은 숫자를 옳게 나타낸 것은?

> 강관비계의 경우, 띠장간격은 (   )m 이하로 설치할 것.

① 3.5　　　　　　　② 3
③ 2　　　　　　　　④ 1

해설 강관비계의 구조
1) 비계기둥의 간격은 띠장방향에서는 1.85m 이하, 장선방향에서는 1.5m 이하로 할 것
2) 띠장간격은 2m 이하로 설치할 것
3) 비계기둥의 제일 윗부분으로부터 31m 되는 지점 밑부분의 비계기둥은 2개의 강관으로 묶어세울 것(브라켓 등으로 보강하여 그 이상의 강도가 유지되는 경우에는 그러하지 아니하다)
4) 비계기둥 간의 적재하중은 400kg을 초과하지 아니하도록 할 것

99 앞 뒤 두 개의 차륜이 있으며(2축 2륜) 각각의 차축이 평행으로 배치된 것으로 찰흙, 점성토 등의 두꺼운 흙을 다짐하는 데는 적당하나 단단한 각재를 다지는 데는 부적당한 기계는?

① 머캐덤 롤러(Macadam Roller)
② 텐덤 롤러(Tandem Roller)
③ 래머(rammer)
④ 진동 롤러(Vibrating roller)

해설
1) **머캐덤 롤러**(macadam roller) : 앞쪽에 1개의 조향륜 롤러와 뒤축에 2개의 롤러가 배치된 것으로(2축 3륜) 전륜구동식과 후륜구동식이 있으며 하층노반다지기, 아스팔트 포장에 주로 쓰인다.
2) **탠덤롤러**(tandem roller) : 본문 설명
3) **래머**(rammer) : 흙을 다지는 기계
4) **진동롤러**(vibrating roller) : 진동식 다짐기계

100 리프트(Lift)의 안전장치에 해당하지 않는 것은?

① 권과방지장치
② 비상정지장치
③ 과부하방지장치
④ 조속기

해설 리프트의 방호장치 : 권과방지장치, 과부하방지장치, 비상정지장치 등

■ 정답 ■　98.③　99.②　100.④

2025년 1회 CBT 복원 기출문제

산업안전산업기사

제1과목 / 산업안전관리론

01 OJT(On the Job Training)의 특징이 아닌 것은?

① 훈련에 필요한 업무의 계속성이 끊어지지 않는다.
② 교육효과가 업무에 신속히 반영된다.
③ 다수의 근로자들을 대상으로 동시에 조직적 훈련이 가능하다.
④ 개개인에게 적절한 지도훈련이 가능하다.

해설 O.J.T와 off-J.T의 특징

O·J·T (현장중심교육)	off J·T (현장외 중심교육)
① 개개인에게 적합한 지도훈련이 가능	① 다수의 근로자에게 조직적 훈련이 가능
② 직장의 실정에 맞는 실체적 훈련을 할 수 있다.	② 훈련에만 전념하게 된다.
③ 훈련 필요한 업무의 계속성이 끊어지지 않음	③ 특별설비기구를 이용할 수 있음
④ 즉시 업무에 연결되는 관계로 신체와 관련 있음	④ 전문가를 강사로 초청할 수 있음
⑤ 효과가 곧 업무에 나타나며 훈련의 좋고 나쁨에 따라 개선이 용이함	⑤ 각 직장의 근로자가 많은 지식이나 경험을 교류할 수 있음
⑥ 교육을 통한 훈련 효과에 의해 상호 신뢰 이해도가 높아짐	⑥ 교육훈련 목표에 대해서 집단적 노력이 흐트러질 수도 있음

02 재해예방의 4원칙에 해당하지 않는 것은?

① 예방 가능의 원칙
② 손실 우연의 원칙
③ 원인 계기의 원칙
④ 선취 해결의 원칙

해설 재해예방의 4원칙
1) **손실우연의 원칙** : 사고에 의해 생기는 손실(상해)의 종류와 정도는 우연적이다.
2) **원인계기의 원칙** : 모든 재해는 필연적인 원인에 의해서 발생되며 재해발생은 직접원인만이 아니고 많은 간접원인의 연쇄로 발생되는 것이다.
3) **예방가능의 원칙** : 재해는 원칙적으로 모든 방지가 가능하다.
4) **대책선정의 원칙** : 가장 효과적인 재해방지 대책의 선정은 이들 원인의 정확한 분석에 의해서 얻어진다.

03 재해사례연구에 관한 설명으로 틀린 것은?

① 재해사례연구는 주관적이며 정확성이 있어야 한다.
② 문제점과 재해요인의 분석은 과학적이고, 신뢰성이 있어야 한다.
③ 재해사례를 과제로 하여 그 사고와 배경을 체계적으로 파악한다.
④ 재해요인을 규명하여 분석하고 그에 대한 대책을 세운다.

해설 재해사례연구는 객관적이며 정확성이 있어야 한다.

■ 정답 ■ 01.③ 02.④ 03.①

04 누전차단장치 등과 같은 안전장치를 정해진 순서에 따라 작동시키고 동작상황의 양부를 확인하는 점검은?

① 외관점검　② 작동점검
③ 기술점검　④ 종합점검

해설 안전점검방법
1) **외관점검** : 기기의 적정한 배치, 설치 상태, 변형, 균열, 손상, 부식, 볼트의 여유 등의 유무를 외관에서 시각 및 촉감 등에 의해 조사하고, 점검 기준에 의해 양부를 확인 하는 것이다.

> **참고** 안전장치의 점검 예
> (1) 장치 구조의 점검
> (2) 오염상태의 점검
> (3) 부식, 손모의 점검
> (4) 균열, 깨어짐의 점검
> (5) 액누출, 가스누출의 점검
> (6) 볼트·너트의 여유, 탈락, 파손의 점검
> (7) 윤활유의 점검
> (8) 이상음의 발생상황 유무의 점검

2) **기능점검** : 간단한 조직을 행하여 대상 기기의 기능의 양부를 확인하는 것이다.

> **참고** 전동기의 점검 예
> (1) 축수부의 니플 등이 벗겨지거나 윤활유의 상태에 이상이 없는가를 점검
> (2) V벨트를 손가락으로 가볍게 눌러 여유가 없는가를 점검
> (3) 전동기를 가동시켜 그 회전상황에 이상이 없는가를 점검
> (4) 회전은 정상인 회전방향인가를 점검
> (5) 이상음, 이상 진동이 없는가를 점검

3) **작동점검** : 안전장치나 누전차단장치 등을 정해진 순서에 의해 작동시켜 작동 상황의 양부를 확인하는 것이다.
4) **종합점검** : 정해진 점검 기준에 의해 측정, 검사를 행하고 또 일정한 조건하에서 운전시험을 행하여 그 기계 설비의 종합적인 기능을 확인하는 것이다.

05 하버드 학파의 5단계 교수법에 해당되지 않는 것은?

① 교시(Presentation)
② 연합(Association)
③ 추론(Reasoning)
④ 총괄(Generalization)

해설 하버드 학파의 5단계 교수법
1) 1단계 : 준비시킨다.(preparation)
2) 2단계 : 교시한다.(presentation)
3) 3단계 : 연합한다.(association)
4) 4단계 : 총괄시킨다.(generalization)
5) 5단계 : 응용시킨다.(application)

06 모랄 서베이(Morale Survey)의 효용이 아닌 것은?

① 조직 또는 구성원의 성과를 비교·분석한다.
② 종업원의 정화(Catharsis)작용을 촉진시킨다.
③ 경영관리를 개선하는 데에 대한 자료를 얻는다.
④ 근로자의 심리 또는 욕구를 파악하며 불만을 해소하고, 노동의욕을 높인다.

해설 조직 또는 구성원의 성과를 비교·분석하는 것은 모랄 서베이(사기조사)의 효용을 저하시키는 행위이다.

07 하인리히의 재해구성비율에 따라 경상사고가 87건 발생하였다면 무상해사고는 몇 건이 발생하였겠는가?

① 300건　② 600건
③ 900건　④ 1200건

해설 1) 하인리히의 재해구성비율
중상 또는 사망 : 경상 : 무상해사고
= 1 : 29 : 300

2) 무상해사고 = 87건 × $\dfrac{300}{29}$ = 900건

■ 정답 ■　04.②　05.③　06.①　07.③

08 주의(Attention)의 특징 중 여러 종류의 자극을 자각할 때, 소수의 특정한 것에 한하여 주의가 집중되는 것은?

① 선택성　　② 방향성
③ 변동성　　④ 검출성

해설 1) 주의의 특징
　① 선택성 : 여러 종류의 자극을 자각할 때 소수의 특정한 것에 한하여 선택하는 기능
　② 방향성 : 주시점만 인지하는 기능
　③ 변동성 : 주의에는 주기적으로 부주의의 리듬이 존재
2) 주의의 특성
　① 주의력의 중복집중의 곤란 : 주의는 동시에 2개 방향에 집중하지 못한다.(선택성)
　② 주의력의 단속성 : 고도의 주의는 장시간 지속할 수 없다.(변동성)
　③ 한 지점에 주의를 집중하면 다른데 주의는 약해진다.(방향성)

09 산업안전보건법상 직업병 유소견자가 발생하거나 다수 발생할 우려가 있는 경우에 실시하는 건강진단은?

① 특별 건강진단
② 일반 건강진단
③ 임시 건강진단
④ 채용시 건강진단

해설 임시건강진단 : 다음 각 목의 어느 하나에 해당하는 경우에 특수건강진단 대상 유해인자 또는 그 밖의 유해인자에 의한 중독 여부, 질병에 걸렸는지 여부 또는 질병의 발생 원인 등을 확인하기 위하여 지방고용노동관서의 장의 명령에 따라 사업자가 실시하는 건강진당을 말한다.
1) 같은 부서에 근무하는 근로자 또는 같은 유해인자에 노출되는 근로자에게 유사한 질병의 자각·타각증상이 발생한 경우
2) 직업병 유소견자가 발생하거나 여러 명이 발생할 우려가 있는 경우
3) 그밖에 지방고용노동관서의 장이 필요하다고 판단하는 경우

10 위험예지훈련 중 TMB(Tool Box Meeting)에 관한 설명으로 틀린 것은?

① 작업 장소에서 원형의 형태를 만들어 실시한다.
② 통상 작업시작 전·후 10분 정도 시간으로 미팅한다.
③ 토의는 다수인(30인)이 함께 수행한다.
④ 근로자 모두가 말하고 스스로 생각하고 "이렇게 하자"라고 합의한 내용이 되어야 한다.

해설 ③항, 토의는 소수인(5~7명)이 함께 수행한다.

11 다음 중 스트레스(Stress)에 관한 설명으로 가장 적절한 것은?

① 스트레스는 나쁜 일에서만 발생한다.
② 스트레스는 부정적인 측면만 가지고 있다.
③ 스트레스 직무몰입과 생산성 감소의 직접적인 원인이 된다.
④ 스트레스 상황에 직면하는 기회가 많을수록 스트레스 발생 가능성은 낮아진다.

해설 1) 스트레스의 정의
　① 스트레스(stress) : 인체에 가해지는 여러 가지 자극에 대해 체내에서 일어나는 반응을 말한다.
　② 직무스트레스의 정의(NIOSH) : 직무스트레스란 직무요구조건이 개인의 능력, 자원 또는 근로자의 욕구와 맞지 않을 때 발생하는 유해한 신체적, 정서적 반응이라고 할 수 있다.
2) 스트레스의 특성
　① 스트레스는 위협적인 환경특성에 대한 개인의 반응이라고 볼 수 있다.
　② 스트레스 수준은 작업성과와 반비례 관계에 있다.
　③ 적정수준의 스트레스는 작업성과와 긍정적으로 작용할 수 있다.
　④ 지나친 스트레스를 지속적으로 받으면 인체는 자기조절능력을 상실할 수 있다.

■ 정답 ■　08.①　09.③　10.③　11.③

12 제조업자는 제조물의 결함으로 인하여 생명·신체 또는 재산에 손해를 입은 자에게 그 손해를 배상하여야 하는데 이를 무엇이라 하는가?(단, 당해 제조물에 대해서만 발생한 손해는 제외한다.)

① 입증 책임
② 담보 책임
③ 연대 책임
④ 제조물 책임

13 객관적인 위험을 자기 나름대로 판정해서 의지결정을 하고 행동에 옮기는 인간의 심리특성은?

① 세이프 테이킹(safe taking)
② 액션 테이킹(action taking)
③ 리스크 테이킹(risk taking)
④ 휴먼 테이킹(human taking)

해설 1) 리스크 테이킹(risk taking) : 본문설명
2) 안전태도가 양호한 자는 리스크 테이킹 정도가 적고 안전태도가 불량한 자는 리스크 테이킹 정도가 크다.

14 방독마스크의 정화통 색상으로 틀린 것은?

① 유기화합물용 – 갈색
② 할로겐용 – 회색
③ 황화수소용 – 회색
④ 암모니아용 – 노란색

해설

종류	표시색
유기화합물용 정화통	갈색
할로겐용 정화통	회색
황화수소용 정화통	
시안화수소용 정화통	
아황산용 정화통	노란색
암모니아용 정화통	녹색
복합용 및 겸용의 정화통	·복합용의 경우 : 해당가스 모두 표시(2층 분리) ·겸용의 경우 : 백색과 해당 가스 모두 표시(2층 분리)

15 인간의 적응기제(適應機制)에 포함되지 않는 것은?

① 갈등(conflict)
② 억압(repression)
③ 공격(aggression)
④ 합리화(rationalization)

해설 적응기제의 분야
1) 방어적 기제 : 보상, 합리화, 동일시, 승화 등
2) 도피적 기제 : 고립, 퇴행, 억압, 백일몽 등
3) 공격적 기제 : 직접적 공격기제(폭행, 싸움 등), 간접적 공격기제(조소, 비난, 욕설 등)

16 산업안전보건법상 안전·보건 표지에서 기본모형의 색상이 빨강이 아닌 것은?

① 산화성물질 경고
② 화기금지
③ 탑승금지
④ 고온 경고

해설 고온경고
1) 바탕은 노랑색
2) 기본모형·관련부호 및 그림은 검정색

17 산업안전보건법령상 특별안전·보건교육의 대상 작업의 해당하지 않는 것은?

① 석면해체·제거작업
② 밀폐된 장소에서 하는 용접작업
③ 화학설비 취급품의 검수·확인 작업
④ 2m 이상의 콘크리트 인공구조물의 해체 작업

해설 화학설비 관련 특별안전·보건교육의 대상작업
1) 화학설비 중 반응기, 교반기, 추출기의 사용 및 세척작업
2) 화학설비의 탱크내 작업
3) 분말·원재료 등을 담은 호퍼·저장탱크 등 저장탱크의 내부작업
4) 건조설비에 의한 물건의 가열·건조작업

■ 정답 ■ 12.④ 13.③ 14.④ 15.① 16.④ 17.③

18 재해발생 형태별 분류 중 물건이 주체가 되어 사람이 상해를 입는 경우에 해당되는 것은?

① 추락
② 전도
③ 충돌
④ 낙하·비래

해설 재해 형태별 분류

분류항목	세부항목
1. 추락	사람이 건축물, 비계, 기계, 사다리, 계단, 경사면, 나무 등에서 떨어지는 것
2. 전도	사람이 평면상으로 넘어졌을 때를 말함(과속, 미끄러짐 포함)
3. 충돌	사람이 정지물에 부딪힌 경우
4. 낙하, 비래	물건이 주체가 되어 사람이 맞은 경우
5. 협착	물건에 끼워진 상태, 말려든 상태
6. 감전	전기 접촉이나 방전에 의해 사람이 충격을 받은 경우
7. 폭발	압력의 급격한 발생, 개방으로 폭음을 수반한 팽창이 일어난 경우
8. 붕괴, 도괴	적재물, 비계, 건축물이 무너진 경우
9. 파열	용기 또는 장치가 물리적인 압력에 의해 파열된 경우
10. 화재	화재로 인한 경우를 말하며 관련물체는 발화물을 기재
11. 무리한 동작	무거운 물건을 들다 허리를 삐거나 부자연할 자세나 반동으로 상해를 입는 경우
12. 이상온도 접촉	고온이나 저온에 접촉한 경우
13. 유해물 접촉	유해물 접촉으로 중독이나 질식된 경우
14. 기타	1-13 항으로 구분 불능 시 발생 형태를 기재 할 것

19 안전교육의 3단계에서 생활지도, 작업동작지도 등을 통한 안전의 습관화를 위한 교육은?

① 지식교육
② 기능교육
③ 태도교육
④ 인성교육

해설 안전교육의 3단계
1) **지식교육(제1단계)** : 강의, 시청각교육을 통한 지식의 전달과 이해
2) **기능교육(제2단계)** : 시범, 견학, 실습, 현장실습교육을 통한 경험체득과 이해
3) **태도교육(제3단계)** : 작업동작지도, 생활지도 등을 통한 안전의 습관화

20 안전을 위한 동기부여로 틀린 것은?

① 기능을 숙달시킨다.
② 경쟁과 협동을 유도한다.
③ 상벌제도를 합리적으로 시행한다.
④ 안전목표를 명확히 설정하여 주지시킨다.

해설 안전 동기의 유발방법
1) 안전의 기본이념(참 가치)을 인식시킬 것
2) 안전 목표를 명확히 설정할 것
3) 결과를 알려줄 것(K.R법 : Knowledge Results)
4) 상과 벌을 줄 것
5) 경쟁과 협동을 유도할 것
6) 동기유발 수준을 유지할 것

■ 정답 ■ 18.④ 19.③ 20.①

제2과목 / 인간공학 및 시스템안전공학

21 인간 - 기계시스템에 대한 평가에서 평가 척도나 기준(criteria)으로서 관심의 대상이 되는 변수는?

① 독립변수 ② 종속변수
③ 확률변수 ④ 통제변수

해설 1) **독립변수** : 연구자가 조작하거나 통제하거나 하는 변수로서, 연구자가 선택하고 어떤 특정수준을 설정하여 그것이 다른 변수에 미치는 효과를 측정한다.(평가척도도 관심 대상이 되는 변수)
2) **종속변수** : 독립변수의 영향을 평가하기 위하여 측정하는 변수로 조사 연구되어야 할 인자(factor)이다.(실험연구에서 실험자가 연구하고 싶은 대상이 되는 변수)

22 일반적인 수공구의 설계원칙으로 볼 수 없는 것은?

① 손목을 곧게 유지한다.
② 반복적인 손가락 동작을 피한다.
③ 사용이 용이한 검지만 주로 사용한다.
④ 손잡이는 접촉면적을 가능하면 크게 한다.

해설 **수공구의 개선방법(수공구의 인간공학적 설계 원칙)**
1) 손목을 곧게 유지할 것(손목을 똑바로 펴서 사용, 손목대신 손잡이를 굽힘)
2) 손바닥에 과도한 압박을 피할 것(조직에 가해지는 접촉 스트레스를 피할 것)
3) 사용자의 손 크기에 적합하게 설계(design)할 것
4) 반복적 손가락 동작을 피할 것
5) 가장 큰 힘을 낼 수 있는 가운데 손가락이나 엄지손가락을 사용할 것
6) 정적 근육부하가 오래 지속되지 않도록 할 것
7) 팔을 회전하는 작업에는 팔꿈치를 구부린 자세에서 행할 것
8) 힘을 발휘하는 작업에는 파워쥐기(power grip), 정밀을 요하는 작업에는 핀치쥐기(pinch grip)를 사용할 것
   ① 파워쥐기(power grip) : 모든 손가락을 핸들을 감싸 쥐듯이 잡는 것
   ② 핀치쥐기(pinch grip) : 엄지와 나머지 손가락으로 꼬집듯이 잡는 것
9) 수공구 대신 동력공구를 사용하도록 할 것
10) 손잡이는 가능한 접촉면을 넓게 한다.

23 암호체계 사용상의 일반적인 지침에 해당하지 않는 것은?

① 암호의 검출성
② 부호의 양립성
③ 암호의 표준화
④ 암호의 단일 차원화

해설 **암호체계 사용상의 일반적인 지침**
1) **암호의 검출성** : 검출이 가능해야 한다.
2) **암호의 변별성** : 다른 암호표시와 구별되어야 한다.
3) **부호의 양립성** : 양립성이란 자극들 간의, 반응들 간의, 또는 자극-반응 조합의 관계를 말하는 것으로 인간의 기대와 모순되지 않는다.
4) **부호의 의미** : 사용자가 그 뜻을 분명히 알아야 한다.
5) **암호의 표준화** : 암호를 표준화하여야 한다.
6) **다차원 암호의 사용** : 2가지 이상의 암호차원을 조합해서 사용하면 정보전달이 촉진된다.

24 화학설비의 안전성 평가 과정에서 제3단계인 정량적 평가 항목에 해당되는 것은?

① 목록 ② 공정계통도
③ 화학설비용량 ④ 건조물의 도면

해설 제3단계 : 정량적 평가항목
1) 취급물질 2) 화학설비 용량
3) 온도 4) 압력
5) 조작

■ 정답 ■ 21.② 22.③ 23.④ 24.③

25 다음 FTA 그림에서 a, b, c의 부품고장률이 각각 0.01일 때, 최소 컷셋(minimal cut sets)과 신뢰도로 옳은 것은?

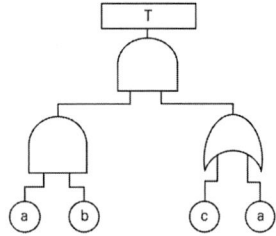

① $\{a, b\}$, R(t) = 99.99%
② $\{a, b, c\}$, R(t) = 98.99%
③ $\{a, c\}$, R(t) = 96.99%
   $\{a, b\}$
④ $\{a, c\}$, R(t) = 97.99%
   $\{a, b, c\}$

해설 1) 최소컷셋
T→1・2→a・b・2→$\begin{bmatrix} abc \\ aba \end{bmatrix}$→[a・b]
　　　　　　　　　(컷셋)　(최소컷셋)

2) F_t = a×b×[1−(1−C)(1−a)]
　　= 0.01×0.01×[1−(1−0.01)(1−0.01)]
　　= 1.99×10⁶
　R_t = 1−F_t = 1−1.99×10⁻⁶
　　　= 0.9999 = 99.99%

26 위험조정을 위해 필요한 기술은 조직형태에 따라 다양하며 4가지로 분류하였을 때 이에 속하지 않는 것은?

① 전가(transfer)
② 보류(retention)
③ 계속(continuation)
④ 감축(reduction)

해설 위험조정을 위한 처리기술
1) 전가(transfer)
2) 보류(retention)
3) 감축(reduction)
4) 회피(avoidance)

27 전통적인 인간 – 기계(Man – Machine) 체계의 대표적 유형과 거리가 먼 것은?

① 수동체계　　② 기계화체계
③ 자동체계　　④ 인공지능체계

해설 인간기계체계의 유형
1) **수동체계** : 인간의 신체적인 힘을 동원력으로 사용
2) **기계화체계(반자동체계)** : 인간이 기계 표시장치를 보고 조종장치를 통하여 통제하는 체계

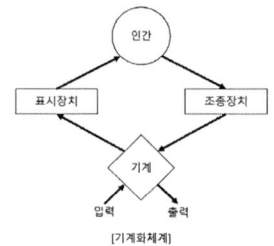

[기계화체계]

3) **자동체계**
① 기계자체가 감지, 정보처리 및 의사결정, 행동을 포함한 모든 임무를 수행하는 체계
② 인간의 역할 : 감시(Monitor), 프로그램, 정비유지 등의 기능을 수행함

28 동전던지기에서 앞면이 나올 확률 P(앞)=0.6, 뒷면이 나올 확률 P(뒤)=0.4일 때, 앞면과 뒷면이 나올 사건의 정보량을 각각 맞게 나타낸 것은?

① 앞면 : 0.10bit, 뒷면 : 1.00bit
② 앞면 : 0.74bit, 뒷면 : 1.32bit
③ 앞면 : 1.32bit, 뒷면 : 0.74bit
④ 앞면 : 2.00bit, 뒷면 : 1.00bit

해설 1) 앞면
$H = \log_2\left(\dfrac{1}{P}\right) = \log_2\left(\dfrac{1}{0.6}\right) = 0.74 bit$

2) 뒷면
$H = \log_2\left(\dfrac{1}{P}\right) = \log_2\left(\dfrac{1}{0.4}\right) = 1.32 bit$

29 FT도에 사용되는 기호 중 입력신호가 생긴 후, 일정시간이 지속된 후에 출력이 생기는 것을 나타내는 것은?

① OR 게이트　② 위험 지속 기호
③ 억제 게이트　④ 배타적 OR 게이트

해설 FT도의 수정기호
1) 우선적 AND Gate : 입력사상 가운데 어느 사상이 다른 사상보다 먼저 일어났을 때에 출력사상이 생긴다. 예를 들면 「A는 B보다 먼저」와 같이 기입한다.
2) 짜 맞춤 AND Gate : 3개 이상의 입력사상 가운데 어느 것이든 2개가 일어나면 출력사상이 생긴다. 예를 들면 「어느 것이든 2개」라고 기입한다.
3) 위험지속기호 : 입력사상이 생겨서 어느 일정시간 지속하였을 때에 출력사상이 생긴다. 예를 들면 「위험지속시간」과 같이 기입한다.
4) 배타적 OR Gate : OR Gate로 2개 이상의 입력이 동시에 존재할 때에는 출력사상이 생기지 않는다. 예를 들면 「동시에 발생하지 않는다」라고 기입한다.

30 다음 중 연마작업장의 가장 소극적인 소음대책은?

① 음향 처리제를 사용할 것
② 방음 보호 용구를 착용할 것
③ 덮개를 씌우거나 창문을 닫을 것
④ 소음원으로부터 적절하게 배치할 것

해설 1) 소극적 소음대책 : 방음 보호구(귀마개 및 귀덮개) 착용
2) 적극적 소음대책
① 소음원 제거(가장 적극적인 소음대책)
② 소음원 통제(기계의 적절한 설계, 정비 및 주유)
③ 소음의 격리(덮개를 씌우거나 창문을 닫을 것)
④ 차폐장치 및 흡음재료 사용
⑤ 음향처리제 사용
⑥ 적절한 배치

31 자동차나 항공기의 앞유리 혹은 차양판 등에 정보를 중첩 투사하는 표시장치는?

① CRT　② LCD
③ HUD　④ LED

해설 HUD(head up display) : 전방표시장치

32 어떤 결함수의 쌍대결함수를 구하고, 컷셋을 찾아내어 결함(사고)을 예방할 수 있는 최소의 조합을 의미하는 것은?

① 최대 컷셋　② 최소 컷셋
③ 최대 패스셋　④ 최소 패스셋

해설 1) 패스셋과 미니멀 패스
① 패스셋(path sets) : 정상사상이 일어나지 않는 기본사상의 집합을 말한다.
② 미니멀 패스(minimal path sets) : 필요한 최소한의 패스를 말한다.(시스템의 신뢰성을 나타냄)
2) 패스와 미니멀 패스 구하는 법 : 쌍대 FT(AND게이트를 OR게이트로, OR게이트를 AND게이트로 치환시킨 FT도)를 구하여 쌍대 FT의 미니멀 컷을 구하면 원하는 FT의 미니멀 패스가 되는 것이다.

33 다음 그림 중 형상 암호화된 조종 장치에서 단회전용 조종 장치로 가장 적절한 것은?

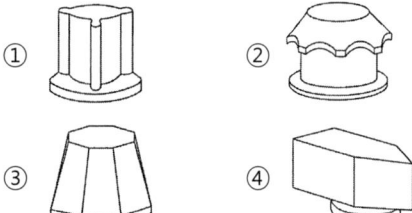

해설 형상 암호화된 조종장치
1) 만져봐서 식별되는 손잡이 : 단회전용, 다회전용, 이산멈춤위치용 등
2) 용도와 관련된 형상으로 식별되는 손잡이 : 회전수, 역출력, 착륙장치 등

34 다음의 설명에서 ( ) 안의 내용을 맞게 나열한 것은?

> 40phon은 (㉠) sone을 나타내며, 이는 (㉡)dB의 (㉢)Hz 순음의 크기를 나타낸다.

① ㉠ 1, ㉡ 40, ㉢ 1000
② ㉠ 1, ㉡ 32, ㉢ 1000
③ ㉠ 2, ㉡ 40, ㉢ 2000
④ ㉠ 2, ㉡ 32, ㉢ 2000

해설 음의 크기의 수준
1) phon : 1000Hz 순음의 음압수준(dB)을 나타낸다.
2) sone : 1000Hz, 40dB의 음압수준을 가진 순음의 크기(=40phon)를 1sone이라한다.
3) sone와 phon의 관계식
$$\therefore sone 치 = 2^{(Phon-40)/10}$$

35 통제표시비(control/display ratio)를 설계할 때 고려하는 요소에 관한 설명으로 틀린 것은?

① 통제표시비가 낮다는 것은 민감한 장치라는 것을 의미한다.
② 목시거리(目示距離)가 길면 길수록 조절의 정확도는 떨어진다.
③ 짧은 주행 시간 내에 공차의 인정범위를 초과하지 않는 계기를 마련한다.
④ 계기의 조절시간의 짧게 소요되도록 계기의 크기(size)는 항상 작게 설계한다.

해설 통제표시비(조종반응비율) 설계시 고려 사항
1) **계기의 크기** : 계기의 조절시간에 짧게 소요되는 크기를 선택하되 너무 작으면 오차발생이 커지므로 상대적으로 고려한다.
2) **공차** : 짧은 주행시간 내에 공차의 인정범위를 초과하지 않는 계기를 마련한다.
3) **목측거리** : 목시거리가 길면 길수록 조절의 정확도는 떨어진다.
4) **조작시간** : 조작시간의 지연은 직접적으로 조종반응비에 크게 영향을 주어 필요시 통제비 감소조치를 하여야 한다.
5) **방향성** : 조작방향과 표시계기의 운동방향이 일치하지 않으면 조작의 정확성이 감소한다.

36 인간-기계 시스템에서의 신뢰도 유지방안으로 가장 거리가 먼 것은?

① lock system
② fail-safe system
③ fool-proof system
④ risk assessment system

해설 인간·기계시스템의 신뢰도 유지방법
1) **lock system** : interlock system은 인간과 기계 사이에 두는 lock system이다.
2) **Fail safe** : 인간이나 기계 등에 과오나 동작상의 실수가 있더라도 사고·재해를 발생시키지 않도록 철저하게 2중, 3중으로 통제를 가하는 것이다.
3) **Fool proof** : 인간이 기계 등의 취급을 잘못해도 사고로 연결되는 일이 없도록 하는 안전기구로서 기계장치 설계단계에서 안전화를 도모하는 것이다.

37 작업장에서 구성요소를 배치하는 인간공학적 원칙과 가장 거리가 먼 것은?

① 중요도의 원칙
② 선입선출의 원칙
③ 기능성의 원칙
④ 사용빈도의 원칙

해설 부품배치의 4원칙
1) **중요성의 원칙** : 부품을 작동하는 성능이 체계의 목표달성에 긴요한 정도에 따라 우선순위를 설정한다.
2) **사용빈도의 원칙** : 부품을 사용하는 빈도에 따라 우선순위를 설정한다.
3) **기능별 배치의 원칙** : 기능적으로 관련된 부품들(표시장치, 조정장치 등)을 모아서 배치한다.
4) **사용 순서의 원칙** : 사용되는 순서에 따라 장치들을 가까이에 배치한다.

■ 정답 ■ 34.① 35.④ 36.④ 37.②

38 광원으로부터의 직사 휘광을 줄이기 위한 방법으로 적절하지 않은 것은?

① 휘광원 주위를 어둡게 한다.
② 가리개, 갓, 차양 등을 사용한다.
③ 광원을 시선에서 멀리 위치시킨다.
④ 광원의 수는 늘리고 휘도는 줄인다.

해설 광원으로부터의 직사휘광 처리
1) 광원의 휘도를 줄이고 수를 증가시킨다.
2) 광원을 시선에서 멀리 위치시킨다.
3) 휘광원 주위를 밝게 하여 광속발산비(휘도)를 줄인다.
4) 가리개(shield), 갓(hood), 혹은 차양(visor)을 사용한다.

39 신뢰성과 보전성을 효과적으로 개선하기 위해 작성하는 보전기록 자료로서 가장 거리가 먼 것은?

① 자재관리표   ② MTBF분석표
③ 설비이력카드   ④ 고장원인대책표

해설 보전기록 자료의 종류
1) **MTBF 분석표** : 설비의 고장정지 발생시기, 현상, 원인, 소요공수, 정지시간 등의 일체를 기록한 것
2) **설비이력카드** : 설비의 운전개시점에서부터 현재까지 발생한 고장이력, 중요한 수리공사 내용 및 수리후 성능 등을 설비마다 기록한 것
3) **고장원인 대책표** : 중요설비의 기술적 조치에 대한 상세한 자료 등을 설비고장이 발생할 때마다 기록한 것

40 체내에서 유기물을 합성하거나 분해하는 데는 반드시 에너지의 전환이 뒤따른다. 이것을 무엇이라 하는가?

① 에너지 변환   ② 에너지 합성
③ 에너지 대사   ④ 에너지 소비

해설 에너지 대사 : 체내에서 유기물의 합성 및 분해에 따른 에너지의 방출, 전환, 저장 및 이용의 모든 과정을 말한다.

제3과목 / 기계위험방지기술

41 기계의 안전조건 중 구조의 안전화가 아닌 것은?

① 기계재료의 선정 시 재료 자체에 결함이 없는지 철저히 확인한다.
② 사용 중 재료의 강도가 열화될 것을 감안하여 설계시 안전율을 고려한다.
③ 기계작동 시 기계의 오동작을 방지하기 위하여 오동작 방지 회로를 적용한다.
④ 가공경화와 같은 가공결함이 생길 우려가 있는 경우는 열처리 등으로 결함을 방지한다.

해설 기계설비의 구조적 안전화
1) 재료선택의 안전화(재료결함)
2) 설계상의 올바른 강도계산(설계상 결함)
3) 가공상의 안전화(가공결함)

42 연삭숫돌의 파괴원인이 아닌 것은?

① 숫돌 작업 시 측면 사용이 원인이 된다.
② 숫돌 작업 시 드레싱을 실시했을 때 원인이 된다.
③ 숫돌의 회전속도가 너무 빠를 때 원인이 된다.
④ 숫돌의 회전중심이 잡히지 않았거나 베어링의 마모에 의한 진동이 원인이 된다.

해설 연삭기 숫돌의 파괴원인
1) 숫돌의 회전속도가 빠를 때
2) 숫돌자체에 균열이 있을 때
3) 숫돌에 과대한 충격을 가할 때
4) 숫돌의 측면을 사용하여 작업할 때
5) 숫돌의 불균형이나 베어링 마모에 의한 진동이 있을 때
6) 숫돌 반경방향의 온도변화가 심할 때
7) 작업에 부적당한 숫돌을 사용할 때
8) 숫돌의 치수가 부적당할 때
9) 플랜지가 현저히 작을 때(플랜지 직경=숫돌직경×1/3)

■ 정답 ■　38.①　39.①　40.③　41.③　42.②

43 산업안전보건기준에 관한 규칙상 안전난간의 구조 및 설치요건 중 상부 난간대는 바닥면·발판 또는 경사로의 표면으로부터 몇 cm 이상 지점에 설치해야 하는가?

① 30cm ② 60cm
③ 90cm ④ 120cm

해설 안전난간의 구조 및 설치요건(안전보건규칙 제13조)
1) 상부난간대, 중간난간대, 발끝막이판 및 난간기둥으로 구성할 것(중간난간대, 발끝막이판 및 난간기둥은 이와 비슷한 구조 및 성능을 가진 것으로 대체할 수 있다.)
2) 상부난간대는 바닥면, 발판 또는 경사로의 표면(이하 "바닥면 등")으로부터 90cm 이상지점에 설치하고, 상부난간대를 120cm 이하에 설치하는 경우 중간난간대는 상부난간대와 바닥면 등의 중간에 설치하여야 하며, 120cm 이상 지점에 설치하는 경우에는 중간난간대를 2단 이상으로 균등하게 설치하고 난간의 상하간격은 60cm 이하가 되도록 할 것
3) 발끝막이판은 바닥면 등으로부터 10cm이상의 높이를 유지할 것(물체가 떨어지거나 날아올 위험이 없거나 그 위험을 방지할 수 있는 망을 설치하는 등 필요한 예방조치를 한 장소는 제외)
4) 난간기둥은 상부난간대와 중간난간대를 견고하게 떠받칠 수 있도록 적정 간격을 유지할 것
5) 상부난간대와 중간난간대는 난간길이 전체에 걸쳐 바닥면 등과 평행을 유지할 것
6) 난간대는 지름 2.7cm 이상의 금속제 파이프나 그 이상의 강도를 가진 재료일 것
7) 안전난간은 임의의 점에서 임의의 방향으로 움직이는 100kg이상의 하중에 견딜 수 있는 튼튼한 구조일 것

44 플레이너와 세이퍼의 방호장치가 아닌 것은?

① 칩 브레이커 ② 칩받이
③ 칸막이 ④ 방책

해설 세이퍼의 방호장치
1) 칩받이
2) 방책(방호울)
3) 칸막이

45 그림과 같이 2줄 걸이 인양작업에서 와이어로프 1줄의 파단하중이 10,000N, 인양화물의 무게가 2,000N 이라면 이 작업에서 확보된 안전율은?

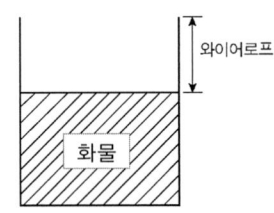

① 2 ② 5
③ 10 ④ 20

해설
1) 로프 2줄의 파단하중 = 10,000N×2
   = 20,000N
2) 안전율 = $\dfrac{파단하중}{허용응력}$
   = $\dfrac{20,000N}{2,000N}$ = 10

46 화물의 하중을 직접 지지하는 달기 와이어로프의 안전계수 기준은?

① 3이상 ② 4이상
③ 5이상 ④ 10이상

해설 양중기의 와이어로프 또는 달기체인(고리걸이용 포함)의 안전계수

안전계수 = $\dfrac{절단하중}{최대사용하중(허용하중)}$

1) 근로자가 탑승하는 운반구를 지지하는 경우 : 10이상
2) 화물의 하중을 직접 지지하는 경우 : 5이상
3) 훅, 샤클, 클램프, 리프팅 빔의 경우 : 3이상
4) 그 밖의 경우 : 4이상

47 보일러의 안전한 기동을 위해 압력방출장치가 2개 이상 설치된 경우 최고사용압력 이하에서 1개가 작동되었다면, 다른 압력방출장치의 작동압력의 범위는?

① 최고사용압력 1.05배 이하
② 최고사용압력 1.1배 이하
③ 최고사용압력 1.15배 이하
④ 최고사용압력 1.2배 이하

해설 압력방출장치의 설치기준(안전보건규칙)
1) 보일러의 안전한 가동을 위하여 보일러 규격에 적합한 압력방출장치를 1개 또는 2개 이상 설치하고 최고사용압력 이하에서 작동되도록 할 것. 다만 압력방출장치가 2개 이상 설치된 경우에는 최고사용압력 이하에서 1개가 작동되고, 다른 압력 방출장치는 최고사용압력 1.05배 이하에서 작동되도록 할 것
2) 압력방출장치는 1년에 1회 이상 표준 압력계를 이용하여 토출압력을 실험한 후 납으로 봉인하여 사용하도록 할 것

48 가드(guard)의 종류가 아닌 것은?

① 고정식　　② 조정식
③ 자동식　　④ 반자동식

해설 가드(guard)의 종류
1) **고정형 가드**(fixed guard) : 완전밀폐형, 작업점용
2) **자동형 가드**(auto guard) : 이동형, 가동형 등 기계·전기·유공압적 인터록 시스템
3) **조절형 가드**(adjustable guard) : 작업여건에 따라 조절하여 사용

49 프레스작업의 안전을 위한 방호장치 중 투광부와 수광부를 구비하는 방호장치는?

① 양수조작식　　② 가드식
③ 광전자식　　　④ 수인식

해설 광전자식 방호장치 설치기준
1) 광축의 설치거리(위험부위에서 안전거리)
설치거리(mm)=1.6($T_L + T_S$)

여기서, T_L : 손이 광선차단 직후부터 급정지 기구가 작동을 개시할 때까지의 시간(ms)
T_S : 급정지기구 작동개시 시간부터 슬라이드가 정지할 때까지의 시간(ms)
$T_L + T_S$: 최대정지시간(급정지시간)

2) 광축의 수는 2개 이상, 광축 간의 간격은 50mm 이하일 것
3) 투광기와 수광기의 사이에 연속차광을 할 수 있는 차광폭은 30mm이하일 것

50 공작기계 중 플레이너 작업 시 안전대책이 아닌 것은?

① 베드 위에는 다른 물건을 올려 놓지 않는다.
② 절삭행정 중 일감에 손을 대지 말아야 한다.
③ 프레임내의 피트(Pit)에는 뚜껑을 설치하여야 한다.
④ 바이트는 되도록 길게 나오도록 설치한다.

해설 플레이너의 안전작업수칙
1) 공작물(일감)의 고정시에는 반드시 전원을 차단시킬 것
2) 이동테이블에 방호울을 설치할 것
3) 프레임(frame) 중앙부에 있는 피트(pit)에는 덮개(뚜껑)를 설치할 것
4) 바이트는 되도록 짧게 설치할 것
5) 베드 위에는 다른 물건을 올려 놓지 않을 것
6) 압판은 죄는 힘에 의해 휘어지지 않도록 충분히 두꺼운 것을 사용하고 수평이 되도록 고정시킬 것
7) 테이블과 고정벽이나 다른 기계와의 최소거리가 80cm이하인 경우에는 그 사이를 통행할 수 없게 할 것

51 산업용 로봇의 방호장치로 옳은 것은?

① 압력방출 장치　　② 안전매트
③ 과부하 방지장치　④ 자동전격 방지장치

해설 산업용 로봇의 방호장치
1) 안전매트
2) 방책(높이 1.8m 이상)
3) 제동장치 및 비상정지장치

■ 정답 ■　47.①　48.④　49.③　50.④　51.②

52 체인과 스프로킷, 랙과 피니언, 풀리와 V벨트 등에서 형성되는 위험점은?

① 끼임점　　② 회전말림점
③ 접선물림점　④ 협착점

해설 1) 끼임점 : 연삭숫돌과 작업대, 반복 동작되는 링크기구, 교반기의 교반날개와 몸체사이 등
2) 회전말림점 : 회전축, 드릴축, 커플링 등
3) 접선물림점 : 본문 설명
4) 협착점 : 프레스, 성형기, 절곡기 등

53 지게차가 무부하 상태로 구내 최고속도 25km/h로 주행 시 좌우안정도는 몇 % 이내인가?

① 16.5%　　② 25.0%
③ 37.5%　　④ 42.5%

해설 지게차 주행시 좌우안정도=15+1.1V
=15+(1.1×25)=42.5%

> 길잡이　지게차의 안정도
> 1) 하역 작업시
>   ① 전후 안정도: 4%(5톤 이상의 것은 3.5%)
>   ② 좌우 안정도: 6%
> 2) 주행시
>   ① 전후 안정도: 18%
>   ② 좌우 안정도: (15+1.1V)%, V는 최고속도(km/hr)

54 프레스의 양수조작식 방호장치에서 양쪽버튼의 작동시간 차이는 최대 몇 초 이내일 때 프레스가 동작되도록 해야 하는가?

① 0.1　　② 0.5
③ 1.0　　④ 1.5

해설 양수조작식은 누름버튼을 양손으로 동시에 조작하지 않으면 작동시킬 수 없는 구조이어야 하며, 양쪽버튼의 작동시간 차이는 최대 0.5초 이내일 때 프레스가 동작되도록 할 것

55 근로자가 탑승하는 운반구를 지지하는 달기체인의 안전계수는 몇 이상이어야 하는가?

① 3　　② 4
③ 5　　④ 10

해설 양중기의 와이어로프 또는 달기체인의 안전계수(안전보건규칙)
1) 근로자가 탑승하는 운반구를 지지하는 경우 : 10이상
2) 화물의 하중을 직접 지지하는 경우 : 5이상
3) 훅, 샤클, 클램프, 리프팅 빔의 경우 : 3이상
4) 그 밖의 경우 : 4이상

56 기계설비에 있어서 방호의 기본 원리가 아닌 것은?

① 위험제거　　② 덮어씌움
③ 위험도 분석　④ 위험에 적응

해설 방호의 기본원리
1) 위험제거
2) 덮어씌움(위험해지는 상태의 삭감)
3) 위험에 적응
4) 차단(위험해 지는 상태의 제거)

57 가스집합용접장치에서 가스장치실에 대한 안전조치로 틀린 것은?

① 가스가 누출될 때에는 해당 가스가 정체되지 않도록 한다.
② 지붕 및 천장은 콘크리트 등의 재료로 폭발을 대비하여 견고히 한다.
③ 벽에는 불연성 재료를 사용한다.
④ 가스장치실에는 관계근로자가 아닌 사람의 출입을 금지시킨다.

해설 ②항, 지붕과 천장에는 가벼운 불연성 재료를 사용할 것

58 목재 가공용 둥근톱의 목재반발 예방장치가 아닌 것은?

① 반발방지 발톱(finger)
② 분할날(spreader)
③ 덮개(cover)
④ 반발방지 롤(roll)

해설 둥근톱기계의 방호장치
  1) 톱날접촉예방장치 : 보호덮개
  2) 반발예방장치
   ① 분할날
   ② 반발방지기구(finger)
   ③ 반발방지롤(roll)

59 수공구 작업 시 재해방지를 위한 일반적인 유의사항이 아닌 것은?

① 사용 전 이상 유무를 점검한다.
② 작업자에게 필요한 보호구를 착용시킨다.
③ 적합한 수공구가 없을 경우 유사한 것을 선택하여 사용한다.
④ 사용 전 충분한 사용법을 숙지한다.

해설 수공구 작업시 재해방지를 위한 유의사항
  1) 사용전 이상유무 점검
  2) 보호구 착용
  3) 사용전 사용법 숙지

60 선반의 안전작업 방법 중 틀린 것은?

① 절삭칩의 제거는 반드시 브러시를 사용할 것
② 기계운전 중에는 백기어(back gear)의 사용을 금할 것
③ 공작물의 길이가 직경의 6배 이상일 때는 반드시 방진구를 사용할 것
④ 시동 전에 척 핸들을 빼둘 것

해설 ③항, 공작물의 길이가 직경의 12배 이상으로 가늘고 길 때는 방진구(공작물의 고정에 사용)를 사용하여 진동을 막을 것

제4과목 / 전기 및 화학설비위험방지기술

61 교류아크 용접작업시 감전을 예방하기 위하여 사용하는 자동전격방지기의 2차 전압은 몇 V 이하로 유지하여야 하는가?

① 25   ② 35
③ 50   ④ 40

해설 교류아크용접기의 방호장치
  1) **방호장치** : 자동전격방지장치
  2) **방호장치의 성능**
   ① 아크발생을 정지시킬 때 주접점이 개로될 때까지의 시간(자동시간)은 1초 이내일 것
   ② 2차 무부하전압은 25V 이내일 것
  3) **자동전격방지장치의 기능** : 용접작업중단 직후부터 다음 아크 발생기까지 유지할 것

62 전기기기의 불꽃 또는 열로 인해 폭발성 위험분위기에 점화되지 않도록 컴파운드를 충전해서 보호한 방폭구조는?

① 몰드 방폭구조   ② 비점화 방폭구조
③ 안전증 방폭구조   ④ 본질안전 방폭구조

해설 1) **몰드 방폭구조** : 본문설명
  2) **비점화방폭구조** : 전기기기가 정상작동과 규정된 특정한 비정상상태에서 주위의 폭발성 가스 분위기를 점화시키지 못하도록 만든 방폭구조
  3) **안전증방폭구조** : 폭발성가스·증기의 점화원이 될 전기불꽃, 아크 또는 고온이 되어서는 안 되는 부분에 기계적, 전기적 구조상 또는 온도상승을 억제할 수 있도록 안전도를 증가시킨 구조
  4) **본질안전방폭구조** : 정상시 및 사고시(단선, 단락, 지락 등)에 발생하는 전기불꽃 아크 또는 고온에 의하여 폭발성가스 또는 증기에 점화되지 않는 것이 점화시험, 기타에 의해서 확인된 구조

■ 정답 ■ 58.③ 59.③ 60.③ 61.① 62.①

63 폭발범위에 있는 가연성 가스 혼합물에 전압을 변화시키며 전기 불꽃을 주었더니 1,000V가 되는 순간 폭발이 일어났다. 이때 사용한 전기 불꽃의 콘덴서 용량은 $0.1\mu F$을 사용하였다면 이 가스에 대한 최소 발화에너지는 몇 mJ인가?

① 5 ② 10
③ 50 ④ 100

해설 $E = \dfrac{1}{2}CV^2$
$= \dfrac{1}{2} \times 0.1 \times 10^{-6} \times 1,000^2$
$= 0.05J = 50mJ$

64 전로에 시설하는 기계기구의 철대 및 금속제 외함에는 규정에 따른 접지공사를 실시하여야 하나 시설하지 않아도 되는 경우가 있다. 예외 규정으로 틀린 것은?

① 사용전압이 교류 대지전압 150V이하인 기계 기구를 습한 곳에 시설하는 경우
② 철대 또는 외함 주위에 적당한 절연대를 설치하는 경우
③ 저압용 기계기구를 건조한 마루나 절연성 물질 위에서 취급하도록 시설하는 경우
④ 2중 절연구조로 되어있는 기계기구를 시설하는 경우

해설 접지공사가 생략되는 장소
1) 건조한 장소에 설치한 직류 300V 또는 교류 대지전압이 150V이하인 전기기계·기구
2) 목재 마루 등 건조한 장소에서 전기기기를 취급하는 곳
3) 철대와 외함 주위에 절연대를 설치한 전기기계·기구
4) 사람이 쉽게 접촉되지 않게 목주 등에 높이 설치한 저압·고압용 전기기계·기구 (단, 절연성이 없는 철주상 등에 설치시는 접지공사를 해야 함)
5) 전기용품안전관리법의 적용을 받는 이중절연의 전기기계·기구
6) 누전차단기(정격감도전류 30mA이하, 동작시간 0.03sec 이하의 전류동작형의 것에 한함)로 보호된 저압전로의 기계·기구

65 감전에 영향을 미치는 요인으로 통전경로별 위험도가 가장 높은 것은?

① 왼손 - 등   ② 오른손 - 등
③ 오른손 - 왼발 ④ 왼손 - 가슴

해설 통전경로별 위험도

통전경로	위험도
1) 왼손 - 가슴	1.5
2) 오른손 - 가슴	1.3
3) 왼손 - 한발 또는 양발	1.0
4) 양손 - 양발	1.0
5) 오른손 - 한발 또는 양발	0.8
6) 왼손 - 등	0.7
7) 한손 또는 양손 - 앉아 있는 거리	0.7
8) 왼손 - 오른손	0.4
9) 오른손 - 등	0.3

66 폭발범위에 관한 설명으로 옳은 것은?

① 공기밀도에 대한 폭발성 가스 및 증기의 폭발 가능 밀도 범위
② 가연성 액체의 액면 근방에 생기는 증기가 착화 할 수 있는 온도 범위
③ 폭발화염이 내부에서 외부로 전파될 수 있는 용기의 틈새 간격 범위
④ 가연성 가스와 공기와의 혼합가스에 점화원을 주었을 때 폭발이 일어나는 혼합가스의 농도 범위

해설 폭발한계(폭발범위)
1) 점화원에 의하여 폭발을 일으킬 수 있는 폭발성 가스와 공기와의 혼합가스 농도 범위를 말하며 폭발이 일어날 수 있는 낮은 농도값을 폭발하한계, 가장 높은 농도값을 폭발상한계라 한다.
2) 일반적으로 폭발범위가 넓고 하한계가 낮을수록 폭발성 분위기를 생성하기 쉽다.

67 대전된 물체가 방전을 일으킬 때의 에너지 E(J)를 구하는 식으로 옳은 것은? (단, 도체의 정전용량은 C(F), 대전전위는 V(V), 대전전하량은 Q(C)이다.)

① $E = \sqrt{2CQ}$
② $E = \dfrac{1}{2}CV$
③ $E = \dfrac{Q^2}{2C}$
④ $E = \sqrt{\dfrac{2V}{C}}$

해설 $E = \dfrac{1}{2}CV^2 = \dfrac{1}{2}QV = \dfrac{Q^2}{2C}$

여기서, E : 정전에너지(J)
 C : 도체의 정전용량(F)
 V : 대전전위(V)(V=Q/C)
 Q : 대전전하량(C)(Q=CV)

68 누전차단기의 선정 및 설치에 관한 설명으로 틀린 것은?

① 차단기를 설치한 전로에 과부하 보호장치를 설치하는 경우는 서로 협조가 잘 이루어지도록 한다.
② 정격부동작전류와 정격감도전류와의 차는 가능한 큰 차단기로 선정한다.
③ 휴대용, 이동용 전기기기에 설치하는 차단기는 정격감도전류가 낮고, 동작시간이 짧은 것을 선정한다.
④ 전로의 대지정전용량이 크면 차단기가 오동작하는 경우가 있으므로 각 분기회로마다 차단기를 설치한다.

해설 ②항, 정격부동작전류가 정격감도전류의 50% 이상이어야 하고 전류치가 가능한 작을 것

69 반응기가 이상과열인 경우 반응폭주를 방지하기 위하여 작동하는 장치로 가장 거리가 먼 것은?

① 고온경보장치
② 블로우다운시스템
③ 긴급차단장치
④ 자동shutdown장치

70 산업안전보건법령상 안전밸브 전단, 후단에 자물쇠형 차단밸브를 설치할 수 없는 경우는?

① 화학설비 및 그 부속설비에 안전밸브 등이 복수방식으로 설치되어있는 경우
② 예비용 설비를 설치하고 각각의 설비에 안전밸브 등이 설치되어있는 경우
③ 열팽창에 의하여 상승된 압력을 낮추기 위한 목적으로 안전밸브가 설치된 경우
④ 안전밸브 등의 배출용량의 2분의 1이상에 해당하는 용량의 자동압력조절밸브와 안전밸브가 직렬로 연결된 경우

해설 차단밸브의 설치 금지(안전보건규칙 제266조) : 안전밸브 등의 전단·후단에 차단밸브를 설치해서는 아니된다. 다만, 다음 각 호에 해당하는 경우에는 자물쇠형 또는 이에 준하는 형식의 차단밸브를 설치할 수 있다.
 1) 인접한 화학설비 및 그 부속설비에 안전밸브 등이 각각 설치되어 있고, 해당 화학설비 및 그 부속설비의 연결배관에 차단밸브가 없는 경우
 2) 안전밸브 등의 배출용량의 2분의 1이상에 해당하는 용량의 자동압력조절밸브(구동용 동력원의 공급을 차단하는 경우 열리는 구조인 것으로 한정)와 안전밸브 등이 병렬로 연결된 경우
 3) 화학설비 및 그 부속설비에 안전밸브 등이 복수방식으로 설치되어 있는 경우
 4) 예비용 설비를 설치하고 각각의 설비에 안전밸브 등이 설치되어 있는 경우
 5) 열팽창에 의하여 상승된 압력을 낮추기 위한 목적으로 안전밸브가 설치된 경우
 6) 하나의 플레어 스택(flare stack)에 둘 이상의 단위공정의 플레어 헤더(flare header)를 연결하여 사용하는 경우로서 각각의 단위공정의 플레어헤더에 설치된 차단밸브의 열림·닫힘 상태를 중앙제어실에서 알 수 있도록 조치한 경우

■ 정답 ■ 67.③ 68.② 69.② 70.④

71 가스 또는 분진폭발위험장소에는 변전실·배전반실·제어실 등을 설치하여서는 아니 된다. 다만, 실내기압이 항상 양압을 유지하도록 하고, 별도의 조치를 한 경우에는 그러하지 않은데 이 때 요구되는 조치사항으로 틀린 것은?

① 양압을 유지하기 위한 환기설비의 고장 등으로 양압이 유지되지 아니한 때 경보를 할 수 있는 조치를 한 경우
② 환기설비가 정지된 후 재가동하는 경우 변전실 등에 가스 등이 있는지를 확인할 수 있는 가스검지기 등의 장비를 비치한 경우
③ 환기설비에 의하여 변전실 등에 공급되는 공기는 가스 또는 분진폭발위험장소가 아닌 곳으로부터 공급되도록 하는 조치를 한 경우
④ 항상 유지해야 하는 실내기압이 항상 양압 10Pa 이상이 되도록 장치를 한 경우

해설 ④항, 항상 유의해야 하는 실내기압이 항상 양압 25Pa(파스칼) 이상이 되도록 할 것

72 가열·마찰·충격 또는 다른 화학물질과의 접촉 등으로 인하여 산소나 산화제의 공급이 없더라도 폭발 등 격렬한 반응을 일으킬 수 있는 물질은?

① 알코올류 ② 무기과산화물
③ 니트로화합물 ④ 과망간산칼륨

해설 폭발성 물질 및 유기과산화물 : 가열·마찰·충격 또는 다른 화학물질과의 접촉 등으로 인하여 산소나 산화제의 공급이 없더라도 폭발 등 격렬한 반응을 일으킬 수 있는 고체나 액체로서 다음 항목에 해당하는 물질
1) 질산에트레르류 2) 니트로 화합물
3) 니트로소 화합물 4) 아조 화합물
5) 디아조 화합물
6) 하이드라진 및 그 유도체
7) 유기과산화물 등

73 22.9kV 특별고압 활선작업 시 충전전로에 대한 접근한계거리는 몇 cm인가?

① 30 ② 60
③ 90 ④ 110

해설 접근한계거리

충전전로의 선간전압(단위 : kV)	충전전로에 대한 접근한계거리(cm)
0.3 이하	접촉금지
0.3 초과 0.75 이하	30
0.75 초과 2 이하	45
2 초과 15 이하	60
15 초과 37 이하	90
37 초과 88 이하	110
88 초과 121 이하	130
121 초과 145 이하	150
145 초과 169 이하	170
169 초과 242 이하	230
242 초과 362 이하	380
362 초과 550 이하	550
550 초과 800이하	790

74 다음 중 아세틸렌의 취급·관리시 주의사항으로 옳지 않은 것은?

① 용기는 폭발할 수 있으므로 전도·낙하되지 않도록 한다.
② 폭발할 수 있으므로 필요 이상 고압으로 충전하지 않는다.
③ 용기는 밀폐된 장소에 보관하고, 누출시에는 누출원에 직접 주수하도록 한다.
④ 폭발성 물질을 생성할 수 있으므로 구리나 일정 함량 이상의 구리합금과 접촉하지 않도록 한다.

해설 아세틸렌 용기는 통풍이나 환기가 불충분한 밀폐된 장소에 설치, 보관(저장)하지 않도록 할 것

■ 정답 ■ 71.④ 72.③ 73.③ 74.③

75 유해·위험물질 취급시 보호구의 구비조건으로 가장 거리가 먼 것은?

① 방호성능이 충분할 것
② 재료의 품질이 양호할 것
③ 작업에 방해가 되지 않을 것
④ 착용감이 뛰어나고 외관이 화려할 것

해설 보호구의 구비조건
  1) ①, ②, ③항
  2) 착용시 작업이 용이할 것
  3) 구조와 끝 마무리가 양호할 것
  4) 외관 및 디자인이 양호할 것

76 저항이 0.2Ω인 도체에 10A의 전류가 1분간 흘렀을 경우 발생하는 열량은 몇 cal인가?

① 64   ② 144
③ 288   ④ 386

해설 $Q = I^2 RT$
$= 10^2 \times 0.2 \times 60$
$= 1200J \times \dfrac{1cal}{4.186J} = 286.67 cal$

77 일반적인 방전형태의 종류가 아닌 것은?

① 스트리머(streamer)방전
② 적외선(infrared-ray)방전
③ 코로나(corona)방전
④ 연면(surface)방전

해설 방전의 형태
  1) 스파크(spark)방전(불꽃방전)
  2) 코로나(corona)방전
  3) 연면방전
  4) 스트리머(streamer)방전
  5) 뇌상방전

78 다음 중 물분무소화설비의 주된 소화효과에 해당하는 것으로만 나열한 것은?

① 냉각효과, 질식효과
② 희석효과, 제거효과
③ 제거효과, 억제효과
④ 억제효과, 희석효과

해설 물분무소화설비의 주된 소화효과
  1) 냉각효과
  2) 억제효과
  3) 희석효과

79 공정 중에서 발생하는 미연소가스를 연소하여 안전하게 밖으로 배출시키기 위하여 사용하는 설비는 무엇인가?

① 증류탑   ② 플레어스택
③ 흡수탑   ④ 인화방지망

해설 긴급방출장치
  1) flare stack : 가연성 가스나 고휘발성 액체의 증기를 연소시켜 대기 중으로 방출하는 안전장치이다.
  2) blow down : 응축성 증기, 열유, 열액 등 공정액체를 빼내고 이것을 안전하게 유지 또는 처리하기 위한 안전장치이다.

80 다음 중 분진 폭발의 발생 위험성을 낮추는 방법으로 적절하지 않은 것은?

① 주변의 점화원을 제거한다.
② 분진이 날리지 않도록 한다.
③ 분진과 그 주변의 온도를 낮춘다.
④ 분진 입자의 표면적을 크게 한다.

해설 ④항, 분진 입자의 표면적을 작게 한다.

■정답■ 75.④ 76.③ 77.② 78.④ 79.② 80.④

제5과목 / 건설안전기술

81 일반 거푸집 설계시 강도상 고려해야 할 사항이 아닌 것은?

① 고정하중　② 풍압
③ 콘크리트 강도　④ 측압

해설 거푸집 설계시 고려해야 할 하중
1) **연직방향하중** : 고정하중, 충격하중, 작업하중 등
2) **횡방향하중** : 진동, 충격, 시공오차 등에 기인되는 횡방향하중, 풍압, 유수압, 지진 등
3) **콘크리트의 측압** : 굳지 않은 콘크리트의 측압
4) **특수하중** : 시공 중에 예상되는 특수한 하중
5) 상기 1~4호의 하중에 안전율을 고려한 하중

82 철골공사 시 도괴의 위험이 있어 강풍에 대한 안전 여부를 확인해야 할 필요성이 가장 높은 경우는?

① 연면적단 철골량이 일반건물보다 많은 경우
② 기둥에 H형강을 사용하는 경우
③ 이음부가 공장용접인 경우
④ 호텔과 같이 단면구조가 현저한 차이가 있으며 높이가 20m 이상인 건물

해설 철골공사시 철공의 자립도 검토사항 : 구조안전의 위험성이 큰 다음 항목의 철골구조물은 건립 중 강풍에 의한 풍압 등 외압에 대한 내력이 설계에 고려되었는지 확인할 것
1) 높이 20m 이상의 구조물
2) 구조물의 폭과 높이의 비가 1 : 4 이상인 구조물
3) 단면구조에 현저한 차이가 있는 구조물
4) 연면적당 철골량이 50kg/m² 이하인 구조물
5) 기둥이 타이 플레이트(tie plate)형인 구조물
6) 이음부가 현장용접인 구조물

83 채석작업을 하는 경우 지반의 붕괴 또는 토석의 낙하로 인하여 근로자에게 발생할 우려가 있는 위험을 방지하기 위하여 취하여야 할 조치와 가장 거리가 먼 것은?

① 작업 시작 전 작업장소 및 그 주변 지반의 부석과 균열의 유무와 상태 점검
② 함수·용수 및 동결상태의 변화 점검
③ 진동치 속도 점검
④ 발파 후 발파장소 점검

해설 채석작업시 지반의 붕괴 또는 토석의 낙하에 의한 위험방지 조치사항
1) 점검자를 지명하고 작업 장소 및 그 주변의 지반에 대하여 당일의 작업을 시작하기 전에 부석과 균열의 유무와 상태, 함수·용수 및 동결상태의 변화를 점검할 것
2) 점검자는 발파를 행한 후 당해 발파를 행한 장소와 그 주변의 부석과 균열의 유무 및 상태를 점검할 것

84 감전재해의 방지대책에서 직접접촉에 대한 방지대책에 해당하는 것은?

① 충전부에 방호망 또는 절연덮개 설치
② 보호접지(기기외함의 접지)
③ 보호절연
④ 안전전압 이하의 전기기기 사용

해설 1) **직접접촉에 의한 감전방지대책**
① 충전부 전체를 절연할 것
② 노출형 배전설비 등은 폐쇄 배전반형으로 하고 전동기 등은 적절한 방호구조의 형식을 사용할 것
③ 설치장소의 제한, 별도의 실내 또는 울타리 등을 설치하고 시건장치를 할 것
2) **간접접촉에 의한 감전방지대책**
① 계통 또는 기기접지
② 누전차단기 설치
③ 비접지방식의 전로채용
④ 안전전압 이하의 전기기기 사용
⑤ 보호절연

■ 정답 ■　81.③　82.④　83.③　84.①

85 지반의 침하에 따른 구조물의 안전성에 중대한 영향을 미치는 흙의 간극비의 정의로 옳은 것은?

① $\dfrac{공기의 부피}{흙입자의 부피}$

② $\dfrac{공기와 물의 부피}{흙입자의 부피}$

③ $\dfrac{공기와 물의 부피}{흙입자에 포함된 물의 부피}$

④ $\dfrac{공기의 부피}{흙입자에 포함된 물의 부피}$

해설 1) 흙 = 토립자 + 공극(간극 : 물 + 공기)

2) 간극비(공급비) $= \dfrac{공극의 용적}{흙입자의 용적}$

$= \dfrac{공기와 물의 부피}{흙입자의 부피}$

86 차량계 하역운반기계의 운전자가 운전위치를 이탈하는 경우 조치해야 할 내용 중 틀린 것은?

① 포크 및 버킷을 가장 높은 위치에 두어 근로자 통행을 방해하지 않도록 하였다.
② 원동기를 정지시켰다.
③ 브레이크를 걸어두고 확인하였다.
④ 경사지에서 갑작스런 주행이 되지 않도록 바퀴에 블록 등을 놓았다.

해설 차량계 하역운반기계의 운전자가 운전위치를 이탈할 경우 준수할 사항
1) 포크 및 버킷 등의 하역장치를 가장 낮은 위치에 둘 것
2) 원동기를 정지시키고 브레이크를 확실히 거는 등 불시 주행을 방지하기 위한 조치를 할 것

87 추락재해 방지설비의 종류가 아닌 것은?

① 추락방망 ② 안전난간
③ 개구부 덮개 ④ 수직보호망

해설 수직보호망 : 낙하·비래 방지설비

88 흙파기 공사용 기계에 관한 설명 중 틀린 것은?

① 불도저는 일반적으로 거리 60m 이하의 배토 작업에 사용된다.
② 클램쉘은 좁은 곳의 수직파기를 할 때 사용한다.
③ 파워쇼벨은 기계가 위치한 면보다 낮은 곳을 파낼 때 유용하다.
④ 백호우는 토질의 구멍파기나 도랑파기에 이용된다.

해설 파워쇼벨 : 기계가 위치한 면보다 높은 곳을 굴착하는 기계

89 옹벽이 외벽에 대하여 안정하기 위한 검토 조건이 아닌 것은?

① 전도 ② 활동
③ 좌굴 ④ 지반 지지력

해설 옹벽이 외력에 대하여 안정하기 위한 검토조건
1) 전도 2) 활동 3) 지반지지력

90 차량계 하역운반기계에 화물을 적재할 때의 준수사항과 거리가 먼 것은?

① 하중이 한쪽으로 치우치지 않도록 적재할 것
② 구내운반차 또는 화물자동차의 경우 화물의 붕괴 또는 낙하에 의한 위험을 방지하기 위하여 화물에 로프를 거는 등 필요한 조치를 할 것
③ 운전자의 시야를 가리지 않도록 화물을 적재할 것
④ 제동장치 및 조정장치 기능의 이상 유무를 점검할 것

해설 ④항, 제동장치 및 조종장치 기능의 이상 유무 : 지게차의 작업시작 전 점검사항

91 콘크리트 측압에 관한 설명 중 옳지 않은 것은?

① 슬럼프가 클수록 측압은 커진다.
② 벽 두께가 두꺼울수록 측압은 커진다.
③ 부어 넣는 속도가 빠를수록 측압은 커진다.
④ 대기 온도가 높을수록 측압은 커진다.

해설 대기온도가 낮을수록 측압이 커진다.

92 토사 붕괴의 내적 요인이 아닌 것은?

① 절토 사면의 토질구성 이상
② 성토 사면의 토질구성 이상
③ 토석의 강도 저하
④ 사면, 법면의 경사 증가

해설 ④항, 사면, 법면의 경사 증가 : 토사 붕괴의 외적요인

93 철골작업시 추락재해를 방지하기 위한 설비가 아닌 것은?

① 안전대 및 구명줄
② 트렌치 박스
③ 안전난간
④ 추락방지용 방망

해설 철골공사시 추락재해 방지설비 : 안전대 및 구명줄, 안전난간 및 울타리, 추락방지용 방망 등

94 차량계 건설기계의 작업 시 작업시작 전 점검사항에 해당되는 것은?

① 권과방지장치의 이상유무
② 브레이크 및 클러치의 기능
③ 슬링 · 와이어 슬링의 매달린 상태
④ 언로드밸브의 이상유무

해설 차량계 건설기계의 작업시작 전 점검사항 : 브레이크, 클러치 등의 기능

95 공사현장에서 낙하물방지망 또는 방호선반을 설치할 때 설치높이 및 벽면으로부터 내민 길이 기준으로 옳은 것은?

① 설치높이 : 10m 이내마다, 내민 길이 2m 이상
② 설치높이 : 15m 이내마다, 내민 길이 2m 이상
③ 설치높이 : 10m 이내마다, 내민 길이 3m 이상
④ 설치높이 : 15m 이내마다, 내민 길이 3m 이상

해설 낙하물방지망 또는 방호선반 설치시 준수사항
1) 설치 높이는 10m 이내마다 설치하고, 내민 길이는 벽면으로부터 2m 이상으로 할 것
2) 수평면과의 각도는 20° 내지 30°를 유지할 것

96 다음은 이음매가 있는 권상용 와이어로프의 사용금지 규정이다. ( )안에 알맞은 숫자는?

와이어로프의 한 꼬임에서 소선의 수가 ( )% 이상 절단된 것을 사용하면 안된다.

① 5
② 7
③ 10
④ 15

해설 부적격한 와이어로프의 사용금지사항
1) 이음매가 있는 것
2) 와이어로프의 한 꼬임에서 끊어진 소선(필러선 제외)의 수가 10%이상인 것
3) 지름의 감소가 공칭지름의 7%를 초과하는 것
4) 꼬인 것
5) 심하게 변형 또는 부식된 것
6) 열과 전기충격에 의해 손상된 것

97 건설업 산업안전보건관리비의 사용항목으로 가장 거리가 먼 것은?

① 안전시설비
② 사업장의 안전진단비
③ 근로자의 건강관리비
④ 본사 일반관리비

해설 건설업 안전관리비 항목별 사용기준
  1) 안전관리자 등의 인건비 및 각종 업무수당비 등
  2) 안전시설비 등
  3) 개인보호구 및 안전장구 구입비 등
  4) 사업장의 안전진단비 등
  5) 안전보건교육비 및 행사비 등
  6) 근로자의 건강관리비 등
  7) 건설재해예방 기술지도비
  8) 본사사용비

98 작업발판에 최대적재하중을 적재함에 있어 달비계의 하부 및 상부지점이 강재인 경우 안전계수는 최소 얼마 이상인가?

① 2.5
② 5
③ 10
④ 15

해설 달비계(곤돌라의 달비계는 제외)를 작업발판으로 사용할 때 최대적재하중을 정함에 있어서의 안전계수
  1) 달기와이어로프 및 달기강선의 안전계수 : 10이상
  2) 달기체인 및 달기훅의 안전계수 : 5이상
  3) 달기강대와 달비계의 하부 및 상부지점의 안전계수
    ① 강재의 경우 2.5 이상
    ② 목재의 경우 5이상

99 달비계 설치 시 달기체인의 사용 금지 기준과 거리가 먼 것은?

① 달기체인의 길이가 달기체인이 제조된 때의 길이의 5%를 초과한 것
② 균열이 있거나 심하게 변형된 것
③ 이음매가 있는 것
④ 링의 단면지름이 달기체인의 제조된 때의 해당 링의 지름의 10%를 초과하여 감소한 것

해설 부적격한 달기체인 사용금지사항
  1) 달기체인의 길이의 증가가 그 달기체인이 제조된 때의 길이의 5%를 초과한 것
  2) 링의 단면지름 감소가 그 달기체인이 제조된 때의 해당 링의 지름의 10%를 초과한 것
  3) 균열이 있거나 심하게 변형된 것

100 산업안전보건기준에 관한 규칙에 따른 굴착면의 기울기 기준으로 틀린 것은?

① 보통흙 모래 – 1 : 1.8
② 풍화암 – 1 : 0.5
③ 연암 – 1 : 1.0
④ 경암 – 1 : 0.5

해설 굴착작업시 굴착면의 기울기 기준

구분	지반의 종류	구배
보통 흙	모래 그 밖에 흙	1 : 1.8 1 : 1.2
암반	풍화암 연암 경암	1 : 1.0 1 : 1.0 1 : 0.5

■ 정답 ■ 97.④ 98.① 99.③ 100.②

2025년 2회 CBT 복원 기출문제
산업안전산업기사

제1과목 / 산업안전관리론

01 산업안전보건법상 안전·보건표지의 종류 중 지시표지에 해당되지 않는 것은?

① 안전모 착용
② 안전화 착용
③ 방호복 착용
④ 방독마스크 착용

해설 지시표지
  1) 안전모 착용
  2) 안전화 착용
  3) 보안경 착용
  4) 방독마스크 착용
  5) 방진마스크 착용
  6) 보안면 착용
  7) 안전복 착용
  8) 귀마개 착용
  9) 안전장갑 착용

02 인간의 안전교육 형태에서 행위의 난이도가 점차적으로 높아지는 순서를 올바르게 표현한 것은?

① 지식→태도변형→개인행위→집단행위
② 태도변형→지식→집단행위→개인행위
③ 개인행위→태도변형→집단행위→지식
④ 개인행위→집단행위→지식→태도변형

해설 인간 행동변화의 4단계
  1) 1단계 : 지식의 변화
  2) 2단계 : 태도의 변화
  3) 3단계 : 개인행동의 변화
  4) 4단계 : 집단 또는 조직에 대한 성과의 변화

03 산업안전보건법상 사업 내 안전·보건교육 교육과정이 아닌 것은?

① 특별교육
② 양성교육
③ 작업내용 변경 시의 교육
④ 건설업 기초 안전·보건교육

해설 산업안전보건법상 사업 내 안전·보건교육의 교육과정(시행규칙 별표8)
  1) 근로자 및 관리감독자의 정기교육
  2) 채용시 교육
  3) 작업내용 변경시 교육
  4) 특별교육
  5) 건설업 기초 안전·보건교육

04 다음에 설명하는 착시 현상과 관계가 깊은 것은?

> 그림에서 선 ab와 선 cd는 그 길이가 동일한 것이지만, 시각적으로 선 ab 가선 cd보다 길어 보인다.
>
>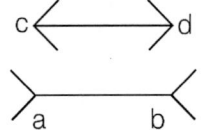

① 헴몰쯔의 착시
② 쾰러의 착시
③ 뮬러-라이어의 착시
④ 포겐 도르프의 착시

해설 뮬러-라이어의 착시 : 선을 벌인 쪽(a b)이 선을 오무린 쪽 (c d)보다 길어져 보이는 착시현상이다.

■ 정답 ■   01.③   02.①   03.②   04.③

05 집단에 있어서의 인간관계를 하나의 단면(斷面)에서 포착하였을 때 이러한 단면적(斷面的)인 인간관계가 생기는 기제(mechanism)와 가장 거리가 먼 것은?

① 모방 ② 암시
③ 습관 ④ 커뮤니케이션

해설 인간관계의 메커니즘(mechanism)
1) 동일화(identification) : 다른 사람의 행동 양식이나 태도를 투입시키거나, 다른 사람 가운데서 자기와 비슷한 것을 발견하는 것을 말한다.
2) 투사(投射 : projection) : 자기 속의 억압된 것을 다른 사람의 것으로 생각하는 것을 투사(또는 투출)라고 한다.
3) 커뮤니케이션(communication) : 갖가지 행동 양식이나 기호를 매개로 하여 어떤 사람으로부터 다른 사람에게 전달되는 과정을 말한다.
4) 모방(imitation) : 남의 행동이나 판단을 표본으로 하여 그것과 같거나 또는 그것에 가까운 행동 또는 판단을 취하려는 것이다.
5) 암시(suggestion) : 다른 사람으로부터의 판단이나 행동을 무비판적으로 논리적, 사실적 근거 없이 받아들이는 것을 말한다.

06 부주의에 대한 설명 중 틀린 것은?

① 부주의는 거의 모든 사고의 직접 원인이 된다.
② 부주의라는 말은 불안전한 행위뿐만 아니라 불안전한 상태에도 통용된다.
③ 부주의라는 말은 결과를 표현한다.
④ 부주의는 무의식적 행위나 의식의 주변에서 행해지는 행위에 나타난다.

해설 부주의 특징
1) ②, ③, ④항
2) 부주위에는 발생원인이 있다.
3) 착각이나 인간능력한계를 초과하는 요인에 의한 동작실패는 부주위에서 제외한다.

07 국제노동기구(ILO)에서 구분한 "일시전노동불능"에 관한 설명으로 옳은 것은?

① 부상의 결과로 근로기능을 완전히 잃은 부상
② 부상의 결과로 신체의 일부가 근로기능을 완전히 상실한 부상
③ 의사의 소견에 따라 일정 기간 동안 노동에 종사할 수 없는 상해
④ 의사의 소견에 따라 일시적으로 근로시간 중 치료를 받는 정도의 상해

해설 상해정도별 분류(ILO 규정)
1) 사망 : 안전사고로 사망하거나 또는 부상의 결과로 사망한 것
2) 영구전노동불능 : 부상결과 근로기능을 완전히 잃은 부상(장애등급 1급~3급)
3) 영구일부노동불능 : 부상결과 신체의 일부가 영구적으로 노동기능을 상실한 부상(장애등급 4급~14급)
4) 일시전노동불능 : 의사의 진단으로 일정기간 정규노동에 종사할 수 없는 상해
5) 일시일부노동불능 : 근로시간 중에 일시 업무를 떠나 치료를 받는 정도의 상해
6) 구급처치상해 : 응급처치 또는 의료조치를 받은 후에 정상으로 작업을 할 수 있는 정도의 상해

08 벨트식, 안전그네식 안전대의 사용구분에 따른 분류에 해당되지 않는 것은?

① U자 걸이용 ② D링 걸이용
③ 안전블록   ④ 추락방지대

해설 안전대의 종류

종류	사용구분	
벨트식 안전그네식	1개걸이용	추락방지대 및 안전블록은 안전그네식에만 적용
	U자걸이용	
	추락방지대	
	안전블록	

■ 정답 ■ 05.③ 06.① 07.③ 08.②

09 주요 구조 부분을 변경하는 경우 안전인증을 받아야 하는 기계·기구가 아닌 것은?

① 원심기 ② 사출성형기
③ 압력용기 ④ 고소작업대

해설 안전인증 및 자율안전확인대상 기계·기구 및 설비

1) 안전인증 대상기계·기구	2) 자율 안전확인 대상기계·기구
① 프레스 ② 전단기 및 절곡기(折曲機) ③ 크레인 ④ 리프트 ⑤ 압력용기 ⑥ 롤러기 ⑦ 사출성형기 ⑧ 고소작업대 ⑨ 곤돌라	① 연삭기 또는 연마기(휴대형은 제외) ② 산업용 로봇 ③ 혼합기 ④ 파쇄기 또는 분쇄기 ⑤ 식품가공용 기계(파쇄·절단·혼합·제면기만 해당) ⑥ 컨베이어 ⑦ 자동차정비용 리프트 ⑧ 공작기계(선반, 드릴기, 평삭·형삭기, 밀링 만 해당) ⑨ 고정형 목재가공용 기계(둥근톱, 대패, 루타기, 띠톱, 모떼기 기계만 해당) ⑩ 인쇄기

10 교육훈련 평가의 4단계를 올바르게 나열한 것은?

① 학습 → 반응 → 행동 → 결과
② 학습 → 행동 → 반응 → 결과
③ 행동 → 반응 → 학습 → 결과
④ 반응 → 학습 → 행동 → 결과

해설 교육훈련평가의 4단계
1) 반응단계(1단계) : 훈련을 어떻게 생각하고 있는가?
2) 학습단계(2단계) : 어떠한 원칙과 사실 및 기술 등을 배웠는가?
3) 행동단계(3단계) : 직무수행상 어떠한 행동의 변화를 가져왔는가?
4) 결과단계(4단계) : 코스트 절감, 품질개선, 안전관리, 생산증대 등에 어떠한 결과를 가져왔는가?

11 리더십에 있어서 권한의 역할 중 조직이 지도자에게 부여한 권한이 아닌 것은?

① 보상적 권한 ② 강압적 권한
③ 합법적 권한 ④ 전문성의 권한

해설 리더십의 권한
1) 조직이 지도자에게 부여한 권한
① 보상적 권한 : 지도자가 부하들에게 보상할 수 있는 능력으로 인해 부하직원들을 통제할 수 있으며 부하들의 행동에 대해 영향을 끼칠 수 있는 권한이다.
② 강압적 권한 : 부하직원들을 처벌할 수 있는 권한이다.
③ 합법적 권한 : 조직의 규정에 의해 지도자의 권한이 공식화 된 것을 말한다.
2) 지도자 자신이 자신에게 부여한 권한 : 부하직원들이 지도자의 성격이나 그 능력을 인정하고 지도자를 존경하며 자진해서 따르는 것이다.
① 전문성의 권한 : 지도자가 목표수행에 필요한 전문적인 지식을 갖고 업무수행을 하므로 부하직원들이 자발적으로 지도자를 따르게 된다.
② 위임된 권한 : 집단의 목표를 성취하기 위해 부하직원들이 지도자가 정한 목표를 자진해서 자신의 것으로 받아들여 지도자와 함께 일하는 것이다.

12 매슬로우(Maslow)의 욕구 5단계 이론에 해당되지 않는 것은?

① 생리적 욕구 ② 안전의 욕구
③ 사회적 욕구 ④ 심리적 욕구

해설 매슬로우(Maslow)의 욕구 5단계
1) 1단계-생리적 욕구(신체적 욕구) : 기아, 갈등, 호흡, 배설, 성욕 등 기본적 욕구
2) 2단계-안전의 욕구 : 안전을 구하려는 욕구
3) 3단계-사회적 욕구(친화욕구) : 애정, 소속에 대한 욕구
4) 4단계-인정받으려는 욕구(자기존경의 욕구, 승인욕구) : 자존심, 명예, 성취, 지위 등에 대한 욕구
5) 5단계-자아실현의 욕구(성취욕구) : 잠재적인 능력을 실현하고자 하는 욕구

■ 정답 ■ 09.① 10.④ 11.④ 12.④

13 재해예방 4원칙 중 대책선정의 원칙의 충족 조건이 아닌 것은?

① 문제해결 능력 고취
② 적합한 기준 설정
③ 경영자 및 관리자의 솔선수범
④ 부단한 동기부여와 사기 향상

해설 1) 대책선정의 원칙의 충족조건
　① 적합한 기준 설정
　② 경영자 및 관리자의 솔선수범
　③ 근로자의 부단한 동기부여와 사기향상
2) 재해예방의 4원칙
　① **손실우연의 원칙** : 사고에 의해 생기는 손실(상해)의 종류와 정도는 우연적이다.
　② **원인계기의 원칙** : 모든 재해는 필연적인 원인에 의해서 발생되며 재해발생은 직접원인만이 아니고 많은 간접원인의 연쇄로 발생되는 것이다.
　③ **예방가능의 원칙** : 재해는 원칙적으로 모든 방지가 가능하다.
　④ **대책선정의 원칙** : 가장 효과적인 재해방지대책의 선정은 이들 원인의 정확한 분석에 의해서 얻어진다.

14 위험예지훈련 기초 4라운드법의 진행에서 전원이 토의를 통하여 위험요인을 발견하는 단계로 가장 적절한 것은?

① 제1라운드 : 현상파악
② 제2라운드 : 본질추구
③ 제3라운드 : 대책수립
④ 제4라운드 : 목표설정

해설 위험예지훈련의 문제해결 4라운드(4Round)
1) 1R-현상파악 : 전원이 토의를 통해서 잠재 위험요인을 발견하는 단계
2) 2R-본질추구 : 가장 위험한 요인(위험 포인트)을 합의로 결정하는 단계
3) 3R-대책수립 : 구체적인 대책을 수립하는 단계
4) 4R-행동목표 설정 : 행동계획을 정하고 수립한 대책 가운데서 질이 높은 항목에 합의하는 단계(요약)

15 산업재해 손실액 산정 시 직접비가 2,000만원일 때 하인리히 방식을 적용하면 총 손실액은?

① 2,000만원　　② 8,000만원
③ 1억원　　　　④ 1억2,000만원

해설 하인리히 방식의 재해손실비
재해손실비
=직접비+간접비(직접비 : 간접비 = 1:4)
=2,000만+(2,000만×4) =1억원

16 학습의 전개 단계에서 주제를 논리적으로 체계화하는 방법이 아닌 것은?

① 간단한 것에서 복잡한 것으로
② 부분적인 것에서 전체적인 것으로
③ 미리 알려져 있는 것에서 미지의 것으로
④ 많이 사용하는 것에서 적게 사용하는 것으로

해설 ②항, 전체적인 것에서 부분적인 것으로

17 관리감독자를 대상으로, 작업지도방법, 작업개선방법, 대인관계능력 등을 가르치는 교육은?

① TWI(Training Within Industry)
② ATT(American Telephone & Telegram co.)
③ MTP(Management Training Program)
④ CCS(Civil Communication Section)

해설 TWI(Training Within Industry)
1) 교육대상자 : 감독자
2) 교육내용
　① JI(Job Instruction) : 작업지도 기법
　② JM(Job Method) : 작업개선 기법
　③ JR(Job Relation) : 인간관계관리 기법 (부하통솔 기법)
　④ JS(Job Safety) : 작업안전 기법
3) 교육방법 : 한 클래스는 10명 정도, 교육방법은 토의법, 1일 2시간씩 5일에 걸쳐 10시간 정도 한다.

■ 정답 ■　13.①　14.①　15.③　16.②　17.①

18 다음 ( )안에 들어갈 내용으로 알맞은 것은?

> 산업안전보건법상 사업주는 안전보건관리규정을 작성 또는 변경할 때에는 (㉠)의 심의·의결을 거쳐야 한다. 다만, (㉠)가 설치되어 있지 아니한 사업장에 있어서는 (㉡)의 동의를 받아야 한다.

① ㉠ 안전보전관리규정위원회
　㉡ 노사대표
② ㉠ 안전보건관리규정원원회
　㉡ 근로자대표
③ ㉠ 산업안전보건위원회
　㉡ 노사대표
④ ㉠ 산업안전보건위원회
　㉡ 근로자대표

해설 안전보건관리규정의 작성·변경절차(법 제21조)
1) 사업주는 안전보건관리규정을 작성하거나 변경할 때에는 산업안전보건위원회의 심의를 거쳐야 한다.
2) 다만, 산업안전보건위원회가 설치되어 있지 아니한 사업장의 경우에는 근로자 대표의 동의를 얻어야 한다.

19 무재해 운동의 3대 원칙에 대한 설명이 아닌 것은?

① 사람이 죽거나 다쳐서 일을 못하게 되는 일 및 모든 잠재요소를 제거한다.
② 잠재위험요인을 발굴·제거로 안전 확보 및 사고를 예방한다.
③ 작업환경을 개선하고 이상을 발견하면 정비 및 수리를 통해 사고를 예방한다.
④ 무재해를 지향하고 안전과 건강을 선취하기 위해 전원 참가한다.

해설 무재해운동이념 3원칙
1) **무의 원칙** : 사망, 휴업 및 불휴 재해는 물론 일체의 잠재위험 요인을 사전에 발견, 파악, 해결함으로써 근원적인 산업재해를 없애는 것을 말한다.
2) **참가의 원칙** : 재해 및 일체의 위험요인을 발견, 해결하기 위해 전원이 무재해운동에 참가하여 문제해결 등을 실천하는 것을 말한다.
3) **선취해결의 원칙** : 선취란 궁극의 목표로서 무재해, 무질병의 직장을 실현하기 위해 일체의 위험요인을 행동하기 전에 발견, 파악, 해결하여 재해를 예방하거나 방지하는 것을 말한다.

20 안전교육의 3요소가 아닌 것은?

① 지식교육　　② 기능교육
③ 태도교육　　④ 실습교육

해설 교육의 3요소
1) **주체** : 교도자, 강사, 교사
2) **개체** : 학생, 수강자, 피교육자
3) **매개체** : 교재

제2과목 / 인간공학 및 시스템안전공학

21 설비에 부착된 안전장치를 제거하면 설비가 작동되지 않도록 하는 안전설계는?

① Fail safe　　② Fool proof
③ Lock out　　④ Temper proof

해설
1) **페일세이프티**(fail-safety) : 인간 또는 기계의 과오나 동작상의 실수가 있어도 안전사고를 발생시키지 않도록 2중 또는 3중으로 통제를 가하도록 한 체계
2) **풀프루프**(fool proof) : 인간이 기계 등의 취급을 잘못해도 사고로 연결되는 일이 없도록 하는 안전기구(기계장치 설계 단계에서 안전화를 도모하는 것)
3) **템퍼프루프**(temper proof) : 본문설명

■정답■　18.④　19.③　20.④　21.④

22 FT에서 사용되는 사상기호에 대한 설명으로 맞는 것은?

① 위험지속기호 : 정해진 횟수 이상 입력이 될 때 출력이 발생한다.
② 억제게이트 : 조건부 사건이 일어났다는 조건하에 출력이 발생한다.
③ 우선적 AND 게이트 : 입력이 될 때 정해진 순서대로 복수의 출력이 발생한다.
④ 배타적 OR 게이트 : 2개 이상 입력이 동시에 존재하는 경우에 출력이 발생한다.

해설 1) **억제게이트**(inhibit gate) : 수정기호(modifier)의 일종으로서 억제 모디파이어(inhibit modifier)라고 하며, 실질적으로 수정기호를 병용해서 게이트의 역할을 한다.
  ① 입력사상이 일어난 조건이 만족되어야 출력사상이 생긴다.(조건이 만족되지 않으면 출력은 생기지 않는다)
  ② 조건은 수정기호 안에 쓴다.
 2) **수정기호의 종류**
  ① **우선적 AND Gate** : 입력사상 가운데 어느 사상이 다른 사상보다 먼저 일어났을 때에 출력사상이 생긴다. 예를 들면 「A는 B보다 먼저」와 같이 기입한다.
  ② **짜맞춤 AND Gate** : 3개 이상의 입력사상 가운데 어느 것이든 2개가 일어나면 출력사상이 생긴다. 예를 들면 「어느 것이든 2개」라고 기입한다.
  ③ **위험지속기호** : 입력사상이 생겨서 어느 일정시간 지속하였을 때에 출력사상이 생긴다. 예를 들면 「위험지속시간」과 같이 기입한다.
  ④ **배타적 OR Gate** : OR Gate로 2개 이상의 입력이 동시에 존재할 때에는 출력사상이 생기지 않는다. 예를 들면 「동시에 발생하지 않는다」라고 기입한다.

23 측정값의 변화방향이나 변화속도를 나타내는데 가장 유리한 표시장치는?

① 동침형   ② 동목형
③ 계수형   ④ 묘사형

해설 정목동침형(고정눈금 이동지침)
 1) 수치가 자주 또는 계속변하는 경우에 유용하다.(디지털 표시장치는 수치를 읽을 시간이 모자라기 때문에 사용하기 곤란함)
 2) 표시값(측정값)의 변화방향이나 변화속도(정성적 읽음)를 관찰할 때 정침동목형(이동눈금고정지침)보다 우수하다.

24 설비의 이상상태 여부를 감시하여 열화의 정도가 사용한도에 이른 시점에서 부품교환 및 수리하는 설비보전 방법은?

① 예지보전   ② 계량보전
③ 사후보전   ④ 일상보전

해설 설비보전방식의 유형
 1) **예지보전** : 설비의 이상상태 여부를 검출·측정 또는 감시하여 열화의 정도가 사용한도에 이른 시점에서 분해, 검사, 부품교환, 수리하는 설비보전 방법이다.
 2) **개량보전** : 설비고장대책으로서 설비를 개조하거나 설계에서 시정조치를 하고 설비의 체질개선을 도모하는 설비보전방법이다.
 3) **사후보전** : 설비성능이 저하되거나 고장시에 수리를 행하는 설비보존방법이다.
 4) **일상보전** : 설비열화방지와 그 진행을 지연시켜 수명을 연장하기 위해 설비의 점검, 청소, 주유, 교체 등의 활동을 의미한다.

25 인간오류의 확률을 이용하여 시스템의 위험성을 평가하는 기법은?

① PHA   ② THERP
③ OHA   ④ HAZOP

해설 THERP(Technique of Human Error Rate Prediction)
 1) THERP(인간과오율 예측기법) : 인간의 과오를 정량적으로 평가하기 위한 안전해석 기법이다.
 2) 인간과오의 분류 시스템과 그 확률을 계산함으로서 원래 제품의 결함을 감소시키고 사고의 원인 가운데 인간의 과오에 기인한 근원에 대한 분석 및 안전 공학적 대책수립에 사용하는 안전해석 기법이다.

■정답■ 22.② 23.① 24.① 25.②

26 VDT(visual display terminal)작업을 위한 조명의 일반원칙으로 적절하지 않은 것은?

① 화면반사를 줄이기 위해 산란식 간접조명을 사용한다.
② 화면과 화면에서 먼 주위의 휘도비는 1 : 10으로 한다.
③ 작업영역을 조명기구들 사이보다는 조명기구 바로 아래에 둔다.
④ 조명의 수준이 높으면 자주 주위를 둘러봄으로써 수정체의 근육을 이완시키는 것이 좋다.

해설 VDT(영상표시단말기)작업영역을 적정 환경조명수준을 위해 조명기구를 사이에 둔다.

27 "음의 높이, 무게 등 물리적 자극을 상대적으로 판단하는데 있어 특정 감각기관의 변화감지역은 표준자극에 비례한다."라는 법칙을 발견한 사람은?

① 핏츠(Fitts)   ② 드루리(Drury)
③ 웨버(Weber)   ④ 호프만(Hofmann)

해설 Weber(웨버)의 법칙
1) 특정감각기관의 변화감지역(JND)은 표준자극(기준자극) 크기에 비례한다.

$$Weber비 = \frac{변화감지역}{표준자극크기}$$

변화감지역=Weber비×표준자극크기
2) 웨버(Weber)비가 작은 감각일수록 분별력이 우수하다.

28 60폰(phon)의 소리에 해당하는 손(sone)의 값은?

① 1   ② 2
③ 4   ④ 8

해설 sone치=$2^{(phon-40)/10}$
         =$2^{(60-40)/10} = 2^2 = 4$

29 신뢰도가 동일한 부품 4개로 구성된 시스템 전체의 신뢰도가 가장 높은 것은?

①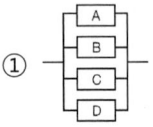

②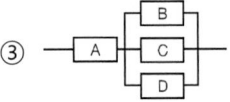

③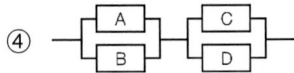

④
```
   ┌─A─┐ ┌─C─┐
───┤   ├─┤   ├───
   └─B─┘ └─D─┘
```

해설 A,B,C,D 각 요소의 신뢰도를 90%로 할 경우 전체 신뢰도
① R=1−(1−0.9)(1−0.9)(1−0.9)(1−0.9)
   =0.9999
② R=0.9×0.9×0.9×0.9=0.6561
③ R=0.9×[1−(1−0.9)(1−0.9)(1−0.9)]
   =0.8991
④ R=[1−(1−0.9)(1−0.9)]×[1−(1−0.9)(1−0.9)]=0.9801
∴ 신뢰도 크기순서 : ① 〉 ④ 〉 ③ 〉 ②

30 의자 좌판의 높이 결정 시 사용할 수 있는 인체측정치는?

① 앉은 키   ② 앉은 무릎 높이
③ 앉은 팔꿈치 높이 ④ 앉은 오금 높이

해설 의자설계의 원칙
1) **체중분포** : 체중이 좌결 결절에 실려야 한다.
2) **의자 좌판의 높이** : 좌판 앞부분이 오금의 높이 보다 높지 않아야 한다.
3) **의자 좌판의 깊이와 폭** : 폭은 큰 사람에게, 깊이는 작은 사람에게 맞도록 해야 한다.
4) **몸통의 안정** : 의자의 좌판 각도는 3°, 좌판 등판 간의 등판 각도는 100°가 몸통안정에 효과적이다.

■ 정답 ■ 26.③ 27.③ 28.③ 29.① 30.④

31 인간공학의 연구방법에서 인간-기계시스템을 평가하는 척도로서 인간기준이 아닌 것은?

① 사고 빈도 ② 인간성능 척도
③ 객관적 반응 ④ 생리학적 지표

해설 인간기준의 유형
1) **인간성능척도** : 여러 가지 감각활동, 정신활동, 근육활동 등에 의해서 판단된다.
2) **생리학적 지표** : 혈압 맥박수, 분당 호흡수, 뇌파, 혈당량, 혈액의 성분, 피부온도 전기피부반응(galvanic skin response) 등의 척도가 있다.
3) **주관적인 반응** : 개인성능의 평점(rating), 체계 설계면에 대한 대안들의 평점, 체계에 사용되는 여러 가지 다른 유형의 정보에 판단된 중요도 평점, 의자의 안락도 평점 등이 있다.
4) **사고빈도** : 어떤 목적을 위해서는 사고나 상해 발생빈도가 적절한 기준이 될 수 있다.

32 인간-기계시스템의 신뢰도를 향상시킬 수 있는 방법으로 가장 적절하지 않은 것은?

① 중복설계 ② 고가재료 사용
③ 부품개선 ④ 충분한 여유용량

해설 인간·기계체계의 신뢰도를 향상시킬 수 있는 방법
1) 중복설계(redundancy)
2) 부품개선
3) 충분한 여유용량

33 후각적 표시장치에 대한 설명으로 틀린 것은?

① 냄새의 확산을 통제하기 힘들다.
② 코가 막히면 민감도가 떨어진다.
③ 복잡한 정보를 전달하는데 유용하다.
④ 냄새에 대한 민감도의 개인차가 있다.

해설 후각적 표시장치는 복잡한 정보를 전달하는데는 불리하다.

34 인간의 반응체계에서 이미 시작된 반응을 수정하지 못하는 저항시간(refractory period)은?

① 0.1초 ② 0.5초
③ 1초 ④ 2초

해설 저항시간(refractory period) : 인간의 반응체계에서 반응이 시작되었을 경우 수정을 할 수 없는 저항시간은 0.5초이다.

35 그림의 선형 표시장치를 움직이기 위해 길이가 L인 레버(lever)를 a°움직일 때 조종반응(C/R)비율을 계산하는 식은?

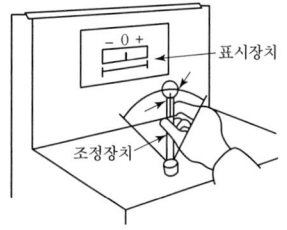

① $\dfrac{(a/360) \times 2\pi L}{\text{표시장치 이동거리}}$

② $\dfrac{\text{표시장치 이동거리}}{(a/360) \times 2\pi L}$

③ $\dfrac{(a/360) \times 4\pi L}{\text{표시장치 이동거리}}$

④ $\dfrac{\text{표시장치 이동거리}}{(a/360) \times 4\pi L}$

해설 조종구(ball control)에서의 C/R비

$$\dfrac{C}{R}\text{비} = \dfrac{\dfrac{a}{360} \times 2\pi L}{\text{표시계기의 이동거리}}$$

여기서, a : 조정장치가 움직인 각도
L : 반경(지레의 길이)

36 다음의 인체측정자료의 응용원리를 설계에 적용하는 순서로 가장 적절한 것은?

[다음]
㉠ 극단치 설계
㉡ 평균치 설계
㉢ 조절식 설계

① ㉠→㉡→㉢   ② ㉢→㉡→㉠
③ ㉡→㉠→㉢   ④ ㉢→㉠→㉡

해설 1) 인체측정자료 응용원리를 설계에 적용하는 순서
① 조절식 설계 → ② 극단치 설계 → ③ 평균치 설계
2) 인간계측자료의 응용원칙
① 최대치수와 최소치수 : 최대치수 또는 최소치수를 기준으로 하여 설계한다.(극단에 속하는 사람을 위한 설계)
② 조절범위(조절식) : 체격이 다른 여러 사람에게 맞도록 만드는 것 이다.(조절할 수 있도록 범위를 두는 설계)
③ 평균치를 기준으로 한 설계 : 최대치수나 최소치수, 조절식으로 하기가 곤란할 때 평균치를 기준으로 하여 설계한다.(평균적인 사람을 위한 설계)

37 다음 설명에 해당하는 시스템 위험분석 방법은?

[다음]
· 시스템의 정의 및 개발 단계에서 실행한다.
· 시스템의 기능, 과업, 활동으로부터 발생되는 위험에 초점을 둔다.

① 모트(MORT)
② 결함수분석(FTA)
③ 예비위험분석(PHA)
④ 운용위험분석(OHA)

해설 운용위험분석(OHA ; Operating Hazard Analysis)
1) 시스템의 정의 및 개발단계에서 실행한다.
2) 시스템이 저장되고 이동되고 실행됨에 따라 발생하는 작동시스템의 기능이나 과업, 활동으로 부터 발생되는 위험에 초점을 맞춘다.
3) 위험은 반드시 구성요소의 고장 또는 조작자의 실수의 결과는 아니지만 초점은 작동 중인 사상 또는 활동이 단지 불행한 사건의 간접원인일수도 있다.

38 그림의 FT도에서 최소 패스셋(minimal path set)은?

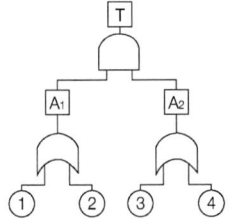

① {1, 3}, {1, 4}
② {1, 2}, {3, 4}
③ {1, 2, 3}, {1, 2, 4}
④ {1, 3, 4}, {2, 3, 4}

해설 상대결함수(AND → OR, OR → AND)에 의한 FT도를 그린다.

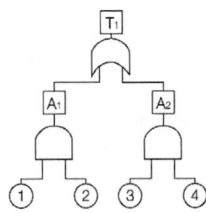

2) 윗 FT도에서 미니멀 컷을 구하면 FT의 미니멀 패스(최소패스셋)가 된다.

$$T \to \begin{matrix} A_1 \\ A_2 \end{matrix} \to \begin{matrix} ①② \\ A_2 \end{matrix} \to \begin{matrix} ①② \\ ③④ \end{matrix}$$

(미니멀패스)

■ 정답 ■ 36.④ 37.④ 38.②

39 FT에서 두입력사상 A와 B가 AND게이트로 결합되어 있을 때 출력사상의 고장발생확률은? (단, A의 고장률은 0.6, B의 고장률은 0.2이다.)

① 0.12 ② 0.40
③ 0.68 ④ 0.80

해설 AND게이트 출력사상의 고장발생확률(Ft)
$$Ft = A \times B = 0.6 \times 0.2 = 0.12$$

40 광원으로부터 직사휘광을 처리하기 위한 방법으로 틀린 것은?

① 광원의 휘도를 줄인다.
② 가리개나 차양을 사용한다.
③ 광원을 시선에서 멀리 한다.
④ 광원의 주위를 어둡게 한다.

해설 광원으로부터의 직사휘광 처리
1) 광원의 휘도를 줄이고 수를 증가시킨다.
2) 광원을 시선에서 멀리 위치시킨다.
3) 휘광원 주위를 밝게 하여 광속발산비(휘도)를 줄인다.
4) 가리대(shield), 갓(hood), 혹은 차양(visor)을 사용한다.

제3과목 / 기계위험방지기술

---

41 왕복운동을 하는 기계의 동작부분과 고정부분 사이에 형성되는 위험점으로 프레스, 절단기 등에서 주로 나타나는 것은?

① 끼임점   ② 절단점
③ 협착점   ④ 접선 물림점

해설 위험점(작업점)의 분류
1) **협착점** : 왕복운동을 하는 운동부와 고정부 사이에 형성되는 위험점
   [예] 프레스금형 조립부위, 전단기 누름판 및 칼날부위, 선반 및 평삭기 베드 끝 부위
2) **끼임점** : 기계의 고정부분과 회전 또는 직선 운동부분이 함께 형성하는 위험점
   [예] 연삭숫돌과 작업대 사이, 교반기의 교반날개와 몸체 사이, 회전풀리와 베드 사이
3) **절단점** : 회전하는 운동부분자체와 운동하는 기계자체와의 위험이 형성되는 점
   [예] 회전대패날부분, 밀링커터부분, 둥근톱 날부분, 컨베이어의 호퍼부분
4) **물림점** : 회전하는 두 개의 회전체에 물려 들어갈 위험성이 형성되는 것
   [예] 기어물림점, 롤러회전에 의한 물림점
5) **접선물림점** : 회전하는 부분이 접선방향으로 물려들어갈 위험성이 형성되는 것
   [예] V풀리와 V벨트, 체인과 스프라켓, 랙과 피니언, 롤러와 평벨트
6) **회전말림점** : 회전하는 물체의 불규칙 부위와 돌기회전 부위에 의해 장갑 및 작업복 등이 말려 들 위험이 형성되는 점
   [예] 회전하는 축이나 드릴축의 드릴, 커플링

42 크레인에 사용하는 방호장치가 아닌 것은?

① 과부하방지장치 ② 가스집합장치
③ 권과방지장치   ④ 제동장치

해설 크레인의 방호장치
1) **해지장치** : 훅걸이용 와이어로프 등이 훅으로부터 벗겨지는 것을 방지하기 위한 장치
2) **비상정지장치** : 비상시에 즉시 정지할 수 있는 장치
3) **권과방지장치** : 운반구의 이탈 등의 위험방지를 위해 권상용와이어로프 등의 권과를 방지하는 장치
4) **과부하방지장치** : 정격하중 이상의 하중 부하시 자동으로 상승정지되면서 경보음·경보등을 발생하는 장치
5) **제동장치** : 브레이크 장치

■ 정답 ■ 39.① 40.④ 41.③ 42.②

43 프레스기에 사용되는 손쳐내기식 방호장치의 일반 구조에 대한 설명으로 틀린 것은?

① 슬라이드 하행정거리의 1/4 위치에서 손을 완전히 밀어내야 한다.
② 방호판의 폭은 금형폭의 1/2 이상이어야 하고, 행정길이가 300mm 이상의 프레스기계에는 방호판 폭을 300mm로 해야 한다.
③ 부착볼트 등의 고정금속부분은 예리하게 돌출되지 않아야 한다.
④ 손쳐내기봉의 행정(Stroke) 길이를 금형의 높이에 따라 조정할 수 있고, 진동폭은 금형폭 이상이어야 한다.

해설 손쳐내기식 방호장치 설치기준
1) 슬라이드의 행정길이가 40mm 이상일 경우에 사용할 것
2) 손쳐내기식 막대는 그 길이 및 진폭을 조정할 수 있는 구조일 것
3) 손쳐내기판의 폭은 금형 크기의 1/2 이상으로 할 것(단, 행정이 300mm 이상은 폭을 300mm로 할 것)
4) 슬라이드 하행정 거리의 3/4 위치에서 손을 완전히 밀어낼 것

44 화물 적재 시에 지게차의 안정 조건을 옳게 나타낸 것은? (단, W는 화물의 중량, L_w는 앞바퀴에서 화물중심까지의 최단거리, G는 지게차의 중량, L_G는 앞바퀴에서 지게차 중심까지의 최단거리이다.)

① $G \times L_G \geq W \times L_w$
② $W \times L_w \geq G \times L_G$
③ $G \times L_w \geq W \times L_G$
④ $W \times L_G \geq G \times L_w$

해설 지게차의 안정성 : 앞바퀴 중심에서 뒷쪽 차의 모멘트가 앞쪽 화물의 모멘트보다 커야 안전성이 유지된다.
$G \times L_G \geq W \times L_W$

45 크레인 작업시 2000N의 화물을 걸어 25m/s² 가속도로 감아올릴 때 로프에 걸리는 총하중은 몇 약 kN인가? (단, 중력가속도는 9.81m/s²이다.)

① 3.1   ② 5.1
③ 7.1   ④ 9.1

해설 총하중=정하중+동하중
$= 정하중 + \left(정하중 \times \dfrac{작용가속도}{중력가속도}\right)$
$= 2kN + \left(2kN \times \dfrac{25}{9.81}\right) = 7.1kV$

46 롤러에 설치하는 급정지 장치 조작부의 종류와 그 위치로 옳은 것은? (단, 위치는 조작부의 중심점을 기준으로 함)

① 발조작식은 밑면으로부터 0.2m 이내
② 손조작식은 밑면으로부터 1.8m 이내
③ 복부조작식은 밑면으로부터 0.6m 이상 1m 이내
④ 무릎조작식은 밑면으로부터 0.2m 이상 0.4m 이내

해설 롤러기 급정지장치의 종류 및 설치위치

급정지장치의 종류	설치위치
1. 손조작 로프식	밑면에서 1.8m 이내
2. 복부 조작식	밑면에서 0.8m 이상 1.1m 이내
3. 무릎 조작식	밑면에서 0.6m 이내

47 프레스의 분류 중 동력 프레스에 해당하지 않는 것은?

① 크랭크 프레스   ② 토글 프레스
③ 마찰 프레스   ④ 아버 프레스

해설 동력프레스의 종류
1) 크랭크 프레스   2) 토글 프레스
3) 액압 프레스(유압프레스, 수압프레스)
4) 마찰 프레스

■ 정답 ■ 43.① 44.① 45.③ 46.② 47.④

48 드릴 작업시 유의사항 중 틀린 것은?

① 균열이 심한 드릴은 사용해서는 안 된다.
② 드릴을 장치에서 제거할 경우에는 회전을 완전히 멈추고 한다.
③ 드릴이 밑면에 나왔는지 확인을 위해 가공물 밑면에 손으로 만지면서 확인한다.
④ 가공 중에는 소리에 주의하여 드릴의 날에 이상한 소리가 나면 즉시 드릴을 연마하거나 다른 드릴과 교환한다.

해설 드릴링 머신의 안전작업수칙
1) 장갑을 끼고 작업하지 말 것
2) 쇳가루가 날리기 쉬운 작업은 보안경을 착용할 것
3) 드릴을 끼운 뒤 척 핸들은 반드시 빼 놓을 것
4) 뚫린 것을 확인하기 위해 손을 집어넣지 말 것
5) 공작물을 견고하게 고정하고, 손으로 잡고 구멍을 뚫지 말 것
6) 작은 구멍을 먼저 뚫은 뒤 큰 구멍을 뚫을 것
7) 가공중에 구멍이 관통되면 기계를 멈추고 손으로 돌려서 드릴을 뺄 것

49 지름이 60cm이고, 20rpm으로 회전하는 롤러기의 무부하 동작에서 급정지 거리 기준으로 옳은 것은?

① 앞면 롤러 원주의 1/1.5이내 거리에서 급정지
② 앞면 롤러 원주의 1/2 이내 거리에서 급정지
③ 앞면 롤러 원주의 1/2.5 이내 거리에서 급정지
④ 앞면 롤러 원주의 1/3 이내 거리에서 급정지

해설 1) 앞면 롤러의 표면속도(V : m/min)

$$V = \frac{\pi DN}{1000} = \frac{3.14 \times 600 \times 20}{1000} = 37.67 \text{m/min}$$

2) 급정지거리 : 표면속도가 30m/min 이상이므로 앞면 롤러원주의 1/2.5 이내 거리에서 급정지

길잡이 급정지장치의 성능

앞면 롤러의 표면속도(m/min)	급정지거리
30 미만	앞면 롤러 원주 ×1/3
30 이상	앞면 롤러 원주×1/2.5

50 프레스 및 전단기에서 양수조작식 방호장치의 일반 구조에 대한 설명으로 옳지 않은 것은?

① 누름버튼(레버 포함)은 돌출형 구조로 설치할 것
② 누름버튼의 상호간 내측거리는 300mm 이상일 것
③ 누름버튼을 양손으로 동시에 조작하지 않으면 작동시킬 수 없는 구조일 것
④ 정상동작표시등은 녹색, 위험표시등은 붉은색으로 하며, 쉽게 근로자가 볼 수 있는 곳에 설치할 것

해설 양수조작식 방호장치 일반 구조
1) 누름버튼을 양손으로 동시에 조작하지 않으면 작동시킬 수 없는 구조일 것.
2) 수조작식 방호장치의 누름버튼 또는 조작레버의 간격 : 300mm 이상
3) 정상동작표시램프 : 녹색, 위험표시램프 : 붉은색

51 기계 고장률의 기본모형에 해당하지 않는 것은?

① 예측 고장
② 초기 고장
③ 우발 고장
④ 마모 고장

해설 고장률의 유형(욕조곡선에서의 고장형태)
1) 초기고장구간 : 감소형
2) 우발고장구간 : 일정형
3) 마모고장구간 : 증가형

■ 정답 ■ 48.③ 49.③ 50.① 51.①

52 연삭숫돌을 사용하는 작업 시 해당 기계의 이상 유·무를 확인하기 위한 시험운전 시간으로 옳은 것은?

① 작업시작 전 30초 이상, 연삭숫돌 교체 후 5분 이상
② 작업시작 전 30초 이상, 연삭숫돌 교체 후 3분 이상
③ 작업시작 전 1분 이상, 연삭숫돌 교체 후 5분 이상
④ 작업시작 전 1분 이상, 연삭숫돌 교체 후 3분 이상

해설 연삭기 : 작업시작 전 1분 이상, 숫돌교체 후에는 3분 이상 시운전을 할 것

53 다음 중 원통 보일러의 종류가 아닌 것은?

① 입형 보일러 ② 노통 보일러
③ 연관 보일러 ④ 관류 보일러

해설 보일러의 종류
1) 원통형 보일러 : 입형 보일러, 횡형보일러(노통 보일러, 연관 보일러, 노통연관 보일러)
2) 수관식 보일러 : 자연순환식 보일러, 강제순환식 보일러, 관류식 보일러
3) 특수 보일러 : 특수액체, 특수연료, 폐열, 간접가열

54 선반 등으로부터 돌출하여 회전하고 있는 가공물에 설치할 방호장치는?

① 클러치   ② 울
③ 슬리브   ④ 베드

해설 선반의 안전장치
1) 칩 브레이크 : 바이트에 설치된 칩을 짧게 끊어내는 장치
2) 쉴드(shield) : 칩비산방지 투명판
3) 덮개 또는 울 : 돌출가공물에 설치한 안전장치
4) 브레이크 : 급정지장치
5) 기타 척의 인터록 덮개, 고정브리지(bridge) 등

55 통로의 설치기준 중 (   )안에 공통적으로 들어갈 숫자로 옳은 것은?

> 사업주는 통로면으로부터 높이 (   )미터 이내에는 장애물이 없도록 하여야 한다. 다만, 부득이하게 통로면으로부터 높이 (   )미터 이내에 장애물을 설치할 수밖에 없거나 통로면으로부터 높이 (   )미터 이내의 장애물을 제거하는 것이 곤란하다고 고용노동부장관이 인정하는 경우에는 근로자에게 발생할 수 있는 부상 등의 위험을 방지하기 위한 안전 조치를 하여야 한다.

① 1   ② 2
③ 1.5   ④ 2.5

해설 통로의 설치기준
1) 통로면으로부터 높이 2m 이내에는 장애물이 없도록 할 것
2) 통로의 주요부분에는 통로표시를 하고 근로자가 안전하게 통행할 수 있도록 할 것

56 다음 중 원심기에 적용하는 방호장치는?

① 덮개   ② 권과방지장치
③ 리미트 스위치 ④ 과부하 방지장치

해설 원심기에는 덮개를 설치하여야 한다.

57 지게차의 작업과정에서 작업 대상물의 팔레트 폭이 b라고 할 때 적절한 포크 간격은? (단, 포크의 중심과 팔레트의 중심은 일치한다고 가정한다.)

① $\frac{1}{4}b \sim \frac{1}{2}b$ ② $\frac{1}{4}b \sim \frac{3}{4}b$
③ $\frac{1}{2}b \sim \frac{3}{4}b$ ④ $\frac{3}{4}b \sim \frac{7}{8}b$

해설 지게차 포크간격 : $\frac{1}{2}b \sim \frac{3}{4}b$
(b : 팔레트 폭)

■ 정답 ■ 52.④ 53.④ 54.② 55.② 56.① 57.③

58 작업자의 신체움직임을 감지하여 프레스의 작동을 급정지시키는 광전자식 안전장치를 부착한 프레스가 있다. 안전거리가 48cm인 경우 급정지에 소요되는 시간은 최대 몇 초 이내일 때 안전한가? (단, 급정지에 소요되는 시간은 손이 광선을 차단한 순간부터 급정지기구가 작동하여 슬라이드가 정지할 때까지의 시간을 의미한다.)

① 0.1초   ② 0.2초
③ 0.3초   ④ 0.5초

해설 설치거리(D : 안전거리)
= 160 × 급정지에 소요되는 시간(t)
$t = \dfrac{D}{160} = \dfrac{48}{160} = 0.3$초

59 숫돌의 지름이 D[mm], 회전수 N[rpm]이라 할 경우 숫돌의 원주속도 V [m/min]를 구하는 식으로 옳은 것은?

① $D \cdot N$ ② $\pi \cdot D \cdot N$
③ $\dfrac{D \cdot N}{1000}$ ④ $\dfrac{\pi \cdot D \cdot N}{1000}$

해설 원주속도(V) = $\dfrac{\pi DN}{1,000}$(m/min)

60 연삿숫돌의 상부를 사용하는 것을 목적으로 하는 탁상용 연삭기 덮개의 노출각도는?

① 60° 이내   ② 65° 이내
③ 80° 이내   ④ 125° 이내

해설 탁상용연삭기
1) 덮개의 최대노출각도 : 90°이내(원주의 1/4 이내)
2) 숫돌 주축에서 수평면 위로 이루는 원주각도 : 65° 이내
3) 수평면 이하의 부분에서 연삭할 경우 : 125° 까지 증가
4) 숫돌의 상부사용을 목적으로 할 경우 : 60° 이내

제4과목 / 전기 및 화학설비위험방지기술

61 절연물은 여러 가지 원인으로 전기저항이 저하되어 이른바 절연불량을 일으켜 위험한 상태가 되는데 절연불량의 주요 원인이 아닌 것은?

① 정전에 의한 전기적 원인
② 온도상승에 의한 열적 요인
③ 진동, 충격 등에 의한 기계적 요인
④ 높은 이상전압 등에 의한 전기적 요인

해설 절연불량의 원인
1) ②, ③, ④항
2) 산화 등에 의한 화학적 요인

62 다음 중 전선이 연소될 때의 단계별 순서로 가장 적절한 것은?

① 착화단계 → 순시용단 단계 → 발화단계 → 인화단계
② 인화단계 → 착화단계 → 발화단계 → 순시용단 단계
③ 순시용단 단계 → 착화단계 → 인화단계 → 발화단계
④ 발화단계 → 순시용단 단계 → 착화단계 → 인화단계

해설 과전류에 의한 전선의 발화단계
1) 인화단계(허용전류의 3배 정도 흐를 경우) : 전류밀도 40~43A/mm^2
2) 착화단계(허용전류의 3배 이상 흐를 경우) : 전류밀도 43~60A/mm^2
3) 발화단계 : 전류밀도 60~120A/mm^2
  ① 발화 후 용융되는 단계 : 전류밀도 60~75A/mm^2
  ② 용융되면서 스스로 발화하는 단계 : 전류밀도 75~120A/mm^2
4) 용단단계(전선이 용단되며 폭발하는 단계) : 전류밀도 120A/mm^2 이상

■ 정답 ■ 58.③ 59.④ 60.① 61.① 62.②

63 작업장내 시설하는 저압전선에는 감전 등의 위험으로 나전선을 사용하지 않고 있지만, 특별한 이유에 의하여 사용할 수 있도록 규정된 곳이 있는데 이에 해당되지 않는 것은?

① 버스덕트 작업에 의한 시설 작업
② 애자사용 작업에 의한 전기로용 전선
③ 유희용 전차시설의 규정에 준하는 접촉전선을 시설하는 경우
④ 애자사용 작업에 의한 전선의 피복 절연물이 부식되지 않는 장소에 시설하는 전선

해설 1) ①, ②, ③항 : 나전선 사용
2) ④항 : 피복전선 사용

64 산업안전보건법령에서 규정한 위험물질을 기준량 이상으로 제조 또는 취급하는 특수화학설비에 설치하여야 할 계측장치가 아닌 것은?

① 온도계   ② 유량계
③ 압력계   ④ 경보계

해설 특수화학설비 설치시 필요한 장치
1) 특수화학설비 설치시 내부의 이상상태를 조기에 파악하기 위해 설치하는 장치
   ① **계측장치** : 온도계, 유량계, 압력계 등 설치
   ② 자동경보장치설치(자동경보장치설치 곤란시는 감시인 배치)
2) 특수화학설비 설치시 이상상태의 발생에 따른 폭발, 화재 또는 위험물의 누출방지를 위해 설치하는 장치
   ① 원재료 공급의 긴급차단장치
   ② 제품 등의 긴급방출장치
   ③ 불활성 가스의 주입 또는 냉각용수 등의 공급을 위한 장치 등 설치
3) **예비동력원** : 특수화학설비에 사용하는 동력원의 이상에 의한 폭발화재를 방지하기 위하여 즉시 사용할 수 있는 예비동력원을 갖추어 둘 것

65 다음 설명에 해당하는 위험장소의 종류로 옳은 것은?

> 공기 중에서 가연성 분진운의 형태가 연속적, 또는 장기적 또는 단기적 자주 폭발성 분위기가 존재하는 장소

① 0종 장소   ② 1종 장소
③ 20종 장소   ④ 21종 장소

해설 위험장소 구분

폭발위험 장소 분류	적요	예(장소)
20종 장소	분진운 형태의 가연성 분진이 폭발농도를 형상할 정도로 충분한 양이 정상 작동 중에 연속적으로 또는 자주 존재하거나, 제어할 수 없을 정도의 양 및 두께의 분진층이 형성될 수 있는 장소	호퍼·분진저장소·집진장치·필터 등의 내부
21종 장소	20종 장소 외의 장소로서 분진운 형태의 가연성 분진이 폭발농도를 형성할 정도의 충분한 양이 정상작동 중에 존재할 수 있는 장소	집진장치·백필터·배기구 등의 주위, 이송밸트의 샘플링 지역 등
22종 장소	20종 장소 외의 장소로서 가연성 분진운 형태가 드물게 발생 또는 단기간 존재할 우려가 있거나 이상작동 상태하에서 가연성 분진층이 형성될 수 있는 장소	21종 장소에서 예방조치가 취하여진 지역, 환기설비 등과 같은 안전 장치 배출구 주위 등

66 다음 중 독성이 강한 순서로 옳게 나열된 것은?

① 일산화탄소 > 염소 > 아세톤
② 일산화탄소 > 아세톤 > 염소
③ 염소 > 일산화탄소 > 아세톤
④ 염소 > 아세톤 > 일산화탄소

해설 허용농도: 허용농도가 낮을수록 독성이 강하다.
1) **염소**(Cl_2) : 1ppm
2) **일산화탄소**(CO) : 50ppm
3) **아세톤**(CH_3COCH_3) : 200ppm

■ 정답 ■ 63.④ 64.④ 65.③ 66.③

67 제1종, 제2종 접지공사에서 사람이 접촉 할 우려가 있는 경우에 시설하는 방법이 아닌 것은?

① 접지극은 지하 50cm 이상의 깊이로 매설할 것
② 접지극은 금속체로부터 1m 이상 이격시켜 매설 할 것
③ 접지선은 절연전선, 케이블, 캡타이어케이블 등을 사용할 것
④ 접지선은 지하 75cm에서 지표상 2m 까지의 합성수지관 또는 몰드로 덮을 것

해설 1) 접지저항
① 접지저항이 낮을수록 좋다
② 접지저항은 접지전극(동판이나 접지봉 등)과 대지와의 접촉상태에 따라 그 저항치가 결정되어 접지전극과 대지와의 접촉면적이 클수록, 또 접지전극 주변의 흙이 전기가 잘 통하는 상태일수록 접지저항이 낮게 된다.
2) 접지저항 저감법
① 접지극의 매설깊이(지중매설 깊이는 75cm 이상)를 깊게 할 것
② 접지극의 수를 증가하여 이들을 병렬로 연결시킬 것
③ 접지극의 크기를 크게 할 것
④ 토량이 불량할 경우는 토질에 적합한 시공법을 택하거나, 접지저항 저감제를 사용하여 토양을 개선할 것

68 다음 중 인입용 비닐 절연전선에 해당하는 약어로 옳은 것은?

① RB   ② IV
③ DV   ④ OW

해설 절연전선의 종류 및 용도
1) 인입용 비닐절연전선(DV) : 저압가공 인입선에 사용
2) 옥외용 비닐절연전선(OW) : 저압가공 배전선로에서 사용
3) 옥외용 가교 폴리에틸렌 절연전선(OC) : 고압가공 전선로에 사용
4) 600V 비닐절연전선(IV) : 습기, 물기가 많은 곳. 금속관 공사용으로 사용

69 다음 중 정전기의 발생요인으로 적절하지 않은 것은?

① 도전성 재료에 의한 발생
② 박리에 의한 발생
③ 유동에 의한 발생
④ 마찰에 의한 발생

해설 정전기 발생현상
1) 마찰대전   2) 유동대전
2) 박리대전   4) 분출대전
5) 충돌대전   6) 파괴대전
7) 비말대전   8) 진동대전(교반대전) 등

70 부탄의 연소하한값이 1.6vol% 일 경우, 연소에 필요한 최소산소농도는 약 몇 vol% 인가?

① 9.4   ② 10.4
③ 11.4   ④ 12.4

해설 1) 부탄(C_4H_{10})의 연소반응식
$C_4H_{10} + 6.5O_2 \rightarrow 4CO_2 + 5H_2O$
2) 최소산소농도(MOC)
$MOC = 연소하한치 \times \dfrac{산소(O_2)의\ 몰수}{연료의\ 몰수}$
$= 1.6 \times \dfrac{6.5}{1} = 10.4vol\%$

71 정전기 제전기의 분류 방식으로 틀린 것은?

① 고전압인가형   ② 자기방전형
③ 연 X선형   ④ 접지형

해설 제전기의 종류
1) 전압인가식 제전기(코로나 방전식 제전기)
2) 자기방전식 제전기
3) 방사선식 제전기
4) 이온식 제전기(radio isotope식 제전기)

■ 정답 ■   67.①   68.③   69.①   70.②   71.④

72 10Ω 의 저항에 10A의 전류를 1분간 흘렸을 때의 발열량은 몇 cal 인가?

① 1800 ② 3600
③ 7200 ④ 14400

해설 $Q(cal) = 0.24 I^2 RT$
$= 0.24 \times 10^2 \times 10 \times 60 = 14400 \, cal$

여기서, Q : 발생열량(cal)
I : 전류(A)
R : 전기저항(Ω)
T : 통전시간(sec)

73 전기기기의 과도한 온도 상승, 아크 또는 불꽃 발생의 위험을 방지하기 위하여 추가적인 안전조치를 통한 안전도를 증가시킨 방폭구조를 무엇이라 하는가?

① 충전방폭구조
② 안전증방폭구조
③ 비점화방폭구조
④ 본질안전방폭구조

해설 방폭구조의 종류별 특징
1) **내압방폭구조** : 아크 또는 고열이 발생하여 폭발성 가스에 점화할 우려가 있는 부분을 전폐된 용기에 넣어 폭발에 견디도록 한 구조
2) **유입방폭구조** : 전폐용기에 기름을 채워서 외부의 폭발성 가스와 점화원이 접촉하여 인화될 위험이 없도록 한 구조
3) **안전증방폭구조** : 안전성을 더욱 보강하기 위하여 코일의 절연보강, 공극을 크게 하여 구조상 또는 온도상승에 대하여 금속망 같은 물질로 차폐시킨 구조로 전기불꽃이나 과열에 대하여 회로특성상 폭발의 위험을 방지할 수 있는 구조
4) **압력방폭구조** : 용기내부에 불연성 가스인 공기나 질소 등을 압입시켜 외부의 폭발성 가스가 용기내부로 침투하지 못하도록 한 구조
5) **본진안전방폭구조** : 정상시 및 사고시(단선, 단락, 지락 등)에 발생하는 전기불꽃 아크 또는 고온에 의하여 폭발성가스 또는 증기

에 점화되지 않는 것이 점화시험, 기타에 의해서 확인된 구조
6) **특수방폭구조** : 폭발성 가스 또는 증기에 점화 또는 위험분위기로 인화를 방지할 수 있는 것이 시험, 기타에 의하여 확인된 구조

74 어떤 혼합가스의 구성성분이 공기는 50vol%, 수소는 20vol%, 아세틸렌은 30vol%인 경우 이 혼합가스의 폭발하한계는? (단, 폭발하한값이 수소는 4vol%, 아세틸렌은 2.5vol% 이다.)

① 2.50% ② 2.94%
③ 4.76% ④ 5.88%

해설 $L = \dfrac{V_1 + V_2 + V_3}{\dfrac{V_1}{L_1} + \dfrac{V_2}{L_2} + \dfrac{V_3}{L_3}}$

$= \dfrac{20 + 30}{\dfrac{20}{4} + \dfrac{30}{2.5}} = 2.94 \, vol\%$

75 다음은 산업안전보건법령에 따른 위험물질의 종류 중 부식성 염기류에 관한 내용이다. ( )안에 알맞은 수치는?

> 농도가 ( ) 퍼센트 이상인 수산화나트륨, 수산화칼륨, 그 밖에 이와 같은 정도 이상의 부식성을 가지는 염기류

① 20 ② 40
③ 60 ④ 80

해설 부식성 물질의 종류(안전보건규칙)
1) 부식성 산류
  ① 농도가 20% 이상인 염산(HCl), 황산(H_2SO_4), 질산(HNO_3) 등
  ② 농도가 60% 이상인 인산(H_3PO_4), 아세트산(CH_3COOH), 불산(HF) 등
2) **부식성 염기류** : 농도가 40% 이상인 수산화나트륨(NaOH), 수산화칼륨(KOH) 등

■ 정답 ■ 72.④ 73.② 74.② 75.②

76 응상폭발에 해당되지 않는 것은?

① 수증기폭발   ② 전선폭발
③ 증기폭발   ④ 분진폭발

해설 1) 응상폭발(액상 및 고상폭발)
① 수증기폭발 또는 증기폭발
② 고상간의 전이에 의한 폭발
③ 전선폭발
④ 화약류 및 유기과산화물 등의 폭발

77 배관설비 중 유체의 역류를 방지하기 위하여 설치하는 밸브는?

① 글로브밸브   ② 체크밸브
③ 게이트밸브   ④ 시퀀스밸브

해설 체크밸브(check valve) : 유체의 역류를 방지하기 위한 밸브

78 인화점에 대한 설명으로 옳은 것은?

① 인화점이 높을수록 위험하다.
② 인화점이 낮을수록 위험하다.
③ 인화점이 위험성은 관계없다.
④ 인화점이 0℃ 이상인 경우만 위험하다.

해설 인화점이 낮을수록 화재발생 가능성이 높다.

79 고압가스 용기에 사용되며 화재 등으로 용기의 온도가 상승하였을 때 금속의 일부분을 녹여 가스의 배출구를 만들어 압력을 분출시켜 용기의 폭발을 방지하는 안전장치는?

① 가용합금 안전밸브
② 방유제
③ 폭압방산공
④ 폭발억제장치

해설 가용전식 안전밸브(가용합금 안전밸브) : 용기가 화재 등으로 인하여 이상적으로 온도가 상승할 때 200℃ 이하의 낮은 융점을 갖는 합금(납, 주석, 카드뮴, 비스무트 등)이 녹아서 가스의 배출구를 만들어 용기내의 가스를 방출시켜 용기가 이상승압이 되는 것을 방지하기 위한 용기용 안전장치이다.

80 LPG에 대한 설명으로 옳지 않은 것은?

① 강한 독성 가스로 분류된다.
② 질식의 우려가 있다.
③ 누설시 인화, 폭발성이 있다.
④ 가스의 비중은 공기보다 크다.

해설 LPG(액화석유가스) : 가연성 가스

제5과목 / 건설안전기술

81 개착식 굴착공사에서 버팀보공법을 적용하여 굴착할 때 지반붕괴를 방지하기 위하여 사용하는 계측장치로 거리가 먼 것은?

① 지하수위계   ② 경사계
③ 변형률계   ④ 록볼트응력계

해설 굴착공사에 사용되는 계측기기
1) 간극수압계(piezometer) : 지하수의 수압을 측정
2) 수위계(water level meter) : 지반 내 지하수위 변화를 측정
3) 경사계(inclinometer) : 흙막이벽의 수평변위(변형)측정
4) 하중계(load cell) : 버팀보(지주) 또는 어스앵커(earth anchor)등의 실제 축하중 변화상태를 측정(부재의 안전상태를 파악하는 기기)
5) 변형계(strain gauge) : 흙막이벽의 변형과 응력을 측정

■ 정답 ■   76.④   77.②   78.②   79.①   80.①   81.④

82 다음 중 유해·위험방지 계획서 제출 대상 공사에 해당하는 것은?

① 지상높이가 25m인 건축물 건설공사
② 최대 지간길이가 45m인 교량건설공사
③ 깊이가 8m인 굴착공사
④ 제방 높이가 50m인 다목적댐 건설공사

해설 건설업 중 유해위험방지계획서 제출대상 사업장(시행규칙 제120조 제4항)
1) 지상높이가 31미터 이상인 건축물 또는 인공구조물, 연면적 3만 제곱미터 이상인 건축물 또는 연면적 5천 제곱미터 이상의 문화 및 집회시설(전시장 및 동물원·식물원은 제외), 판매시설, 운수시설(고속철도의 역사 및 집·배송시설은 제외), 종교시설, 의료시설 중 종합병원, 숙박시설 중 관광숙박시설, 지하도상가 또는 냉동·냉장 창고시설의 건설·개조 또는 해체(이하 "건설등"이라 함)
2) 연면적 5천 제곱미터 이상의 냉동·냉장 창고시설의 설비공사 및 단열공사
3) 최대 지간길이가 50미터 이상인 교량건설 등 공사
4) 터널 건설 등의 공사
5) 다목적댐, 발전용댐 및 저수용량 2천만톤 이상의 용수 전용 댐, 지방상수도 전용댐 건설 등의 공사
6) 깊이 10미터 이상인 굴착공사

83 근로자의 추락 위험이 있는 장소에서 발생하는 추락재해의 원인으로 볼 수 없는 것은?

① 안전대를 부착하지 않았다.
② 덮개를 설치하지 않았다.
③ 투하설비를 설치하지 않았다.
④ 안전난간을 설치하지 않았다.

해설 작업대 끝 및 개구부로부터의 추락재해의 원인
1) 난간이 없었다.
2) 덮개가 없었다.
3) 안전대를 사용하지 않았다.
4) 방책이 없었다.
5) 난간, 방책, 덮개를 제거하고 작업했다.

84 사다리식 통로 등을 설치하는 경우 발판과 벽과의 사이는 최소 얼마 이상의 간격을 유지하여야 하는가?

① 5cm   ② 10cm
③ 15cm ④ 20cm

해설 사다리식 통로의 구조
1) 견고한 구조로 할 것
2) 심한 손상·부식 등이 없는 재료를 사용할 것
3) 발판의 간격은 동일하게 할 것
4) 발판과 벽과의 사이는 15cm 이상의 간격을 유지할 것
5) 폭은 30cm 이상으로 할 것
6) 사다리가 넘어지거나 미끄러지는 것을 방지하기 위한 조치를 할 것
7) 사다리의 상단은 걸쳐놓은 지점으로부터 60cm 이상 올라가도록 할 것
8) 사다리식 통로의 길이가 10m 이상인 때에는 5m 이내마다 계단참을 설치할 것
9) 이동식 사다리식 통로의 기울기는 75° 이하로 할 것(다만, 고정식 사다리식 통로의 기울기는 90° 이하로 하고 높이 7m 이상인 경우 바닥으로부터 2.5m 되는 지점부터 등받이 울을 설치할 것)
10) 접이식 사다리기둥은 사용시 접혀지거나 펼쳐지지 않도록 철물 등을 사용하여 견고하게 조치할 것

85 다음 중 구조물의 해체작업을 위한 기계·기구가 아닌 것은?

① 쇄석기   ② 데릭
③ 압쇄기   ④ 철제 해머

해설 해체용 기계기구의 종류
1) 압쇄기   2) 대형브레이커
3) 철제해머   4) 핸드브레이커
5) 팽창제   6) 절단톱 및 절단줄톱
7) 잭(jack)   8) 쐐기타입기(rock jack)
9) 화염방사기 10) 화약류

■ 정답 ■ 82.④ 83.③ 84.③ 85.②

86 차량계 하역운반기계등을 사용하는 작업을 할 때, 그 기계가 넘어지거나 굴러떨어짐으로써 근로자에게 위험을 미칠 우려가 있는 경우에 이를 방지하기 위한 조치사항과 거리가 먼 것은?

① 유도자 배치
② 지반의 부동침하방지
③ 상단부분의 안정을 위하여 버팀줄 설치
④ 갓길 붕괴방지

해설 차량계 하역운반기계의 전도(넘어짐), 전락(굴러 떨어짐) 등에 의한 근로자의 위험방지 조치 사항
1) 유도자 배치
2) 지반의 부동침하 방지
3) 갓길(노견)의 붕괴 방지

87 기상상태의 악화로 비계에서의 작업을 중지시킨 후 그 비계에서 작업을 다시 시작하기 전에 점검해야 할 사항에 해당하지 않는 것은?

① 기둥의 침하. 변형. 변위 또는 흔들림 상태
② 손잡이의 탈락 여부
③ 격벽의 설치여부
④ 발판재료의 손상 여부 및 부착 또는 걸림 상태

해설 비, 눈, 그 밖의 기상상태의 악화로 작업을 중지시킨 후 또는 비계를 조립·해체하거나 변경한 후 그 비계에서 작업을 하는 경우 작업시작전 점검사항
1) 발판재료의 손상여부 및 부착 또는 걸림상태
2) 당해 비계의 연결부 또는 접속부의 풀림상태
3) 연결재료 및 연결철물의 손상 또는 부식상태
4) 손잡이의 탈락여부
5) 기둥의 침하·변경·변위 또는 흔들림 상태
6) 로프의 부착상태 및 매단장치의 흔들림 상태

88 콘크리트 구조물에 적용하는 해체작업 공법의 종류가 아닌 것은?

① 연삭 공법
② 발파 공법
③ 오픈컷 공법
④ 유압 공법

해설 해체공법의 종류
1) **연삭공법**: ① 절단공법 ② 다이아몬드 와이어 쏘우 공법(diamond wire saw method)
2) **발파공법**: ① 도화선발파 ② 전기발파 ③ 도폭선 발파
3) **유압공법**: ① 잭 공법 ② 압쇄공법 ③ 유압식 확대기 공법
4) **충격공법**: ① 핸드 브레이커 공법 ② 대형 브레이커 공법 ③ 강구(steel ball) 공법

89 다음은 산업안전보건법령에 따른 근로자의 추락위험 방지를 위한 추락방호망의 설치기준이다. ( )안에 들어갈 내용으로 옳은 것은?

> 추락방호망은 수평으로 설치하고, 망의 처짐은 짧은 변 길이의 ( )이상이 되도록 할 것

① 10%
② 12%
③ 15%
④ 18%

해설 추락방호망 설치기준
1) **설치위치**: 작업면에 가장 가까운 지점에 설치하여야 하며, 작업면에서 방망설치지점까지의 수직거리는 10m를 초과하지 않을 것
2) **방망**: 수평으로 설치
3) **방망의 처짐**: 짧은 변 길이의 12% 이상일 것
4) **방망의 내민 길이**: 벽면으로부터 3m 이상 (다만, 그물코가 20mm 이하인 망을 사용한 경우에는 낙하물 방지망을 설치한 것으로 봄)

■ 정답 86.③ 87.③ 88.③ 89.②

90 달비계에 사용이 불가한 와이어로프의 기준으로 옳지 않은 것은?

① 이음매가 없는 것
② 지름의 감소가 공칭지름의 7%를 초과하는 것
③ 심하게 변형되거나 부식된 것
④ 와이어로프의 한 꼬임에서 끊어진 소선(素線)의 수가 10% 이상인 것

해설 달비계에 설치하는 이음매가 있는 와이어로프 등의 사용금지사항
  1) 이음매가 있는 것
  2) 와이어로프의 한 꼬임에서 끊어진 소선(필러선 제외)의 수가 10%이상(비전로프의 경우에는 끊어진 소선의 수가 와이어로프 호칭지름의 6배 길이 이내에서 4개 이상이거나 호칭지름의 30배 길이 이내에서 8개 이상)인 것
  3) 지름의 감소가 공칭지름의 7%를 초과하는 것
  4) 꼬인 것
  5) 심하게 변형 또는 부식된 것
  6) 열과 전기충격에 의해 손상된 것

91 거푸집동바리등을 조립하는 경우의 준수사항으로 옳지 않은 것은?

① 동바리로 사용하는 파이프 서포트는 최소 3개 이상 이어서 사용하도록 할 것
② 동바리의 상하 고정 및 미끄러짐 방지조치를 하고, 하중의 지지상태를 유지할 것
③ 동바리의 이음은 맞댄이음이나 장부이음으로 하고 같은 품질의 재료를 사용할 것
④ 강재와 강재의 접속부 및 교차부는 볼트, 클램프 등 전용철물을 사용하여 단단히 연결할 것

해설 동바리로 사용하는 파이프서포트의 설치기준
  1) 파이프서포트를 3본 이상이어서 사용하지 아니하도록 할 것
  2) 파이프서포트를 이어서 사용할 때에는 4개 이상의 볼트 또는 전용철물을 사용하여 이을 것
  3) 높이가 3.5m를 초과할 때에는 높이 2m 이내마다 수평연결재를 2개 방향으로 만들고 수평연결재의 변위를 방지할 것

92 산업안전보건관리비 계상을 위한 대상액이 56억원인 교량공사의 산업안전보건관리비는 얼마인가? (단, 건축공사에 해당)

① 104,160천원   ② 110,320천원
③ 144,800천원   ④ 150,400천원

해설 1) 건축공사인 경우 50억원 이상일 때 비율(x) : 1.87%
  2) 안전관리비 = 대상액 × $\dfrac{비율(\%)}{100}$
  = 56억 × $\dfrac{1.97}{100}$
  =110320천원(1억1천3십2만원)

93 콘크리트 타설작업 시 거푸집에 작용하는 연직하중이 아닌 것은?

① 콘크리트의 측압
② 거푸집의 중량
③ 굳지 않은 콘크리트의 중량
④ 작업원의 작업하중

해설 거푸집 및 지보공(동바리) 설계시 고려해야 할 하중(고용노동부 고시)
  1) 연직방향 하중 : 거푸집, 지보공(동바리), 콘크리트, 철근, 작업원, 타설용 기계, 기구, 가설설비 등의 중량 및 충격하중
  2) 횡방향 하중 : 작업할 때의 진동, 충격, 시공오차 등에 기인되는 횡방향 하중 이외에 필요에 따라 풍압, 유수압, 지진 등
  3) 콘크리트의 측압 : 굳지 않은 콘크리트의 측압
  4) 특수하중 : 시공 중에 예상되는 특수한 하중
  5) 상기 1)~4)호의 하중에 안전율을 고려한 하중

정답 90.① 91.① 92.② 93.①

94 드럼에 다수의 돌기를 붙여 놓은 기계로 점토층의 내부를 다지는 데 적합한 것은?

① 탠덤 롤러 ② 타이어 롤러
③ 진동 롤러 ④ 탬핑 롤러

해설 탬핑 롤러(tamping roller)
1) 롤러의 표면에 돌기를 만들어 부착한 것으로 돌기가 전압층에 매입되어 풍화암을 파쇄하고 흙 속의 간극수압을 제거하는 롤러이다.
2) 실트, 점토 등 충분한 결합재가 있는 기층재료의 다지기 등에 사용된다.

95 산업안전보건법령에 따른 중량물을 취급하는 작업을 하는 경우의 작업계획서 내용에 포함되지 않는 사항은?

① 추락위험을 예방할 수 있는 안전대책
② 낙하위험을 예방할 수 있는 안전대책
③ 전도위험을 예방할 수 있는 안전대책
④ 위험물 누출위험을 예방할 수 있는 안전대책

해설 중량물 취급작업시 작업계획의 작성내용
1) 추락위험을 예방할 수 있는 안전대책
2) 낙하위험을 예방할 수 있는 안전대책
3) 전도위험을 예방할 수 있는 안전대책
4) 협착위험을 예방할 수 있는 안전대책
5) 붕괴위험을 예방할 수 있는 안전대책

96 다음은 산업안전보건기준에 관한 규칙 중 가설통로의 구조에 관한 사항이다. ( ) 안에 들어갈 내용으로 옳은 것은?

> 수직갱에 가설된 통로의 길이가 15m이상인 경우에는 10m 이내마다 (   )을/를 설치할 것

① 손잡이 ② 계단참
③ 클램프 ④ 버팀대

해설 가설통로의 구조(가설통로 설치시 준수사항)
1) 견고한 구조로 할 것
2) 경사는 30° 이하로 할 것(다만, 계단을 설치하거나 높이 2m 미만의 가설통로로서 튼튼한 손잡이를 설치한 때에는 그러하지 아니하다)
3) 경사가 15°를 초과하는 때에는 미끄러지지 않는 구조로 할 것
4) 추락의 위험이 있는 장소에는 안전난간을 설치할 것(작업상 부득이한 때에는 필요한 부분에 한하여 임시로 이를 해체할 수 있다)
5) 수직갱에 가설된 통로의 길이가 15m 이상인 때에는 10m 이내마다 계단참을 설치할 것
6) 건설공사에서 사용하는 높이 8m이상인 비계다리에는 7m 이내마다 계단을 설치할 것

97 추락재해 방지용 방망의 신품에 대한 인장강도는 얼마인가? (단, 그물코의 크기가 10cm 이며, 매듭 없는 방망)

① 220kg ② 240kg
③ 260kg ④ 280kg

해설 방망사의 신품에 대한 인장강도

그물코의 크기 (단위 : cm)	방망의 종류(단위 : kg)	
	매듭 없는 방망	매듭 방망
10	240	200
5		110

98 강풍 시 타워크레인의 설치·수리·점검 또는 해체 작업을 중지하여야 하는 순간풍속 기준으로 옳은 것은?

① 순간풍속이 초당 10m를 초과하는 경우
② 순간풍속이 초당 15m를 초과하는 경우
③ 순간풍속이 초당 20m를 초과하는 경우
④ 순간풍속이 초당 30m를 초과하는 경우

해설 1) 타워크레인의 운전작업을 중지해야 할 순간풍속 : 15m/sec 초과시
2) 타워크레인의 설치·수리·점검 또는 해체 작업을 중지해야 할 순간풍속 : 10m/sec 초과시

99 거푸집 공사에 관한 설명으로 옳지 않은 것은?

① 거푸집 조립 시 거푸집이 이동하지 않도록 비계 또는 기타 공작물과 직접 연결한다.
② 거푸집 치수를 정확하게 하여 시멘트 모르타르가 새지 않도록 한다.
③ 거푸집 해체가 쉽게 가능하도록 박리제 사용 등의 조치를 한다.
④ 측압에 대한 안전성을 고려한다.

해설 거푸집동바리 조립시 준수사항(거푸집동바리 등의 안전조치)
1) 깔목의 사용, 콘크리트 타설(打設), 말뚝박기 등 동바리의 침하를 방지하기 위한 조치를 할 것
2) 개구부 상부에 동바리를 설치하는 때에는 상부하중을 견딜 수 있는 견고한 받침대를 설치할 것
3) 동바리의 상하고정 및 미끄러짐 방지조치를 하고, 하중의 지지상태를 유지할 것
4) 동바리의 이음은 맞댄이음 또는 장부이음으로 하고 같은 품질의 재료를 사용할 것
5) 강재와 강재와의 접속부 및 교차부는 볼트·클램프 등 전용철물을 사용하여 단단히 연결할 것
6) 거푸집이 곡면인 때에는 버팀대의 부착 등 그 거푸집의 부상(浮上)을 방지하기 위한 조치를 할 것

100 발파작업에 종사하는 근로자가 준수하여야 할 사항으로 옳지 않은 것은?

① 장전구는 마찰·충격·정전기 등에 의한 폭발의 위험이 없는 안전한 것을 사용할 것
② 발파공의 충진재료는 점토·모래 등 발화성 또는 인화성의 위험이 없는 재료를 사용할 것
③ 얼어붙은 다이나마이트는 화기에 접근시키거나 그 밖의 고열물에 직접 접촉시켜 단시간 안에 융해시킬 수 있도록 할 것
④ 전기뇌관에 의한 발파의 경우 점화하기 전에 화약류를 장전한 장소로부터 30m 이상 떨어진 안전한 장소에서 전선에 대하여 저항측정 및 도통시험을 할 것

해설 ③항, 얼어붙은 다이너마이트는 화기에 접근시키거나 기타의 고열물에 직접 접촉시키는 등 위험한 방법으로 융해하지 않도록 할 것

■ 정답 ■ 99.① 100.③

2025년 3회 CBT 복원 기출문제
산업안전산업기사

제1과목 / 산업안전관리론

01 Safe-T-score에 대한 설명으로 틀린 것은?

① 안전관리의 수행도를 평가하는데 유용하다.
② 기업의 산업재해에 대한 과거와 현재의 안전성적을 비교 평가한 점수로 단위가 없다.
③ Safe-T-score가 +2.0이상인 경우는 안전관리가 과거보다 좋아졌음을 나타낸다.
④ Safe-T-score가 +2.0~-2.0사이인 경우는 안전관리가 과거에 비해 심각한 차이가 없음을 나타낸다.

해설 세이프 티 스코어(Safe T. Score)
1) 의미 : 과거와 현재의 안전성적을 비교·평가하는 방법으로 단위가 없으며(+)이면 나쁜 기록, (-)이면 과거에 비해 좋은 기록으로 본다.
2) 공식
∴ Safe T. Score
$$= \frac{(현재)빈도율 - (과거)빈도율}{\sqrt{\frac{(과거)빈도율}{근로총시간수} \times 10^6}}$$
3) 판정

구분	내용
+2.0이상	· 과거보다 심각하게 나쁘다.
+2.0~-2.0	· 심각한 차이 없음.
-2.0이하	· 과거보다 좋아졌다.

02 매슬로우(Maslow)의 욕구단계 이론의 요소가 아닌 것은?

① 생리적 욕구 ② 안전에 대한 욕구
③ 사회적 욕구 ④ 심리적 욕구

해설 매슬로우(Maslow)의 욕구 5단계
1) 1단계-생리적 욕구(신체적 욕구) : 기아, 갈등, 호흡, 배설, 성욕 등 기본적 욕구
2) 2단계-안전의 욕구 : 안전을 구하려는 욕구
3) 3단계-사회적 욕구(친화욕구) : 애정, 소속에 대한 욕구
4) 4단계-인정받으려는 욕구(자기존경의 욕구, 승인욕구) : 자존심, 명예, 성취, 지위 등에 대한 욕구
5) 5단계-자아실현의 욕구(성취욕구) : 잠재적인 능력을 실현하고자 하는 욕구

03 위험예지훈련 4R방식 중 각 라운드(Round)별 내용 연결이 옳은 것은?

① 1R - 목표설정
② 2R - 본질추구
③ 3R - 현상파악
④ 4R - 대책수립

해설 위험예지훈련의 4R
1) 1R(현상파악) : 어떤 위험이 잠재하고 있는지 사실을 파악하는 라운드(BS적용)
2) 2R(본질추구) : 가장 위험한 요인(위험 포인트)을 합의로 결정하는 라운드(요약)
3) 3R(대책수립) : 구체적인 대책을 수립하는 라운드(BS)적용
4) 4R(목표달성-설정) : 수립한 대책 가운데 질이 높은 항목에 합의하는 라운드(요약)

■ 정답 ■ 01.③ 02.④ 03.②

04 재해 발생 시 조치사항 중 대책수립의 목적은?

① 재해발생 관련자 문책 및 처벌
② 재해 손실비 산정
③ 재해발생 원인 분석
④ 동종 및 유사재해 방지

해설 재해발생시의 조치사항

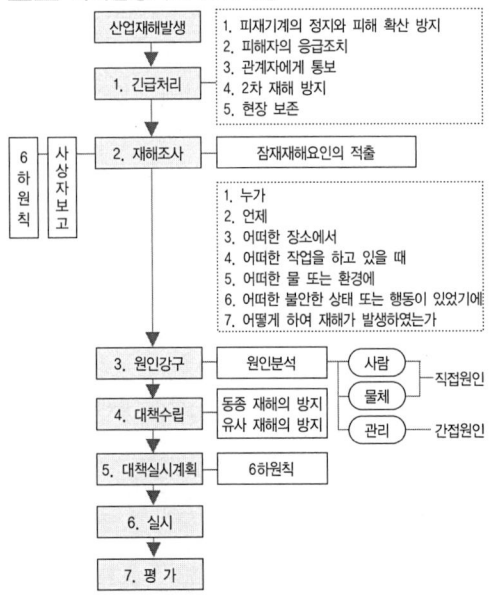

05 학습을 자극에 의한 반응으로 보는 이론에 해당하는 것은?

① 손다이크(Thorndike)의 시행착오설
② 퀠러(Kohler)의 통찰설
③ 톨만(Tolman)의 기호형태설
④ 레빈(Lewin)의 장이론

해설 S-R이론 : 유기체에 자극(stimulus)을 주면 반응(response)함으로써 새로운 행동이 발달된다는 이론이다.
  1) 손다이크(Thorndike)의 시행착오설
  2) 파브로브(Pavlov)의 조건반사설
  3) 스키너(Skinner)의 작동적(도구적) 조건화설
  4) 구드리(Guthrie)의 접근적 조건화설

06 헤드십(Headship)에 관한 설명으로 틀린 것은?

① 구성원과의 사회적 간격이 좁다.
② 지휘의 형태는 권위주의적이다.
③ 권한의 부여는 조직으로부터 위임받는다.
④ 권한귀속은 공식화된 규정에 의한다.

해설 헤드십은 구성원과의 사회적 간격이 넓다.

길잡이 헤드십과 리더십의 구분

구분	헤드십	리더십
1. 권한부여 및 행사	위에서 위임하여 임명	아래로부터 동의에 의한 선출
2. 권한근거	법적 또는 공식적	개인능력
3. 상관과 부하의 관계	지배적	개인적인 경향
4. 지휘형태	권위주의적	민주주의적
5. 부하와의 사회적 간격	넓다	좁다

07 400명의 근로자가 종사하는 공장에서 휴업일수 127일, 중대 재해 1건이 발생한 경우 강도율은? (단, 1일 8시간으로 연 300일 근무조건으로 한다.)

① 10   ② 0.1
③ 1.0   ④ 0.01

해설 강도율 = $\dfrac{\text{근로손실일수}}{\text{연근로시간수}} \times 1000$

$= \dfrac{127 \times \dfrac{300}{365}}{400 \times 8 \times 300} \times 1000$

$= 0.14$

■ 정답 ■ 04.④ 05.① 06.① 07.②

08 산업안전보건법령상 근로자 안전·보건교육 기준 중 다음 ( )안에 알맞은 것은?

교육과정	교육대상	교육시간
채용시의 교육	일용근로자	(㉠)시간 이상
	일용근로자를 제외한 근로자	(㉡)시간 이상

① ㉠ 1, ㉡ 8　　② ㉠ 2, ㉡ 8
③ ㉠ 1, ㉡ 2　　④ ㉠ 3, ㉡ 6

해설 사업 내 안전보건교육(시행규칙 별표8)

교육과정	교육대상	교육시간
1. 정기교육	사무직 종사 근로자	매분기 3시간 이상
	판매직 종사 근로자	매분기 3시간 이상
	판매직 종사 근로자외의 근로자	매분기 6시간 이상
	관리감독자	연간 16시간 이상
2. 채용시 교육	일용근로자를 제외한 근로자	8시간 이상
	일용근로자	1시간 이상
3. 작업내용 변경시 교육	일용근로자를 제외한 근로자	2시간 이상
	일용근로자	1시간 이상
4. 특별교육	특별교육대상 작업에 종사하는 일용근로자를 제외한 근로자	·16시간 이상(최초 작업에 종사하기 전 4시간 이상 실시하고 12시간은 3개월 이내에서 분할하여 실시 가능) ·단기간 작업 또는 간헐적 작업일 경우에는 2시간 이상
	특별교육대상 작업에 종사하는 일용근로자	2시간 이상
5. 건설업 기초 안전보건 교육	건설 일용 근로자	4시간

09 산업안전보건법령상 안전·보건표지 중 지시 표지사항의 기본모형은?

① 사각형　　② 원형
③ 삼각형　　④ 마름모형

해설 안전보건표지의 기본모형
1) 금지표시 : 원형
2) 경고표지 : 삼각형, 마름모형
3) 지시표지 : 원형
4) 안내표지 : 원형, 사각형

10 안전심리의 5대 요소에 해당하는 것은?

① 기질(temper)　　② 지능(intelligence)
③ 감각(sense)　　④ 환경(environment)

해설 안전심리의 5대 요소
1) 습관　　2) 습성
3) 동기　　4) 기질
5) 감정

11 추락 및 감전 위험방지용 안전모의 일반구조가 아닌 것은?

① 착장체　　② 충격흡수재
③ 선심　　④ 모체

해설 안전모의 구조

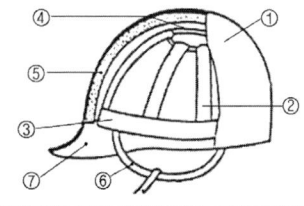

번호	명칭	
1	모체	
2	착장체	머리받침끈
3		머리고정대
4		머리받침고리
5	충격흡수재(자율안전확인에서는 제외)	
6	턱끈	
7	모자챙(차양)	

12 기업 내 정형교육 중 대상으로 하는 계층이 한정되어 있지 않고, 한번 훈련을 받은 관리자는 그 부하인 감독자에 대해 지도원이 될 수 있는 교육방법은?

① TWI(Training Within Industry)
② MTP(Management Training Program)
③ CCS(Civil Communication Section)
④ ATT(American Telephone&Telegram Co)

해설 ATT(American Telephone & Telegram Co.)
1) **교육대상** : 대상계층이 한정되어 있지 않고, 한번 훈련을 받은 관리자는 그 부하인 감독자에 대해 지도원이 될 수 있다.
2) **교육내용** : 계획적 감독, 작업의 계획 및 인원배치 작업의 감독, 공구와 자료보고 및 기록, 개인작업의 개선, 종업원의 향상, 인사관계, 훈련, 고객관계, 안전부대 군인의 복무조정 등
3) 코스는 1차 훈련(1일 8시간씩 2주간), 2차 과정에서는 문제가 발생할 때마다 하도록 되어있으며, 진행방법은 통상 토의식에 의하여 지도자의 유도로 과제에 대한 의견을 제시하도록 하여 결론을 내려가는 방식을 취한다.

13 학생이 마음속에 생각하고 있는 것을 외부에 구체적으로 실현하고 형상화하기 위하여 자기 스스로가 계획을 세워 수행하는 학습활동으로 이루어지는 학습지도의 형태는?

① 케이스 메소드(Case method)
② 패널 디스커션(Panel discussion)
③ 구안법(Project method)
④ 문제법(Problem method)

해설 구안법(Project Method)
1) 학습자가 스스로 계획을 세워서 수행하는 학습활동으로 이루어지는 교육형태
2) **구안법의 단계** : 목적 - 계획 - 수행 - 평가

14 사고예방대책의 기본원리 5단계 중 제4단계의 내용으로 틀린 것은?

① 인사조정
② 작업분석
③ 기술의 개선
④ 교육 및 훈련의 개선

해설 사고예방대책의 기본원리 5단계

단계	과정	내용
1단계	조직	① 경영자의 안전목표 ② 안전관리자의 임명 ③ 안전의 라인 및 참모 조직구성 ④ 안전활동 방침 및 계획수립 ⑤ 조직을 통한 안전활동
2단계	사실의 발견	① 사고 및 안전활동 기록 검토 ② 작업분석 ③ 안전점검 및 안전진단 ④ 사고조사 ⑤ 안전회의 및 토의 ⑥ 근로자의 제안 및 여론조사 ⑦ 관찰 및 보고서의 연구 등을 통하여 불안전 요소 발견
3단계	분석 평가	① 사고보고서 및 현장조사 ② 사고기록 및 인적 물적 조건의 분석 ③ 작업공정 분석 ④ 교육훈련 분석 등을 통하여 사고의 직접원인 및 간접원인 규명
4단계	시정책 선정	① 기술적 개선 ② 인사조정(배치조정) ③ 교육훈련의 개선 ④ 안전행정의 개선 ⑤ 규정 및 수칙 작업표준 제도의 개선 ⑥ 확인 및 통제체제 개선
5단계	시정책 적용	① 기술적(engineering)대책 ② 교육적(education)대책 ③ 단속적(enforcement)대책

15 재해예방의 4원칙이 아닌 것은?

① 원인계기의 원칙　② 예방가능의 원칙
③ 사실보존의 원칙　④ 손실우연의 원칙

■ 정답 ■　12.④　13.③　14.②　15.③

해설 재해예방의 4원칙
1) 손실우연의 원칙
2) 원인계기의 원칙
3) 예방가능의 원칙
4) 대책선정의 원칙

16 주의(attention)의 특성 중 여러 종류의 자극을 받을 때 소수의 특정한 것에만 반응하는 것은?

① 선택성 ② 방향성
③ 단속성 ④ 변동성

해설 주의의 특징
① **선택성** : 여러 종류의 자극을 자각할 때 소수의 특정한 것에 한하여 선택하는 기능
② **방향성** : 주시점만 인지하는 기능
③ **변동성** : 주의에는 주기적으로 부주의의 리듬이 존재

17 산업안전보건법령상 관리감독자의 업무의 내용이 아닌 것은?

① 해당 작업에 관련되는 기계·기구 또는 설비의 안전·보건점검 및 이상유무의 확인
② 해당 사업장 산업보건의 지도·조언에 대한 협조
③ 위험성평가를 위한 업무에 기인하는 유해·위험요인의 파악 및 그 결과에 따라 개선조치의 시행
④ 작성된 물질안전보건자료의 게시 또는 비치에 관한 보좌 및 조언·지도

해설 관리감독자의 업무내용
1) 사업장 내 관리감독자가 지휘·감독하는 작업(이하 "당해작업")과 관련되는 기계기구 또는 설비의 안전·보건 점검 및 이상 유무의 확인
2) 관리감독자에게 소속된 근로자의 작업복·보호구 및 방호장치의 점검과 그 착용·사용에 관한 교육·지도
3) 해당 작업에서 발생한 산업재해에 관한 보고 및 이에 대한 응급조치
4) 해당 작업의 작업장 정리·정돈 및 통로확보에 대한 확인·감독
5) 해당 사업장의 산업보건의·안전관리자 및 보건관리자, 안전보건관리담당자의 지도·조언에 대한 협조
6) 위험성평가를 위한 업무에 기인하는 유해·위험요인의 파악 및 그 결과에 따른 개선조치의 시행
7) 그 밖에 당해 작업의 안전·보건에 관한 사항으로서 고용노동부령으로 정하는 사항

18 산업안전보건법령상 건설현장에서 사용하는 크레인, 리프트 및 곤돌라의 안전검사의 주기로 옳은 것은? (단, 이동식 크레인, 이삿짐 운반용 리프트는 제외한다.)

① 최초로 설치한 날부터 6개월마다.
② 최초로 설치한 날부터 1년마다
③ 최초로 설치한 날부터 2년마다
④ 최초로 설치한 날부터 3년마다

해설 안전검사대상 유해·위험기계 등의 검사주기
(시행규칙 제73조의 3)
1) 크레인(이동식크레인은 제외), 리프트(이삿짐 운반용 리프트는 제외) 및 곤돌라 : 사업장이 설치가 끝난 날부터 3년 이내에 최초 안전검사를 실시하되, 그 이후부터 2년마다 (건설현장에 사용하는 것은 최초로 설치한 날부터 6개월 마다)
2) 이동식크레인, 이삿짐운반용 리프트 및 고소작업대 : 신규등록이후 3년 이내에 최초 안전검사를 실시하되, 그 이후부터 3년마다
3) 프레스, 전단기, 압력용기, 국소배기장치, 원심기, 화학설비 및 그 부속설비, 건조설비 및 그 부속설비, 롤러기, 사출성형기, 컨베이어 및 산업용 로봇(11종) : 사업장에 설치가 끝난 날부터 3년 이내에 최초 안전검사를 실시하되, 그 이후부터 2년마다 (공정안전보고서를 제출하여 확인을 받은 압력용기는 4년마다)

■정답■ 16.① 17.④ 18.①

19 시행착오설에 의한 학습법칙이 아닌 것은?

① 효과의 법칙   ② 준비성의 법칙
③ 연습의 법칙   ④ 일관성의 법칙

해설 시행착오설에 의한 학습법칙
1) 연습의 법칙
2) 효과의 법칙
3) 준비성의 법칙

20 부하의 행동에 영향을 주는 리더십 중 조언, 설명, 보상조건 등의 제시를 통한 적극적인 방법은?

① 강요   ② 모범
③ 제언   ④ 설득

해설 설득 : 본문설명

제2과목 / 인간공학 및 시스템안전공학

21 안전성의 관점에서 시스템을 분석 평가하는 접근방법과 거리가 먼 것은?

① "이런 일은 금지한다."의 개인판단에 따른 주관적인 방법
② "어떻게 하면 무슨 일이 발생할 것인가?"의 연역적인 방법
③ "어떤 일은 하면 안 된다."라는 점검표를 사용하는 직관적인 방법
④ "어떤 일이 발생하였을 때 어떻게 처리하여야 안전한가?"의 귀납적인 방법

해설 ① 항, 개인 판단에 따른 주관적인 방법은 시스템 분석평가를 하는 접근방법으로 적합하지 않다.

22 시각적 표시 장치를 사용하는 것이 청각적 표시장치를 사용하는 것보다 좋은 경우는?

① 메시지가 후에 참고되지 않을 때
② 메시지가 공간적인 위치를 다룰 때
③ 메시지가 시간적인 사건을 다룰 때
④ 사람의 일이 연속적인 움직임을 요구할 때

해설 표시장치의 선택(청각장치와 시각장치의 선택)

청각장치사용	시각장치사용
① 전언이 간단하고 짧다.	① 전언이 복잡하고 길다.
② 전언이 후에 재참조되지 않는다.	② 전언이 후에 재참조된다.
③ 전언이 즉각적인 사상(event)을 이룬다.	③ 전언이 공간적인 위치를 다룬다.
④ 전언이 즉각적인 행동을 요구한다.	④ 전언이 즉각적인 행동을 요구하지 않는다.
⑤ 수신자가 시각계통이 과부하 상태일 때	⑤ 수신자의 청각계통이 과부하 상태일 때
⑥ 수신장소가 너무 밝거나 암조의 유지가 필요할 때	⑥ 수신장소가 너무 시끄러울 때
⑦ 직무상 수신자가 자주 움직이는 경우	⑦ 직무상 수신자가 한 곳에 머무르는 경우

23 인체 측정치의 응용 원칙과 거리가 먼 것은?

① 극단치를 고려한 설계
② 조절 범위를 고려한 설계
③ 평균치를 기준으로 한 설계
④ 기능적 치수를 이용한 설계

해설 인체계측자료의 응용원칙
1) **최대치수와 최소치수** : 최대치수 또는 최소치수를 기준으로 하여 설계한다. (극단에 속하는 사람을 위한 설계)
2) **조절범위(조절식)** : 체격이 다른 여러 사람에게 맞도록 만드는 것 이다.(조절할 수 있도록 범위를 두는 설계)
3) **평균치를 기준으로 한 설계** : 최대치수나 최소치수, 조절식으로 하기가 곤란할 때 평균치를 기준으로 하여 설계한다.(평균적인 사람을 위한 설계)

■ 정답 ■   19.④   20.④   21.①   22.②   23.④

24 컷셋(cut sets)과 최소 패스셋(minimal path sets)을 정의한 것으로 맞는 것은?

① 컷셋은 시스템 고장을 유발시키는 필요 최소한의 고장들의 집합이며, 최소 패스셋은 시스템의 신뢰성을 표시한다.
② 컷셋은 시스템 고장을 유발시키는 기본고장들의 집합이며, 최소 패스셋은 시스템의 불신뢰도를 표시한다.
③ 컷셋은 그 속에 포함되어 있는 모든 기본사상이 일어났을 때 톱 사상을 일으키는 기본사상의 집합이며, 최소 패스셋은 시스템의 신뢰성을 표시한다.
④ 컷셋은 그 속에 포함되어 있는 모든 기본사상이 일어났을 때 톱 사상을 일으키는 기본사상의 집합이며, 최소 패스셋은 시스템의 성공을 유발하는 기본사상의 집합이다.

해설 1) 컷셋과 미니멀 컷
① **컷셋**(cut sets) : 정상사상을 일으키는 기본사상(통상사상, 생략사상 포함)의 집합을 컷이라 한다.
② **미니멀 컷**(minimal cut sets) : 정상사상을 일으키기 위해 필요한 최소한의 컷을 말한다. (시스템의 위험성을 나타냄)
2) 패스셋과 미니멀 패스
① **패스 셋** : 정상사상이 일어나지 않는 기본사상의 집합을 말한다.
② **미니멀 패스** : 필요한 최소한의 패스를 말한다.(시스템의 신뢰성을 나타냄)

25 신체 반응의 척도 중 생리적 스트레인의 척도로 신체적 변화의 측정 대상에 해당하지 않는 것은?

① 혈압   ② 부정맥
③ 혈액성분 ④ 심박수

해설 생리적 스트레인의 척도에 대한 신체적 변화의 측정대상 : 혈압, 부정맥, 심박수, 뇌전도 등

26 휘도(luminance)의 척도 단위(unit)가 아닌 것은?

① fc   ② fL
③ mL   ④ cd/m^2

해설 휘도의 단위 : cd/m^2(칸델라/제곱미터) 또는 nt(nit, 니트), fL(후트램버트), mL(밀리램버트)

27 다음의 연산표에 해당하는 논리연산은?

입력		출력
X_1	X_2	
0	0	0
0	1	1
1	0	1
1	1	0

① XOR   ② AND
③ NOT   ④ OR

해설 1) XOR(배타적 논리합) : 두 가지 조건이 서로 반대의 값을 가지면 결과가 참으로 나타난다.
2) 연산표에서 X_1, X_2의 값이 서로 다를 때 출력이 "1"이 된다.

28 소음을 방지하기 위한 대책으로 틀린 것은?

① 소음원 통제   ② 차폐장치 사용
③ 소음원 격리   ④ 연속 소음 노출

해설 소음대책
1) 소음원의 제거(가장 적극적 대책)
2) 소음원의 통제
3) 소음의 격리
4) 차폐장치 및 흡음재료 사용
5) 음향처리제 사용
6) 적절한 배치(layout)
7) 방음보호구 사용

■ 정답 ■ 24.③ 25.③ 26.① 27.① 28.④

29 항공기 위치 표시장치의 설계원칙에 있어, 다음 보기의 설명에 해당하는 것은?

[보기]
항공기의 경우 일반적으로 이동 부분의 영상은 고정된 눈금이나 좌표계에 나타내는 것이 바람직하다.

① 통합 ② 양립적 이동
③ 추종표시 ④ 표시의 현실성

해설 양립적 이동 : 본문 [보기]설명

30 체계분석 및 설계에 있어서 인간공학의 가치와 가장 거리가 먼 것은?

① 성능의 향상
② 인력 이용율의 감소
③ 사용자의 수용도 향상
④ 사고 및 오용으로부터의 손실 감소

해설 체계설계 과정에서의 인간공학의 기여도
1) 성능향상
2) 인력이용률의 향상
3) 사용자의 수용도 향상
4) 사고 및 오용으로부터의 손실감소
5) 훈련비용의 절감
6) 생산 및 정비유지의 경제성 증대

31 산업현장에서 사용하는 생산설비의 경우 안전장치가 부착되어 있으나 생산성을 위해 제거하고 사용하는 경우가 있다. 이러한 경우를 대비하여 설계 시 안전장치를 제거하면 작동이 안 되는 구조를 채택하고 있다. 이러한 구조는 무엇인가?

① Fail Safe ② Fool Proof
③ Lock Out ④ Tamper Proof

해설 Tamper proof(템퍼 프루프) : 설비에 부착된 안전장치를 제거하면 설비가 작동되지 않도록 하는 안전설계

32 인간공학적 부품배치의 원칙에 해당하지 않는 것은?

① 신뢰성의 원칙 ② 사용 순서의 원칙
③ 중요성의 원칙 ④ 사용 빈도의 원칙

해설 부품배치의 4원칙
1) **중요성의 원칙** : 부품을 작동하는 성능이 체계의 목표달성에 긴요한 정도에 따라 우선순위를 설정한다.
2) **사용빈도의 원칙** : 부품을 사용하는 빈도에 따라 우선순위를 설정한다.
3) **기능별 배치의 원칙** : 기능적으로 관련된 부품들(표시장치, 조정장치 등)을 모아서 배치한다.
4) **사용순서의 원칙** : 사용되는 순서에 따라 장치들을 가까이에 배치한다.

33 근골격계 질환의 인간공학적 주요 위험요인과 가장 거리가 먼 것은?

① 과도한 힘 ② 부적절한 자세
③ 고온의 환경 ④ 단순 반복 작업

해설 근골격계질환 : 반복적인 동작, 부적절한 작업자세, 무리한 힘의 사용, 날카로운 면과의 신체 접촉, 진동 및 온도 등의 요인에 의해서 발생하는 건강장해로서 목, 어깨, 허리, 상·하지의 신경·근육 및 그 주변 신체조직등에 나타나는 질환을 말한다.

34 FTA의 활용 및 기대효과가 아닌 것은?

① 시스템의 결함 진단
② 사고원인 규명의 간편화
③ 사고원인 분석의 정량화
④ 시스템의 결함 비용 분석

해설 FTA의 활용에 따른 기대효과
1) 사고원인 규명의 간편화
2) 사고원인 분석의 일반화
3) 사고원인 분석의 정량화
4) 노력시간의 절감
5) 시스템의 결함 진단
6) 안전점검표의 작성

■ 정답 ■ 29.② 30.② 31.④ 32.① 33.③ 34.④

35 시스템안전프로그램계획(SSPP)에서 "완성해야 할 시스템안전업무"에 속하지 않는 것은?

① 정성 해석
② 운용 해석
③ 경제성 분석
④ 프로그램 심사의 참가

해설 시스템 안전프로그램계획(SSPP) 중 완성해야 할 시스템 안전 업무
1) ①, ②, ④항
2) 정량해석
3) 설계심사에의 참가
4) 계약업자의 감사활동

36 10시간 설비 가동 시 설비고장으로 1시간 정지하였다면 설비고장강도율은 얼마인가?

① 0.1%
② 9%
③ 10%
④ 11%

해설 설비고장강도율 = $\dfrac{고장정지시간}{부하시간} \times 100$
 = $\dfrac{1}{10} \times 100 = 10\%$

길잡이 설비고장도수율 = $\dfrac{고장횟수}{부하시간} \times 100$

37 선형 조정장치를 16cm 옮겼을 때, 선형 표시장치가 4cm 움직였다면, C/R비는 얼마인가?

① 0.2
② 2.5
③ 4.0
④ 5.3

해설 C/R비 = $\dfrac{조정장치\,변위량}{표시장치\,변위량}$
 = $\dfrac{16}{4} = 4.0$

38 자연습구온도가 20℃이고, 흑구온도가 30℃일 때, 실내의 습구흑구온도지수(WBGT : wet-bulb globe temperature)는 얼마인가?

① 20℃
② 23℃
③ 25℃
④ 30℃

해설 실내의 WBGT
 =(0.7×자연습구온도)+(0.3×흑구온도)
 =(0.7×20)+(0.3×30)=23℃

길잡이 실외(햇빛이 내리쬐는 곳)의 WBGT
 =(0.7×자연습구온도)+(0.2×흑구온도)+(0.1×건구온도)

39 산업안전 분야에서의 인간공학을 위한 제반 언급사항으로 관계가 먼 것은?

① 안전관리자와의 의사소통 원활화
② 인간과오 방지를 위한 구체적 대책
③ 인간행동 특성자료의 정량화 및 축적
④ 인간-기계체계의 설계 개선을 위한 기금의 축적

해설 ④ 항 : 인간공학과 관계없음

40 시스템 안전을 위한 업무 수행 요건이 아닌 것은?

① 안전활동의 계획 및 관리
② 다른 시스템 프로그램과 분리 및 배제
③ 시스템 안전에 필요한 사람의 동일성 식별
④ 시스템 안전에 대한 프로그램 해석 및 평가

해설 시스템 안전관리
1) 시스템 안전에 필요한 사항의 동일성의 식별 (identification)
2) 안전활동의 계획, 조직과 관리
3) 다른 시스템 프로그램 영역과 조정
4) 시스템 안전에 대한 목표를 유효하게 적시에 실현시키기 위한 프로그램의 해석검토 및 평가 등의 시스템 안전업무

■ 정답 ■ 35.③ 36.③ 37.③ 38.② 39.④ 40.②

제3과목 / 기계위험방지기술

41 기계운동 형태에 따른 위험점 분류 중 다음에 설명하는 것은?

> 고정부분과 회전하는 동작부분이 함께 만드는 위험점으로 연삭숫돌과 작업받침대, 교반기의 날개와 하우스, 반복왕복운동을 하는 기계부분 등이다.

① 끼임점   ② 접선물림점
③ 협착점   ④ 절단점

해설 기계설비의 위험점(작업점) 분류
1) **협착점** : 고정부와 왕복운동을 하는 운동부 사이에 형성되는 위험점(예 : 프레스, 성형기, 절곡기 등)
2) **끼임점** : 고정부와 회전 또는 직선운동과 함께 형성하는 부분사이에 형성되는 위험점 (예 : 연삭숫돌과 작업대, 반복 동작되는 링크기구, 교반기의 교반날개와 몸체사이)
3) **절단점** : 회전하는 운동부분 자체와 운동하는 기계자체에 위험이 형성되는 점(예 : 둥근톱날, 띠톱기계의 날 밀링커터 등)
4) **물림점** : 회전하는 두 개의 회전체에 물려들어갈 위험성이 형성되는 점(중심점+회전운동)(예 : 롤러, 기어와 피니언 등)
5) **접선물림점** : 회전하는 부분이 접선방향에서 만들어지는 위험점(접선점+회전운동)(예 : 벨트와 풀리, 체인과 스프라켓, 랙과 피니언 등)
6) **회전말림점** : 회전하는 부분에 돌기 등이 돌출되어 작업봉 등이 말리는 위험점(예 : 회전축, 드릴축, 커플링)

42 기준무부하상태에서 구내최고속도가 20km/h인 지게차의 주행 시 좌우안정도 기준은 몇 %이내인가?

① 4%   ② 20%
③ 37%   ④ 40%

해설 지게차의 주행시 좌우안정도
=15+(1.1×최고속도)
=15+(1.1×20)=37%

43 컨베이어 작업 시 준수해야 할 사항이 아닌 것은?

① 운전 중인 컨베이어 등의 위로 근로자를 넘어가도록 하는 경우에는 위험을 방지하기 위하여 건널다리를 설치하는 등 필요한 조치를 하여야 한다.
② 근로자를 운반할 수 있는 구조가 아닌 운전 중인 컨베이어에 근로자를 탑승시켜서는 안된다.
③ 작업 중 급정지를 방지하기 위하여 비상 정지장치는 해체해야 한다.
④ 트롤리 컨베이어에 트롤리와 체인·행거가 쉽게 벗겨지지 않도록 확실하게 연결시켜야 한다.

해설 비상정지장치는 근로자의 신체의 일부가 컨베이어에 말려드는 등의 위험시에 컨베이어 등의 운전을 정지시킬 수 있는 장치이므로 해체시켜서는 아니된다.

44 밀링작업에 관한 설명으로 틀린 것은?

① 하향절삭은 날의 마모가 적고, 가공면이 깨끗하다.
② 상향절삭은 절삭열에 의한 치수정밀도의 변화가 적다.
③ 커터의 회전방향과 반대방향으로 가공재를 이송하는 것을 상향절삭이라고 한다.
④ 하향절삭은 커터의 회전방향과 같은 방향으로 일감을 이송하므로 백래시 제거장치가 필요없다.

해설 하향절삭은 밀링커터의 절삭방향과 공작물의 이송방향이 같기 때문에 백래시 제거장치가 필요하다.

■ 정답 ■   41.①   42.③   43.③   44.④

45 기계설비의 방호장치 분류 중 위험원에 대한 방호장치는?

① 감지형 방호장치
② 접근반응형 방호장치
③ 위치제한형 방호장치
④ 접근거부형 방호장치

해설 1) **접근반응형 방호장치** : 작업자의 신체부위가 위험한계 또는 그 인접한 거리 내로 들어오면 이를 감지하여 그 즉시 기계의 동작을 정지시키고 경보 등을 발하는 것[예] 프레스기의 감응식 방호장치 등
2) **위치제한형 방호장치** : 작업자의 신체부위가 위험한계 밖에 있도록 기계의 조작장치를 위험한 작업점에서 안전거리 이상 떨어지게 하거나 조작장치를 양손으로 동시조작하게 함으로써 위험한계에 접근하는 것을 제한하는 것[예] 양수조작식
3) **접근거부형 방호장치** : 작업자의 신체부위가 위험한계로 접근하였을 때 기계적인 작용에 의하여 접근을 못하도록 제지하는 것[예] 수인식, 손쳐내기식 방호장치 등

46 보일러수에 유지류, 고형물 등에 의한 거품이 생겨 수위를 판단하지 못하는 현상은?

① 역화　　　② 포밍
③ 프라이밍　④ 캐리오버

해설 보일러 발생증기의 이상현상
1) **포밍(거품의 발생)** : 관수중의 용존 고형물, 유지분에 의해 수면위에 거품이 발생하고 심하면 보일러 밖으로 흘러넘치는 현상
2) **프라이밍(비수공발)** : 보일러의 급격한 부하, 급격한 압력강하, 고수위 등에 의해 물방울 또는 물거품이 수면위로 튀어 올라 관 밖으로 운반되는 현상
3) **캐리오버(기수공발)** : 물속에 용해되어 있는 고형분이나 수분이 증기의 흐름에 따라서 발생증기 속으로 운반되어 나오게 되는 현상

47 세이퍼 작업시의 안전대책으로 틀린 것은?

① 바이트는 가급적 짧게 물리도록 한다.
② 가공 중 다듬질 면을 손으로 만지지 않는다.
③ 시동하기 전에 행정 조정용 핸들을 끼워둔다.
④ 가공 중에는 바이트의 운동방향에 서지 않도록 한다.

해설 세이퍼의 안전작업수칙
1) 바이트는 잘 갈아서 사용하고 가급적 짧게 물릴 것
2) 사용 전에 행정 조절용 손잡이(handle)는 빼놓을 것
3) 반드시 재질에 따라서 절삭속도를 정할 것
4) 램(ram)은 필요 이상 긴 행정으로 하지 말고 일감에 알맞은 행정으로 조정할 것
5) 일감을 견고하게 고정시킬 것
6) 보안경을 착용할 것
7) 가공 중에 가공면의 거칠기를 손으로 점검하지 않을 것
8) 가공물을 측정하거나 청소를 할 때는 기계를 정지할 것
9) 시동 전에 기계를 점검 및 주유할 것
10) 작업 중에는 바이트의 운동방향에 서지 말 것

48 기계설비의 안전조건 중 외관의 안전화에 해당되는 조치는?

① 고장 발생을 최소화하기 위해 정기점검을 실시하였다.
② 강도의 열화를 생각하여 안전율을 최대로 고려하여 설계하였다.
③ 전압강하, 정전시의 오동작을 방지하기 위하여 자동제어 장치를 설치하였다.
④ 작업자가 접촉할 우려가 있는 기계의 회전부를 덮개로 씌우고 안전색채를 사용하였다.

해설 외형(외관)의 안전화
1) 덮개 및 방호장치(guard)설치
2) 별실 또는 구획된 장소에 격리
3) 안전색채조절

■ 정답 ■　45.①　46.②　47.③　48.④

49 기계설비의 일반적인 안전조건에 해당되지 않는 것은?

① 설비의 안전화 ② 기능의 안전화
③ 구조의 안전화 ④ 작업의 안전화

해설 기계설비의 안전조건
1) 외형(외관)의 안전화
2) 작업의 안전화
3) 작업점의 안전화
4) 기능의 안전화
5) 구조의 안전화
6) 보존 작업의 안전화
7) 표준화를 통한 안전화
8) 법규제를 통한 안전화

50 산업용 로봇의 작동범위에서 그 로봇에 관하여 교시 등의 작업을 하는 때의 작업시간 전 점검사항에 해당하지 않는 것은? (단, 로봇의 동력원을 차단하고 행하는 것을 제외한다.)

① 회전부의 덮개 또는 울
② 제동장치 및 비상정지장치의 기능
③ 외부전선의 피복 또는 외장의 손상유무
④ 매니퓰레이터(manipulator) 작동의 이상유무

해설 산업용 로봇의 교시 등의 작업시작 전 점검사항 (안전보건규칙 별표3 제 2호)
1) 외부전선의 피복 또는 외장의 손상 유무
2) 매니퓰레이터(Manipulator)작동의 이상 유무
3) 제동자치 및 비상정지장치의 기능

51 롤러의 맞물림점 전방 60mm의 거리에 가드를 설치하고자 할 때 가드 개구부의 간격은? (단, 위험점이 전동체가 아닌 경우이다.)

① 12mm ② 15mm
③ 18mm ④ 20mm

해설 Y = 6+0.15X = 6+(0.15×60)=15mm

52 프레스 등의 금형을 부착·해체 또는 조정 작업 중 슬라이드가 갑자기 작동하여 발생할 수 있는 위험을 방지하기 위하여 설치하는 것은?

① 방호 울 ② 안전블록
③ 시건장치 ④ 게이트 가드

해설 금형조정작업의 위험방치(안전보건규칙 제104조) : 금형작업(부착·해체 또는 조정작업 등)을 할 때에 근로자의 신체가 위험한계에 있는 경우 슬라이드가 갑자기 작동함으로써 근로자에게 발생하는 위험을 방지하기 위해 「안전블록」을 사용하는 등 필요한 조치를 하여야 한다.

53 연삭기에서 연삭숫돌차의 바깥지름이 250mm일 경우 평형플랜지의 바깥지름은 약 몇 mm이상 이어야 하는가?

① 62 ② 84
③ 93 ④ 114

해설 평형플랜지의 바깥지름
$$= 숫돌지름 \times \frac{1}{3}$$
$$= 250 \times \frac{1}{3} = 83.33 ≒ 84mm\ 이상$$

54 프레스기에 사용하는 양수조작식 방호장치의 일반구조에 관한 설명 중 틀린 것은?

① 1행정 1정지 기구에 사용할 수 있어야 한다.
② 누름버튼을 양 손으로 동시에 조작하지 않으면 작동시킬 수 없는 구조이어야 한다.
③ 양쪽버튼의 작동시간 차이는 최대 0.5초 이내일 때 프레스가 동작되도록 해야 한다.
④ 방호장치는 사용전원전압의 ±50%의 변동에 대하여 정상적으로 작동되어야 한다.

해설 방호장치는 사용전원 전압의 ±100분의 20 (20%)의 변동에 대하여 정상적으로 작동되어야 한다.

■ 정답 ■ 49.① 50.① 51.② 52.② 53.② 54.④

55 보일러에서 과열이 발생하는 직접적인 원인과 가장 거리가 먼 것은?

① 수관의 청소 불량
② 관수 부족시 보일러의 가동
③ 안전밸브의 기능이 부정확 할 때
④ 수면계의 고장으로 드럼내의 물의 감소

해설 1) 보일러의 과열원인
　　　① 수관 및 몸체의 청소 불량
　　　② 관수를 감소시키고 빈 통에 불을 땔 때
　　　③ 수면계의 고장으로 드럼 내의 물의 감소
　　2) 보일러의 압력 상승원인
　　　① 압력계의 고장(압력계의 기능 불완전)
　　　② 안전밸브 기능의 부정확
　　　③ 압력계의 분금을 잘못 읽거나 감시 소홀

56 작업장에서 사용하는 로프의 최대사용하중이 200kgf이고, 절단하중이 600kgf일 때 이 로프의 안전율은?

① 0.33　　　② 3
③ 200　　　④ 300

해설 안전율 = $\dfrac{\text{절단하중}}{\text{최대사용하중}} = \dfrac{600\text{kg f}}{200\text{kg f}} = 3$

57 드릴작업 시 가공재를 고정하기 위한 방법으로 적합하지 않은 것은?

① 가공재가 길 때는 방진구를 이용한다.
② 가공재가 작을 때는 바이스로 고정한다.
③ 가공재가 크고 복잡할 때는 볼트와 고정구로 고정한다.
④ 대량생산과 정밀도가 요구될 때는 지그로 고정한다.

해설 드릴링 작업시 일감의 고정
　1) **일감이 작을 때** : 바이스로 고정한다.
　2) **일감이 크고 복잡할 때** : 볼트와 고정구(클램프)를 사용하여 고정한다.
　3) **대량생산과 정밀도를 요할 때** : 지그(Jig)를 사용하여 고정한다.

58 기계설비의 본질적 안전화를 위한 방식 중 성격이 다른 것은?

① 고정 가드
② 인터록 기구
③ 압력용기 안전밸브
④ 양수조작식 조작기구

해설 1) 고정가드, 일터록기구(열동기구), 양수조작식 조작기구 등은 본질적 안전화를 위한 기구 등이다.
　　2) 압력용기 안전밸브 : 기능적 안전화

59 프레스기에서 사용하는 손쳐내기식 방호장치의 방호판에 관한 기준으로 옳은 것은?

① 방호판의 폭은 금형폭의 1/2 이상이어야 하고, 행정길이가 300mm이상의 프레스 기계에서 방호판의 폭을 200mm로 해야 한다.
② 방호판의 폭은 금형폭의 1/2이상이어야 하고, 행정길이가 300mm 이상의 프레스 기계에서는 방호판의 폭을 300mm로 해야 한다.
③ 방호판의 폭은 금형폭의 1/3 이상이어야 하고, 행정길이가 300mm이상의 프레스 기계에서 방호판의 폭을 200mm로 해야 한다.
④ 방호판의 폭은 금형폭의 1/3 이상이어야 하고, 행정길이가 300mm이상의 프레스 기계에서 방호판의 폭을 300mm로 해야 한다.

해설 손쳐내기식 방호장치의 설치기준
　1) 슬라이드의 행정길이가 40mm 이상일 경우에 사용할 것
　2) 손쳐내기식 막대는 그 길이 및 진폭을 조정할 수 있는 구조일 것
　3) 손쳐내기판의 폭은 금형 크기의 1/2이상으로 할 것 (단, 행정이 300mm이상은 폭을 300mm로 할 것)
　4) 슬라이드 하행정 거리의 3/4 위치에서 손을 완전히 밀어낼 것

■ 정답 ■　55.③　56.②　57.①　58.③　59.②

60 위험기계·기구와 이에 해당하는 방호장치의 연결이 틀린 것은?

① 연삭기 - 급정지장치
② 프레스 - 광전자식 방호장치
③ 아세틸렌 용접장치 - 안전기
④ 압력용기 - 압력방출용 안전밸브

해설 연삭기 : 연삭숫돌의 덮개

제4과목 / 전기 및 화학설비위험방지기술

61 방폭구조의 명칭과 표기기호가 잘못 연결된 것은?

① 안전증방폭구조 : e
② 유입(油入)방폭구조 : o
③ 내압(耐壓)방폭구조 : p
④ 본질안전방폭구조 : ia 또는 ib

해설 방폭구조의 기호(방폭구조의 상징[심벌] : ex)
1) 내압방폭구조 : d
2) 압력방폭구조 : p
3) 안전증방폭구조 : e
4) 본질안전방폭구조 : ia 또는 ib
5) 유입방폭구조 : o
6) 특수방폭구조 : s
7) 충전방폭구조 : q
8) 몰드방폭구조 : m
9) 비점화방폭구조 : n

62 전기설비의 점화원 중 잠재적 점화원에 속하지 않는 것은?

① 전동기 권선
② 마그네트 코일
③ 케이블
④ 릴레이 전기접전

해설 전기설비의 잠재적인 점화원
1) ①, ②, ③ 항
2) 변압기 권선

63 다음 중 건조설비의 사용상 주의사항으로 적절하지 않은 것은?

① 건조설비 가까이 가연성 물질을 두지 말 것
② 고온으로 가열 건조한 물질은 즉시 격리 저장할 것
③ 위험물 건조설비를 사용할 때는 미리 내부를 청소하거나 환기시킨 후 사용할 것
④ 건조시 발생하는 가스·증기 또는 분진에 의한 화재·폭발의 위험이 있는 물질은 안전한 장소로 배출할 것

해설 건조설비 사용 작업시 폭발·화재를 예방하기 위하여 준수할 사항(안전보건규칙)
1) ①, ③, ④ 항
2) 고온으로 가열건조한 인화성 액체는 발화의 위험이 없는 온도로 냉각한 후에 격납시킬 것
3) 위험물 건조설비를 사용하여 가열건조하는 건조물은 쉽게 이탈되지 않도록 할 것

64 전기기계·기구의 조작부분을 점검하거나 보수하는 경우에는 근로자가 안전하게 작업할 수 있도록 전기기계·기구로부터 몇 m 이상의 작업 공간을 확보하여야 하는지 그 기준으로 옳은 것은?

① 0.5
② 0.7
③ 0.9
④ 1.2

해설 전기기계·기구의 조작시등 안전조치(안전보건규칙)
1) 전기기계·기구의 조작부분을 점검하거나 보수하는 경우에는 근로자가 안전하게 작업할 수 있도록 전기 기계·기구로부터 폭 70 cm 이상의 작업공간을 확보하여야 한다. 다만, 작업공간을 확보하는 것이 곤란하여 근로자에게 절연용 보호구를 착용하도록 한 경우에는 그러하지 아니하다.
2) 전기적 불꽃 또는 아크에 의한 화상의 우려가 있는 고압 이상의 충전전로 작업에 근로자를 종사시키는 경우에는 방염처리된 작업복 또는 난연(難燃)성능을 가진 작업복을 착용시켜야 한다.

■ 정답 ■ 60.① 61.③ 62.④ 63.② 64.②

65 정전작업 시 주의할 사항으로 틀린 것은?

① 감독자를 배치시켜 스위치의 조작을 통제한다.
② 퓨즈가 있는 개폐기의 경우는 퓨즈를 제거한다.
③ 정전 작업전에 작업내용을 충분히 작업원에게 주지시킨다.
④ 단시간에 끝나는 작업일 경우 작업원의 판단에 의해 작업한다.

해설 단시간에 끝나는 작업일 경우에도 정전작업전에 조치할 사항으로 취한 후에 작업하여야 한다.

66 근로자가 충전전로에 취급하거나 그 인근에서 작업하는 경우 조치하여야 하는 사항으로 틀린 것은?

① 충전전로를 취급하는 근로자에게 그 작업에 적합한 절연용 보호구를 착용시킬 것
② 충전전로를 정전시키는 경우 차단장치나 단로기 등의 잠금장치 확인 없이 빠른 시간 내에 작업을 완료할 것
③ 충전전로에 근접한 장소에서 전기작업을 하는 경우에는 해당 전압에 적합한 절연용 방호구를 설치할 것
④ 고압 및 특별고압의 전로에서 전기작업을 하는 근로자에게 활선작업용 기구 및 장치를 사용하도록 할 것

해설 충전전로를 취급하거나 그 인근에서 작업시 조치사항(안전보건규칙)
1) ①, ③, ④ 항
2) **충전전로의 정전** : 충전전로를 정전시키는 경우에는 정전전로에서의 전기작업(전로차단 절차 및 정전작업 후 조치사항 등)에 따른 조치를 할 것
3) **충전전로의 방호·차폐 및 절연 등의 조치를 하는 경우** : 근로자의 신체가 전로와 직접 접촉하거나 도전재료, 공구 또는 기기를 통하여 간접 접촉되지 않도록 할 것
4) **절연용 방호구의 설치·해체작업** : 절연용 보호구를 착용하거나 활선작업용 기구 및 장치를 사용하도록 할 것
5) 유자격자가 아닌 근로자가 충전전로 인근의 높은 곳에서 작업할 때에 조치사항 : 근로자의 몸 또는 긴 도전성 물체가 방호되지 않은 충전전로에서,
   ① 대지전압이 50kV 이하인 경우 : 300cm 이내로 접근할 수 없도록 할 것
   ② 대지전압이 50kV를 넘는 경우 : 10kV당 10cm씩 더한 거리 이내로 접근할 수 없도록 할 것

67 25℃, 1기압에서 공기 중 벤젠(C_6H_6)의 허용농도가 10ppm일 때 이를 mg/m^3의 단위로 환산하면 약 얼마인가? (단, C,H의 원자량은 각각 12,1 이다.)

① 28.7   ② 31.9
③ 34.8   ④ 45.9

해설 $mg/m^3 = \dfrac{ppm \times MW(분자량)}{24.45}$

$= \dfrac{10 \times 78}{24.45}$

$= 31.9 mg/m^3$

68 위험물안전관리법상 자기반응성 물질은 제 몇 류 위험물로 분류하는가?

① 제1류 위험물
② 제3류 위험물
③ 제4류 위험물
④ 제5류 위험물

해설 위험물안전관리법상 위험물의 종류
1) 제1류 : 산화성고체
2) 제2류 : 가연성고체
3) 제3류 : 자연발화성물질 및 금수성물질
4) 제4류 : 인화성액체
5) 제5류 : 자기반응성물질
6) 제6류 : 산화성액체

69 접지에 관한 설명으로 틀린 것은?

① 접지저항이 크면 클수록 좋다.
② 접지공사의 접지선은 과전류차단기를 시설하여서는 안 된다.
③ 접지극의 시설은 동판, 동봉 등이 부식될 우려가 없는 장소를 선정하여 지중에 매설 또는 타입 한다.
④ 고압전로와 저압전로를 결합하는 변압기의 저압전로 사용전압이 300V이하로 중성점 접지가 어려운 경우 저압측 임의의 한 단자에 제2종 접지공사를 실시한다.

해설 1) 접지저항
　① 접지저항이 낮을수록 좋다
　② 접지저항은 접지전극(동판이나 접지봉 등)과 대지와의 접촉상태에 따라 그 저항치가 결정되어 접지전극과 대지와의 접촉면적이 클수록, 또 접지전극 주변의 흙이 전기가 잘 통하는 상태일수록 접지저항이 낮게 된다.
2) 접지저항 저감법
　① 접지극의 매설깊이(지중매설 깊이는 75cm 이상)를 깊게 할 것
　② 접지극의 수를 증가하여 이들을 병렬로 연결시킬 것
　③ 접지극의 크기를 크게 할 것
　④ 토량이 불량할 경우는 토질에 적합한 시공법을 택하거나, 접지저항 저감제를 사용하여 토양을 개선할 것

70 400V를 넘는 저압 전로의 절연저항 값은 몇 MΩ이상으로 하여야 하는가?

① 0.2　　　② 0.4
③ 0.8　　　④ 1.0

해설 전로의 절연저항치

대지전압	절연저항치
150V 이하	0.1MΩ이상
150V 초과 300V이하	0.2MΩ이상
300V 초과 400V이하	0.3MΩ이상
400V 초과	0.4MΩ이상

[참조] 법개정 : 내용 변경

71 인체의 대부분이 수중에 있는 상태에서의 허용 접촉전압으로 옳은 것은?

① 2.5V 이하　　② 25V 이하
③ 50V 이하　　④ 100V 이하

해설 허용접촉전압

종별	접촉상태	허용접촉전압
제1종	・인체의 대부분이 수중에 있는 상태	2.5V 이하
제2종	・인체가 현저히 젖어있는 상태 ・금속성의 전기기계장치나 구조물에 인체의 일부가 상시 접촉되어 있는 상태	25V 이하
제3종	・제1종 및 제2종 이외의 경우로서 통상의 인체 생태에 있어서 접촉전압이 가해지면 위험성이 높은 상태	50V 이하
제4종	・제3종의 경우로써 위험성이 낮은 상태 ・접촉전압이 가해질 위험이 없는 경우	제한없음

72 리튬(Li)에 관한 설명으로 틀린 것은?

① 연소시 산소와는 반응하지 않는 특성이 있다.
② 염산과 반응하여 수소를 발생한다.
③ 물과 반응하여 수소를 발생한다.
④ 화재발생시 소화방법으로는 건조된 마른 모래 등을 이용한다.

해설 리튬(Li)
1) 물과는 상온에서 천천히, 고온에서는 격렬하게 반응하여 수소(H_2)를 발생한다.
　$2Li + 2H_2O \rightarrow 2LiOH + H_2 \uparrow$
2) 산소중에서 격렬히 반응하여 산화물을 생성한다.
　$2Li + O_2 \rightarrow 2LiO$

■ 정답 ■　69.①　70.②　71.①　72.①

73 정전기의 대전현상이 아닌 것은?

① 교반대전　② 충돌대전
③ 박리대전　④ 망상대전

해설 정전기의 대전현상
1) 마찰대전　2) 유동대전
3) 박리대전　4) 분출대전
5) 충돌대전　6) 파괴대전
7) 비말대전　8) 진동대전(교반대전)

74 다음 중 물 속에 저장이 가능한 물질은?

① 칼륨　② 황린
③ 인화칼슘　④ 탄화알루미늄

해설 1) 칼륨, 인화칼슘, 탄화알루미늄 : 물반응성물질(금수성물질)
2) 황린 : 자연발화성물질(물속에 보관)

75 다음 중 화재의 종류가 옳게 연결된 것은?

① A급화재 - 유류화재
② B급화재 - 유류화재
③ C급화재 - 일반화재
④ D급화재 - 일반화재

해설 화재의 종류
1) A급화재 : 일반화재
2) B급화재 : 유류화재
3) C급화재 : 전기화재
4) D급화재 : 금속화재

76 프로판(C_3H_8) 1몰이 완전하기 위한 산소의 화학양론계수는 얼마인가?

① 2　② 3
③ 4　④ 5

해설 프로판(C_3H_8)의 연소반응식 : 프로판(C_3H_8)1몰에 산소(O_2)는 5몰이 필요하다.
$$C_3H_8 + 5O_2 \rightarrow 3CO_2 + 4H_2O$$

77 다음 중 분해 폭발하는 가스의 폭발방지를 위하여 첨가하는 불활성가스로 가장 적합한 것은?

① 산소　② 질소
③ 수소　④ 프로판

해설 1) 산소(O_2) : 조연성 가스
2) 질소(N_2) : 불활성(불연성)가스
3) 수소(H_2) 및 프로판(C_3H_6) : 가연성가스

78 인체가 전격(감전)으로 인한 사고 시 통전전류에 의한 인체반응으로 틀린 것은?

① 교류가 직류보다 일반적으로 더 위험하다.
② 주파수가 높아지면 감지전류는 작아진다.
③ 심장을 관통하는 경로가 가장 사망률이 높다.
④ 가수전류는 불수전류보다 값이 대체적으로 작다.

해설 주파수(Hz)가 높아지면 감지전류도 증가한다. 이는 주파수가 높을수록 전격의 영향은 감소함을 의미한다.

79 할로겐화합물 소화약제의 소화작용과 같이 연소의 연속적인 연쇄 반응을 차단, 억제 또는 방해하여 연소현상이 일어나지 않도록 하는 소화 작용은?

① 부촉매 소화작용　② 냉각 소화작용
③ 질식 소화작용　④ 제거 소화작용

해설 1) 할로겐화합물 소화약제의 소화효과
　① 부촉매(연소억제)효과
　② 질식효과
　③ 냉각효과
2) 부촉매(연소억제)효과
　① 할로겐화합물은 연소의 연속적인 연쇄작용을 차단, 억제 또는 방해하여 소화활동을 한다.
　② 연소억제효과 크기 :
　　$F_2 < Cl_2 < Br_2 < I_2$

■ 정답 ■　73.④　74.②　75.②　76.④　77.②　78.②　79.①

80 다음 중 점화원에 해당하지 않는 것은?

① 기화열 ② 충격·마찰
③ 복사열 ④ 고온물질표면

해설 기화열, 융해열, 증발열 등은 열을 흡수하므로 점화원이 될 수 없다.

제5과목 / 건설안전기술

---

81 사다리식 통로 등을 설치하는 경우 준수해야 할 기준으로 옳지 않은 것은?

① 접이식 사다리 기둥은 사용 시 접혀지거나 펼쳐지지 않도록 철물 등을 사용하여 견고하게 조치할 것
② 발판과 벽과의 사이는 25cm 이상의 간격을 유지할 것
③ 폭은 30cm 이상으로 할 것
④ 사다리식 통로의 길이가 10m 이상인 경우에는 5m 이내마다 계단참을 설치할 것

해설 사다리식 통로의 설치기준
 1) 견고한 구조로 할 것
 2) 심한 손상·부식 등이 없는 재료를 사용할 것
 3) 발판의 간격은 일정하게 할 것
 4) 발판과 벽과의 사이는 15cm 이상의 간격을 유지할 것
 5) 폭은 30cm 이상으로 할 것
 6) 사다리가 넘어지거나 미끄러지는 것을 방지하기 위한 조치를 할 것
 7) 사다리의 상단은 걸쳐놓은 지점으로부터 60cm 이상 올라가도록 할 것
 8) 사다리식 통로의 길이가 10m 이상인 경우에는 5m 이내마다 계단참을 설치할 것
 9) 사다리식 통로의 기울기는 75°이하로 할 것. 다만, 고정식 사다리식 통로의 기울기는 90°이하로 하되, 그 높이가 7m 이상인 경우에는 바닥으로부터 높이가 2.5m 되는 지점부터 등받이울을 설치할 것
 10) 접이식 사다리 기둥은 사용 시 접혀지거나 펼쳐지지 않도록 철물 등을 사용하여 견고하게 조치할 것

82 흙막이 가시설의 버팀대(Strut)의 변형을 측정하는 계측기에 해당하는 것은?

① Water level meter
② strain gauge
③ Piezometer
④ Load cell

해설 굴착공사에 사용되는 계측기기의 계측내용(계측기기 설치목적)
 1) 변형계(strain gauge) : 흙막이벽의 변형과 응력을 측정
 2) 간극수압계(piezometer) : 지하수의 수압을 측정
 3) 수위계(water level meter) : 지반내 지하수위 변화를 측정
 4) 경사계(inclinometer) : 흙막이벽의 수평변위(변형) 측정
 5) 하중계(load cell) : 버팀보(지주) 또는 어스앵커(earth anchor) 등의 실제 축하중 변화상태를 측정(부재의 안전상태를 파악하는 기기)

83 타워크레인의 운전작업을 중지하여야 하는 순간풍속기준으로 옳은 것은?

① 초당 10m 초과
② 초당 12m 초과
③ 초당 15m 초과
④ 초당 20m 초과

해설 강풍시 타워크레인의 작업제한
 1) 순간풍속이 매초당 10m를 초과하는 경우 : 타워크레인의 설치·수리·점검 또는 해체 작업을 중지할 것
 2) 순간풍속이 매초당 15m를 초과하는 경우 : 타워크레인의 운전작업을 중지할 것

■정답■ 80.① 81.② 82.② 83.③

84 추락방지망의 달기로프를 지지점에 부착할 때 지지점의 간격이 1.5m인 경우 지지점의 강도는 최소 얼마 이상이어야 하는가?

① 200kg ② 300kg
③ 400kg ④ 500kg

해설 방망 지지점의 강도(F : 외력)
F = 200B
= 200×1.5 = 300kg
여기서, B : 지지점의 간격(m)

85 지반조사의 방법 중 지반을 강관으로 천공하고 토사를 채취 후 여러 가지 시험을 시행하여 지반의 토질 분포, 흙의 층상과 구성 등을 알 수 있는 것은?

① 보링
② 표준관입시험
③ 베인테스트
④ 평판재하시험

해설 보오링(boring)
1) 보오링 : 지하에 깊게 작은 구멍을 뚫어 깊이에 따른 토질의 시료를 채취하여 그에 따라 지층의 상태를 판단하는 방법이다.
2) 종류
① 기계식 보오링 : 수세식 보오링, 충격식 보오링, 회전식 보오링(가장 정확한 방법)
② 오우거 보오링(Auger boring) : 인력으로 간단하게 실시하는 방법

86 굴착이 곤란한 경우 발파가 어려운 암석의 파쇄굴착 또는 암석제거에 적합한 장비는?

① 리퍼   ② 스크레이퍼
③ 롤러   ④ 드래그라인

해설 리퍼(ripper) : 암석 파쇄 공구

87 철골작업을 중지하여야 하는 제한 기준에 해당되지 않는 것은?

① 풍속이 초당 10m 이상인 경우
② 강우량이 시간당 1mm 이상인 경우
③ 강설량이 시간당 1cm 이상인 경우
④ 소음이 65dB 이상인 경우

해설 철골작업을 중지해야 하는 기상조건
1) 풍속이 10m/sec 이상인 경우
2) 강우량이 1mm/hr 이상인 경우
3) 강설량이 1cm/hr 이상인 경우

88 가설통로를 설치하는 경우 준수해야 할 기준으로 옳지 않은 것은?

① 경사는 45° 이하로 할 것
② 경사가 15°를 초과하는 경우에는 미끄러지지 아니하는 구조로 할 것
③ 추락할 위험이 있는 장소에는 안전난간을 설치할 것
④ 수직갱에 가설된 통로의 길이가 15m 이상인 경우에는 10m 이내마다 계단참을 설치할 것

해설 가설통로의 구조(가설통로 설치시 준수사항)
1) 견고한 구조로 할 것
2) 경사는 30도 이하로 할 것. 다만, 계단을 설치하거나 높이 2미터 미만의 가설통로로서 튼튼한 손잡이를 설치한 경우에는 그러하지 아니하다.
3) 경사가 15도를 초과하는 경우에는 미끄러지지 아니하는 구조로 할 것
4) 추락할 위험이 있는 장소에는 안전난간을 설치할 것. 다만, 작업상 부득이한 경우에는 필요한 부분만 임시로 해체할 수 있다.
5) 수직갱에 가설된 통로의 길이가 15m 이상인 경우에는 10m 이내마다 계단참을 설치할 것
6) 건설공사에 사용하는 높이 8m 이상인 비계다리에는 7m이내마다 계단참을 설치할 것

89 유해위험방지계획서를 제출해야 하는 공사의 기준으로 옳지 않은 것은?

① 최대 지간길이 30m 이상인 교량 건설등 공사
② 깊이 10m 이상인 굴착공사
③ 터널 건설등의 공사
④ 다목적댐, 발전용댐 및 저수용량 2천만톤 이상의 용수 전용 댐, 지방상수도 전용 댐 건설등의 공사

해설 유해·위험 방지 계획서 제출 대상 공사(건설업)
1) 지상 높이가 31m 이상인 건축물 또는 인공구조물, 연면적 3만m² 이상인 건축물 또는 연면적 5천m² 이상의 문화 및 집회시설(전시장·동물원·식물원은 제외)·판매시설·운수시설(고속철도의 역사 및 집배송시설은 제외)·종교시설·의료시설 중 종합병원·숙박시설 중 관광숙박시설 또는 지하도상가 또는 냉동·냉장창고시설의 건설·개조 또는 해체공사
2) 연면적 5천m² 이상의 냉동·냉장창고시설의 설비 공사 및 단열공사
3) 최대지간 길이가 50m 이상인 교량건설 등 공사
4) 터널건설 등의 공사
5) 다목적댐, 발전용댐 및 저수용량 2천만톤 이상의 용수전용댐, 지방상수도 전용댐 건설 등의 공사
6) 깊이 10m 이상인 굴착공사

90 중량물의 취급작업 시 근로자의 위험을 방지하기 위하여 사전에 작성하여야 하는 작업계획서 내용에 해당되지 않는 것은?

① 추락위험을 예방할 수 있는 안전대책
② 낙하위험을 예방할 수 있는 안전대책
③ 전도위험을 예방할 수 있는 안전대책
④ 침수위험을 예방할 수 있는 안전대책

해설 중량물 취급 작업시 작업계획의 작성내용
1) 추락위험을 예방할 수 있는 안전대책
2) 낙하위험을 예방할 수 있는 안전대책
3) 전도위험을 예방할 수 있는 안전대책
4) 협착위험을 예방할 수 있는 안전대책
5) 붕괴위험을 예방할 수 있는 안전대책

91 화물을 적재하는 경우에 준수하여야 하는 사항으로 옳지 않은 것은?

① 침하 우려가 없는 튼튼한 기반 위에 적재할 것
② 건물의 칸막이나 벽 등이 화물의 압력에 견딜 만큼의 강도를 지니지 아니한 경우에는 칸막이나 벽에 기대어 적재하지 않도록 할 것
③ 불안정할 정도로 높이 쌓아 올리지 말 것
④ 편하중이 발생하도록 쌓아 적재효율을 높일 것

해설 ④항, 편하중이 발생하지 않도록 적재할 것

92 핸드 브레이커 취급 시 안전에 관한 유의사항으로 옳지 않은 것은?

① 기본적으로 현장 정리가 잘되어 있어야 한다.
② 작업 자세는 항상 하향 45° 방향으로 유지하여야 한다.
③ 작업 전 기계에 대한 점검을 철저히 한다.
④ 호스의 교차 및 꼬임여부를 점검하여야 한다.

해설 핸드 브레이커 작업자세 : 하향 90° 방향으로 유지할 것

93 유한사면에서 사면기울기가 비교적 완만한 점성토에서 주로 발생되는 사면파괴의 형태는?

① 저부파괴 ② 사면선단파괴
③ 사면내파괴 ④ 국부전단파괴

해설 저부파괴 : 본문설명

■ 정답 ■ 89.① 90.④ 91.④ 92.② 93.①

94 철골공사에서 용접작업을 실시함에 있어 전격예방을 위한 안전조치 중 옳지 않은 것은?

① 전격방지를 위해 자동전격방지기를 설치한다.
② 우천, 강설시에는 야외작업을 중단한다.
③ 개로 전압이 낮은 교류 용접기는 사용하지 않는다.
④ 절연 홀도(Holder)를 사용한다.

해설 ③항, 개로 전압이 낮은 교류용접기를 사용한다.

95 산업안전보건관리비 중 안전시설비 등의 항목에서 사용가능한 내역은?

① 외부인 출입금지, 공사장 경계표시를 위한 가설울타리
② 비계·통로·계단에 추가 설치하는 추락방지용 안전난간
③ 절토부 및 성토부 등의 토사유실 방지를 위한 설비
④ 공사 목적물의 품질 확보 또는 건설장비 자체의 운행 감시, 공사 진척상황 확인, 방범 등의 목적을 가진 CCTV 등 감시용 장비

해설 원활한 공사 수행을 위한 가설시설, 장치, 도구, 자재 등(안전시설비 등의 항목에서 사용불가내역)
1) 외부인 출입금지, 공사장 경계표시를 위한 가설울타리
2) 각종 비계, 작업발판, 가설계단·통로, 사다리 등
   ① 안전발판, 안전통로, 안전계단 등과 같이 명칭에 관계없이 공사 수행에 필요한 가시설들은 사용 불가
   ② 다만, 비계·통로·계단에 추가 설치하는 추락방지용 안전난간, 사다리 전도방지장치, 틀비계에 별도로 설치하는 안전난간·사다리, 통로의 낙하물방호선반 등은 사용 가능함
3) 절토부 및 성토부 등의 토사유실 방지를 위한 설비
4) 작업장 간 상호 연락, 작업 상황 파악 등 통신수단으로 활용되는 통신시설·설비
5) 공사 목적물의 품질 확보 또는 건설장비 자체의 운행 감시, 공사 진척상황 확인, 방범 등의 목적을 가진 CCTV 등 감시용 장비

96 추락방지용 방망을 구성하는 그물코의 모양과 크기로 옳은 것은?

① 원형 또는 사각으로서 그 크기는 10cm 이하이어야 한다.
② 원형 또는 사각으로서 그 크기는 20cm 이하이어야 한다.
③ 사각 또는 마름모로서 그 크기는 10cm 이하이어야 한다.
④ 사각 또는 마름모로서 그 크기는 20cm 이하이어야 한다.

해설 방망의 구조 및 치수(표준안전작업지침) : 방망은 망, 테두리 로프, 달기 로프, 시험용사로 구성되어진 것으로서 각 부분은 다음 각 호에 정하는 바에 적합하여야 한다.
1) 소재 : 합성섬유 또는 그 이상의 물리적 성질을 갖는 것이어야 한다.
2) 그물코 : 사각 또는 마름모로서 그 크기는 10cm 이하이어야 한다.
3) 방망의 종류 : 매듭방망으로서 매듭은 원칙적으로 단 매듭을 한다.
4) 테두리 로프와 방망의 재봉 : 테두리 로프는 각 그물코를 관통시키고 서로 중복됨이 없이 재봉사로 결속한다.
5) 테두리 로프 상호의 접합 : 테두리 로프를 중간에서 결속하는 경우는 충분한 강도를 갖도록 한다.
6) 달기 로프의 결속 : 달기 로프는 3회 이상 엮어 묶는 방법 또는 이와 동등 이상의 강도를 갖는 방법으로 테두리 로프에 결속하여야 한다.

■ 정답 ■ 94.③ 95.② 96.③

97 말비계를 조립하여 사용하는 경우의 준수사항으로 옳지 않은 것은?

① 지주부재의 하단에는 미끄럼 방지장치를 할 것
② 지주부재와 수평면과의 기울기는 85°이하로 할 것
③ 말비계의 높이가 2m를 초과할 경우에는 작업발판의 폭을 40cm 이상으로 할 것
④ 지주부재와 지주부재 사이를 고정시키는 보조부재를 설치할 것

해설 ②항, 지주부재와 수평면과의 기울기는 75°이하로 할 것

98 강관틀비계의 높이가 20m를 초과하는 경우 주틀간의 간격은 최대 얼마 이하로 사용해야 하는가?

① 1.0m   ② 1.5m
③ 1.8m   ④ 2.0m

해설 강관틀비계
1) 비계기둥의 밑둥에는 밑받침 철물을 사용하여야 하며 밑받침에 고저차(高低差)가 있는 경우에는 조절형 밑받침 철물을 사용하여 각각의 강관틀비계가 항상 수평 및 수직을 유지하도록 할 것
2) 높이가 20m를 초과하거나 중량물의 적재를 수반하는 작업을 할 경우에는 주틀간의 간격을 1.8m 이하로 할 것
3) 주틀 간에 교차 가새를 설치하고 최상층 및 5층 이내마다 수평재를 설치할 것
4) 수직방향으로 6m, 수평방향으로 8m 이내마다 벽이음을 할 것
5) 길이가 띠장 방향으로 4m 이하이고 높이가 10m를 조과하는 경우에는 10m 이내마다 띠장 방향으로 버팀기둥을 설치할 것

99 흙막이지보공을 설치하였을 때 정기적으로 점검하고 이상을 발견하면 즉시 보수하여야 하는 사항으로 거리가 먼 것은?

① 부재의 손상 변형, 부식, 변위 및 탈락의 유무와 상태
② 부재의 접속부, 부착부 및 교차부의 상태
③ 침하의 정도
④ 발판의 지지 상태

해설 흙막이지보공 설치시 붕괴 등의 위험방지를 위한 정기점검사항
1) 부재의 손상·변형·부식·변위 및 탈락의 유무와 상태
2) 버팀대의 긴압의 정도
3) 부재의 접속부·부착부 및 교차부의 상태
4) 침하의 정도

100 콘크리트 타설용 거푸집에 작용하는 외력 중 연직방향 하중이 아닌 것은?

① 고정하중   ② 충격하중
③ 작업하중   ④ 풍하중

해설 거푸집의 연직방향 하중(W) 산정식

$W =$ 고정하중 + 충격하중 + 작업하중

$= (r \cdot t) + (1/2r \cdot t) + 150 \text{kg}/m^2$

여기서, r : 철근콘크리트 비중(kg/m^3)
t : 슬래브 두께(m)

1) 고정하중 : 콘크리트 자중(=철근콘크리트 비중×슬래브 두께)
2) 충격하중 : 고정하중×1.2
3) 작업하중 : 작업원 중량+장비 및 가설설비의 등의 중량=150kg/m^2

산업안전산업기사 필기
4주완성 [2026]

초판 1쇄 발행 2020년 01월 10일
초판 2쇄 발행 2021년 01월 20일
초판 3쇄 발행 2022년 01월 20일
초판 4쇄 발행 2023년 01월 20일
초판 5쇄 발행 2024년 01월 10일
초판 6쇄 발행 2025년 01월 10일
초판 7쇄 발행 2026년 01월 20일

지은이 | 경국현
펴낸이 | 이주연
펴낸곳 | **명인북스**
등 록 | 제 409-2021-000031호

주 소 | 인천시 서구 완정로65번안길 10, 114동 605호
전 화 | 032-565-7338
팩 스 | 032-565-7348
E-mail | phy4029@naver.com
정 가 | 42,000원

ISBN 979-11-94269-23-6 (13530)

이 책은 저작권법에 따라 보호받는 저작물이므로 무단 전재와 무단 복제를 금합니다.
※ 파본은 구입하신 서점에서 교환해 드립니다.